"十二五"职业教育国家规划教材
经全国职业教育教材审定委员会审定

"十三五"江苏省高等学校重点教材（编号：2018-1-148）

"十四五"职业教育江苏省规划教材

化工单元过程及设备的选择与操作

上 第三版

3

周寅飞　封　娜　主编
徐忠娟　主审

化学工业出版社
·北京·

内容简介

本教材是基于工作过程系统化的理念，按项目导向、任务驱动的原则编写。全书分上、下两册，共设置了八个学习情境，每个学习情境均以来自企业的真实工程任务为载体，重点介绍化工常用单元操作过程或反应过程的工作原理、设备结构及相关的操作与维护技术。本教材以二维码形式插入丰富的动画及视频资源，有助于读者进一步学习和理解。

上册内容包括：绪论、流体输送过程及设备的选择与操作、非均相物系分离方案及设备的选择与操作、传热过程及设备的选择与操作、萃取过程及设备的选择与操作。全书内容循序渐进、深入浅出，每个学习情境均适度配置有观察与思考、例题及课后实践与练习等。

本书可作为高等职业院校应用化工技术、石油化工技术及精细化工技术等化工及相关专业的以培养化工生产岗位基本操作技能为目标的课程教材，也可供化工、医药、食品、环保等相关行业技术人员参考。

图书在版编目（CIP）数据

化工单元过程及设备的选择与操作：上、下／周寅飞，封娜主编. -- 3版. -- 北京：化学工业出版社，2025. 1. -- （"十二五"职业教育国家规划教材）.
ISBN 978-7-122-47501-5

Ⅰ. TQ02；TQ05

中国国家版本馆 CIP 数据核字第 2025EE0609 号

责任编辑：林　媛　窦　臻　　　　　　　　装帧设计：王晓宇
责任校对：王　静

出版发行：化学工业出版社（北京市东城区青年湖南街 13 号　邮政编码 100011）
印　　装：北京云浩印刷有限责任公司
787mm×1092mm　1/16　印张 38　字数 938 千字　2025 年 4 月北京第 3 版第 1 次印刷

购书咨询：010-64518888　　　　　　　　售后服务：010-64518899
网　　址：http://www.cip.com.cn
凡购买本书，如有缺损质量问题，本社销售中心负责调换。

定　　价：98.00 元（上、下册）

　　《化工单元过程及设备的选择与操作》第二版自 2021 年出版以来，得到了许多读者的支持。本次修订以落实党的二十大报告中"培养造就大批德才兼备的高素质人才"为总要求，以打造契合"大国工匠"培育需求的"专业与思政融合"精品教材为目标，以更充分发挥教材铸魂育人的作用。

　　作为服务地方产业经济的高等职业教育专业教材，第三版在保持前版"项目导向、任务驱动"编写特色的同时，进一步强化与区域内化工头部企业合作，共同组织教材内容。具体修订内容如下。

　　1. 优化目标：重新修订了各学习情境中的教学目标，使之更加符合目前传统化工行业转型升级和技术变革的趋势，更好地对接职业标准和岗位要求。

　　2. 案例优化与栏目增设：修订优化各学习情境中的化工工程项目案例，新增"化工视窗""技创未来""身边榜样"三大特色栏目。其中，"化工视窗"精选了融入思政元素的视频，"技创未来"展示技术创新实践案例，"身边榜样"呈现行业楷模先进事迹，通过多维内容设计，实现知识传授、能力培养与价值引领的有机融合。

　　3. 强化实践：进一步丰富教材中的数字资源，充实了知识讲解与技能操作的视频，新增了化工单元设备虚拟仿真视频，理论与实践相结合，将课程教学改革成果更直观地呈现给广大的读者。

　　4. 更新内容：校正了前版教材中的文字与符号，完善了实践与练习，对部分情境的内容进行了修改与调整，使之更符合产业升级的实际。

　　本书由扬州工业职业技术学院周寅飞、封娜担任主编，扬州工业职业技术学院王卫霞、诸昌武、扬州职业大学张睿担任副主编，扬州工业职业技术学院左志芳、王雪、陈华进、王芳、杜彬、仇实、田杰、肖伽励、王彤，江苏扬农化工集团有限公司刘霞参与了教材的修订和数字化资源的制作。本书由扬州工业职业技术学院徐忠娟担任主审。扬州工业职业技术学院化学工程学院的领导和同事在教材修订过程中给予了帮助。中国石化仪征化纤有限责任公司、中国石化扬州石化有限责任公司、江苏扬农化工集团有限公司、江苏奥克化学有限公司等单位的有关工程技术专家提供了珍贵技术资料并审定教材内容。在此一并表示感谢。

　　由于编者水平所限，书中不足之处在所难免，敬请广大读者批评指正！

编者

2025 年 2 月

"化工单元过程及设备的选择与操作"是应用化工技术、石油化工生产技术、精细化学品生产技术等化工类专业的一门重要的专业核心课程。通过本课程学习，学生可运用各单元过程的基本理论来分析和解决化工生产中的一些简单的工程问题，凭借所掌握的基本操作技能，胜任有关装置的操作与管理工作。

本教材是在应用化工技术专业、石油化工生产技术专业、精细化学品生产技术专业三个专业教学改革的基础上，以基于工作过程系统化的理念编写的。经全国职业教育教材审定委员会审定，确定为"十二五"职业教育国家规划教材。教材编写遵循学生的认知规律，力求紧密结合生产实际。在吸取同类教材优点的基础上，本教材编写过程中进行了以下尝试。

（1）校企合作，选择学习载体，以项目导向、任务驱动的思路编写

深入学生就业企业，学校合作企业，收集可用于教学的工程任务或工作案例，在企业专家的帮助下，筛选典型工程任务作为学习载体，设计了八个学习情境。每个学习情境都是以一到二个真实的工程任务为载体，按照学生的认知规律和完成实际工程任务的程序，把项目分解成一个个具体的工作任务，引导学生在完成具体工作任务的过程中，学习化工生产中的单元操作过程与单元反应过程的原理、设备和操作方面的知识与技能。

（2）注重对学生进行工程观念及分析与解决问题的能力培养

各学习情境均采用实际生产中工程任务引入，同时辅之以典型生产案例帮助分析，努力培养学生的工程观念。例题的选取和有关问题的分析案例皆来自生产实际，许多直接源自于参编院校的合作企业、实习基地。学生通过对企业案例的分析过程，掌握有关原理、概念、公式等在实际生产中的应用，做到学以致用。

（3）注重对学生自主学习的能力的培养

每个情境的教学内容都是围绕解决问题的需要而展开，引导学生有目的地自主探究知识。整个内容是按理实一体化的理念编写的，部分内容是让学生先观察、动手做，然后再探究解释原理现象等；适时设置一些需要学生查找资料或实地调查才能解决的习题，以提高自

主学习的意识，培养学生解决实际问题的能力。

（4）注重实践操作知识学习和操作技能培训

根据高职教育的"以就业为导向，以能力为本位"的办学指导思想，结合化工专业职业技能鉴定的要求，注重实践操作知识学习和操作技能培训。

（5）图文结合，直观主动

为便于学生的理解，教材中插有丰富的设备外观图和设备内部结构示意图，同时增强了直观性和趣味性。

全书由扬州工业职业技术学院徐忠娟、河南中州大学王宇飞、扬州职业大学张睿三位老师统稿。扬州石化有限责任公司姚日远总工程师，江苏扬农化工集团有限公司唐巧虹高级工程师担任本教材的主审。本书绪论、学习情境一、附录部分由徐忠娟编写，学习情境二由封娜编写，学习情境三由谢伟、王宇飞编写，学习情境四由王雪源、王宇飞编写，学习情境五由周寅飞、张睿编写，学习情境六由杜彬、诸昌武编写，学习情境七由张睿、张伟编写，学习情境八由王卫霞编写。

在此对中石化扬子石化、江苏油田、江苏扬农化工集团有限公司等单位的有关工程技术专家提供的珍贵技术资料，对本书中的参考文献作者，对教育部"十二五"规划教材评审专家提出的修改意见，特表感谢。

本教材是基于工作过程系统化的理念初步尝试，因编者水平有限，不当之处在所难免，请大家多多指正，不胜感谢！

编者

2015 年 1 月

第二版前言

本书第一版自 2015 年出版以来，得到了许多读者的支持，本次修订，笔者综合读者和同行的建议，根据高职应用化工技术、石油化工技术、高分子合成技术、精细化工技术、煤化工技术等化工类专业的人才培养要求，在保证学生掌握扎实的单元过程操作基本理论的同时，重视相关内容在实际生产中的应用，注重培养和启发学生运用基本理论来分析和解决化工生产工程问题的能力。第二版教材继续保持了第一版教材的项目导向、任务驱动的编写特色，主要在如何让读者更方便、更有效地学习方面，作了积极的探索，具体变化如下。

1. 教材中以二维码的形式增加了数字资源，可方便不同地区、不同条件下的读者随时随地地学习。其中的拓展知识二维码资源，方便学习者享受尽可能多的学习资源。

2. 纠正了原来正文、附录和附图中的文字与符号错误，对部分章节的内容进行了删减调整。

3. 修改了部分实践与练习题，使之更符合生产实际。

4. 每个学习情境以资源链接的形式增设了企业案例库，便于师生进行分析讨论，提高学生分析问题与解决问题的能力。

本书由扬州工业职业技术学院徐忠娟、周寅飞担任主编，扬州工业职业技术学院封娜、王卫霞，扬州职业大学张睿担任副主编，扬州工业职业技术学院左志芳、王雪、陈华进、诸昌武、王芳、仇实老师参与了教材的修订和数字化资源的制作。南通科技学院闫生荣老师为教材的修订提出了宝贵意见。扬州工业职业技术学院化工学院的领导和同事在教材修订过程中给予了帮助。中石化扬子石化、江苏油田、江苏扬农化工集团有限公司等单位的有关工程技术专家提供了珍贵技术资料。在此一并表示感谢。

编者

2020 年 2 月

目录

学习情境二　非均相物系分离方案及设备的选择与操作 —————————— 146

学习情境三　传热过程及设备的选择与操作 —————————————————— 194

学习情境四　萃取过程及设备的选择与操作 ———————————— 268

附录 ———————————————————————————————— 319

参考文献 ———————————————————————————————— 345

绪　　论

化学工业（简称化工）是以天然资源或其他行业产品为原料，对其进行化学处理并辅以必要的物理处理，以制成更有价值产品的工业，是生产过程中化学方法占主要地位的制造业，是通过化学工艺将原料转化为成品的工业。化学工业与轻工、重工、能源、农业、交通、国防及人民生活有着密切的关系，在国民经济建设中具有十分重要的地位与作用，是国民经济的支柱产业。化学工业的产品统称为化工产品。化工产品种类多、数量大、用途广，那么，化工产品是如何生产出来的呢？

一、化工生产过程实例

化工产品种类繁多，生产过程十分复杂，每一种产品的生产过程均不相同。

【实例1】　聚氯乙烯生产过程

图 0-1 是工业上以乙炔和氯化氢为原料生产聚氯乙烯的流程框图。以乙炔和氯化氢为原料生产聚氯乙烯树脂颗粒的过程分为两个阶段：第一阶段是以乙炔和氯化氢为原料进行加成反应以制取氯乙烯单体；第二阶段是在 81kPa 的压力下、55℃ 左右的温度下将单体进行聚合以获得聚氯乙烯树脂颗粒。在制备氯乙烯单体进行加成反应前，必须将乙炔和氯化氢中所含各种有害物质除去，以免加成反应所用催化剂中毒失效。加成反应的生成物中除氯乙烯单体外，还含有未反应的氯化氢和其他副产物，其中未反应的氯化氢会对后续聚合设备与管道造成严重腐蚀，因此在聚合前必须首先除去。工业上通常是将加成反应后的气体压缩、冷凝以除去氯化氢，并除去其他杂质，从而达到聚合反应所需的纯度和聚集状态。而聚合所得的树脂颗粒和水的悬浮液还须经脱水、干燥后才能作为产品包装出售。

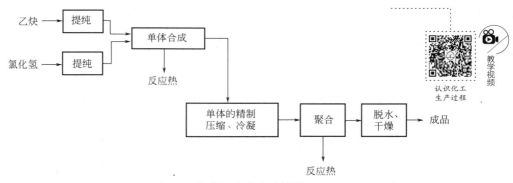

图 0-1　聚氯乙烯的生产过程

在聚氯乙烯树脂生产过程中除单体合成、聚合化学反应过程（也叫单元反应过程）外，原料和反应后产物的提纯、精制属于前、后处理过程，多数为纯物理过程，但这些纯物理过程是化工生产所不可缺少的单元操作过程，它们对成本影响很大。

【实例 2】 阿司匹林（乙酰水杨酸）的生产过程

阿司匹林是由水杨酸与醋酸酐进行乙酰化反应而制得的，其生产流程如图 0-2 所示。

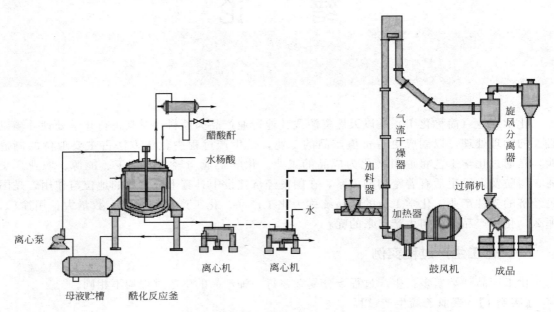

图 0-2　阿司匹林（乙酰水杨酸）的生产过程

阿司匹林的生产过程为：先用泵将母液贮槽中的醋酸母液打入酰化反应釜，然后加入醋酸酐，再在搅拌下加入水杨酸。加热至 74℃，保温 5h 进行酰化反应。反应结束后，冷却结晶，在离心机中过滤晶体，滤液送回母液贮槽。晶体在离心机中用水洗涤数次后，由加料器送至气流干燥器中干燥，干燥产品用旋风分离器回收，最后过筛得阿司匹林粉末。从旋风分离器出来的空气经袋滤器进一步回收阿司匹林粉尘后排入大气。

在阿司匹林的生产过程中，除酰化釜内的酰化反应为化学反应过程外，其他设备中进行的过程，如母液输送、离心机内脱水、洗涤、过滤、空气加热、气流干燥及旋风分离除尘等均为物理操作过程。

由这两个实例可见，任何一种化工产品的生产过程，其实都是由若干物理加工过程（即单元操作过程）和化学反应过程（即单元反应过程）组合而成。图 0-3 为化工产品生产的基本过程示意图。

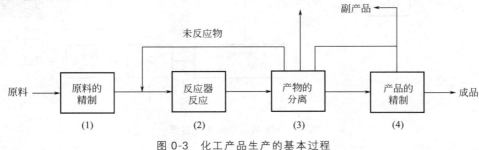

图 0-3　化工产品生产的基本过程

图 0-3 表明：①化工产品的生产过程是由原料的预处理过程、反应过程和产物的后处理过程三个基本环节构成；②产品的生产过程中除反应器内有化学反应外，其余步骤多数属于

物理操作；③不同产品的生产过程尽管不同，但都是由反应过程和为数不多的物理操作过程组成。

虽然化工产品的生产过程是以化学反应为核心，物理操作过程则是为化学反应准备必要的条件以及将粗产品提纯，但这些物理操作过程在整个化工生产过程中的作用不可忽视，它们对生产过程的经济效益影响很大。

根据化工生产中使用的物理操作过程的原理的不同，人们将其归纳为数个基本的操作过程，如流体的流动及输送、非均相物系的分离、传热、蒸发、结晶、蒸馏、吸收、干燥、萃取等，我们将这些化工常用的基本操作称为**单元操作**。

单元操作是指在各种化工产品的生产过程中普遍采用的、遵循共同的物理学或物理化学定律、所用设备相似、具有相同作用的那些基本操作。

化工产品种类繁多，生产工艺各异，但无论何种产品的生产过程，都是由若干种单元操作过程和单元化学反应过程按不同的工艺要求、以不同的方式组合而成。

二、本课程的性质和主要内容

石油与化学工业是国民经济的支柱产业之一，行业的可持续性发展，带来了企业对高素质技能型人才的旺盛需求。应用化工、石油化工及生化、制药等高职专业的目的就是培养企业生产一线从事化工生产操作、工艺运行、技术管理及新产品开发研究等工作，具有良好职业道德、技能过硬、身心健康、素质全面的高端技能型人才。这些专业的学习内容为：学习如何利用天然原料或半成品通过适当的化学和物理的手段生产相应的化工产品；如何根据生产任务，依据化学工程的原理，寻求技术上先进、经济上合理的、操作运行安全的生产方法，确定合适的工艺流程、最佳操作条件和适宜的设备构型。

在化工类专业学生的所有学习领域中，"化工单元过程及设备的选择与操作"是最为核心的一个学习领域，属于专业技术核心课程，主要目的是培养学生化工生产相关单元过程原理的应用能力、训练单元过程装置设备的操作运行技能。

本课程设置了八个典型的学习情境，分别是：流体输送过程及设备的选择与操作、非均相物系分离方案及设备的选择与操作、传热过程及设备的选择与操作、萃取过程及设备的选择与操作、蒸馏过程及设备的选择与操作、吸收过程及设备的选择与操作、干燥过程及设备的选择与操作、反应过程及其设备的选择与操作。

每一个学习情境的内容都是以工程项目为载体，按照完成工作任务的需要介绍相应理论与实践知识，包括显性知识与习惯经验知识，以解决实际问题的方式引导学生动手动脑，力求把教学过程变为学生自主性、能动性、创新性的学习过程。

三、本课程的学习要求与学习方法

1. 本课程的学习要求

① 理解各学习情境中的主要单元过程的基本原理、熟悉单元过程设备的构造、性能和操作原理，并具备设备选型的能力。

② 掌握单元过程及设备的基本计算方法，理解基本计算公式的物理意义、应用方法和适用范围；具有查阅和使用常用工程计算图表、手册、资料的能力；能对典型单元过程设备

进行工艺尺寸的确定。

③ 根据生产上的不同要求，能进行设备操作和调节，在发生故障时，能够分析出故障发生的原因并具有一定的排除故障的能力。

④ 具有选择适宜操作条件、探索强化单元过程和提高设备效能的初步能力，具有分析和解决工程问题的初步能力和技术经济分析的基本能力。

总之就是要求学习者掌握化工生产中各单元过程的基本原理，掌握过程设备的结构和操作方面的知识；能进行各单元过程方案的选择和过程设备的选用及部分设备的简单设计，特别是能正确并且熟练操作各单元过程装置；最终具备爱岗敬业、团结协作的职业精神和职业素养。

2. 本课程的学习方法

要完成本课程的学习任务必须做到以下几点。

① 端正态度、主动学习　要充分认识到本课程的知识与技能对今后工作的重要性。学习任务要明确、学习态度要端正。教师广泛使用交互式、研讨式、问题式及导学探究式的教学方法，注重启迪学生的创新思维，激励学生的创新行动。学生应在老师的引导下，积极思考、自主探究、经常研讨、主动完成学习任务。

② 注意基础知识的复习　平时要注重复习与本课程相关的基础课程的知识。如数学，高中物理与电工学，无机及有机化合物的性质、反应原理与特点，识图与绘图等方面的知识。

③ 注重调查、理论与实践相结合，注重从工程的角度分析问题和解决问题　在本课程的学习过程中，课后要多查阅资料，要多联系工厂生产实际。注重从工程的角度分析问题和解决问题，即对每一个工程任务的完成要力求做到：**理论上正确，技术上可行，操作上安全，经济上合理**，逐步培养自己的**绿色、安全、可持续发展的工程经济观念**。

④ 分清主次，抓住重点　本课程的应用性较强，应侧重于掌握有关公式、定律的应用，而不要拘泥于公式与定理的来源与推导过程。

总之：本课程是一门理论与实践都很强的综合性技术核心课程，学习本课程一定要理论联系实际，从工程的角度掌握各化工单元过程及其设备的工作原理和操作与选用技能。

 化工视窗　　扫码观看视频，了解我国石化企业。

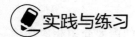 **实践与练习**

一、简答题

1. 什么是单元操作？

2. 《化工单元过程及设备的选择与操作》的学习内容与要求是什么？

二、课外调查

上网或到有关企业去调查你比较感兴趣的某一化工产品的生产过程，说明整个生产由哪几部分构成？你能理解的是什么？不能理解的有哪些？

中国石化企业巡礼　　教学视频

学习情境一
流体输送过程及设备的选择与操作

 教学目标

知识目标：

1. 了解流体输送过程在化工企业中的应用，明确流体输送过程在工业生产中的重要性。

2. 了解流体输送管路中的管件与阀件的类型、作用及应用场合，掌握管子规格的确定方法、管路系统的安装原则。

3. 理解描述流体流动规律的连续性方程与伯努利方程的物理意义，掌握应用连续性方程与伯努利方程解题的要点。

4. 理解流体流动阻力的影响因素，了解流动阻力的估算方法，熟悉降低管道流体阻力的方法与措施。

5. 掌握离心泵的结构、工作原理、性能参数，熟悉选型步骤与要点，掌握安装及操作注意事项。

6. 了解其他类型流体输送设备的结构、工作原理、性能参数、应用场合及操作要点。

能力目标：

1. 能根据输送任务确定合适的管子、管件规格，完成管路的安装和调试。

2. 能针对液体输送任务拟定合理的输送方案，对已有的输送案例能进行正确分析与评价，提出优化改进的建议。

3. 能根据输送任务选择合适的流体输送设备并做到正确安装。

4. 能熟练操作离心泵、旋涡泵等液体输送设备，完整规范地做好运行记录；能对操作效果进行正确分析，会根据实际生产的要求在适当范围内对参数进行控制与调节。

5. 能正确操作往复式、离心式等气体输送设备，熟练操作水喷射式、水环式真空泵，并能对操作中的不正常现象进行分析和处理。

素质目标：

1. 养成规范操作、严谨求实的职业习惯。

2. 增强安全、质量、环保的职业意识，树立实事求是、尊重科学的理念。

引言

化工生产过程所处理的物料，包括原料、中间体和产品，绝大多数是流体（气体和液体），或者是以流体为主的非均相混合物。按照化工生产工艺要求，物料通常需要从一个地方输送到另一个地方，从上一道工序转移到下一工序，从一个设备送往另一个设备，逐步完成各种物理变化和化学变化，才能得到所需要的化工产品。因此，要完成化工生产过程，首先要解决流体输送问题。另一方面，化工生产中的传热、传质及化学反应过程多数是在流体流动状况下进行的，其中流体的流动状况对这些过程的操作费用和设备费用有着很大的影响，关系到产品的生产成本和经济效益。因此，流体输送问题是化工生产必须解决的基本问题；而合理选择流体输送过程的方案，正确使用流体输送过程的设备是化工生产工艺技术人员和操作技术人员必须具备的基本能力。下面我们基于某石化企业的一个原油输送工程任务完成过程来学习流体输送的有关知识。

工程项目　　**某石化企业原油输送方案的制订和输送过程的实施**

石油是全球经济重要的推动引擎，中国经济持续回升向好支撑石油需求增长，目前我国持续加大勘探开发力度，积极拓宽石油供应来源，有效统筹发展安全与绿色转型，在不断提升能源自主保障能力的同时积极推进绿色低碳发展。石化企业开足马力进行生产。

某石油化工企业每小时要将35t原油，由原油库区的常压原油贮罐送到炼油蒸馏装置前的电脱盐工段，已知原油贮罐中的最低油位距地面2.5m，最高油位距地面14.3m，电脱盐工段的电脱盐罐内油位（液相，满液位）正常距地面最高点3.5m，电脱盐罐内油面上方的压力为0.6MPa。油库在电脱盐工段的正西北150m处，油库与电脱盐工段之间隔一条厂区主干道。初步估计从油库到电脱盐罐之间的管道总长度在300m左右，其间至少需要20次拐弯。请设计一套输送方案并完成此输送任务。

图1-1是原油贮罐与电脱盐罐之间空间方位图。

流体输送在化工
生产中的应用　　教学视频

图1-1　原油贮罐与电脱盐罐之间空间方位图

内浮顶油罐　动画

项目任务分析

将原油从贮罐送到电脱盐工段的电脱盐罐是一个典型的液体输送任务，要完成此输送任务，首先我们必须了解工程上常用的液体输送方案有哪些，在各种方案中要解决的共性和个性问题又有哪些，这个任务应该选用何种输送方案。

任务一　流体输送任务和输送方案的认识

一、化工常见的流体输送任务

化工生产中要完成的流体输送任务主要有三大类：第一类是将流体从低位送到高位；第二类是将流体从低压设备送往高压设备；第三类是将流体从一个地方送到很远的另一个地

方。其中，最常见的还是这几类输送问题的综合。

观察与思考

【案例 1-1】 酚醛树脂生产工艺中的流体输送问题

图 1-2 是酚醛树脂生产装置的工艺流程图，图 1-3 是工艺过程框图。该生产工艺的核心是原料苯酚和甲醛在碱的存在下于反应釜内进行缩聚反应。常压操作，反应温度控制在 85～92℃之间。操作过程中要严格控制原料的投料比。苯酚和甲醛的总投料比为 1：1.78。为了控制聚合速率和树脂的聚合度，原料甲醛是分批加入反应釜中的，开始投料时投料比为苯酚：甲醛＝1：1.34。

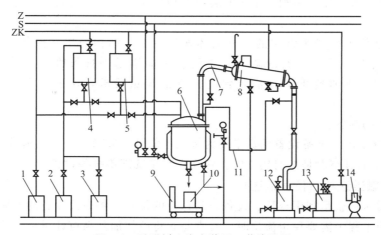

图 1-2　酚醛树脂生产装置工艺流程图

1—熔酚罐；2—甲醛罐；3—碱液罐；4,5—高位计量罐；6—反应釜；7—导气管；8—冷凝器；
9—磅秤；10—树脂桶；11—U 型回流管；12, 13—贮水罐；14—真空泵；
Z—蒸汽管；S—水管；ZK—真空管

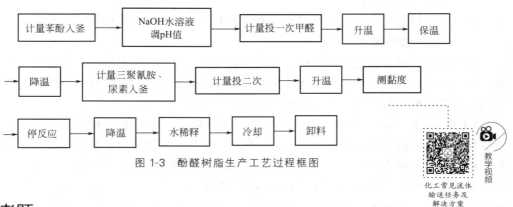

图 1-3　酚醛树脂生产工艺过程框图

化工常见流体
输送任务及
解决方案

教学视频

思考题

案例 1-1 的图 1-2 中熔酚罐 1、甲醛罐 2、碱液罐 3 中的原料是怎样送入反应釜的？这是哪一类流体输送问题？如果只有管道连接，不采取其他措施能实现输送任务吗？

二、工业常用流体输送方案的认识

为了完成工艺要求的各种流体输送任务，可从生产实际出发采取不同的输送方案。目前工业常用的流体输送方案有以下四种。

1. 真空抽料

真空抽料就是通过真空系统造成的负压将流体从一个低位的常压设备送到另一个高位的负压设备中去。

在案例 1-1（图 1-2）中，常压的熔酚罐 1、甲醛罐 2、碱液罐 3 中的原料是可用真空抽吸的方法送入高位计量罐 4 或 5 中的。具体工作过程是：利用抽真空系统，使高位计量罐 4 或 5 中的压力低于大气压，再利用常压贮罐液面和与高位计量罐液面之间的压差推动流体从低位流向高位。

真空抽料是化工生产中常用的一种流体输送方法，结构简单、操作方便、没有运动部件，但需要抽真空系统、流量调节不方便且不能输送易挥发性的液体。在连续真空抽料时，下游设备的真空度必须满足输送任务的流量要求，还要符合工艺生产对压力的要求。

这里要解决的问题：

① 什么是真空度？下游设备的真空度为多大才能既完成输送任务又满足工艺要求？

② 下游设备的真空度是如何建立的？建立真空系统需要哪些设备？

2. 高位计量罐送料（位差输送）

高位计量罐送料就是利用容器、设备之间存在的位差，将高位设备的流体直接用管道送到低位设备。当工程上需要稳定流量时，常常是先将液体加到高位计量罐（精细化工生产中用得较多的是高位计量罐），再由高位计量罐向反应釜等设备加料。

在酚醛树脂生产的工艺流程图 1-2 中，反应釜 6 的加料就是利用高位计量罐 4、5 来维持的。

这里要解决的问题：

高位计量罐与反应釜之间的垂直位差为多大时才能保证所需的稳定流量？

3. 流体输送机械送料

流体输送机械送料是化工厂中最常见的流体输送方式，它是借助流体输送机械对流体做功，实现流体输送的目的。在案例 1-1 中，常压的熔酚罐 1、甲醛罐 2、碱液罐 3 中的原料也可用输送机械送料的方法送入高位计量罐 4 或 5 中。

【案例 1-2】 图 1-4 是某厂合成气净化车间脱硫工序流程图。来自气柜的含有硫化氢的半水煤气是依靠鼓风机送入脱硫塔底部，气体在塔内依靠压差自下而上流动，脱除硫化氢后的气体则由顶部排出送至下一工序。地面上的常压循环槽中吸收剂栲胶溶液（贫液）是借助离心泵输送到脱硫塔顶部，吸收剂栲胶溶液在塔内自上而下流动，与气体逆流接触。这里的离心泵是典型的液体输送机械，鼓风机则是典型的气体输送机械，统称流体输送机械。

在案例 1-2 中流体输送机械的类型很多，每一种类型的输送机械又有不同的型号。那么在实际生产中我们还要解决的以下问题：

① 到底选用哪种类型、哪种型号的输送机械来完成输送任务？

② 这些输送机械又该如何安装，如何操作呢？

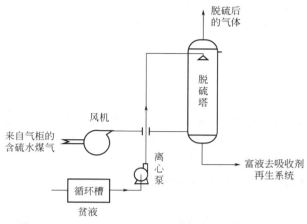

图 1-4　流体输送机械送料示意图

4．压缩气体送料

如图 1-5 所示，在化工生产中，有些腐蚀性强的液体需作近距离输送时，可采用压缩空气或惰性气体来送料。

【案例 1-3】 如图 1-5 所示，要将低位酸贮槽中的硫酸送到高位的目标设备，通常是在压力容器酸贮槽液面上方通入压缩空气（或氮气），在气体压力的作用下，将酸送至目标设备。

压缩气体送料装置结构简单，无运动部件，不但可以间歇输送腐蚀性液体，如果用压缩氮气作为介质还可输送易燃易爆的液体；当然这种输送方式的缺点是流量小、不易调节且只能间歇输送液体。用压缩气体送料时，贮存液体原料的贮罐必须是密闭的耐压容器。

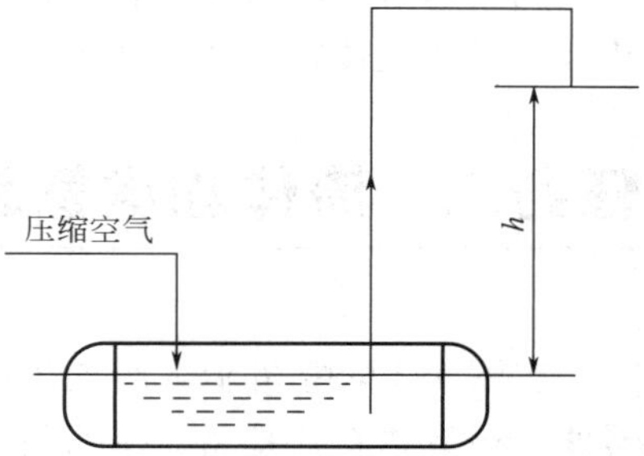

在压缩气体送料方式中要解决以下的问题：

① 气体的压力多大才能满足液体输送任务对升扬高度的要求？

图 1-5　压缩空气送料示意图

② 一定压力的压缩气体又是如何获得的？给气体加压的设备有哪些？

三、完成流体输送任务需解决的问题及要求

在以上四种输送方案中都需要使用管路系统将各种设备、设备与机械之间连接起来，因此，流体输送过程中要解决的共性问题就是管路系统设计与安装。

对于一个给定的流体输送任务，到底采用何种输送方案进行输送，则要根据具体情况具体分析，那么如何分析？方案选择的依据又是什么？

对于一个确定的输送方案，要很好地完成有关流体输送任务，作为操作人员必须掌握：流体输送时有关参数的测量和控制方法；各种类型输送机械的工作原理、特点、选型、安装及操作运行的要点。

因此一个化工生产的工程技术人员必须掌握的流体输送方面的知识和技能如下：

① 管路系统设计与安装的知识与技能；

② 流体输送方案分析、选择与评价的方法；

③ 流体输送参数测量和控制的知识；

④ 流体输送机械的选型、安装及操作运行的要点。

🖊 实践与练习1

一、课外调查

西气东输工程是我国的一个特大型重点工程，西气东输管道是一条在华夏大地延伸的绿色"丝带"，是我们国家的能源"大动脉"。请查阅有关资料，了解西气东输工程的重要意义，与同学交流你掌握的资料并回答以下问题。

① 作为一个未来的化工行业的从业人员，你知道西气东输工程对长三角、珠三角化工产业的意义吗？

② 西气东输一线工程的设计能力（输气量）是多少？所用的管道直径是多少？管子的材料是什么？管道总长度是多少？西气东输二线工程的设计能力（输气量）又是多少？所用的管道直径又是多少？管道总长度是多少？沿途有多少个压气站？每个压气站是如何工作的？

③ 如果你是一个设计者，从完成气体输送任务的角度，你应该解决哪些方面的问题？

二、观察与分析

利用课后时间去流体输送操作实训室或其他的化工生产型职场化的专业实训室，在实训装置中寻找流体输送的有关方案。

任务二　流体输送管路的设计与安装

在图 1-2 酚醛树脂生产工艺流程图中，除了冷凝器、反应釜、真空泵及熔酚罐等各种容器外，还有物料连接管、蒸汽管、水管、真空管和 U 型回流管等各种管道。他们有的是用来沟通生产中的各种设备，如贮槽、高位槽、换热器和反应器；有的是用来输送加热蒸汽和冷却水、压缩气体、废气或连接真空系统等；此外，在管道中还有用来控制物料流向和流量大小的各种阀门。

在化工厂中只有管路畅通，阀门调节适当，才能保证整个化工企业、各个车间及各个工段的正常生产。因此，流体输送管路好比人体内的血管，在保证化工生产装置正常生产与安全运行方面起着极其重要的作用。

一、流体输送管路基本构件的认识

化工管路通常是由管子、管件和阀门等构成的。一个满足生产工艺要求的管路系统必须满足管子、管件和阀门的材料合适、类型正确、规格合理。

👥 观察与思考

去学校的水泵房、锅炉房或浴室认识各种管子、管件、阀门，填写下表。或去学校的化工专业实习、实训基地认识各种管子、管件、阀门，并填写到下表中。

装置名称：

序号	管子		管件		阀门	
	类型	规格	类型	规格	类型	规格
1						
2						
3						
4						
5						
6						

注：此表可按实际情况加行续页。

思考题

　　在装置中，为什么有不同材质的管子？为什么有些管子粗有些管子细？现场有几种类型的阀门？为什么要采用这些不同类型的阀门。

二、流体输送管路基本构件的选用

（一）管子材料的选用

1. 管子材料

化工厂中所用的管子种类繁多，若依制作材料可分为金属管、非金属管和复合管三大类。金属管主要有钢管、合金管、铸铁管和有色金属管。有色金属管包括铝管、铅管、紫铜管和黄铜管。非金属管有陶瓷管、水泥管、塑料管及橡胶管。

（1）钢管

钢管分无缝钢管与有缝钢管两类。

① 无缝钢管　无缝钢管是用棒料钢材经穿孔热轧（热轧管）或冷拔（冷拔管）制成的，管子没有接缝。其特点是质地均匀、强度高、壁厚规格齐全，能用于各种温度和压力下流体的输送。无缝钢管可由普通碳素钢、优质碳素钢、低合金钢、普通合金钢、不锈耐热钢等材料加工而成。

② 有缝钢管　有缝钢管又称为焊接钢管。有缝钢管基本是用低碳钢制成的，可分为水煤气钢管和钢板电焊钢管两类。

水煤气钢管顾名思义是适用于水、煤气、蒸汽及一些低腐蚀性液体与空气的输送。

水煤气钢管按表面是否处理分镀锌管和黑铁管（不镀锌）两种；根据能够承受的压力又可分为普通管（极限工作压力1.0MPa）和加厚管（极限工作压力1.6MPa）。

钢板电焊钢管是由钢板焊接而成的，一般在直径相对较大、壁厚相对较薄的情况下使用，通常是作为无缝钢管的补充，如合成氨生产企业的低压煤气管道。钢板电焊钢管有直缝电焊钢管和螺旋缝焊钢管两种。

（2）铸铁管

铸铁管分普通铸铁管和硅铸铁管。

　　普通铸铁管是由上等灰口铸铁铸造而成的，有价格低廉、耐浓硫酸、耐碱腐蚀的优点，但强度差、质地脆、紧密性差、壁厚且笨重。它仅适用于地下给水总管、煤气总管和地下污水总管。

　　硅铸铁管又分为高硅铸铁管和抗氯铸铁管。高硅铸铁管具有抗硫酸、硝酸和温度300℃以下盐酸等的优点；抗氯铸铁管可抗各种温度和浓度的盐酸。但硅铸铁管性质非常脆，在敲击、急冷或急热的情况下极易破裂，机械强度低，只能在0.25MPa以下使用。

　　(3) 有色金属管

　　有色金属管包括铝管、铅管、紫铜管和黄铜管。

　　① 铝管　用铝制造的管子，导热能力强、质量轻、有较好的耐酸性，可用于浓硫酸、浓硝酸、甲酸和乙酸的输送，但不耐碱和含有氯离子的物料。因其导热能力强，铝管可用于制造换热器。注意：若工作温度超过160℃，则不宜在较高压力下使用，铝管最高使用温度为200℃。

　　② 铅管　金属铅性软，易于锻制和焊接。用铅制造的管子，能耐硫酸、稀盐酸、60%以下的氢氟酸、80%以下的乙酸的腐蚀，但不可用于浓盐酸、硝酸和次氯酸、高锰酸盐类物料的输送。由于其机械强度低、笨重而且性软、耐热性能差（最高工作温度不超过140℃）、导热性能差，因此在化工行业已逐步被耐酸合金钢管和工程塑料管代替。

　　③ 紫铜管和黄铜管　金属铜导热导电性能好、延展性好。用铜制作的管子耐低温，可用于制造低温流体输送管及低温换热器的管子。另外因紫铜管易于弯曲，可作为油压系统、润滑系统中有压液体的输送管线及仪表的取压管线。但必须注意：铜管不可用于含氨流体的输送，输送介质的温度不能超过250℃，输送压力不能超过2.75MPa。

　　(4) 非金属管

　　非金属管有陶瓷管、水泥管、塑料管及橡胶管。

　　① 陶瓷管　陶瓷管耐腐蚀性好，除氢氟酸以外的所有酸碱性物料都可输送，但性脆、机械强度低，不耐压也不耐温度骤变。一般用于输送压力低于0.2MPa、温度低于150℃的腐蚀性流体。

　　② 塑料管　塑料管质量轻，耐腐蚀性好，易于加工，但不耐热且强度低。塑料管的材料有酚醛树脂、聚氯乙烯、聚甲基丙烯酸甲酯、增强塑料（玻璃钢）、聚乙烯及聚四氟乙烯等。

　　有聚氯乙烯管一般用于常温常压下的酸、碱及废水的输送，聚乙烯管一般用于蒸馏水、和去离子水的输送。聚四氟乙烯管（PETF）具有极优的化学稳定性，能耐所有的强酸、强碱、强氧化剂与各种有机溶剂，常压下可长期应用于-180~250℃。

　　③ 橡胶管　橡胶管能耐酸碱，抗腐蚀性好，有弹性，可任意弯曲。主要用于临时性管道及一些管路的挠性连接。需要注意的是：橡胶管易于老化，不可用于硝酸、有机酸及石油产品的输送。

　　(5) 复合管

　　复合管则是由金属与非金属材料复合而成的管子，在金属管内衬以搪瓷、橡胶等材料，这样能同时满足强度和耐腐蚀性的要求。

　　2. 管子材料的选用原则

　　管子材料的选择主要是从耐压和耐腐蚀性两个方面考虑，有时还要结合耐高温的要求。

　　化工厂内输送有压流体时，一般选用金属材料制作的管子，而对于低压或接近于常压的流体输送则可选用普通级的薄壁金属管或非金属材料制作的管子。

① 输送压强较高、但无腐蚀性流体时，一般选用碳素无缝钢管。

② 输送有毒、易燃易爆、强腐蚀性流体时，可选用合金材料的无缝钢管。高温（900～950℃）流体的输送及换热器、蒸发器、裂解炉等化工设备内部的管子则一定选用不锈耐热无缝钢管。

③ 输送水、煤气、暖气、压缩空气、低压蒸汽以及无腐蚀性的流体时可选用由低碳钢焊接而成的有缝钢管。

④ 给水总管、煤气管、污水管及某些用来输送碱液和浓硫酸的管道可使用铸铁管。

⑤ 对于输送稀硫酸、稀盐酸、60％以下的氢氟酸、80％以下的乙酸、干或湿的二氧化硫气体的管路，可选用铅管。

⑥ 对于浓硝酸、浓硫酸、甲酸、乙酸、硫化氢及二氧化碳等酸性介质的输送管路可以选择铝管。

⑦ 化工设备的油压系统、润滑系统、仪表的取压管线及工业深冷装置管路通常选用铜管或黄铜管。

⑧ 对于压力低于196kPa和温度低于150℃腐蚀性流体的输送，还可选用陶瓷管。

⑨ 对于临时性管路连接及一些管路的挠性连接，可选用橡胶管。

橡胶管按结构分为纯胶小口径管、橡胶帆布挠性管和橡胶螺旋钢丝挠性管等；按用途分为抽吸管、压力管和蒸汽管等。

⑩ 低温低压的某些管道也可以选用塑料管。

（二）管件类型的选用

将管子连接成管路时，需要依靠各种构件，使管路能够连接、拐弯和分叉，这些构件如短管、弯头、三通、异径管等，通常称为管路附件，简称管件。各种管件的名称如图 1-6 所示。

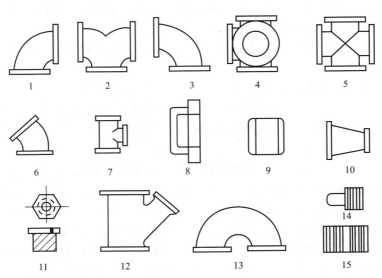

图 1-6　管件

1—90°肘管或称弯头；2—双曲肘管；3—长颈肘管；4—偏面四通管；5—四通管；6—45°肘管或弯头；
7—三通管；8—管帽；9—束节或内牙管；10—缩小连接管；11—内外牙管；12—Y型管；
13—回弯头；14—管塞或丝堵；15—外牙管

①　当改变管路方向时，可选用图 1-6 中的：1—90°肘管或称弯头、6—45°肘管或弯头、3—长颈肘管或 13—回弯头。

②　当需要连接管路支管时，可选用图 1-6 中的：2—双曲肘管、4—偏面四通管、5—四通管、7—三通管或 12—Y 型管。

③　若需要将直径不同的管道连接在一起时，可选用图 1-6 中的：10—缩小连接管、11—内外牙管、12—Y 型管。

④　当管路不需要堵塞时，可使用图 1-6 中的：8—管帽和 14—管塞或丝堵。

⑤　当需要连接直径相同的两段管子时，可采用如图 1-6 中的：9—束节或内牙管和 15—外牙管。

除上述各种管件外，还有其他多种样式，详细内容可查有关手册。

⟳ 任务解决1

> **输油管管子材料的选择**
>
> 在引言部分的原油输送任务中，因原油有压力、易燃，故输油管的管子、管件的材料均选择金属材料，考虑到原油的腐蚀性不是很大和设备投资成本。由于被输送液体压力不是很大，属于中低压力，因此根据 GB/T 8163—2018，建议使用：20♯无缝钢管。

（三）阀门类型的选用

阀门是指在管路中用作流量调节、切断或切换管路以及对管路起安全、控制作用的部件。根据阀门在管路中的作用不同可分为截断阀、调节阀、节流阀、止回阀、安全阀等。又可根据阀门的结构形式不同而分为闸阀、截止阀、旋塞（常称考克）阀、球阀、蝶阀、隔膜阀、衬里阀等，此外，根据制作阀门材料的不同，又有不锈钢阀、铸铁阀、塑料阀、陶瓷阀等。各种阀门的选用和规格可从有关手册和样本中查到。下面仅对化工厂中最常见情况下的阀门选用作适当介绍。

蝶阀

1. 截断阀

在输送管路中，用于截断或接通介质流体时可选用截断阀，包括闸阀、球阀、旋塞阀、蝶阀、隔膜阀等。

（1）闸阀

对于大型管路的开关可选用闸阀。闸阀（gate valve）有时也叫闸板阀，它是利用阀体内闸门的升降以开关管路的，其结构原理可用图 1-7 表示。

根据密封元件的闸门形式，常常把闸阀分成几种不同的类型，如：楔式闸阀、平行式闸阀、平行双闸板闸阀、楔式双闸板闸阀等。最常用的形式是楔式闸阀和平行式闸阀。图 1-7 中所示为几种常用的楔形闸阀。其中图 1-7（a）为利用螺纹与管道连接的闸阀，图 1-7（b）、(c) 分别为利用短径、长径法兰与管道连接的闸阀；图 1-7（d）为图 1-7（b）的剖面图，图 1-7（d）中闸门位置表示管道完全关闭情况。转动手轮时，闸门上升而使流体流过。闸阀形体较大，造价较高，但当全开时，流体阻力小，只能在大型管路中用作输送清洁流体的开关，不能用于有悬浮物液体管路及控制流量的大小。如果闸阀的阀盘与阀座的密封面泄漏，一般是采用研磨的方法进行修理。

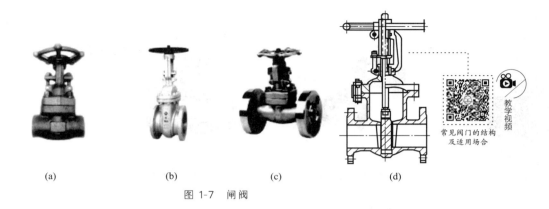

(a)　　　　　(b)　　　　　(c)　　　　　(d)

图 1-7　闸阀

闸阀在工艺流程图中一般用符号 ⋈ 表示。

（2）旋塞阀或球阀

对于小型管路的开关可选用旋塞或球阀。

① 旋塞阀　旋塞阀也叫考克，其结构如图 1-8 所示。它是利用阀体内插入的一个中央穿孔的锥形旋塞阀来启闭管路或调节流量，旋塞阀的开关常用手柄而不用手轮。图 1-8 表示全关的位置，旋转 90°后就是全开的位置，其优点为结构简单，开关迅速，流体阻力小，可用于输送有悬浮物的液体，但不能用于调节流量，更不宜用于压力较高、温度较高的管路及蒸汽管路中。

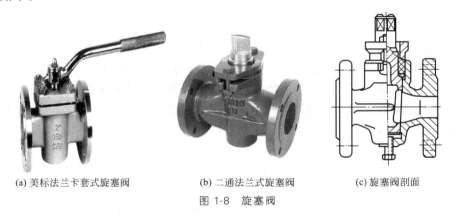

(a) 美标法兰卡套式旋塞阀　　　(b) 二通法兰式旋塞阀　　　(c) 旋塞阀剖面

图 1-8　旋塞阀

② 球阀　球阀是球心阀的简称，如图 1-9 所示。它是利用一个中间开孔的球体作阀芯，依靠球体的旋转来控制阀门的开关。它和旋塞相仿，但比旋塞的密封面小，只需要旋转 90°的操作和很小的转动力矩就能关闭严密。阀体内腔为介质提供了阻力很小、直通的流道。球阀的主要特点是本身结构紧凑，易于操作和维修，适用于水、溶剂、酸和天然

气等一般工作流体，也适用于氧气、过氧化氢、甲烷和乙烯等操作条件要求高的流体。球阀阀体可以是整体的，也可以是组合式的。

图 1-9(a) 为手动带法兰的球阀实物图，图 1-9(b) 为螺纹连接球阀的剖视图，图 1-9(c)、图 1-9(d) 均为自动控制的球阀的实物图，其中图 1-9(c) 为气动控制的球阀，图 1-9(d) 为电动控制的球阀。

球阀在工艺流程图中一般用图形符号 ⋈ 表示。

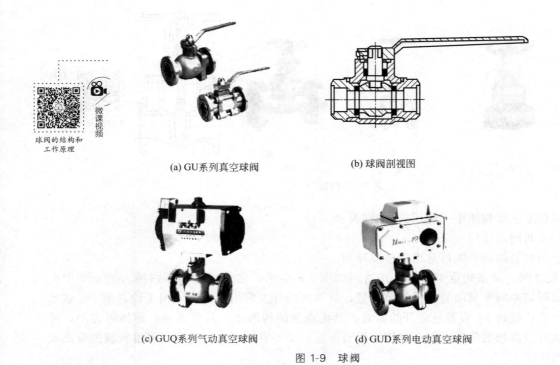

微课视频

球阀的结构和
工作原理

(a) GU系列真空球阀　　　　　　　　(b) 球阀剖视图

(c) GUQ系列气动真空球阀　　　　　　(d) GUD系列电动真空球阀

图 1-9　球阀

2. 调节阀

在输送管路中，需要对介质的流量、压力大小进行调节时可选用调节阀。

在生产过程中，为了使介质的压力、流量等参数符合工艺流程的要求，需要安装调节机构对上述参数进行调节。调节机构的主要核心是各种调节阀。调节阀的工作原理是靠改变阀门阀瓣与阀座间的流通面积，达到调节参数的目的。调节阀（throttling valve）主要有截止阀、节流阀、减压阀等。

动画

截止阀

（1）截止阀

截止阀其结构可用图 1-10 表示。截止阀的阀杆轴线与阀座密封面垂直，它是利用圆形阀盘在阀杆上升降时，改变其与阀座间的距离，以开关管路和调节流量。图中阀盘位置表示全关的情况。截止阀一旦处于开启状态，它的阀座和阀瓣密封面之间就不再有接触，因而它的密封面机械磨损较小。由于大部分截止阀的阀座和阀瓣比较容易修理，更换密封元件时无需把整个阀门从管线上拆下来，这对于阀门和管线焊接成一体的场合是很适用的。截止阀调节流量比较严密可靠，但对流体产生的阻力比闸阀要大得多，不适用于含悬浮物的流体输送管路。截止阀一般用于大型管路的流量调节。图 1-10（a）为利用螺纹与管道连接的截止阀，图 1-10（b）为利用法兰与管道连接的截止阀。图 1-10（c）为图 1-10（b）的剖面图。当然截止阀也可用作管路介质的切断或接通阀。根据通道方向截止阀可分为：直通截止阀、直流截止阀和角式截止阀。截止阀在工艺流程图中一般用图形符号 ▷◁ 表示。截止阀安装时，应注意使流体的流动方向与阀座上的箭头方向一致，保持低进高出。

（2）节流阀

节流阀属于截止阀的一种，如图 1-11 所示。它的结构和截止阀相似，所不同的是阀座

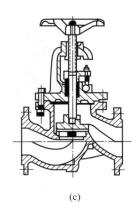

(a)　　　　　　　　　　(b)　　　　　　　　　　(c)

图 1-10　截止阀

口径小，同时用一个圆锥或流线型的阀头代替图 1-10 中的圆形阀盘，可以较好地控制、调节流体的流量，或进行节流调压等。该阀制作精度要求较高，密封性能好。主要用于仪表控制以及取样等管路中，不宜用于黏度大和含固体颗粒介质的流体输送管路中。节流阀和截止阀一样，安装时也要注意流体的流动方向应该是低进高出通过阀座。

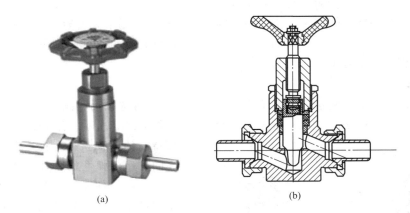

(a)　　　　　　　　　　　　(b)

图 1-11　节流阀

节流阀在工艺流程图中一般用图形符号 ─▷□─ 表示。

（3）减压阀

广泛应用于气体、液体及蒸汽介质的减压稳压或泄压稳压的自动控制。减压阀在工艺流程图中一般用图形符号 ─▶□─ 表示。

截止阀、节流阀和减压阀均用于流量或压力的调节。根据调节阀中改变阀门阀瓣与阀座间的流通面积的驱动方式不同，我们可将调节阀分为手动调节阀和自动调节阀两大类，图 1-10 中的截止阀、图 1-11 中的节流阀均是手动调节阀。

图 1-12 是工业常用的几种自动调节阀（throttling valve），又称自动控制阀。自动控制阀可分为自驱式控制阀和他驱式控制阀两类。

自驱式控制阀是依靠介质本身动力驱动，如图 1-12(a) 中的稳压阀及后面介绍的安全阀，这种调节阀无需外加能源，利用被调介质自身能量为动力源引入执行机构控制阀芯位

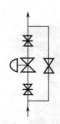

(a) 自驱式压力调节阀　　(b) 气动调节阀　　(c) 电动调节阀　　(d) 自动阀安装示意图

图 1-12　自动调节阀

置，改变两端的压差和流量，使阀前（或阀后）压力稳定，具有动作灵敏、密封性好、压力设定点波动小等优点。图 1-12(a) 为工厂常用的自驱式压力调节阀。

他驱式控制阀是依靠外来动力驱动的（如电力、压缩空气和液动力），如气动调节阀 ［见图 1-12(b)］、电动调节阀 ［见图 1-12(c)］ 和液动调节阀等。

在工艺流程图中电动调节阀一般用图形符号 —⋈— 表示；气动调节阀又分气开型和气关型两种类型，在工艺流程图中气开式气动调节阀一般用图形符号 —⋈— 表示，气关型气动调节阀一般用图形符号 —⋈— 表示。

在连续生产过程中为防止自动控制调节阀发生故障而导致生产停顿或造成事故，自动调节阀旁边往往都安装副线阀——手动截止阀，以便用人工调节来暂时代替自动调节。自动阀的安装如图 1-12(d) 所示。维修时只要将自动调节阀前后的两个闸阀关闭，把自动阀取下来就可进行更换或维修了。

3. 隔膜阀

对于腐蚀性流体的输送管路系统，启闭与调节流量可选用隔膜阀。

隔膜阀（diaphragm valve）常见的有胶膜阀，如图 1-13 所示。这种阀门的启闭密封是

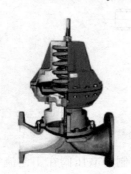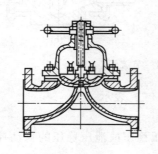

图 1-13　隔膜阀

一块特制的橡胶膜片，膜片夹置在阀体与阀盖之间。一个弹性的膜片，用螺栓连接在压缩件上，压缩件是由阀杆操作而上下移动，当压缩件上升，膜片就高举，造成通路，当压缩件下降，膜片就压在阀体堰上（假设为堰式阀）或压在轮廓的底部（假设为直通式），达到密封。在管线中，此阀的操作机构，不暴露在被输送流体中，故不具污染性，也不需要填料，阀杆填料部分也不可能泄漏。因此，特别适用于输送有腐蚀性、有黏性的流体，例如泥浆、食品、药品、纤维性黏合液等。另外这种阀门结构简单、密封可靠、便于检修、流体阻力小，因此，一般在输送酸性介质的管路中作开关及调节流量之用，但不宜在较高压力的管路中使用。

在工艺流程图中隔膜阀一般用图形符号 —⋈— 表示。

4. 安全阀

为防止系统超压，一般在管路或设备上安装安全阀。

安全阀（safety valve）是用来防止管路中的压力超过规定指标的装置。当工作压力超过规定值时，阀门可自动开启，以排除多余的流体达到泄压目的，当压力复原后，又自动关闭，用以保证化工生产的安全。

安全阀可分为弹簧式和重锤式两种类型。

弹簧式安全阀结构如图1-14所示，主要依靠弹簧的弹力达到密封。当管内压力超过弹簧的弹力时，阀门被介质顶开，管内流体排出，使压力降低。一旦管内压力降到与弹簧压力平衡时，阀门则重新关闭。

(a) 弹簧封闭全启式安全阀　　　　　　(b) 弹簧封闭带扳手全启式安全阀

图 1-14　弹簧式安全阀

重锤式安全阀结构如图1-15所示，主要靠杠杆上重锤的作用力来达到密封，其作用过程同于弹簧式安全阀，不再赘述。

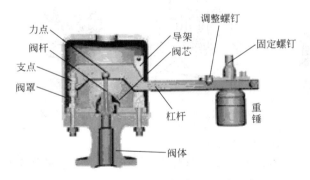

图 1-15　重锤杠杆式安全阀

在工艺流程图中，弹簧式安全阀的图形符号为 ；杠杆式安全阀图形符号为 。

5. 止回阀

当管路系统中必须阻止介质倒流时，应设置止回阀。

止回阀（check valve）又称单向阀，其作用是只允许介质向一个方向流动，而且阻止反方向流动。通常这种阀门是自动工作的，在一个方向流动的流体压力作用下，阀瓣打开；流体反方向流动时，由流体压力和阀瓣的自重合并作用于阀座，从而切断流动。止回阀按结构不同，分为旋启式和升降式两类。

旋启式止回阀有一个铰链机构，还有一个像门一样的阀瓣自由地靠在倾斜的阀座表面上

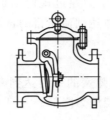

图 1-16　旋启式止回阀

（如图 1-16 所示）。为了确保阀瓣每次都能到达阀座面的合适位置，阀瓣设计有铰链机构，以便阀瓣具有足够有旋启空间，并使阀瓣真正地、全面地与阀座接触。阀瓣可以全部用金属制成，也可以在金属上镶嵌皮革、橡胶或者采用合成覆盖面，这取决于使用性能的要求。旋启式止回阀在完全打开的状况下，流体流动几乎不受阻碍，因此通过阀门的压力降相对较小。旋启式止回阀一般安装在水平管道上。

升降式止回阀的阀瓣坐落位于阀体上阀座密封面上。此阀门除了阀瓣可以自由升降之外，其余部分如同截止阀一样，流体压力使阀瓣从阀座密封面上抬起，介质回流导致阀瓣回落到阀座上，并切断流动。根据使用条件，阀瓣可以是全金属结构，也可以是在阀瓣架上镶嵌橡胶垫或橡胶环的形式。像截止阀一样，流体通过升降式止回阀的通道也是狭窄的，因此通过升降式止回阀的压力降比旋启式止回阀大些，而且旋启式止回阀的流量受到的限制很少。升降式止回阀分水平管道和垂直管道使用的两种。图 1-17 为用于水平管道中的升降式止回阀。

图 1-18 为用于垂直管道中的升降式止回阀，注意流体只能自下而上流动。升降式止回阀一般适用于清净介质的管路中，含有固体颗粒和黏度较大的介质管路中不宜采用。

在工艺流程图中止回阀一般用图形符号 →◁ 或 ▷◁ 表示。

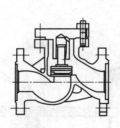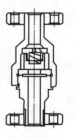

图 1-17　水平管道中使用的升降式止回阀　　　图 1-18　垂直管道中使用的升降式止回阀

四通阀

6. 分流阀

当需要分离、分配混合介质时，可选用分流阀，如疏水阀。

疏水阀（drain valve）又称冷凝水排除阀，俗名疏水器。用于蒸汽管路中专门排放冷凝水而阻止蒸汽泄漏。疏水阀的种类很多，目前广泛使用的是浮球式和热动力式两类。

图 1-19 所示自由浮球式蒸汽疏水阀是目前国内最先进的蒸汽疏水阀之一，其结构简单，内部只有一个精细研磨的不锈钢空心浮球，既是浮子又是启闭件，无易损零件，使用寿命很长。装置刚起动时，管道内出现空气和低温冷凝水，自动排空气阀能迅速排除不凝性气体，疏水阀开始进入工作状态，低温冷凝水流进疏水阀，凝结水的液位上升，浮球上升，阀门开启。装置很快提升温度，管道内温度上升至饱和温度之前，自动排空气阀已经关闭；装置进入正常运行状况，凝结水减少液位下降，浮球随液位升降调节阀孔流量；当凝结水停止进入时，浮球随介质流向逼近阀座，关闭阀门。自由浮球式蒸汽疏水阀的阀座位于液位以下，形

成水封，无蒸汽泄漏。

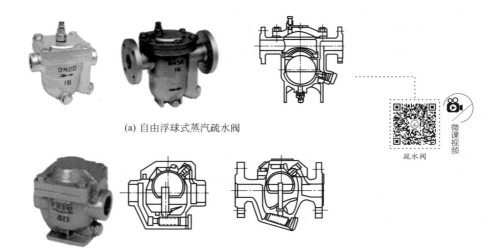

(a) 自由浮球式蒸汽疏水阀

微课视频
疏水阀

(b) 自由半浮球式蒸汽疏水阀

图 1-19　浮球式蒸汽疏水阀

　　热动力式疏水阀，如图 1-20 所示，温度较低的冷凝水在加热蒸汽压力的推动下流入图中的通道 1，将阀门顶开，由排水孔 2 流出。当冷凝水将要排尽时，排出液中则夹带较多的蒸汽，于是温度升高，促使阀片上方的背后压升高。同时蒸汽流过阀片与底座之间的环隙中造成减压，阀片则因自身重量及上下压差作用使阀片下落，于是切断了进出口之间的通道。经过片刻后，由于疏水阀向周围环境散热，阀片上背压室内的蒸汽部分冷凝，从而背压下降，于是阀片又重新开启，实现周期性排水。如此循环排水阻汽。

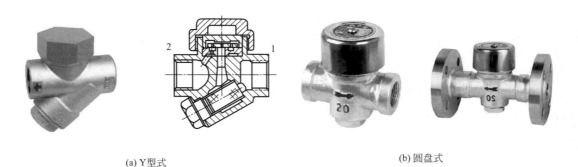

(a) Y型式　　　　　　　　　　　　　　　　　(b) 圆盘式

图 1-20　热动力式疏水阀

　　在工艺流程图中疏水阀一般用图形符号疏水阀 -●- 表示。
　　化工生产装置中的阀门类型很多，这里不可能全部介绍，其他类型的阀门如果需要，请查有关资料。

三、流体输送管路的管子、管件、阀门规格的确定

前面介绍的各种管件、阀门在与管子连接时必须规格相当。工程上，为了便于管路的设

计和安装，降低工厂管路的消耗费用、减少企业自备仓库中管子、管件的贮备量，方便受损管子、管件的更换，管子、管件和阀门的生产厂家都是按照国家制定的相关标准进行批量生产，设计和使用单位只需按标准去选用。

（一）管子、管件和阀门规格的表示方法

1. 化工管路的标准

管子和管径的标准主要有两个指标：公称压力和公称直径。

（1）公称压力

公称压力一般是指管路内工作介质的温度在 0～120℃ 范围内的最高允许工作压力。公称压力用符号 PN 表示，其后附加压力数值，单位是 bar（1bar＝0.1MPa）。管路的最大工作压力应等于或小于公称压力，由于管材的机械强度因温度的升高而下降，所以最大的工作压力亦随介质温度升高而减小。表 1-1 为管子、管件的公称压力标准。表 1-2 为碳钢管子、管件的公称压力和不同温度下的最大工作压力。

表 1-1　管子、管件的公称压力表　　　　　单位：0.1MPa

2.5	16	63	250
6	25	100	320
10	40	160	400

表 1-2　碳钢管子、管件的公称压力和不同温度下的最大工作压力

公称压力 /MPa	试验压力（用低于100℃的水）/MPa	介质工作温度/℃						
		至 200	250	300	350	400	425	450
		最大工作压力/MPa						
		P20	P25	P30	P35	P40	P42	P45
0.10	0.20	0.10	0.10	0.10	0.07	0.06	0.06	0.05
0.25	0.40	0.25	0.23	0.20	0.18	0.16	0.14	0.11
0.40	0.60	0.40	0.37	0.33	0.29	0.26	0.23	0.18
0.60	0.90	0.60	0.55	0.50	0.44	0.38	0.35	0.27
1.00	1.50	1.00	0.92	0.82	0.73	0.64	0.58	0.45
1.60	2.40	1.60	1.50	1.30	1.20	1.00	0.90	0.70
2.50	3.80	2.50	2.30	2.00	1.80	1.60	1.40	1.10
4.00	6.00	4.00	3.70	3.30	3.00	2.80	2.30	1.80
6.40	9.60	6.40	5.90	5.20	4.70	4.10	3.70	2.90
10.00	15.00	10.00	—	8.20	7.20	6.40	5.80	4.50
16.00	24.00	16.00	14.70	13.10	11.70	10.20	9.30	7.20
20.00	30.00	20.00	18.40	16.40	14.60	12.80	11.60	9.00
25.00	35.00	25.00	23.00	20.50	18.20	16.00	14.50	11.20
32.00	43.00	32.00	29.40	26.20	23.40	20.50	18.50	14.40
40.00	52.00	40.00	36.80	32.80	29.20	25.60	23.20	18.00
50.00	62.50	50.00	46.00	41.00	36.50	32.00	29.00	22.50

（2）公称直径

公称直径是管路的直径标准，用符号 DN 表示，其后附加公称直径的尺寸，单位是

mm。例如公称直径为 300mm 的管子，用 DN300 表示。表 1-3 是管子、管件的公称直径。

表 1-3　管子、管件的公称直径表

公称直径 DN/mm							
6	50	300	700	1100	1800	2600	3800
8	65	350	750	1150	1900	2700	4000
10	80	400	800	1200	2000	2800	
15	100	450	850	1300	2100	2900	
20	125	500	900	1400	2200	3000	
25	150	550	950	1500	2300	3200	
32	200	600	1000	1600	2400	3400	
40	250	650	1050	1700	2500	3600	

管子规格可以以管子的外径为标准，也可以以管子的内径为标准。以外径为标准的管子规格中，其外径一定，管子的内径随管壁的厚度不同而略有差异，如外径为 57mm 壁厚度为 3.5mm 和外径为 57mm 壁厚度为 5mm 的无缝钢管，我们都称它为公称直径为 50mm 的钢管，但它们的内径分别为 50mm 和 47mm。注意：管子的公称直径既不是管子的外径，也不是管子的内径，其数值只是接近于管子的内径或外径的整数。

2. 管子规格的表示方法

① 水、煤气钢管（有缝钢管）的管子规格，一般用公称直径 DN（mm）表示（并注明是普通级还是加强级）。例如：DN100 水煤气管（普通级），表示的是公称直径为 100mm，外径为 114mm，壁厚为 4mm 的水、煤气管，该管在工程图纸上的尺寸标注为 ϕ114mm×4mm；DN100 水煤气管（加强级），表示是公称直径为 100mm，外径是 114mm，壁厚则为 5mm 的水、煤气管，该管在工程图纸上的尺寸标注则为 ϕ114mm×5mm。

有缝钢管的公称直径不是管外径，也不是管内径，它是一个与管内径相近的值，有缝钢管的规格也有用英寸（in）表示的，如 DN50 的水煤气钢管，也可表示为 2″（2 英寸），其实际外径为 60.3mm。其中普通管壁厚为 3.5mm，内径为 53.3mm，而加厚管壁厚为 4.5mm，内径为 51.3mm，规格见附录二。

② 无缝钢管、铜管和黄铜管的管子规格是以外径为标准，通常是以 ϕ 外径×壁厚的形式表示。热轧无缝钢管的外径范围 32～600mm，壁厚在 3.5～50mm 之间，管长 4～12.5m；冷拔无缝钢管的外径范围是 4～150mm，壁厚在 1.0～12mm 之间，管长 1.5～7m。

如：ϕ50mm×2mm 与 ϕ50mm×2.5mm 的冷拔无缝钢管具有相同的外径是 50mm，壁厚分别是 2mm 和 2.5mm，内径分别为 46mm 和 45mm。ϕ120mm×4mm 和 ϕ120mm×5mm 的无缝钢管具有相同的外径是 100mm，壁厚分别是 4mm 和 5mm，则内径分别为 112mm 和 110mm。

由上述可见，同一公称直径的钢管、铜管具有相同的外径，内径随壁厚不同而不同。

③ 铅管、铸铁管、水泥管是用铸造方法生产的，在铸造加工过程中，铸管的内径是可精确控制的，因此，铅管、铸铁管和水泥管的管子规格则是以内径为标准，它们的尺寸标注方法是以 ϕ 内径×壁厚的形式表示。例如公称直径为 100mm 的低压铸铁管，可标注为

$\phi 100mm \times 9mm$。

④ 管路的各种附件和阀门的公称直径，一般都等于它们的实际内径。

3. 阀门规格的表示方法

由前述内容可知阀门的种类很多，由于配备的管子规格很多、输送流体种类不同，显然阀门的规格也不一样。为了便于选用和识别，我国已规定了工业管路使用阀门的标准，对阀门进行了统一编号。阀门的公称直径直接在阀体上标明如 DN125，阀门的型号由七个部分组成，其形式如下：$X_1 X_2 X_3 X_4 X_5 - X_6 X_7$。$X_1 \sim X_7$ 为字母或数字，其含义如下所示。

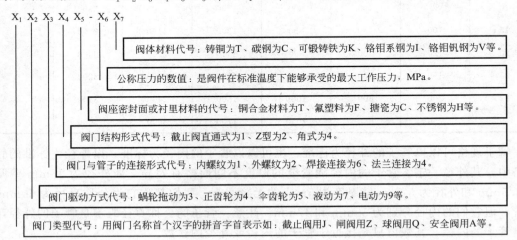

$X_1 X_2 X_3 X_4 X_5 - X_6 X_7$

阀体材料代号：铸铜为T、碳钢为C、可锻铸铁为K、铬钼系钢为I、铬钼钒钢为V等。

公称压力的数值：是阀件在标准温度下能够承受的最大工作压力，MPa。

阀座密封面或衬里材料的代号：铜合金材料为T、氟塑料为F、搪瓷为C、不锈钢为H等。

阀门结构形式代号：截止阀直通式为1、Z型为2、角式为4。

阀门与管子的连接形式代号：内螺纹为1、外螺纹为2、焊接连接为6、法兰连接为4。

阀门驱动方式代号：蜗轮拖动为3、正齿轮为4、伞齿轮为5、液动为7、电动为9等。

阀门类型代号：用阀门名称首个汉字的拼音字首表示如：截止阀用J、闸阀用Z、球阀用Q、安全阀用A等。

思考题

有一阀门的铭牌上标明其型号为 DN50-Z941T-1.0K，试查阅资料说明阀门的公称直径、类型、传动方式、连接形式、结构形式、密封面材料、公称压力、阀体材料。

（二）管子、管件、阀门规格的确定方法

化工厂的流体输送管道大多为圆形管道，其管子的粗细主要是管子规格的不同。**管路系统中的管件、阀门的规格取决于所连接的管子的规格，而管子的规格取决于管子的内径和壁厚，因此管子内径的求取是我们确定管子规格的基础。**

输送管路的管子内径 d_i 与被输送流体的流量 V_s 和适宜的流速 u 有关。管子内径的求取公式为：

$$d_i = \sqrt{\frac{4V_s}{\pi u}} \tag{1-1}$$

式中　V_s——被输送流体的体积流量，m^3/s；

　　　u——流体的适宜流速，m/s。

1. 流体的体积流量

流体的体积流量（flow rate of volume）是单位时间内流经管道任一截面的流体体积，是由生产任务决定的。在实际生产中，当生产任务一定时；被输送流体的体积流量 V_s 就一定。但工厂下达生产任务时可能最初不是体积流量，而是其他形式的流量，如：质量流量 w_s，kg/s；

w_h，kg/h、t/h；摩尔流量，kmol/h 等。此时，应作必要的换算，常见的换算公式为：

$$V_s = \frac{w_s}{\rho} = \frac{w_h}{3600\rho} \tag{1-2}$$

式中　V_s——单位时间内输送的流体体积，简称体积流量，m^3/s；

$\quad\quad w_s$——单位时间内输送的流体质量，简称质量流量，kg/s；

$\quad\quad w_h$——质量流量，kg/h；

$\quad\quad \rho$——被输送流体的密度，kg/m^3。

流体的密度是一个重要物性参数，作为化工工艺技术人员必须掌握密度数据的确定方法及影响因素。

① 对于液体　液体的密度随温度的变化较明显，随压力的变化较小，可以忽略不计。温度升高，绝大多数液体的密度是减小的。纯组分液体密度 ρ 可根据输送时的操作温度查物性手册；对于混合液体，若由各纯组分混合成混合物时混合前后无体积变化，其混合液体的密度可由各纯组分的密度按以下公式计算：

$$\frac{1}{\rho_m} = \frac{x_{w1}}{\rho_1} + \frac{x_{w2}}{\rho_2} + \frac{x_{w3}}{\rho_3} + \cdots + \frac{x_{wn}}{\rho_n} = \sum_{i=1}^{n} \frac{x_{wi}}{\rho_i} \tag{1-3a}$$

这里 ρ_m 为混合液的平均密度，ρ_i 为纯 i 组分在输送温度下的密度，x_{wi} 为混合液中 i 组分的质量分数。

② 对于气体　由于气体是可压缩性流体，密度不仅与温度有关还与压力有关。密度可由以下公式计算：

$$\rho = \frac{pM}{RT} = \frac{M}{22.4} \frac{T^{\ominus}p}{Tp^{\ominus}} \tag{1-3b}$$

式中　p——气体的绝对压力，kPa 或 kN/m^2；

$\quad\quad T$——气体的温度，K；

$\quad\quad M$——气体的千摩尔质量，kg/kmol；

$\quad\quad R$——通用气体常数，$R = 8.314kJ/(kmol \cdot K)$；

$\quad\quad T^{\ominus}$——标准状态的温度，$T^{\ominus} = 273K$；

$\quad\quad p^{\ominus}$——标准状态的压力，$p^{\ominus} = 101.3kPa$。

如果是气体混合物，式中的 M 用气体混合物的平均摩尔质量 M_m 代替，平均摩尔质量可由下式计算：

$$M_m = M_1 y_1 + M_2 y_2 + M_3 y_3 + \cdots + M_n y_n = \sum_{i=1}^{n} M_i y_i \tag{1-4}$$

式中　M_1，M_2，M_3，M_i——构成气体混合物的各纯组分的摩尔质量，kg/kmol；

$\quad\quad y_1$，y_2，y_3，y_i——气体混合物中各组分的摩尔分数或体积分数。

2．流速

流速是单位时间内，流体在流动方向上流经的距离。流体的流速有三种表示方法。

① 点流速　指流体质点在流动方向上流经的距离。实验证明，由于流体具有黏性，流体流经管道任一截面上各点的速率沿半径而变化。工程上为计算方便，通常用整个管截面上的各点的平均流速来表示流体在管道中的流速。

② 平均流速　是所有流体质点在单位时间内、在流动方向上流经的平均距离，其数值为单位时间内流经管道单位截面积的流体体积，用符号 u 表示，单位为 $m^3/(m^2 \cdot s) = m/s$。

$$u = \frac{V_s}{A} \tag{1-5}$$

式中　u——流体的平均流速，m/s；

　　　V_s——操作条件下输送流体的体积流量，m^3/s；

　　　A——管道的截面积，m^2。

③ 质量流速　单位时间内流经管道单位截面积的流体质量，称为质量流速，以符号 G 表示，单位为 $kg/(m^2 \cdot s)$。

由于气体的体积流量随压力和温度的变化而变化，其平均流速亦将随之变化，但流体的质量流量和质量流速是不变的，可见，采用质量流速计算较为方便。

质量流速与质量流量及流速之间的关系为：

$$G = w_s/A = V_s\rho/A = u\rho \tag{1-6}$$

3. 管道直径的影响因素及确定步骤

（1）管道直径的影响因素

当生产任务一定时，即被输送流体的体积流量 V_s 一定时，流速 u 增加，管道直径 d 减小，管路设备投资减小，这是有利的一面。但不利的是：流速 u 增加会导致管路系统中流体流动阻力增加，输送流体所需的动力消耗增加，操作费用增加。因此，当流体以大流量在长距离的管路中输送时，需根据具体情况在操作费用和设备折旧费用之间，进行权衡，以确定一个适宜的流速。

适宜流速就是使管路系统的操作费用和设备折旧费用之和为最小时的流速。 工程上的适宜流速通常是根据经济核算后决定的。

一般工厂车间内的工艺管线较短，管内的流速可选用经验数据。例如水及低黏度液体的适宜流速范围为 1.5～3.0m/s，一般常用气体流速为 10～20m/s，而饱和水蒸气流速为 20～40m/s 等。某些流体在管道中的常用流速范围，可参阅附录一或查有关化工设计手册。

（2）管道直径的确定步骤

① 根据流体的种类、性质、压力等在适宜流速范围内，选取一个流速；

② 将所选取的流速代入式(1-1) 计算管道内径 d_i；

③ 由计算出的管道内径 d_i，根据管子规格，圆整成管子的标准管径。

【例 1-1】 某车间要求安装一根输水量为 $20m^3/h$ 的管道，试选择合适的管径。

解： 依题意根据式(1-1)　　$d_i = \sqrt{\dfrac{4V_s}{\pi u}}$

取水在管内的流速 $u=2m/s$

则　　　　　　$d_i = \sqrt{\dfrac{4V_s}{\pi u}} = \sqrt{\dfrac{4 \times 20/3600}{3.14 \times 2.0}} = 0.059(m) = 59(mm)$

查取有关手册，管子规格表确定选用 $\phi65 \times 3$（即管外径为 65mm，壁厚为 3mm）的冷拔无缝钢管，其内径为 $d_i = 65 - 2 \times 3 = 59$（mm）$= 0.059(m)$

水在管内的实际流速为：$u' = \dfrac{V_s}{A} = \dfrac{20/3600}{0.785 \times 0.059^2} = 2.0(m/s)$

水的实际流速在适宜流速范围之内，说明所选无缝钢管合适。

【例 1-2】 某工厂要求安装一根输气量为 840kg/h 的空气输送管道，已知输送压力为 202.6kPa（绝对），温度为 100℃，已决定采用无缝钢管，试选择合适的管径。

解： 实际操作状态下空气的密度为：

$$\rho = \frac{29}{22.4} \times \frac{273}{273+100} \times \frac{202.6}{101.3} = 1.895 (\text{kg/m}^3)$$

$$\text{或 } \rho = \frac{pM}{RT} = \frac{202.6 \times 29}{8.314 \times (273+100)} = 1.895 (\text{kg/m}^3)$$

空气的质量流量：$w_s = \dfrac{840}{3600} = 0.233 (\text{kg/s})$

空气的体积流量：$V_s = \dfrac{0.233}{1.895} = 0.123 (\text{m}^3/\text{s})$

取空气在钢管内的流速 $u=15\text{m/s}$，

则 $$d_i = \sqrt{\frac{4V_s}{\pi u}} = \sqrt{\frac{4 \times 0.123}{3.14 \times 15}} = 0.102(\text{m}) \approx 100(\text{mm})$$

根据附录二管子规格表确定选用 DN100 即 ϕ114.3×4（即管外径为 114.3mm，壁厚为 4mm）的无缝钢管，其内径为 $d_i = 114.3 - 2 \times 4 = 106.3 (\text{mm}) \approx 0.106(\text{m})$

校核空气在管内的实际流速：$u = \dfrac{V_s}{A} = \dfrac{0.123}{0.785 \times 0.106^2} = 13.9 (\text{m/s})$

实际流速在空气的适宜流速范围之内，说明所选无缝钢管合适。

 任务解决2

> **输油管子规格的确定**
>
> 　　在工程项目原油输送任务中，已知原油的输送流量为 35t/h，现确定其中输油管的管子规格及管路系统中有关管件和阀门的规格。
>
> 　　由原油的平均压力 0.6MPa，平均温度 35℃，测得原油的有关物性数据如下：密度为 880kg/m³。平均黏度为 125mPa·s。
>
> 　　由原油的输送流量得原油的质量流量：$w_s = \dfrac{35 \times 10^3}{3600} = 9.72 (\text{kg/s})$
>
> 　　原油的体积流量：$V_s = \dfrac{9.722}{880} = 0.01105 (\text{m}^3/\text{s})$
>
> 　　根据原油的黏度，由附录一或化工手册查得，原油的适宜流速范围在 0.3～1.6m/s 之间。现取原油在钢管内的经济流速：$u=0.6\text{m/s}$
>
> 　　则 $$d_i = \sqrt{\frac{4V_s}{\pi u}} = \sqrt{\frac{4 \times 0.01105}{3.14 \times 0.6}} = 0.153(\text{m})$$
>
> 　　在任务解决 1 中我们已经决定使用 20♯ 无缝钢管；现由附录二可选用 ϕ165.1×4.5mm 的无缝钢管，即 DN150（PN=16）的无缝钢管。
>
> 　　由于 ϕ165.1mm×4.5mm 的无缝钢管的实际内径为 156.1mm，校核原油在管内的实际流速：
>
> 　　校核原油在管内的实际流速：$u = \dfrac{V_s}{A} = \dfrac{0.01105}{0.785 \times 0.1561^2} = 0.578 (\text{m/s})$
>
> 　　实际流速在原油的适宜流速范围之内，说明所选无缝钢管合适。

四、化工管路的工程安装

对于管路系统而言，除了有适宜的管子、管件、阀门类型，合适的管子和阀门规格外还必须有正确的安装连接方式，合理的安装方案和切实可行的安装措施，才能确保生产过程的稳定安全。

教学视频

化工管路的
工程安装

1. 管路布置与安装的原则

在管路布置及安装时，首先必须考虑工艺要求，如生产的特点、设备的布置、物料特性及建筑物结构等因素，其次必须考虑尽可能减少基建费用和操作费用，最后必须考虑安装、检修、操作的方便和操作安全。因此，布置管路应遵守以下原则。

① 布置管路时，应对车间所有管路（生产系统管路，辅助系统管路、电缆、照明、仪表管路、采暖通风管路等）全盘规划，各安其位。

② 为了节约基建费用，便于安装和检修以及操作上的安全，管路铺设尽可能采取明线（除下水道，上水总管和煤气总管外）。

③ 管路尽量集中铺设，各种管线应成列平行铺设，便于共用管架；要尽量走直线，少拐弯，少交叉，以节约管材、减小阻力，同时力求做到整齐美观。

④ 在车间内，管路应尽可能沿厂房墙壁安装，管架可以固定在墙上，或沿天花板及平台安装，在露天的生产装置，管路可沿挂架或吊架安装。为了能容纳活接管或法兰以及便于检修，管道最突出部分与墙壁、柱边或管架支柱之间的净空距离以不小于 100mm 为宜。中压管与管之间的距离保持在 40～60mm，高压管与管之间的距离保持在 70～90mm 以上。

⑤ 管路离地面的高度。以便于检修为准，但通过人行道时，最低离地点不得小于 2m；通过公路时，不得小于 4.5m；与铁轨面净距离不得小于 6m；通过工厂主要交通干线，一般高度为 5m。

⑥ 平行管路的排列应考虑管路互相的影响。在垂直排列时，输气的在上，输液的在下；热介质管路在上，冷介质管路在下，这样，减少热管对冷管的影响；高压管路在上，低压管路在下；无腐蚀性介质管路在上，有腐蚀性介质管路在下，以免腐蚀性介质滴漏时影响其他管路。在水平排列时，高压管靠近墙柱，低压管在外；不常检修的靠墙柱，检修频繁的在外；振动大的要靠管架支柱或墙。

⑦ 一般上下水管及废水管适宜埋地铺设，铺设时要注意埋地管路的安装深度，在冬季结冰地区，应在当地冰冻线以下。

2. 管路的连接方式

管路的连接包括管子与管子、管子与各种管件、阀门及设备接口等处的连接，目前比较普遍采用的方式有：承插式连接、螺纹连接、法兰连接及焊接连接。

（1）承插式连接

图 1-21　承插式连接

铸铁管、耐酸陶瓷管、水泥管常用承插式连接。管子的一头扩大成钟形，使一根管子的平头可以插入。环隙内通常先填塞麻丝或棉绳，然后塞入水泥、沥青等胶合剂，如图 1-21 所示。它的优点是安装方便，允许两管中心线有较大的偏差，缺点是难以拆除，高压时不可靠。

（2）螺纹连接

小直径（DN<50mm）的水管、压缩空气管路、煤气管路及低压蒸汽管路管段与管段之间常用螺纹连接。螺纹连接是利用内螺纹管接头——管箍、外螺纹管接头——外牙管或活络管接头，依靠螺纹将被连接的两根管子连接起来。首先在被连接的管端制作螺纹：用管箍连接时，在管端制作外螺纹；用外牙管连接时，在管端制作内螺纹；用活络管接头连接时制作长内螺纹和短的外螺纹。如图 1-22 和图 1-23 所示。为了保证连接处的密封，安装时常在螺纹上涂上胶黏剂或包上填料。

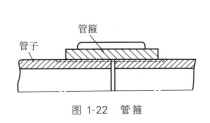

图 1-22　管箍

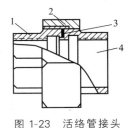

图 1-23　活络管接头

1,4—带内螺纹的管节；2—活套节；3—垫片

（3）法兰连接

当两根管子需要连接，但又要经常拆开且管子较粗时，最常用的连接方法是法兰连接，如图 1-24 所示。铸铁管法兰是与管身同时铸成。钢管的法兰可用焊接法固定在钢管上，也可以用螺纹连接在钢管上，当然最方便是焊接法固定。图 1-25 表示普通钢管的搭接式法兰与对焊法兰两种型式。工程安装时，在两法兰间放置垫圈，起密封作用。垫圈的材料有石棉板、橡胶、软金属等，随介质的温度压力而定。对于压力 $p \leqslant 392kPa$（表压）、温度不超过 120℃的水和无腐蚀的气体和液体，可用大麻和浸过油的厚纸板作垫圈材料；对于温度 450℃以下和表压 4900kPa 以下的水蒸气管可用石棉橡胶板作垫圈材料；高压管道的密封则用金属垫圈，常用的有铝、铜、不锈钢等。法兰连接优点是装拆方便，密封可靠，适用的压力温度与管径范围很大；缺点是费用较高。

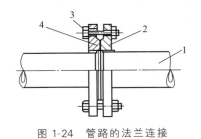

图 1-24　管路的法兰连接

1—管子；2—法兰盘；3—螺栓螺母；4—垫片

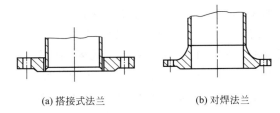

(a) 搭接式法兰　　　　(b) 对焊法兰

图 1-25　法兰与管道的固定

（4）焊接连接

对于不需要经常拆的长管路，管子与管子之间的连接一般采用焊接法连接。焊接连接较上述任何一种连接法都严密且经济方便。无论是钢管、有色金属管还是聚氯乙烯等塑料管，均可焊接，故焊接连接管路在化工厂中已被广泛采用，且特别适宜于长管路。但对经常拆除的管路和对焊缝有腐蚀性的物料管路，以及不允许动火的车间中安装管路时，不得使用焊接。焊接管路中在与阀件连接处要使用法兰连接。

3. 管子、管件和阀门安装的注意事项

（1）管路的热补偿

管路两端固定，当温度变化较大时，就会因热胀冷缩而产生拉伸或压缩变形，严重时可使管子弯曲、断裂或接头松脱。因此，承受温度变化较大的管路，要采用热膨胀补偿装置。一般温度变化在 32℃ 以上，要考虑热补偿。化工厂中常用的补偿方法有两类。

① 自然热补偿　利用管道铺设时自然形成的转弯吸收热伸长量的称为自然热补偿，此弯管段称为自然热补偿器，如图 1-26 所示。它与管道本身合为一体，因此最经济。在管道布置时要充分利用管道的自然热补偿能力。

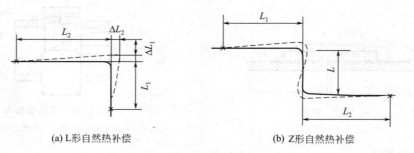

(a) L形自然热补偿　　　　　　(b) Z形自然热补偿

图 1-26　自然热补偿示意图

当自然热补偿不能满足要求时，可采用其他热补偿器补偿。

② 补偿器补偿　常用的补偿器。有凸面补偿器和回折管补偿器两种。

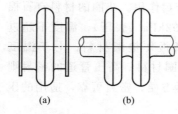

(a)　　　　(b)

图 1-27　凸面式补偿器

a. 凸面式补偿器。凸面补偿器（又称波纹管补偿器）可以用钢、铜、铝等韧性金属薄板制成。图 1-27 表示两种简单的形式。管路伸、缩时，凸出部分发生变形而进行补偿。此种补偿器只适用于低压的气体管路（由真空到表压为196kPa）。波形补偿器应严格按照管道中心线安装，不得偏斜，补偿器两端应至少各设有一个导向支架。

b. 回折管补偿器。回折管补偿器（也称为 Ⅱ 形补偿器），形状如图 1-28 所示。此种补偿器耐压可靠，制造简便，补偿量大，是目前应用较广的补偿器。回折管可以是外表光滑的如图 1-28(a) 所示；也可以是有折皱的，如图 1-28(b) 所示。前者用于管径小于 250mm 的管路，后者用于管径大于 250mm 的管路。回折管与直管之间可以用法兰连接，也可以用焊接方式连接。安装时要预拉伸（或预压缩），可提高补偿量一倍，固定支架受力也可减少一半。

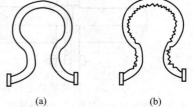

(a)　　　　(b)

图 1-28　回折管补偿器

（2）施工、操作与维修注意事项

① 为了防止滴漏，对于不需拆修的管路连接，通常都用焊接；在需要拆卸的管路中，适当配置一些法兰和活接管。

② 管路穿过墙壁时，墙壁上应开预留孔。过墙时，管外最好加套管，套管与管子之间的环隙内应充满填料；管路穿过楼板时最好也是这样。

③ 长管路要有支承，以免弯曲存液及受震动，跨距应按设计规范或计算决定。管路的

倾斜度，对气体和易流动的液体为 3/1000～5/1000，对含固体结晶或粒度较大的物料为 1% 或大于 1%。

④ 为了便于安装、操作、巡查和检修，并列管路上的管件和阀门位置应错开安装。并列管路上安装手轮操作的阀门时，手轮间距约 100mm。

⑤ 输送易爆、易燃物料，如醇类、醚类、液体烃类等物料时，因它们在管路中流动而产生静电，使管路变为导电体。为防止这种静电积聚，必须将管路可靠接地。

⑥ 输送腐蚀性流体管路的法兰，不得位于通道的上空，以免发生滴漏时影响安全。

⑦ 蒸汽管路上，每隔一定距离，应安装冷凝水排除器（疏水器）。安装时注意冷凝水排除器不能正对行人通道！！

⑧ 对于各种非金属管路及特殊介质管路的布置和安装，还应考虑一些特殊性问题，如聚氯乙烯管应避开热的管路，氧气管路在安装前应进行脱油处理等。

⑨ 管路安装完毕后，应按规定进行强度和气密性试验。未经试验合格，焊缝及连接处不得涂漆及保温。管路在投入生产前还必须用压缩空气或惰性气体进行置换吹扫。

综上所述，工程上的化工管路必须根据所输送流体的性质、温度及压力来选择管子的类型和管子的材料，根据流体输送量的大小来确定管路的规格尺寸。根据生产工艺的控制要求来选择合适的阀门。根据工艺流程布置的要求选择必要的管件；遵照安全、方便、美观的原则进行工程连接安装。

实践与练习2

一、选择题

1. 化工管路中，管件的作用是（　　）。
   A. 连接管子　　　　　　　　　　　　B. 改变管路方向
   C. 接出支管和封闭管路　　　　　　　D. A、B、C 全部包括

2. 阀门的主要作用是（　　）。
   A. 启闭作用　　　　　　　　　　　　B. 调节作用
   C. 安全保护作用　　　　　　　　　　D. 前三种作用均具备

3. 下列四种阀门，通常情况下最适合流量调节的阀门是（　　）。
   A. 截止阀　　　　　B. 闸阀　　　　　C. 考克阀　　　　　D. 蝶阀

4. 能用于输送含有悬浮物质流体的阀门是（　　）。
   A. 旋塞　　　　　　B. 截止阀　　　　C. 节流阀　　　　　D. 安全阀

5. 能自动间歇排除冷凝液并阻止蒸汽排出的是（　　）。
   A. 安全阀　　　　　B. 减压阀　　　　C. 止回阀　　　　　D. 疏水阀

6. 用于泄压起保护作用的阀门是（　　）。
   A. 截止阀　　　　　B. 减压阀　　　　C. 安全阀　　　　　D. 止逆阀

7. 下列阀门中，（　　）是自动作用阀。
   A. 截止阀　　　　　B. 节流阀　　　　C. 闸阀　　　　　　D. 止回阀

8. 疏水阀用于蒸汽管道上自动排除（　　）。
   A. 蒸汽　　　　　　B. 冷凝水　　　　C. 空气　　　　　　D. 以上均不是

9. 阅读以下阀门结构图，表述正确的是（　　）。

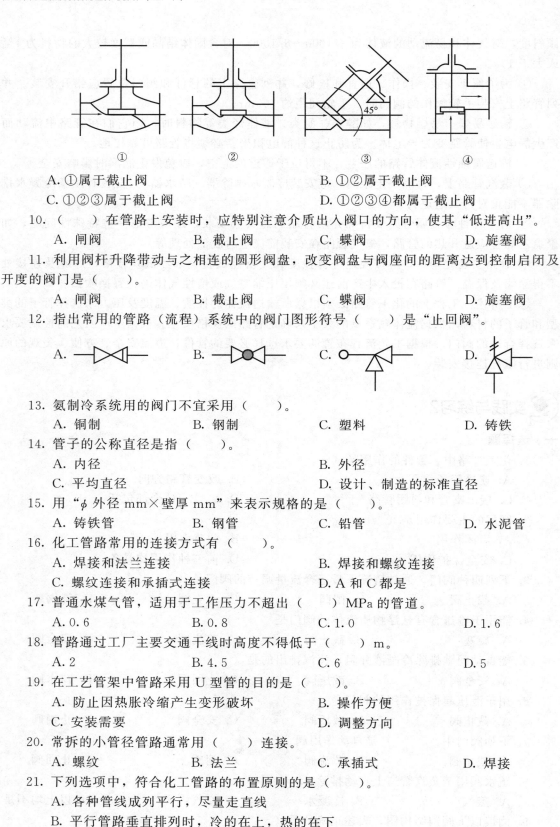

A. ①属于截止阀   B. ①②属于截止阀

C. ①②③属于截止阀   D. ①②③④都属于截止阀

10. （　　）在管路上安装时，应特别注意介质出入阀口的方向，使其"低进高出"。

     A. 闸阀   B. 截止阀   C. 蝶阀   D. 旋塞阀

11. 利用阀杆升降带动与之相连的圆形阀盘，改变阀盘与阀座间的距离达到控制启闭及开度的阀门是（　　）。

     A. 闸阀   B. 截止阀   C. 蝶阀   D. 旋塞阀

12. 指出常用的管路（流程）系统中的阀门图形符号（　　）是"止回阀"。

     A.   B.   C.   D.

13. 氨制冷系统用的阀门不宜采用（　　）。

     A. 铜制   B. 钢制   C. 塑料   D. 铸铁

14. 管子的公称直径是指（　　）。

     A. 内径   B. 外径

     C. 平均直径   D. 设计、制造的标准直径

15. 用"ϕ 外径 mm×壁厚 mm"来表示规格的是（　　）。

     A. 铸铁管   B. 钢管   C. 铅管   D. 水泥管

16. 化工管路常用的连接方式有（　　）。

     A. 焊接和法兰连接   B. 焊接和螺纹连接

     C. 螺纹连接和承插式连接   D. A 和 C 都是

17. 普通水煤气管，适用于工作压力不超出（　　）MPa 的管道。

     A. 0.6   B. 0.8   C. 1.0   D. 1.6

18. 管路通过工厂主要交通干线时高度不得低于（　　）m。

     A. 2   B. 4.5   C. 6   D. 5

19. 在工艺管架中管路采用 U 型管的目的是（　　）。

     A. 防止因热胀冷缩产生变形破坏   B. 操作方便

     C. 安装需要   D. 调整方向

20. 常拆的小管径管路通常用（　　）连接。

     A. 螺纹   B. 法兰   C. 承插式   D. 焊接

21. 下列选项中，符合化工管路的布置原则的是（　　）。

     A. 各种管线成列平行，尽量走直线

     B. 平行管路垂直排列时，冷的在上，热的在下

  C. 并列管路上的管件和阀门应集中安装

  D. 一般采用暗线安装

22. 波形补偿器应严格按照管道中心线安装，不得偏斜，补偿器两端应设（　　　）。

  A. 至少一个导向支架   B. 至少各有一个导向支架

  C. 至少一个固定支架   D. 至少各有一个固定支架

23. 在化工管路中，对于要求强度高、密封性能好、能拆卸的管路，通常采用（　　　）。

  A. 法兰连接   B. 承插连接   C. 焊接   D. 螺纹连接

24. 下列选项中，不是法兰连接优点的是（　　　）。

  A. 强度高   B. 密封性好   C. 适用范围广   D. 经济

二、填空题

1. 截止阀安装时应注意使流体的_____方向和阀座上_____方向保持一致。

2. 管路的连接方式有 _____、_____、_____、_____。

3. 热补偿方法有：_____补偿和_____补偿两类。

4. 化工厂常用的热补偿器有_____补偿器和_____补偿器。

三、简答题

1. 简述安全阀的作用、类型及特点。

2. 何谓流体的体积流量、质量流量、平均流速和质量流速，它们之间的关系如何？

3. 什么是适宜流速？试叙述管子规格的确定步骤。

4. 简述管路布置的基本原则。

四、计算题

1. 管子内径为 100mm，当 277K 的水流速为 2m/s 时，试求水的体积流量 V_h，m³/h 和质量流量 w_s，kg/s。

2. 用一内径为 145mm 管道，输送密度为 600kg/m³ 的某有机液体，已知送液量为 40t/h，求管内液体的流速。

3. 在一 $\phi108mm \times 4mm$ 的钢管中输送压力为 202.66kPa（绝对）、温度为 100℃的空气。已知空气在标准状态下的体积流量为 650m³/h。试求空气在管内的流速、质量流速、体积流量和质量流量。

4. 某车间要求安装一根输水量为 30m³/h 的管道，试选择合适的管径。

五、观察与分析题

1. 利用课后时间去流体输送实训室，请根据现场装置将装置中的有关管子、管件、阀门的类型、规格、材质标注出来。

2. 去学校实习基地观察有关车间的管路安装现场，并分析是否遵循管路布置和安装的原则。

任务三　流体输送方案的分析、选择与评价

  前已述及，管路安装时首先必须考虑生产工艺要求：生产特点、设备之间相对位置及其布置。对于一给定的输送任务，工艺要求和条件不同、设备之间的相对位置及布置方式不同，采用的输送方案是不同的，管件和阀门的类型及数量也是不一样的。因此，只有明确了

输送方案和输送设备才能彻底解决流体输送问题。对于一个给定的输送任务究竟采用哪一种输送方案，在每一种输送方案中，有关参数又该如何确定，是我们化学工程与工艺技术人员必须解决的问题。

一个合理的满足工艺要求的输送管路系统，不但要管子、管件和阀门的类型、大小选择正确，而且要保证输送方案合理，输送的有关参数正常，输送设施工程安装合理，以确保生产系统操作安全、生产成本低。

下面我们就重点解决原油输送任务中输送方案的选择问题。

一、交流与探讨

在任务一中，大家认识了四种液体输送方案，对于一个液体输送任务到底选用哪一种输送方案，必须针对具体情况进行分析。下面请大家利用高中的物理学知识分析案例 1-4 和案例 1-5。

【案例 1-4】　某化工厂需要将 20℃的苯，从地下贮罐送到高位槽，高位槽最高液位处比地下贮槽最低液位处高 8m，要求输送量为 300L/min，试问：

（1）若间歇操作可用何种方案完成此输送任务？

（2）若为连续操作该用何种方案输送？

（3）如果高位槽最低液位处与贮槽最高液位之间的位差大于 10m，又该用什么方案进行输送？

【案例 1-5】　某化工厂要将地面贮槽中的水送到 20m 高处的 CO_2 水洗塔顶内，送水量为 $15m^3/h$。已知贮槽水面压力为 $300kN/m^2$。水洗塔内的绝对压力为 $2100kN/m^2$。设备之间的相对位置如附图所示。试问：采用何种方案才能完成此输送任务？

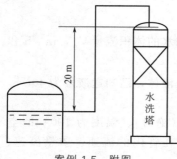

案例 1-5　附图

由中学的物理知识大家都知道，水会自动地从山上流到山下，这是因为水在山上的机械能比山下的机械能高，流体在管道中流动时也只能由机械能高处向机械能低处流动。要实现流体从一处向另一处的流动，只有设法增加起点处的机械能或减小终点处的机械能抑或在两处之间利用外功向流体输入机械能，这是工程中各种流体输送方式的理论基础。

那么什么时候该利用增加起点处的机械能的方式、什么时候该利用减小终点处的机械能方式、什么时候利用外功向流体输入机械能？如何增加起点处的机械能、如何减小终点处的机械能又如何利用外功向流体输入机械能呢？

要解决以上流体输送方案的选择问题，我们首先要掌握流体流动的类型、流动时的流速和能量的变化规律。

二、流体输送过程的理论基础

（一）稳定流动与不稳定流动的概念

根据流体流动时有关参数的变化规律不同，我们可将流体的流动分成两种类型：稳定流动与不稳定流动。

1. 稳定流动

流体在系统中流动时，任一截面处的流速、流量和压力等与流动有关的物理参数，均不随时间变化，部分参数仅随位置改变，这种流动称为稳定流动（stationary flow）。

如图 1-29(a) 中所示为一贮水槽 1，进水管 2 中不断有水进入贮水槽 1，若将底部管道上的阀门 A 和 B 均打开，水便不断从槽内流出。当进水量超过流出的水量时，溢流管 3 有水溢出时，槽中水位可保持恒定。此时在流动系统中任意取两个截面 1-1′和 2-2′，经测定可知两截面上的流速和压力虽不相等，即 $u_1 \neq u_2$，$p_1 \neq p_2$，但每一截面上的流速和压力均不随时间变化，即各物理参数只与空间位置有关，与时间无关，这种情况属稳定流动。稳定流动时系统内没有质量的积累。

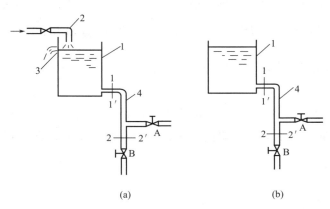

图 1-29　稳定流动与不稳定流动

1—贮水槽；2—进水管；3—溢流管；4—排水管

2. 不稳定流动

流体流动时，流动系统的任一截面处的流速、流量和压力等物理参数中，有部分参数不仅随位置变化，而且随时间变化，这种流动称为不稳定流动（unstable flow）。

如图 1-29(b) 所示，不往水槽中进水，A、B 阀门打开后水不断流出，槽中的水位逐渐降低，截面 1-1′和 2-2′处的流速和压力等物理参数也随之越来越小，这种流动情况即属于不稳定流动。

化工生产过程多为连续生产，所以流体的流动多数属于稳定流动。而在装置设备的开车、调节或停车时，则往往会造成暂时的不稳定流动。本情境仅对稳定流动问题进行讨论。

（二）流体稳定流动时流速的变化规律——连续性方程

图 1-30 所示为一流体作稳定流动的管路，流体充满整个管道，流入 1-1′截面流体的质量流量为 w_{s1}，流出 2-2′截面流体的质量流量为 w_{s2}，以 1-1′和 2-2′截面间的管段为物料衡算系统。由于稳定条件下系统内无质量的积累，则输入的质量应该等于输出的质量。

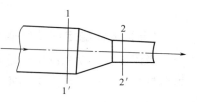

图 1-30　流体流动的连续性

根据质量守恒定律，列出物料衡算式为：

$$w_{s1} = w_{s2} \tag{1-7}$$

$$\rho_1 A_1 u_1 = \rho_2 A_2 u_2 \tag{1-8}$$

若将上式推广到管道的任一截面，即：

$$\rho_1 A_1 u_1 = \rho_2 A_2 u_2 = \cdots = \rho_i A_i u_i = 常数 \tag{1-9}$$

教学视频

连续性方程

式(1-7) 和式(1-8)都称为流体在管道中作稳定流动的连续性方程式。该方程式表示在稳定流动系统中，流体流经管道各截面的质量流量恒为常量，但各截面的流体流速则随管道截面积 A 的不同和流体密度 ρ 的不同而变化，故该方程式反映了管道截面上流速的变化规律。

对于不可压缩性流体（如液体），因流体的密度 $\rho =$ 常数，连续性方程式可写为

$$A_1 u_1 = A_2 u_2 = \cdots = A_i u_i = V_s = 常数 \qquad (1\text{-}10)$$

式(1-10)说明：不可压缩性流体流经各截面的质量流量相等，体积流量亦相等，流体的平均流速与管道的截面积成反比，截面积越小，流速越大，反之，截面积越大，流速越小。

对于圆形管道，因 $A_1 = \dfrac{\pi}{4}d_1^2$ 及 $A_2 = \dfrac{\pi}{4}d_2^2$（$d_1$ 及 d_2 分别为 1-1′截面和 2-2′截面处的管内径），式(1-10) 可写成：$\dfrac{\pi}{4}d_1^2 u_1 = \dfrac{\pi}{4}d_2^2 u_2 = 常数$。

由此得：
$$\frac{u_1}{u_2} = \left(\frac{d_2}{d_1}\right)^2 \qquad (1\text{-}11)$$

由式(1-11)可见：对于不可压缩性流体，体积流量一定时，圆形管道中的流速与管道内径的平方成反比。

🧑‍🤝‍🧑 思考题

在稳定流动系统中，水连续地由粗圆管流入细圆管，粗管内径为细管内径的两倍，请问细管内的流速是粗管内的几倍？

【例 1-3】 如本题附图所示的串联管路，大管为 $\phi 89\text{mm} \times 4\text{mm}$，小管为 $\phi 57\text{mm} \times 3.5\text{mm}$。已知小管中水的流速为 $u_1 = 2.8\text{m/s}$，试求大管中水的流速。

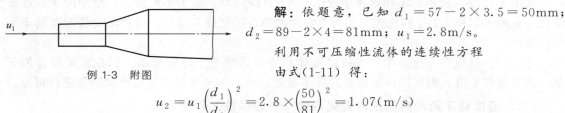

例 1-3　附图

解：依题意，已知 $d_1 = 57 - 2 \times 3.5 = 50\text{mm}$；$d_2 = 89 - 2 \times 4 = 81\text{mm}$；$u_1 = 2.8\text{m/s}$。

利用不可压缩性流体的连续性方程

由式(1-11) 得：

$$u_2 = u_1 \left(\frac{d_1}{d_2}\right)^2 = 2.8 \times \left(\frac{50}{81}\right)^2 = 1.07(\text{m/s})$$

（三）流体稳定流动时能量的变化规律——伯努利方程

当流体在流动系统中作稳定流动时，根据能量守恒定律，对任一段管路内流动流体作能量衡算我们可以得到表示流体流动时能量变化规律的伯努利方程。

✏️ 做一做、想一想

伯努利方程实验演示

1. 实验装置（见图 1-31）

伯努利方程实验装置由玻璃管、透明测压管、活动测压头、水槽、水泵等组成。该实验管路分成四段，由管径大小不同的两种规格的玻璃管组成。管段内径分别为

24mm 和 13mm。第四段的位置比第三段低 5mm，准确的数值标注在设备上，阀 A
供调节流量之用。

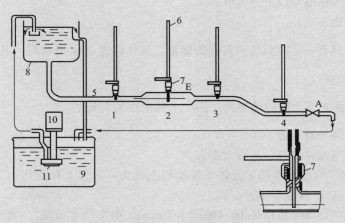

图 1-31　ZB-1 型伯努利方程实验装置

1，3，4—玻璃管（内径约为 13mm）；2—玻璃管（内径约为 24mm）；5—溢流管；
6—测压管；7—活动测压头；8—高位槽；9—循环水槽；10—电动机；11—水泵

活动测压头的小管端部封闭，管身开有小孔，小孔轴心线与玻璃管中心线垂直，
并与测压管相通，转动活动测压头就可以观察到各个透明测压管中液柱高度的变化。

2．实验操作现象

启动循环水泵，至溢流管 5 有水溢出，保证高位槽水位恒定。

① 关闭阀 A，旋转测压管，观察到各测压管中的液位高度恒定，且液面与高位
槽液面相平。这种现象可以用高中的知识解答。

② 开动循环水泵，将阀 A 开至一定大小，将测压孔转到正对水流方向，观察到
各测压管的液位高度均有所下降且下降幅度按测压点 1、2、3、4 的顺序逐渐增加。
为什么？

③ 不改变测压孔位置，继续开大阀 A，观察到各测压管的液位高度均继续下降
且下降幅度仍然按测压点 1、2、3、4 的顺序逐渐增加。为什么？

④ 不改变阀 A 开度，将测压孔旋转至与水流方向垂直，观察到各测压管的液位
高度均继续下降；但 1、3、4 下降幅度大且是相同的，而测压点 2 的下降幅度小些。
这又是为什么？

要解释上述现象我们必须掌握流动流体能量的各种形式及其变化规律。

1．流动流体的机械能

流体流动时的机械能与固体运动时的机械能不同，除了固体具有的动能和位能外，流体因
为有压强，还具有静压能。

（1）流体的位能

位能是流体在重力作用下，因高出某基准面而具有的能量，相当于将质量为 m kg 的流体

自基准水平面 0-0′升举到 Z 高度为克服重力所做的功，即：

位能＝mgZ，位能的单位：N·m＝J；1kg 流体的位能为$\dfrac{mgZ}{m}=gZ$，其单位为 J/kg。

位能是个相对值，依所选的基准水平面位置而定。基准水平面上流体的位能为零，在基准水平面以上时位能为正值，以下为负值。

（2）流体的动能

动能是流体因具有一定的流速而具有的能量，流体以速率 u 流动时，其动能为：$\dfrac{1}{2}mu^2$，动能的单位：N·m＝J。

1kg 流体以速率 u 流动时的动能为：$\dfrac{1}{2}u^2$，其单位为 J/kg。

（3）流体的压强与静压能

流体的静压能与流体具有的压强大小有关。

① 流体的压强 指垂直作用于流体单位面积上的力，习惯上称为压力（pressure）（本书中的压力均指压强），以符号 p 表示。

在国际单位制中，压强单位是 Pa（帕斯卡 Pascal，中文代号为帕）。物理学（cgs 制）中，压强常用以下四种单位：绝对大气压（atm）、毫米汞柱（mmHg）、米水柱（mH$_2$O）、达因/厘米^2（dyn/cm^2）。绝对大气压、毫米汞柱、米水柱这些单位因概念直观清楚而目前在科技上仍然使用。工程单位制中，压强的单位常采用公斤（力）/厘米^2，并简写为 kgf/cm^2。如工程上，习惯说的 8 公斤蒸汽，是指 8kgf/cm^2 的饱和蒸汽；反应釜有 5 公斤压强，即指反应釜中有 5kgf/cm^2（表压）的压强。

虽然我国统一实行法定计量单位，推行国际单位制，但由于目前这几种计量单位制在工程上仍然同时并用，因此正确掌握它们之间的换算关系十分重要：

$$1atm=760mmHg=1.0133\times10^5\,Pa=10.33mH_2O=1.033kgf/cm^2=1.0133bar$$
$$1at=1kgf/cm^2=9.807\times10^4\,Pa=10mH_2O=0.9678atm=735.6mmHg=0.9807bar$$

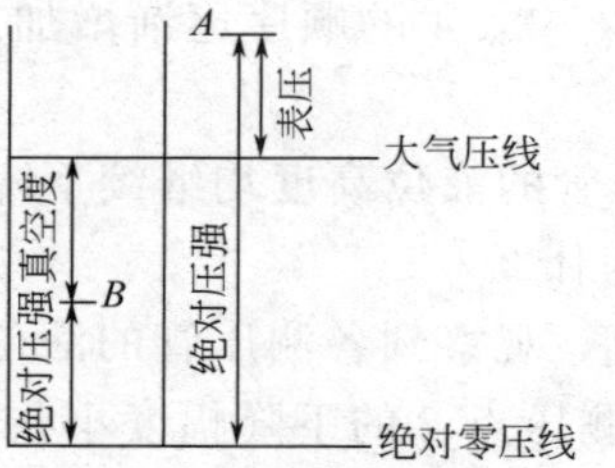

图 1-32 表压强、真空度与绝对压强、大气压强的关系

流体的压强除用不同的单位来计量外，还因测定压强的基准不同，流体压强有三种表示方法：绝对压强、表压强、真空度。

绝对压强是以绝对零压为基准测得的压强，是流体的真实压强；表压强或真空度是以大气压强为基准测得的压强，它们不是流体的真实压强，而是测压仪表的读数值。当被测流体的绝对压强大于大气压强时用压力表，当被测流体的绝对压强小于大气压强时用真空表。表压强、真空度与绝对压强、大气压强的关系如图 1-32 所示。

表压强＝绝对压强－大气压强 $\qquad p_{表}=p_{绝}-p_{大气}$ (1-12)

真空度＝大气压强－绝对压强 $\qquad p_{真}=p_{大气}-p_{绝}$ (1-13)

值得注意的是大气压和各地海拔高度有关，相同地区的大气压又是和温度、湿度有关，所以表压强或真空度相同，其绝对压强未必相等，必须通过当地、当时的大气压计算出绝对压强。由图 1-32 可看出，表压强只要设备能够承受，理论上限为无穷大；但是真空度是有限制的，其最大值在数值上小于最多等于当时当地的大气压。

注意：流体的压强习惯上也称为压力（pressure），在本书中的压力如不作特别说明均指压强。

【**例 1-4**】　有一设备，其进口真空表读数为 0.02MPa，出口压力表读数为 0.092MPa。当地大气压为 101.33kPa，试求：（1）设备进口和出口的绝对压强分别为多少 kPa？（2）出口与进口之间的压强差是多少？

解：（1）进口　　　　　真空度 $p_{真}$＝大气压强 $p_{大}$－绝对压强 $p_{绝}$

已知真空度 $p_{真}$＝0.02MPa＝20kPa，当地大气压 $p_{大}$＝101.33kPa

所以进口绝对压强

$$p_{进绝}＝p_{大气压}－p_{进口真空度}＝101.33kPa－20kPa＝81.33kPa$$

出口　　　　　表压强 $p_{表}$＝绝对压强 $p_{绝}$－大气压强 $p_{大}$

已知表压 $p_{表}$＝0.092MPa＝92kPa，当地大气压 $p_{大}$＝101.33kPa

所以出口绝对压强

$$p_{出绝}＝p_{大气压}＋p_{出口表压}＝101.33kPa＋92kPa＝193.33kPa$$

（2）出口与进口之间的压强差：

$$\Delta p＝p_{出绝}－p_{进绝}＝193.33kPa－81.33kPa＝112kPa$$

或者：

$$\Delta p＝p_{出绝}－p_{进绝}$$
$$＝(p_{大气压}＋p_{出口表压})－(p_{大气压}－p_{进口真空度})$$
$$＝p_{出口表压}＋p_{进口真空度}＝92kPa＋20kPa＝112kPa$$

答：（1）进口绝对压强为 81.33kPa；出口绝对压强为 193.33kPa。

（2）出口与进口之间的压强差是 112kPa。

② 流体的静压能（static energy）　实验现象：如果在一内部有液体流动的管子管壁上开一小孔，并在小孔处装一根垂直的细玻璃管，液体便在玻璃管内上升一定的高度，如图 1-33 所示。

分析：管壁处流动的液体能在细玻璃管内上升一定的高度说明液体本身必须具备一种能量以克服势能的增加；流体的这种能量称为静压能。这一液柱的高度是管壁处运动着的液体在该截面处的静压能大小的直观表现，而此液柱高度即表示管内流动液体在该截面处的静压力值 $p_1/\rho g$。

生活中静压能的表现：动物的皮肤划破了血会向外渗出，如果是动脉破了会喷血如柱。

对于图 1-34 所示的流动系统，当流体通过截面 1-1′时，因为该截面处流体具有压力 p_1，外来流体需要克服压力而对原有流体做功，所以外来流体必须带有与此功相当的能量才能进入系统。

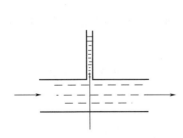

图 1-33　流体存在静压能的示意图

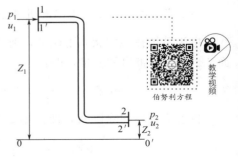

伯努利方程

图 1-34　伯努利方程推导示意图

设流体的密度为 ρ，m kg 流体的体积为 $V_1\,\mathrm{m}^3$，则 $V=m/\rho$，m kg 液体通过 1-1′ 截面时，将其压入系统的作用力为 $F_1=p_1A_1$，所经的距离为 $S=V_1/A_1$，液体通过截面 1-1′ 时外力对其所做的功为 $W=F_1S$ 液体，故与此功相当的静压能为：

$$\text{输入的静压能} = p_1A_1\frac{V_1}{A_1}=p_1V_1=\frac{p_1m}{\rho}$$

静压能的单位：$[p_1V_1]=\dfrac{\mathrm{N}}{\mathrm{m}^2}\cdot\mathrm{m}^3=\mathrm{N}\cdot\mathrm{m}=\mathrm{J}$

由此可见：密度为 ρ 的 m kg 流体，在压力为 p 时其静压能表示为：

$$E_\mathrm{P}=\frac{pm}{\rho},\ \mathrm{J}$$

当 $m=1\mathrm{kg}$ 时，$E_\mathrm{P}=\dfrac{p}{\rho}$，$\dfrac{\mathrm{J}}{\mathrm{kg}}$。

由此可见，密度为 ρ 的 1kg 流体，在绝对压力为 p 时，其具有的静压能为 $E_\mathrm{P}=\dfrac{p}{\rho}$，J；显然，流体的绝对压力越大，其静压能越高。

2. 理想流体的机械能守恒

理想流体是指无压缩性、无黏性、在流动过程中不因摩擦产生能量损失的假想流体。现讨论理想流体在管内作稳定流动时各种机械能之间的转换关系。

在图 1-34 所示的管路中，有质量为 m kg 的流体从截面 1-1′ 流入，从截面 2-2′ 流出。

衡算范围：1-1′ 与 2-2′ 截面与管内壁之间的封闭范围。

基准水平面：0-0′ 水平面（可任意选定）

设：u_1，u_2——流体分别在 1-1′ 与 2-2′ 截面上的流速（平均流速），m/s；

　　p_1，p_2——流体分别在 1-1′ 与 2-2′ 截面上的压力（平均压力），Pa；

　　Z_1，Z_2——1-1′ 与 2-2′ 截面中心至基准水平面的垂直距离，m；

　　A_1，A_2——1-1′ 与 2-2′ 截面的面积，m^2；

　　v_1，v_2——1-1′ 与 2-2′ 截面上流体的比容，m^3/kg。

m kg 流体带入 1-1′ 截面的三项机械能为：$mgZ_1+m\dfrac{1}{2}u_1^2+p_1V_1$

1kg 流体带入 1-1′ 截面的机械能为：$gZ_1+\dfrac{1}{2}u_1^2+\dfrac{p_1}{\rho_1}$

m kg 流体由截面 2-2′ 带出的机械能为：$mgZ_2+m\dfrac{1}{2}u_2^2+p_2V_2$

1kg 流体由截面 2-2′ 带出的机械能为：$gZ_2+\dfrac{1}{2}u_2^2+\dfrac{p_2}{\rho_2}$

由于系统在稳定状态下流动，所以 m kg 流体从截面 1-1′ 流入时带入的能量应等于从截面 2-2′ 流出时带出的能量，即：

$$mgZ_1+m\frac{1}{2}u_1^2+p_1V_1=mgZ_2+m\frac{1}{2}u_2^2+p_2V_2\quad[\mathrm{J}] \tag{1-14}$$

将上式各项均除以 m，即为 1kg 流体的能量衡算式：

$$gZ_1+\frac{1}{2}u_1^2+\frac{p_1}{\rho_1}=gZ_2+\frac{1}{2}u_2^2+\frac{p_2}{\rho_2}\quad[\mathrm{J/kg}] \tag{1-14a}$$

对于不可压缩性流体，ρ 为常数，式（1-14a）又可写成：

$$gZ_1 + \frac{1}{2}u_1^2 + \frac{p_1}{\rho} = gZ_2 + \frac{1}{2}u_2^2 + \frac{p_2}{\rho} = E = 常数 \tag{1-15}$$

式（1-15）即为著名的伯努利方程式。

根据伯努利方程式的推导过程可知，式（1-15）仅适用于以下情况：

① 不可压缩的理想流体作稳定流动；

② 流体在流动过程中，系统（两截面范围内）与外界无能量交换。

式（1-14a）说明理想流体作稳定流动时，每千克流体流过系统内任一截面（与流体流动方向相垂直）的总机械能恒为常数，而每个截面上的不同机械能形式的数值却并不一定相等。这说明各种机械能形式之间在一定条件下是可以相互转换的，此减彼增，但总量保持不变。

【**例 1-5**】　某理想液体在附图所示的水平异径管路中作稳定流动系统，试分析从 1-1′截面和到 2-2′截面之间位能、动能和静压能之间如何变化？

解：对水平不等径管路，1-1′与 2-2′截面的中心点处于同一水平面，故其位能相等，

则式（1-15）可简化得：$\dfrac{1}{2}u_1^2 + \dfrac{p_1}{\rho} = \dfrac{1}{2}u_2^2 + \dfrac{p_2}{\rho}$

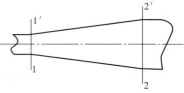

因为附图中所示截面 1-1′的横截面积 A_1＜截面 2-2′处的横截面积 A_2；

根据连续性方程：$\dfrac{u_1}{u_2} = \dfrac{A_2}{A_1}$　　　所以有：$u_2 < u_1$

例 1-5　附图

将 $u_2 < u_1$ 代入伯努利方程式可得：$\dfrac{p_1}{\rho} < \dfrac{p_2}{\rho}$。

上面结果表明：理想流体从截面 1-1′流至截面 2-2′过程中，位能不变，动能在减小，而静压能在增大，动能转变为静压能。

思考题

　　理想流体在例 1-5 附图的稳定流动系统中，若为等径管路，试分析不同机械能形式可能会如何转化？

3. 实际流体的总能量衡算

理想流体是一种假想的流体，这种假想流体没有黏性，所以流动时不产生摩擦，不消耗能量，引进这种假想流体对分析解决工程实际问题具有指导意义，但并不能完全解决工程实际问题，因为实际流体具有黏性，在流动过程中有能量损失。实际流体的总能量衡算，除了考虑各截面的机械能（动能、位能、静压能）外，还要考虑以下两项能量。

（1）损失能量

实际流体具有黏性，在流动过程中因克服摩擦阻力而产生能量损失。根据能量守恒原理，能量不能自行产生，也不能自行消失，只能从一种形式转变为另一种形式，而流体在流动中损失的能量是由部分机械能转变为热能。该热能一部分被流体吸收而使其升

温；另一部分通过管壁散失于周围介质。前一部分通常忽略不计。从工程实用的观点来考虑，后一部分能量是"损失"掉了。我们将单位质量流体损失的能量用符号 $\sum h_f$ 表示，单位为 J/kg。

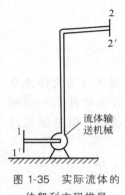

图 1-35　实际流体的伯努利方程推导

（2）外加能量

若在所讨论的 1-1′ 和 2-2′ 两截面间装有流体输送机械，如图 1-35 所示，该输送机械将机械能输送给流体，将单位质量流体从流体输送机械获得的能量（即外加能量）用符号 W_e 表示，单位为 J/kg。

综上所述，实际流体在稳定状态下的总能量衡算式为

$$gZ_1 + \frac{p_1}{\rho} + \frac{u_1^2}{2} + W_e = gZ_2 + \frac{p_2}{\rho} + \frac{u_2^2}{2} + \sum h_f \qquad (1\text{-}16)$$

式（1-16）是伯努利方程式的引申，习惯也称为**实际流体的伯努利方程式**。

4. 实际流体的伯努利方程式讨论

（1）若理想流体在 1-1′ 和 2-2′ 截面间作连续、稳定流动，且无外加能量及能量损失，即式（1-16）中的 $W_e = 0$，$\sum h_f = 0$，则式（1-16）可写为

$$gZ_1 + \frac{p_1}{\rho} + \frac{u_1^2}{2} = gZ_2 + \frac{p_2}{\rho} + \frac{u_2^2}{2}$$

此式即为式（1-15），亦即理想流体的伯努利方程式。这说明理想流体的伯努利方程是实际流体的伯努利方程在一定条件下的简化。

（2）式（1-16）中的 gZ_1、$\frac{p_1}{\rho}$、$\frac{u_1^2}{2}$ 及 gZ_2、$\frac{p_2}{\rho}$、$\frac{u_2^2}{2}$ 分别表示 1kg 流体在 1-1′ 和 2-2′ 截面上所具有的各种机械能，而 $\sum h_f$ 是 1kg 流体从 1-1′ 流至 2-2′ 截面所消耗的能量，W_e 为 1kg 流体在两截面间从外界获得的能量，该能量是流体输送机械提供的有效能量，是选择流体输送机械的主要参数之一。若被输送流体的质量流量为 w_s，输送机械的有效功率（即单位时间输送机械所作的有效功，也就是被输送流体需要提供的功率）以符号 N_e 表示，单位为 J/s 或 W，则：

$$N_e = W_e w_s \qquad (1\text{-}17)$$

实际计算时要考虑流体输送机械的效率，效率用符号 η 表示，则流体输送机械实际消耗的功率为

$$N = \frac{N_e}{\eta} = \frac{W_e w_s}{\eta} \qquad (1\text{-}18)$$

式中，N 为流体输送机械的轴功率，单位为 J/s 或 W。

（3）式（1-15）及式（1-14）中流体密度 ρ 为常数，即该方程应用于稳定流动状态下的不可压缩性流体。对于可压缩性流体的流动，当所取系统中两截面间的绝对压力变化小于原来绝对压力的 20%，即 $\frac{p_1 - p_2}{p_1} < 20\%$ 时，仍可用式（1-14a）及式（1-15）进行计算，但式中流体的密度 ρ 应以平均密度 ρ_m 代替。若压力为 p_1 的流体密度为 ρ_1，压力为 p_2 的流体密度为 ρ_2，则流体的平均密度为：$\rho_m = \frac{\rho_1 + \rho_2}{2}$。

（4）式（1-16）是以 1kg 质量的流体为衡算基准，若以 1N（质量）流体为衡算基准，需

将式(1-16) 中各项除以 g，则得

$$Z_1 + \frac{p_1}{\rho g} + \frac{u_1^2}{2g} + \frac{W_e}{g} = Z_2 + \frac{p_2}{\rho g} + \frac{u_2^2}{2g} + \frac{\sum h_f}{g}$$

令
$$H_e = \frac{W_e}{g} \qquad\qquad H_f = \frac{\sum h_f}{g}$$

则：
$$Z_1 + \frac{p_1}{\rho g} + \frac{u_1^2}{2g} + H_e = Z_2 + \frac{p_2}{\rho g} + \frac{u_2^2}{2g} + H_f \qquad (1\text{-}19)$$

上式中各项的单位均为：m。

式(1-19) 即为工程单位制中习惯采用的形式，该式表示 1N 的流体具有的各种机械能。由于 m 为长度单位，这里其物理意义可理解为能将 1N 流体从基准水平面升举的高度。如静压能为 $5mH_2O$，即流体的静压能可将 1N 的水自基准水平面升举 5m 高。又因各项能量的单位均是长度 m，故通常将 Z 称为位压头；$\frac{p}{\rho g}$ 称为静压头；$\frac{u^2}{2g}$ 称为动压头或速度压头；H_e 称为输送机械对液体提供的有效压头；H_f 称为流动过程中的压头损失。上述的能量表示方法在"液体输送机械的选择、安装及操作"任务中甚为重要。

（5）如果系统中的流体处于静止状态，则 $u_1 = u_2 = 0$，因流体没有运动，故无能量损失，即 $\sum h_f = 0$，当然也不需要外加功，即 $W_e = 0$，于是伯努利方程式变为

$$gZ_1 + \frac{p_1}{\rho} = gZ_2 + \frac{p_2}{\rho} \qquad (1\text{-}20)$$

此式亦称为流体静力学方程式。由此可见，伯努利方程式不仅描述了流体流动时能量的变化规律，也反映了流体静止时位能和静压能之间的转换规律，这也充分体现了流体静止是流体流动的一种特殊形式。

式(1-20) 可变形为：

$$p_2 = p_1 + (Z_1 - Z_2)\rho g \qquad (1\text{-}20a)$$

如果 1-1′ 截面取在液体的自由表面上（容器的液面上），设液面上方的压力为 p_0，并用 h 表示 1-1′、2-2′ 两截面之间的垂直位差，即 $h = Z_1 - Z_2$，由于 $p_1 = p_0$，所以有：

$$p_2 = p_0 + h\rho g \qquad (1\text{-}20b)$$

式(1-20)、式(1-20a) 和式(1-20b) 统称为静力学基本方程式。这一方程式说明在重力作用下静止流体内部压强的变化规律。

由静力学方程式可知：

① 静止流体内部某一点的压力 p 与液体本身的密度 ρ 及该点距液面的深度（指垂直距离）有关，与该点的水平位置及容器的形状无关。液体的密度越大，距液面越深，该点的压力就越大。结论：在静止的连通的同一液体内部处于同一水平面上的各点压力必定相等。此即为连通器原理。

通常压力相等的水平面称为等压面。等压面的判断是解决静力学问题的关键。

② 当液面上方的压力 p_0 发生变化时，液体内部各点的压力也将发生同样大小的变化，换言之，静止、连续均质的液体内部的压力，能以相同大小传递到液体内部各点。此即巴斯噶原理。

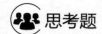思考题

下图所示的开口容器内盛有油和水。已知油层高 $h_1 = 0.7$m，密度 $\rho_1 = 800$kg/m³；水层高度 $h_2 = 0.6$m，密度 $\rho_2 = 1000$kg/m³。试计算水在玻璃管内的高度 H 为多少米。

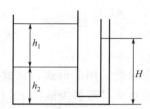

三、常见流体输送问题的分析与处理——伯努利方程的应用

连续性方程和伯努利方程式是描述流体流动规律的两个重要方程，应用这两个方程我们可以分析和解决前面提出的四类输送问题，进而可以解决原油输送方案的选择问题。

（一）流体输送方案的选择分析

由伯努利方程可知，流体要从起点 1-1′截面处流动到终点 2-2′截面处，必须满足条件：

$$E_1 > E_2 + \sum h_f$$

如果 $E_1 < E_2 + \sum h_f$ 要完成输送任务必须在起点和终点之间设置流体输送机械即保证：

$$E_1 + W_e > E_2 + \sum h_f$$

【案例 1-4】 分析

（1）对于间歇操作，根据不同的情况可选用不同的输送方式

① 当地下贮槽是密闭的压力容器，而高位槽是常压容器　可以在地下贮槽液面上方通一定压力的压缩氮气，只要压缩氮气的压力足够大即可将液体苯送入高位槽，这里采用的就是通过增加起点处的静压能 E_{P1}，来实现增加起点处的机械能 E_1 的目的。注意这里因为被输送液体是苯，为了安全压缩气体必须用氮气。

② 当地下贮槽是常压容器，而高位槽是耐压的密闭容器　可使用真空抽料的方法完成此任务，即将高位槽与抽真空系统相连，保证高位槽内达一定的真空度即可完成此任务。这里采用的就是通过降低终点处的静压能 E_{P2}，来实现降低终点处的机械能 E_2 的目的。

③ 如果地下贮槽和高位槽都是常压容器　要完成此输送任务只能在两槽之间设置一输送液体的机械——泵来完成此输送任务。亦即在始点和终点之间利用外功向流体输入机械能，以保证：$E_1 + W_e > E_2 + \sum h_f$。

（2）对于连续操作

要维持流量稳定，前述的三种方式理论上都可以，但压缩气体压料时压缩氮气的压力、真空抽吸时高位槽的真空度需不断调整，操作比较困难。因此，实际生产中最常用的利用输送机械泵来完成。

（3）当高位槽的最低液位与贮槽最高液位处之间的位差大于 12m 时

　　由于高位槽的最低液位比贮槽最高液位处高 12m，这种情况下只能使用压缩氮气送料和用泵来输送，不能采用真空抽吸办法，为什么呢？

　　由伯努利方程可知：当贮槽液面上方为常压时，以贮槽液面为基准水平面，

则起点处的机械能：$E_1 = 静压能 + 动能 + 位能 = \dfrac{p_{大气}}{\rho} + 0 + 0 = \dfrac{p_{大气}}{\rho}$

终点处的机械能：$E_2 = 静压能 + 动能 + 位能 = \dfrac{p_2}{\rho} + 9.81 \times 12 + 0 = \dfrac{p_2}{\rho} + 12 \times 9.81$

　　要保证流体从起点处送到终点处，则必须保证：

$$E_1 > E_2 + \sum h_f$$

$$\dfrac{p_{大气}}{\rho} > \dfrac{p_2}{\rho} + 12 \times 9.81 + \sum h_f，则有 \dfrac{p_{大气} - p_2}{\rho} > 12 \times 9.81 + \sum h_f$$

　　要保证流体流动，则终点处的真空度：

$$(p_{大气} - p_2) > 12 \times 9.81 \rho + \sum h_f = 12 \times 9.81 \times 879 + \sum h_f = 103475.9 + \sum h_f$$

　　显然这是不可能实现的，因为当 $p_2 = 0$ 时，

$$真空度的最大值 = p_{大气} = 1.013 \times 10^3 < 103475.9 + \sum h_f$$

　　所以，当高位槽的最低液位比贮槽最高液位处高 12m 以上时，用真空抽吸的方法是无法完成输送任务的，也就是真空抽吸的方式是不可以选用的。

【案例 1-5】 分析

　　由于此生产任务中规定了贮槽液面上方和水洗塔顶的压力，显然我们不可以采用压缩气体送料的方式和真空抽吸方式，此外，由于水洗塔顶高出贮槽 20m，也决定了我们不能采用真空吸料的方式和位差送料的方式进行输送。因此，要完成此任务只能利用输送机械——泵来完成。

 任务解决3

原油输送方案的确定

　　由于该油品电脱盐后是送到连续操作的常压蒸馏装置的，因此油品的输送也只能是连续操作，而且输送量大，因此不能使用压缩气体进行压送。

　　由于原油贮罐的最低油位，低于电脱盐罐中的最高油位，此外还必须克服流体流动阻力，因此，利用位差进行输送的方案肯定是行不通的。

　　引言工程任务中如果我们以地面为零势能的基准点。

　　终点处的最大机械能为：

$$E_2 = 静压能 + 动能 + 位能 = \dfrac{p_2}{\rho g} + Z_2 + \dfrac{u_2^2}{2g} = \dfrac{p_2}{\rho g} + 3.5 + \dfrac{0}{2g}$$

$$= \dfrac{0.65 \times 10^6}{880 \times 9.8} + 3.5 + 0$$

$$= 78.9（m 油柱）= 78.9 \times \dfrac{880}{1000} m 水柱 = 69.4m 水柱$$

起点处的最小机械能：

$$E_1 = 静压能 + 动能 + 位能 = \frac{p_{大气}}{\rho g} + 0 + 2.5 = \frac{1.013 \times 10^5}{880 \times 9.8} + 2.5$$

$$= 14.25(m\ 油柱) = 12.5m\ 水柱$$

由于：　　　　$E_2 - E_1 = 69.4 - 12.5 = 56.9$（m 水柱）$\gg 10m$ 水柱

显然不能采用真空抽吸的方案进行输送。

综合上述多种原因，要完成此任务只能采用机械输送的方案。即利用输送机械——泵来完成。

输送装置示意图如下：

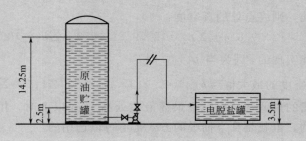

（二）四类常见输送问题的处理

1. 确定高位送料时高位槽和设备之间的相对位置

【例1-6】 如附图所示，从高位槽向塔内加料，高位槽和塔内的压力均为大气压。要求送液量为 $5.4m^3/h$。管道用 $\phi 45mm \times 2.5mm$ 的钢管，设料液在管内的压头损失为 1.5m（料液柱）（不包括出口压头损失），试求高位槽的液面应比料液管进塔处高出多少米？

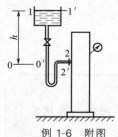

例 1-6 附图

解： 取高位槽液面为 1-1′ 截面，管进塔处出口内侧为 2-2′ 截面，以过 2-2′ 截面中心线的水平面 0-0′ 为基准面。

在 1-1′ 和 2-2′ 截面间列伯努利方程式

$$gZ_1 + \frac{p_1}{\rho} + \frac{u_2^2}{2} + W_e = gZ_2 + \frac{p_2}{\rho} + \frac{u_2^2}{2} + \sum h_f$$

由题意知：

1-1′ 截面：$Z_1 = h = ?$；

$p_1 = 0$（表压）；

$u_1 \approx 0$（水槽截面比管道截面大得多，在流量相同的情况下，槽内流速比管内流速小得多，所以槽内流速可以忽略不计）。

$$W_e = 0$$

2-2′ 截面：$Z_2 = 0$；

$p_2 = 0$（表压）。

$$u_2 = \frac{5.4}{3600 \times 0.785 \times (0.04)^2} = 1.194(m/s)$$

$$\sum h_f = 1.5 \times 9.81$$

将以上各项代入式中得：$9.81h = \dfrac{1.194^2}{2} + 1.5 \times 9.81$

解得：　　$h = 1.573$（m）

2. 真空抽料时，真空度的确定

【例 1-7】　某化工厂采用真空抽吸的方法将密度为 $870kg/m^3$ 的液体，从地下贮罐抽到高位槽。如附图所示，已知地下贮槽的液面上方压力为当地的大气压力值（101.3kPa），高位槽最高液位比地下贮槽最低液位处高 8m，要求输送量为 300L/min，输送管子为 $\phi45mm \times 2.5mm$，管道中的流体流动阻力可以忽略不计。试问：高位槽内的真空度最低是多少 kPa 才能完成抽吸任务？

　　解：取地下贮槽液面为 1-1′ 截面，高位槽液面为 2-2′ 截面。以 1-1′ 为基准水平面。在 1-1′ 和 2-2′ 截面间列伯努利方程式：

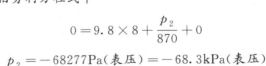

$$gZ_1 + \frac{p_1}{\rho} + \frac{u_1^2}{2} + W_e = gZ_2 + \frac{p_2}{\rho} + \frac{u_2^2}{2} + \sum h_f$$

由题意知：

1-1′ 截面：　　$Z_1 = 0$

　　　　　　　　$p_1 = 0$（表压）

　　　　　　　　$u_1 \approx 0$（槽面）

　　　　　　　　$W_e = 0$

2-2′ 截面：　　$Z_2 = 8$

　　　　　　　　$p_2 = ?$（表压）

　　　　　　　　$u_2 \approx 0$（槽面）

　　　　　　　　$\sum h_f = 0$

例 1-7　附图

将以上各参数代入伯努利方程式中

$$0 = 9.8 \times 8 + \frac{p_2}{870} + 0$$

$$p_2 = -68277 Pa（表压）= -68.3kPa（表压）$$

即：高位槽内的真空度 68.3kPa。

3. 用压缩气体送料时，气源气体压力的确定

【例 1-8】　某车间用压缩空气压输送 98% 浓硫酸，每批压送量为 $0.3m^3$，要求 10min 内压送完毕。硫酸的温度为 293K，管子为 $\phi38mm \times 3mm$ 钢管，管子出口在硫酸贮槽液面上的垂直距离为 15m，设损失能量为 10J/kg。试求开始压送时压缩空气的表压强（N/m^2）。

　　解：压送硫酸装置示意图如附图所示，取贮罐液面为 1-1′ 截面，并以此为基准平面，管出口截面为 2-2′ 截面。

在 1-1′ 截面和 2-2′ 截面之间列伯努利方程式

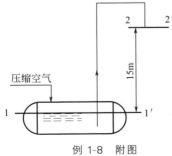

例 1-8　附图

$$gZ_1 + \frac{p_1}{\rho} + \frac{u_1^2}{2} + W_e = gZ_2 + \frac{p_2}{\rho} + \frac{u_2^2}{2} + \sum h_f$$

由题意知：

1-1′截面：　$Z_1 = 0$

$\qquad$ $p_1 = ?$（表压）

$\qquad$ $u_1 \approx 0$

$\qquad$ $W_e = 0$（管路中无外功输入）

2-2′截面：　$Z_2 = 15\text{m}$

$\qquad$ $p_2 = 0$（表压）

$\qquad$ $u_2 = \dfrac{V_s}{A} = \dfrac{0.3}{10 \times 60 \times 0.785 \times 0.032^2} = 0.625(\text{m/s})$

$\qquad$ $\sum h_f = 10\text{J/kg}$

查得浓硫酸密度：$\rho = 1831\text{kg/m}^3$；

将上述数值代入伯努利方程得：

$$\frac{p_1}{1831} = 15 \times 9.81 + \frac{0.625^2}{2} + 10$$

解得：　$p_1 = 2.89 \times 10^5 (\text{N/m}^2)$（表压）

即压缩空气的压力在开始时最小为 $2.89 \times 10^5 \text{N/m}^2$（表压）。

思考题

在例 1-8 中随着送料的不断进行，要保证送料速率不变，压缩空气的压力该如何变化？

4. 用机械输送时，输送机械有效功率的确定

【例 1-9】　如本题附图所示，用泵将常压贮槽中的稀碱液送进蒸发器浓缩，泵的进口为 $\phi 89\text{mm} \times 3.5\text{mm}$ 的钢管，碱液在进口管中的流速为 1.4m/s，泵的出口为 $\phi 76\text{mm} \times 2.5\text{mm}$ 的钢管。贮槽中碱液液面距蒸发器入口的垂直距离为 7.5m，碱液在管路系统中的能量损失为 40J/kg，蒸发器内碱液蒸发压力保持在 19.6kPa（表压），碱液的密度为 1100kg/m^3。试计算泵的有效功率。

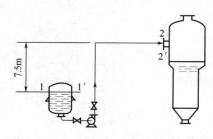

例 1-9　附图

解： 取贮槽液面为 1-1′截面，蒸发器进料管口处为 2-2′截面，1-1′截面为基准面。

在 1-1′和 2-2′截面间列伯努利方程式

$$gZ_1 + \frac{p_1}{\rho} + \frac{u_1^2}{2} + W_e = gZ_2 + \frac{p_2}{\rho} + \frac{u_2^2}{2} + \sum h_f$$

移项得：

$$W_e = g(Z_2 - Z_1) + \frac{p_2 - p_1}{\rho} + \frac{u_2^2 - u_1^2}{2} + \sum h_f$$

由题意知：

1-1′截面：$Z_1 = 0$

$\qquad\qquad p_1 = p_a = 0$（表压）

$\qquad\qquad u_1 \approx 0$（槽面）

2-2′截面：$Z_2 = 7.5\text{m}$

$\qquad\qquad p_2 = 1.96 \times 10^4 \text{Pa}$（表压）

$\qquad\qquad u_2 = u_{出口管} = u_{进口管}\left(\dfrac{d_0}{d_1}\right)^2 = 1.4 \times \left(\dfrac{82}{71}\right)^2 = 1.87(\text{m/s})$

将以上各项代入式中

$$W_e = 7.5 \times 9.81 + \frac{19600}{1100} + \frac{1.87^2}{2} + 40$$

$$= 133.1(\text{J/kg})$$

质量流量：

$$w_s = u_0 A_0 \rho = 1.4 \times 0.785 \times (0.082)^2 \times 1100$$

$$= 8.13(\text{kg/s})$$

泵的有效功率：

$$N_e = W_e w_s = 133.1 \times 8.13 = 1082(\text{W}) \approx 1.1(\text{kW})$$

伯努利方程解题注意事项

伯努利方程式是一个能量衡算式，由以上例题可知，应用伯努利方程式解题时，需要注意下列事项：

（1）选取截面

选取截面时应考虑到伯努利方程式是流体输送系统在连续、稳定的范围内，对任意两截面列出的能量衡算式，所以首先要正确选定截面。如例 1-9 附图所示的液体输送系统，应选 1-1′和 2-2′截面，而不能选 1-1′和 3-3′截面。这是因为流体流至 2-2′截面后即脱离管路系统，2-2′和 3-3′截面间已经不连续，不满足伯努利方程式的应用条件。需要说明的是，只要在连续稳定的范围内，任意两个截面均可选用。不过，为了计算方便，截面常取在输送系统的起点和终点的相应截面，因为起点和终点的已知条件多。另外，两截面均应与流动方向相垂直。

（2）确定基准面

基准面是用以衡量位能大小的基准。为了简化计算，通常取相应于所选定的截面之中较低的一个水平面为基准面，如例 1-9 附图的 1-1′截面为基准面比较合适。这样，例 1-9 中 Z_1 为零，Z_2 值等于两截面之间的垂直距离，由于所选的 2-2′截面与基准水平面不平行，则 Z_2 值应取 2-2′截面中心点到基准水平面之间的垂直距离。

（3）压力

描述某一截面的静压能大小时必须用绝对压力，但由于伯努利方程式中，反映的是两截面之间的静压能的差。因此用伯努利方程解题时，伯努利方程式中的压力 p_1 与 p_2 可同时使用表压力或绝对压力，这对计算结果没有影响，但不能混合使用。

四、流动系统中的能量损失确定

教学视频
流动系统中的
能量损失

（一）讨论与分析

伯努利方程演示实验现象的讨论

针对前述的伯努利方程演示实验，作如下讨论。

① 根据步骤 1 中测压管 4 的液位与高位槽液面相平，请在高位槽液面与测压点 4 之间列伯努利方程，用方程分析说明水静止时从高位槽液面到测点 4 之间的能量损失是多少。

② 针对步骤 2，分别在高位槽液面与测压点 1 之间列伯努利方程和在高位槽液面与测压点 4 之间列伯努利方程，用方程分析比较同一水流量下，从高位槽液面到测点 1 之间的能量损失与从高位槽液面到测点 4 之间的能量损失的大小。

③ 针对步骤 3，不改变测压孔位置，继续开大阀 A（水的流量增大），用伯努利方程分析比较不同流量下从高位槽液面到测点 4 之间的能量损失的大小。

（教师引导学生分析，分析过程略）

结论

① 水静止时没有能量损失。

② 同一水流量下，$\sum h_{f0-4} > \sum h_{f0-1}$ 说明流程越长，能量损失越大。

③ 同一流程下，水流量大时，$\sum h_{f0-4}$ 大，说明管路布置一定的情况下，流量越大能量损失越大。

伯努利方程演示实验虽然帮助我们分析得到了流体流动时产生能量损失的一些因素，但对于大多数复杂的管路系统而言，是不可能用实验方法来测定能量损失的。

前面在分析四类输送问题的处理时，都给出了能量损失这项具体数值或指明是忽略不计后，才能用伯努利方程解决流体输送中的问题。在实际生产中只有分析出流动阻力产生的原因、阻力的影响因素及掌握伯努利方程式中能量损失的计算方法，才能真正有效地解决流体输送方面的问题。

（二）流体流动能量损失产生的原因

理想流体在流动时不会产生流体阻力，因为理想流体是没有黏性的；实际流体流动时会产生流体阻力，是因为实际流体有黏性。流体的黏性是流体流动时产生能量损失的根本原因，而流体层与层之间、流体和壁面之间的相对运动是产生内摩擦阻力、引起能量损失的必要条件。黏度作为表征流体黏性大小的物理量，其数值越大，在同样的流动条件下，流体阻力就会越大。

流体的黏度用符号 μ 表示，其单位是：$\dfrac{N \cdot s}{m^2} = Pa \cdot s = \dfrac{kg}{m \cdot s}$。

液体的黏度随温度升高而减小，气体的黏度则随温度升高而增大。压力变化时，液体的黏度基本不变；气体的黏度随压力的增加而增加得很少，在一般工程计算中可忽略，只有在极高或极低的压力下，才需要考虑压力对气体黏度的影响。某些常用流体的黏度，可以从附录四或有关手册中查得。

流体的黏性还可用黏度 μ 与密度 ρ 的比值表示，称为运动黏度，用符号 ν 表示，即

$$\nu = \frac{\mu}{\rho} \tag{1-21}$$

流体流动时产生的能量损失除了与流体的黏性、流程的长短有关外，还取决于管内流体的流量、流速等因素。流量流速对能量损失的影响与流体在流道内的流动形态有关。

1. 雷诺实验

实验装置：图 1-36，在一个透明的水箱内，水面下部安装一根带有喇叭形进口的玻璃管，管的下游装有阀门以便调节管内水的流速。水箱的液面依靠控制进水管的进水和水箱上部的溢流管出水维持不变。喇叭形进口处中心有一针形小管，有色液体由针管流出，有色液体的密度与水的密度几乎相同。

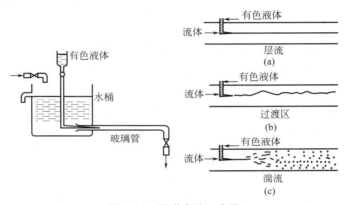

图 1-36　雷诺实验示意图

实验现象：

① 当玻璃管内水的流速较小时，管中心有色液体呈现一根平稳的细线流，沿玻璃管的轴线通过全管如图 1-36(a) 所示。

② 随着水的流速增大至某个值后，有色液体的细线开始抖动，弯曲，呈现波浪形如图 1-36(b) 所示。

③ 速率再增大，细线断裂，冲散，最后使全管内水的颜色均匀一致如图 1-36(c) 所示。

思考题

在图 1-36 装置中，为什么阀门的开度不同水的流量不同时，出现的现象不同呢？影响这些现象的因素除了水的速率外，还有哪些因素？

1883 年，著名的科学家雷诺用实验揭示了流体流动时的两种截然不同的流动型态——层流和湍流。

层流也称滞流：相当于图 1-36(a) 的流动。这种流动类型的特点是：流体的质点仅沿着与管轴线平行的方向作直线运动，质点无径向运动，质点之间互不相混，所以有色液体在管轴线方向成一条清晰的细直线。

湍流或紊流：相当于图 1-36(c) 的流动。这种流动类型的特点是：流体的质点除了管轴向方向上的流动外，还有径向运动，各质点的速率在大小和方向上随时都有变化，即质点作

不规则的杂乱运动，质点之间互相碰撞，产生大大小小的旋涡，所以管内的有色液体和管内的流体混合呈现出颜色均一的情况。

2. 流体的流动型态的判据——雷诺数

化工生产的管道不可能是透明的，那么该如何判断管内流体的流动型态呢？

对于管内流动的流体来说，雷诺通过大量的实验发现：流体在管内的流动状况不仅与流速 u 有关，而且与管径 d、流体的黏度 μ 和流体的密度 ρ 有关。

实验的基础上，雷诺将上述影响的因素利用量纲分析法整理成 $\dfrac{du\rho}{\mu}$ 的形式作为流型的判据。这种 $\dfrac{du\rho}{\mu}$ 的组合形式是一个无量纲数，我们称之为**雷诺数**，以符号 **Re** 表示。

$$Re = \frac{du\rho}{\mu} \tag{1-22}$$

利用雷诺数可以判断流体在圆形直管内流动时的流动型态。

雷诺实验指出：在圆形的长直管内，当 $Re \leqslant 2000$ 时，流体总是作层流流动，称为层流区。当 $2000 < Re < 4000$ 时，有时出现层流，有时出现湍流，与外界条件有关，称作过渡区。当 $Re \geqslant 4000$ 时，一般出现湍流型态，称作湍流区。

使用雷诺数判据的注意点如下。

① 由于 Re 中各物理量的单位，全部都可以消去，所以雷诺数是一个没有单位的纯数值：

$$[Re] = \left[\frac{du\rho}{\mu}\right] = \frac{\mathrm{m} \cdot \mathrm{m/s} \cdot \mathrm{kg/m^3}}{\mathrm{kg/m} \cdot \mathrm{s}} = \mathrm{m^0 kg^0 s^0}$$

在计算雷诺数的大小时，组成 Re 的各个物理量，必须用一致的单位表示。对于一个具体的流动过程，无论采用何种单位制度，只要 Re 中各个物理量的单位一致，所算出来的 Re 都相等，且将单位全部消去而只剩下数字。

② 流动现象虽分为层流区、过渡区和湍流区，但流动型态只有层流和湍流两种。过渡区的流体实际上处于一种不稳定状态，它是否出现湍流状态往往取决于外界干扰条件。如管壁粗糙、是否有外来震动等都可能导致湍动，所以将这一范围称为不稳定的过渡区。

③ 上述判据只适用于流体在长直圆管内的流动，例如在管道入口处，流道弯曲或直径改变处不适用。

【例 1-10】 20℃的水在内径为 50mm 的管内流动，流速为 2m/s。试计算雷诺数，并判别管中水的流动型态。

解：

水在 20℃ 时 $\rho = 998.2 \mathrm{kg/m^3}$，$\mu = 1.005 \mathrm{mPa \cdot s}$；又管径 $d = 0.05\mathrm{m}$，流速 $u = 2\mathrm{m/s}$。则

$$Re = \frac{du\rho}{\mu} = \frac{0.05 \times 2 \times 998.2}{1.005 \times 10^{-3}} = 99300$$

$Re > 4000$，所以管中水的流动型态为湍流。

3. 层流与湍流的区别

层流与湍流的区别不仅在于各有不同的 Re 数，更重要的是它们的本质区别。

① 流体内部质点的运动方式不同　流体在管内作层流流动时，其质点始终沿着与轴平行的方向作有规则的直线运动，质点之间互不碰撞，互不混合。

当流体在管内作湍流流动时，流体质点除了沿管道向前流动外，各质点的运动速率在大小和方向上都随时在发生变化，于是质点间彼此碰撞并互相混合，产生大大小小的旋涡。由于质点碰撞而产生的附加阻力较由黏性所产生的阻力大得多，所以碰撞将使流体前进阻力急剧加大。

② 流体流动的速率分布不同　无论层流或湍流，在管道横截面上流体的质点流速是按一定规律分布的（如图 1-37 所示）。在管壁处，流速为零，在管子中心处流速最大。层流时流体在导管内的流速沿导管直径依抛物线规律分布，平均流速为管中心流速的 1/2。湍流时的速率分布图顶端稍宽，这是由于流体扰动、混合产生旋涡所致。湍流程度越高，曲线顶端越平坦。湍流时的平均流速约为管中心流速的 0.8 倍。

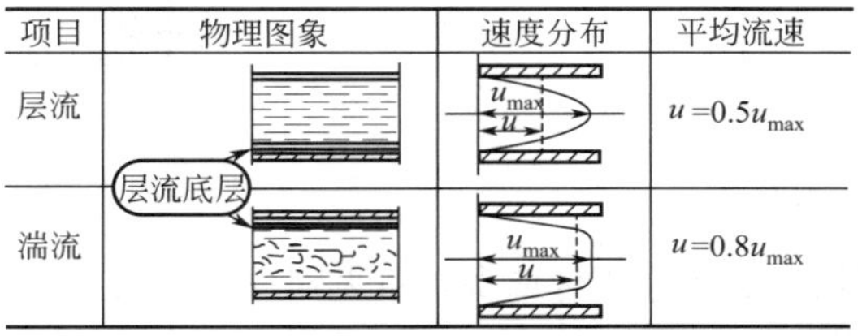

项目	物理图象	速度分布	平均流速
层流		u_{max}　u	$u=0.5u_{max}$
湍流		u_{max}　u	$u=0.8u_{max}$

（层流底层）

图 1-37　速率分布与平均流速

③ 流体在直管内的流动型态不同，系统产生的能量损失也不同　流体在直管内流动时，由于流型不同，则流动阻力所遵循的规律亦不相同。层流时，流动阻力来自流体本身所具有的黏性而引起的内摩擦。而湍流时，流动阻力除来自流体的黏性而引起的内摩擦外，还由于流体内部充满了大大小小的旋涡。流体质点的不规则迁移、脉动和碰撞，使得流体质点间的动量交换非常剧烈，产生了附加阻力。这阻力又称为湍流剪切应力，简称为湍流应力。所以湍流中的总摩擦应力等于黏性摩擦应力与湍流应力之和。

④ 湍流时的层流内层和缓冲层　流体在圆管内呈湍流流动时，由于流体有黏性使管壁处的速度靠近管壁处的速率为零，那么邻近管壁处的流体受管壁处流体层的约束作用，其速度自然也很小，流体近似仍然是顺着管壁成直线运动而互不相混，**所以管壁附近仍然为层流，这一保持作层流流动的流体薄层，称为层流内层或滞流底层**，如图 1-38 所示。自层流内层向管道中心推移，速度渐增，又出现一个区域，

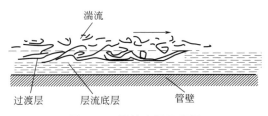

湍流

过渡层　　层流底层　　管壁

图 1-38　层流底层示意图

其中的流动形态既不是层流也不是完全湍流，这一区域称为缓冲层或过渡层，再往管中心才是湍流主体。**层流内层的厚度随 Re 数的增大而减薄**。如在内径为 100mm 的光滑管内流动时，当 $Re=1\times10^4$ 时，其层流内层的厚度约为 2mm；当 $Re=1\times10^5$ 时其层流内层的厚度约为 0.3mm。层流底层的存在对化工生产中的传热和传质过程都有重要的影响。

（三）流体流动时能量损失的求取

流体在管路系统中流动时的能量损失可分为直管阻力损失和局部阻力损失两种。直管阻力是流体流经一定管径的直管时，由于流体的内摩擦而产生的阻力。局部阻力是流体流经管路中的管件、阀门及截面的突然扩大和缩小等局部地方所引起的阻力，如图 1-39 所示。

伯努利方程式中 $\sum h_f$ 项是指所研究管路系统的总能量损失或称总阻力损失，它既含有管路系统中各段直管阻力损失 h_f，也包括系统中各局部阻力损失 h'_f，即：

$$\sum h_f = h_f + \sum h'_f \tag{1-23}$$

由实验得知，流体只有在流动情况下才产生阻力，流体流动越快，阻力也越大，由于克服

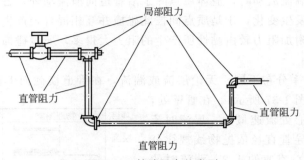

图 1-39　管路阻力的类型

阻力消耗的能量愈多，可见流动阻力与流速有关。又由于动能 $u^2/2$ 与 h_f 的单位都是 J/kg，所以常把 1kg 质量流体的能量损失，表示为 1kg 质量流体具有动能的若干倍数关系，即

$$\sum h_f = \sum \xi \frac{u^2}{2} \tag{1-24}$$

式中，ξ 为一比例系数，称为阻力系数。显然，对不同情况下的阻力，要作具体的分析以定阻力系数之值。式(1-24) 称为阻力计算的一般方程式。以下就直管阻力和局部阻力两类，分别进行讨论。

1. 流体在直管中流动的阻力

（1）圆形直管阻内的流体流动阻力的计算

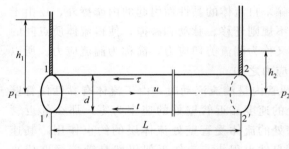

图 1-40　直管阻力计算

如图 1-40 所示为一截面为圆形的水平管，长度为 L，管内径为 d，不可压缩性流体以速率 u 在管内作稳定流动，通过对这一段水平直管内流动的流体受力分析，可得直管阻力的计算公式——范宁公式：

$$h_f = \lambda \frac{L}{d} \cdot \frac{u^2}{2} \tag{1-25}$$

或

$$\Delta p_f = p_1 - p_2 = \lambda \frac{L}{d} \cdot \frac{\rho u^2}{2} \tag{1-25a}$$

式中　h_f——为 1kg 流体流过长度为 L 的直管，所产生的能量损失，J/kg；

L——直管长度，m；

ρ——管内流体密度，kg/m^3；

u——管内流体的流速，m/s；

d——管径，m；

λ——无量纲系数，称为摩擦系数（或摩擦因数）；

Δp_f——流体通过长度为 L 的直管时因克服内摩擦力而产生的压力降，亦称阻力压降，Pa。

范宁公式(1-25) 及式(1-25a)，是计算流体在直管内流动阻力的通式，或称为直管阻力计算式，对层流、湍流均适用。

由范宁公式可见，流体在直管内的流动阻力与流体密度 ρ、流速 u、管长 L、管径 d 及 λ 有关。式中 λ 是一无因次系数，称为摩擦系数（或摩擦因数），其值与流动类型及管壁等因素有关。应用式(1-25)及式(1-25a)计算直管阻力时，确定摩擦系数 λ 值是个关键。下面就层流和湍流时摩擦系数 λ 值的求取分别予以讨论。

① 层流时的摩擦系数　流体在管内作层流流动时，管壁处流速为零，管中心流速最大。管内流体好像一层层同心圆柱状的流体层，各层以不同的速率平滑地向前流动，层流时流动阻力主要由这些流体层之间的内摩擦产生。

流体作层流流动时，管壁上凹凸不平的地方都被有规则的流体层所覆盖，所以在层流时，摩擦因数与管壁粗糙程度无关。层流时摩擦系数 λ 是雷诺数 Re 的函数，$\lambda = f(Re)$。

通过理论分析推导人们已经得到圆形直管内流体作层流流动时的 λ 可由下式计算：

$$\lambda = \frac{64}{Re} \tag{1-26}$$

层流时圆形直管内的流动阻力产生的压降可由哈根-泊稷叶方程求取。

$$\Delta p_f = \frac{64}{Re}\frac{L}{d}\frac{\rho u^2}{2} = \frac{64\mu}{du\rho}\frac{L}{d}\frac{\rho u^2}{2} = \frac{32\mu L u}{d^2}$$

$$\Delta p_f = \frac{32\mu L u}{d^2} \tag{1-27}$$

思考题

> 某流体在直管管内作稳定层流流动，流量一定，管长一定，管径变为原来的 2 倍，则其流动阻力将是原来的多少分之一？

② 湍流时的摩擦系数　流体作湍流流动时，影响摩擦系数 λ 的因素比较复杂。它不但与 Re 有关，而且与管壁的粗糙程度有关。当 Re 一定时，管壁的粗糙程度不同，λ 不同；管壁粗糙程度一定时，Re 不同，λ 也不同。

图 1-41 所示的是在不同 Re 数值下，流体流过管子粗糙壁面的情况。由图可见，当 Re 数值较小（仍然是湍流），靠近管壁处的层流底层厚度 δ_L 大于壁面的粗糙度 ε，即 $\delta_L > \varepsilon$。如图 1-41(a) 所示，管壁上凹凸不平的地方都被有规则的流体层所覆盖，此时的摩擦系数与管壁粗糙度无关；当 Re 数值较大时，则出现 $\delta_L < \varepsilon$，如图 1-41(b) 所示，此时粗糙峰伸入湍流区与流体近地点发生碰撞，增加了流体的湍动性。因而壁面粗糙度对摩擦系数的影响便成为重要的因素。Re 值越大，层流内层越薄，这种影响就越显著。

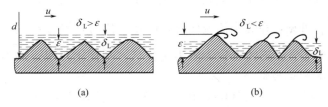

(a)　　　　　　　　　　　　　(b)

图 1-41　流体流过管子粗糙壁面的情况

由此可见，湍流时的摩擦系数是不能完全用理论分析方法求取。现在求取湍流时的 λ 有三个途径：一是通过实验测定，二是利用前人通过实验研究获得的经验公式计算，三是利用前人通过实验整理出的关联图查取。其中利用莫狄图查取 λ 值最常用。

莫狄图是将摩擦系数 λ 与 Re 和 ε/d 的关系曲线标绘在双对数坐标上，如图 1-42 所示。

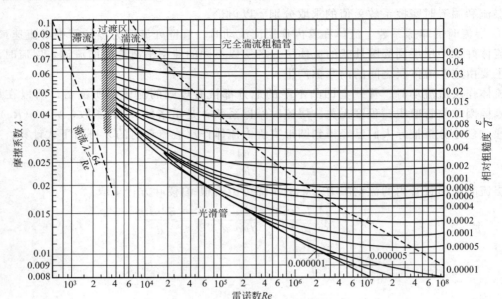

图 1-42　摩擦系数与雷诺数及相对粗糙度的关联图

此图可分成四个区域：

层流区　$Re \leqslant 2000$，λ 只是 Re 数的函数，在双对数坐标中 λ 与 Re 数成直线关系，该直线方程即为式(1-26)。

过渡区　$2000 < Re < 4000$，在此区域内层流或湍流的 λ-Re 曲线都可应用。计算流体阻力时，工程上为了安全起见，宁可估算得大些，一般将湍流时的曲线延伸即可。

一般湍流区　$Re \geqslant 4000$ 及虚线以下的区域，λ 与 Re 及 ε/d 都有关，在这个区域中标绘有一系列曲线，其中最下面的一条为流体流过光滑管（如玻璃管、铜管等）时 λ 与 Re 的关系。当 $Re = 3000 \sim 10000$ 时，柏拉修斯通过实验得出的半理论公式可表示光滑管内 λ 与 Re 的关系为 $\lambda = \dfrac{0.3164}{Re^{0.25}}$。其他曲线都对应一定的 ε/d 值。由图上可见，Re 值一定时，λ 随 ε/d 的增加而增大；ε/d 一定时，λ 随 Re 数的增大而减小，Re 值增至某一数值后 λ 下降变得缓慢。

完全湍流区（或阻力平方区）　指图中虚线以上区域，此区域内曲线都趋近于水平线，即摩擦系数 λ 与 Re 数的大小无关，只与 ε/d 有关；若 $\varepsilon/d =$ 常数，λ 即为常数。由流体阻力计算式 $h_f = \lambda \dfrac{L}{d} \dfrac{u^2}{2}$ 可见，在完全湍流区内，L/d 一定时，因为 $\varepsilon/d =$ 常数，λ 亦为常数，所以 $h_f \propto u^2$，因此该完全湍流区也称为阻力平方区。从图上可见，相对粗糙度 ε/d 愈大，达到阻力平方区的 Re 数值愈低。

【例 1-11】　在一 $\phi 108\mathrm{mm} \times 4\mathrm{mm}$、长 20m 的钢管中输送油品。已知该油品的密度为 $900\mathrm{kg/m^3}$，黏度为 0.072Pa·s，流量为 32t/h。试计算该油品流经管道的能量损失及压力降。

解：

能量损失根据范宁公式

$$h_f = \lambda \frac{L}{d} \frac{u^2}{2}$$

$$u = \frac{32 \times 1000}{3600 \times 900 \times 0.785 \times 0.1^2} = 1.26 (\mathrm{m/s})$$

$$Re = \frac{du\rho}{\mu} = \frac{0.1 \times 1.26 \times 900}{0.072} = 1575 < 2000，\textit{层流}$$

$$\lambda = \frac{64}{Re} = \frac{64}{1575} = 0.0406$$

$$h_f = 0.0406 \times \frac{20}{0.1} \times \frac{1.26^2}{2} = 6.45 (\mathrm{J/kg})$$

压力降 Δp_f 　　　　$\Delta p_f = h_f \rho = 6.45 \times 900 = 5805 (\mathrm{Pa})$

或用哈根-泊稷叶方程式计算 Δp_f

$$\Delta p_f = \frac{32 \mu L u}{d^2} = \frac{32 \times 0.072 \times 20 \times 1.26}{0.1^2} = 5.8 \times 10^3 (\mathrm{Pa})$$

（2）流体在非圆形管内的流动阻力

前面所讨论的都是液体在圆管内的流动。在化工生产中，还会遇到非圆形管道或设备，例如有些气体管道是方形的，有时流体是在两根成同心圆的套管之间的环形通道内流过。前面计算 Re 准数及阻力损失 h_f 或 Δp_f 的式中的 d 是圆管直径，对于非圆形通道是如何解决的呢？一般来讲，截面形状对速率分布及流动阻力的大小都会有影响。实验证明，在湍流情况下，对非圆形截面的通道可以找到一个与圆形管内径 d_i 相当的"直径"以代替之。为此，引进了水力半径 r_H 的概念。水力半径的定义是流体在流道里的流通截面 A 与润湿周边长 Π 之比，即：

$$r_H = \frac{A}{\Pi} \tag{1-28}$$

对于内直径为 d_i 的圆形管子，流通截面积 $A = \frac{\pi}{4} d_i^2$，润湿周边长度 $\Pi = \pi d_i$，故

$$r_H = \frac{\frac{\pi}{4} d_i^2}{\pi d_i} = \frac{d_i}{4} \qquad 或 \qquad d_e = 4 r_H = d_i$$

即圆形管的直径为其水力半径的 4 倍。把这个概念推广到非圆形管，则也采用 4 倍的水力半径来代替非圆形管的"直径"，称为当量直径，以 d_e 表示，即：

$$d_e = 4 r_H = 4 \frac{A}{\Pi} \tag{1-29}$$

对于边长分别为 a 和 b 的矩形管，当量直径为：$d_e = 4 \times \frac{ab}{2(a+b)} = \frac{2ab}{a+b}$

对于套管的环隙，当内管的外径为 $d_外$，外管的内径为 $D_内$ 时，其当量直径为

$$d_e = \frac{\left(\frac{\pi}{4}\right)(D_内^2 - d_外^2)}{\pi(D_内 + d_外)} = D_内 - d_外$$

所以，流体在非圆形直管内作湍流流动时，其阻力损失仍可用式（1-25）及式（1-25a）进行计算，但应将式中及 Re 准数中的圆管直径 d 以当量直径 d_e 来代替。

有些研究结果表明，当量直径用于湍流情况下的阻力计算比较可靠，层流时应用当量直径计算阻力的误差就更大。当必须采用式（1-25）及式（1-27）时，除式（1-25）及式（1-27）中的 d 换以 d_e 外，还须对层流时摩擦系数 λ 的计算式（1-26）进行修正，即：

$$\lambda = \frac{C}{Re} \tag{1-30}$$

式中，C 为无量纲系数，这些非圆形管的常数 C 值见表 1-4。

表 1-4 若干非圆形管的 C 值

非圆形管的 截面形状	正 方 形	等边三角形	环 形	长方形 长：宽=2：1	长方形 长：宽=4：1
常数 C	57	53	96	62	73

【例 1-12】 一套管换热器，内管与外管均为光滑管，直径分别为 $\phi30\text{mm}\times2.5\text{mm}$ 与 $\phi56\text{mm}\times3\text{mm}$，平均温度为 40℃ 的水以每小时 10m^3 的流量流过套管的环隙。试估算水通过环隙时每米管长的压强降。

解：设套管的外管内径为 d_1，内管的外径为 d_2。水通过环隙的流速为：$u = \dfrac{V_s}{A}$

式中：水的流通截面为：

$$A = \frac{\pi}{4}D_内^2 - \frac{\pi}{4}d_外^2 = \frac{\pi}{4}(D_内^2 - d_外^2) = \frac{\pi}{4}(0.05^2 - 0.03^2) = 0.00126(\text{m}^2)$$

所以：

$$u = \frac{10}{3600 \times 0.00126} = 2.2(\text{m/s})$$

环隙的当量直径为：$d_e = 4r_H$

式中：

$$d_e = 4 \times \frac{A}{\Pi} = 4 \times \frac{\frac{\pi}{4}(D_内^2 - d_外^2)}{\pi(D_内 + d_外)} = 4 \times \frac{D_内 - d_外}{4} = D_内 - d_外 = 0.05 - 0.03 = 0.02(\text{m})$$

查得水在 40℃ 时，$\rho \approx 992\text{kg/m}^3$，$\mu = 65.6 \times 10^{-5}\text{Pa}\cdot\text{s}$。

所以：

$$Re = \frac{d_e u \rho}{\mu} = \frac{0.02 \times 2.2 \times 992}{65.6 \times 10^{-5}} = 6.65 \times 10^4 \text{ 属湍流}$$

在图 1-42 中光滑管的曲线上查得在此 Re 值下，$\lambda = 0.0196$。

根据式（1-26a）得：水通过环隙时每米管长的压降为：

$$\frac{\Delta p_f}{l} = \frac{\lambda}{d_e} \frac{\rho u^2}{2} = \frac{0.0196}{0.02} \times \frac{992 \times 2.2^2}{2} = 2353(\text{Pa/m})$$

答：水通过环隙时每米管长的压降为 2353Pa/m。

2. 局部阻力的计算

流体流经阀门、三通、弯管等管件时，受到冲击和干扰，不仅流速大小和方向都发生变化，而且出现漩涡，内摩擦增大，形成局部阻力。

流体在湍流流动时，由局部阻力引起的能量损失有两种计算方法：阻力系数法和当量长度法。

（1）阻力系数法

此法是将克服局部阻力所消耗的能量，表示成动能 $u^2/2$ 的倍数，即

$$h'_f = \xi \frac{u^2}{2} \tag{1-31}$$

或
$$\Delta p' = \xi \frac{\rho u^2}{2} \tag{1-31a}$$

式中，ξ 称为局部阻力系数，一般由实验测定。局部阻力的种类很多，为明确起见，常对局部阻力系数 ξ 注上相应的下标，如 $\xi_{三通}$、$\xi_{进口}$ 等。

下面对几种常用的局部阻力系数进行讨论。

① 突然扩大　如图 1-43 所示，在流道突然扩大处，流体离开壁面成一射流注入扩大了的截面中，然后才扩张到充满整个截面。射流与壁面之间的空间产生涡流，出现边界层分离现象。高速流体注入低速流体中，其动能的很大部分转变为热而散失。流体从小管流到大管引起的能量损失称为突然扩大损失。

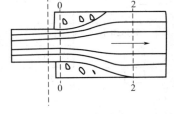

图 1-43　突然扩大

突然扩大的阻力系数为：

$$\xi_e = \left(1 - \frac{A_1}{A_2}\right)^2 \tag{1-32}$$

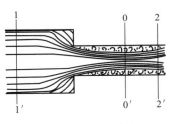

图 1-44　突然缩小

② 突然缩小　如图 1-44 所示，流体在突然缩小以前，基本上并不脱离壁面，通过突然收缩口后，却并不能立刻充满缩小后的截面，而是继续缩小，经过一最小截面（缩脉）之后，才逐渐充满小管整个截面，故亦有一射流注入收缩后的流道中。当流体向最小截面流动时，速率增加，压力能转变为动能，此过程不产生涡流，能量消耗很少。在最小截面以后，流股截面扩大而流速变小，其情况有如突然扩大，在流股与壁面之间出现涡流。流体从大管流到小管引起的能量损失称为突然缩小损失。

突然缩小的阻力系数为：
$$\xi_c = \left(1 - \frac{A_2}{A_1}\right) 0.5 \tag{1-33}$$

③ 管出口与入口　流体自管出口进入容器，可看作自很小的截面突然扩大到很大的截面，相当于突然扩大时 $A_1/A_2 \approx 0$ 的情况，按式(1-31) 计算，管出口的阻力系数应为：$\xi_0 = 1$。

流体自容器流进管的入口，是很大的截面突然收到很小的截面，相当于突然缩小时的情况 $A_2/A_1 \approx 0$。管入口的阻力系数应为：$\xi_1 = 0.5$。

④ 管件与阀门　不同管件与阀门的局部阻力系数可从有关手册中查取。常用的局部阻力系数 ξ 列于表 1-5。

表 1-5　管件与阀门的局部阻力系数 ξ 值

管件和阀件名称	ξ 值						
标准弯头	45°，$\xi=0.35$			90°，$\xi=0.75$			
90°方形弯头	1.3						
180°回弯头	1.5						
活接管	0.4						
弯管	R/d	φ					
		30°	45°	60°	75°	90°	105°	120°
	1.5	0.08	0.11	0.14	0.16	0.175	0.19	0.20
	2.0	0.07	0.10	0.12	0.14	0.15	0.16	0.17

续表

管件和阀件名称	ξ 值										

突然扩大

$$\xi=(1-A_1/A_2)^2 \qquad h_f=\xi \cdot u_1^2/2$$

A_1/A_2	0	0.1	0.2	0.3	0.4	0.5	0.6	0.7	0.8	0.9	1.0
ξ	1	0.81	0.64	0.49	0.36	0.25	0.16	0.09	0.04	0.01	0

突然缩小

$$\xi=0.5(1-A_1/A_2)^2 \qquad h_f=\xi \cdot u_2^2/2$$

A_1/A_2	0	0.1	0.2	0.3	0.4	0.5	0.6	0.7	0.8	0.9	1.0
ξ	0.5	0.45	0.4	0.35	0.3	0.25	0.2	0.15	0.1	0.05	0

流入大容器出口 $\xi=1.0$

入管口（容器→管子） $\xi=0.5$

水泵进口

有底阀	没有底阀			$\xi=2\sim3$				
d/mm	40	50	75	100	150	200	250	300
ξ	12	10	8.5	7.0	6.0	5.2	4.4	3.7

闸阀

全开	3/4 开	1/2 开	1/4 开
0.17	0.9	4.5	24

标准截止阀

全开 $\xi=6.4$	1/2 开 $\xi=9.5$

蝶阀

α	5°	10°	20°	30°	40°	45°	50°	60°	70°
ξ	0.24	0.52	1.54	3.91	10.8	18.7	30.6	118	751

旋塞

α	5°	10°	20°	40°	60°
ξ	0.05	0.29	1.56	17.3	206

单向阀

摇板式 $\xi=2$	球形式 $\xi=70$

底阀=1.5	角阀（90°）=5	滤水器=2	水表（盘形）=7

（2）当量长度法

流体流经管件、阀门等局部地区所引起的能量损失可仿照式（1-24）及式（1-24a）而写成如下形式：

$$h'_f=\lambda \frac{L_e}{d}\frac{u^2}{2} \quad 或 \quad \Delta p'_f=\lambda \frac{L_e}{d}\frac{\rho u^2}{2} \tag{1-34}$$

式中，L_e 称为管件或阀门的当量长度，其单位为 m，表示流体流过某一管件或阀门的局部阻力，相当于流过一段与其具有相同直径、长度为 L_e 的直管阻力。实际上是为了便于管路计算，把局部阻力折算成一定长度直管的阻力。

管件或阀门的当量长度数值都是由实验确定的。在湍流情况下某些管件与阀门的当量长度可从图 1-45 查得。先于图左侧的垂直线上找出与所求管件或阀门相应的点，又在图右侧的标尺上定出与管内径相当的一点，两点连一直线与图中间的标尺相交，交点在标尺上的读数就是所求的当量长度。

有时用管道直径的倍数来表示局部阻力的当量长度，如对直径为 9.5～63.5mm 的 90°弯头，L_e/d 的值约为 30，由此对一定直径的弯头，即可求出其相应的当量长度。L_e/d 值由实验测出，各种管件的 L_e/d 可以从图 1-45 或化工手册中查到。

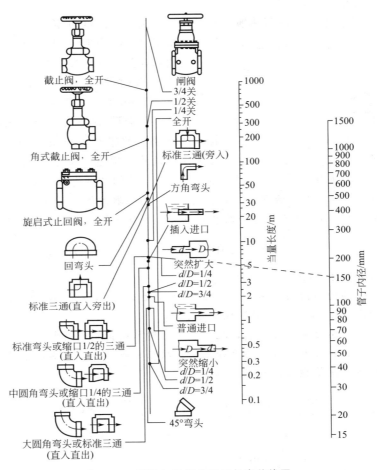

图 1-45　管件与阀门的当量长度共线图

管件、阀门等构造细节与加工精度往往差别很大，从手册中查得的 L_e 或 ξ 值只是约略值，即局部阻力的计算也只是一种估算。

3. 流体流动时总能量损失的计算

管路的总阻力为管路上全部直管阻力和各个局部阻力之和。对于流体流经管路直径不变的管路时，如果把局部阻力都按当量长度的概念来表示，则管路的总能量损失为

$$\sum h_f = \lambda \frac{L + \sum L_e}{d_i} \cdot \frac{u^2}{2} \tag{1-35}$$

式中，$\sum h_f$ 为管路的总能量损失，J/kg；L 为管路上各段直管的总长度；$\sum L_e$ 为管路全部管件与阀门等的当量长度之和；u 为流体流经管路的流速。

在管路设计计算中一般将 $(L + \sum L_e)$ 称为计算长度。

如果把局部阻力都按阻力系数的概念来表示，则管路的能量损失为

$$\sum h_f = \left(\lambda \frac{L}{d_i} + \sum \xi \right) \frac{u^2}{2} \tag{1-35a}$$

式中，$\sum \xi$ 为管件与阀门等局部阻力系数之和，其他符号与式(1-34)相同。

当管路由若干直径不同的管段组成时，由于各段的流速不同，此时管路的总能量损失应分段计算，然后再求其和。

【例 1-13】 用泵把 20℃的苯从地下贮罐送到高位槽，流量为 300L/min。高位槽液面比贮罐液面高 10m。泵吸入管用 $\phi89mm\times4mm$ 的无缝钢管直管长为 15m，管路上装有一个底阀（按旋启式止回阀全开时计）、一个标准弯头；泵排出管用 $\phi57mm\times3.5mm$ 的无缝钢管，直管长度为 50m，管路上装有一个全开的闸阀、一个全开的截止阀和三个标准的弯头。贮罐及高位槽液面上方均为大气压。设贮罐液面维持恒定，试求泵的轴功率，设泵的效率为 70%。（苯的密度为 $880kg/m^3$）

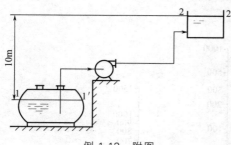

例 1-13　附图

解： 根据题意，画出流程示意图，如本题附图所示。取贮槽液面为上游截面 1-1'，高位槽液面为下游截面 2-2'，并以截面 1-1' 为基准水平面。在两截面之间列伯努利方程式，即：

$$gZ_1+\frac{u_1^2}{2}+\frac{p_1}{\rho}+W_e=gZ_2+\frac{u_2^2}{2}+\frac{p_2}{\rho}+\sum h_{f1-2}$$

式中：$Z_1=0$　　$Z_2=10m$　　$p_1=p_2$

因贮槽和高位槽的截面与管道相比，都很大，故 $u_1\approx0$，$u_2\approx0$。因此，伯努利方程可简化为：$W_e=gZ_2+\sum h_{f1-2}=9.81\times10+\sum h_{f1-2}$

只要算出系统的总能量损失 $\sum h_f$，就可算出泵对苯所提供的有效能量 W_e。

由于吸入管路 a 和排出管路 b 的直径不同，故应分段计算，然后再求其和。

（1）吸入管路的能量损失 $\sum h_{fa}$

$$\sum h_{fa}=h_{fa}+\sum h'_{fa}=\left(\lambda_a\frac{L_e+\sum L_e}{d_a}+\xi_{进}\right)\frac{u_a^2}{2}$$

式中：　　　　　　　$d_a=89-2\times4=81(mm)=0.081(m)$

　　　　　　　　　　$L_a=15m$

查有关手册得管件、阀门的当量长度分别为：

底阀（按旋转式止回阀全开时计）　　　　　　　　　6.3m

标准弯头　　　　　　　　　　　　　　　　　　　　2.7m

故：　　　　　　　　　$\sum L_{ea}=6.3+2.7=9(m)$

进口阻力系数：　　　　$\xi_{进}=0.5$

吸入管路中液体流速：　$u=\dfrac{\dfrac{300}{(1000\times60)}}{\dfrac{\pi}{4}\times0.081^2}=0.97(m/s)$

已知：苯的密度为 $880kg/m^3$，由附录六查得 20℃时，苯的黏度为 $6.5\times10^{-4}Pa\cdot s$。

$$Re_b=\frac{d_bu_b\rho}{\mu}=\frac{0.081\times0.97\times880}{6.5\times10^{-4}}=1.07\times10^5$$

取管壁的绝对粗糙度　　$\varepsilon=0.3mm$，$\varepsilon/d=0.3/81=0.0037$

由图 1-42 查得：　　　$\lambda=0.029$

故：　$\sum h_{fa}=\left(0.5+\lambda_a\dfrac{L_a+\sum L_{ea}}{d}\right)\dfrac{u^2}{2}=(0.5+0.029)\times\dfrac{15+9}{0.081}\times\dfrac{0.97^2}{2}=4.28(J/kg)$

（2）排出管路上的能量损失：$\sum h_{fb}$

$$\sum h_{fb} = \left(\lambda_b \frac{L_b + \sum L_{eb}}{d_b} + \xi_出 \right) \frac{u^2}{2}$$

式中：
$$d_b = 57 - 2 \times 3.5 = 50(mm) = 0.05(m)$$
$$L_b \approx 50m$$

由有关手册查得出口管路上管件、阀门的当量长度分别为：

全开的闸阀	0.33
同全开的截止阀	17
三个标准弯头	1.6×3

故：
$$\sum L_{eb} = 0.33 + 17 + 4.8 = 22.13(m)$$

出口阻力系数：
$$\xi_出 = 1.0$$

排出管路中液体流速：
$$u = \frac{\dfrac{300}{1000 \times 60}}{\dfrac{\pi}{4} \times 0.05^2} = 2.55(m/s)$$

$$Re_b = \frac{d_b u_b \rho}{\mu} = \frac{0.05 \times 2.55 \times 880}{6.5 \times 10^{-4}} = 1.73 \times 10^5$$

仍取管壁的绝对粗糙度 $\varepsilon = 0.3mm$，$\varepsilon/d = 0.3/81 = 0.0037$
由图 1-42 查得：$\lambda = 0.0313$
仍取管壁的绝对粗糙度 $\varepsilon = 0.3mm$，$\varepsilon/d = 0.3/50 = 0.006$
由图 1-42 查得：$\lambda = 0.0313$

故：$\sum h_{fb} = \left(\lambda_a \dfrac{L_b + \sum L_{eb}}{d_b} + \xi_出 \right) \dfrac{u^2}{2} = \left(0.0313 \times \dfrac{50 + 22.13}{0.05} + 1.0 \right) \times \dfrac{2.55^2}{2} = 150(J/kg)$

（3）管路系统的总能量损失：

$$\sum h_{f1-2} = \sum h_{fa} + \sum h_{fb} = 4.28 + 150 = 154.3(J/kg)$$

所以：
$$W_e = gZ_2 + \sum h_{f1-2} = 98.1 + 154.3 = 252.4(J/kg)$$

苯的质量流量为：
$$w_s = V_s \rho = \frac{300}{1000 \times 60} \times 880 = 4.41(kg/s)$$

泵的有效功率：
$$N_e = W_e \cdot w_s = 252.4 \times 4.41 = 1110.6(W) = 1.11(kW)$$

泵的轴功率为：
$$N = \frac{N_e}{\eta} = \frac{1.1}{0.7} = 1.59(kW)$$

（四）降低流动系统能量损失的途径

流体流动中克服内摩擦阻力所消耗的能量无法回收。阻力越大流体输送消耗的动力越大。这使生产成本提高、能源浪费，故应尽量降低管路系统的流体阻力。

由流体阻力的计算公式：
$$\sum h_f = \lambda \frac{L + \sum L_e}{d_i} \times \frac{u^2}{2}$$

要降低流体的流动阻力，可从以下几个途径着手。
① 管路尽可能短些，尽量走直线、少拐弯，也就是尽量减小 L 值。
② 尽量不装不必要的管件和阀门等，即尽量减小 $\sum L_e$ 值。
③ 适当增大管径。因为管内流速 $u = \dfrac{V_s}{0.785 d_i^2}$，在完全湍流区 λ 接近常数时，则能量损

失 $h_f \propto \dfrac{1}{d_i^5}$，即与管径的五次方成反比。因此，适当增加管径，可以明显降低流体阻力。当然管径增大会使设备增加，所以还需根据经济核算来确定。

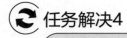 任务解决4

输机械泵的有效功率的确定

分析：

在引言任务中，因电脱盐罐的液面上方压力为 0.6MPa（表压），原油贮罐中的最低油位距地面 2.5m，最高油位距地面 14.3m，电脱盐罐油位高出地面 3.5m，管道直管部分累计长度为 300m，流量为 35t/h，前面已经简化得 0.01105m³/s。

在任务解决 2 中我们已经确定了原油的输送管道内径为 150mm，管内实际流速为：0.626m/s，在任务解决 3 中我们已确定了输送方案图，现要确定图中的输油泵的有效功率。

由于电脱盐罐的油位是不变的，而贮油罐的最低液位是 2.5m；要维持稳定流动，流量不变，贮油罐液位最低时泵所需的功率最大。

将原油输送装置简化如下：

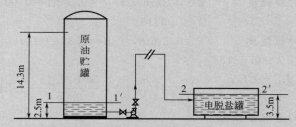

下面利用伯努利方程来求解泵的有效功率。

解：取原油贮罐油位最低时的油面为 1-1′ 截面，电脱盐罐的最高油面为 2-2′ 截面。以地面为基准水平面。在 1-1′ 与 2-2′ 之间列伯努利方程式如下：

$$gZ_1 + \frac{p_1}{\rho} + \frac{u_1^2}{2} + W_e = gZ_2 + \frac{p_2}{\rho} + \frac{u_2^2}{2} + \sum h_f$$

式中已知：

$Z_1 = 2.5\text{m}$　　　　　　　$Z_2 = 3.5\text{m}$

$p_1 = 1.013 \times 10^5\,\text{Pa}$　　　$p_2 = 0.6 \times 10^6\,\text{Pa}$

$u_1 = 0$　　　　　　　　　$u_2 = 0$

$\sum h_f = ?$ 待求

方程简化得：

$$
\begin{aligned}
W_e &= g(Z_2 - Z_1) + \frac{p_2 - p_1}{\rho} + \sum h_f \\
&= 9.81 \times (3.5 - 2.5) + \frac{0.6 \times 10^6 - 1.013 \times 10^5}{880} + \sum h_f \\
&= 572 + \sum h_f\,(\text{J/kg})
\end{aligned}
$$

（1）直管阻力的计算：

$$Re = \frac{du\rho}{\mu} = \frac{0.15 \times 0.626 \times 880}{125 \times 10^{-3}} = 661 < 2000，层流$$

$$\lambda = \frac{64}{Re} = \frac{64}{661} = 0.097$$

直管阻力：　　$h_f = \lambda \frac{L}{d} \frac{u^2}{2} = 0.097 \times \frac{300}{0.15} \times \frac{0.626^2}{2}$

$$= 38.01(\text{J/kg})$$

（2）局部阻力的计算

从油库到电脱盐罐之间至少有 6 个阀门，安装在油罐出口闸阀、泵进口闸阀，泵出口调节阀、换热器进出口调节阀，换热器与电脱盐罐之间的闸阀，电脱盐罐进口调节阀。实际安装时至少 30 次转弯。

则：$\sum \xi = 0.5 + 0.17 + 0.17 + 9.5 + .9.5 + 9.5 + 0.17 + 9.5 + 30 \times 0.75 + 1.0 = 62.5$

局部阻力：$h'_f = \sum \xi \cdot \frac{u^2}{2} = 62.5 \times \frac{0.626^2}{2} = 12.25(\text{J/kg})$

（3）总阻力的计算

$$\sum h_f = h_f + h'_f = 38.01 + 12.25 = 50.26(\text{J/kg})$$

所以：　　$W_e = 572 + 50.26 = 622.3(\text{J/kg})$

泵的有效功率：

$$N_e = W_e w_s = W_e V_s \rho = 622.3 \times 0.01105 \times 880 = 6050.9(\text{W}) = 6.1(\text{kW})$$

实践与练习3

一、选择题

1. 某设备进、出口测压仪表中的读数分别为 p_1（表压）= 1200mmHg 和 p_2（真空度）= 700mmHg，当地大气压为 750mmHg，则两处的绝对压强差为（　　）mmHg。

　A. 450　　　　　　B. 500　　　　　　C. 1900　　　　　　D. 1950

2. 压强表上的读数表示被测流体的绝对压强比大气压强高出的数值，称为（　　）。

　A. 真空度　　　　B. 表压强　　　　C. 相对压强　　　　D. 附加压强

3. 不可压缩性流体在管道内定态流动时的连续性方程式为（　　）；可压缩性流体在管道内定态流动时的连续性方程式为（　　）。

　A. $u_1 A_1 = u_2 A_2$　　B. $u_1 A_2 = u_2 A_1$　　C. $\dfrac{u_1 A_1}{\rho_1} = \dfrac{u_2 A_2}{\rho_2}$　　D. $\dfrac{u_1 A_1}{\rho_2} = \dfrac{u_2 A_2}{\rho_1}$

4. 流体由 1-1′ 截面流入 2-2′ 截面的条件是（　　）。

　A. $gZ_1 + p_1/\rho = gZ_2 + p_2/\rho$　　　　B. $gZ_1 + p_1/\rho > gZ_2 + p_2/\rho$

　C. $gZ_1 + p_1/\rho < gZ_2 + p_2/\rho$　　　　D. 以上都不是

5. 工程上，常以（　　）流体为基准，计量流体的位能、动能和静压能，分别称为位压头、动压头和静压头。

　A. 1kg　　　　　　B. 1N　　　　　　C. 1mol　　　　　　D. 1kmol

6. 流体在附图所示的等径倾斜直管中流动，流动方向如图所示忽略流体阻力，下列说法正确的是（　　）。

A. 位能增加，动能减小，静压能不变

B. 动能增加，位能增加，静压能减小

C. 动能减小，位能不变，静压能增加

D. 动能不变，位能增加，静压能减小

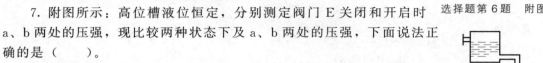

选择题第 6 题　附图

7. 附图所示：高位槽液位恒定，分别测定阀门 E 关闭和开启时 a、b 两处的压强，现比较两种状态下及 a、b 两处的压强，下面说法正确的是（　　）。

A. E 关闭，$p_b > p_a$，E 开启，$p_b > p_a$，$p_{a关} > p_{a开}$

B. E 关闭，$p_b < p_a$，E 开启，$p_b < p_a$，$p_{a关} > p_{a开}$

C. E 关闭，$p_b < p_a$，E 开启，$p_b < p_a$，$p_{a关} > p_{a开}$

D. E 关闭，$p_b > p_a$，E 开启，$p_b > p_a$，$p_{a关} < p_{a开}$

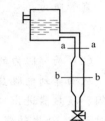

选择题第 7 题　附图

8. 流体流动时的摩擦阻力损失 h_f 所损失的是机械能中的（　　）项。

A. 动能 　　　　　　　　　　　　B. 位能

C. 静压能 　　　　　　　　　　　D. 总机械能

9. 密度为 1000kg/m³ 的流体，在 $\phi 108\text{mm} \times 4\text{mm}$ 的管内流动，流速为 2m/s，流体的黏度为 1cP，其 Re 为（　　）。

A. 10^5 　　　　B. 2×10^7 　　　　C. 2×10^6 　　　　D. 2×10^5

10. 水在内径一定的圆管中稳定流动，若水的质量流量一定，当水温度升高时，Re 将（　　）。

A. 增大 　　　　B. 减小 　　　　C. 不变 　　　　D. 不确定

11. 以下 4 种有关流体流动的叙述，说法正确的选项是（　　）。

A. 流体在圆形直管流动时，无论层（滞）流或湍流，管中心处流速最大，距管壁越近，流速越小，在管壁流速为零

B. 层流时，平均流速大约是管中心处流速的 0.8 倍

C. 湍流时，平均流速大约是管中心处流速的 0.5 倍

D. 层流内层对传热和传质过程影响很大，它的厚度是随 Re 增大而增厚

12. 某套管换热器，已知内管为 $\phi 57\text{mm} \times 3.5\text{mm}$ 的钢管，外管为 $\phi 89\text{mm} \times 2.5\text{mm}$ 的钢管。套管环隙内通以冷却用盐水，其流量为 V_s，则环隙的当量直径 d_e 和盐水的流速 u 为（　　）。

A. $d_e = 27\text{mm}$，$u = \dfrac{4V_s}{\pi(0.084^2 - 0.057^2)}$

B. $d_e = 27\text{mm}$，$u = \dfrac{4V_s}{\pi \times 0.027^2}$

C. $d_e = 32\text{mm}$，$u = \dfrac{4V_s}{\pi(0.084^2 - 0.052^2)}$

D. $d_e = 32\text{mm}$，$u = \dfrac{4V_s}{\pi \times 0.032^2}$

13. 在完全湍流时（阻力平方区），粗糙管的摩擦系数 λ 数值（　　）。

A. 与光滑管一样 　　　　　　　　B. 只取决于 Re

C. 只取决于相对粗糙度　　　　　　　　D. 与粗糙度无关

14. 流体在圆形直管内作层流流动时，平均流速 u 与管中心的最大流速 u_{max} 的关系为：（   ）。

A. $u = 0.5u_{max}$　　　B. $u = 0.8u_{max}$　　　C. $u = u_{max}$　　　D. $u = 1.5u_{max}$

二、填空题

1. 连续性方程 $u_1A_1 = u_2A_2$ 的使用条件是：_____流体在连续管道内作_____流动。

2. 某设备进出口测压仪表的读数分别为 300mmHg（真空度）和 840mmHg（表压），则两处的绝对压力差为_____ mmHg、_____ atm。

3. A 容器液面的表压强为 2.0at，B 容器液面的真空度为此 300mmHg，A、B 两容器液面之间的压强差为_____ kPa。

4. 流体静力学基本方程式表明了静止流体内部_____的变化规律；反映流体流动规律的方程有_____方程和_____方程。

5. 流体的黏度是反映流体_____大小的物理量。液体的黏度随温度的升高而_____；气体的黏度随温度升高而_____。

6. 流体的流动形态有两种，分别是_____、_____。圆形直管内流体的流动形态可用 Re 值判断，符号 Re 表示_____准数，计算公式为 $Re = _____$。

7. 流体在圆形直管内流动时，当 $Re < 2000$，流体流动形态为_____，$Re \geqslant 4000$，则流体流动形态为_____。

8. 对于等径水平直管，管路两截面之间的阻力压降在数值上_____（填大于、等于、小于）两截面上的压强差。

9. 在圆形直管内，流体作层流流动时，流动阻力与管壁粗糙度_____，摩擦因数 λ 与 Re 的关系为_____；流体作湍流流动（未达阻力平方区）时，直管的摩擦系数 λ 与_____和_____有关。

10. 层流时，若流量保持不变，直管管径增加一倍，雷诺数为原来的_____倍，管路的能量损失为原来的_____倍。

11. 对于一定的直管管路，当流体流动为完全湍流时，λ 为_____，此时管路的能量损失与速度的_____成正比，故又称该区为_____区；在该区内，若管路的内径保持不变，而流量增加一倍，则能量损失为原来的_____倍。

12. 流体在圆形直管中作层流流动时，其速度分布是_____型曲线，其管中心最大流速为平均流速的_____倍，摩擦系数 λ 与 Re 的关系为_____。

13. 密度为 $0.3kg/m^3$、黏度为 0.05cP 的某气体在 $\phi25mm \times 2.5mm$ 圆形直管内作层流流动。测得管内气体的平均流速为 10m/s，则雷诺数 Re 为_____，则管中心的最大流速 u_{max} 为_____ m/s。

14. 计算流体由大管进入小管或由小管进入大管的局部阻力时，计算式 $h'_f = \xi \cdot \dfrac{u^2}{2}$ 中的流速均以_____管内的流速为准。

15. 局部阻力的表达式 $h'_f = \xi \cdot \dfrac{u^2}{2}$ 中，流体从管中流出时局部阻力系数 $\xi_{出} = _____$，流体从贮槽进入管内时 $\xi_{入} = _____$。

16. 流通截面积为 $0.09m^2$ 的正方形管道，其当量直径 d_e 为 _____ mm。

三、简答题

1. 何谓稳定流动与不稳定流动？

2. 何谓绝对压力、表压力、真空度和负压？它们之间的关系是什么？

3. 什么是流体的黏性？什么是流体的黏度？黏度的定义和物理意义是什么？常用的有几种？它们之间的换算关系是什么？

4. 流体的流动型态有几种？影响流体流动型态的因素有哪些？如何判别流体的流动型态。

5. 某流体在圆形直管内作层流流动，若管长及流体不变，而管径增加至原来的两倍，试问因流动阻力而产生的能量损失为原来的多少？

6. 定性绘制出层流、湍流（光滑管、粗糙管）$\lambda\text{-}Re$ 的关系曲线图。

7. 管路系统若要降低流体阻力，应从哪几方面着手？

四、计算题

1. N_2 流过内径为 150mm 的管道，温度为 300K；入口处压力为 $150kN/m^2$，出口处压力为 $120kN/m^2$，流速为 20m/s。求 N_2 的质量流速 $[kg/(s\cdot m^2)]$ 和入口处的流速（m/s）。

2. 硫酸流经由大小管组成的串联管路，硫酸的相对密度为 1.83，体积流量为 150L/min，大小管尺寸分别为 $\phi76mm\times4mm$ 和 $\phi57mm\times3.5mm$。试分别求硫酸在小管和大管中的（1）质量流量；（2）平均流速；（3）质量流速。

3. 某设备上真空表的读数为 100mmHg，试计算设备内的绝对压强与表压强各为多少（Pa）？已知该地区大气压强为 740mmHg。

4. 某水泵进口处真空表读数为 650mmHg，出口处压力表读数为 2.5at。试求水泵前后水的压力差为多少 at？多少米水柱？多少 kPa？

5. 当大气压力是 760mmHg 时，问位于水面下 6m 深处的绝对压力是多少（Pa）？（设水的密度为 $1000kg/m^3$）。

6. 本题附图所示的带有平衡室的测压管分别与 A、B、C 三个设备相连通。连通管的下部是水银，上部是水，三个平衡室内水面在同一水平面上。问：

（1）1、2、3 三处压强是否相等？

（2）4、5、6 三处压强是否相等？

（3）若 $h_1=100mm$，$h_2=200mm$，且知设备 A 直接通大气（大气压强为 760mmHg），求 B、C 两设备内的压强。

7. 某车间用压缩空气压送 98% 的浓硫酸如附图所示，浓硫酸的密度为 $1840kg/m^3$，流量为 $2m^3/h$。管道采用 $\phi37mm\times3.5mm$ 的无缝钢管，总的能量损失为 1m 硫酸柱（不包括出口损失），两槽中液位恒定，试求压缩空气的压力（MPa）。

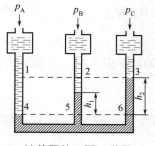

计算题第 6 题　附图

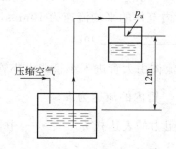

计算题第 7 题　附图

8. 如附图所示，用泵 1 将常压贮槽 2 中密度为 $1100kg/m^3$ 的某溶液送到蒸发器 3 中进行浓缩。贮槽液位保持恒定。蒸发器内蒸发压力保持在 $1.47 \times 10^4 Pa$（表压）。泵的进口管为 $\phi 89mm \times 3.5mm$，出口管为 $\phi 76mm \times 3mm$，溶液处理量为 $28m^3/h$。贮槽中液面距蒸发器入口处的垂直距离为 10m。溶液流经全部管道的能量损失为 100J/kg，试求泵的有效功率。

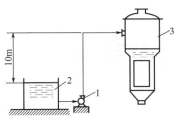
计算题第 8 题　附图

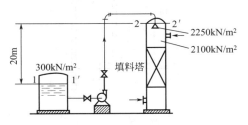
计算题第 9 题　附图

9. 本题附图为 CO_2 水洗塔供水系统。水洗塔内绝对压力为 $2100kN/m^2$，贮槽水面绝对压力为 $300kN/m^2$。塔内水管与喷头连接处高于贮槽水面 20m，管路为 $\phi 57mm \times 2.5mm$ 钢管，送水量为 $15m^3/h$。塔内水管与喷头连接处的绝对压力为 $2250kN/m^2$。已知从贮槽液面到出水管与喷头连接处的损失能量为 49J/kg，试求水泵的有效功率。

10. 用泵从储油池向高位槽输送矿物油，矿物油的密度为 $960kg/m^3$，流量为 38400kg/h，高位槽液面比贮油池中的油面高 20m，且均为常压。输油管为 $\phi 108mm \times 4mm$，矿物油流经全部管道的能量损失（压头损失）为 10m 油柱。若泵的效率为 65%，试计算输送机械泵的有效功率和轴功率。

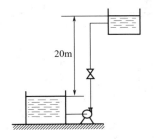
计算题第 10 题　附图

11. 20℃ 水在一 $\phi 25mm \times 2.5mm$ 的管内流动，流量为 $2.26m^3/h$，试计算其 Re 并判定其流动型态。

12. 由一根内管及外管组合成的套管换热器中，已知内管为 $\phi 25mm \times 1.5mm$，外管为 $\phi 45mm \times 2mm$。套管环隙间通以冷却用盐水，其流量为 2500kg/h，密度为 $1150kg/m^3$，黏度为 1.2cP。试判断盐水的流动型态。

13. 有一壳体内径为 800mm 的列管换热器，内装 460 根 $\phi 19mm \times 2mm$ 的钢管，试求壳体内部空间的当量直径。

14. 套管冷却器由 $\phi 89mm \times 2.5mm$ 和 $\phi 57mm \times 2.5mm$ 的钢管构成。空气在细管内流动，流速为 1m/s，平均温度为 353K，绝对压力是 2atm。水在环隙内流动流速为 1m/s，平均温度为 303K。试求：（1）空气和水的质量流量；（2）空气和水的流动型态。

15. 石油输送管是直径为 $\phi 159mm \times 4.5mm$ 的无缝钢管。石油的密度 $860kg/m^3$，运动黏度为 $0.2m^2/s$。当石油流量为 15.5t/h 时，试求管路总长度为 1000m 的直管摩擦阻力损失。

16. 用虹吸管将池中 363K 的热水引出，两容器水的垂直距离为 2m，管段 AB 长 5m，管段 BC 长 10m（均为包括局部阻力的当量长度）。管内直径为 20mm，直管摩擦因数为 0.02。为保证管路不发生汽化，管路顶点的最大安装高度为多少？

17. 用泵把 20℃ 的苯从地下贮罐送到高位槽，流量为 $18m^3/h$。已知高位槽液面比贮槽面高 10m；泵吸入管用 $\phi 89mm \times 4mm$ 的无缝钢管，直管长度 15m，并在吸入管口有一底阀，一个标准弯头；泵出口管用 $\phi57mm\times3.5mm$ 无缝管，直管长度 50m，出口管管路上有一个全开闸阀、一个全开的标准直截止阀和三个标准弯头；贮罐及高位槽均与大气相通，且贮罐液面维持恒定。求完成输送任务时所需的外加压头。

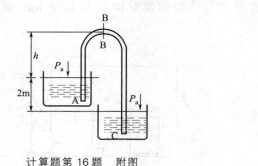

计算题第 16 题　附图　　　　　计算题第 17 题　附图

五、课外实践

1. 某校流体输送综合实训装置如下图所示。

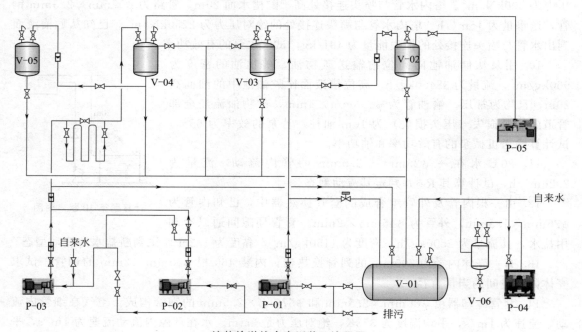

流体输送综合实训装置流程图

P-01—旋涡泵；P-02—离心泵 1；P-03—离心泵 2；P-04—水喷射式真空泵；P-05—空压机组；V-01—总水箱；
V-02—高位槽 1；V-03—中间水槽 1；V-04—中间水槽 2；V-05—高位槽 2；V-06—真空缓冲罐

仔细观察流程图，回答以下问题：

（1）要将 V-01 总水箱的水，送到 V-02 高位槽，请问用了哪些液体输送方案？

（2）要将 V-01 总水箱的水，送到 V-05 高位槽，请问用了哪些液体输送方案？

（3）从 V-01 总水箱经过 P-03 离心泵到 V-04 中间水槽，水流动时，有哪些部位可产生局部阻力，如果控制水流量为 $3m^3/h$，并保证 V-01 总水箱水位恒定在液位计的 500mm 处，V-04 中间水槽水位恒定在液位计的 300mm 处，总水箱液位计下端距地面 0.4m，V-04 中间水槽液位计下端距地面 2m，试估算 P-03 离心泵的有效功率。

2. 利用所学知识分析伯努利方程演示实验中的有关现象。

任务四　流体流动参数的测量

在任务三流体输送方案的选择中，我们是已知流体的压力和流量这两个参数的。流体的压力、流量在化工生产过程中是两个非常重要的工艺参数，为了保证生产过程的稳定进行，就必须随时掌握流体的压力、流量等工艺参数，并加以调节和控制。任务三中的连续性方程和伯努利方程式，不但可以分析和解决前面提出的四类输送问题，还可用来解决流体流动过程中流量、压力等参数测量和控制问题。任务四就是解决流体流动参数如何测量的问题，着重学习依据流体流动时各种机械能的相互转化原理而设计的流体压力、液位和流量的测量方法。

一、压力测量

压力是流体流动过程中的重要参数，目前工厂里测量压力的仪表主要有两类：机械式的压力表和应用流体静力学原理的液柱式压力计。不少压力控制仪表也是在这两类测压仪表的基础上附加机械或电子控制装置构成的。

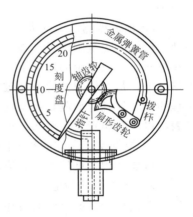

图 1-46　弹簧管压力表构造

(一) 机械式测压仪表

化工厂使用最多的机械式测压仪表是弹簧管测压表，它的构造如图 1-46 所示，表外观呈圆形，附有带刻度的圆盘，内部有一根截面为椭圆形的弧表金属弹簧管，管一端封闭并连接拨杆和扇形齿轮，扇形齿轮与轴齿轮啮合而带动指针，金属管的另一端固定在底座上并与测压接头相通，测压接头用螺纹与被测系统连接。

📖 观察与思考

　　仔细观察学校内有关流体输送实训装置，找出其中的机械式测压仪表，并比较仪表盘指示刻度的不同点！

弹簧管测压表分三类：用于正压设备的压力表如图 1-47(a)、用于负压设备的真空表如图 1-47(b) 和既可测量表压又可用来测量真空度的双向表——压力真空表如图 1-47(c)。弹簧管测压表的金属管一般是用铜制成的，当测量对铜有腐蚀性的流体时，应选用特殊材料金属管的压强表，如氨用压强表的金属管是用不锈钢制成的。

压力的测量

测量时，当系统压强大于大气压时，金属弹簧管受压变形而伸长，变形的大小与管内所受的压强成正比，从而带动拨杆拨动齿轮，使指针移动，在刻度盘上指出被测量系统的压

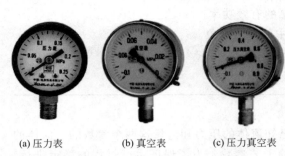

(a) 压力表　　　　(b) 真空表　　　　(c) 压力真空表

图 1-47　弹簧管压力表类型

强，其读数即为表压。弹簧管真空表与压强表有相似的结构，测量时弹簧管因负压而弯曲，测得的是系统的真空度。

弹簧管压强表测量范围很广。正确地选择、校验和安装是保证压力表在生产过程中发挥应有作用的重要环节。

1. 压力表的选择

压力表的选用应根据使用要求，针对具体情况作具体分析。在符合生产过程所提出的技术条件下，本着节约原则，合理地进行种类、型号、量程、精度等级的选择。选择主要考虑三个方面。

① 考虑被测介质的性质　如温度高低、黏度大小、腐蚀性、脏污程度、易燃易爆等。还要考虑现场的环境条件，例如高温、腐蚀、潮湿、振动等。以此来确定压力表的种类、型号等。

② 根据被测压力的大小，确定仪表量程　对于弹性式压力表，为了保证弹性元件在弹性变形的安全范围内可靠地工作，在选择压力表量程时，必须考虑到留有充分的余地，一般在被测压力较稳定的情况下，最大的压力值应不超过满量程的 3/4；在被测压力波动较大的情况下，最大压力值应不超过满量程的 2/3；为了保证测量精度，被测压力值应不低于全量程的 1/3 为宜。如测量系统的压强为 500～600kPa（表压）时，应选取 0～1000kPa 的压强表，以免金属管发生永久变形而引起误差或损坏。

③ 根据生产允许的最大测量误差确定仪表的精度　选择时，应在满足生产要求的情况下尽可能选用精度较低，价廉耐用的压力表。

2. 压力表的校验

所谓校验，就是将被校压力表和标准压力表通以相同的压力，比较它们的指示数值。所选择的标准表的绝对误差一般应小于被校仪表绝对误差的 1/3，所以它的误差可以忽略，认为标准表的读数就是真实压力表的数值。如果被校仪表对于标准仪表的读数误差，不大于被校仪表的规定误差，则认为被校仪表合格。

3. 压力表的安装

（1）测压点的选择

选择的测压点应能反映被测压力的真实大小。为此，必须注意以下几点。

① 要选在被测介质直线流动的管段部分，不要选在管路拐弯、分叉、死角或其他易形成漩涡的地方。

② 测量流动介质的压力时，应使取压力点与流动方向垂直，取压管内端面与生产设备连接处的内壁应保持平齐，不应有凸出物或毛刺。

③ 测量液体压力时，取压点应在管道下部，使导压管内不积存气体，测量气体时，取压点应在管道上方，使导压管内不积存液体。

（2）导压管铺设

① 导压管粗细合适，一般内径 6～10mm，长度 3～50m。长度应尽可能短，最长不得超过 50m，以减少压力指示的迟缓。如超过 50m，应选用能远距离传送的压力计。

② 导压管水平安装时应保证有 1∶10～1∶20 的倾斜度，以利于积存于其中的液体（或

气体）的排出。

③ 当被测介质易冷凝或冻结时，必须加保温伴热管线，如高压的 CO_2、NH_3 用压力表。

④ 取压口到压力计之间应装有切断阀，以备检修压力计时使用。切断阀应装设在靠近取压口的地方。

（3）压力计的安装

① 压力计应安装在易观察和检修的地方。

② 安装地点应力求避免振动和高温影响。

③ 测量蒸汽压力时应加装凝液管，以防止高温蒸汽直接和测压元件接触，见图 1-48 (a)；对于有腐蚀介质时，应加装充有中性介质的隔离罐等，见图 1-48(b)，图中表示了被测介质密度 ρ_2 大于和小于隔离液密度 ρ_1 的两种情况。

总之，针对具体情况（如高温、低温、腐蚀、结晶、沉淀、黏稠介质等），采取相应的防护措施。

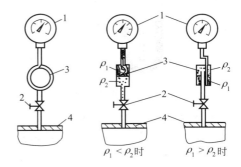

(a) 测量蒸汽时　　(b) 测量有腐蚀性介质时

图 1-48　压力计安装示意图

1—压力计；2—切断阀门；3—凝液管；4—取压容器

④ 压力计的连接处，应根据被测压力的高低和介质性质，选择适当的材料，作为密封垫片，以防泄漏。一般低于 80℃ 及 2MPa 压力用石棉纸板或铝片，温度及压力更高时（50MPa）用退火紫铜或铅垫。另外还要考虑介质的影响，例如测氧气的压力表不能用带油或有机化合物的垫片，否则会引起爆炸。测量乙炔压力时禁止用铜垫。

⑤ 当被测压力较小，而压力计与取压口又不在同一高度时，对由此高度而引起的测量误差应按 $\Delta p = \pm \rho g H$ 进行修正。式中 H 为高度差，ρ 为导压管中介质的密度，g 为重力加速度。

⑥ 为安全起见，测量高压的压力计除选用有通气孔的外，安装时表壳应向墙壁或无人通过之处，以防止发生意外。

（二）液柱式测压仪表

压力的测量除使用弹簧管式的压力表和真空表测量外，还可以根据静力学基本原理进行测量。以静力学原理为依据的测量仪器统称为液柱压力计（又称液柱压差计）。这类压力计可测量流体中某点的压力，亦可测两点间的压力差。这类仪器结构简单，使用方便，也是应用较广泛的测压装置。常见的液柱压力计有以下几种。

1．U型管压差计

U 型管压差计是液柱式测压计中最普遍的一种，其结构如图 1-49 所示。它是一个两端开口的垂直 U 形玻璃管，中间配有读数标尺，管内装有液体作为指示液。指示液要与被测流体不互溶，不起化学作用，而且其密度一般要大于被测流体的密度。通常采用的指示液有：着色水、油、四氯化碳及水银等。

在图 1-49 中，U 型管内指示液上面和大气相通，即作用在两支管内指示液液面的压力是相等的，此时由于 U 型管下面是连通的，所以，两支管内指示液液面在同一水平面上。如果将两支管分别与管路中两个测压口相连接，则由于两截面的压力 p_2 和 p_1 不相等，且

$p_1 > p_2$，必然使左侧支管内指示液液面下降，而右侧支管内的指示液液面上升，直至在标尺上显示出读数 R 时才停止，如图 1-50 所示。由读数 R 便可求得管路两截面间的压力差。

设若在图 1-50 中所示的 U 型管底部装有指示液 A，其密度为 ρ_A，而在 U 型管两侧臂上部及连接管内均充满待测流体 B，其密度为 ρ_B。图中 a、a' 两点都在连通的同一种静止流体内，并且在同一水平面上，所以这两点的静压力相等，即 $p_a = p_{a'}$。

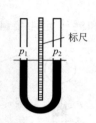

图 1-49　U 型管压差计

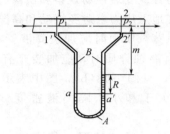

图 1-50　测量压力差

依流体静力学基本方程式可得：

$$p_a = p_1 + \rho_B g(m + R)$$

$$p_{a'} = p_2 + \rho_B g m + \rho_A g R$$

于是

$$p_1 + \rho_B g(m + R) = p_2 + \rho_B g m + \rho_A g R$$

上式化简后即得读数 R 计算压力差 $p_1 - p_2$ 的公式

$$p_1 - p_2 = (\rho_A - \rho_B) g R \tag{1-36}$$

式中　ρ_A——指示液的密度；

　　　ρ_B——待测流体的密度；

　　　R——U 型管标尺上指示液的读数；

$p_1 - p_2$——管路两截面间的压力差。

若被测流体是气体，气体的密度要比液体的密度小得多，即 $\rho_A - \rho_B \approx \rho_A$，于是，上式可简化为

$$p_1 - p_2 \approx \rho_A g R \tag{1-36a}$$

U 型管压差计也可用来测量流体的表压力。若 U 型管的一端通大气，另一端与设备或管道某一截面连接被测量的流体，如图 1-51 所示，则 $(\rho_A - \rho_B) g R$ 或 $\rho_A g R$ 反映设备或管道某一截面处流体的绝对压力与大气压力之差为流体的表压力。

如将 U 型管压差计的右端通大气，左端与负压部分接通，如图 1-52 所示，则可测得流体的真空度。

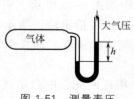

图 1-51　测量表压

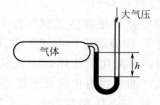

图 1-52　测量真空度

【例 1-14】　如本题附图所示，水在 293K 时流经某管道，在导管两端相距 10m 处装有

两个测压孔，如在 U 型管压差计上水银柱读数为 3cm，试求水通过这一段管道的压力差。

解：

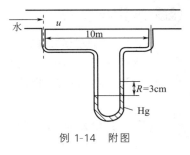

例 1-14　附图

已知指示液水银的密度 $\rho_{Hg}=13600kg/m^3$；待测流体的密度 $\rho_{水}=998.2kg/m^3$；

U 型管上水银柱的读数 $R=3cm=0.03m$。

可根据下式求水通过 10m 长管道时之压力差

$$p_1-p_2=(\rho_{Hg}-\rho_{水})gR$$
$$=(13600-998.2)\times9.807\times0.03$$
$$=3.7\times10^3(Pa)$$

答：水通过这一段管道的压力差为 3.7×10^3Pa。

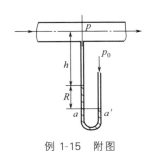

例 1-15　附图

【例 1-15】　如本题附图所示水在管道内流动，于管道某截面处连接一 U 型管压差计，指示液为水银，读数 $R=200mm$，$h=1000mm$。当地大气压 p_0 为 760mmHg，试求水在该截面处的压力和真空度。若换以空气在管内流动，而其他条件不变，再求空气在该截面处压力和真空度。已知水的密度 $\rho_{水}=1000kg/m^3$，水银的密度 $\rho_{Hg}=13600kg/m^3$。

解：① 水在管内流动时

过 U 型管右侧的水银面作水平面 a-a'，依流体静力学基本原理知：$p_a=p_{a'}=p_0$，

又由静力学基本方程得：$p_{a'}=p+\rho_{水}gh+\rho_{Hg}gR$

于是　　　　　　　　　　$p=p_a-\rho_{水}gh-\rho_{Hg}gR$

已知：指示液水银的读数 $R=200mm=0.2m$；$h=1000mm=1m$

$$p_{a'}=p_0=760mmHg=1.0133\times10^5Pa$$

水的密度 $\rho_{水}=1000kg/m^3$，水银的密度 $\rho_{Hg}=13600kg/m^3$。

所以：　　$p=1.0133\times10^5-1000\times9.807\times1-13600\times9.807\times0.2=6.48\times10^4(Pa)$

故该截面水的真空度为：$p_{真}=p_{大气}-p=1.0133\times10^5-6.48\times10^4=3.65\times10^4(Pa)$（真空度）

② 空气在该截面处的压力和真空度，读者可自己试算。

2. 微差压差计（又称双液柱压差计）

微差压差计顾名思义是用于测量较小压差的，其结构如图 1-53 所示。这种压差计的特点有以下几点。

① 内装有互不相溶的两种指示液 A 与 C，密度分别为 ρ_A 和 ρ_C，为了将读数 R 放大，应尽可能使两种指示液的密度相接近，还应注意保证指示液 C 与被测流体不互溶且 $\rho_A>\rho_C$。

② U 型管两侧臂的上端装有扩张室，扩张室的截面积比 U 型管的截面积大得多（若扩张室的截面亦为圆形，应使扩张室的内径与 U 型管内径之比大于 10），这样，测量时读数 R 值很大，而两扩张室内指示液的液面变化很小，可近似认为仍维持在同一水平面。所测的压差便可用下式计算：

图 1-53　微差
压差计

$$p_1-p_2=(\rho_A-\rho_C)gR \tag{1-37}$$

观察与思考

> 仔细观察液体阻力测定实验装置，找出其中的 U 型管压差计；为什么测量水通过孔板前后的压差时采用正放 U 型管，且使用水银作指示剂？而测量水流经等径水平直管及通过 90°标准弯头的压降时，使用倒置的 U 型管，倒 U 型管的指示剂是什么？压差如何计算？

（三）其他测量微小压差的方法

（1）倒 U 型管压差计

当某系统的压差值 Δp 较小时，为了得到足够大的 R 读数以减小测量误差，可选用密度较小的指示剂。若指示剂的密度 ρ_A 小于被测流体的密度 ρ_B，可采用倒 U 型管压差计。如图 1-54 所示，倒 U 型管中液体上方的空间可装入气体（如空气）或其他密度小于被测流体密度的液体为指示液。这种压差计在测量前，可通过上端的旋塞 A 装入或排出指示剂，以调整倒 U 型管中液体水平面的位置。用式(1-36)计算时，应注意将式中（$\rho_A - \rho_B$）改为（$\rho_B - \rho_A$），即

$$\Delta p = p_1 - p_2 = (\rho_B - \rho_A)gR$$

（2）倾斜液柱压差计（又称斜管压差计）

当被测的流体压力或压力差很小时，为了提高读数的精确程度，还可将液柱压力计倾斜，即为倾斜液柱压差计（如图 1-55 所示）。在该压差计上的读数 R_1 与 U 型管压差计上的读数 R 的关系为

$$R_1 = R / \sin\alpha$$

式中，α 为倾斜角度，其值越小，R_1 值越大。

图 1-54　倒 U 型管压差计

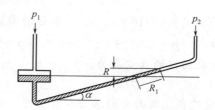

图 1-55　倾斜液柱压差计

二、液位测量与控制

生产中为了了解设备内液体贮量、流进或流出设备的液流量，需要测定和控制液位。测量设备内液位的装置有多种，如依据连通器原理的玻璃液面计、磁翻柱液位计和浮标液面计等。

液位的测量

 观察与思考

> 观察学院有关流体输送实训装置，找出其中总水箱、各中间贮槽和高位贮槽的液位测量装置，并比较各测量装置的异同点。

（一）连通器原理的液位计

连通器原理的液位计是根据静止流体在连通的同一液体内部处于同一水平面上压力相等的原理设计的。

1. 玻璃液面计

图 1-56 所示的玻璃管液位计就是根据连通器原理设计的。图中 0-0' 水平面为等压面，0-0'面上的点 1 和点 2 的压力 p_1、p_2 必相等，即

$$p_1 = p_2$$

而

$$p_1 = p_A + \rho_A g Z_1$$

$$p_2 = p_B + \rho_B g Z_2$$

则

$$p_A + \rho_A g Z_1 = p_B + \rho_B g Z_2$$

因液位计上方与贮槽相通，且同为一种液体，

故

$$p_A = p_B$$

$$\rho_A = \rho_B$$

因此

$$Z_1 = Z_2$$

即从玻璃管内观察到的液面高度就是贮槽中液位高度。

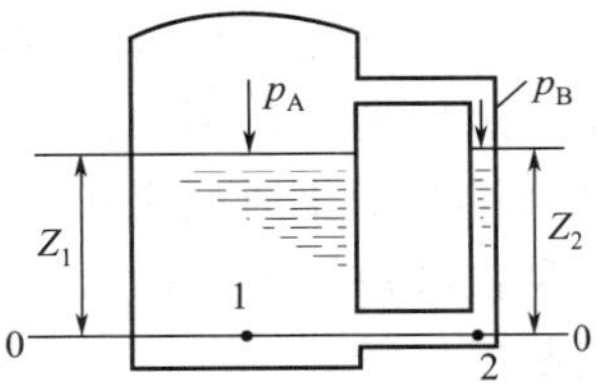

图 1-56　液位测量

2. 磁翻柱液位计

磁翻柱液位计是将连通器原理、磁耦合原理、阿基米德（浮力定律）等原理巧妙地结合机械传动的特性而制作的一种专门用于液位测量的装置。

其基本结构如图 1-57 所示，它有一容纳浮子的腔体，我们称其为主体管、浮筒或外壳，由不锈钢管制成，它通过法兰或其他接口与容器组成一个连通器；浮子结构根据被测介质、压力、温度、介质比重的不同而不同，大多数情况采用不锈钢浮子，也可采用其他材质的浮子，包括特制合金浮子和塑料浮子。浮子一般制作成空心球，在浮球沉入液体与浮出部分的交界处安装了磁钢，密封的浮子看起来像一个 360° 的磁环。在浮筒的外面装有翻柱显示器，标准的液位显示器管由玻璃制成，显示器管内有磁性浮标——翻柱，它与浮筒内的浮子组成

微课视频
磁浮子液位计

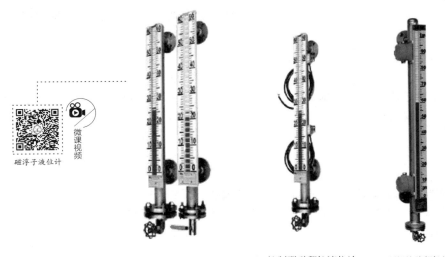

(a) 现场指示型磁翻柱液位计　　(b) 控制型磁翻柱液位计　　(c) 远传型磁翻柱液位计

图 1-57　磁翻柱液位计

一对，里面充有惰性气体并密封，不会出现凝结。

工作时浮筒内的液面与容器内的液面是相同高度的，所以浮筒内的浮球会随着容器内液面的升降而升降，这时候我们虽然看不到液位，但浮球随液面升降时，浮球中磁环的磁性透过外壳传递给翻柱显示器，根据磁性耦合作用推动磁翻柱翻转 180°；由于磁翻柱是表面涂敷不同颜色的两个半圆柱合成的圆柱体或立方体，所以翻转 180°后朝向翻柱显示器外的颜色会改变。一般液面以下用红色表示、液面以上用白色或绿色表示，两色交界处即是液面的高度。

磁翻柱液位计分为现场指示型、远传型与控制型三类。

远传型是在翻柱液位计的基础上增加了 4～20mA 变送传感器，在现场监测液位的同时将液位的变化通过变送传感器、线缆及仪表传到控制室，实现远程监测和控制；控制型是在磁翻柱液位计的基础上增加了磁控开关，在监测液位的同时磁控开关信号可用于对液位进行控制或报警。

磁翻柱液位计的特点如下。

① 显示装置与容器内的介质不接触很安全，即使玻璃管破碎，也不会产生泄漏，适宜一、二、三类压力容器使用，尤其对有毒、强腐蚀性、易燃、高温、高压被测介质非常重要；

② 测量过程中，唯一的可动部件是浮子，因此，磁耦合液位指示器具有极高的可靠性。指示器、液位开关、变送器的维修均可在线进行。

（二）重锤探测液位计

重锤探测液位计是依据力学平衡原理设计生产的。重锤探测液位计由浮子、钢丝绳（或钢带）、重锤指针和标尺板四部分组成。

浸在被测液体中的浮子受到重力 W、浮力 F 和由重锤产生的恒定拉力 T 的作用，当三个力的矢量和等于零时，浮子处于准平衡静止状态。当液位变化时，浮力 F 将随之改变，系统原有的平衡受到扰动将重新达到动态平衡。液位的变化导致浮子位置发生改变，重锤带动指针上下移动，在标尺上可以清晰直观地显示容器内液位变化的情况。标尺板的顶端标示液面的零位，底端标示液面的满量程。指针随着物位的变化而变化，进而连续地指示出液位的高低。重锤探测液位计广泛应用于常压条件下的大中型贮罐中各种液体液位的现场指示以及高黏度、腐蚀性液体液位的连续测量。

拓展知识
远距离液位测量
与液位控制装置

三、流量测量

流体的流量是流体输送任务的最基本参数，也是化工厂重要的测量和控制参数。测量流体流量的仪表统称为流量计或流量表。

教学视频
流量测量

 观察与思考

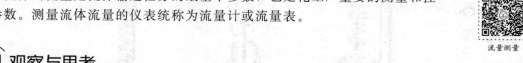

组织学生到学院化工实训中心，仔细观察流体输送、反应器等操作实训装置，找出其中的流量测量仪表，注意它们的安装方式，查阅有关资料，掌握它们的工作原理，了解它们的应用场合。

流量计是重要的工业测量仪表之一。为了适应各种用途，各种类型的流量计相继问世。目前已投入使用的流量计已超过 100 种。从不同的角度出发，流量计有不同的分类方法。常用的分类方法有两种，一是按测量原理进行归纳分类，二是按流量计的结构原理进行分类。下面介绍几种按流量计的结构原理进行分类的流量测量方法。

（一）差压式流量计（变压降式流量计）

差压式流量计由一次装置和二次装置组成。一次装置称流量测量元件，它安装在被测流体的管道中，产生与流量（流速）成比例的压力差，供二次装置进行流量显示。二次装置称显示仪表。它接收测量元件产生的差压信号，并将其转换为相应的流量进行显示。

差压流量计的一次装置常为节流装置。流体在有节流装置的管道中流动时，在节流装置前后的产生压差。目前标准的节流元件有三种：标准孔板、标准文丘里管、标准喷嘴。

二次装置为各种机械式、电子式、组合式差压计配以流量显示仪表。差压式流量计，约占各种流量测量方式的70%。

1. 孔板流量计

孔板流量计是以伯努利方程为基础的流量测量装置，孔板流量计的节流元件是孔板。

（1）孔板流量计的结构

孔板流量计的结构如图1-58所示。孔板是一中心开有圆孔的圆形金属板，将其置于孔板盒里，再用法兰将孔板盒固定在管道中。为了测取孔板前后的压差，孔板盒上开有测压孔道，又因取压方式不同，孔板盒上的开孔方式亦不同。图1-59中，上部所示为环室取压，下部所示为测压孔直接取压。

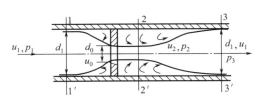

图 1-58　孔板流量计

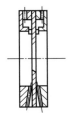

图 1-59　孔板流量计取压方式

（2）孔板流量计的测量原理

如图1-58所示，流体在直径为d_1（截面积为A_1）的管道内以流速u_1流过孔板的开孔（孔径为d_0，截面积为A_0）时，由于截面积减小（从A_1减到A_0），所以流速由u_1增大至u_0；流体流过小孔后由于惯性作用，流动截面并不能立即扩大，而是继续收缩，至一定距离后才逐渐扩大恢复到原有管截面。其流动截面最小处（如图中2-2′截面处，截面积为A_2）称为缩脉。流体在缩脉处的流速最大，以u_2表示。

在流体流速变化的同时，压力也随之变化。在图1-58中，孔板前流动截面尚未收缩处是1-1′截面，流速为u_1，压力为p_1，流动截面收缩后至缩脉处流速增至u_2，压力降至p_2；而后至3-3′截面处，流动截面恢复正常，流速亦恢复正常，$u_3 = u_1$，但压力p_3不能恢复到原来的p_1（$p_3 < p_1$），这是因流体流过孔板时产生旋涡等而消耗掉一部分能量所致。综上可见，流体流过孔板时在孔板前后产生一定压差$\Delta p = p_1 - p_2$，流量愈大，压差愈大，流量V_s与压差Δp互成一一对应关系。只要用压差计测出孔板前后的压差Δp，即可得知流量，这就是孔板流量计测流量的原理。

（3）流量计算公式

孔板流量计的流量方程式是表示压差、流量和开孔直径三者间定量关系的方程式。该方程式是分析和计算流量的重要公式，可用伯努利方程式和连续性方程式推导。

当不可压缩性流体在水平管内流动，对截面 1-1′ 和 2-2′ 间列伯努利方程式，暂不计能量损失为：

$$gZ_1 + \frac{p_1}{\rho} + \frac{u_1^2}{2} = gZ_2 + \frac{p_2}{\rho} + \frac{u_2^2}{2}$$

对水平管，$Z_1 = Z_2$，整理此式可得

$$\frac{u_2^2 - u_1^2}{2} = \frac{p_1 - p_2}{\rho} \quad 或 \quad \sqrt{u_2^2 - u_1^2} = \sqrt{2\frac{p_1 - p_2}{\rho}} \tag{a}$$

由于上式未考虑阻力损失，而且缩脉处的面积 A_2 无从知道，而孔口的截面积 A_0 已知，因此上式中的 u_2 可用孔口处速率 u_0 来代替，同时两测压孔的位置也不在 1-1′ 及 2-2′ 截面上，所以用校正系数 C 来校正上述各因素的影响，则上式变为：

$$\sqrt{u_0^2 - u_1^2} = C\sqrt{2\frac{p_1 - p_2}{\rho}} \tag{b}$$

式中，p_1、p_2 分别代表上、下游测压口的静压强。

根据连续性方程式，对于不可压缩流体：$u_1 = u_0\left(\dfrac{d_0}{d_1}\right)^2$

将上式代入式（b），整理后得：$u_0 = \dfrac{C\sqrt{2(p_a - p_b)/\rho}}{\sqrt{1 - \left(\dfrac{d_0}{d_1}\right)^4}}$，　令 $C_0 = \dfrac{C}{\sqrt{1 - \left(\dfrac{d_0}{d_1}\right)^4}}$

又因

$$\frac{p_a - p_b}{\rho} = \frac{R(\rho' - \rho)g}{\rho}$$

于是

$$u_0 = C_0\sqrt{\frac{2Rg(\rho' - \rho)}{\rho}} \ (\text{m/s}) \tag{1-38}$$

流体的流量

$$V_s = u_0 A_0 = C_0\frac{\pi d_0^2}{4}\sqrt{\frac{2Rg(\rho' - \rho)}{\rho}} \ (\text{m}^3/\text{s}) \tag{1-39}$$

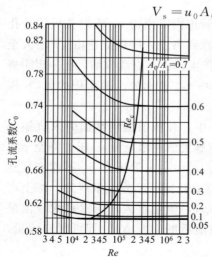

图 1-60　孔流系数 C_0 与 Re、A_0/A_1 的关系曲线

式中，ρ' 为压差计指示液的密度，ρ 为被测流体的密度，C_0 称为孔流系数。

式（1-39）就是孔板流量计的流量方程式。

孔流系数 C_0 由实验测定，图 1-60 所示为 C_0 与 Re（以管路直径计算的 Re）以及孔与管截面积之比 A_0/A_1 的关系。由图可见，对于一定的 A_0/A_1，当 Re 超过某一数值后，C_0 的数值就为常数。若 Re 一定，A_0/A_1 越大，C_0 也就越大。

流量计所测的流量范围，最好是落在 C_0 为定值区域里，这时流量便与压强变化读数的平方根成正比。设计合理的孔板流量计，其 C_0 值多在 $0.6 \sim 0.7$ 范围内。

从上述分析可以看出：

孔板流量计工作时其节流元件的节流面积（孔口面

积是恒定的），流量的变化是通过节流元件（孔板）前后的压差反映出来，流量不同，压差不同。因此，称此种流量计可称为定压降流量计。

孔板流量计的特点是：**恒节流截面、变流速、变压降**。

（4）孔板流量计的测量范围

由式(1-41)可知，当孔流系数 C_0 为常数时，

$$V \propto \sqrt{R} \qquad 或 \qquad R \propto V^2$$

上式说明孔板流量计所连接的 U 型管压差计的读数 R 与流量 V 的平方成正比，即流量的少量变化可导致 R 的较大变化。这说明测量的灵敏度较大、准确度较高，但允许测量的范围变小。

为了尽量减小 U 型管压差计读数的相对误差，通常对选用的 U 型管压差计定一最小值，令其为 $R_{\min}$（因 R 愈小，相对误差愈大），同时也定一最大值，令其为 $R_{\max}$，从而可确定其可测的流量范围，即

$$\frac{V_{\max}}{V_{\min}} = \sqrt{\frac{R_{\max}}{R_{\min}}} \tag{1-40}$$

上式表明 $V_{\max}/V_{\min}$ 与孔板的选择无关，仅与 $R_{\max}$ 和 $R_{\min}$ 有关，即由 U 型管压差计的长度所定。

（5）孔板流量计的特点

孔板流量计的主要优点是构造简单，制造和安装都很方便。其主要缺点是能量损失大，且随面积比 m 的减小而加大。

（6）孔板流量计的安装

安装孔板流量计时，上、下游必须有一段内径不变的直管作为稳定段。通常要求上游直管长度为（15～40）d，下游为 $5d$。

孔板流量计已是某些仪表厂的定型产品，其系列规格可查阅有关手册或产品目标。但小管径或其他特殊要求的孔板流量计，可自行设计、加工。设计孔板流量计的关键是选择适当的面积比，同时要兼顾 U 型管压差计的读数范围和能量损失等。

2. 文丘里流量计

前已述及孔板流量计的主要缺点是能量损耗很大，其起因是进孔前的突然缩小和出孔口后的突然扩大。如将节流元件孔板改成如图 1-61 所示的渐缩渐扩管（标准文丘里管），即为文丘里流量计（Venturi meter，也称为文氏流量计）。

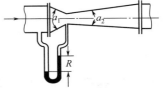

图 1-61　文氏流量计

文丘里流量计的测量原理与孔板流量计相同，但由于流体流经渐缩段和渐扩段时流速改变平缓，涡流较少，在喉管处增加的动能在渐扩段中大部分可转回成静能，所以能量损失大大小于孔板流量计。

文氏流量计的流量计算式与孔板流量计相同，即

$$V = C_v A_0 \sqrt{\frac{2gR(\rho_0 - \rho)}{\rho}} \tag{1-41}$$

式中，C_v 为孔流系数，其值由实验测定，随 Re 数而变。湍流时，如喉径 d_0 与管径 d_1 之比即 $d_0/d_1 = 1/4 \sim 1/2$，可取 $C_v = 0.98$。A_0 为喉管处截面积，$A_0 = \frac{\pi}{4} d_0^2$，$m^2$。

其他符号与孔板流量计相同。

与孔板流量计相比，文氏流量计各部分尺寸要求严格、加工精细，造价较高。

思考题

> 节流装置在管道上安装时，如果将方向装反，是会造成什么现象？

（二）定压降式流量计（变面积式流量计）——转子流量计

转子流量计也是利用伯努利方程的能量转换原理设计的一种流量测量装置。

1. 转子流量计的构造和工作原理

转子流量计的构造如图 1-62(a) 所示，它是由一根内截面积自下而上逐渐扩大的垂直玻璃管和管内一个由金属或其他材料制成的转子（或称浮子）组成。流体由底端进入，向上流动至顶端流出。当流体流过转子与玻璃管之间的环隙时，由于流道截面积在减小，流速便增大，静压强随之降低，此静压强低于转子底部所受到的静压强。于是，使转子上、下产生静压强差，从而形成一个向上的力。当这个力大于转子的重力时，就将转子托起上升。转子升起后，其环隙面积随之增大（因为玻璃管内侧面为锥形），从而环隙内流速降低，静压强随之回升，当转子底面和顶面所受到的压力差与转子的重力达平衡时，转子就停留在一定高度上。流体的流量愈大，其平衡位置就愈高，所以转子位置的高低即表示流体流量的大小。可由玻璃管上的刻度读出流体的流量。

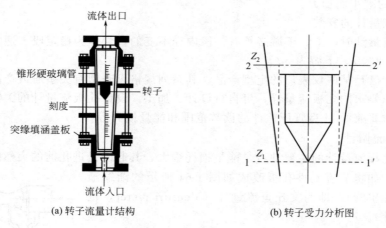

图 1-62　转子流量计

(a) 转子流量计结构　　　　(b) 转子受力分析图

2. 转子流量计的流量计算式

设转子的体积为 V_f，转子最大部分截面积为 A_f，转子的密度为 ρ_f，流体的密度为 ρ_0。当转子处于平衡状态时，转子浮于流体中一定位置。

试分析图 1-62(b) 所示的虚线所包围的体系，此体系上端面截面 2-2′ 为转子的上端面，此体系的下端面截面 1-1′ 为以转子最下端为基准、平行于上端面的平行面，而两垂直面分别为垂直转子上端面的平行面。此体系的横截面积为 A_f，高度为 $Z_2 - Z_1$，体积为 $V = A_f(Z_2 - Z_1)$（V 包括了转子的体积），转子外的流体体积为 $(V - V_f)$，在截面 1-1′ 和截面 2-2′ 之间列伯努利方程：

$$gZ_1 + \frac{u_1^2}{2} + \frac{p_1}{\rho} = gZ_2 + \frac{u_2^2}{2} + \frac{p_2}{\rho} \tag{1-42}$$

又知这个圆柱体体系在垂直方向上受到 3 个力的作用：重力，截面 1 上压力 F_1，截面 2 上压力 F_2，三者处于平衡。分别计算如下：重力 $= V_f \rho_f g + (V - V_f) \rho g$

$$F_1 = p_1 A_f$$
$$F_2 = p_2 A_f$$

于是：
$$V_f \rho_f g + (V - V_f) \rho g = A_f (p_1 - p_2)$$

将式(1-42)代入上式，整理得：

$$V_f \rho_f g + (V - V_f) \rho g = A_f \left[\rho g (Z_2 - Z_1) + \frac{1}{2} \rho (u_2^2 - u_1^2) \right]$$

因为 $A_f(Z_2 - Z_1) = V$，化简整理上式得

$$V_f (\rho_f - \rho) g = \frac{1}{2} A_f \rho (u_2^2 - u_1^2) \tag{1-43}$$

式(1-43)左侧是浮子本身重力减去浮力，浮子由于 1-1′ 和 2-2′ 处的速率不同而被"托住"。不论浮子停留在什么高度，上式左侧为定值，因此这个托力也是固定不变的。但在高度不一样时，u_2 和 u_1 有变化，从而反映出流量的不同。

按连续性方程：$A_1 u_1 = A_2 u_2$　或　$u_1 = \dfrac{A_2}{A_1} u_2$

将其代入式(1-43)，整理得：

$$u_2 = \frac{1}{\sqrt{1 - (A_2/A_1)^2}} \cdot \sqrt{\frac{2 g V_f (\rho_f - \rho)}{A_f \rho}}$$

考虑摩擦阻力，乘以校正系数 C，则　$u_2 = \dfrac{C}{\sqrt{1 - (A_2/A_1)^2}} \cdot \sqrt{\dfrac{2 g V_f (\rho_f - \rho)}{A_f \rho}}$

在不同高度处 A_1 和 A_2 是不同的（A_1 是玻璃管截面，A_2 是玻璃管截面减去 A_f），但由于管子的坡度很小，又 $A_2 \ll A_1$，所以 $\sqrt{1 - \left(\dfrac{A_2}{A_1}\right)^2}$ 基本上也是常数。这样合并为常数 C_R，于是：$u_2 = C_R \cdot \sqrt{\dfrac{2 g V_f (\rho_f - \rho)}{A_f \cdot \rho}}$ 。

当 $Re \geqslant 10^4$，$C_R \approx 0.98$。$\sqrt{\dfrac{2 g V_f (\rho_f - \rho)}{A_f \cdot \rho}}$ 也是常数（因 V_f、ρ_f、A_f、ρ 均为常数），可见 u_2 是一个定数，而流量为：

$$V_s = u_2 A_2 = C_R A_2 \sqrt{\frac{2 g V_f (\rho_f - \rho)}{A_f \cdot \rho}} \tag{1-44}$$

如果玻璃管的直径与高度为线性关系，则环隙面积 A_2 与高度成平方关系，也就是流量与高度的平方成正比。

从上述分析可以看出，转子流量计中转子两端的压差在其稳定操作时为一常数，基本上不随流量的变化而变化。流量增大，转子的停留高度上升，转子周围的环隙面积增大，因此，称此种流量计为定压降流量计。这是与孔板流量计不同的地方。

综上所述，转子流量计的特点是：**变截面、恒流速、恒压降**。

3. 转子流量计的刻度换算

转子流量计的刻度，是出厂前用某种流体标定的。一般用 20℃ 的水或 20℃、0.1mPa

的空气进行标定。测量其他流体的流量时，须对原有的流量刻度进行校正。

对于液体转子流量计，若被测流体的黏度与水的黏度相差不大，孔流系数 C_R 可视为常数，由式(1-44)可得下列流量校正式：

$$\frac{V_B}{V_A} = \sqrt{\frac{\rho_A(\rho_f - \rho_B)}{\rho_B(\rho_f - \rho_A)}} \tag{1-45a}$$

质量流量之比：
$$\frac{W_A}{W_B} = \sqrt{\frac{\rho_B(\rho_f - \rho_B)}{\rho_A(\rho_f - \rho_A)}} \tag{1-45b}$$

式中　V_A，ρ_A——标定流体（水或空气）的流量和密度；

　　　V_B，ρ_B——其他待测流体（液体或气体）的流量和密度。

4. 转子流量计的特点

转子流量计的优点是读数方便，阻力小，准确度较高，对不同流体的适用性强，能用于腐蚀性流体的测量。缺点是玻璃管不能经受高温和高压，在安装和使用时玻璃管易破碎。

5. 转子流量计的安装与操作

转子流量计必须垂直安装，流体自下而上流动，决不可倾斜或水平安装，更不能倒着安装；必须在流量计前后安装切断阀，还必须安装带有调节阀的旁路管，以便于检修。具体安装图如图 1-63 所示。

转子流量计操作时应缓慢开启阀门，以防转子卡于顶端或击碎玻璃管。

（三）涡轮流量计

叶轮式流量计的工作原理是将叶轮置于被测流体中，受流体流动的冲击而旋转，以叶轮旋转的快慢来反映流量的大小。典型的叶轮式流量计有水表和涡轮流量计，其结构可以是机械传动输出式或电脉冲输出式。一般机械式传动输出的水表准确度较低，误差约 ±2%，但结构简单、造价低。电脉冲信号输出的涡轮流量计的准确度较高，一般误差为 ±0.2%～±0.5%。

1. 涡轮流量计的结构

涡轮流量计的结构如图 1-64 所示，流体从机壳的进口流入。通过支架将一对轴承固定在管中心轴线上，涡轮安装在轴承上。在涡轮上下游的支架上装有呈辐射形的整流板，以对流体起导向作用，避免流体自旋而改变对涡轮叶片的作用角度。在涡轮上方机壳外部装有传感线圈，接收磁通变化信号。

图 1-63　转子流量计安装图　　　　　图 1-64　涡轮流量计

涡轮由导磁不锈钢材料制成，装有螺旋状叶片。叶片数量根据直径变化而不同，2～24 片不等。为了使涡轮对流速有很好的响应，要求质量尽可能小。

对涡轮叶片结构参数的一般要求为：叶片倾角 10°～15°（气体），30°～45°（液体）；叶

片重叠度 P 为 $1\sim1.2$；叶片与内壳间的间隙为 $0.5\sim1mm$。

涡轮的轴承一般采用滑动配合的硬质合金轴承，要求耐磨性能好。

2．涡轮流量计的工作原理

涡轮流量计的原理示意图如图 1-65(a) 所示。在管道中心安放一个涡轮，两端由轴承支撑。当流体通过管道时，冲击涡轮叶片，对涡轮产生驱动力矩，使涡轮克服摩擦力矩和流体阻力矩而产生旋转。在一定的流量范围内，对于一定的流体介质黏度，涡轮的旋转角速率与流体流速成正比。由此，流体流速可通过涡轮的旋转角速率得到，从而可以计算得到通过管道的流体流量。

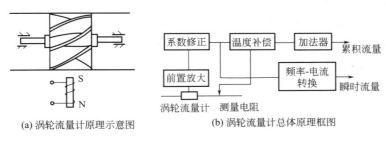

(a) 涡轮流量计原理示意图　　(b) 涡轮流量计总体原理框图

图 1-65　涡轮流量计的工作原理

涡轮的转速通过装在机壳外的传感线圈来检测。当涡轮叶片切割由壳体内永久磁钢产生的磁力线时，就会引起传感线圈中的磁通变化。传感线圈将检测到的磁通周期变化信号送入前置放大器，对信号进行放大、整形，产生与流速成正比的脉冲信号，送入单位换算与流量计算电路得到并显示累积流量值；同时亦将脉冲信号送入频率电流转换电路，将脉冲信号转换成模拟电流量，进而指示瞬时流量值。

3．涡轮流量计的特点

涡轮流量计的特点是安装维护使用方便，对于工作温度下黏度小于 $5\times10^{-6}m^2/s$ 的介质具有测量精度高、可耐高压、响应快、可测量脉动信号、输出信号为电频率信号、便于远传、不受干扰的优点。因此广泛用于石油、化工、冶金、供水、造纸等行业，是流量计量和节能的理想仪表。

需要注意的是：由于涡轮流量计的涡轮易磨损，因此在流量计前的管路中一般应加装过滤器；为使流向比较平稳，其前后应保证有一定的直管段；对于黏度大于 $5\times10^{-6}m^2/s$ 的液体，要对传感器进行实液标定后使用。

思考题

> 查找有关资料，拟定涡轮流量计实液标定方案，对学院化学工程实训中心的有关涡轮流量计进行标定。

(四) 流量计的选用原则

流量计选型是指按照生产要求，从仪表产品供应的实际情况出发，综合地考虑测量的安全、准确和经济性，并根据被测流体的性质及流动情况确定流量取样装置的方式和测量仪表的类型和规格。主要有两个原则。

拓展知识

V锥流量传感器

1. 安全性原则

流量测量的安全可靠，首先是测量方式可靠，即取样装置在运行中不会发生机械强度或电气回路故障而引起事故；二是测量仪表无论在正常生产或故障情况下都不致影响生产系统的安全。例如，对高温高压蒸汽流量的测量，其安装于管道中的一次测量元件必须牢固，以确保在高速气流冲刷下不发生机构损坏。因此，一般都优先选用标准节流装置，而不选用悬臂梁式双重喇叭管或插入式流量计等非标准测速装置以及结构强度低的靶式、涡轮流量计等。在有可燃性气体的场合，应选用防爆型仪表。

2. 准确性和节能性原则

在保证仪表安全运行的基础上，力求提高仪表的准确性和节能性。为此，不仅要选用满足准确度要求的显示仪表，而且要根据被测介质的特点选择合理的测量方式。一般情况下洁净的、腐蚀性不强的流体都采用成熟的标准节流装置配差压流量计；脏污流体和低雷诺数黏性流体不适合使用标准节流元件。对脏污流体（化学处理的污水和燃油）一般选用圆缺孔板等非标准节流件配差压计或选用超声多普勒式流量计，而黏性流体可分别采用容积式、靶式或楔形流量计等。

正确地选择仪表的规格，也是保证仪表使用寿命和准确度的重要环节。在此应特别注意以下两点。

第一是静压及耐温的选择：仪表的静压即耐压程度，应稍大于被测介质的工作压力，一般取 1.25 倍，以保证不发生泄漏或意外。

第二是量程范围的选择：主要是仪表刻度上限的选择，选小了，易过载、损坏仪表；选大了，有碍于测量的准确性。一般选为实际运行中最大流量值的 1.2～1.3 倍。

刮板式流量计

此外，安装在生产管道上长期运行的接触式仪表，还应考虑流量测量元件所造成的能量损失。一般情况下，在同一生产管道中不应选用多个阻力压降较大的测量元件，如节流元件等。

总之，没有一种测量方式或流量计对各种流体及流动情况都能适应。不同的测量方式和结构，要求不同的测量操作、使用方法和使用条件。每种型式都有它特有的优缺点。因此，应在对各种测量方式和仪表特性作全面比较的基础上选择适合于生产要求的、既安全可靠又经济耐用的最佳型式。

↻ 任务解决5

原油管路中压力表和流量计的选择与安装

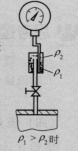

（1）压力表的选择

由于原油易挥发，故选用弹簧管压力表，在管路的不同位置所用表的量程不同。但安装时一定要按右图所示安装。

（2）流量计的选择

考虑到安全可靠、准确性的要求，由于原油黏度较大，故选用具有自整流、自清洗、自保护特性，精度高、压损小的先进的 V 锥型流量传感器。

$\rho_1 > \rho_2$ 时

实践与练习4

一、选择题

1. 一水平放置的异径管，流体从小管流向大管，有一 U 型管压差计，一端 A 与小径管相连，另一端 B 与大径管相连，问差压计读数 R 的大小反映（　　）。
   A. A、B 两截面间压差值　　　　　　B. A、B 两截面间流动压降损失
   C. A、B 两截面间动压头的变化　　　D. 突然扩大或突然缩小流动损失

2. 孔板流量计的特点是（　　）。
   A. 变节流面积、变流速、恒压降　　B. 恒节流面积、恒流速、恒压降
   C. 变节流面积、恒流速、恒压降　　D. 恒节流面积、变流速、变压降

3. 下列四种流量计，不属于差压式流量计的是（　　）。
   A. 孔板流量计　　B. 喷嘴流量计　　C. 文丘里流量计　　D. 转子流量计

4. 转子流量计的特点是（　　）。
   A. 变节流面积、变流速、恒压降　　B. 恒节流面积、变流速、恒压降
   C. 变节流面积、恒流速、恒压降　　D. 恒节流面积、变流速、变压降

5. 转子流量计中流体流动方向是（　　）。
   A. 自上而下　　　　　　　　　　　B. 自下而上
   C. 自上而下和自下而上　　　　　　D. 自左向右

6. 涡流流量计在使用之前通常（　　）。
   A. 采用被测流体标定　　　　　　　B. 可采用水标定
   C. 无需标定　　　　　　　　　　　D. 采用标准状态下的空气标定

二、填空题

1. 孔板流量计和文丘里流量计在操作过程中，其节流面积_____，而节流元件前后的压强差随流量的增加而_____，在孔板孔径和文丘里的喉管内径以及流量相同时，必然是_____流量计的压强差大。

2. 孔板流量计测量流量，流量的大小是通过孔板前后_____反映出来的。孔板流量计属于差压式流量计，其流量 V_s 与_____成正比。

3. 转子流量计的流量的大小是通过转子平衡位置的_____反映出来的，转子流量计的转子平衡位置越高，流量_____。

4. 孔板流量计的流量系数 C_0 的大小，主要与_____和_____有关。当 A_0/A_1 一定时，_____超过某一值后，C_0 为常数。

5. 转子流量计必须_____安装，且流体的流向是自_____而_____。

6. 差压式流量计是一种_____截面、_____压降流量计。转子式流量计则是一种_____截面、_____压降流量计。

7. 转子流量计在出厂时必须用介质标定，测量液体的转子流量计，一般用_____标定，测量气体的则用_____标定。

8. 涡轮流量计的磁电式转换器是将涡轮转速转化为_____信号。由于涡轮流量计的涡轮易磨损，因此在涡轮流量计前一般应加装_____器，为使流向比较平稳，在其前后应保证有一定的直管段。

三、简答题

1. 采用 U 型管压差计测量某阀门前后的压差，压差计的读数与 U 型管压差计安装位置有关吗？

2. 请比较转子流量计和孔板流量计。

3. 原来测量水的文丘里流量计，现在用来测量相同测量范围的油的流量，读数是否正确？为什么？

4. 将某转子流量计的钢制转子换成形状和尺寸相同的工程塑料转子，请问在同一刻度下的实际流量是增加还是减少？

四、计算题

1. 一管道由内径 200mm 逐渐缩小内径 100mm（见附图），管道中有甲烷流过，其流量在操作压强及温度下为 1800m³/h，在大小管道相距为 1m 的 A、B 两截面间与阻力损失相应的压差为 20mmH₂O（约 196Pa），在 A、B 间连一 U 型管压差计，指示液为水，试问读数 R 为多少 mm？（甲烷密度取平均值为 1.43kg/m³）

2. 在一 $\phi 57\mathrm{mm} \times 3.5\mathrm{mm}$ 的管道上，装一标准孔板流量计，孔径为 25mm。管内液体的密度为 1080kg/m³，黏度为 0.7cP，已知 U 型管压差计的读数为 240mmHg，试计算该液体的流量。

3. 用水标定的某转子流量计现改测空气（30℃，98.7kPa）。原来的转子是相对密度为 11 的硬铅，现改用形状相同，相对密度为 1.15 的胶质转子。试问在同一刻度下，空气流量为水流量的多少倍？

4. 某流化床反应器上装有两个 U 型管压差计，如本题附图所示，测得 $R_1 = 50\mathrm{mm}$，$R_2 = 400\mathrm{mm}$，指示液为汞，求 A、B 两处的压强。

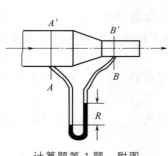

计算题第 1 题　附图

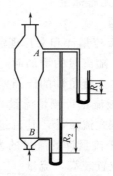

计算题第 4 题　附图

五、课外调查

1. 请查阅有关资料，了解流体流量测量的其他方法，与同学交流你掌握的资料。

2. 在中国最古老的水利工程——都江堰工程中水流量是如何测定的？

3. 撰写一篇不同行业有关流量测量方法的报告。

任务五　液体输送机械的选择、安装及操作

通过前面的学习，我们已经分析出，要完成原油的输送任务必须使用输送机械。因此还

必须解决输送机械的类型选择问题、输送机械的安装及操作方面的问题。

化工生产中被输送的流体是多种多样的，如有气体、有液体，液体中有黏度较小的、有黏度较大的、有腐蚀性强的，也有腐蚀性弱的，还有不含固体悬浮物的和含有固体悬浮物的。为适应这些情况就必须制造各种类型的流体输送设备。此外，对于同一种流体，由于温度压力、输送量等方面的不同，输送设备的型号大小也不同。因此，只有根据生产任务选用合适的输送机械，正确地安装和操作所选机械，才能从根本上解决输送问题，圆满完成输送任务。

化工生产中常用的流体输送设备，按工作原理可分为以下四类：离心式、往复式、旋转式、流体作用式。根据输送流体的性质不同可分为液体输送机械和气体输送机械两大类。

在输送设备中，用来输送液体的机械设备通常称为液体输送机械；用于输送和压缩气体的机械通常称为气体输送机械。由于气体具有可压缩性，在输送过程中因压缩或膨胀，引起密度和温度的变化，因此与液体输送设备相比，工作原理相同的气体输送设备在结构上具有一些不同的特点。

液体输送机械其实质就是为液体提供能量的机械设备，统称为泵。在化工机械行业中，为了适应所要输送的液体性质、压力、流量大小各不相同的要求，设计制造了各种类型的泵。下面着重介绍液体输送机械的有关知识，以便完成原油输送机械的选型、安装和操作的有关任务。

👥 观察与思考

1. 观察学校流体输送操作实训装置，找出其中的液体输送机械，并在装置流程图中，将其类型、型号标注出来。

2. 利用课余时间去学校化工综合实训基地或有关企业观察某产品的生产装置（如双氧水生产装置），找出装置中的各种液体输送机械，记录其类型和型号。

👥 思考题

为什么在双氧水生产装置中使用了不同类型和不同型号的泵？

一、液体输送机械类型的选择

液体输送机械的类型很多，根据其结构特征和作用原理可分为以下几类。

① 叶片式泵　这类泵是依靠作旋转运动的叶轮把能量传递给液体，如离心泵、轴流泵、混流泵及旋涡泵。其中离心泵（centrifugal pump）是应用最为广泛的叶片式泵，其特点是结构简单，流量均匀，因而在工业生产中占有特殊的地位。

② 容积式泵　这类泵是利用工作室的容积作周期性变化来输送液体，主要有往复泵、齿轮泵等。

③ 流体动力泵　这类泵是依靠另外一种工作流体的能量来抽或压送液体，有喷射泵、酸蛋（扬液器）。

根据被输送液体的类型和性质分类，液体输送机械可分为：水泵、油泵、耐腐蚀泵、泥浆泵等。

对于大、中流量和中等压力的液体输送任务，一般选用离心泵；对于中小流量和高压力的输送任务一般选用往复泵；齿轮泵等旋转泵则多适用于小流量和高压力的场合。由于离心泵结构简单、可用耐腐蚀材料制造，具有适用范围广、易于调节和自控等优点，在化工生产中得到广泛的应用。容积式泵只在一定场合下使用，其他类型泵则使用较少。

 任务解决6

> **原油输送机械类型的选择**
>
> 在任务解决 3 我们已经确定利用输送机械——泵——来完成原油的输送任务，在任务解决 4 中已经初步估算了输送机械的有效功率。由于液体输送机械——泵——的类型很多。考虑到输送任务需要连续操作、流量较大而且要求均匀、运转平稳的特点，因此，这里暂选适用范围广、结构简单以及运转平稳的离心泵。下面要解决的是用什么类型的离心泵？用什么型号的离心泵。

二、离心泵的选择、安装与操作

在任务解决 6 中，我们已明确初步选择离心泵。由于离心泵是化工生产中应用最广泛的液体输送机械，类型很多，因此，合理的选择类型和型号、正确地安装与操作离心泵，是每个化工生产操作人员必须掌握的基本技能。

教学视频

离心泵的选择

（一）离心泵的结构和工作原理

离心泵的基本结构如图 1-66 所示，蜗壳型的泵壳内有一叶轮，叶轮通常有 6～12 片的

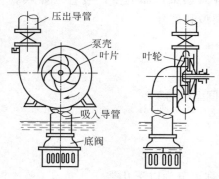

图 1-66　离心泵的构造

后弯叶片。叶轮固定在由原动机（电机）带动的泵轴上。泵壳上有两个接口，在泵壳轴心处的接口连接液体的吸入管，在泵壳切线方向上接口连接液体的压出管。泵壳与泵轴之间有密封装置——轴封，以防止泵轴旋转时产生泄漏现象。

按叶轮的数目，离心泵有单级泵和多级泵之分。单级泵在泵轴上只安装一个叶轮，多级泵在同一泵轴上安装多个叶轮，液体顺序地流经一系列叶轮，所产生的压头为各个叶轮所产生的压头之和。若按液体进入叶轮的方法，离心泵又分为单吸泵和双吸泵。

在离心泵启动前先在泵壳内灌满被输送的液体，泵启动后，泵轴带动叶轮高速旋转，叶片间的液体受到叶片推力也跟着一起旋转。在离心力的作用下，液体从叶轮中心被抛向叶轮外缘并获得动能和静压能。获得机械能的液体离开叶轮流入泵壳后，由于泵壳内蜗型通道的面积是逐渐增大的，液体在泵壳内向出口处流动时，其中部分动能被进一步转化为静压能，因此在泵的出口处压强达到最大，于是液体就以较高的压力进入排出管路。**这就是离心泵的排液原理**。

当液体被叶轮从叶轮中心抛向外缘时，在叶轮中心处形成了低压区并达到一定的真空度，因而在吸入管两端形成一定的压强差，在压差的作用下液体就会从吸入管源源不断地进入泵内，填补了被排出液体的位置，**这就是离心泵的吸液原理**；这样只要叶轮不停地旋转，

液体就连续不断地被吸入和排出而达到输送的目的。由此可见，离心泵之所以能输送液体，主要是高速旋转的叶轮所产生的离心力推动液体的排出，离心造成的真空则导致了液体的吸入，故名离心泵。

若在离心泵启动前，泵壳内未充满液体，即泵壳内存在空气，由于空气的密度远小于液体的密度，叶轮旋转时产生的离心力小，不能在叶轮中心形成必要的低压，泵吸入管两端的压强差很小，不能推动液体通过吸入管流入泵内，此时泵只能空转而不能输送液体。**这种由于泵内存有气体而造成离心泵启动时不能吸进液体的现象称为"气缚"现象。**

为了防止气缚现象的发生，**离心泵在启动前必须在泵壳内灌满被输送的液体。**

 交流与探讨

> 为了防止气缚现象，离心泵启动前必须在泵壳内灌满被输送的液体。那么怎样做才能在泵壳内灌满被输送的液体？具体措施有哪些？

（二）离心泵的主要工作部件

1. 叶轮

离心泵输送液体是依靠泵内高速旋转的叶轮对液体做功来完成的。因此，叶轮的尺寸、形状和制造精度对泵的性能有很大影响。

离心泵的叶轮按其结构型式可分为：闭式叶轮、半开式叶轮和开式叶轮，如图 1-67。闭式叶轮效率高，应用最多，适用于输送清洁液体；半开式叶轮适用于输送具有黏性或含有固体颗粒的液体；开式叶轮效率低，适用于输送污水、含泥沙及含纤维的液体。

(a) 开式　　　　　　　(b) 半开式　　　　　　　(c) 闭式

视频

离心泵的结构

图 1-67　叶轮的类型

按吸液方式不同，叶轮还可分为单吸式和双吸式，如图 1-68 所示。

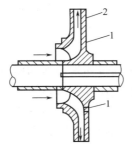 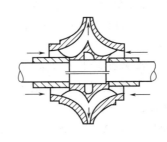

(a) 单吸式叶轮　　　　　　　(b) 双吸式叶轮

图 1-68　吸液方式
1—平衡孔；2—后盖板

2. 蜗壳与导轮

蜗壳是在单级泵中采用的蜗形泵外壳的简称，一般由金属材料铸成，如图 1-69 所示。

蜗壳呈螺旋线形，其内流道逐渐扩大，出口为扩散管状。液体从叶轮流出后其流速可以缓慢地降低，使很大部分动能转变为静压能。蜗壳的优点是制造比较方便，泵性能曲线的高效区域比较宽，叶轮切削后泵的效率变化较小；缺点是蜗壳形状不对称，易使泵轴弯曲，所以在多级泵中只有吸入段和排出段采用蜗壳，而中段则采用导轮。

图 1-69　蜗壳

导轮是一个固定不动的圆盘，其结构如图 1-70 所示，正面有包在叶轮外缘的正向导叶，它们构成一条条扩散通道，以降低液体流速，进一步提高静压能；背面有将液体引向下一级叶轮入口的反向导叶。与蜗壳相比，导轮外形尺寸小，但会使泵的效率降低。

3. 轴向力平衡装置

对于单吸式叶轮，离心泵在工作时叶轮正面和背面所受的液体压力是不相同的。如图 1-71 所示，当泵运转时，总有一个力作用在叶轮上，并指向叶轮的吸入口，由于此力是沿轴向的，故称为轴向力。

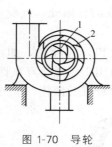

图 1-70　导轮
1—叶轮；2—导轮

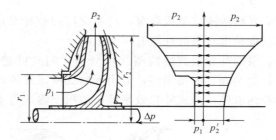

图 1-71　叶轮轴向力
p_1—叶轮吸入口中心液体的压力；
p_2—闭式叶轮出口处液体的压力

由于不平衡轴向力的存在，使泵的整个叶轮向吸入口窜动，造成振动并使叶轮入口外缘与密封环发生摩擦，严重时使泵不能正常工作。因此，必须平衡轴向力。常用的轴向力平衡措施如下。

① 叶轮上开平衡孔　它是在单吸式叶轮的后盖板上靠近轴处开几个平衡孔，此种方法只能降低部分轴向力，而不能完全平衡。如图 1-68(a) 中平衡孔 1 所示。

② 采用双吸式叶轮　双吸式叶轮由于是对称结构，所以它不存在轴向力。此叶轮流量大。如图 1-68(b) 所示。

③ 叶轮对称排列　在多级泵中可以采用叶轮对称排列来消除轴向力。

④ 平衡盘平衡　对于级数较多的离心泵，更多采用平衡盘来平衡轴向力。其结构如图 1-72 所示。平衡盘装置由平衡盘和平衡环组成，平衡盘装在末级叶轮的后面轴上，和叶轮一起转动，平衡环固定在出水段泵体上。平衡盘在泵的运转中能自动平衡轴向力，因而应用广泛。

4. 轴封装置

旋转的泵轴与固定的泵体之间的密封称为轴封。轴封的作用是防止高压液体从泵体内沿轴漏出，或者外界空气沿轴漏入。离心泵的轴封有填料密封和机械密封两种形式。

　　① 填料密封　它是常见的密封形式，结构如图 1-73 所示，主要由填料套、填料环、填料、压盖等组成。填料一般采用浸油或涂石墨的石棉绳或包有抗磨金属的石棉填料等。填料密封主要靠压盖把填料压紧，并迫使它产生变形来达到密封的目的，故密封的严密程度可由压盖的松紧加以调节。过紧虽能制止泄漏，但机械损失增加，功率消耗过大，严重时会造成发热、冒烟，甚至烧坏零件；过松起不到密封作用。合理的松紧程度大约是液体从填料中呈滴状渗出，每分钟 10～60 滴为宜。图中双点划线画的水封环，其作用是可以由泵内或直接引入水，在这里形成水封，阻止空气漏入，同时起到润滑和冷却作用。填料密封的优点是结构简单。缺点是泄漏量大，使用寿命短，功率损失大，不适宜用于易燃、易爆、有毒或贵重的液体。

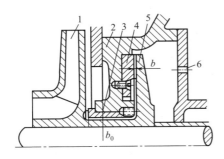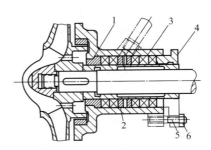

图 1-72　平衡盘装置

1—末级叶轮；2—尾段；3—平衡套；4—平衡环；
5—平衡盘；6—接吸入口的管孔；
b—平衡环与平衡盘之间缝隙宽度；
b_0—平衡套与平衡盘之间缝隙宽度

图 1-73　填料密封装置

1—填料套；2—填料环；3—填料；4—填料压盖；
5—长扣双头螺栓；6—螺母

　　② 机械密封　机械密封由于具有泄漏量小、使用寿命长、功率损失小、不需要经常维修等优点，获得了迅速发展和广泛的应用。但机械密封存在制造复杂、精度要求和材料要求高等缺点。其结构如图 1-74。主要密封原件由装在轴上随轴旋转的动环 6 和固定在泵壳的静环 7 所组成。此两环的端面作相对运动时，互相紧贴，足够防止渗漏，从而达到密封的目的。故此种机械密封亦称为端面密封。两端面之所以能始终紧密贴合是借助于压紧元件弹簧 3，通过推环 4 来达到的，因此两端面间的紧密程度可以通过弹簧调节。图中的动环密封圈 5 和静环密封圈 8 等为辅助密封元件，除它们本身有一定的密封能力外，还能吸收对密封面有不良影响的振动作用。动环和静环通常用不同的材料制成，动环硬度较大，常用钢、硬质合金、陶瓷等，而静环硬度较小，常用石墨制品、酚醛

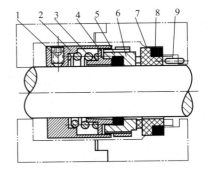

图 1-74　机械密封装置

1—传动螺钉；2—传动座；3—弹簧；4—推环；
5—动环密封圈；6—动环；7—静环；
8—静环密封圈；9—防转销

塑料、聚四氟乙烯等。在正常操作时，由于两摩擦端面经过了很好的研合，并适当调整弹簧的压力，由于两个端面形成一层薄薄的液膜，形成了很好的密封和润滑条件，在运转中可以达到既不渗液、也不漏气的程度。

（三）离心泵的性能参数与特性曲线

为了正确选择、使用和维护好离心泵，必须对离心泵的特性有所了解。

1. 离心泵的性能参数

在泵的铭牌或产品说明书里，都有标出该泵的流量、扬程、功率、效率和转速等参数。这就是离心泵的基本性能参数。它可以表明一台泵的基本性能，是离心泵选择的主要参考数据。

① 流量（Q）　流量是指泵能输送的液体量，常用单位时间内泵排出液体的体积量来表示，用符号 Q 表示，单位为 m^3/h 或 m^3/s。一台离心泵的流量取决于泵的结构、尺寸（主要是叶轮的直径和宽度）、转速以及密封装置的可靠程度等。

② 扬程（H）　泵的扬程又称压头，它是指离心泵对于单位重量（1N）液体所提供的有效能量，也就是液体在泵出口处和入口处的总压头之差。

这个称为扬程的能量用于补充液体在输送过程中因位置、压力、流动速率的变化及管道摩擦阻力所消耗的能量。通常以被输送液体的液柱高度来表示，单位为 m 液柱，用符号 H 表示。离心泵扬程的大小取决于泵的结构、转速及流量。对一定的泵，在一定转速下，扬程和流量之间具有一定的关系。

用泵将液体从低处送往高处的垂直位差称为升扬高度，泵的升扬高度仅仅是扬程中的一部分。泵在运转时，其升扬高度一定小于泵的扬程，而扬程中的其余能量用于克服阻力损失和进出口的压差。扬程和升扬高度的关系如图 1-75 所示。

图中 H 表示输送系统中泵的扬程，$Z_2 - Z_1$ 表示泵在该系统中的升扬高度，$H_{f吸}$ 和 $H_{f排}$ 分别代表吸入管路和排出管路中的损失压头。

由于流体在泵内流动的规律很复杂，至今还没有完全掌握。因此，泵的扬程尚不能从理论上作出精确的计算，只能通过实验测定。

图 1-76 为离心泵扬程（压头）的测定装置。在真空表连接截面 1 和压力表连接截面 2 之间列伯努利方程，简化后得扬程计算式如下：

$$H = \frac{p_2 - p_1}{\rho g} + (Z_2 - Z_1) + \frac{u_2^2 - u_1^2}{2g} = \frac{p_2 - p_1}{\rho g} + h_0 + \frac{u_2^2 - u_1^2}{2g} \qquad (1-46)$$

式中　p_1，p_2——泵的进出口处液体的绝对压力，Pa；

　　　u_1，u_2——泵进出口处液体的流速，m/s；

　　　ρ——泵所输送液体的密度，kg/m^3；

　　　h_0——两测压点之间的垂直距离，m。

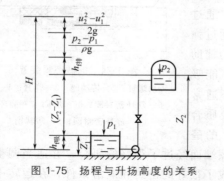

图 1-75　扬程与升扬高度的关系

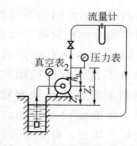

图 1-76　离心泵扬程测定装置示意图

③ 转速　转速是指泵轴单位时间内的转数。用符号 n 表示，单位 r/min；或者用符号

n_f 表示，单位 Hz（每秒的转数）。

④ 功率（$N_{轴}$）和效率（η）　离心泵的功率有轴功率和有效功率之分。

有效功率是液体通过泵后实际获得的功率，用符号 N_e 表示，单位是 W(J/s)。

有效功率：　　　　$N_e = w_s W_e = Q\rho Hg$

离心泵的轴功率，原动机单位时间内给予泵轴的能量，也就是泵从原动机那儿获得的能量，用符号 $N_{轴}$ 表示，单位是 W(J/s)。

离心泵在运转时，由于在泵轴与轴承之间、叶轮与液体之间总会发生摩擦、冲击加上漏损等现象均需要消耗能量称为离心泵内能量损失，因此，原动机（电机）传给泵的轴功率不可能全部传给被输送液体，因而液体实际得到的有效功率 N_e 是小于轴功率的。即 $N_e < N_{轴}$，有效功率 N_e 与轴功率之间的差异可用效率来说明。

$$轴功率　　N_{轴} = \frac{N_e}{\eta} = \frac{Q\rho Hg}{\eta} \tag{1-47}$$

式中　Q——泵的输送液流量，m^3/s；

　　　H——泵的扬程，m；

　　　ρ——被输送液体的密度，kg/m^3；

　　　η——泵的效率，%；

　　　g——重力加速度，m/s^2。

上式变形得效率：　　　　$\eta = \frac{N_e}{N_{轴}} \times 100\% = \frac{Q\rho Hg}{N_{轴}} \times 100\%$

离心泵的效率 η 是反映离心泵内能量损失的程度，效率越低说明，泵内的能量损失越大。离心泵的效率与泵的大小、类型以及加工等因素有关。一般离心泵的效率都在 60%～80%；大型离心泵的效率可达 90%。

2. 离心泵泵内能量损失产生的原因

离心泵泵内能量损失产生的原因主要有三方面：容积损失、水力损失和机械损失。

① 容积损失　是由于泵的泄漏损失造成的能量损失。在实际运转的离心泵中，由于密封不十分严密，在泵体内部总是不同程度地存在泄漏，使得泵的实际输出的液体量少于吸入的液体量。这种泄漏越严重，泵的工作效率就越低。容积损失与泵的结构、液体进出口的压差及流量大小有关。

② 水力损失　是由于液体在泵内的摩擦阻力和局部阻力引起的能量损失。当液体流过叶轮、泵壳时，其流量大小和方向要改变，且发生冲击，因而有能量损失。水力损失与泵的构造和液体的性质有关。

③ 机械损失　是由于泵在运转时，泵轴与轴承、轴封之间的机械摩擦而引起的能量损失。机械损失与泵的制造加工精度及工作时的润滑情况有关。

泵的效率反映了上述能量损失的总和，故泵的效率 η 亦称为总效率，它是上述三种效率的乘积。

3. 离心泵电机配备的原则

新泵出厂时一般都配有电机。由于泵在运转过程中可能发生超负荷、传动中存在损失等因素，因此，为了防止电机超载而烧毁，所配电机的功率（$N_{电}$）应比泵的轴功率（$N_{轴}$）大。

配电机的原则是把按实际工作的最大流量计算出轴功率 N 轴乘以安全系数 K，作为选择电机功率的依据，即：

$$N_{电} = K N_{轴}$$

安全系数 K 一般可按下述范围选取：

$$N_{轴} < 22kW \qquad\qquad K = 1.25$$
$$22kW \leqslant N_{轴} \leqslant 75kW \qquad\qquad K = 1.15$$
$$N_{轴} > 75kW \qquad\qquad K = 1.10$$

【例 1-16】 用水测定一台离心泵的特性曲线，在某一次实验中测得：流量为 $10m^3/h$，泵出口处压力表的读数为 $1.67 \times 10^5 Pa$，泵入口处真空表的读数为 $2.14 \times 10^4 Pa$，轴功率为 $1.09kW$。电动机的转速为 $2900r/min$，吸入管直径与排出管直径相同。真空表测压截面与压力表测压截面的垂直距离为 $0.5m$。试计算本次实验中泵的扬程和效率。

解： 由于流量、轴功率和转速已直接测出，所以需计算的参数为扬程、效率。

先求扬程，由于进出口管路直径相同，因此 $u_1 = u_2$；扬程计算式为：

$$
\begin{aligned}
H &= \frac{p_2 - p_1}{\rho g} + h_0 + \frac{u_2^2 - u_1^2}{2g} \\
&= \frac{(p_{大气} + 1.67 \times 10^5) - (p_{大气} - 2.14 \times 10^4)}{1000 \times 9.81} + 0.5 \\
&= 19.7 (m)
\end{aligned}
$$

有效功率为：$N_e = QH\rho g = \dfrac{10}{3600} \times 19.7 \times 100 \times 9.81 = 536(W) = 0.536(kW)$

效率为：$\eta = \dfrac{N_e}{N} = \dfrac{0.536}{1.09} \times 100\% = 50\%$

（四）离心泵的特性曲线及影响因素

（1）离心泵的特性曲线

离心泵的流量 Q、扬程 H、功率 N 和效率 η 是离心泵的主要性能参数。这些工作参数之间存在一定的关系，可在一定转速下可用实验测定。若将实验结果绘于坐标纸上，得出的一组曲线，习惯称为离心泵的特性曲线，如图 1-77 所示。特性曲线反映了上述几个参数之间的内在联系，是我们选择和使用离心泵的重要参考依据。

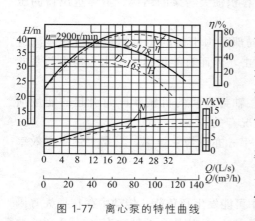

图 1-77　离心泵的特性曲线

① H-Q 曲线　H-Q 曲线是表示泵的流量和扬程之间的关系曲线。离心泵的扬程在较大流量范围内是随流量增大而减小的。不同型号的离心泵，H-Q 曲线形状有所不同。如有的曲线较平坦，适用于扬程变化不大而流量变化范围较大的场合；有的 H-Q 曲线比较陡峭，适用于扬程变化范围大而不允许流量变化太大的场合。

② N-Q 曲线　N-Q 曲线是表示泵的流量与轴功率的关系曲线，轴功率随流量的增大而增大。显然，当流量为零时，泵轴消耗的功率最小。因此，启动离心泵时，为了减小启动功率降低启动电流，应将泵出口阀关闭。

③ η-Q 曲线　η-Q 曲线是表示泵的流量与效率之间的关系曲线。该曲线的最高点为泵的设计点，泵在该点对应的流量及扬程下工作，效率最高。

选用泵时，总是希望泵能在最高效率点下工作，因为在此条件下最为经济合理。但实际上泵往往不可能正好在最高效率相应的流量和扬程下运转。因此，只能规定一个工作范围，称为泵的高效率区域，一般该区域的效率不低于最高效率的92%。

泵在铭牌上标明的参数均为最高效率下的性能参数值。在泵的样本和说明书上通常还标明高效率区域的参数范围。

（2）影响离心泵特性曲线的因素

离心泵的特性曲线是泵在一定转速和常温、常压下，用清水做实验测得的。因此，当泵所输送的液体物理性质与水有较大差异时，或者泵采用了不同的转速或改变了叶轮的直径时，需对该泵的特性曲线进行换算。

① 液体的密度　泵所输送液体的密度，对泵的扬程、流量和效率均无影响。泵的 Q-H 与 η-H 曲线保持不变，但由于泵的轴功率正比于液体的密度，因此当泵输送密度不同于水的液体时，原生产部门提供的 N-Q 曲线不再适用，需要按式（1-47）重新计算。

② 液体的黏度　泵在输送比水黏度大的液体时，泵内的损失加大，一般倾向是，黏度越大，在最高效率点的流量和扬程就越小，轴功率亦就越大。因而，泵的效率也随之下降。其降低量对小型泵尤为显著。一般来说，当液体的运动黏度 $\nu < 20 \times 10^{-6} \, m^2/s$ 时，如汽油、煤油、洗涤油、轻柴油等，泵的特性曲线不必换算。如果 $\nu > 20 \times 10^{-6} \, m^2/s$ 时，则需按下式进行换算：

$$Q' = C_Q Q ; \quad H' = C_H H ; \quad \eta' = C_\eta \eta \tag{1-48}$$

式中　Q，H，η——离心泵的流量、扬程和效率；

Q'，H'，η'——离心泵输送其他黏度液体时的流量、扬程和效率；

C_Q，C_H，C_η——流量、扬程和效率的换算系数，具体数值可查泵使用手册中的图表。

③ 转速与叶轮直径　离心泵的性能曲线是在一定转速和一定叶轮直径下，由实验测得的。因此，当叶轮尺寸改变和转速发生变化时，泵的特性曲线亦随之变化。其理论换算关系如下。

$$\frac{Q_1}{Q} = \frac{n_1}{n} ; \quad \frac{H_1}{H} = \left(\frac{n_1}{n}\right)^2 ; \quad \frac{N_1}{N} = \left(\frac{n_1}{n}\right)^3 \tag{1-49}$$

$$\frac{Q_1}{Q} = \frac{D_1}{D} ; \quad \frac{H_1}{H} = \left(\frac{D_1}{D}\right)^2 ; \quad \frac{N_1}{N} = \left(\frac{D_1}{D}\right)^3 \tag{1-50}$$

式中，下标1分别表示转速和直径改变后的参数。

上述两式分别称为比例定律和切割定律。

思考题

> 仓库中有一铭牌缺失的离心泵，请你设计一套方案，将其性能曲线绘出来。

（五）离心泵的类型与选用

要正确选用离心泵就必须了解离心泵的分类方法及各种类型的特点。

1. 离心泵的类型及选型原则

离心泵通常有以下四种分类方法：一是按被送液体性质不同可分为清水泵、油泵、耐腐蚀泵、屏蔽泵、杂质泵等；二是按安装方式可分为卧式泵、立式泵、液下泵、管道泵等；三是按吸入方式不同可分为单吸泵（中、小流量）和双吸泵（大流量）；四是按叶轮数目不同可分为单级泵和多级泵（高扬程）等。

下面介绍离心泵的主要类型及选择原则。

（1）输送不含固体颗粒的水或物理、化学性质类似于水的液体时一般选用清水泵

清水泵根据结构不同有单级单吸、单级双吸、单吸多级之分。

① 当流量不是很大，扬程也不太高时，一般选用单级单吸离心清水泵。

单级单吸离心清水泵目前有新旧两个产品系列。

旧系列——B 型单级单吸悬臂式离心泵　B 型泵具有前开与后开两种结构，如图 1-78所示。泵体内部有逐渐扩大的蜗形流道；叶轮上开有平衡孔用以减小轴向力；轴封采用填料密封；泵内的压力水可直接由开在后盖上的孔送到水封环，起水封作用。这种泵由于结构简单、工作可靠、易于加工制造和维修保养，所以应用广泛，适用于输送清水及与清水性质相似的液体。

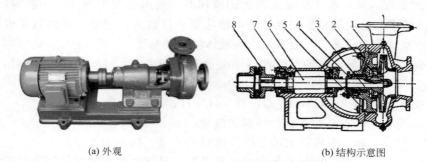

(a) 外观　　　　　　　　　　　(b) 结构示意图

图 1-78　B 型单级单吸离心泵结构示意图

1—泵体；2—叶轮；3—密封圈；4—轴套；5—后盖；6—轴；7—托架；8—联轴器

新系列——IS 型泵　IS 系列泵是按国际标准设计的，其结构与 B 型泵结构相类似，外形如图 1-79 所示。

图 1-79　IS 型泵

IS 型泵的泵体和泵盖为后开式结构，优点是检修方便，不用拆卸泵体、管路和电机，只需拆下加长联轴器的中间连接件，就可退出叶轮、泵轴等零件进行检修。叶轮开有平衡孔减小轴向力，轴封采用填料密封。供输送不含固体颗粒的水或物理、化学性质类似于水的液体。该系列泵是我国第一个按国际标准(ISO) 设计、研制的，结构可靠，振动小，噪声低，效率高，全系列流量范围 $3.3 \sim 400 \mathrm{m}^3 / \mathrm{h}$，扬程范围 $5 \sim 125 \mathrm{m}$。输送介质温度不超过 $80 ℃$，吸入压强不大于 $0.3 \mathrm{MPa}$。

② 当输送液体流量较大，而扬程不太高时一般选用单级双吸式离心泵（Sh 型）。

Sh 型泵为单级双吸水平中开式离心泵。泵吸入口和排出口均在泵轴线下方与轴线成垂直方向的同一直线上，该泵在不需要拆卸进水、出水管的情况下就能打开泵盖，检修内部零件，因此检修方便。其结构如图 1-80。适用于输送温度不超过 356K 的清水或类似于水的液体。

③ 当输送液体的流量不太大，而扬程较高时可选用单吸分段式多级泵（D 型）。

单级泵一个叶轮所产生的扬程有限，当需要获得更高的扬程时，可以使用多级泵。多级泵就是在一根轴上串联多个叶轮，被送液体在串联的叶轮中多次接受能量，最后达到较高的扬程。

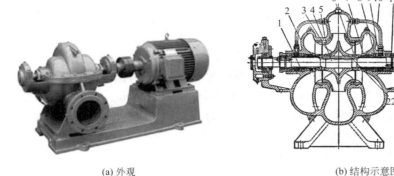

(a) 外观　　　　　　　　　　　(b) 结构示意图

图 1-80　Sh 型泵结构示意图

1—泵体；2—泵盖；3—叶轮；4—泵轴；5—密封环；6—轴套；7—填料挡套；8—填料；9—填料环；
10—水封管；11—填料压盖；12—轴套螺母；13—固定螺栓；14—轴承架；15—轴承体；16—轴承；
17—圆螺母；18—联轴器；19—轴承挡套；20—轴承盖；21—双头螺栓；22—键

图 1-81 所示是多段式多级泵的结构。其主要零部件有：进水段、出水段、叶轮、轴、轴套、密封环及以轴封装置、轴向力平衡装置和轴承等。它的吸入口位于进水段的水平方向，排出口位于出水段的垂直方向。这种泵的轴上叶轮数就代表了泵的级数，液体经第一个叶轮压出经导轮进入第二个叶轮，第二个叶轮压出后进入第三个叶轮。扬程随着级数的增加而增加。级数越多，扬程越高。因此，这种泵的扬程较高。由于这种泵的叶轮是一个方向排列在轴上的，轴向力很大，必须采用平衡盘装置来平衡轴向力。分段式多级泵制造比较方便，但结构复杂，拆装较困难。适用于输送常温清水及与水相类似的液体。

(a) 外观

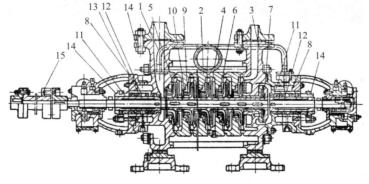

(b) 结构示意图

图 1-81　多段式多级泵

1—前段；2—中段；3—后段；4—导叶；5—叶轮；6—泵轴；7—平衡盘；8—轴承体；9—泵体密封环；
10—叶轮密封环；11—轴套；12—水封环；13—填料；14—填料压盖；15—联轴器

（2）当需要连续输送有腐蚀作用的液体且量大时，可选用耐腐蚀离心泵

耐腐蚀泵是采用各种相应的耐腐蚀材料来制造与输送介质接触的过流部件，以保证离心泵的使用寿命。耐腐蚀泵有好几种类型，根据腐蚀介质不同采用不同材质。

目前我国市场中有两个系列标准的耐腐蚀泵。

① 老系列——F 型泵　F 型（有些用 FB 型）泵亦为单级单吸悬臂式耐腐蚀离心泵。它的工作原理、基本结构与一般 B 型清水泵相似，其结构如图 1-82(a) 所示。它是用来输送不含固体颗粒而具有腐蚀性的液体。被输送液体的温度一般为 $-20\sim105\text{℃}$。全系列流量为 $3.6\sim360\text{m}^3/\text{h}$，扬程为 $5\sim103\text{m}$。这种系列泵的特点是体积小、效率高、规格多、运转安全可靠、维护简单、密封要求严，轴封采用机械密封。

备注：防腐材料代号：

灰口铸铁——"H"，用于浓硫酸；

高硅铸铁——"G"，用于硫酸；

铬镍合金钢——"B"，用于常温、低浓度硝酸、氧化性酸、碱液等；

铬镍钼钛合金钢——"M"，用于常温、高浓度硝酸；

聚三氟氯乙烯塑料——"S"，用于 90℃ 以下的硫酸、硝酸、盐酸及碱液。

② 新系列——IH 型泵　IH 系列耐腐蚀泵是按国际标准设计的，平均效率比 F 型泵提高 5%，其型号规格与 IS 型泵类似。IH 型卧式化工离心泵全系列流量 Q 为：$0\sim500\text{m}^3/\text{h}$，扬程 H 为：$2\sim135\text{m}$，转速 n 为 $1450\sim2900\text{r/min}$。口径：$\phi50\text{mm}\sim\phi200\text{mm}$；温度范围 T：$-20\sim+120\text{℃}$。其中 IHF 型化工用泵，泵体采用金属外壳内衬聚全氟乙丙烯（F46），泵盖、叶轮和轴套均用金属嵌外包氟塑料整体烧结压制成型，轴封采用外装式波纹管机械密封，静环选用 99.9% 氧化铝陶瓷或氮化硅，动环采用四氟填充材料，其特点是耐腐耐磨密封性能优越可靠；适用于输送任何浓度的硫酸、盐酸、醋酸、氢氟酸、硝酸、王水、强碱、强氧化剂、有机溶剂、还原剂等苛刻条件的强腐蚀性介质，是目前世界上最新耐腐蚀装备之一。IH 型卧式化工耐腐蚀泵结构如图 1-82(b) 所示。

(a) FB型耐腐蚀泵　　　　　　　　　(b) IH型耐腐蚀泵

图 1-82　耐腐蚀泵

③ 输送原油、轻油、重油等各种冷热油品及与油相近的各种有机介质且量较大时可选用离心式油泵

离心式油泵目前市场上有 Y 型和 AY 型两个系列标准。

Y 型油泵的结构与 B 型和 F 型泵的结构基本类似；但是它的密封要求较高，故主要采用机械密封。对于热油泵，由于油温很高，所以在填料函、轴承、支座处均设有冷却水套进行冷却；在填料环里加封油，防止热油漏出；在轴承压盖上也通冲洗液，把漏出的少许热油冲掉，以防着火。

AY 型系列冷热油泵，是为了满足石化企业等行业发展的需要，采用美国石油化学协会

API610《一般炼厂用离心泵》标准在老 Y 型油泵系列的基础上进行改造并重新开发设计的新系列油泵，是我国油泵更新换代的节能型产品。外观结构如图 1-83 所示。全系列流量：$Q = 2 \sim 600 \text{m}^3/\text{h}$，扬程：$H = 30 \sim 670 \text{m}$，介质温度：$T = -20 \sim 400 ℃$。

图 1-83　AY 型离心式油泵

AY 型系列冷热油泵产品具有以下特点。

① 轴承体部件将原 35、50、60 轴承体分别用 45、55、70 轴承体代替，提高了可靠性。

② 水力过流部位采用了高效节能的水力模型，平均比老 Y 型油泵的效率高 5%～8%。

③ 为保持继承性，AY 型油泵的结构型式、安装尺寸、性能参数范围保持与 Y 型油泵相同，便于老产品更新改造。

④ 零部件通用化程度高，通标件为几个系列产品共用。

⑤ 选材精炼，主体以 Ⅱ、Ⅲ 类材料为主，轴承体等零件增加为铸钢、铸铁两种，为寒冷地区使用、露天使用、船用提供了有利条件。

⑥ 轴承有空气冷、风扇冷、水冷三种，根据泵的不同使用温度选用。其中风扇冷尤为适用于缺水或水质差的地区。

思考题

> 比较图 1-79 和图 1-83，为什么 IS 型清水泵和 AY 型油泵的吸入口与排出口的接管方向不同？

2. 离心泵的型号

前面介绍的各类泵已经系列化和标准化了，并以一个或几个汉语拼音字母作为系列代号。在每一系列内，又有各种不同的规格。目前我国使用的泵的型号有新旧两个系列编制。

（1）旧系列型号的表示方法

在旧系列中我国泵类产品型号编制通常由三个单元组成：第一单元通常是以 mm 表示泵的吸入口直径。但大部分老产品用"英寸"表示，即以 mm 表示的吸入口直径被 25 除后的整数值。第二单元是以汉语拼音的字首表示的泵的基本结构、特征、用途及材料等。如 B 表示单级悬臂式离心清水泵；D 表示分段式多级离心水泵；F 表示耐腐蚀泵等。第三单元表示泵的扬程。有时泵的型号尾部后还带有 A 或 B，这是泵的变形产品标志，表示在泵中装的叶轮是经过切割的。

旧系列型号的表示方法举例如下。

① 2B31A：2 表示泵吸入口直径为 2 英寸即约为 50mm；B 表示泵的类型为单级单吸悬臂式清水离心泵；31 表示泵设计点单级扬程值为 31m 水柱；A 表示泵中安装的是叶轮外径经过第一次切割后的同型号叶轮。

② 200D-43×9：200 表示泵吸入口直径为 200mm；D 表示泵的类型为分段式多级离心清水泵；43 表示设计点单级扬程为 43m，则总扬程为 387m 水柱；9 表示叶轮级数为 9 级。

③ 50FH-63A：50 表示泵吸入口直径为 50mm；F 表示泵为单吸单级悬臂式耐腐蚀离心泵；H 表示过流部件的耐腐蚀材料是灰口铸铁；63 表示设计点扬程为 63m；A 表示叶轮外

径经第一次切割。

④ 100YⅠ-60A：100 表示泵吸入口直径为 100mm；Y 表示泵的类型输送油品的离心泵式油泵；Ⅰ为泵所用材料的代号（Ⅰ为铸铁、Ⅱ为铸钢、Ⅲ为不锈钢）；60 表示泵设计点的单级扬程值为 60m；A 表示叶轮直径经第一次切削。

⑤ 100YSⅡ-150×2：100 表示泵吸入口直径为 100mm；Y 为国家标准中输送油品的离心泵；S 表示双吸式叶轮；Ⅱ表示泵体所用的材料为铸钢；150 表示泵设计点的单级扬程值为 150m；2 表示叶轮级数为 2 级。

（2）新系列型号的表示方法

在新系列中，泵类产品型号编制也是由三个单元组成。第一单元中的字母表示泵的类型（耐腐蚀泵含防腐蚀材料代号），数字表示泵吸入口直径，mm；第二单元中的数字表示泵的排出口直径，mm；第三单元中的数字表示叶轮名义直径，mm。例如：

① IS80-65-160：IS 表示为单级单吸悬臂式离心清水泵；吸入口直径 80mm；排出口直径为 65mm；叶轮名义直径 160mm。

② IHF65-50-160：IH 表示单级单吸悬臂式化工防腐离心泵；F 表示过流部件的耐腐蚀材料为氟塑料；吸入口直径 65mm；排出口直径为 50mm；叶轮名义直径 160mm。

③ 100AYⅡ-67×3：

A——采用美国石油学会 API610《一般炼厂用离心泵》标准第一次改造；

Y——离心油泵；

Ⅱ——材质代号：表示泵体所用的材料为铸钢；

100——泵进口公称直径，mm；

67——泵单级设计点扬程为 67，m；

3——泵的叶轮级数为 3 级。

④ 250AYS-80：

A——采用美国石油学会 API610《一般炼厂用离心泵》标准第一次改造；

Y——离心油泵；

S——叶轮为双吸；

250——泵进口公称直径，mm；

80——泵单级设计点扬程为 80m。

思考题

① 说明 IS50-32-200 泵型号的意义。
② 说明 155 D-67×3 泵型号的意义。
③ 说明 150F-35 泵型号的意义。
④ 说明 IHF50-32-160 泵型号的意义。
⑤ 说明 65AY-100×2A 泵型号的意义。

3. 离心泵的选择步骤

在掌握了当前所能供应的泵的类型、规格、性能、材料和价格等因素后，选用离心泵时，既要考虑被输送液体的性质、操作温度、压力、流量，以及具体的管路所需的扬程，还要在满足工艺要求的前提下，力求做到经济合理。离心泵的具体选择步骤如下：

① 确定输送系统的流量与泵的扬程　液体的输送量一般为生产任务所规定，如果流量在一定范围内变动，选泵时应按最大流量考虑。根据输送系统管路特性，计算出在最大流量下管路所需的外加压头，由此确定泵的扬程。

② 选择泵的类型与型号　根据被输送液体的性质和操作条件确定泵的类型。按已知的流量和扬程从泵的样本上或产品目录中选出合适的型号。选择时流量和扬程可稍大些，但泵的效率应比较高，一般不低于最高效率的 92%。

③ 核算泵的功率　当输送的液体密度大于水的密度时，必须核算泵的轴功率。

【例 1-17】　用泵将硫酸自常压贮槽送到表压力为 $2kgf/cm^2$ 的设备，要求流量为 $13m^3/h$，升扬高度为 6m，全部压头损失为 5m，酸的密度为 $1800kg/m^3$。试选出合适的离心泵型号。

解：输送硫酸，宜选用 F 型耐腐蚀泵，其材料宜用灰口铸铁，即选用 FH 型耐腐蚀泵。现计算管路所需的外加压头：

$$H_e = \Delta Z + \frac{\Delta p}{\rho g} + \frac{\Delta u^2}{2g} + \left(\lambda \frac{l}{d} + \sum \xi\right)\frac{u^2}{2g}$$
$$= 6 + \frac{2 \times 9.807 \times 10^4}{1800 \times 9.807} + 5$$
$$= 22.1(m)$$

查 F 型泵的性能表，50FH-25 符合要求，流量为 $14.04m^3/h$，扬程为 24.5m，效率为 53.5%，轴功率为 1.8kW。因性能表中所列轴功率是按水测出的，今输送密度为 $1800kg/m^3$ 的酸，则轴功率为：

$$1.8 \times \frac{1800}{1000} = 3.24(kW)$$

 任务解决7

原油输送泵型号的选择

在任务解决 6 中，我们已决定选择离心泵。由于被输送液体是原油，显然我们只能选择离心式油泵。

根据任务解决 4，我们可以算出管路系统所需的外加压头为：

$$H_e = \frac{W_e}{g} = \frac{622.3}{9.81} = 63.44m$$

由原油输送流量为 $39.8m^3/h$，管路所需外加压头 $H_e = 63.44m$，Y 型号油泵性能表，可知：80AY-100B 符合要求。该泵性能参数列表如下：

流量/(m³/h)	扬程/m	转速/(r/min)	功率/kW		效率	汽蚀余量/m
			轴	电		
39.5	70	2950	12.6	20	60%	3.0

任务解决 7 中已经选择 80AY-100B 离心式油泵作原油输送泵。下面就要解决泵的安装问题：泵的安装位置是根据什么确定，能否移动？如果确实需要移动应向何处移动？移动后应采取什么措施才能保证正常操作？

（六）离心泵的汽蚀现象与安装高度的确定

👥 观察与思考

【案例 1-6】 离心泵安装高度的问题。

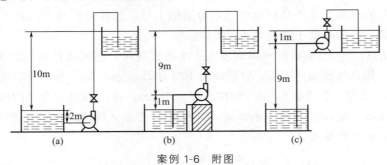

案例 1-6 附图

用离心泵将 60℃的水从低位贮槽送到高位贮槽，现有如下三种安装方式，这三种安装方式的管路总长（包括管件与阀门的当量长度）可视为相同。试问

① 这三种安装方式，泵所需的功率是否相等？

② 这三种方式是否都能将水送到高位贮槽？

【案例 1-6】 分析

① 根据：$N = \dfrac{N_e}{\eta} = \dfrac{QH\rho g}{\eta}$，

由伯努利方程得：

$$H_e = (Z_2 - Z_1) + \frac{u_2^2 - u_1^2}{2g} + \frac{p_2 - p_1}{\rho g} + \sum H_f = (Z_2 - Z_1) + \sum H_f$$

其中：$u_2 = u_1 \approx 0$，$p_2 = p_1 =$ 大气压；

因管路计算长度相同，输送流量和管径也相同，所以总能量损失 $\sum H_f$ 也相同，因此这三种安装方式所需泵的扬程：

$$H = H_e = (Z_2 - Z_1) + \sum H_f = 10\text{m} + \sum H_f \text{ 也相同}$$

又因 Q、ρ、g 相等，所以这三种方式的泵所需的功率是相等的。

② 这三种方式能否将水送到高位槽，这需要进行有关汽蚀现象的分析后才能确定。

1. 离心泵的汽蚀现象及危害

离心泵是靠贮液池液面与泵入口处之间的压力差（$p_0 - p_1$）将液体吸入泵内，如图 1-84 所示。在贮液池面上的压力 p_0 一定时，泵入口处的压力 p_1 越低，吸入压差就越大，液体就吸得越高。这样看来，似乎 p_1 越低越好。但实际上 p_1 值的降低是有限的，当泵入口处的压力 p_1 降低到与操作温度下液体的饱和蒸气压 p_v 相等甚至更小时，叶轮进口处的液体中就会汽化产生气泡，这样，由于它的体积突然膨胀，必然扰乱泵入口处流体的流动，同时气化所产生的大量蒸气气泡随即被液流带入叶轮内压力较高处而被压缩，于是气泡突

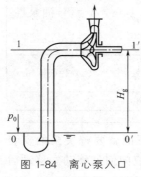

图 1-84 离心泵入口
处压力分析

然凝结或破裂消失，出现局部真空空间，这时周围压力较高的液体则以极大速率冲向真空空间。由于冲击位置不确定，力量不均匀，会造成泵的剧烈振动。此外，在这些局部的冲击点上会产生很高的压力，不断打击着叶轮的表面，同时冲击频率很高，时间长了叶轮表面的金属粒子会因疲劳而逐渐脱落，这种破坏称为机械剥蚀。另外，原溶解于液体中的一些活泼气体（如氧气）也会使金属产生腐蚀。化学腐蚀与机械剥蚀的共同作用，进一步加快了金属表面粒子的剥落速率，从而叶轮被破坏，这就是汽蚀破坏。**这种由于液体的汽化和凝结产生局部冲击，进而导致叶轮材料的剥蚀现象称为"汽蚀现象"。**

汽蚀发生时，除因冲击而使泵体振动，并发出噪声外，同时还会使泵的流量、扬程和效率都明显下降，泵的使用寿命缩短，严重时使泵不能正常工作。因此，应尽量避免泵在汽蚀工况下工作，并采取一些有效的抗汽蚀措施。

2．离心泵产生汽蚀的原因

由前面的分析可知，汽蚀现象发生的条件是：泵入口处的压力 p_1＜操作温度下液体的饱和蒸气压 p_v。

设泵的几何安装高度为 H_g，即泵吸入口处中心线距贮槽液面的垂直距离为 H_g，如图 1-85 所示。

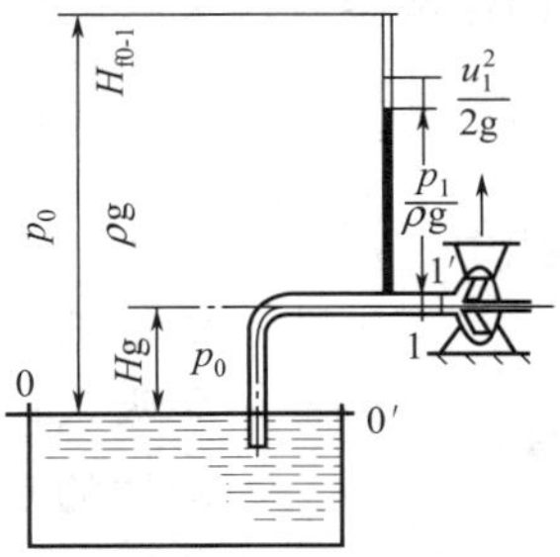

在图 1-85 中贮槽液面 0-0′ 与泵入口处截面 1-1′ 两截面之间列伯努利方程，以贮槽液面 0-0′ 为基准面，则有：

图 1-85　离心泵安装高度

$$\frac{p_0}{\rho g} = \frac{p_1}{\rho g} + \frac{u_1^2}{2g} + H_g + H_{f0-1} \tag{1-51}$$

式中　H_g——几何安装高度，m；

p_0，p_1——液面和泵入口的绝对压力，N/m²；

H_{f0-1}——吸入管路的压头损失，m；

u——泵入口处液体流速，m/s；

ρ——液体密度，kg/m³。

将式（1-51）变形得：

$$\frac{p_1}{\rho g} = \frac{p_0}{\rho g} - \frac{u_1^2}{2g} - H_g - H_{f0-1} \tag{1-52}$$

💬 讨论

> **离心泵产生汽蚀的可能性分析**
>
> 由式（1-52）可见：
>
> ① 几何安装高度 H_g 越高，泵入口处压力 p_1 越低，若 $p_1 < p_v$ 则肯定要发生汽蚀现象，因此，H_g 有一个最大值。
>
> ② H_{f0-1} 越大，泵入口处压力 p_1 越低，汽蚀的可能性越大。
>
> ③ 吸入管内的流速 u_1 越大，泵入口处压力 p_1 也越低，汽蚀的可能性也越大。
>
> 可见泵的几何安装高度，吸入管内的流体流速和流体流动阻力的太大都可能导致汽蚀现象的发生。此外叶轮本身的结构对汽蚀的影响也很大。

3. 离心泵几何安装高度的确定

为了防止汽蚀现象的发生，对离心泵的几何安装高度必须进行限制。

离心泵的几何安装高度与泵本身的结构和性能有关，与贮槽液面上方的压力、吸入管路的流体流速、流体流动阻力及被抽吸液体的密度等因素有关。

① 离心泵的允许汽蚀余量　为避免汽蚀现象的发生，叶轮入口处的绝压 $p_入$ 必须高于工作温度下液体的饱和蒸气压 p_v，泵入口处的绝压入应更高一些，即 $p_入 > p_v$。

一般离心泵在出厂前都需通过实验确定泵在一定流量与一定大气压强下汽蚀发生的条件，并规定一个反映泵的抗汽蚀能力的特性参数——允许汽蚀余量 $\Delta h_允$。

允许汽蚀余量也是离心泵的一个性能参数，是离心泵生产厂家为防止汽蚀现象的发生而规定的，其定义为：**离心泵入口处的静压头与动压头之和必须超过被输送液体在操作温度下的饱和蒸气压头的最小值，用 $\Delta h_允$ 表示。**

$$\Delta h_允 = \left(\frac{p_1}{\rho g} + \frac{u_1^2}{2g}\right)_允 - \frac{p_v}{\rho g} \tag{1-53}$$

式中　p_1——泵入口处的绝对压强，Pa；

　　　p_v——输送液体在工作温度下的饱和蒸汽压，Pa；

　　　u_1——泵吸入口处液体的流速，m/s；

　　　ρ——液体的密度，kg/m³。

由此定义可知，要防止汽蚀发生：

$$\frac{p_1}{\rho g} + \frac{u_1^2}{2g} = \Delta h_允 + \frac{p_v}{\rho g} \tag{1-53a}$$

其中，$\Delta h_允$ 是随泵的流量增加而略有增加。

② 离心泵几何安装高度计算　将式(1-52)变形得：

$$H_g = \frac{p_0}{\rho g} - \frac{p_1}{\rho g} - \frac{u_1^2}{2g} - H_{f0-1} = \frac{p_0}{\rho g} - \left(\frac{p_1}{\rho g} + \frac{u_1^2}{2g}\right) - H_{f0-1}$$

将泵样本中的推荐的允许汽蚀余量 $\Delta h_允$ 代入上式，则可得到离心泵的允许几何安装高度计算式为：

$$H_g = \frac{p_0}{\rho g} - \frac{p_v}{\rho g} - \Delta h_允 - H_{f0-1} \tag{1-54}$$

 讨论

离心泵安装高度的影响因素

　　由式(1-54)可见：

　　① 贮槽液面压力 p_0 越大、输送液体的温度越低即输送液体的饱和蒸气压 p_v 越小，泵的几何安装高度越高；吸入管路的阻力 $\sum H_{f0-1}$ 越小，泵的几何安装高度越高；泵允许汽蚀余量 $\Delta h_允$ 越小，泵的几何安装高度越高。

　　② 从上式中可以看出，若 p_0 与 p_v 比较接近或相等时，则 H_g 就是负值，这表明离心泵的吸入口必须在液面以下，即在灌注压头下工作。这种情况在化工行业尤其

是炼化企业中最为常见。如在输送高温液体、沸腾液体及沸点较低液体时，工厂为了安全起见，实际安装高度应比理论计算高度再低 0.5～1.0m。炼油厂输送油品的离心泵一般均为注入式。如有的工厂规定，吸入容器液面至少比泵进口位置高出 2m。

　　③ 泵样本中的允许汽蚀余量 $\Delta h_允$ 值，是以 293K 的清水为介质测定的最小汽蚀余量 Δh_{min} 并取 0.3mH₂O 安全量得到的，即：$\Delta h_允 = \Delta h_{min} + 0.3$。

　　如果输送的液体是石油或类似石油的产品，操作温度又较高，则 Δh 应按被输送液体的密度及蒸气压来进行校正：$\Delta h_允 = \varphi \Delta h_允$。

　　式中校正系数 φ，可根据被输送液体的相对密度 $b(b = \rho/\rho_水)$ 及输送温度下该液体的蒸气压，由图 1-86 查得。常温常压下，一般对汽油、煤油和轻柴油而言通常校正参数 $\varphi > 1$，所以 $\Delta h_允$ 可以不必校正，直接引用。

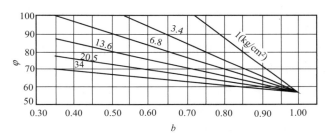

图 1-86　允许汽蚀余量校正系数

【例 1-18】　某化工厂用 IS65-50-160 型离心泵从敞口容器中输送液体，容器内液位恒定，输送量为 25m³/h，离心泵的吸入管长度为 10m，内径为 68mm。假如吸入管内流动已进入阻力平方区，直管阻力系数为 0.03，总局部阻力系数 $\sum\xi = 2$，当地的大气压为 1.013×10^5 Pa。试求此泵在输送以下各种流体时，允许安装高度为多少？

（1）输送 20℃ 的水；

（2）输送 20℃ 的油品（$p_v = 2.67 \times 10^4$ Pa，$\rho = 740$kg/m³）；

（3）输送沸腾的水。

解：（1）输送 20℃ 的水

从泵样本查得，IS65-50-160 型水泵在流量为 25m³/h 时，允许汽蚀余量 $\Delta h_允 = 2.0$m。

吸入管流速为　　$u_1 = \dfrac{4V_s}{\pi d^2} = \dfrac{4 \times 25/3600}{3.14 \times 0.068^2} = 1.91$(m/s)

吸入管压头损失为：

$$H_{f0-1} = \left(\lambda \dfrac{L}{d} + \sum\xi\right)\dfrac{u^2}{2g} = \left(0.03 \times \dfrac{10}{0.068} + 2\right) \times \dfrac{1.91^2}{2 \times 9.81} = 1.2\text{(m)}$$

20℃ 水的饱和蒸气压 $p_v = 2.33 \times 10^3$ Pa，

则允许安装高度为：

$$H_g = \dfrac{p_0}{\rho g} - \dfrac{p_{v水}}{\rho g} - \Delta h_允 - H_{f0-1}$$

$$= \frac{1.013 \times 10^5}{1000 \times 9.81} - \frac{2.33 \times 10^3}{1000 \times 9.81} - 2 - 1.2 = 6.89\text{(m)}$$

（2）输送 20℃ 的油品时：

$$H_g = \frac{p_0}{\rho g} - \frac{p_{v油}}{\rho g} - \Delta h_允 - H_{f0-1} = \frac{1.013 \times 10^5}{740 \times 9.81} - \frac{2.67 \times 10^4}{740 \times 9.81} - 2 - 1.2 = 7.08\text{(m)}$$

（3）输送沸腾液体时，沸腾液体的饱和蒸气压 $p_v = p_0$，

$$H_g = \frac{p_0}{\rho g} - \frac{p_v}{\rho g} - \Delta h_允 - H_{f0-1}$$

$$= \frac{1.013 \times 10^5}{\rho g} - \frac{1.013 \times 10^5}{\rho g} - 2 - 1.2 = -3.2\text{(m)}$$

为安全起见，泵的实际安装高度还应比以上计算值再低 0.5～1.0m。

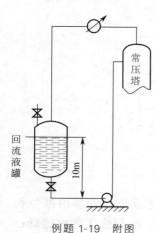

【例 1-19】 某厂用 100Y-60 型油泵作为某常压精馏塔塔顶回流管线用泵。如附图所示，回流罐液面距泵入口处垂直距离为 10m，吸入管线阻力 $\sum H_{f0-1}$ 估算为 0.5m 油柱，回流罐通大气，试核算此泵安装位置是否合适？已知工艺条件如下：

回流汽油的温度为 50℃，流量为 104m³/h，密度为 640kg/m³，黏度为 0.32mPa·s。

解： 查得 50℃ 时汽油的饱和蒸气压 $p_v = 120\text{kPa}$（绝对压强），100Y-60 型油泵的允许汽蚀余量 $\Delta h_允 = 4.2\text{m}$，一般对汽油、煤油和轻柴油的 $\Delta h_允$ 不必进行校正，可直接引用。因此有：

$$H_g = \frac{p_0}{\rho g} - \frac{p_v}{\rho g} - \Delta h_允 - H_{f0-1}$$

$$= \frac{1.033 \times 10^5}{640 \times 9.81} - \frac{120 \times 10^3}{640 \times 9.81} - 4.2 - 0.5$$

$$= -2.98 - 4.9 = -7.88\text{（m）}$$

例题 1-19 附图

H_g 为负值，说明了泵的吸入口应安装在回流罐液面以下至少 7.88m 处，为了安全一般装在 -8.88～-8.38m 处。现泵的吸入口比回流罐液面低 10m，留有足够的余地，故泵安装位置合适，可以保证安全生产。

总之，$\Delta h_允$ 是可以说明泵的吸入性能好坏的，$\Delta h_允$ 低的泵吸入性能好，不容易发生汽蚀。反之，$\Delta h_允$ 高的泵吸入性能就差，容易发生汽蚀。吸入性能差的泵，其几何安装高度就要低。但几何安装高度低的泵不一定都是吸入性能差的泵，有的因为是输送的液体的性质不同或工艺要求的不同决定的。

思考题

一台离心泵，原来输送 20℃ 水。其安装高度在水面以上 4m，若水温升高到 60℃，安装高度如何调整才不至于发生汽蚀现象？

4. 提高离心泵抗汽蚀性能的措施

提高离心泵的抗汽蚀性能，可提高离心泵的转速、增加离心泵的扬程、缩小体积、减小

质量，从而提高离心泵的技术经济指标，有利于稳定离心泵的性能，减小离心泵在工作时的振动和噪声，延长离心泵的寿命。因此，提高离心泵的抗汽蚀性能有着极为重要的意义。下面介绍几种常用途径及措施。

① 从管路系统着手　由 $\frac{p_1}{\rho g}=\frac{p_0}{\rho g}-\frac{u_1^2}{2g}-H_g-\sum H_{f0-1}$ 可见，减小吸入管路的阻力损失 $\sum H_{f0-1}$，减小吸入管路内液体的流速 u_1，都可以增加 p_1 提高抗汽蚀性能。

所以对于管路系统而言，可采取的措施有：减少不必要的弯头、阀门，增大吸入管直径等，即泵的吸入管路尽可能的短而粗。

② 降低离心泵的汽蚀余量，提高离心泵的抗汽蚀性能　如采用双吸叶轮、增大叶轮入口直径、增加叶片入口处宽度等，均可以降低叶轮入口处的液体流速，而减小 Δh。缺点是会增加泄漏量降低容积效率。

③ 采用螺旋诱导轮　试验证明，在离心泵叶轮前装螺旋诱导轮可以改善泵的抗汽蚀性能，而且效果显著。诱导轮可能作为提高离心泵抗汽蚀能力的有力措施而被广泛应用。

④ 采用抗汽蚀材料　当由于使用条件的限制，不可能完全避免发生汽蚀时，应采用抗汽蚀材料制造叶轮，以延长叶轮的使用寿命。一般来说，零件表面越光，材料强度和韧性越高，硬度和化学稳定性越高，则材料的抗汽蚀性能也越好。实践证明 2Cr13、稀土合金铸铁和高镍铬合金等材料比普通铸铁和碳钢的抗汽蚀性能要好得多。

 任务解决8

原油输送泵安装位置的确定

　　分析：根据一般工程经验，为了减小吸入管路的阻力损失，油泵应尽可能靠近原油贮罐安装，因此，可设从原油罐到泵入口之间的损失压头为 1m。由于油泵带冷却装置，油泵工作时的油品温度通常控制在 35℃，该温度下估计油的饱和蒸气压约为 2.7×10^4 Pa。原油贮罐液面上方一般是通大气的，该厂位于长江中下游地区，则 p_0 可取大气压，夏季一般气压值 9.81×10^4 Pa。前面已知原油的密度为 880kg/m³，80AY-100B 的允许汽蚀余量为 3m。

　　解：根据

$$H_g=\frac{p_0}{\rho g}-\frac{p_v}{\rho g}-\Delta h_{允}-H_{f0-1}$$

$$=\frac{9.81\times10^4}{880\times9.81}-\frac{2.7\times10^4}{880\times9.81}-3-1$$

$$=4.24(\text{m})$$

　　泵的实际安装高度还应比计算值再低一些，可以取 3.2～3.7m。

　　为安全起见，油泵一般采用注入式。由于工厂已规定了贮罐的最低液位在地面以上 2.5m，因此只要将油泵安装在地面上，泵的吸入口位置必然在原油贮罐的液面以下，这样可以绝对保证不会发生汽蚀现象，同时还可以降低安装基础成本。

（七）离心泵的工作点与流量调节

当一个泵安装在一定的管路系统中，工作时的实际流量和实际扬程，不仅与离心泵本身的特性有关，而且还取决于管路的工作特性，即在输送液体过程中，泵和管路必须是互相配合的。因此，讨论泵的实际工作情况，就不能脱离泵所在的管路系统。

1. 管路特性曲线

管路特性曲线是表示一定管路系统完成任务所必需的扬程 H_e 与流量 Q_e 之间的关系曲线。由装有离心泵的管路系统输送液体时，要求泵供给的扬程可由伯努利方程求得：

$$H_e = \Delta Z + \frac{\Delta p}{\rho g} + \frac{\Delta u^2}{2g} + \left(\lambda \frac{l}{d} + \sum \xi\right)\frac{u^2}{2g} \tag{1-55}$$

式中，$\Delta Z + \dfrac{\Delta p}{2g}$ 与管路流量无关，在输液高度和压力不变的情况下为一常数，现以 K 表示。由于 u 正比于流量，则 $\dfrac{\Delta u^2}{2g} + \left(\lambda \dfrac{l}{d} + \sum \xi\right)\dfrac{u^2}{2g}$ 与管路的流量有关。对于一定的管路系统，l、d、$\sum \xi$ 均为定值，湍流时阻力系数的变化也很小，于是可将 $\dfrac{\Delta u^2}{2g} + \left(\lambda \dfrac{l}{d} + \sum \xi\right)\dfrac{u^2}{2g}$ 写成 BQ_e^2，B 是与管路情况有关的常数。这样上式便简化为：

$$H_e = K + BQ_e^2 \tag{1-56}$$

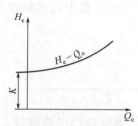

图 1-87　管路特性曲线

由式（1-55）可知，输送液体时，管路要求泵提供的扬程随流量的平方而变化。将此关系描绘在相应的坐标上，即得到 H_e-Q_e 曲线（图 1-87）。它表明了管路要求泵供给的扬程也随流量而变化关系。管路情况不同，这种曲线的形状也不同。故称为管路特性曲线。

2. 离心泵的工作点

输送液体是靠泵和管路相互配合来完成的，故当安装在管路中的离心泵运转时，管路的流量必然与泵的流量相等。此时泵所能提供的扬程也必然与管路要求供给的扬程相一致，即 $H = H_e$。因此将管路特性曲线与泵的性能曲线绘于同一坐标上，两线必有一个交点，如图 1-88 中的 M 点，该点我们称之为泵的工作点。**即离心泵的工作点就是管路特性曲线和泵的性能曲线的交点。**

离心泵的稳定工作点具有唯一性。如果泵不在 M 点工作，而在 A 点或 B 点工作，如图 1-88 所示，系统会使得流量增大或减小，并在 M 点重新达到平衡。

3. 离心泵的流量调节

离心泵在指定的管路系统中工作时，由于生产波动，出现泵的工作流量与生产要求不相适应的情况，则需及时对泵的工作点进行调节，既然泵的工作点是由管路特性曲线与性能曲线所决定，因此，改变管路特性曲线与泵的性能曲线均能达到调节泵的工作点的目的。

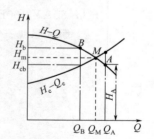

图 1-88　离心泵的工作点

改变管路特性曲线最方便的办法，是调节离心泵出口管路上阀门的开度以改变管路阻力，从而达到调节流量的目的，如图 1-89 所示。当阀门关小时，管路的局部阻力损失增大，管路特性曲线变陡，工作点由 M 移至 A 点，流量由 Q_M 减小至 Q_A。反之开大阀门，工作点由 M 点移至 B 点，流量由 Q_M 增大至 Q_B。用阀门调节流量迅速方便，且流量可以连续调节，适合化工连续生产的特点，所以应用十分广泛；但其缺点是在阀门关小时，流体阻力加大，不很经济。

　　从理论上看，比较经济的办法是改变泵的转速 n 或 D。前面曾讨论过改变转速和叶轮的外径，均能使泵流量发生变化以适应新的情况。

　　改变转速的关系如图 1-90 所示，通过改变转速，从而改变泵的性能曲线，也可以实现流量由 Q_M 减小至 Q_A 或增大至 Q_B；从动力消耗看此种方法比较合理，但改变转速需要变速装置，以前很少采用，现在随着变频技术的发展与完善，特别是变频电机的使用越来越广，既节能又方便。

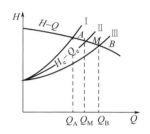

图 1-89　调节阀门时的流量变化示意图

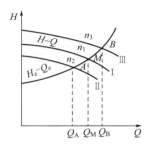

图 1-90　改变转速时的流量变化

　　改变叶轮外径的关系如图 1-91 所示，减小叶轮外径，也能改变泵的性能曲线从而使流量由 Q_M 减小至 Q_A；但此种方法调节不够灵活，调节范围不大；故采用也较少。一个基本型号的泵常配几个直径大小不同的叶轮，当流量定期变动时，采用更换叶轮的方法是可行的也是经济的。

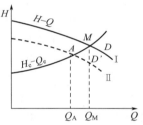

图 1-91　改变叶轮外径时的流量变化

（八）离心泵的安装与运转

　　离心泵必须根据输送流程图中规定的位置进行安装。对于卧式离心泵必须事先浇铸好相应的基础。

　　1. 安装注意事项

　　对于 7.5kW 以下卧式水泵可配隔震垫直接安装在基础上。7.5kW以上时，可与浇铸基础直接安装，亦可采用厂家提供的连接板配合隔震器安装。

　　具体安装要求如下。

　　① 应尽量将泵安装在靠近贮罐、干燥明亮的场所，以便于检修。

　　② 应有坚实的地基，以免振动。通常用混凝土地基，安装时必须拧紧地脚螺栓，以免启动时振动对泵性能的影响。

　　③ 安装前应检查机组紧固件有无松动现象，泵体流道有无异物堵塞，以免水泵运行时损坏叶轮和泵体。

　　④ 安装时泵轴和电机转轴应严格保持水平，以确保运转正常，提高寿命。安装后拨动泵轴，叶轮应无摩擦声或卡死现象，否则应将泵拆开检查原因。同时注意管道重量不应加在水泵上，以免使泵变形。

　　⑤ 安装高度要严格控制，以免发生汽蚀现象。

　　⑥ 在吸入管径大于泵的吸入口径时，变径连接处要避免存气，以免发生气缚现象。如图 1-92 所示，图（a）是不正确的安装，存在空气囊，有可能导致气缚现象发生；图（b）是正确的安装。

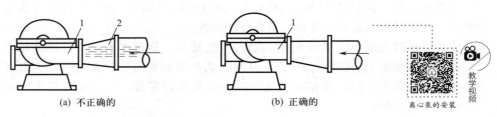

图 1-92　吸入口变径连接法

1—吸入口；2—空气囊

⑦ 化工厂为了保证生产的连续进行，离心泵除安装必需的泵外，通常还安装一台备用泵。因此，为了维修方便和使用安全，在泵的进出口管路上各安装一只闸门阀（只用于开关，不能用于调节流量），供两泵之间的切换使用。

⑧ 为了保证泵的使用安全，在泵出口附近安装一只压力表和流量调节阀，以保证在额定扬程和流量范围内运行，延长泵的使用寿命。

2. 离心泵的操作

为了保证离心泵在生产过程中正常连续运转，必须保持泵的正确操作、安全运行，加强对机组的监视、维护、保养和检修。要确保做好这些工作，必须认真负责，严格按照操作规程办事。现以水泵为例，将一般泵的常规操作规程和维护知识介绍如下。

（1）离心泵的启动

① 启动前的检查　为了保证泵的安全运行，在泵启动前，应对整个机组作全面仔细的检查，以便发现问题及时处理。检查内容有：检查泵的各处螺丝是否松动；检查轴承箱油面是否处于 $1/2\sim2/3$ 之间，润滑油有无变质，用手盘动泵以使润滑液进入机械密封端面；如果是填料密封则检查泵的填料松紧是否适宜；检查排液管上的阀门开启是否灵活；检查电机转向是否正确，从电机顶部往泵看为顺时针旋转，试验时间要短，以免使机械密封干磨损；对于油泵还要检查填料函、轴承处的冷却水套冷却水是否通畅；清除妨碍工作的现场杂物等。

② 预灌与预热　离心泵无自吸能力。因此，在离心泵启动之前一定要进行预灌，使泵内充满液体后再行启动。对于小型泵多采用人工灌液法，从泵的专用灌液孔或从出液管向泵内灌满被输送液体。对于大、中型泵常由泵排出管处蓄液池向泵内灌液体。有时亦可采用真空泵抽气充液的方法进行预灌。高温型泵应先进行预热，升温速率 50℃/h，以保证各部分受热均匀。

③ 启动　离心泵在启动前应将排液管路上的阀门关闭。因为流量为零时，功率最小，这样可减小启动功率。同时把放气孔或灌泵装置的阀门关闭。

打开夹套冷却水进水阀，盘车，如无异常声音或异常现象，则接通电源启动原动机，此时观察泵运行是否正常。若运行正常并逐渐加速，调节出口阀门开度至所需工况，待达到额定转速后，打开真空表和压力表的阀门，观察它们的读数是否正常。如无异常现象，可以慢慢地将排液管路上的阀门开到最大位置，完成整个启动任务。

启动后，还要注意检查：轴封泄漏情况，正常时机械密封泄漏应小于 3 滴/分钟，填料密封泄漏应小于 8 滴/分钟；检查电机、轴承处温升小于等于 70℃。若一切正常说明启动成功。

（2）离心泵的停车

对于高温型要先降温，降温速率小于 10℃/min，把温度降低到 80℃以下，才能停车。

离心泵停车时，应先关闭压力表、真空表，再关闭排出阀，使泵轻载，同时防止液体倒灌。然后停转电机，关闭吸入阀，最后关冷却水、机械密封冲洗水等。离心泵停车后还要做好清洁、防冻、备用泵的盘车、检修和保养等工作，从而保证泵始终处于良好的状态，以便随时可以使用。如长期停车，应将泵内液体放尽。

（3）离心泵工作中常见的故障

离心泵在运转过程中，由于它本身的机械原因或因工艺操作、高温、高压及物料腐蚀等原因，会产生故障。离心泵常见的故障现象有：泵灌不满；泵不能吸液，真空表指示高度真空；泵不吸液和压力表的指针剧烈跳动；压力表虽有压力，但排液管不出液；流量不足；填料函漏液过多；填料过热；轴承过热；泵振动等异常现象。因此，在泵的运转过程中，要注意泵的工作是否正常，对故障情况作具体分析，找出原因，采取措施，及时排除，从而保证生产的正常进行，表1-6为IS型卧式离心泵故障原因及解决方案。

表 1-6　IS型卧式离心泵故障原因及解决方案

故障形式	产生原因	排除方法
1. 泵不出水	a. 进出口阀门未打开，进出管路阻塞，流道叶轮阻塞	检查，去除阻塞物
	b. 电机运行方向不对，电机缺相转速很慢	调整电机方向，紧固电机接线
	c. 吸入管漏气	拧紧各密封面，排除空气
	d. 泵没灌满液体，泵腔内有空气	打开泵上盖或打开排气阀，排尽空气，灌满液体
	e. 进口供水不足，吸程过高，底阀漏水	停机检查、调整（并网自来水管和带吸程使用易出现此现象）
	f. 管路阻力过大，泵选型不当	减少管路弯道，重新选泵
2. 水泵流量不足	a. 先按1.原因检查	先按1.排除
	b. 管道、泵流道叶轮部分阻塞，水垢沉积，阀门开度不足	去除阻塞物，重新调整阀门开度
	c. 电压偏低	稳压
	d. 叶轮磨损	更换叶轮
3. 功率过大	a. 超过额定流量使用	调节流量关小出口阀门
	b. 吸程过高	降低
	c. 泵轴承磨损	更换轴承
	d. 产生汽蚀	降低真空度
	e. 轴承损坏	更换轴承
	f. 电机超载发热运行	调整按5.
4. 杂音振动	a. 管路支撑不稳	稳固管路
	b. 液体混有气体	提高吸入压力排气
	c. 产生汽蚀	降低真空度
	d. 轴承损坏	更换轴承
	e. 电机超载发热运行	调整按5.

续表

故 障 形 式	产 生 原 因	排 除 方 法
5. 电机发热	a. 流量过大，超载运行	关小出口阀
	b. 碰擦	检查排除
	c. 电机轴承损坏	更换轴承
	d. 电压不足	稳压
6. 水泵漏水	a. 机械密封磨损	更换
	b. 泵体有砂孔或破裂	焊补或更换
	c. 密封面不平整	修整
	d. 安装螺栓松懈	紧固

三、其他类型泵的特点与应用

1. 往复泵

（1）往复泵的结构和工作原理

往复泵主要由泵体、活塞（或柱塞）和单向阀门所构成。活塞由曲柄连杆机械所带动而作往复运动。图 1-93 所示单动往复泵的工作原理，当活塞在外力作用下向右移动时，泵体内形成低压，上端的阀门（排出阀）受压关闭，下端的阀门（吸入阀）则被泵外液体的压力推开，将液体吸入泵内。当活塞向左移动时，由于活塞的挤压使泵内液体的压力增大，吸入阀就关闭，而排出阀受压则开启，由此液体排出泵外。如此活塞不断地作往复运动，液体就间歇地被吸入和排出，可见往复泵是一种容积式泵。

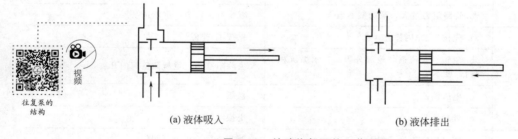

视频
往复泵的结构

(a) 液体吸入　　　　　　　　　　(b) 液体排出

图 1-93　单动往复泵的工作原理

活塞在泵体内左右移动的顶点称为止点，两止点之间的活塞行程，即活塞运动的距离，称为冲程。活塞往复一次（即活塞移动双冲程），只吸入和排出一次，故称为单作用泵（或单动泵）。单作用泵的排液量是不均匀的，即仅在活塞压出行程时，排出液体；而在吸入行程时无液排出。加之由曲柄连杆机械所形成的活塞往复运动是变速运动，排液量也就随着活塞的移动有相应的起伏，其流量曲线，如图 1-94(a)。

由于单动泵的流量不均匀，引起惯性阻力损失，增加动力消耗，为了改善单动泵流量不均匀性，便有了双动泵或三联泵的出现。双动泵如图 1-95 所示，该泵当活塞往复一次，有两次吸液和排液，故流量较均匀，如图 1-94(b) 所示，但流量曲线仍有起伏。三联泵实质上就是三台单动泵并联构成，且在曲柄旋转一周中各泵相差 120°吸入和排出液体，从而做到连续排出液体，流量相对均匀，如图 1-94(c) 所示，但还不能达到稳定。

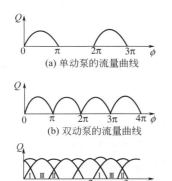

(a) 单动泵的流量曲线

(b) 双动泵的流量曲线

(c) 三联泵的流量曲线

图 1-94　往复泵的流量曲线

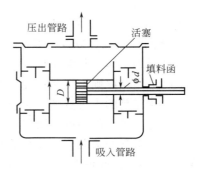

图 1-95　双动泵的工作原理

图 1-96 是具有空气室的双动往复泵。此泵左右两端排出阀的上方有两个空室，称为空气室。在一往一复的一个循环中，当一侧的排液量大时，有部分液体被压入该侧的空气室，当该侧的排液量小时，空气室内的部分液体可压到泵的排出口。这样，依靠空气室中空气的压缩和膨胀作用进行缓冲调节，使泵的操作平衡和流量均匀。

往复泵的吸上真空度，决定于贮液池液面的大气压力、液体温度和密度，以及活塞运动的速率等，所以往复泵的吸上高度也有一定的限制。但是往复泵有自吸能力，故启动前无需灌泵。

（2）往复泵的性能参数与特性曲线

往复泵的主要性能参数也包括流量、扬程、功率与效率。

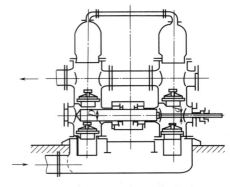

图 1-96　具有空气室的双动往复泵

① 流量　往复泵的理论流量 Q 决定于活塞扫过的全部体积。

如单动泵，其理论流量 Q 为：

$$Q = FSn = \frac{\pi}{4}D^2Sn，（m^3/min）\tag{1-57}$$

式中　F——活塞面积，m^2；

　　　D——活塞直径，m；

　　　S——活塞的冲程，m；

　　　n——转速，r/min。

双动泵：单缸双泵其理论流量 Q 为：

$$Q = (2F - a)Sn，（m^3/min）\tag{1-58}$$

式中　a——活塞杆的截面积，m^2。

由此可见，对于一定形式的往复泵，其理论流量是恒定的，只决定于活塞的面积、冲程和转速，它不随扬程而改变。但在实际上由于活塞的密封不严，活门的启闭不及时等原因，往复泵的实际流量比理论流量小，且随着压力的增高，液体的泄漏也增大，实际流量还会降低。图 1-97 为往复泵的性能曲线。

② 扬程　往复泵的扬程与泵的几何尺寸及流量均无关系。只要泵的机械强度和原动机械的功率允许管路系统需要多大的压头，理论上往复泵就能提供多大的扬程。如图 1-97 中的 $Q=Q_T$ 线所示。

③ 功率和效率　往复泵功率和效率的计算与离心泵相同。但效率比离心泵高，通常在 0.72～0.93 之间，蒸汽往复泵的效率可达到 0.83～0.88。

（3）往复泵的工作点与流量调节

往复泵的工作点原则上仍是往复泵的特性曲线与管路特性曲线的交点，如图 1-98 所示。可以看得出，往复泵的工作点随管路特性曲线的不同是在几乎垂直的方向上发生变动，即输液量不发生变化。压头的限度主要取决于原动机的功率和泵的机械强度。由于往复泵提供的理论压头只决定于管路情况（只要泵的机械强度和原动机功率足够，总能克服管路上的压强而将液体推挤出去）。这种特性称为正位移特性，具有这种特性的泵称为正位移泵。对于正位移泵吸入的液体不能倒流必须排出，否则会因压力急剧增大，导致泵件或管路损坏。

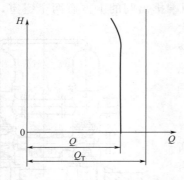

图 1-97　往复泵的性能曲线

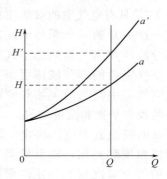

图 1-98　往复泵的工作点

离心泵可用出口阀来调节流量，但对往复泵此法不能采用。因为往复泵是正位移泵，其流量与管路特性无关，安装调节阀非但不能改变流量，而且还会造成危险，一旦出口阀完全关闭，泵缸内的压强将急剧上升，会导致机件破坏或电机烧毁。

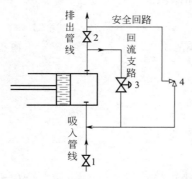

图 1-99　往复泵旁路阀调节流量示意图
1—吸入管路上的阀；2—排出管路上的阀；
3—旁路阀；4—安全阀

往复泵的流量调节有三种方法。

① 改变活塞的冲程　改变冲程的大小是通过调节曲柄的长度或偏轮的偏心度实现的。

② 活塞的往复次数　活塞的往复次数可由调节本曲柄转速来实现。

③ 旁路阀调节（回流支路法调节）　如图 1-99 所示，设置旁路管（也称为回流支路）安装旁路阀（自控阀），调节旁路阀的开度大小，使一部分压出液体返回吸入管路，便可达到调节主管路流量的目的。旁路调节的实质是通过改变管路特性曲线来改变工作点。旁路并没有改变总流量，只是改变了总流量在主管与旁路之间的分配。但这种调节方法不经济，只适用于变化幅度较小的经常性调节。对于电动往复泵还应设安全阀，当排出管压力超高时，安全阀打开，以免泵和原动机超负荷。

曲柄转速的调节方法有三种：①直接使用变频电机驱动曲柄，调节电子转速。②电机与泵使用减速装置连接的调节传动比。③对于蒸汽驱动的往复泵（主要输送易燃易爆液体），通过调节驱动蒸汽的压力调节曲柄转速。

（4）往复泵的使用与维护

由前面分析可知，往复泵的主要特点是流量固定而不均匀，但扬程高效率高。往复泵可用于输送黏度稍大的液体，但由于泵内的阀门、活塞会受腐蚀或被固体颗粒磨损，因而不能用于输送腐蚀性液体和有固体颗粒的悬浮液；另外，由于可用蒸汽直接驱动，因此，往复泵特别适宜输送易燃、易爆的液体。

往复泵有自吸作用，因此启动前不需灌泵；与离心泵类似往复泵也是靠压差来吸入液体的，因此安装高度也受到限制。

往复泵的操作要点：①检查压力表读数及润滑等情况是否正常；②盘车检查是否有异常；③先打开放空阀、进口阀、出口阀及旁路阀等，再启动电机，关放空阀；④通过调节旁路阀使流量符合任务要求；⑤做好运行中的检查，确保压力、阀门、润滑、温度声音等均处在正常状态，发现问题及时处理。严禁在超压超转速及排空状态下运转。

（5）特殊类型的往复泵——隔膜泵和计量泵

① 隔膜泵　隔膜泵系用一弹性薄膜将柱塞与被输送液体隔开。主要用于输送腐蚀性强的液体，其结构如图 1-100 所示。隔膜泵的弹性薄膜用耐腐蚀耐磨的橡皮或特制的金属制成。隔膜左边所有部件均为耐腐蚀材料制成或涂有耐腐蚀物质。隔膜右边则盛有水或油。当泵和柱塞往复运动时，迫使隔膜交替地向两边弯曲。使腐蚀性液体在隔膜左边轮流地被吸入和压出而不与柱塞接触。

② 计量泵　在连续和半连续的化工过程中，有时需要按照工艺流程精确地输送定量的液体，有时还需要将两种或两种以上的液体按比例进行输送。计量泵就是为了满足这些要求而发展起来的。计量泵亦称为比例泵，是往复泵的一种，除装有一套可以精确地调节流量的调节机构外，其基本构造与往复泵相同。

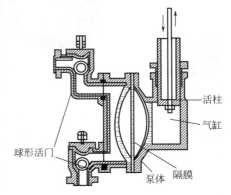

图 1-100　隔膜泵

计量泵有柱塞式计量泵和隔膜式计量泵两种基本形式，如图 1-101（a）和图 1-101（b）所示。它们都是由转速稳定的电动机通过可变偏心轮带动柱塞运行的。改变此轮的偏心程度，就可以改变柱塞冲程或隔膜运动的次数。

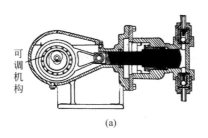

(a)

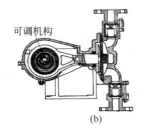

(b)

图 1-101　计量泵

用一个电动机驱动两个、三个或三个以上泵头的多缸计量泵，不仅能使每个泵头的流量固定，还要可实现多种液体按比例输送或混合。

2. 转子泵

转子泵和往复泵一样，是属于容积式。其工作原理是因为泵中转子的旋转作用产生容积变化，进而周期性排出和吸入被输送液体，故转子泵亦称为旋转泵。根据转子类型的不同，转子泵可分为齿轮泵与螺杆泵两类。

（1）齿轮泵

齿轮泵的工作原理与往复泵类似，其主要构件为泵壳和一对相互啮合的齿轮，如图 1-102 所示。其中一个齿轮为主动轮，另一个为从动轮。当齿轮转动时，吸入腔内因两轮的齿互相分开，齿穴容积变大，于是形成低压而将液体从吸入腔吸入低压的齿穴中，并沿壳壁推送至排出腔。排出腔内齿轮的齿互相合拢，齿穴容积变小，于是形成高压而排出液体。

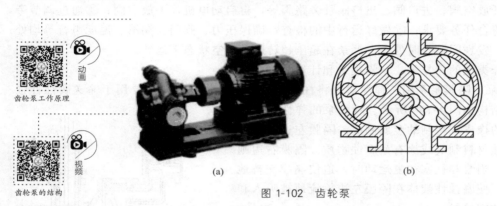

动画
齿轮泵工作原理

视频
齿轮泵的结构

(a)   (b)

图 1-102　齿轮泵

由于齿轮泵的齿穴不可能很大，因此其流量较小，但它可以产生较高的排出压力。在化工厂中常用于输送黏稠液体甚至膏状物料，但不宜用来输送含有固体颗粒的悬浮液。

（2）螺杆泵

螺杆泵主要由泵壳与一个或一个以上的螺杆所构成。图 1-103（a）所示为一单螺杆泵。此泵的工作原理是靠螺杆在具有内螺杆的泵壳中偏心转动，将液体沿轴向推进，最后挤压至排出口。图 1-103（b）为一双螺杆泵，它与齿轮泵十分相像，它利用两根相互啮合的螺杆来排送液体。当所需的压力很高时，可采用较长的螺杆。图 1-103（c）所示，为输送高黏度液的三螺杆泵。

螺杆泵的转速在 3000r/min 以下；螺杆长时，最大出口压力可达 175atm（表压），流量范围为 $1.5 \sim 500 m^3/h$。若在单螺杆泵的壳内衬上硬橡胶，还可用于输送带颗粒的悬浮液。螺杆泵的效率较齿轮泵高，运转时无噪声、无振动、流量均匀，在高压下输送黏稠液体除单螺杆泵和双螺杆泵外，还有三螺杆泵和五螺杆泵等。

上述两种类型的转子泵，特别适用于高黏度的液体，故从使用的角度分类，这些泵属于高黏度泵。转子泵在任何给定的转速下，泵的理论流量与扬程无关，对于输送高黏度液体，由于受泵的结构和所输送液体性质的限制，泵是在低转速下工作的。

3. 旋涡泵

旋涡泵是一种特殊类型的离心泵，亦为化工生产中经常用的类型之一，如向精馏塔输送回流液体等。

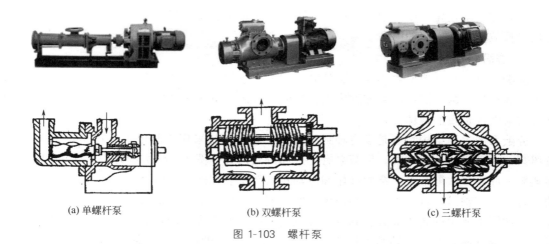

(a) 单螺杆泵   (b) 双螺杆泵   (c) 三螺杆泵

图 1-103   螺杆泵

旋涡泵的主要构件（如图 1-104 所示）为泵壳 3 和叶轮 1。泵壳呈圆形，叶轮为一圆盘，其上有许多径向叶片 2，叶片与叶片间形成凹槽在泵壳与叶轮间有一同心的流道 4，吸入口 6 不在泵盖的正中而是在泵壳顶部与压出口相对，并由隔板 5 隔开。隔板与叶轮之间的间隙极小，因此吸入腔与排出腔得以分隔开来。

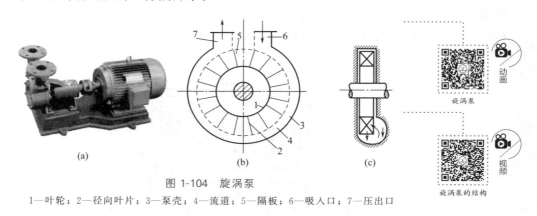

图 1-104   旋涡泵

1—叶轮；2—径向叶片；3—泵壳；4—流道；5—隔板；6—吸入口；7—压出口

在液体充满的旋涡泵内，当叶轮高速旋转时，由于离心力的作用，将叶片凹槽中的液体以一定的速率抛向流道，在截面较宽的流道内，液体流速减慢，一部分动能转变为静压能。与此同时，叶片凹槽内侧因液体被抛出而形成低压，因而流道内压力较高的液体又可重新进入叶片凹槽，再度受离心力的作用继续增大压力，这样，液体由吸入口吸入，多次通过叶片凹槽和在流道间的反复旋涡形运动，而达到出口时，就获得了较高的压力。

液体在流道内的反复迂回运动是靠离心力的作用，故旋涡泵在开动前也要灌水。它的流量与扬程之间的关系也和离心泵相仿。但流量减小时，由于其扬程增加很快，轴功率会急剧增大，这是其与一般离心泵不同的地方，因此，旋涡泵的流量调节，不能使用出口阀单独调节，与往复泵一样，也是借助于回流支路来调节；同时，旋涡泵开动前不能将出口阀关闭，必须保证出口通畅。

旋涡泵的流量小，扬程高，体积小，结构简单，但它的效率一般很低（不超过 40%），通常在 35%～38%。与离心泵相比，在同样大小的叶轮和转速下所产生的扬程，旋涡泵比离心泵高 2～4 倍。与转子泵相比，在同样的扬程情况下，它的尺寸小得多，结构也简单得多，所以旋涡泵在化工生产中广为应用，适宜于流量小、扬程高的情况。旋涡泵适用于输送无悬浮颗粒及黏度不高的液体。

4. 屏蔽泵

屏蔽泵是一种无泄漏离心泵，它的叶轮和电机连为一个整体，并密封在同壳体内，不需要填料或机械密封，故屏蔽泵亦称为无密封泵。常用于输送腐蚀性强、易燃、易爆、有毒及具有放射性或贵重的液体。

屏蔽泵的主要结构特点是没有轴封结构，泵的密封是采用泵和电机整体结构来实现的，按照泵与电动机的布置方式，屏蔽泵有立式和卧式两种。图 1-105 所示为用于化工的管道式屏蔽泵，此为立式屏蔽泵。泵的叶轮和电动机的转子装在同一根轴上，在被输送的液体中转动，转子没有轴封，且整套机件和液体密闭在同壳体内。电动机的转子和定子是分别屏蔽隔开的，如图中所示的转子屏蔽套和定子屏蔽套，后者是全焊式的，故液体不可能泄漏到电动机的定子或外面去。为了轴承的冷却与润滑以及电动机的冷却，可使一部分的排出液体循环。此外，为了解决立式屏蔽泵中的轴向力问题，一部分的排出液在空心轴中循环，对作用于叶轮的向下轴向力和作用于转子的向上的轴向力进行平衡。残余轴向力则由止推盘和上下轴承滑动面承受。

屏蔽泵具有所处理的液体完全没有泄漏及不需要润滑油和密封液等特点，因而适用于处理除腐蚀性强、易燃、易爆、有毒和具有放射性等液体外，还比较容易设计制造，适用于超高压、高温、极低压、高熔点或含有杂质液体的特殊用泵。

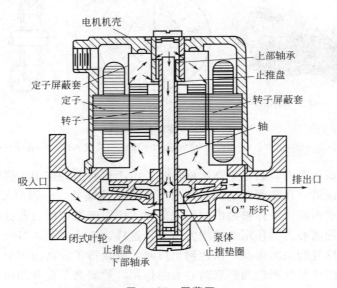

图 1-105　屏蔽泵

此外，屏蔽泵还有结构简单紧凑、零件少、占地小、操作可靠、长期不需检修等优点。但是屏蔽泵也存在一些问题，如电动机和转子与定子间的间隙增大，转子在液体中转动，增大摩擦阻力，从而使电机效率降低。又如部分的排出液体需作为电动机和轴承的循环冷却液，加之屏蔽泵的叶轮口的间隙较一般离心泵的大，因而泵容积效率低。总之，屏蔽泵的效率比一般离心泵的为低，约为 26%～50%。

四、各类泵的性能特点比较

各类泵的性能特点比较见表 1-7。

表 1-7　各类泵的性能特点比较

项目	离心式		正位移式				
			往复式			旋转式	
	离心泵	旋涡泵	往复泵	计量泵	隔膜泵	齿轮泵	螺杆泵
流量	①④⑥	①④⑦	②⑤⑧	②⑤⑦	②⑤⑧	③⑤⑦	③⑤⑦
压头高低	①	②	③	③	③	②	②
效率	①	②	③	③	③	④	④
流量调节	①②	③	②③④	④	②③	③	③
自吸作用	②	②	①	①	①	①	①
启动	①	②	②	②	②	②	②
被输送流体	①	②	⑦	③	④⑥	⑤	④⑤
结构与造价	①②	①③	⑤⑥⑦	⑤⑥	⑤⑥	③④	③④

注：流　　量：①均匀；②不均匀；③尚可；④随管路特性而变；⑤恒定；⑥范围广、易达大流量；⑦小流量；
　　　　　　　⑧较小流量。
　　压头高低：①不易达到高压头；②压头较高；③压头高。
　　效　　率：①稍低、愈偏离额定越小；②低；③高；④较高。
　　流量调节：①出口阀；②转速；③旁路；④冲程。
　　自吸作用：①有；②没有。
　　启　　动：①关闭出口阀；②出口阀全开。
　　被输送流体：①各种物料（高黏度除外）；②不含固体颗粒，腐蚀性也可；③精确计量；④可输送悬浮液；⑤高
　　　　　　　　黏度液体；⑥腐蚀性液体；⑦不能输送腐蚀性或含固体颗粒的液体。
　　结构与造价：①结构简单；②造价低；③结构紧凑；④加工要求高；⑤结构复杂；⑥造价高；⑦体积大。

实践与练习5

一、选择题

1. 离心泵是利用叶轮高速运转产生的（　　）进行工作的。
A. 向心力　　　　B. 重力　　　　C. 离心力　　　　D. 拉力

2. 离心泵叶轮的作用是（　　）。
A. 传递动能　　B. 传递位能　　C. 传递静压能　　D. 传递机械能

3. 下列几种叶轮中，（　　）叶轮效率最高。
A. 开式　　　　B. 半开式　　　C. 闭式

4. 造成离心泵气缚原因是（　　）。
A. 安装高度太高　　　　　　B. 泵内流体平均密度太小
C. 入口管路阻力太大　　　　D. 泵不能抽水

5. 启动离心泵前应（　　）。
A. 关闭出口阀　　　　　　　B. 打开出口阀
C. 关闭入口阀　　　　　　　D. 同时打开入口阀和出口阀

6. 离心泵的扬程随着流量的增加而（　　）。
A. 增加　　　　B. 减小　　　　C. 不变　　　　D. 无规律性

7. 离心泵的轴功率 N 和流量 Q 的关系为（　　）。

A. Q 增大，N 增大   B. Q 增大，N 先增大后减小

C. Q 增大，N 减小   D. Q 增大，N 先减小后增大

8. 关于离心泵的轴功率，下列说法中正确的选项是（　　　）。

  A. 在流量为零时最大   B. 在压头最大时最大

  C. 在流量为零时最小   D. 在工作点处为最小

9. 一台离心泵在转速 1450r/min 时，送液能力为 22m³/h，扬程为 25mH₂O，现转速调至 1300r/min，则此时的流量和扬程为（　　　）。

  A. $Q=19.7\text{m}^3/\text{h}$　　$H=22.4\text{mH}_2\text{O}$ B. $Q=19.7\text{m}^3/\text{h}$　　$H=20\text{mH}_2\text{O}$

  C. $Q=17.7\text{m}^3/\text{h}$　　$H=20\text{mH}_2\text{O}$ D. $Q=17.7\text{m}^3/\text{h}$　　$H=18\text{mH}_2\text{O}$

10. 离心泵铭牌上标明的扬程是（　　　）。

  A. 功率最大时的扬程   B. 最大流量时的扬程

  C. 泵的最大扬程   D. 效率最高时的扬程

11. 离心泵性能曲线中的扬程流量线是在（　　）的情况下测定的。

  A. 效率一定   B. 功率一定   C. 转速一定   D. 管路布置一定

12. 液体密度与 20℃的清水差别较大时，泵的特性曲线将发生变化，必须加以修正的是（　　　）。

  A. 流量   B. 效率   C. 扬程   D. 轴功率

13. 离心泵泵送液体的黏度越大，则有（　　　）。

  A. 泵的扬程越大   B. 流量越大   C. 效率越大   D. 轴功率越大

14. 离心泵在正常运转时，其扬程与升扬高度的大小比较是（　　　）。

  A. 扬程＞升扬高度   B. 扬程＝升扬高度

  C. 扬程＜升扬高度   D. 不能确定

15. 离心泵的安装高度有一定限制的原因主要是（　　　）。

  A. 防止产生"气缚"现象   B. 防止产生汽蚀

  C. 受泵的扬程的限制   D. 受泵的功率的限制

16. 离心泵汽蚀余量 Δh 与流量 Q 的关系为（　　　）。

  A. Q 增大 Δh 增大   B. Q 增大 Δh 减小

  C. Q 增大 Δh 不变；   D. Q 增大 Δh 先增大后减小

17. 一台离心式清水泵，输送 20℃清水时，泵的允许安装高度 $H_g=2\text{m}$，现需输送 45℃的水，则泵的允许安装高度 H_g 将（　　　）。

  A. 下降   B. 不变   C. 上升   D. 无法判断

18. 离心泵的工作点是指（　　　）。

  A. 与泵最高效率时对应的点   B. 由泵的特性曲线所决定的点

  C. 由管路特性曲线所决定的点   D. 泵的特性曲线与管路特性曲线的交点

19. 离心泵最常用的调节方法是（　　　）。

  A. 改变吸入管路中阀门开度

  B. 改变出口管路中阀门开度

  C. 安装回流支路，改变循环量的大小

  D. 车削离心泵的叶轮

20. 在下列的四个选项中，肯定不是离心泵的流量调节方法的是（　　　）。

A. 改变叶轮直径　　　　　　　　　B. 改变泵轴的转速

C. 改变吸入管路上调节阀门的开度　D. 改变泵排出管路上调节阀门的开度

21. 试比较离心泵下述三种流量调节方式能耗的大小：（1）阀门调节（节流法）（2）旁路阀调节（3）改变泵叶轮的转速或切削叶轮。（　　　）

A.（2）＞（1）＞（3）　　　　　　B.（1）＞（2）＞（3）

C.（2）＞（3）＞（1）　　　　　　D.（1）＞（3）＞（2）

22. 离心泵的流量调节阀（　　　）。

A. 只能安装在进口管路上

B. 只能安装在出口管路上

C. 安装在进口管路或出口管路上均可

D. 只能安装在旁路上

23. 离心泵中 Y 型泵为（　　　）。

A. 单级单吸清水泵　　　　　　　　B. 多级清水泵

C. 耐腐蚀泵　　　　　　　　　　　D. 油泵

24. 单级单吸式离心清水泵，系列代号为（　　　）。

A. IS　　　　　　B. D　　　　　　C. Sh　　　　　　D. S

25. 选离心泵是根据泵的（　　　）。

A. 扬程和流量选择　　　　　　　　B. 轴功率和流量选择

C. 扬程和轴功率选择　　　　　　　D. 转速和轴功率选择

26. 在①离心泵 ②往复泵 ③旋涡泵 ④齿轮泵中，能用调节出口阀开度的方法来调节流量的有（　　　）。

A. ①②　　　　　　B. ①③　　　　　　C. ①　　　　　　D. ②④

27. 离心泵在启动前应____出口阀，旋涡泵启动前应____出口阀。（　　　）

A. 打开，打开　　B. 关闭，打开　　C. 打开，关闭　　D. 关闭，关闭

28. 在下列几种泵中，能用泵的出口调节阀调节流量的是（　　　）。

A. SH 型清水泵　　B. 往复泵　　　　C. 齿轮泵　　　　D. 旋涡泵

29. 在下列几种泵中，不能用泵出口阀调节流量，只能用旁路阀调节流量的是（　　　）。

A. B 型清水泵　　B. F 型耐腐蚀泵　C. Y 型输油泵　　D. 柱塞式氨水泵

30. 往复泵适应于（　　　）。

A. 大流量且要求流量均匀的场合　　B. 介质腐蚀性强的场合

C. 流量较小、压头较高的场合　　　D. 投资较小的场合

31. 启动往复泵前其出口阀必须（　　　）。

A. 关闭　　　　　　B. 打开　　　　　　C. 微开　　　　　　D. 无所谓

32. 往复泵的流量调节采用（　　　）。

A. 入口阀开度　　B. 出口阀开度　　C. 出口支路　　　D. 入口支路

33. 计量泵的工作原理是（　　　）。

A. 利用离心力的作用输送流体

B. 依靠重力作用输送流体

C. 依靠另外一种流体的能量输送流体

D. 利用工作室容积的变化输送流体

34. 关于往复泵的下列说法中，错误的是（　　　　）。
    A. 有自吸作用，安装高度没有限制
    B. 实际流量只与单位时间内活塞扫过的面积有关
    C. 理论上扬程与流量无关，可以达到无限大
    D. 启动前必须先用液体灌满泵体，并将出口阀门关闭

35. 齿轮泵的流量调节可采用（　　　　），旋涡泵的流量调节可采用（　　　　）。
    A. 进口阀　　　　　　B. 出口阀　　　　　　C. 旁路阀

36. 输送膏状物料应选用（　　　　）。
    A. 离心泵　　　　B. 往复泵　　　　C. 齿轮泵　　　　D. 压缩机

37. 哪种泵特别适用于输送腐蚀性强、易燃、易爆、剧毒、有放射性以及极为贵重的液体？（　　　　）
    A. 离心泵　　　　B. 屏蔽泵　　　　C. 液下泵　　　　D. 耐腐蚀泵

38. 现有齿轮泵、离心泵、往复泵、旋涡泵。今欲输送润滑油到高压的压缩机气缸中，你认为最合适的泵是（　　　　）。
    A. 齿轮泵　　　　B. 离心泵　　　　C. 往复泵　　　　D. 旋涡泵

二、填空题

1. 离心泵泵轴与泵壳之间的密封称为轴封，轴封的作用是_____，轴封的类型有_____和_____两种。

2. 离心式油泵和离心式耐腐蚀泵多采用_____密封装置。

3. 离心泵的轴功率是随流量的增加而_____，所以启动离心泵时应_____出口阀门。

4. 离心泵的安装高度应_____允许安装高度，以免产生_____现象。离心泵启动前应用被输送液体_____以免产生_____现象。

5. 离心泵启动前应_____出口阀门，以减小_____。往复泵启动前必须将排出管路上的阀门_____，否则泵内压力会_____。

6. 离心泵发生汽蚀时，泵的流量_____，出口压强_____，泵体_____，发生_____。

7. 为了防止汽蚀现象发生，泵安装高度必须低于_____，尽量_____进口管路的阻力损失，以保证离心泵叶轮入口的压强要_____液体在操作温度下的饱和蒸气压。

8. 离心泵启动前，必须在泵壳内_____液体，否则会发生_____现象。还要检查泵出口阀门是否已经_____，这样可以避免启动时_____以致损坏电机。

9. 离心泵正常运转时，开大出口阀，则泵进口处真空表读数将_____，泵出口处压力表读数将_____，流量将_____。扬程将_____，轴功率将_____。

10. 往复泵的流量不能用泵的出口阀门来调节，而应采用_____或改变_____、改变_____来实现。

11. 旋涡泵的轴功率是随着流量的增加而_____，因此旋涡泵开车时应_____泵的阀门。

12. 往复泵是正位移泵，小幅度调节流量用_____，大幅度的流量调节可采用的方法是_____。

三、简答题

1. 影响离心泵性能的因素有哪些？
2. 绘出离心泵的性能曲线示意图，并说明图中各条线的意义。
3. 离心泵的流量调节方法有哪些？
4. 往复泵与离心泵相比有哪些不同之处？

四、计算题

1. 用密度为 $1000kg/m^3$ 的水测定某台离心泵的性能时，流量为 $12m^3/h$；泵入口处真空表的读数为 $26.66kPa$；泵出口处压力表的读数为 $3.45×10^2kPa$；压力表与真空表之间的垂直距离为 $0.4m$；泵的轴功率为 $2.3kW$；叶轮转速为 $2900r/min$；压出管和吸入管的直径相等。试求这次实验中的扬程和效率。

2. 已知一台离心泵的流量为 $10.2L/s$，扬程为 $20m$，抽水时轴功率为 $2.5kW$，试计算这台泵的总效率。

3. 某离心泵的流量为 $1200L/min$，扬程为 $11m$，已知该泵的总效率为 80%，试求该泵的轴功率。

4. 某车间根据生产任务购回离心水泵。泵的铭牌上标着：流量 $Q=30m^3/h$；扬程 $H=20m$ 水柱；转速 $n=2900r/min$，允许汽蚀余量 $\Delta h_允=3.0m$。现流量和扬程均符合要求，且已知吸入管路全部阻力损失为 $1.5m$ 水柱，当地大气压为 $736mmHg$。试计算：

（1）输送 $20℃$ 的水时泵的几何安装高度。

（2）若水温提高到 $80℃$ 时，泵的几何安装高度又为多少？

5. 用油泵从密闭容器里送出 $30℃$ 的丁烷。容器里，丁烷液面上的绝对压力为 $0.35MPa$。液面降到最低时，在泵入口中心线以下 $2.8m$。丁烷在 $30℃$ 时的密度为 $580kg/m^3$，饱和蒸气压为 $0.31MPa$。泵吸入管路的全部阻力损失为 $1.5m$。所选用的泵其允许汽蚀余量为 $3m$。问这台泵能否正常操作？

6. 某离心泵以 $15℃$ 水进行性能实验，体积流量为 $540m^3/h$，泵出口压力表读数为 $350kPa$，泵入口真空表读数为 $30kPa$，若压力表和真空表截面间的垂直距离为 $350mm$，吸入管和压出管内径分别为 $350mm$ 及 $310mm$，试求泵的扬程。

7. 一台离心泵在海拔 $1000m$ 处输送 $20℃$ 清水，若吸入管中的动压头可以忽略，且吸入管中全部能量损失为 $6.5m$，泵安装在水源水面以上 $3.5m$ 处，已知该泵的允许汽蚀余量 $\Delta h_允=2.5m$ 试问此泵能否正常工作？（$H_S=5.7m$）

任务六　气体输送机械的识用与操作

一、气体输送机械的分类

气体输送设备按其结构和工作原理可分为离心式、往复式、旋转式和流体作用式等四类。因气体具有可压缩性，故在输送过程中，当气体压力发生变化时，其体积和温度也将随之发生变化。这些变化对气体输送机械的结构、形状有很大的影响。因而气体输送除按上述进行分类外，还可根据所能产生的终压（出口压力）或压缩比（即气体出口压力与进口压力之比）进行分类：

气体输送机械　　教学视频

① 通风机：终压不大于 15kPa（表压），压缩比为 1～1.15；
② 鼓风机：终压为 15～300kPa（表压），压缩比小于 4；
③ 压缩机：终压在 300kPa（表压）以上，压缩比大于 4；
④ 真空泵：终压小于当时当地大气压力形成真空的气体输送设备，压缩比较大。

二、离心式气体输送机械

（一）通风机

1. 通风机的工作原理与结构

工业上常用的通风机主要有离心式通风机和轴流式通风机两种型式，图 1-106（a）和（b）分别是其结构简图。轴流式通风机所产生的风压很小，一般只作通风换气之用。用于输送气体的多为离心式通风机。离心式通风机的工作原理和离心泵一样，在蜗壳中有一高速旋转的叶轮，依靠叶轮旋转时所产生的离心力将气体的压力增大后而排出。

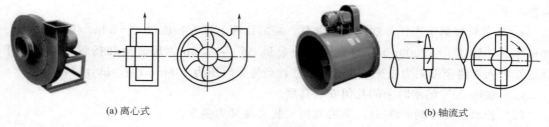

(a) 离心式   (b) 轴流式

图 1-106   通风机

离心式通风机根据所产生的压力大小又可分为：

低压离心通风机：风压≤100mm 水柱；

中压离心通风机：风压为 100～300mm 水柱；

高压离心通风机：风压为 300～1500mm 水柱。

2. 离心式通风机的性能参数与特性曲线

离心式通风机的特性，类似于离心泵，也是将各基本工作参数间的相互关系，通过实验测定，而以特性曲线或性能参数表的形式表示，通风机的性能参数有：

① 风量 Q 风量 Q 是单位时间内离心式通风机输送的气体体积，单位是 m^3/h 或 m^3/s。

② 全风压 H_T 与静风压 H_P 全风压或全压以 H_T 表示，是 $1m^3$ 被输送的气体（以进口处气体状况计）经过通风机后增加的总能量；而静风压或静压以 H_P 表示，只反映静压能的增加。离心式通风机风压的测定，是通过测量通风机进出口处有关气体的流速和压力参数，按伯努利方程计算。通风机所供给的能量是以 $1m^3$ 气体作基准的。现参照离心泵的伯努利方程，如果下标 1 和 2 分别表示进口与出口处的状况，并在式的左右两端分别乘以 ρg，则得全风压

$$H_T = H\rho g = (Z_2 - Z_1)\rho g + (p_2 - p_1) + \frac{u_2^2 - u_1^2}{2}\rho + \sum H_{f,1-2}\rho g$$

式中，ρ 及 $(Z_2 - Z_1)$ 值都比较小，故 $(Z_2 - Z_1)\rho g$ 可忽略，因进出口间管段很短，$\sum H_{f1-2}\rho g$ 亦可忽略，又当空气直接由大气进入通风机而无进口管段时，则 u_1 也可忽略，

故上式可简化为：

$$H_T = (p_2 - p_1) + \frac{u_2^2}{2}\rho \tag{1-59}$$

上式中 $(p_2 - p_1)$ 称为静风压 H_P，$u_2^2\rho/2$ 为动风压 H_K，故全风压 H_T 为静风压和动风压之和。在离心泵中，泵进出口处的动压差很小，可忽略不计，而在离心式通风机中，气体出口处的气体流速很大，动压不能忽略，因而与离心泵相比，离心式通风机的性能参数，多了一个全风压。

风压的单位与压力单位相同，均为 N/m^2，但习惯上风压单位常用 mm 水柱表示，1mm 水柱＝$9.81N/m^2$。

③ 轴功率 N 及效率 η　离心式通风机的轴功率和效率可参照离心泵，按下式计算：

$$N = \frac{H_T Q}{\eta} \tag{1-60}$$

式中，η 为全效率。

离心式通风机的特性曲线如图 1-107 所示。表示风机在一定转速下，风量与全风压、静风压、轴功率、效率之间的关系。从图中可以看出动压在全风压中占有相当大的比例。

3. 离心式通风机的选用

离心式通风机的选用和离心泵的情况相仿，由所需的气体流量和风压，对照离心式通风机的特性曲线或性能表选择合适的通风机。需注意的是，由于离心式通风机的风压及功率与被输送气体的密度密切相关，而产品样本中列举的风压是在规定情况下，即压力为 1atm，温度为 20℃，进口空气密度为 $1.2kg/m^3$ 时的数值。选用时，必须把管路所需的风压换算成上述规定状态下的风压 H'，然后按 H' 的数值进行选用。H' 按下式计算：

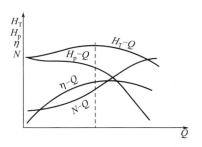

图 1-107　离心式通风机的特性曲线

$$H' = H\left(\frac{1.2}{\rho}\right) \tag{1-61}$$

在选用通风机时，应首先根据所输送气体的性质与风压范围，确定风机的类型。然后根据所要求的风压和换算成规定状态的风压，从产品样本中选择适宜的型号。

输送常温空气或一般气体的离心式通风机，常用 4-72 型、8-18 型和 9-27 型。前一类属于中低压风机，可用于通风和气体输送，后两类属于高压风机，主要用于气体输送。一个型号中有各种不同的尺寸，于是在型号后加一机号作区别，例如 9-27№7，其中№7 就是机号，7 代表风机叶轮外径，单位为分米。

（二）离心式鼓风机和压缩机

1. 离心式鼓风机

离心式鼓风机其主要构造和工作原理与离心式通风机类似，由于单级叶轮所产生的压头很低，故一般采用多级叶轮。图 1-108 所示，为五级离心式鼓风机。当机壳内的工作叶轮高速旋转时，气体由吸入口进入机体，在第一级叶轮内压缩后，由第一级叶轮出口被吸至第二级叶轮的中心，如此依次经过所有叶轮，最后由排风出口排出。

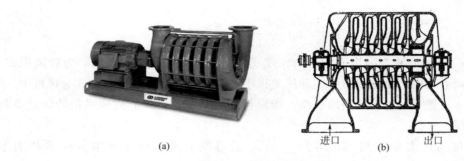

(a)   (b)

图 1-108   五级离心式鼓风机

离心式鼓风机的送气量大，但所产生的风压仍不高，其出口压力一般不超过 3atm（表压）。在离心式鼓风机中，气体的压缩比不高，所以无需冷却装置。各级叶轮的大小大体上相等。

我国目前生产的离心式鼓风机的型号，如 D1200-22，其中 D 表示鼓风机吸风型式为单吸（S 表示双吸，指第一级），1200 表示鼓风机进口流量为 $1200m^3/min$，最后的两个"2"，第一个"2"表示鼓风机的叶轮数，第二个"2"表示第二次设计。

2. 离心式压缩机

（1）离心式压缩机的构造及特点

离心式压缩机常称为透平式压缩机，其主要构造（见图 1-109）和工作原理与离心式鼓风机相同，只是离心式压缩机叶轮数更多，可在 10 级以上，故能产生较高的压力。由于气体压力逐级增大，气体体积则相应缩小；因而叶轮也逐级变小。当气体经过多级压缩后，温度显著上升，因而压缩机分为 n 段，每段包括若干级，段与段间设置中间冷却器，以降低

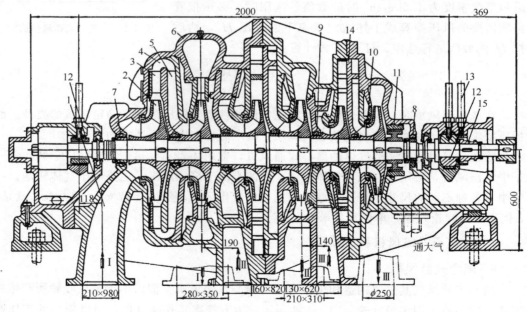

图 1-109   离心式压缩机

1—吸气室；2—叶轮；3—扩压器；4—弯道；5—回流器；6—蜗壳；7—前轴封；8—后轴封；
9—轴封；10—气封；11—平衡盘；12—径向轴承；13—温度计；14—隔板；15—止推轴承

离心式压缩机

气体的温度。气体的压缩比越大，气体温度的升高就越多，则更需要中间冷却。关于中间冷却器的重要意义，后面介绍往复式压缩机时，将再讨论。

我国离心式压缩机的型式代号有两种编制方法。第一种编制方法，与离心式鼓风机的相同，仅增加一个"A"字以资区别。例如：DA350-61 型离心式压缩机即表示此机系单侧吸入的离心式压缩机，流量为 $350m^3/min$，六级叶轮，第一次设计。

第二种编制方法，是以所压缩气体名称的第一个拼音来命名。例如 LT185-13-1 表示为石油裂解气压缩机，流量为 $185m^3/h$，有 B 级叶轮，第一次设计产品。与往复式压缩机相比，离心式压缩机具有排气量大、体积小、结构紧凑、维护方便、运转平衡可靠、机器利用率高、供气均匀、气体洁净、动力利用好、投资小、操作费用低等优点。缺点是不易获得高压缩比同时得到小流量、当要求流量偏离设计流量时效率下降较快、稳定工作流量范围比较窄、效率低和加工要求高等。离心式压缩机在石油化工生产中应用广泛，例如，目前在超高压聚乙烯装置中使用了压力为 240MPa 的超高压离心式压缩机。

（2）离心式压缩机的喘振与堵塞

离心式压缩机的性能曲线与离心泵的特性曲线类似，但其最小流量，不等于零而等于某一定值。离心式压缩机在工作中，当流量减小到某一最小值时，气流在进入叶轮时将与叶片发生严重的冲击，在叶片间的流道中引起严重的边界层分离，形成旋涡，使得气流的压力突然下降，以至于排气管内较高压力的气体倒流回级里来。瞬时，倒流回级中的气体补充了级的流量不足，叶轮又恢复正常工作，重新将倒流回的气体压出去。这样又使级中流量减小，于是压力又突然下降，级后的气体又倒流回级中来，如此周而复始地进行气体的倒流和排出，叶道内就出现了周期性的气流脉动，这就是喘振。发生喘振时，压缩机末级和其后连接的贮气罐及管道中会产生一种低频高振幅的压力脉动，引起叶轮应力的增加，噪声严重；进而整个机器产生强烈振动，甚至无法工作。因此，离心式压缩机的工作流量必须大于喘振发生时的流量。

离心式压缩机在工作中，当流量增大到某一值时，摩擦损失、冲击损失都会很大，气体所获得的能量全部消耗在流动损失上，使气体压力得不到提高，同时，气流速率也将达到音速，再提高也不可能了，这种现象称为堵塞。在发生堵塞时流量将不可能再增加了，这也是压缩机可以达到的最大流量。

由于离心式压缩机流量受到"喘振"与"堵塞"的限制，因此，离心式压缩机的工作只能在喘振工况与堵塞工况之间，此区域称为稳定工况区。

（3）离心式压缩机的流量调节

在生产过程中，装置的阻力系数或者流量要求经常变化，为适应这种变化，保证装置对压力或流量的要求，这就需要对压缩机的流量进行调节。离心式压缩机的流量调节原理与离心泵基本相同，常用的调节方法有以下几种。

① 出口节流调节法　它是通过调节出口管路中的调节阀开度，来改变管路特性曲线实现流量或压力调节的。此种调节的特点是方法简单，经济性差。

② 进口节流调节法　它是通过调节进口节流阀的开度，来改变离心式压缩机的性能曲线实现流量或压力调节的。方法是保持压缩比不变，降低出口压强，使最小流量降低稳定工作范围增大。此种调节的特点是比较简单，经济性比较好，但也有一定的节流损失。

③ 采用可转动的进口导叶　它是通过改变叶轮进口前安装的导向叶片的角度，使进入叶片中的气流产生一定的预旋，来改变压缩机的性能曲线实现调节。此种方法经济性较好，

但结构较为复杂。

④ 改变压缩机的转速　当改变压缩机的转速时，其性能曲线也就发生变化，因而可改变压缩机的工作点，实现性能调节。此种方法调节范围大、经济性好，但是设备复杂、价格昂贵。

三、旋转式气体输送机械

旋转式气体输送机械与旋转泵相似，机壳中有一个或两个旋转的转子。根据排出气体的压力不同又可分为：旋转式鼓风机、旋转式压缩机。旋转式设备的特点是：构造简单、紧凑、体积小、排气连续均匀，适用于所需压力不大，而流量较大的场合。

旋转式鼓风机的出口压力一般不超过 80kPa（表压），常见的有罗茨鼓风机。旋转式压缩机的出口压力一般不超过 400kPa（表压），化工中使用的有液环式压缩机和活片式压缩机。

1. 罗茨鼓风机

罗茨鼓风机的工作原理与齿轮泵类似，如图 1-110 所示，机壳内有两个腰形转子或两个三星形转子（又称风叶），两转子之间、转子与机壳之间缝隙很小，使转子能自由运动而无过多泄漏，两转子的旋转方向相反，使气体从一侧吸入，从另一侧排出。如果改变转子的旋转方向，可使其吸入口和压出口互换。

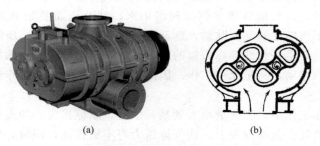

(a)　　　　　　　　(b)

图 1-110　罗茨鼓风机

罗茨鼓风机的风量与转速成正比，在转速一定时，出口压力改变，风量可保持大体不变，故又名定容式鼓风机。这一类型风机的特点是风量变化范围大、效率高。

罗茨鼓风机的出口安装稳压气柜和安全阀，流量用支路调节，出口阀不能完全关闭。这类鼓风机操作时，温度不能超过 85℃，否则会引起转子受热膨胀而发生碰撞。

2. 液环式压缩机

液环式压缩机又称纳氏泵，如图 1-111 所示。它是由椭圆形外壳和圆形叶轮所组成。壳内充有适量液体，当叶轮转动时，液体在离心力作用下，沿椭圆形内壳形成一层液环。在液环内，椭圆形长轴两端显出两月牙空隙，供气体进入和排出。

当叶轮转至吸入口位置时，叶片之间充满液体，当此叶轮顺箭头方向转过一定角度时，液层向外移动，在叶片根部形成低压空间，气体则从吸入口进入此空间。叶轮继续转动，此空间逐渐增大，气体继续被吸入。当叶轮转过泵壳顶端位置后，此空间就逐渐缩小，气体被压缩，然后自排出口压出。当叶轮转至排出口位置时，叶片之间又完全充满液体，重新又进入吸气过程及排气过程。叶轮旋转一周，同时在两处吸入和排出气体。

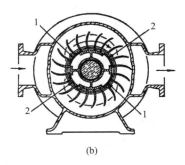

(a)   (b)

图 1-111　液环式压缩机
1—吸入口；2—排出口

　　液环压缩机中被压缩的气体仅与叶轮接触，有液环与外壳隔开。因此，在输送有腐蚀性的气体时，只需叶轮材料抗腐蚀即可。例如，当用以压送氯气时，壳内充满浓硫酸；压送空气时，壳内充水即可。液环压缩机产生的压力可高达 $500 \sim 600kPa$（表压），但在 $150 \sim 180kPa$（表压）间，效率最高。

　　3. 活片式压缩机

　　活片式压缩机的主要结构如图 1-112 所示。图中 5 为圆筒形机壳，旋转的转子 1 对圆筒的中心轴作偏心运动。转子 1 上有一列缝隙。各缝隙内嵌入厚度为 $0.8 \sim 2.5mm$ 的可滑动的钢片 2，当转子依箭头方向旋转时，各滑片由于离心力作用，自各缝隙滑出从而形成若干大小不同的密闭空间。由于偏心的关系，这些密闭的空间就随转子旋转而越来越小，因此将气体压缩而排出。为了降低压缩气体的温度，此机的机壳和盖皆备有冷却水夹套。

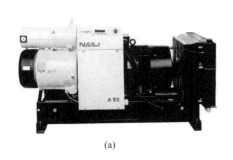
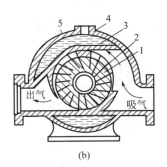

(a)   (b)

图 1-112　活片式压缩机
1—转子；2—钢片；3—所压缩气体的体积；4—水夹套；5—机壳

　　上述各种气体输送设备，在化工厂中均有广泛的应用，它们产生的压力一般不高。虽近年来离心式压缩机有了很大发展，且在某些领域的现代化装置中已取代往复式压缩机，但在一般情况下，当要求气体的压力很高时，主要还是采用往复式压缩机。

四、往复式气体压缩机械

　　1. 往复式压缩机的结构与工作原理

　　往复式压缩机主要由气缸、活塞、吸入和压出气阀所组成。其作原理与往复泵相似，是依靠活塞的往复运动而将气体吸入和压出的。由于压缩机的工作流体为气体，密度比液体小得多，且可压缩。因此，在结构上要求吸入和排出气阀必须轻便而易于启闭。活塞与气缸盖间的间隙要小，各处配合需要更严密。此外，还需要根据压缩情况，附设必要的冷却装置。

图 1-113 为一单动往复式压缩机工作时，各阶段活塞的位置。活塞在气缸内运动至最左端时，如图 1-113(a) 所示，活塞与气缸之间还留有一很小的空隙，称为余隙容积，其作用主要是防止活塞撞击在气缸上。由于余隙的存在，在气体排出之后，气缸内还残存一部分压力为 p_2 的高压气体，其状态如图 1-113(e) 的 A 点。当活塞从最左端向右运动时，残留在余隙中的气体便开始膨胀，压力从 p_2 降至 p_1 时，活塞达到图 1-113(b) 所示位置，此时气体的状态相当于图 1-113(e) 上的 B 点，这一阶段称为膨胀阶段。活塞再向右移动时，气缸内的压力下降到稍低于 p_1，于是吸入阀开启，压力为 p_1 的气体进入气缸，直到活塞移至最右端，其位置如图 1-113(c) 所示，气体状态相当于图 1-113(e) 上的 C 点，这一阶段称为吸气阶段。此后，活塞改向左移动，缸内气体被压缩而升压，吸入阀关闭，气体继续被压缩，直至活塞到达图 1-113(d) 的位置，压力增大到稍高于 p_2，气体状态相当于图 1-113(e) 中的 D 点，这一阶段为压缩阶段。此时，排出阀开启，气体在压力 p_2 下从气缸中排出，直至活塞回复到图 1-113(a) 所示位置，这一阶段称为排气阶段。

由此可见，压缩机的一个循环是由膨胀—吸入—压缩—排出四个阶段组成，在图 1-113(e) 的 p、V 坐标上为一封闭曲线，BC 为吸入阶段，CD 为压缩阶段，DA 为排出阶段，而 AB 则为余隙气体的膨胀阶段。由于气缸余隙内有高压气体存在，因而使吸入气体量减少，增加动力消耗。故余隙不宜过大，一般余隙容积为活塞一次扫过容积的 3%～8%，此百分数又称为余隙系数，以符号 ε 表示。

在图 1-113(e) 中，四边形 $ABCD$ 所包围的面积，为活塞在一个工作循环中对气体所做的功。根据气体和外界的换热情况，气体的压缩过程可分为等温（CD'）、绝热（CD''）和多变（CD）三种情况。由图可知，等温压缩消耗的功最小，因此，压缩机的气缸外一般设有冷却夹套或风冷翅片以便接近等温压缩。

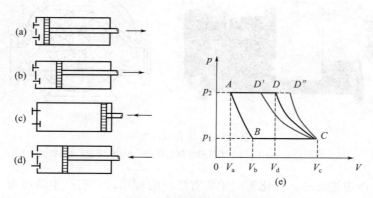

图 1-113　压缩机的实际工作循环

气体的实际压缩过程既非等温过程，也非绝热过程，而是介于两者之间，称为多变压缩过程。多变压缩后气体排出的绝对温度 T_2 和所耗的外功 W 分别为：

$$T_2 = T_1 \left(\frac{p_2}{p_1}\right)^{\frac{k-1}{k}}$$

$$(1-62)$$

$$W = p_1 V_c \frac{k}{k-1} \left[\left(\frac{p_2}{p_1} \right)^{\frac{k-1}{k}} - 1 \right] \tag{1-63}$$

式中　k——多变指数。

由式(1-62) 和式(1-63) 可见，影响排气温度 T_2 和压缩功耗 W 的主要因素如下：

① 压缩比越大，排气温度 T_2 越大，压缩功耗 W 也越大。

② 压缩功耗 W 与吸入气体量成正比，即式中的 pV_c。

③ 多变指数 k 越大，则排气温度 T_2 和压缩功耗 W 也越大。

多变指数 k 与压缩过程的换热情况有关，若热量全部及时移出，则为等温过程，相当于 $k=1$；若与外界完全没有热量交换，则为绝热过程，则 $k=\gamma$。多变压缩时 $1<k<\gamma$。请注意：γ 大的气体 k 也较大，空气和氢气等气体的 γ 为 1.4，而石油气的 γ 则在 1.2 左右，因此石油气压缩机用空气试车、用氮气置换石油气时，必须注意超负荷与超温问题。

由于余隙的存在和气体具有可压缩性及膨胀性，往复式压缩机余隙的影响就显得特别重要。通常用容积系数 λ_0 来衡量余隙对吸入过程的影响，容积系数 λ_0 的定义及与余隙系数的关系如下：

$$\lambda_0 = \frac{V_c - V_b}{V_c - V_a} = 1 - \varepsilon \left[\left(\frac{p_2}{p_1} \right)^{\frac{1}{k}} - 1 \right] \tag{1-64}$$

式中　ε——压缩机的余隙系数，$\varepsilon = \dfrac{V_a}{V_c - V_a}$。

由上可见，容积系数 λ_0 是与压缩机的余隙系数 ε 及压缩比（p_2/p_1）有关。同时，可以想象对于一定的余隙系数，当压缩比高到某一程度时，容积系数可能为 0，即余隙膨胀后充满整个气缸，以致不能吸入新的气体。这时是压缩机所能达到的最高压力限制。

思考题

1. 往复式压缩机的最大压缩比如何确定？

2. 往复式压缩机的余隙系数越大，压缩比越大，则容积系数会发生什么变化？

2. 往复式压缩主要性能参数

（1）排气量

往复式压缩排气量即为压缩机的生产能力，是指压缩机在单位时间内排出的气体体积换算成吸入状态的数值。若没有余隙，往复式压缩理论吸气量为：

$$V' = \frac{\pi}{4} D^2 S n \tag{1-65}$$

式中　V'——理论吸气体积，m^3/min；

　　　D——活塞直径，m；

　　　S——活塞的冲程，m；

　　　n——活塞每分钟往复的次数。

实际上由于压缩机有余隙，故实际吸入体积 V 较理论吸气体积 V' 小，即：

$$V = \lambda_0 V' = \lambda_0 \frac{\pi}{4} D^2 S n \tag{1-65a}$$

（2）轴功率和效率

假定压缩机内气体的压缩过程为绝热压缩过程，则其理论功率为：

$$N_a = \frac{\gamma}{\gamma - 1} p_1 \frac{V}{60} \left[\left(\frac{p_2}{p_1} \right)^{\frac{\gamma-1}{\gamma}} - 1 \right] \qquad (1\text{-}66)$$

式中　γ——绝热压缩指数。

压缩机所需的实际轴功率大于理论功率，若绝热效率为 η_a，则轴功率 N 为：

$$N = \frac{N_a}{\eta_a} \qquad (1\text{-}67)$$

3. 多级压缩

当生产上所需的气体压缩比很大时，如果把压缩过程用一个气缸一次完成，即使理论上可行，也是不切合实际的。因为压缩比太高，动力消耗将显著增大，排气温度将增高，则气缸内的润滑油会变性（黏度下降，甚至焦煳），进而导致润滑不良，机件受损，严重时会爆炸，同时余隙的影响也使压缩机的容积系数严重下降，甚至不能吸气。因此，工业生产中当压缩比大于 8 时，一般采用多级压缩机。

多级压缩机是把两个或两个以上的气缸串联起来，在一个气缸里压缩了一次的气体，经冷却与油水分离后，又送入另一个气缸再度压缩，经几次压缩后才达到最终的压力。图 1-114 所示为三级压缩机流程。图中 1、4、7 为气缸，2、5 为中间冷却器，8 为出口气体冷却

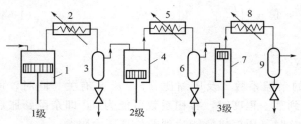

图 1-114　多级压缩机流程图

器，3、6、9 为油水分离器，用以防止润滑油与水进入下一级气缸内。级与级之间设置的中间冷却器用以降低气体温度，这是实现多级压缩的关键。

在多级压缩中，增加气缸的数目可以减少每级压缩比，将减小余隙的影响，但并未解决气体温度升高的问题。在气缸壁的外围装上冷却水夹套或散热翅片，均远不足以移去气体压缩时产生的热量。因此，在级与级之间设置中间冷却器，可以移去多余的热量，把从一级排出的气体冷却到与进入该级时的温度相近时，再进入下一级再度压缩，这样从最后一级排出的气体温度远比单级压缩情况下排出气体的温度为低。对于同样的总压缩比，多级压缩由于采用了中间冷却器，各级所消耗的外功之和比单级压缩时为少。通常，在多级压缩机中每级压缩比以 4～7 为宜。

由上可知，多级压缩具有以下优点：①避免排出气体温度过高；②减少功耗，提高压缩机制经济性；③提高气缸容积的利用率；④使压缩机的结构更为合理。随着级数的增大，气缸容积减小，但壁厚增厚。

4. 往复式压缩机的类型与选用

往复式压缩机的分类方法很多，按活塞的一侧或两侧吸、排气而分为单动和双动式；按气体受压次数而分为单级、双级和多级；按压缩机所产生的终压而分为低压（10at）、中压（10～100at）、高压（100～1000at）、超高压（1000at 以上），当前在超高压领域主要采用往复式压缩机；按生产能力分为小型（10m³/min 以下）、中型（10～100m³/min）和大型（100m³/min 以上）；按所压缩气体种类分为空气压缩机、氨压缩机、氢压缩机、石油气压

缩机等。

决定压缩机形式的主要标志，是气缸所在空间的位置以及气缸的排列方式，若按此分类，则依照压缩机在空间位置的不同，可分为立式、卧式和角度式压缩机；依照压缩机气缸排列方式不同可分为单列、双列和对称平衡型。

我国制造的往复式压缩机，其型号均以拼音字母代表结构型式，如立式为 Z，卧式为 P，对称平衡型为 D、H、M，角度式的有 L、V、W 等。与型号并用的数字分别表示气缸列数、活塞推力、排气量和排气压力。例如 2D6.5-7.2/150 型压缩机，表示气缸为 2 列，为对称平衡型（D 型），活塞推力 6.5t，排气量 7.2m^3/min，排气压力为 150at（表压）。

往复式压缩机的选用步骤：首先根据输送气体的性质确定压缩机的类型，然后根据生产任务和厂房的具体条件选定压缩结构形式，如：是空气压缩机还是氮气压缩机或其他气体压缩机，是立式、卧式还是角式；最后根据生产所需的排气量（即生产能力）和排气压力（或压缩比）两指标，在压缩机样本或产品目录中选择合适的型号。

往复式压缩机的排气，如同往复泵的排液一样，是脉动的，因此，压缩机的出口要连接贮气柜（缓冲缸）使气体输出均匀稳定，同时使气体中夹带的水沫和油沫在此处沉降下来。为了操作安全贮气柜上要安装压力表和安全阀。压缩机的吸入口应安装过滤器，防止吸入灰尘和杂物磨损活塞、气缸等部件。此外压缩机在运转过程中必须注意润滑和气缸的冷却等。

五、真空泵

化工生产中某些过程中，常常在低于大气压的情况下进行。真空泵就是获得一个绝对压力低于大气压力的机械设备。

真空泵基本上可分为两大类，即干式和湿式。干式真空泵只从容器中抽出干气体，可以达到 96%～99.9%真空度，而湿式真空泵在抽吸气体的同时，允许带些液体，它只能产生 85%～90%的真空度。真空泵的结构型式较多，常用的有以下几种。

1. 往复式真空泵

往复式真空泵的工作原理与往复式压缩机基本相同，在结构上差异也不大，只是所用的阀门必须更加轻便。往复式真空泵和其他型式真空泵一样，是在远低于一个大气压下操作，当所达到的真空度较高时，其压缩比很高，这样余隙中残留气体的影响就更大。为了降低余隙的影响，除真空泵的余隙系数必须很小外，可在真空泵气缸左右两端之间设置平衡气道。活塞排气终了时，主平衡气道连通很短的时间，以使余隙中残留的气体从活塞的一侧流到另一侧，从而降低其压力。

真空泵的主要性能参数有两个：一是抽气速率，它是指单位时间真空泵在残余压力下所吸入气体的体积，也就是真空泵的生产能力。单位以 m^3/h 表示。二是残余压力，它是指真空泵所能达到的最低压力，单位以 mmHg 或真空度表示。往复式真空泵的型式代号为"W"。

2. 水环式真空泵

水环式真空泵结构简单，如图 1-115 所示。圆形叶壳 1 中有一偏心安装的转子 2，由于壳内注入一定量的水，当转子旋转时，由于离心力的作用，将水抛向壳壁形成水环 3，此水环具有液封作用，将叶片间空隙封闭成许多大小不同的空室。当转达子旋转，空室由小到大时，气体从吸入口 4 吸入；当空室由大到小时，气体由压出口 5 被压出。

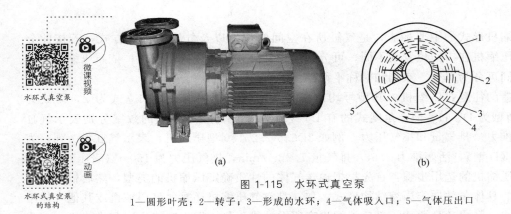

图 1-115　水环式真空泵
1—圆形叶壳；2—转子；3—形成的水环；4—气体吸入口；5—气体压出口

水环式真空泵属于湿式真空泵，结构简单紧凑，没有阀门，最高真空度可达 85%。水环式真空泵内的充水量约为一半容积高度。因此，运转时，要不断地充水以保持充水量并维持泵内的液封，同时也为了冷却泵体。水环真空泵可作为鼓风机用，但所产生的压力不超过 1at（表压）。水环式真空泵的型式代号为"SZ"。

3. 喷射式真空泵

喷射泵是利用流体流动时，静压能与动压能相互转换的原理来吸送液体的，属于流体作用式的输送设备。它可用于吸送气体，也可吸送液体。在化工生产中，喷射泵常用于抽真空，故又称喷射式真空泵。喷射泵的工作流体可以为蒸汽，也可为水或其他流体。

图 1-116 所示为一单级蒸汽喷射泵，当蒸汽进入喷嘴后，即作绝热膨胀，并以极高的速率喷出，于是在喷嘴口处形成低压而将流体由吸入口吸入；吸入的流体与工作蒸汽一起进入混合室，然后流经扩大管，在扩大管中混合流体的流速逐渐降低，压力因而增大，最后至压出口排出。单级蒸汽喷射泵仅能达到 90% 的真空度，如果要得到更高的真空度，则需采用多级蒸汽喷射泵。

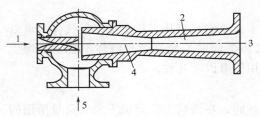

图 1-116　喷射泵
1—工作蒸汽；2—扩大管；3—压出口；
4—混合室；5—气体吸入口

喷射泵构造简单，制造容易，可用各种耐腐蚀材料制成，不需基础工程和传动设备。但由于喷射泵的效率低，只有 10%～25%。故一般多用作抽真空，而不作输送用。水喷射泵所能产生的真空度比蒸汽喷射泵的低，一般只能达到 700mmHg 左右的真空度，但是由于结构简单，能源普遍，且兼有冷凝蒸汽的能力，故在真空蒸发设备中广泛应用。

喷射泵的缺点是产生的压头小、效率低，其所输送的液体要与工作流体混合，因而致使其应用范围受到限制。

实践与练习6

一、选择题

1. 下列说法正确的是（　　）。

A. 离心式通风机的终压小于 15kPa

B. 离心式鼓风机的终压为 15～303.9kPa 之间，压缩比大于 4

C. 离心式压缩机终压为 303.9kPa（表压）以上，压缩比大于 4

D. 离心式鼓风机的终压为 3kgf/cm^2，压缩比大于 4

2. 离心式通风机铭牌上的标明风压是 100mmH$_2$O 意思是（　　）。

A. 输任何条件的气体介质的全风压都达到 100mmH$_2$O

B. 输送空气时不论流量的多少，全风压都可达到 100mmH$_2$O

C. 输送任何气体介质当效率最高时，全风压为 100mmH$_2$O

D. 输送 20℃、101325Pa 的空气，在效率最高时全风压为 100mmH$_2$

3. 在选择离心式通风机时根据（　　）。

A. 实际风量、实际风压　　　　　　　　B. 标准风量、标准风压

C. 标准风量、实际风压　　　　　　　　D. 实际风量、标准风压

4. 透平式压缩机属于（　　）压缩机。

A. 往复式　　　　　B. 离心式　　　　　C. 轴流式　　　　　D. 流体作用式

5. 当离心式压缩机的操作流量小于规定的最小流量时，即可能发生（　　）现象。

A. 喘振　　　　　B. 汽蚀　　　　　C. 气塞　　　　　D. 气缚

6. 喘振是（　　）时，离心式压缩机所出现的一种不稳定工作状态。

A. 实际流量大于性能曲线所表明的最小流量

B. 实际流量大于性能曲线所表明的最大流量

C. 实际流量小于性能曲线所表明的最小流量

D. 实际流量小于性能曲线所表明的最大流量

7. 在往复压缩机的工作循环中若分别采用绝热压缩、多变压缩和等温压缩，则功耗最大的是（　　）。

A. 等温压缩　　　　B. 绝热压缩　　　　C. 多变压缩　　　　D. 无法判断

8. 将 $T_1=293K$ 的空气从 1atm 绝热压缩到 9atm 后排出，若分别采用绝热压缩和多变压缩，则排气温度 T_2 的关系为（　　）。

A. $T_{2绝}<T_{2多变}$　　　　B. $T_{2绝}=T_{2多变}$　　　　C. $T_{2绝}>T_{2多变}$　　　　D. 无法判断

9. 将 $V_1=4000m^3$ 的空气分别采用绝热压缩过程、多变压缩过程，从绝对压力 $p_1=101.3kN/m^2$ 压缩到 $p_2=506.5kN/m^2$，则压缩后的体积 V_2 的关系为（　　）。

A. $V_{2绝热}>V_{2多变}$　　　　B. $V_{2绝热}=V_{2多变}$　　　　C. $V_{2绝热}<V_{2多变}$　　　　D. 无法判断

10. 往复式压缩机气缸的余隙系数 ε 一定时，若气体的压缩比变大，则该气缸的容积系数 λ_0 将（　　）。

A. 不变　　　　　B. 变小　　　　　C. 变大　　　　　D. 无法判断

11. 当气体的压缩比一定时，若压缩机的余隙系数加大，则容积系数 λ_0 将（　　）。

A. 变小　　　　　B. 不变　　　　　C. 随之增大　　　　　D. 无法判断

12. 往复式压缩机的余隙系数越大，压缩比越大，则容积系数（　　）。

A. 越小　　　　　B. 越大　　　　　C. 不变　　　　　D. 无法确定

13. 往复式压缩机的最大压缩比是容积系数（　　）时的压缩比。

A. 最大　　　　　B. 最小　　　　　C. 为零

14. 往复式压缩机压缩比不能过高的原因之一是气体被压缩后温度升得过高，气体温度过高的不良后果是（　　）。

    A. 导致余隙气体的膨胀程度增加，降低了气缸容积利用率

    B. 导致润滑油的黏度下降，润滑性能减弱，零件的磨损加快

    C. 润滑油和气体介质的分解与爆炸

    D. 上述几种现象都有可能发生

15. 关于多级压缩下列说法中不正确的是（　　　）。

    A. 采用多级压缩可降低排气温度

    B. 多级压缩可减小功耗

    C. 采用多级压缩可提高气缸的容积利用率，使压缩机的结构更为合理

    D. 由于以上三个优势，所以压缩机的级数越多越好

16. 当被压缩气体属于易燃易爆类型时，在往复式压缩机启动前，应该采用（　　　）将缸内、管路和附属容器内的空气或其他非工作介质置换干净，并达到合格标准，杜绝爆炸和设备事故的发生。

    A. 氮气　　　　　　B. 氧气　　　　　　C. 水蒸气　　　　　　D. 过热蒸汽

二、填空题

1. 离心式通风机性能参数中风量是指：单位＿＿＿＿＿＿内离心式通风机＿＿＿＿＿＿的气体体积，单位是＿＿＿＿＿＿。

2. 离心式通风机的风压分全风压和静风压。全风压是指＿＿＿＿＿＿＿m^3被输送的气体（以＿＿＿＿＿＿处气体状态计）经过通风机后增加的＿＿＿＿＿＿，用符号 H_T 表示；静风压或静压以＿＿＿＿＿＿表示，只反映＿＿＿＿＿＿能的增加。全风压为＿＿＿＿＿＿和＿＿＿＿＿＿之和。

3. 往复式压缩机主要由＿＿＿＿＿＿、＿＿＿＿＿＿、＿＿＿＿＿＿和＿＿＿＿＿＿气阀所组成；往复压缩机的一个实际工作循环由＿＿＿＿＿＿、＿＿＿＿＿＿、＿＿＿＿＿＿和＿＿＿＿＿＿四个过程组成。

4. 往复式压缩机的生产能力通常用压缩机的＿＿＿＿＿＿量表示，是压缩机在单位时间内＿＿＿＿＿＿的气体体积换算成＿＿＿＿＿＿状态的数值。

5. 往复式压缩机的余隙系数 ε 是指气缸的＿＿＿＿＿＿容积与活塞推进一次所扫过的容积之比，公式为：＿＿＿＿＿＿＿＿＿＿＿＿＿＿＿＿＿＿。

6. 往复式压缩机的容积系数 λ_0 为压缩机一个工作循环中＿＿＿＿＿＿（吸入或排出）气体的体积＿＿＿＿＿＿和活塞一次扫过的体积＿＿＿＿＿＿之比，公式为＿＿＿＿＿＿。

7. 压缩机的容积系数 λ_0 与气缸的余隙系数 ε、气体的压缩比有关，它们之间的关系式为：＿＿＿＿＿＿＿＿＿＿＿＿＿＿＿＿＿＿＿＿＿＿＿＿＿＿。

8. 当压缩机的余隙系数 ε 一定时，若气体的压缩比的增大，其容积系数 λ_0 将＿＿＿＿＿＿，则气缸的容积利用率将＿＿＿＿＿＿＿＿。当气体的压缩比一定时，若压缩机的余隙系数加大，则容积系数 λ_0 将＿＿＿＿＿＿。

9. 往复式压缩机的最大压缩比是气缸容积系数为＿＿＿＿＿＿时的压缩。多级往复压缩的级数一般为＿＿＿＿＿＿级，每级的压缩比在＿＿＿＿＿＿之间。

10. 真空泵的主要性能参数有两个：一是＿＿＿＿＿＿＿＿＿＿，二是＿＿＿＿＿＿＿＿＿＿。

11. 真空泵的抽气速率是指单位时间内真空泵在＿＿＿＿＿＿压力下所＿＿＿＿＿＿气体的体积，也就是真空泵的＿＿＿＿＿＿能力，单位为 m^3/h 表示。

12. 真空泵的残余压力是指真空泵所能达到的＿＿＿＿＿＿压力，单位 mmHg 或真空度表示。

三、简答题

1. 试绘出多级压缩的流程图，并说明图中每一设备的作用。

2. 多级压缩的优点有哪些？

四、计算题

1. 某往复式压缩机的余隙为 0.05，如将空气从 101.3kN/m^2 和 283K 绝热压缩至 515kN/m^2，求其容积系数，并求此压缩机的最大压缩比。

2. 某单级空气压缩机每分钟吸入压力为 100kN/m^2（绝对压力）的空气 20m^3，吸入温度为 293K，如排气压力为 800kN/m^2（绝对压力），试计算该压缩机的理论功耗。

五、课外调查

去学校的后勤服务中心，调查教学楼、实训楼、锅炉房、食堂等场所使用的通风机、空气压缩机和真空泵，在调查报告中，将它们的类型、型号和性能参数等一一列表说明。

任务七　流体输送操作技能训练

一、实训装置基本要求

1. 装置的设备要求

流体输送技能训练装置应尽可能包含目前工业生产中常用的泵力输送、气体加压输送和真空吸料输送、位差输送四种液体输方式。各单元可以独立运行，亦可以联动运行。

在泵力输送方案中，除离心泵外还应有旋涡泵或往复泵等其他类型的泵，用以学习不同类型泵的操作与流量调节手段；装置中至少有两台型号相同的离心泵用于进行离心泵的切换训练及串并联操作训练。

实训装置的液位检测、流体流量的检测、压力和压差的检测采用计算机检测显示记录和现场显示相结合的方法，让学生了解工艺参数的各种检测方法与检测手段。

为节省训练成本，装置设置总水箱，总水箱的水循环使用。

2. 装置的操作训练项目

流体输送装置的操作应包括：

① 利用液体输送机械——泵（离心泵或旋涡泵）——将低位总水槽中的水送至高位的中间水槽。

② 利用真空抽吸的方法将中间水槽中的水送到其他高位槽。

③ 利用压缩空气压送的方法将中间水槽中的水送至其他高位槽。

④ 能进行离心泵的切换与串并联操作。

⑤ 利用压差测量数据分析流体阻力的影响因素。

机泵的操作既可手动操作，也可全部在计算机上进行操作，只要在计算机系统运行画面上点击对应设备的开关按钮，就可以实现该设备的开停车操作。在工艺设计中应注重手动单元与操作效果的分析，同时注意工艺参数各种测量方法的比较。学生通过实训，了解和掌握流体输送的方法及原理。

二、液体输送操作技能训练要求

1. 装置开车前的公用工程的准备与检查

（1）检查水路

① 检查水源是否有水。

② 检查总水箱的出口阀是否关闭，总水箱的水位是否在规定范围之内。若未达到请按总水箱加水步骤操作。

注意：总水箱进水过程中，要严格注意观测水位的变化，以防水位过高，产生外溢。

（2）检查电路

① 合上电源总开关，检查总电源是否有电。若不正常请联系电工。

② 合上控制柜内电源开关，检查控制柜内电流表、电压表读数是否正常，控制柜冷却风扇是否正常运转。若不正常请联系仪表电工。

③ 打开计算机电源，启动电脑，进入操作系统界面，检查操作界面是否正常。若不正常请联系装置项目负责人。

④ 熟悉系统操作界面。

注意：只有一切正常后，才可进入下一步。

填写相应的公用工程检查记录表。（具体表格各校可结合实训装置具体情况制定）

2. 利用不同类型泵，给各中间高位槽注水

① 利用离心泵给高位槽注水。（掌握离心泵的操作要点）

② 利用其他类型泵的给高位槽注水。（掌握往复泵或旋涡泵的操作要点）

③ 两台型号相同的离心泵进行并联操作。（注意分析流量、扬程等性能参数变化）

④ 离心泵的串联操作。（操作要点并注意分析流量、扬程等性能参数变化）

⑤ 两台型号相同的离心泵之间的切换操作。

在打回流的状态下进行离心泵之间的切换操作。

3. 利用真空抽吸的方法，将中间高位槽的水吸到另一高位槽

注意：水喷射真空泵的操作要点、真空系统建立的步骤与操作要点。

4. 利用压缩空气，将中间高位槽的水送到另一高位槽

注意：往复压缩机的操作要点、压缩空气压料的操作要点。

在每一个操作任务的完成中，都要填写相应的记录表，适时进行操作过程记录及分析。（具体表格各校可结合实训装置的具体情况制定）

三、操作考核要求

1. 考核内容

由于流体输送操作实训子项目较多，学生在 45 分钟的时间内不可能完成所有项目的操作，因此学生的操作考核采用抽签的方式从试卷库中抽取试题。试卷库的组题原则及考分分配如下。

① 必考项目三项

a. 在 5 分钟内完成利用旋涡泵向中间高位槽注水（考官现场设定有关参数），10%。

b. 在 10 分钟内，利用离心泵单泵向中间高位槽注水（考官现场设定注水路线），25%。

c. 在 5 分钟内，利用离心泵单泵向中间高位槽注水（考官现场设定注水路线），25%。

在 5 分钟内，在打回流操作下，由离心泵 1 切换到离心泵 2 的打回流操作，15%。

② 选考项目两项（二选一）

a. 在 10 分钟内完成，真空抽吸操作或压缩空气压送操作，15%。

b. 在 10 分钟内完成，离心泵 1 和离心泵 2 之间的串联操作或并联操作，20%。

离心泵送料操作　　旋涡泵送料操作　　水喷射泵真空机构　　真空吸料操作
　　　　　　　　　　　　　　　　　　及真空的建立

③ 考生团队合作表现，现场回答问题，(5+5)%。

④ 公用工程准备检查和考生个人准备及考生风貌等，5%。

2. 操作考核评分表样表。

液体输送操作考核评分表（教师用）

组号：_____

学生姓名：_____、_____、_____、_____；　考核日期：____年____月____日

考核时间	开始	时　分	结束	时　分	总超时情况		
序号	考核分项	分项要求				得分标准	考核得分
1	考生面貌	穿着符合岗位规定、精神饱满、考前准备工作充分，坚守岗位、不大声喧哗、不违反考场纪律等。违反一条扣0.5分				3	
2	公用工程准备检查	认真检查装置：水、电、仪表等。无检查意识者，每项扣0.5分				3	
3	① 利用旋涡泵向中间高位槽注水	操作步骤顺序、操作方法正确，每错一步扣1分，扣完为止				8	
		操作记录全面，正确，每少一项或错一项扣0.5分，扣完为止				2	
		不超时在规定的时间内完成得1分，否则每超时一分钟扣0.5分				2	
4	② 利用离心泵单泵中间槽注水	操作步骤顺序、操作方法正确，每错一步扣1分，扣完为止				14	
		操作记录全面，正确，每少一项或错一项扣0.5分，扣完为止				8	
		不超时在规定的时间内完成得1分，否则每超时一分钟扣0.5分				2	
5	③ 由单泵1切换到单泵2	操作步骤顺序、操作方法正确，每错一步扣1分，扣完为止				8	
		操作记录全面，正确，每少一项或错一项扣0.5分，扣完为止				2	
		不超时在规定的时间内完成得1分，否则每超时一分钟扣0.5分				2	
6	④ 真空抽吸或空气压送	操作步骤顺序、操作方法正确，每错一步扣1分，扣完为止				10	
		操作记录全面，正确，每少一项或错一项扣0.5分，扣完为止				4	
		不超时在规定的时间内完成得1分，否则每超时一分钟扣0.5分				2	
7	串联操作或并联操作	操作步骤顺序、操作方法正确，每错一步扣1分，扣完为止				12	
		操作记录全面、正确，每少一项或错一项扣0.5分，扣完为止				6	
		不超时在规定的时间内完成得1分，否则每超时一分钟扣0.5分				2	
8	回答问题（安全与操作知识）	回答清楚、准确。突发问题处理及时，效果好等。否则，每一项酌情扣1~2分				5	
9	团队合作表现	组织分工明确，协作有序。小组成员工作任务平均				5	
合计						100	

实践与练习7

一、选择题

1. 离心泵的吸入口在液面之下启动后却不出水，原因可能是（ ）。

    A. 吸入管阀卡　　　　　　　　　　B. 填料压得过紧

    C. 泵内发生汽蚀现象　　　　　　　D. 轴承润滑不良

2. 采用出口阀门调节离心泵流量时，开大出口，阀门扬程（ ）。

    A. 增大　　　　　B. 不变　　　　　C. 减小　　　　　D. 先增大后减小

3. 离心泵操作中，能导致泵出口压力过高的原因是（ ）。

    A. 润滑油不足　　　B. 密封损坏　　　C. 排出管路堵塞　　D. 冷却水不足

4. 在测定离心泵性能时，若将压强表装在调节阀后面，则压强表读数 p_2 将（ ）。

    A. 随流量增大而减小　　　　　　　B. 随流量增大而增大

    C. 随流量增大而基本不变　　　　　D. 随流量增大而先增大后减小

5. 一台离心泵开动不久，泵入口处的真空度正常，泵出口处的压力表也逐渐降低为零，此时离心泵完全打不出水。发生故障的原因是（ ）。

    A. 忘了灌水　　　　　　　　　　　B. 吸入管路堵塞

    C. 压出管路堵塞　　　　　　　　　D. 吸入管路漏气

6. 某同学进行离心泵特性曲线测定实验，启动泵后，出水管不出水，泵进口处真空表指示真空度很高，他对故障原因作出了正确判断，排除了故障，你认为以下可能的原因中，哪一个是真正的原因？（ ）

    A. 水温太高　　　　　　　　　　　B. 真空表坏了

    C. 吸入管路堵塞　　　　　　　　　D. 排出管路堵塞

7. 离心泵抽空、无流量，其发生的原因可能有：①启动时泵内未灌满液体；②吸入管路堵塞或仪表漏气；③吸入容器内液面过低；④泵轴反向转动；⑤泵内漏进气体；⑥底阀漏液。你认为可能的原因是（ ）。

    A. ①、③、⑤　　B. ②、④、⑥　　C. 全都不是　　　D. 全都是

8. 当两台规格相同的离心泵并联时，只能说（ ）。

    A. 在新的工作点处较原工作点处的流量增大一倍

    B. 当扬程相同时，并联泵特性曲线上的流量是单台泵特性曲线上流量的两倍

    C. 在管路中操作的并联泵较单台泵流量增大一倍

    D. 在管路中操作的并联泵扬程与单台泵操作时相同，但流量增大两倍

9. 当两个同规格的离心泵串联使用时，只能说（ ）。

    A. 串联泵较单台泵实际的扬程增大一倍

    B. 串联泵的工作点处较单台泵的工作点处扬程增大一倍

    C. 当流量相同时，串联泵特性曲线上的扬程是单台泵特性曲线上的扬程的两倍

    D. 在管路中操作的串联泵，流量与单台泵操作时相同，但扬程增大两倍

10. 在使用往复泵时，发现流量不足，其产生的原因是（ ）。

    A. 进出口滑阀不严、弹簧损坏　　　B. 过滤器堵塞或缸内有气体

    C. 往复次数减少　　　　　　　　　D. 以上三种原因都有可能

二、针对操作的实训装置，回答以下问题

1. 在你操作的实训装置中包含了几种液体输送方案？

2. 你的实训过程中共学习了几种液体输送机械的操作？写相应液体输送机械的型号，并加以说明。

3. 你的实训过程中共使用几种气体输送设备？写出他们的型号，并加以说明。

4. 你操作的实训装置中共有几个压力测量点？写出各测量点测压仪表的类型、型号及量程范围。

5. 你操作的实训装置中使用哪些液位测量方法？各有多少个液位计，写出相应的名称，并比较它们的异同点。

6. 你操作的实训装置中共有几个流量测量点？写出各测量点流量计的类型、型号及量程范围。

7. 在你操作的实训室的装置中，有哪些危险源，写出注意事项，列出预防方案。

技创未来

高速泵国产化领域的急先锋

在化工单元流体输送领域，高速泵作为关键设备，其性能优劣直接影响生产效率与成本。长期以来，高速泵技术被国外垄断，价格高昂且售后受限，严重制约国内相关产业发展。但近年来，国产化进程取得显著突破，其中中国航天科技集团有限公司某研究院（以下简称研究院）在其中扮演了重要角色。

研究院始建于 1958 年，是我国液体火箭动力事业的发源地。依托在火箭发动机涡轮泵技术上的深厚底蕴，研究院自 20 世纪 90 年代开启高速泵研制征程。当时，燕山向阳化工厂委托其研制立式高速泵，面对任务，研究院的技术团队依托自身在泵流场计算、水力模型优化、汽蚀机理研究、大负荷高速轴承设计等方面的经验与技术，结合民用高速泵性能参数高、技术难度大、工作时间长的特点，全力投入研发。团队先后攻克增速箱设计、齿轮轴组件、高速机械密封等 8 项关键技术，成功推出首台高速泵，该泵连续无故障运行时间超 8000h，一鸣惊人。此后，研究院持续深耕，不断完善产品系列，形成了 GSB-L 立式高速泵和 GSB-W 卧式高速泵两大系列产品，广泛应用于 PTA 装置中的对二甲苯输送泵和密封水泵、聚丙烯装置中的丙烯进料泵、加氢精制中的注水泵和贫胺液泵、煤制油装置中的原料油进料泵等多个领域。

进入 21 世纪，为打破国外在大功率高速泵领域的垄断，2008 年，研究院成功研制出 GSB-W7 型 600kW 级高速泵，推向市场后反响热烈，有力冲击了国外品牌在大功率高速泵市场的主导地位。但他们并未满足于此成绩，2012 年，对标国际顶尖技术，研究院毅然启动新型大功率 GSB-W9 高速泵的研制项目。历经多年艰苦攻关，团队突破了 1250kW 级高速泵整体设计、齿轮传动、转子稳定性、水力性能、高压封机和高压承压部件分析校核等一系列关键技术。在研发过程中，团队累计开展 20 余次试验验证，创造性地提出高可靠性叶轮大扭矩传扭联接、高效水力模型、高稳定性轴承——转子系统的解决方案。2016 年 11 月，W9 型高速泵样机顺利通过空载试验，齿轮箱、转子稳定性、密封和润滑系统等的可靠性得到验证；2017 年 12 月，两级样机通过水力和机械性能试验验证。直至 2021 年，项目团队在提升泵整机效率、高 PV 值机械密封寿命、转子系统的稳定性三方面开展多次探索尝

试，进一步优化设备性能，提高可靠性，为产品正式交付筑牢技术根基。该产品设计功率可达 1000kW，最高转速小于等于每分钟 21000 转，扬程范围 300～3000m，与国外同类顶尖高速泵相比，具有体积小、结构紧凑、维护成本低等优势。2021 年，GSB-W9 型高速泵成功签约客户 250 万吨 PTA 项目高压浆料进料泵，合同额超 4000 万元，实现国内首台单级功率 1250kW 级高速泵的工程应用，正式打破国外公司对 600kW 级以上大功率高速泵市场的垄断，标志着我国大功率高速泵国产化取得重大成果。

如今，研究院的高速泵不仅成为国内石化工程项目的首选，还远销苏丹、阿尔及利亚、菲律宾、土耳其、韩国等国家和地区。在高速泵国产化进程中，研究院凭借深厚技术积累、持续创新精神与不懈努力，为我国化工单元流体输送设备国产化作出了卓越贡献，也为行业发展树立了标杆。

🌱 身边榜样

平凡岗位上的不凡成就

张现英，中国石化仪征化纤有限责任公司（简称仪征化纤）高纤部二装置班长、党支部书记、党群主管。自 1986 年投身生产一线，她凭借不懈奋斗与卓越贡献，先后荣获"江苏省劳动模范""全国五一劳动奖章""中石化杰出青年岗位能手""全国十佳女职工""全国劳动模范"等诸多荣誉，为仪征化纤转型发展、做强高端业务、打造中国石化特种纤维亮丽名片作出了突出贡献，用行动书写着非凡业绩。

初入岗位，张现英成为纺丝生产线上的卷绕女工。该岗位夏季温度高达 50℃，噪声大、气味浓、劳动强度大。岗位由 24 个纺丝位组成，每个位的 3000 多根原丝丝束高速转动，毛丝和浆块随时出现，"缠辊"难题严重影响生产，且每次造成损失约 5000 元。日本东洋纺设计值为每月缠辊不超四次，而仪征化纤开工时每月高达几十次甚至上百次。面对困境，张现英和姐妹们立下"赶上日本东洋纺"的决心。她凭借这股不服输的劲头，在 1993 年便荣获"中石化杰出青年岗位能手"称号。

为攻克难题，张现英常守在机器旁，观察并捏丝束判断浆块方位。丝束磨掉她手指皮肤，甚至划出伤口，高温下汗水湿透衣服也顾不上。最终，她和姐妹们总结出"一看、二摸、三听、四快"操作法，编写《巡检歌》。1994 年 4 月 12 日，她成为全公司平东洋纺纪录第一人，所在班组多次刷新无缠辊纪录，缠辊次数大幅减少，创造连续 1614 天无"缠辊"纪录。其操作法推广后，每年为企业增效近千万元。凭借这些突出成就，她在 1994 年荣获"江苏省劳动模范"，1995 年被授予"全国五一劳动奖章"。

担任班长后，张现英积极进取。1995 年 11 月，她提出与全国模范班组陕西国棉一厂梦桃小组结成帮学对子。面对市场竞争，受梦桃小组事迹启发，她率先在运行班组开展成本核算，实行目标管理和量化考核。以往随意使用的消耗材料，如今精打细算。例如，硅油修板数量大幅增加，仅提高修板速度和成功率一项，每年就减少排废 10 多吨，节约成本 7 万多元。在她班组影响下，全公司掀起班组成本核算热潮。因其在管理和创新上的杰出表现，她先后被评为"全国十佳女职工"，并在后续荣获"全国劳动模范"这一至高荣誉。

张现英以坚韧不拔的毅力和无私奉献的精神，在平凡岗位上铸就了不平凡的成就，每一项荣誉都是她奋斗路上的璀璨勋章，激励着无数人砥砺前行。

本情境主要符号意义

英文字母

A——管子、活塞等截面积，m^2；

C_0——孔板流量计的流量系数；

C_V——文丘里流量计的流量系数；

d——管子内径，m；

D——叶轮或活塞的直径，m；

g——重力加速度，m/s^2；

G——质量流速，$kg/(m^2 \cdot s)$；

H——泵的扬程，m；

H_e——输送机械对流体提供的有效压头，m；

H_f——流体流动过程中的压头损失，m；

H_{f0-1}——泵吸入管路的压头损失，m；

H_g——离心泵的允许几何安装高度，m；

H_k——离心通风机的动风压，Pa；

H_P——离心通风机的静风压，Pa；

H_T——离心通风机的全风压，Pa；

h——液柱高度，m；

h_f——流体流经直管时的能量损失，J/kg；

h_f'——局部阻力引起的能量损失，J/kg；

$\sum h_f$——管路的总能量损失，J/kg；

Δh——离心泵的汽蚀余量，m；

$\Delta h_{允}$——离心泵的允许汽蚀余量，m；

k——气体的多变压缩指数；

L——直径管长度，m；

L_e——管件的当量长度，m；

M——摩尔质量，kg/kmol；

M_m——混合物的平均摩尔质量，kg/kmol；

N——流体输送机械的轴功率，J/s或W；

N_e——流体输送机械的有效功率，J/s或W；

n——叶轮的转速，r/min；

Q——液体或气体输送机械的流量，m^3/h；

p——流体的绝对压强，Pa；

$p^\ominus$——标准状态的绝对压力，$p^\ominus = 101.3kPa$；

p_v——输送温度下液体的饱和蒸气压，Pa；

R——摩尔气体常数，$kJ/(kmol \cdot K)$；

Re——雷诺数；

S——往复泵、往复压缩机的活塞冲程，m；

T——温度，K；

$T^\ominus$——标准状态时的温度，$T^\ominus = 273K$；

u——流体的流速，m/s；

V——流体的体积，m^3；

V_s，V_h——流体的体积流量，m^3/s、m^3/h；

w_s，w_h——流体的质量流量，kg/s、kg/h；

W_e——单位质量流体从输送机械获得的能量，J/s或W；

x_{w1}，x_{w2}，$\cdots$，x_{wn}——液体混合物中各组分的质量分数；

y_1，y_2，$\cdots$，y_n——气体混合物中各组分的摩尔分数；

Z——截面中心距基准面的垂直距离，m。

希腊字母

ε——往复压缩机的余隙系数；

γ——气体的绝热压缩指数；

η——流体输送机械的效率；

λ——流体流动的摩擦系数；

λ_0——往复压缩机的容积系数；

μ——流体的黏度，$Pa \cdot s$；

ν——流体的运动黏度，m^2/s；

ρ——密度，kg/m^3；

ρ_m——混合物的平均密度，kg/m^3；

ρ_i——混合物中组分i的密度，kg/m^3；

ρ_A——指示液的密度，kg/m^3；

ρ_B——待测流体的密度，kg/m^3；

υ——流体的比容，m^3/kg；

ξ——局部阻力系数；

Δp——压力差，Pa；

Δp_z——阻力压降，Pa。

学习情境二
非均相物系分离方案及设备的选择与操作

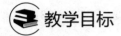 教学目标

知识目标：

1. 了解非均相物系分离过程在化工生产中的重要性及具体应用。

2. 掌握降尘室、降尘气道、旋风分离器的结构、工作原理、性能及应用范围。

3. 掌握板框过滤机、离心过滤机、叶滤机等液固非均相物系分离设备的结构、工作原理、性能及应用范围。

能力目标：

1. 能根据气固或液固分离任务的特点选择合适的分离方法与分离设备。

2. 能正确操作旋风分离器，并能分析其操作效果及改进途径。

3. 能正确并熟练操作板框过滤机、离心过滤机、叶滤机等液固非均相物系分离设备。

素质目标：

1. 培养团队协作意识和团队合作精神。

2. 增强可持续发展理念和安全环保意识，能够在化工生产中关注环境、资源和社会责任。

引言

在化工生产中，其原料、半成品以及排放物等大多为混合物。

为了使生产顺利进行，以得到较高纯度的产品或者满足环境保护的需要，常常需要对混合物进行分离。

按混合物中各物质的聚焦状态，物系可分为均相物系和非均相物系两大类。均相物系是指由不同组分的物质混合在一起形成单一相的物系，如混合气体，乙醇-水溶液；非均相物系是指物系中存在着两个或两个以上的相，表现为物系内部存在明显的相界面，如固体颗粒与液体构成的悬浮液、固体颗粒和气体构成的含尘气体，此外还有气液、液液及气液固等多种形式。

在非均相物系中，处于分散状态的物质称为分散相或分散物质，如悬浮液中的固体颗粒、含尘气体中的尘粒。包围分散物质、处于连续状态的介质称为连续相或连续介质，如悬浮液中的液相、含尘气体中的气相。根据连续相的物理状态不同，非均相物系可分为两类：一类是气态非均相物系，其连续相为气体，如含尘气体和含雾气体；另一类是液态非均相物

系，其连续相为液体，例如悬浮液、乳浊液以及含有气泡的液体，即泡沫液等。

非均相物系分离在生产中的应用主要有以下几个方面。

① 净化分散介质，去除对下一工序有害的颗粒物质 例如去除催化反应原料气中固体杂质，以免催化剂中毒。

② 收集分散物质，以获得有用物质 例如在炼油企业从催化裂化流化床反应器的出口气体中回收贵重的催化剂颗粒；在制糖工业中从结晶器出来的晶浆以及从气流干燥器出来的气体中回收糖粒，必须收集这些悬浮的糖粒，以得到产品。

③ 满足环境保护和安全生产的要求 如工业生产中的废气和废液在排放前必须除去其中对环境有害的物质，同时回收其中有用的物质，加以重新利用以提高效益。

实施工业炉窑升级改造和深度治理是打赢蓝天保卫战的重要措施，也是推动制造业高质量发展、推进供给侧结构性改革的重要抓手。

下面我们基于炉气净化和原煤浮选两个工程任务的完成来学习非均相物系分离的有关知识。

工程项目一　某硫酸厂 SO_2 炉气除尘方案的制定

硫铁矿制硫酸工艺中，硫铁矿经过焙烧得到的炉气，其中除含有转化工序所需要的有用气体 SO_2 和 O_2 以及惰性气体 N_2 之外，还含有三氧化硫、水分、三氧化二砷、二氧化硒、氟化物及矿尘等，它们均为有害物质。炉气中的矿尘不仅会堵塞设备与管道，而且会造成后续工序催化剂失活。砷和硒则是催化剂的毒物；炉气中的水分及三氧化硫极易生成酸雾，不仅对设备产生腐蚀，而且很难被吸收除去。因此，在炉气送去转化前，必须先对炉气进行净化，应达到下述净化指标：

砷 $<0.001g/m^3$　尘 $<0.005g/m^3$　酸雾 $<0.03g/m^3$
水分 $<0.1g/m^3$　氟 $<0.001g/m^3$

工程项目二　某洗煤厂从洗煤废水中回收煤泥的方案的制定

原煤一般含有较高的灰分和硫分，经破碎、筛分，再用水进行浮选加工，使混杂在煤中的矸石、煤矸共生的夹矸煤与煤炭按照其相对密度、外形及物理性状方面的差异加以分离，以降低煤的灰分；同时，降低原煤中的无机硫含量，以满足不同用户对煤炭质量的指标要求。但是在洗选过程中产生大量的废水，废水中混有一定量的煤泥，这些煤泥粒度细、灰分高，直接排放会造成水体污染，也是资源浪费。所以对洗煤废水进行有效的处理、回收煤泥是非常必要的。请拟定从洗涤废水中回收的煤泥的方案。

项目任务分析

1. 项目任务的性质

项目一所述任务中，要求分离的对象为气态非均相物系，连续相为气体，非连续相为粉尘和液滴。

项目二所述任务中，要求分离的对象为液态非均相物系，连续相为液体，非连续相为固体。

2. 项目任务中需要解决的问题

选择合适的分离方法和分离设备。

任务一　气固分离方法及设备的认识与选择

气态非均相物系分离任务中，绝大多数为气固分离任务，目前，用于气固分离的方法和设备有很多。气固分离俗称除尘，根据在除尘过程中是否采用液体除尘和清灰，可分为干式和湿式两大类。按捕集粉尘的机理不同，可以分为机械式、过滤式、洗涤式和静电式四类。

教学视频

气固分离方法
及设备的认识
与选择

一、机械式除尘设备

机械式除尘设备是一类利用重力、惯性力或者离心力的作用将尘粒从气体中分离的装置。主要包括重力降尘室、惯性除尘器和旋风分离器。这类设备的特点是结构简单、造价比较低、维护管理方便、耐高温湿烟气、耐腐蚀性气体。对粒径在 $5\mu m$ 以下的尘粒去除率较低。当气体含尘浓度高时，这类设备往往用作多级除尘系统中的前级预除尘，以减轻二级除尘的负荷。

（一）重力降尘室

重力降尘室又称为重力沉降室，它是利用尘粒与气体的密度不同，通过重力作用使尘粒从气流中自然沉降分离的除尘设备。常见的设备形式有降尘室和降尘气道，降尘气道具有相当大的横截面积和一定的长度，如图 2-1 所示。当含尘气体进入降尘室后，其流通面积增大，流速降低，使得灰尘在气体离开气道以前，有足够的停留时间沉到室底而被除去。

图 2-2 为降尘室的工作原理示意图。含尘气体由气体入口进入沉降室后，气体中的尘粒一方面随着气流在水平方向流动，其速率与气流速率 u 相同；另一方面在重力作用下以沉降速率 u_t 在垂直方向向下运动。尘粒在降尘室能被除去的必要条件是：**气体从沉降室入口到出口所需的停留时间必须大于至少等于尘粒从沉降室的顶部沉降到底部所需的沉降时间。** 只有满足这个条件，尘粒才会落在降尘室底部，而不会被带出。

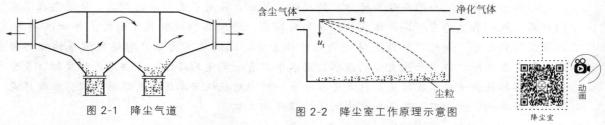

图 2-1　降尘气道　　　　图 2-2　降尘室工作原理示意图

设沉降室的长为 L、高为 H、宽为 b（单位均为 m），某一颗粒的沉降速率为 u_t，气体通过降尘室的气流速率为 u。

则气体通过沉降室的时间（停留时间）t_R：$t_R = \dfrac{L}{u}$

微粒沉降至室底所需要的时间（沉降时间）t_t：$t_t = \dfrac{H}{u_t}$

当 $t_R \geqslant t_t$ 时，微粒便可被分离，即：

$$\frac{L}{u} \geqslant \frac{H}{u_t}$$

$$(2\text{-}1)$$

若取极限条件 $t_R = t_t$，则：
$$u_t = \frac{Hu}{L} \tag{2-2}$$

降尘室的含尘气体的最大处理量（又称为沉降室的生产能力）为：$V_s = uHb$

将之代入式(2-2)得：
$$u_t = \frac{V_s}{Lb} \tag{2-3}$$

或
$$V_s = u_t Lb = u_t A \tag{2-4}$$

式中 $A = Lb$（A①为降尘室的底面积）。

由式(2-4)可见降尘室的生产能力仅与其沉降速率 u_t 和降尘室的沉降面积 A 有关，而与降尘室的高度无关。因此也可将沉降室做成多层，如图 2-3 所示为多层降尘室。室内以隔板均匀分成若干层，隔板间距为 40～100mm。多层降尘室虽能分离较细小的颗粒并节省地面，但出灰不便。

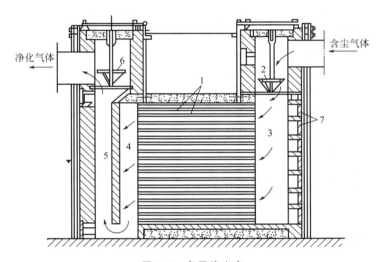

图 2-3　多层降尘室
1—隔板；2，6—调节闸阀；3—气体分配道；4—气体集聚道；5—气道；7—清灰口

重力降尘室具有结构简单、造价低、维护管理方便、阻力小（一般为 50～150Pa）等优点，一般作为第一级或预处理设备。重力降尘室的主要缺点是体积庞大，除尘效率低（一般只有 40%～70%），清灰麻烦。鉴于以上特点，重力降尘室主要用以净化密度大，颗粒粗的粉尘，特别是磨损性很强的粉尘，它能有效地捕集 50μm 以上的尘粒，但不宜捕集 20μm 以下的尘粒。

交流与讨论

1. 颗粒的沉降速率对于分析降尘室的性能和设计降尘室非常重要。颗粒的沉降速率与哪些因素有关，如何计算？
2. 多层沉降室所需层数如何确定？

要解决这些问题，需要了解一下粒子的沉降过程，明确沉降时间、沉降速率等概念以及计算方法。

1. 粒子的重力沉降过程分析

粒子在沉降过程中可能会与其他颗粒碰撞，受到流体运动、器壁等的影响，因此可以将沉降分为自由沉降与干扰沉降。

自由沉降是指单一颗粒或者是经过充分分散的颗粒群，在流体中沉降时颗粒间不相互碰撞或接触的沉降过程。

图 2-4 沉降颗粒的受力情况

若沉降系统中颗粒的浓度较大，颗粒间距离很小，颗粒在沉降过程中，因颗粒之间的相互影响不能正常沉降，称为干扰沉降。实际生产中的沉降几乎都是干扰沉降。但由于自由沉降的影响因素少，为了了解沉降过程的规律，通常从自由沉降入手进行研究。

（1）沉降速率

一表面光滑的球形颗粒在静止流体中自由沉降，设颗粒的密度 ρ_s 大于流体的密度 ρ，则颗粒在重力作用下即可在介质中沉降，沉降时颗粒与介质间产生相对运动，如图 2-4 所示。颗粒在沉降过程中受到的作用力有重力 F_G、浮力 F_b 和阻力 F_R。

重力方向和颗粒沉降方向一致，其值为

$$F_G = mg = \frac{\pi}{6}d^3\rho_s g$$

浮力方向与颗粒沉降方向相反，其值为

$$F_b = \frac{\pi}{6}d^3\rho g$$

阻力方向亦与颗粒沉降方向相反，其大小为

$$F_R = \zeta A_P \frac{1}{2}\rho u^2$$

式中 d——颗粒直径，m；

ρ_s——颗粒密度，kg/m³；

ρ——流体密度（介质密度），kg/m³；

g——重力加速度，m/s²；

ζ——介质阻力系数，无量纲；

u——颗粒与流体间的相对速率，m/s；

m——颗粒质量，kg；

A_P——颗粒在运动方向上的投影面积，m²，$A_P = \frac{\pi}{4}d^2$。

若颗粒及流体已定，则重力 F_G 及浮力 F_b 为一定值，而阻力 F_R 则随着颗粒下降速率增加而增大。当颗粒开始沉降的瞬间，因颗粒处于静止状态，故 $u=0$，此刻的阻力 $F_R=0$，与之对应的加速度 a 值为最大，即颗粒作加速运动。随着 u 值的增加，F_R 亦随之增加，经过一段时间后，当重力、浮力和阻力达到平衡时，即重力等于浮力与阻力之和时，加速度 $a=0$，颗粒开始作匀速沉降运动，此时的颗粒下降速率（颗粒相对于流体的运动速率）称为沉降速率，以符号 u_t 表示，单位为 m/s。

由上分析可知，颗粒在介质中的沉降过程分为两个阶段，即开始为加速阶段，而后为等速阶段。因为工业所处理的非均相物系中颗粒一般很小，其加速阶段时间极短，故通常可以忽略不计，即认为整个沉降过程均在等速阶段中进行，从而给计算带来方便。

沉降速度 u_t 的基本计算公式可根据颗粒受力分析推导出：

根据牛顿第二定律 $F=ma$ 可知，$F_G-F_b-F_R=ma$。

当 $F_G-F_b-F_R=0$ 时，$a=0$，

$$\frac{\pi}{6}d^3\rho_s g-\frac{\pi}{6}d^3\rho g-\zeta\frac{\pi}{4}d^2\frac{\rho u^2}{2}=0 \tag{2-5}$$

颗粒与流体间的相对速率即为沉降速率 u_t，整理式(2-5)得 u_t 的计算公式为

$$u_t=\sqrt{\frac{4d(\rho_s-\rho)}{3\zeta\rho}g} \tag{2-6}$$

式中　u_t——自由沉降速率，m/s。

（2）阻力系数

用式(2-6)计算沉降速率 u_t 时，应已知阻力系数 ζ 值。用量纲分析法可导出，阻力系数 ζ 是流体与颗粒间相对运动时的雷诺数 Re_t 的函数，即

$$\zeta=f(Re_t) \tag{2-7}$$

其中：
$$Re_t=\frac{du_t\rho}{\mu} \tag{2-8}$$

式中　μ——连续相的黏度，Pa·s。

实际生产中所处理的颗粒形状有时并非球形，非球形颗粒与球形颗粒的差异用球形度 φ 来表示，其定义为：体积和不规则形状粒子相等的球形粒子的表面积 S 与不规则粒子的实际表面积 S_P 的比值。φ 值是：

$$\varphi=\frac{S}{S_P}\leqslant 1$$

粒子的球形度由实验确定，若颗粒为球体，则 $\varphi=1$；为立方体时，则 $\varphi=0.806$；为圆柱体（$h=10r$，r 是底的半径），则 $\varphi=0.69$；圆盘（$h=r/15$），则 $\varphi=0.254$。由上可见，φ 值对于球形、立方体、圆柱形和片状形颗粒是依次递减的。

实验证明，在沉降过程中，颗粒在流体中运动时所受到的阻力与颗粒本身的形状及其方位密切相关。颗粒形状偏离球形愈大，其阻力系数也愈大。目前尚没有确切方法来表示颗粒形状，因此计算非球形颗粒的沉降速率时仍用球形颗粒的计算公式，但其中的颗粒直径 d 需用当量直径 d_e' 代替。通常取同体积球形颗粒的直径，即

$$d_e'=\sqrt{\frac{6}{\pi}V_P}$$

式中　V_P——任意形状的一个颗粒的体积，m³。

由上述分析可知，沉降速率不仅与雷诺数有关，还与颗粒的球形度有关，根据实验结果作出不同 φ 值下的阻力系数 ζ 与雷诺数 Re_t 之间的关系曲线，如图2-5所示。

图中曲线可分为四个区域：

① 层流区（又称斯托克斯区）　$Re_t\leqslant 1$ 时，此区域内 ζ-Re_t 呈直线关系，阻力系数 ζ 可用下式计算：

$$\zeta=\frac{24}{Re_t} \tag{2-9}$$

② 过渡区（又称艾伦区）　$1<Re_t<10^3$，阻力系数 ζ 与 Re_t 关系如下：

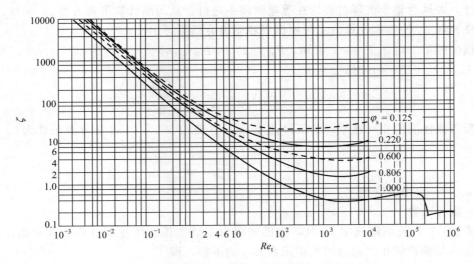

图 2-5 介质阻力系数 ζ 与微粒雷诺数 Re_t 的关系曲线

$$\zeta = \frac{18.5}{Re_t^{0.6}} \tag{2-10}$$

③ 湍流区（又称牛顿区） $10^3 < Re_t < 2 \times 10^5$，此区域内阻力系数的变化不大，可近似看作一定值：

$$\zeta = 0.44 \tag{2-11}$$

④ 边界层内呈湍流 $Re_t > 10^5$，实验结果表明 ζ-Re_t 关系呈不规则现象。

将式(2-9)、式(2-10)、式(2-11) 分别代入式(2-7) 中，即可得如下的一系列的沉降速率计算公式。

层流区 —— 斯托克斯公式：

$$u_t = \frac{d^2(\rho_s - \rho)g}{18\mu} \tag{2-12}$$

由上式可见，在层流区颗粒的沉降速率与颗粒的直径的平方及颗粒与流体的密度差成正比，与流体的黏度成反比。

过渡区 —— 艾伦公式：

$$u_t = 0.27 \sqrt{\frac{d(\rho_s - \rho)g}{\rho} Re_t^{0.6}} \tag{2-13}$$

湍流区 —— 牛顿公式：

$$u_t = 1.74 \sqrt{\frac{d(\rho_s - \rho)g}{\rho}} \tag{2-14}$$

由上式可见，在湍流区内流体黏度对沉降速率无影响。这是因为，在层流区由于流体黏性而引起的表面摩擦阻力占主导地位；而湍流区内由于颗粒的尾部出现边界层分离及旋涡，使表面摩擦阻力的作用消失，代之为形体阻力为主；过渡区内摩擦阻力及形体阻力均起作用。

2. 沉降速率的计算

流体的流动类型不同，颗粒在流体中的沉降速率的计算式也不同，因此，计算沉降速率

u_t 时，为选用相应的计算公式，应先判断流动类型，这就需要计算出 Re_t，而计算 Re_t 时需要已知 u_t，但 u_t 又是待求量。

用公式计算沉降速率 u_t 需要用试差法，即先假定流动类型（层流区、过渡区、湍流区），选用相应的沉降速率 u_t 的计算公式，算出 u_t，用 u_t 计算 Re_t，再检查假设的流型是否正确。如果计算结果与假设不符，则应重新假设流型，重复上述计算，直到计算结果与假设一致。由于沉降操作中所处理的颗粒一般粒径较小，沉降过程大多属于层流区，因此试差时通常先假设在层流区。

【例 2-1】 微粒的直径为 $10\mu m$，密度为 $2000kg/m^3$。求它在空气中的沉降速率。已知空气的密度 $1.2kg/m^3$，黏度为 $0.0185cP$。

解： 假设微粒在层流区沉降，颗粒的自由沉降速率为

$$u_t = \frac{d^2(\rho_s - \rho)g}{18\mu} = \frac{(10\times10^{-6})^2 \times (2000 - 1.2) \times 9.807}{18 \times 0.0185 \times 10^{-3}} = 0.0059(m/s)$$

复核
$$Re_t = \frac{du_t\rho}{\mu} = \frac{10\times10^{-6} \times 0.0059 \times 1.2}{0.0185 \times 10^{-3}} = 0.00384 < 1$$

因为 $Re_t < 1$，故假设正确，即微粒的沉降速率 $u_t = 0.0059m/s$。

计算沉降速率 u_t 也可采用避免试差的摩擦数群法，在此不作介绍，读者可参阅有关书籍。

3. 降尘室设计与操作控制要点

由式（2-4）可知，降尘室的生产能力与降尘室的底面积和颗粒的沉降速率有关。在进行降尘室设计时，颗粒的沉降速率应根据需要 100% 除去的最小颗粒直径来计算。

【例 2-2】 一沉降室用以除去炉气中的硫铁矿尘粒。矿尘最小粒径为 $8\mu m$，密度为 $4000kg/m^3$。除尘室长为 4.1m，宽为 1.8m，高为 4.2m。室内温度为 427℃，在此温度下炉气的黏度为 $3.4\times10^{-5}Pa\cdot s$，密度为 $0.5kg/m^3$。若每小时处理炉气 2160 标准 m^3，试计算沉降室隔板间的距离及除尘室层数。

解： 设最小粒径矿尘的沉降在层流区，则

$$u_t = \frac{d^2(\rho_s - \rho)g}{18\mu} = \frac{(8\times10^{-6})^2(4000 - 0.5) \times 9.807}{18 \times 3.4 \times 10^{-5}} = 0.0041(m/s)$$

复核
$$Re_t = \frac{du_t\rho}{\mu} = \frac{8\times10^{-6} \times 0.0041 \times 0.5}{3.4 \times 10^{-5}} = 0.0048 < 1$$

$$V_s = \frac{2160 \times (427 + 273)}{3600 \times 273} = 1.538(m^3/s)$$

气流通过沉降室的流速为：
$$u = \frac{V_s}{Hb} = \frac{1.538}{4.2 \times 1.8} = 0.208(m/s)$$

根据降尘室除尘的必要条件 $\dfrac{L}{u} \geqslant \dfrac{H}{u_t}$ 得降尘室每层的高 H 为：

$$H \leqslant \frac{Lu_t}{u} \leqslant \frac{4.1 \times 0.0041}{0.208} = 0.081(m)$$

沉降室的层数为：
$$n = \frac{H_T}{H} = \frac{4.2}{0.081} = 51.85 \approx 52(层)$$

降尘室操作时，在确保分离任务完成的前提下，气流速率不应过高，以免干扰颗粒的沉

降或把已经沉降下来的颗粒重新卷起。为此应保证气体流动的雷诺数处于层流范围以内。对于含有不同灰尘的气体也有一些经验数据可供决定定气速时参考。例如，对金属微粒的分离可取 $u<3\mathrm{m/s}$；对于较易扬起的炭黑或淀粉等可取 $u<1.5\mathrm{m/s}$。

（二）惯性除尘器

惯性除尘器是利用惯性力的作用使尘粒从气流中分离出来的除尘装置。如利用含尘气体与挡板撞击或者急剧改变气流方向来分离并捕集粉尘。

1. 惯性除尘器的除尘机理

惯性除尘器的工作原理如图 2-6 所示。当含尘气流以 u_1 的速率进入装置后，在 T_1 点较大的粒子（粒径 d_1）由于惯性力作用离开曲率半径为 R_1 的气流撞在挡板 B_1 上，碰撞后的粒子由于重力的作用沉降下来而被捕集。直径比 d_1 小的粒子（粒径为 d_2）则与气流以曲率半径 R_1 绕过挡板 B_1，然后再以曲率半径 R_2 随气流作回旋运动。当粒径为 d_2 的粒子运动到 T_2 点时，将脱离以 u_2 速率流动的气流撞击到挡板 B_2 上，同样也因重力沉降而被捕集下来。因此，惯性除尘器的除尘是惯性力、离心力和重力共同作用的结果。

2. 惯性除尘器的分类

惯性除尘器有碰撞式和反转式两类。

碰撞式除尘器（见图 2-7）一般是在气流流动的通道内增设挡板构成的，当含尘气流流经挡板时，尘粒借助惯性力撞击在挡板上，失去动能后的尘粒在重力作用下沿挡板下落，进入灰斗中。挡板可以是单级，也可以是多级。多级挡板交错布置，可以设置 3～6 排。在实际工作中常采用多级式，目的是增加撞击的机会，提高除尘效率。

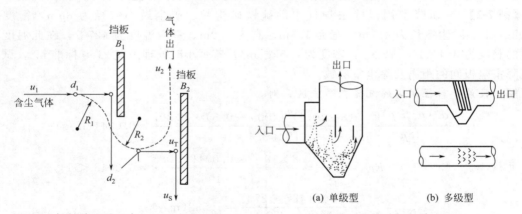

图 2-6　惯性除尘器分离机理示意图　　　　图 2-7　碰撞式惯性除尘器

这类除尘器的阻力较小，一般在 100Pa 以内。是一种低效除尘器，尽管使用多级挡板，除尘效率只能达到 65%～75%。

反转式除尘器又分为弯管型、百叶窗型和多层隔板塔型三种（见图 2-8）。

弯管型和百叶窗型反转式除尘器与冲击式惯性除尘器一样，都适合安装在烟道上使用。塔型反转式惯性除尘器主要用于分离烟雾，能捕集粒径为几微米的雾滴。由于反转式惯性除尘器是采用内部构件使气流急剧折转，利用气体和尘粒在折转时所受惯性力的不同，使尘粒在折转处从气流中分离出来。因此，气流折转角越大，折转次数越多，气流速率越高，除尘效率越高，但阻力越大。

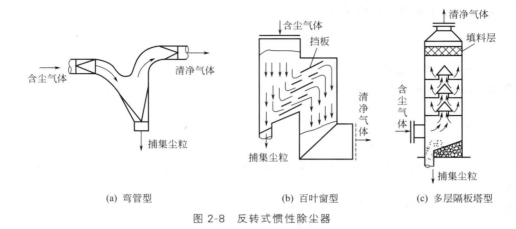

(a) 弯管型   (b) 百叶窗型   (c) 多层隔板塔型

图 2-8   反转式惯性除尘器

惯性除尘器结构简单，除尘效率优于重力沉降室，但由于气流方向转变次数有限，净化效率也不高，多用于一级除尘或者高效除尘的前级除尘。惯性除尘器适应于捕集粒径在 $10 \sim 20 \mu m$ 以上的金属或者矿物性粉尘，压力损失为 $100 \sim 1000 Pa$。对于黏结性和纤维性的粉尘，因易堵塞，故不宜采用。

思考题

在图 2-1 的降尘气道中挡板的作用是什么？

（三）旋风分离器

旋风分离器是利用惯性离心力作用通过离心沉降过程来除去气体中的尘粒的设备。

1. 离心沉降原理

离心沉降就是在离心力场中借助惯性离心力的作用，使分散在流体中的颗粒（固体颗粒或液滴）与流体产生相对运动，从而使悬浮物系得到分离的过程。

如图 2-9 所示，当悬浮物系作回转运动时，密度大的悬浮颗粒物在惯性离心力的作用下，沿回转半径方向向外运动，此时，颗粒受到三个径向作用力。

① 惯性离心力   颗粒在离心力场受到的力，大小为：

$$F_c = m \omega^2 R$$

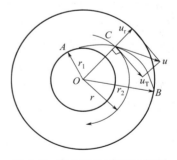

图 2-9   离心沉降过程示意图

式中 m ——颗粒质量，$m = V_P \rho_s$，kg；

ω ——回转角速度，rad/s；

R ——旋转半径，m。

对于球形颗粒，因 $V_P = \dfrac{\pi}{6} d^3$，

则有：

$$F_c = m \omega^2 R = \frac{\pi}{6} d^3 \rho_s \omega^2 R$$

式中，d 为粒径；ρ_s 为颗粒的密度。

② 浮力　浮力也就是流体给予颗粒的向心力，方向与惯性离心力相反。

$$F_b = \frac{\pi}{6} d^3 \rho \omega^2 R$$

式中，ρ 为流体的密度。

③ 阻力　流体对颗粒作绕流运动时所产生的阻力，方向亦与颗粒沉降方向相反，其大小为：

$$F_R = \zeta A_P \frac{1}{2} \rho u_r^2$$

式中，A_P 为颗粒在垂直于运动方向上的投影面积；u_r 为颗粒的径向运动速率；ζ 为阻力系数。

颗粒在此三力的共同作用下，沿径向向外加速运动。对于符合斯托克斯定律的微小颗粒，径向运动的加速率很小，上述三力基本平衡，故可近似求出颗粒与流体在径向的相对运动速率为：

$$u_r = \frac{d^2(\rho_s - \rho)\omega^2 R}{18\mu} = \frac{d^2(\rho_s - \rho)}{18\mu} \frac{u_T^2}{R} \tag{2-15}$$

式中，u_T 为颗粒作圆周运动的线速率，μ 为流体黏度。

将离心沉降速率与重力沉降速率计算公式比较可见：离心沉降速率也与粒子的密度、颗粒直径以及流体的密度和黏度有关。重力沉降过程中重力场强度 g（重力加速度 g）的方向和数值是不变的，重力沉降速率基本为定值；而离心沉降过程中，由于离心加速度值 $a_n = \omega^2 R$，是随回转角速度 ω 和回转半径 R 的增大而迅速增加。因此，离心沉降速率亦随离心力亦即离心加速度的增大而加快。

同一颗粒在相同介质中分别作离心沉降和重力沉降时，推动颗粒运动的惯性离心力 F_c 与重力 F_g 之比称为离心分离因数，它是反映离心沉降设备性能的重要参数。离心沉降操作适用于两相密度差小、颗粒粒度较细的非均相物系的分离。

旋风分离器是最典型的用于气固非均相物系分离的离心沉降设备。

2. 旋风分离器的构造与操作原理

图 2-10 为一标准型旋风分离器构造示意图。旋风分离器的主体上部为圆筒形，下部为圆锥形底，锥底下部有排灰口，圆筒形上部装有顶盖，侧面装一与圆筒相切的矩形截面进气管，圆筒的上部中央处装一排气口。以圆筒直径 D 表示其他部分的比例尺寸。

$$h = \frac{D}{2} \quad B = \frac{D}{4} \quad D_1 = \frac{D}{2} \quad H_1 = 2D \quad H_2 = 2D \quad S = \frac{D}{8} \quad D_2 = \frac{D}{4}$$

含尘气体由圆筒上侧面的矩形进气管以切线方向进入，由于圆筒器壁的约束作用，含尘气体只能在圆筒和排气管之间的环状空间内向下作螺旋运动，如图 2-11 中实线所示。在旋转过程中，含尘气体中的颗粒在离心力的作用下被甩向器壁，与器壁撞击后，因本身失去能量而沿器壁落至锥形底后由排灰口排出。经过一定程度净化后的气体（因不可能将全部尘粒除掉）从圆锥底部自下而上作旋转运动到排气管中排出，如图 2-11 中虚线所示。

旋风分离器的特点是：体积小，结构简单，造价和运行费较低，压力损失中等；操作维修方便；适用于粉尘负荷变化大的含尘气体，能用于高温、高压及腐蚀性气体的除尘，可直接回收干粉尘；旋风分离器使用历史较久，现在一般用来捕集 $5 \sim 15\mu m$ 以上的尘粒，除尘效率可达 80% 左右。

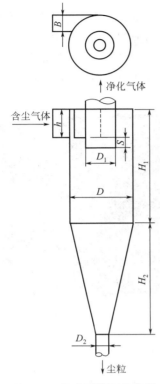

图 2-10　标准型旋风分离器

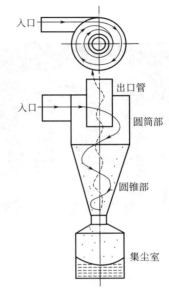

图 2-11　旋风分离器内流体流动示意图

3. 旋风分离器的类型

旋风分离器在工业生产中应用广泛，为满足各种不同含尘物系的分离要求，已设计和制造了多种型式的旋风分离器供选用。

按结构形式可将旋风分离器分为多管组合式、旁路式、扩散式、直流式、平旋式、旋流式等。国内多是根据旋风分离器的结构特点用拼音字母对其命名。如 XLP/B-4.2（CLP/B-4.2）型，其中 X 或者 C 表示气固分离设备，L 表示离心式，P 表示旁路式，B 表示该类型分离器中的 B 类，4.2 是以分米数表示的筒体直径。还根据在系统中安排位置的不同分为两种型式，X 型吸入式，Y 型压出式；另外还考虑到使用时连接上的方便，在 X 型、Y 型中各设有 S 型和 N 型两种型式，从分离器顶部看，进入气流按顺时针旋转为 S 型，逆时针旋转者为 N 型。

生产中使用的旋风分离器类型很多，有 100 多种，常见的有 XLT（CLT）型、XLP（CLP）型、XLK（CLK）型、XZT 型和 XCX 型五种型号。

工业生产中往往将多个旋风分离器串联或并联使用，分别称为串联式组合形式和并联式组合形式。

串联组合的目的是提高除尘效率。越是后段设置的分离器，气体的含尘浓度越低，细尘比例越高，对后段分离器的性能要求也越高，所以需要效率不同的旋风器串联使用。图 2-12 为同直径不同锥体长度的三级串联式旋风分离器设备组，第一级锥体较短，净化粗尘；第二、三级锥体逐次加长，净化减息的粉尘。处理气体量取决于第一级的处理气量。总压力损失等于各级分离设备连接件的阻力之和，再乘以系数 1.1～1.2。旋风除尘器串联使用的情况不是很多。

　　并联使用的目的是增大气体处理量。在处理量相同的情况下，以多个小直径的旋风分离器代替大直径的旋风分离器可以提高效率。为便于组合和均匀分配风量，常用相同直径的旋风器并联组合。组合方式有双筒并联、单支多筒、双支多筒（见图 2-13）和多筒环形组合等几种。并联旋风分离器的压损为单体压损的 1.1 倍，处理气体量为各单体气量之和。

图 2-12　三级串联式旋风分离器　　　　　　图 2-13　双支多筒并联组合

　　除了单体使用外，还可以将许多小旋风分离器（称旋风子）组合在一个壳体内并联使用，称多管旋风分离器。多管旋风分离器布置紧凑、外形体积小、效率高、处理气量大，但金属耗量大，制造较难，所以仅在效率要求高和处理气体量大时才选用。

　　4. 旋风分离器的分离性能

　　旋风分离器的分离性能可用临界直径表示，亦可用分离效率表示。

　　（1）临界直径

　　临界直径是旋风分离器能够 100% 除去的最小粒径，用 d_c 表示。

　　（2）分离效率

　　旋风分离器的分离效率可用如下两种方法表示：

　　① 总效率。总效率以 η_0 表示，是指旋风分离器的全部颗粒中能被分离下来的颗粒量，以质量分率表示，即

$$\eta_0 = \frac{C_1 - C_2}{C_1} \tag{2-16}$$

式中　C_1——进入旋风分离器的含尘气体的浓度，g/m^3；

　　　　C_2——离开旋风分离器的含尘气体的浓度，g/m^3。

　　② 粒级效率。粒级效率以 η_P 表示，是指按颗粒的各种粒度分别表示其被分离下来的量，也以质量分率表示，即

$$\eta_P = \frac{C_{i1} - C_{i2}}{C_{i1}} \tag{2-17}$$

式中　C_{i1}——粒径为第 i 段范围内的颗粒进入旋风分离器的含尘气体的浓度，g/m^3；

　　　　C_{i2}——粒径为第 i 段范围内的颗粒离开旋风分离器的含尘气体的浓度，g/m^3。

　　③ 旋风分离器的压力损失。旋风分离器的压力损失是由于含尘气体流经旋风分离器时，

气流与进气管、器壁、排气管间的摩擦阻力，气流的旋转运动及各部分局部阻力所引起的能量损失。其总的压力损失可用进口气体动能的某一倍数来表示，即

$$\Delta p = \zeta \frac{\rho u_i^2}{2} \tag{2-18}$$

式中阻力系数依设备结构型式、各部分尺寸比例不同而异，但对同一结构及比例尺寸的旋风分离器，阻力系数为常数。目前尚没有一个通用的计算式，主要由实验测定。对标准型旋风分离器，可依如下经验公式计算：

$$\zeta = \frac{16hB}{D_1^2} \tag{2-19}$$

式中　h——进气管的高度，m；

　　　B——进气管的宽度，m；

　　　D_1——排气管的直径，m。

④ 操作条件对旋风分离器的分离性能的影响。气体和粒子的特性对旋风分离器分离性能的影响见表 2-1。

表 2-1　气体和粒子特性对旋风分离器分离性能的影响

特　性		分离效率/%	压强降/Pa	特　性		分离效率/%	压强降/Pa
气体	流量增加	增大	增大	粒子	密度增大	增加	无影响
	密度增加	可忽略	增大		尺寸增大	增大	无影响
	黏度增加	降低	略增		浓度增高	略增	略降
	温度升高	降低	降低		—	—	—

5. 旋风分离器的使用注意事项

① 旋风分离器一般适应于净化密度大、粒度较粗的非纤维性粉尘，高效旋风分离器对细尘也有较好的净化效果。旋风分离器对入口粉尘浓度变化适用性较好，可处理含尘浓度高的气体。

② 旋风分离器一般只适于温度在 400℃ 以下的非腐蚀性气体。对于腐蚀性气体，旋风分离器须用防腐蚀材料制作，或采取防腐措施，对高温气体，应采取冷却措施。

③ 风量波动时将引起入口风速的波动，对除尘效率和压力损失影响较大，因此旋风分离器不宜用于气量波动大的场合。

④ 用于净化粉尘浓度高，或磨损性强的粉尘时，宜对易磨部位采用耐磨衬里。

⑤ 旋风分离器不宜净化黏结性粉尘；当处理相对湿度较高的含尘气体时，应注意避免因结露而造成黏结。

⑥ 设计和运用中应特别注意防止旋风分离器底部漏风，以免效率下降，因而必须采用气密性好的泄尘装置或其他防止底部漏风的措施。

⑦ 旋风分离器一般不宜串联使用，当必须串联使用时，应采用不同尺寸和性能的旋风分离器，并将效率低者作为前级预净化装置。

⑧ 当必须并联使用旋风分离器时，应合理的设计连接各分离器的分风管和汇风管，尽可能使每台分离器的处理风量相等，以免分离器之间产生串流，使总效率降低，因而宜对各分离器设灰斗。

6. 旋风分离器的选用原则

旋风分离器的结构形式很多，在选用分离器时，常根据工艺提供或收集到的设计资料来确定其型号和规格，一般使用计算方法和经验法。由于旋风分离器结构形式繁多，影响因素又很复杂，因此难以求得准确的通用计算公式，再加上人们对旋风分离器内气流的运动规律还有待于进一步地认识，分级效率和粉尘粒径分布数据非常匮乏，相似放大计算方法还未成熟。所以，在实际工作中采用经验法来选择分离器的型号和规格。用经验法选择的基本步骤如下。

① 根据气体的含尘浓度、粉尘的性质、分离要求、允许阻力损失、除尘效率等因素，合理选择旋风分离器的型号、规格。

通常选用旋风分离器时应在高效率和低阻力之间进行权衡，若所选的旋风分离器不能同时满足高效率和低阻力的要求时，则应以首先满足工艺的主要要求来定。

从各类旋风分离器的结构特性来看，粗短型的一般应用于阻力小、处理风量大、净化要求较低的场合；细长型的适用于净化要求较高的场合。表 2-2 列出了几种分离器在阻力大致相等条件下的效率、阻力系数、金属材料消耗量等综合比较，以供选型时参考。

表 2-2　几种旋风分离器的比较

内　　容	旋风分离器型号			
	XLT	XLT/L	XLP/A	XLP/B
设备阻力/Pa	1088	1078	1078	1146
进口气速/(m/s)	19.0	20.8	15.4	18.5
处理风量/(m³/h)	3110	3130	3110	3400
平均效率/%	79.2	83.2	84.8	84.6
阻力系数 ξ	52	64	78	57
金属耗量/[1000m³/(h·kg)]	42.0	25.1	27	33
外形尺寸（筒径×全高）/(mm×mm)	760×2360	550×2521	540×2390	540×2460

② 由旋风分离器使用时的允许压力降确定的进口气速。

$$u_1 = \left(\frac{2\Delta p}{\rho \xi}\right)^{1/2} \qquad (2\text{-}20)$$

式中　　u_1——入口气速，m/s；

$\Delta p(\Delta p$ ①$)$ ——旋风分离器的允许压力降，Pa；

　　　　ρ ——气体的密度，kg/m³；

　　　　ξ ——旋风分离器的阻力系数，可查表得到。

若缺少允许压力降的数据，一般取进口气速 $u_1 = 12 \sim 25$ m/s。

③ 确定旋风分离器的进口截面积 A（A②），入口宽度 B 和入口高度 h。

$$A = Bh = \frac{Q}{u_1} \qquad (2\text{-}21)$$

式中　A ——进口截面积，m²；

　　　B ——进口宽度，m；

　　　h ——入口高度，m；

　　　Q ——旋风分离器处理的烟尘气量，m³/s。

④ 由进口截面积 A、入口宽度 B 和入口高度 h 确定筒体直径及其他各部分尺寸。几种旋风分离器的主要尺寸比例参见表 2-3，其他各种旋风分离器的标准尺寸比例可以查阅有关的除尘设备手册。

表 2-3　几种旋风分离器的主要尺寸比例

尺寸内容		XLP/A	XLP/B	XLT/A	XLT
入口宽度 B		$(A/3)^{1/2}$	$(A/2)^{1/2}$	$(A/2.5)^{1/2}$	$(A/1.75)^{1/2}$
入口高度 h		$(3A)^{1/2}$	$(2A)^{1/2}$	$(2.5A)^{1/2}$	$(1.75A)^{1/2}$
筒体直径 D	上	$3.85B$	$3.33B$		$4.9B$
	下	$0.7D$	/		/
排出管直径 d_e		$0.6D$	$0.6D$	$0.6D$	$0.58D$
筒体长度 L	上	$1.35D$	$1.7D$	$2.26D$	$1.6D$
	下	$1.00D$	/	/	/
锥体长度 H	上	$0.5D$	$2.3D$	$2.0D$	$1.3D$
	下	$1.0D$	/	/	/
排风口直径		$2.96D$	$0.43D$	$0.3D$	$1.145D$
压力	12m/s[1]	700（600）[2]	500（420）	860（770）	440（490）
损失	15m/s	1100（940）	890（700）[3]	1350（1210）	670（770）
/Pa	18m/s	1400（1260）	1450（1150）[4]	1950（1150）	990（1110）

① 进口风速。
② 括号内的数值是出口无蜗壳式的压力损失。
③ 进口风速为16m/s时的压力损失。
④ 进口风速为20m/s时的压力损失。

根据直径估算其分离能力是否达到要求，若不能满足要求，应调整设备尺寸，或改用两个或多个直径较小的旋风分离器并联使用。

【例 2-3】　某工厂炉气的处理量为 $2000\mathrm{m}^3/\mathrm{h}$，温度为 $200℃$，粉尘密度为 $2400\mathrm{kg/m}^3$，最小粒径 $5.6\mu\mathrm{m}$，要求允许压力损失为 $900\mathrm{Pa}$，试选择合适的旋风分离器。

【分析】　例题中处理的粉尘的最小粒径 $5.6\mu\mathrm{m}$，要求允许压力损失为 $900\mathrm{Pa}$，因而可以选用 XLP/A 或者 XLP/B 型旋风分离器，现在以 XLP/B 型旋风分离器为例计算其尺寸。

解：

查表可知，阻力系数 $\xi=5.8$

旋风分离器入口气速 $u_1=\left(\dfrac{2\Delta p}{\rho\xi}\right)^{\frac{1}{2}}=\left(\dfrac{2\times900}{1.2\times5.8}\right)^{\frac{1}{2}}=16.1(\mathrm{m/s})$

进口截面积：$A=\dfrac{Q}{u_1}=\dfrac{5000}{3600\times16.1}=0.0863(\mathrm{m}^2)$

由表查出 XLP/B 型旋风分离器尺寸比例：

入口宽度：$B=\left(\dfrac{A}{2}\right)^{\frac{1}{2}}=\left(\dfrac{0.0863}{2}\right)^{\frac{1}{2}}=0.208(\mathrm{m})$

入口高度：$h=(2A)^{\frac{1}{2}}=(2\times0.0863)^{\frac{1}{2}}=0.42(\mathrm{m})$

筒体直径：$D=3.33B=3.33\times0.208=0.624$（m）

参考 XLP/B 产品系列，取 $D=0.7\mathrm{m}=700\mathrm{mm}$，则：

排出筒直径：$d_e=0.6D=0.42$（m）

筒体长度：$L=0.7D=0.49$（m）

锥体长度：$H=2.3D=1.61$（m）

排灰口直径：$d_1=0.43D=0.3$（m）

二、过滤式除尘器

过滤式除尘器是使含尘气体通过滤材或者滤层，将粉尘分离和捕集的设备。依据过滤材料的不同分为袋式除尘器和颗粒层除尘器。

1. 袋式除尘器

袋式除尘器是利用纤维编织物做成的滤袋作为过滤介质，将含尘气体中的尘粒阻留在滤袋上，从而使颗粒物从废气中分离出来。除尘原理如图 2-14 所示。当含尘气体通过洁净滤袋时，由于洁净滤袋的网孔较大，大部分微细粉尘会随气流从滤袋的网孔中通过，只有粗大的尘粒能被阻留下来，并在网孔中产生"架桥"现象。随着含尘气体不断通过滤袋的纤维间隙，纤维间粉尘"架桥"现象不断加强。一段时间后，滤袋表面积聚一层粉尘，这层粉尘被称为初层。形成初层后，气体流通的闸道变细，即使很细的粉尘，也能被截留下来。因此，此时的滤布只起支撑骨架作用，真正起过滤作用的是尘粒形成的过滤层。随着粉尘在滤布上的积累，除尘效率不断增加，同时阻力也不断增加。当阻力达到一定程度时，滤袋两侧的压力差会把有些微细粉尘从微细孔道中挤压过去，反而使除尘效率下降。另外，除尘器的阻力过高，也会使风机功耗增加、除尘系统气体处理量下降。因此当阻力达到一定值后，要及时进行清灰。注意清灰时不要破坏初层，以免造成除尘效率下降。

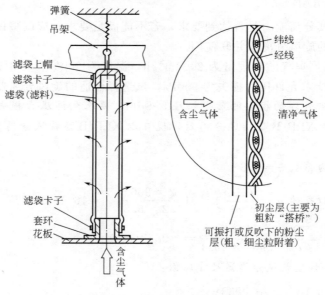

图 2-14　袋式除尘器除尘原理示意图

袋滤器的除尘效率高（99％以上），能除掉微细的尘粒。对气量变化的处理适应性强，最适宜处理有回收价值的细小颗粒物。但袋滤器的投资比较高，允许使用的温度低，操作时气体的温度需高于露点温度，否则，不仅会增加分离设备的阻力，甚至由于湿尘黏附在滤袋表面而使分离设备不能正常工作。当尘粒浓度超过尘粒爆炸下限时也不能使用袋滤器。

2. 颗粒层除尘器

颗粒层除尘器（见图 2-15）是利用颗粒状物料（如硅石、砾石、焦炭等）作为填料层的一种内滤式除尘装置。

影响颗粒层除尘器性能的主要因素是床层颗粒的粒径和床层厚度。实践证明在阻力损失允许的情况下，选用小粒径的颗粒、床层厚度增加以及床层内粉尘层增加，除尘效率和阻力损失也会随之增加。对单层旋风式颗粒层除尘器，颗粒粒径以 2～5mm 为宜，其中小于 3mm 粒径的颗粒应占 1/3 以上。床层厚度可取 100～500mm。颗粒层除尘器的性能还与过滤风速有关，一般颗粒层除尘器的过滤风速取 30～40m/min，除尘器总阻力为1000～1200Pa。对 $0.5\mu m$ 以上的粉尘，过滤效率可达 95% 以上。

颗粒层除尘器的主要优点是：①耐高温、抗磨损、耐腐蚀；②过滤能力不受灰尘比电阻的影响，除尘效率高；③能够净化易燃易爆的含尘气体，并可同时除去 SO_2 等多种污染物；④维修费用低。因此其广泛用于高温烟气的除尘。

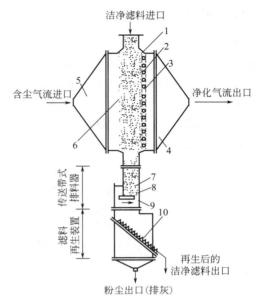

图 2-15 交叉流式移动床颗粒层除尘器示意图
1—颗粒滤料层；2—支承轴；3—可移动式环式滤网；
4—气流分布扩大斗（后侧）；5—气流分布扩大斗（前侧）；
6—百叶窗式挡板；7—可调式挡板；8—传送带；
9—轴承；10—过滤滤网

三、静电除尘器

图 2-16 所示装置为一立式平板静电除尘器。使含尘或含雾滴的气体通过高压直流电场时，发生电离，产生的离子碰撞并附在尘粒或雾滴上，使之带正、负电荷。带电的尘粒或雾滴在电场的作用下，向着与其电性相反的方向运动，到达电极后即被中和而恢复中性，则被分离下来。

静电除尘器能有效地捕集 $0.1\mu m$ 或更小的尘粒或雾滴。静电除尘器分离设备的优点是分离效率高（可达 99%），阻力较小，气体处理量大，可处理温度高达 500℃的含尘气体，低温操作性能良好。其缺点是设备体积庞大、操作费用较高、维护及管理等均要求严格，所以限制了其使用范围。

目前，静电除尘器主要用于处理气量大，

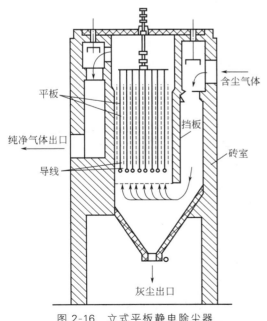

图 2-16 立式平板静电除尘器

对排放浓度要求较严格，又有一定维护管理水平的大企业，如电厂、建材、冶金等行业。

四、洗涤式除尘器

洗涤式除尘器也可以称为湿式除尘器，使含尘气体与液体密切接触，利用液网、液膜或液滴来捕集尘粒或使粒径增大的装置，并兼备吸收有害气体的作用。按照其构造形式及除尘机理分为：重力喷淋式洗涤器（如空心喷淋塔）、旋风式洗涤器（如旋风水膜除尘器）、自激式洗涤器（如自激喷雾除尘器）、填料床式洗涤器（如填料塔、湍球塔等）、泡沫板式洗涤器（如泡沫洗涤塔）、文丘里洗涤器（如文氏管除尘器）及机械诱导喷雾洗涤器。

1. 文丘里洗涤器

文丘里洗涤器是湿法除尘中分离效率最高的一种设备。常用于高温烟气的降温和除尘。文丘里洗涤器是由文丘里管和旋风分离器组合而成的除尘装置，如图 2-17 所示。

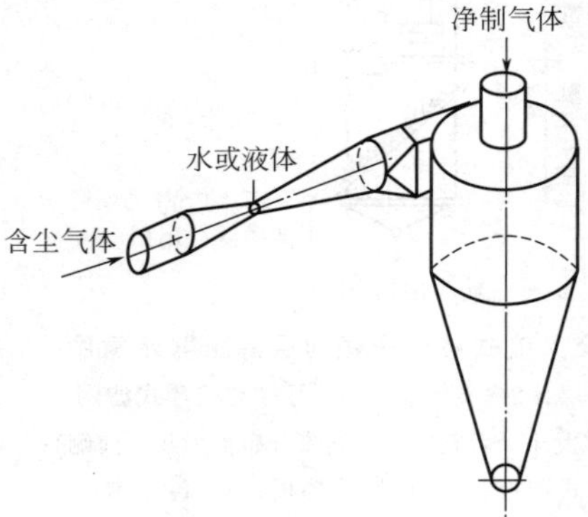

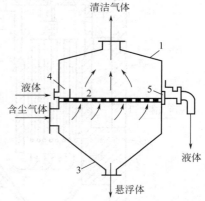

图 2-17　文丘里洗涤器

文丘里管由收缩管、喉管及扩散管三段连接而成。液体由喉管处周围的环夹套若干径向小孔吸入。含尘气体以 $50 \sim 100 \mathrm{m/s}$ 的速度高速通过喉管时，把液体喷成很细很细的雾滴而形成很大的接触面，在高速湍流的气流中，尘粒与雾滴聚成较大的颗粒，这样就等于加大了原来尘粒的粒径，随后引入旋风分离器或其他分离设备进行分离，以达到气体净化的目的，收缩管的中心角一般不大于 $25°$，扩散管的中心角为 $7°$ 左右，液体用量约为气体体积流量的千分之一。

文丘里洗涤器的特点：构造简单，操作方便，分离效率高。如气体中所含粒径为 $0.5 \sim 1.5 \mu\mathrm{m}$ 时，其除尘效率可达 99%，但流体阻力大，一般在 $26.6 \sim 66.6 \mathrm{kPa}$ 范围之内。

2. 泡沫板式洗涤器

泡沫板式洗涤器适用于净制含有灰尘或雾沫的气体，如图 2-18 所示。其外壳是圆形或方形，上下分成两室，中间装有筛板，筛孔直径为 $2 \sim 8 \mathrm{mm}$，开孔率为 $8\% \sim 30\%$。水或其他液体由上室的一侧靠近筛板处的进液室 4 进入，流过筛板，而气体由下室进入，穿过筛孔与液体接触时，筛板上即产生许多泡沫而形成一层泡沫层，此泡沫层是剧烈运动的气液混合物，气液接触面积很大，而且随泡沫的不断破灭和形成而更新，从而造成捕尘的良好条件。含尘气体经筛板上升时，较大的尘粒先被由筛板泄漏下降的含尘液体洗去一部分，由器底排出，气体中的微小尘粒则在通过筛板后被泡沫层所截留，并随泡沫层从分离设备的另一侧经溢流板流出。溢流板的高度直接影响着泡沫层的高度，一般溢流板的高度不高于 $40 \mathrm{mm}$，否则流体阻力增加过大。

图 2-18　泡沫板式洗涤器
1—外壳；2—筛板；3—锥形底；
4—进液室；5—溢流板

泡沫板式洗涤器的分离效率较高，若气体中所含的微粒大于 $5 \mu\mathrm{m}$，分离效率可达 99%，而阻力也仅为 $4 \sim 23 \mathrm{kPa}$。但是对设备安装要求严格，特别是筛板是否水平放置对操作影响很大。

　　洗涤式除尘器结构比较简单、投资少，除尘效率比较高，可以采用水作为除尘剂；能除去小粒径粉尘，并且可以同时除去一部分有害气体。洗涤式除尘器的缺点是用水量比较大、产生的污染（泥浆和废水）需进行处理、设备易腐蚀。寒冷地区要注意防冻。

　　除了应用以上原理外，还可以利用声波、磁力等来除去粉尘和净化气体。如声波除尘器、高梯度磁式除尘器和陶瓷过滤除尘器等，但目前这类除尘器应用较少。

　　此外，还可以根据除尘器对微细粉尘捕集效率的高低，把除尘器分成高效、中效和低效除尘器。一般来说，袋式除尘器、电除尘和文丘里洗涤器属于高效除尘器；旋风分离器属于中效除尘器；而重力沉降室、惯性除尘器属于低效除尘器，常被用于多级除尘系统中的初级除尘。

　　化工生产中几种常用的气固分离设备及其性能如表 2-4 所示。

表 2-4　常用的气固分离设备及其性能

设　备　类　型	分离效率/%	压强降/Pa	应　用　范　围
重力沉降室	50~60	50~100	除大粒子>75~100 μm
惯性除尘器和一般旋风分离器	50~70	250~800	除较大粒子，下限 20~50 μm
高效旋风分离器	80~90	1000~1500	除一般粒子，10~100 μm
袋式除尘器	95~99	800~1500	细尘<1 μm
静电除尘器	90~93	100~200	细尘<1 μm

任务解决1

工程项目一任务解决之一　炉气净化方案的初步分析

　　在项目一所述的工程任务中，硫铁矿经过焙烧得到的炉气，其中除含有转化工序所需要的有用气体 SO_2 和 O_2 以及惰性气体 N_2 之外，其他含有的三氧化硫、水分、三氧化二砷、二氧化硒、氟化物及矿尘等需要除去，要求分离的对象中连续相为气体，非连续相为粉尘和液滴，应该选择气固和气液分离设备。

　　通过上文我们了解了目前工业上用于除尘的一系列方法和设备，针对此工程任务应该选择哪些设备？

五、气固分离方案和设备的选择

　　选择气固分离方案和设备时，必须全面考虑有关因素，它包括：粉尘的性质、分离效率、阻力损失、设备投资、占用空间、操作费用及维修管理的技术水平等，其中最主要的是分离效率。一般来说，选择气固分离设备时应该注意以下几个方面的问题。

　　1. 除尘标准

　　设置气固分离设备的目的是净化产品，使其中的杂质浓度达到允许的标准或者保证排至大气的气体含尘浓度能够达到排放标准的要求。因此，除尘标准是选择除尘设备的首要依据。

　　2. 含尘气体性质

　　含尘气体的湿度、温度等性质和气体的组成也是选择除尘设备时必须考虑的因素。对于高温、高湿的气体不宜采用袋式除尘器。当气体中含有毒有害气体时，适当考虑洗涤式除尘，但要注意设备的防腐。

3. 气体的含尘浓度

一般来说，对于文丘里洗涤器、喷淋塔等洗涤式除尘器的理想含尘浓度应在 $10g/m^3$ 以下；袋式除尘器的理想含尘浓度应在 $0.2\sim10g/m^3$；静电除尘器的理想含尘浓度应在 $30g/m^3$ 以下。

气体的含尘浓度较高时，在静电除尘器或袋式除尘器前应设置低阻力的初级净化设备，除去粗大的尘粒，以便高效除尘器更好地发挥作用。降低除尘器入口粉尘浓度，可以防止静电除尘器由于粉尘浓度过高产生的电晕闭塞；可以减少洗涤式除尘器的泥浆处理量；可以防止文丘里洗涤器喷嘴堵塞和减少喉管磨损等。

4. 粉尘的性质

粉尘的性质对于除尘器性能和运行具有较大的影响。例如，黏性较大的粉尘容易黏结在除尘器表面，不宜采用干法除尘；水硬性和疏水性的粉尘不宜采用湿法除尘；比电阻过大或过小的粉尘不宜采用电除尘；处理磨损性粉尘时，旋风分离器内壁应衬耐磨材料，袋式除尘器应选用耐磨滤料。具有爆炸性危险的粉尘，必须采取防爆措施等。

5. 除尘效率

依照排放标准，根据除尘器进口气体的含尘浓度，确定除尘器的除尘效率。要达到同样的除尘标准，进口含尘浓度越高，要求分离设备的除尘效率也必须高。

不同除尘器对不同粒径尘粒的除尘效率是完全不同的。选择除尘器时，必须了解处理粉尘的粒径分布和除尘器的分级效率。再根据粒径分布和分级效率计算总效率和选择除尘器。表 2-5 列出了用标准粉尘对不同除尘器进行实验后得出的分级效率，可供选用除尘器时参考。实验使用的标准粉尘为二氧化硅粉尘，密度 $\rho_s=2700kg/m^3$。

表 2-5　除尘器的分级效率

除尘器名称	全效率/%	不同粒径的分级效率/%				
		$(0\sim5)\mu m$ 20%	$(5\sim10)\mu m$ 10%	$(10\sim20)\mu m$ 15%	$(20\sim44)\mu m$ 20%	$44\mu m$ 35%
带挡板的沉降室	56.8	7.5	22	43	80	90
普通的旋风分离器	65.3	12	33	57	82	91
长锥体旋风分离器	84.2	40	79	92	99.5	100
喷淋塔	94.5	72	96	98	100	100
静电除尘器	97.0	90	94.5	97	99.5	100
文丘里洗涤器	99.5	99	99.5	100	100	100
袋式除尘器	99.7	99.5	100	100	100	100

注："（ ）"里的数值为粒径分布。

6. 设备投资和运行费用

在选择除尘器时还必须考虑设备的一次投资（设备费、安装费、基建费）以及日常运行和维修费用等经济因素。表 2-6 给出了常见除尘设备投资费用和运行费用的比较。需要指出的是：任何除尘系统的一次投资只是总费用的一部分。所以，仅以一次投资作为选择的依据是不全面的，还必须考虑易损配件的价格、动力消耗、维护管理费、除尘器的使用寿命、回收粉尘的利用价值等。

表 2-6　常见除尘设备的投资费用和运行费用的比较

常见除尘设备	投资费用比例/%	运行费用比例/%	常见除尘设备	投资费用比例/%	运行费用比例/%
高效旋风除尘器	50	50	塔式除尘器	51	49
袋式除尘器	50	50	文丘里洗涤器	30	70
静电除尘器	75	25			

总之，选择气固分离设备时要结合各个地区和使用单位的具体情况，综合考虑各方面的因素。表 2-7 是各种气固分离设备的综合性能表，可供选用气固分离设备时作为参考。

表 2-7　各种气固分离设备的综合性能

除尘器名称	适用的粒径范围/μm	除尘效率/%	压力损失/Pa	设备费用	运行费用
重力沉降室	>50	<50	50～130	少	少
惯性除尘器	20～50	50～70	300～800	少	少
旋风除尘器	5～30	60～70	800～1500	少	中
冲击水浴除尘器	1～10	80～95	600～1200	少	中下
旋风水膜除尘器	≥5	95～98	800～1200	中	中
文丘里除尘器	0.5～1	90～98	4000～10000	少	大
静电除尘器	0.5～1	90～98	50～130	大	中上
袋式除尘器	0.5～1	95～99	1000～1500	中上	大

任务解决2

工程项目一任务解决之二　炉气净化方案的拟订

对焙烧硫铁矿所得炉气中杂质的成分及特点分析，初步确定净化方案如下。

1. 粉尘的清除

根据炉气中矿尘粒径的大小，可以相应采取不同的净化方案。对于尘粒较大的（10μm 以上），可以采用自由沉降室或者旋风分离器；对于尘粒较小的（0.1～10μm）可以采用电除尘器；对于更小的颗粒的粉尘（0.05μm 以下）可采用液相洗涤法。

2. 砷和硒的清除

当温度下降时，焙烧后产生的 As_2O_3 和 SeO_2 在气体中的饱和含量迅速下降，因此可以采用水或者稀硫酸来降温洗涤炉气。从气体中析出凝固成固相的砷、硒氧化物，一部分被洗涤液带走，其余悬浮在气相中成为酸雾冷凝中心。当温度降至 50℃时，气体中的砷、硒氧化物已经降至规定指标以下。炉气净化时，由于采用硫酸溶液或者水洗涤炉气，洗涤液中有相当数量的水蒸气进入气相，使炉气中的水蒸气含量增加。当水蒸气与炉气中的三氧化硫接触时，则可以生成硫酸蒸气。当温度降到一定程度，硫酸蒸气就会达到饱和，直至过饱和。当过饱和度等于或者大于过饱和度的临界值时，硫酸蒸气就会在气相中冷凝，形成在气相中的悬浮的小液滴，即为酸雾。

3. 酸雾的清除

酸雾的清除，通常采用电除尘器来完成。电除雾器的除雾效率和酸雾微粒的直径有关。直径越大，效率越高。

实际生产中采取逐级增大酸雾粒径逐级分离的方法，以提高除雾效率。一方面逐级降低洗涤液酸度，使气体中的水蒸气含量增大，酸雾吸收水分被稀释，粒径增大；另一方面气体被逐级冷却，酸雾同时也被冷却，气体中的水蒸气在酸雾微粒表面冷凝而增大粒径。另外，可以采取增加电除雾器的段数，在两极电除雾器中间设置增湿塔，降低气体在电除雾器中的流速等措施。

根据以上分析，以硫铁矿为原料的接触法制酸装置的炉气净化流程可以有许多种。下面介绍一种我国自行设计的"文泡冷电"酸洗流程，如下图所示。

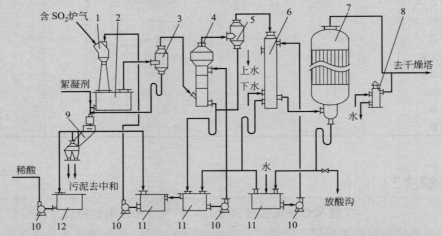

1—文氏管；2—文氏管受槽；3，5—复挡除沫器；4—泡沫塔；6—间接冷却塔；7—电除雾器；
8—安全水封；9—斜板沉降槽；10—泵；11—循环槽；12—稀酸槽

由焙烧工序来的 SO_2 炉气，首先进入文丘里洗涤器 1（文氏管），用 15%～20% 的稀酸进行第一级洗涤。洗涤后的气体经复挡除沫器 3 除沫后进入泡沫塔 4，用 1%～3% 的稀酸进行第二级洗涤。经两级酸洗后。矿尘、杂质被除去，炉气中的部分 As_2O_3、SeO_2 凝固为颗粒被除掉，部分成为酸雾的中心。同时炉气中的 SO_3 也与水蒸气形成酸雾，在凝聚中心形成酸雾颗粒。两级酸洗后的炉气，经复挡除沫器 5 除沫，进入间接冷却塔 6 列管间，使炉气进一步冷却，同时，使水蒸气进一步冷凝，并且使酸雾粒径再进一步长大。由间接冷却塔 6 出来的炉气进入管束式电除雾器，借助于直流电场，使炉气中的酸雾被除去，净化后的炉气去干燥塔进行干燥。

六、气固分离设备的操作与维护

选择了合适的气固分离设备，如不进行科学的维护和管理，分离设备就不可能长期地正常运转。只有对分离设备进行认真的维护和管理，才能使其处于最佳的运转状态，并可延长使用寿命。

1. 气固分离设备的运转管理

负责运转和管理除尘器的人员必须经过专门的培训，不仅要熟悉和严格执行操作规程，而且要具备以下的知识和能力。

① 熟悉除尘器进出口气体含尘浓度、尘粒的粒径及其变化范围。

② 熟悉除尘器的阻力、除尘效率、风量、温度、压力。如果是湿法除尘，还需了解液体的流量、温度、所需压力。

③ 要了解各种仪表、设备的性能，并使其处于良好状态。

④ 掌握设备正常运转时的各种指标，如发现异常，能及时分析原因，并及时排除故障。

2．气固分离设备的维护

运转中的除尘设备经常因为磨损、腐蚀、漏气或堵塞，致使除尘效率急剧下降，甚至造成事故。为了使除尘器长期保持良好状态，必须定期或不定期地对除尘器及附属设备进行检查和维护，以延长设备的使用寿命，并保证其运行的稳定性和可靠性。

（1）机械式除尘器维护的主要项目

① 及时清除除尘器内各部分的黏附物和积灰；

② 修补磨损、腐蚀严重的部分；

③ 检查除尘器各部分的气密性，如发现，应及时修补或更换密封垫料。

（2）过滤式除尘器维护的主要项目

① 修补滤袋上耐磨或耐高温涂料的损坏部分，以保证其性能；

② 对破损和黏附物无法清除的滤袋进行更换；

③ 对变形的滤袋要进行修理和调整；

④ 清洗压缩空气的喷嘴和脉冲喷吹部分，及时更换失灵的配管和阀门；

⑤ 检查清灰机构可动部分的磨损情况，对磨损严重的部件要及时更换。

（3）电除尘器维护的主要项目

① 定期切断高压电源后对电除尘器进行全面的清洗；

② 随时检查支架、垫圈、电线及绝缘部分，发现问题及时修理和更换；

③ 检查振打装置及传动和电器部分，如有异常及时修复；

④ 检查烟气湿润装置，清洗喷嘴，对磨损严重的喷嘴进行更换。

（4）洗涤式除尘器维护的主要项目

① 对设备内的淤积物、黏附物进行清除；

② 检查文丘里管、自激式除尘器的喉部磨损情况，对磨损、磨蚀严重的部位进行修补或更换；

③ 对喷嘴进行检查和清洗，及时更换磨损严重的喷嘴。

实践与练习1

一、选择题

1．在重力场中，微小颗粒的沉降速率与（　　）无关。

　　A．粒子的几何形状　　　　　　　B．粒子的尺寸大小

　　C．流体与粒子的密度差　　　　　D．流体的速率

2．微粒在降尘室内能除去的条件为：停留时间（　　）它的沉降时间。

　　A．不等于　　　　　B．大于或等于　　　　C．小于　　　　D．大于或小于

3．降尘室的生产能力（　　）。

  A. 只与沉降面积 A 和颗粒沉降速率 u_t 有关   B. 与 A、u_t 和降尘室高度 H 有关

  C. 只与沉降面积 A 有关   D. 只与 u_t 和 H 有关

4. 若沉降室高度降低，则沉降时间_____，生产能力_____。（   ）

  A. 增加，下降   B. 不变，增加   C. 缩短，不变   D. 缩短，增加

5. 欲提高降尘室的生产能力，主要的措施是（   ）。

  A. 提高降尘室的高度   B. 延长沉降时间

  C. 增大沉降面积

6. 离心沉降的基本原理是固体颗粒产生的离心力（   ）流体产生的离心力。

  A. 小于   B. 等于   C. 大于   D. 两者无关

7. 旋风分离器的总的分离效率是指（   ）。

  A. 颗粒群中具有平均直径的粒子的分离效率

  B. 颗粒群中最小粒子的分离效率

  C. 不同粒级（直径范围）粒子分离效率之和

  D. 全部颗粒中被分离下来的部分所占的质量分率

8. 在讨论旋风分离器分离性能时，临界直径这一术语是指（   ）。

  A. 旋风分离器效率最高时的旋风分离器的直径

  B. 旋风分离器允许的最小直径

  C. 旋风分离器能够全部分离出来的最小颗粒的直径

  D. 能保持滞流流型时的最大颗粒直径

9. 一般而言，旋风分离器长、径比大及出入口截面小时，其效率____，阻力____。（   ）

  A. 高，大   B. 低，大   C. 高，小   D. 低，小

10. 拟采用一个降尘室和一个旋风分离器来除去某含尘气体中的灰尘，则较适合的安排是（   ）。

  A. 降尘室放在旋风分离器之前   B. 降尘室放在旋风分离器之后

  C. 降尘室和旋风分离器并联   D. 方案 A、B 均可

11. 要除去气体中含有的 $5 \sim 50 \mu m$ 的粒子，要求除尘效率较高时，宜选用（   ）。

  A. 除尘气道   B. 旋风分离器   C. 离心机   D. 静电除尘器

二、填空题

1. 非均相物系指_____，由_____相和_____相等组成。

2. 球形颗粒从静止开始降落，经历_____和_____两个阶段。沉降速率是指_____阶段颗粒相对于流体的运动速率。

3. 降尘室中微粒沉降的必要条件是_____。为提高生产能力，可将降尘室作成_____（单层、多层）。降尘室一般作_____使用。

4. 旋风分离器是利用_____作用来分离气体中尘粒或者液滴的设备。其上部为_____，下部为_____。

5. 选择旋风分离器的主要依据是：(1) _____；(2) _____；(3) _____。

6. 文丘里洗涤器是由文丘里管和_____分离器组合而成的除尘装置，文丘里管由_____、_____、_____组成。

7. 泡沫除尘器是适用于净制含有_____或_____气体的设备。

三、计算题

1. 60μm、密度为 1800kg/m³ 的颗粒在 20℃的空气作自由沉降，试计算其在空气中的沉降速率。（已知空气的密度 1.2kg/m³，黏度为 0.0185cP）

2. 直径为 58μm、密度为 1800kg/m³、温度为 20℃、压强为 101.3kPa 的含尘气体，在进入反应器之前需除去尘粒并升温至 400℃。降尘室的底面积为 60m²。试计算先除尘后升温和先升温后除尘两种方案的气体最大处理量（m³/s）。20℃时气体黏度为 1.81×10^{-5} Pa·s；400℃时黏度为 3.31×10^{-5} Pa·s。（沉降在斯托克斯区）

3. 旋风分离器（四台并联）组出口气体含尘量为 0.7×10^{-3} kg/m³，气体流量为 5000m³/h，每小时捕集下来的灰尘量为 21.5kg。试求：

(1) 总的除尘效率 η；

(2) 理论上能完全除去的最小颗粒直径。

在操作条件下，气体黏度为 2.0×10^{-5} Pa·s。旋风分离器的圆筒直径为 0.4m，按标准旋风分离器性能估算。尘粒密度为 2300kg/m³。

四、简答题

1. 工业生产中常见的非均相物系的分离方法有哪些？分别是如何实现分离的？

2. 气固分离应用于哪些方面？有哪些分离方法和设备？

3. 颗粒在流体中的沉降速率与哪些因素有关？

4. 离心沉降与重力沉降的区别在哪里？

5. 绘制标准型旋风分离器的结构示意图，并说明其工作过程及各部位的作用。

6. 列举常用的湿式除尘设备，说明它们的结构特点。

五、课外探索题

下图是某炼油厂催化裂化装置图，在提升管反应器中，原料气在催化剂作用下进行裂化，为了得到较纯净的裂化气，需要将气流中含有的固体催化剂除去，气固混合物进入旋风分离器，裂化后的气体由旋风分离器上部引出，固体催化剂从下部出料口沉降下来。

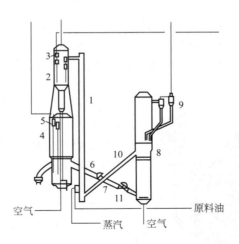

第五题　附图

1—提升管反应器；2—沉降器；3，5，9—旋风分离器；4—再生器；6—半再生斜管；

7—再生滑阀；8—二再生器；10—再生斜管；11—半再生滑阀

请查阅资料思考以下问题：

① 装置中 2、3、5、9 的作用分别是什么？

② 旋风分离器的数目根据什么确定？

任务二   液固分离方法及设备的认识与选择

液固分离是指将离散的难溶固体颗粒从液体中分离出来的操作，液固分离主要有两种方法：沉降与过滤；也有借助于流体运动的流态化分级、旋流器分级等，如水力旋流器分级；流态化洗涤等作为第三种分离方法。严格来说，它只能达到分级的目的，远未达到分离的要求。

一、沉降分离

与气固非均相物系的沉降分离类似，液固系统的沉降分离也分为两种方法，即重力沉降法与离心沉降法。

教学视频

沉降式液固分离

1. 重力沉降设备

利用液固两相的密度差，将分散在悬浮液中的固体颗粒于重力场中进行分离，称为重力沉降法，根据分离目的及要求不同，液固重力沉降可分为三种类型。

（1）澄清

澄清的目的在于回收溶液，要求获得清澈的溶液，基本上不含固体。其最终产物除澄清液外，其浓缩的底流悬浮液可能含液量较高，根据不同的工艺要求，可以进一步回收或作为废弃物处理。

（2）浓缩

浓缩的目的在于回收固体，需要提高悬浮液的浓度，以提高分离效果。

（3）分离作业

是对以上两种作业即澄清与浓缩要求同时兼顾的作业。

用于液固分离的重力沉降设备有多种，分类方法也有多种。

根据进料中固体浓度的高低以及分离要求的不同，可分为：

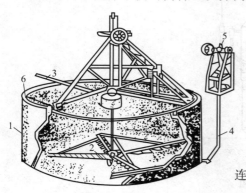

图 2-19 增稠器

1—槽；2—耙；3—悬浮液送液泵；4—稠渣
出料管；5—泥浆泵；6—溢流槽

① 澄清槽 —— 主要用于脱水，即获取清液；

② 沉降槽 —— 主要用于渣浆浓缩；

③ 倾析槽 —— 主要用于粗、细分级；

④ 倾斜板沉降槽 —— 主要用于脱水；

⑤ 锥形沉降槽 —— 用于脱水及渣浆浓缩；

⑥ ▽形分级槽 —— 用于矿浆浓缩；

⑦ 污水池 —— 用于脱水，间歇排泥。

根据设备操作形式不同，可分为：间歇式、半连续式和连续式三种。

在化工生产和环保部门广泛使用的连续式沉降槽（又称增稠器）如图 2-19 所示。

连续沉降槽的优点是结构简单、操作处理量大且增稠物的浓度均匀。缺点是设备庞大、占地面积大、分离效率较低等。沉降槽适于处理固体微粒不太小、浓度不高、但处理量较大的悬浮液。

👥 思考题

> 某污水处理厂，矩形沉降槽的宽为 1.2m，用来处理流量为 60m³/h 的悬浮污水，已知颗粒的沉降速率为 $2.8×10^{-3}$ m/s，则沉降槽的长度至少需要多少米？

2. 离心沉降设备

利用液固两相的密度差，将分散在悬浮液中的固相颗粒于离心力场中进行分离的操作，称为离心沉降。

用于液固分离的离心沉降设备有很多，可按工作目的、操作方法、结构型式、离心力强度及卸料方式等进行分类。

用于液固分离的离心沉降过程一般是在无孔的转鼓装置中进行，用无孔转鼓旋转时所产生的离心力来分离悬浮液或矿浆，按转鼓结构和卸渣方式可分为五种主要类型：

管式离心机 —— 间歇操作，人工卸料；

室式离心机 —— 间歇操作，人工卸料；

无孔转鼓离心机 —— 半连续操作，间歇卸料（常为自动卸料）；

螺旋卸料离心机 —— 连续操作，连续卸料。

碟式（盘式）离心机又分：

固体保留型 —— 间歇操作，人工卸料；

固体抛出型（环阀排渣型）—— 断续操作，间歇卸料；

喷嘴形 —— 连续操作，连续卸料。

① 管式高速离心机　管式高速离心机是一种能产生高强度离心力场的离心机，具有很高的分离因数（15000～60000），转鼓的转速可达 8000～50000 r/min。为尽量减小转鼓所受的应力，采用较小的鼓径，因而在一定的进料量下，悬浮液沿转鼓轴向运动的速率较大。为此应增大转鼓的长度，以保证物料在鼓内有足够的时间沉降，于是转鼓成为直径小而高度相对很大的管式构形，如图 2-20 所示。管式高速离心机生产能力小，但能分离普通离心机难以处理的物料，如分离乳浊液及含有稀薄微细颗粒的悬浮液。

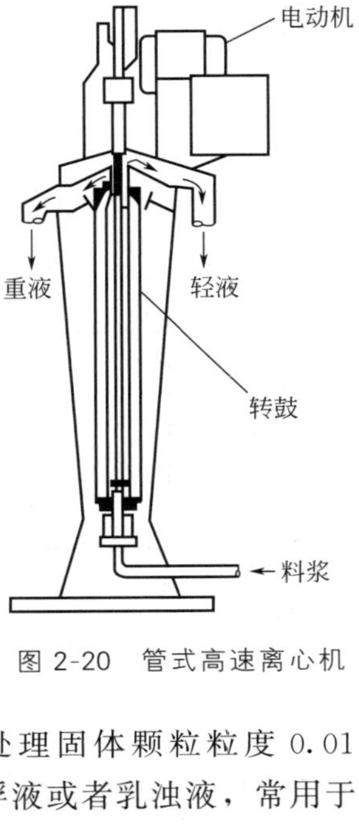

乳浊液或悬浮液由底部进料管送入转鼓，鼓内有径向安装的挡板（图中未画出），以便带动液体迅速旋转。如处理乳浊液，则液体分轻重两层各由上部不同的出口流出；如处理悬浮液，则只用一个液体出口，微粒附着于鼓壁上，经一定时间后停车取出。

图 2-20　管式高速离心机

管式分离机的规格：直径为 40～150mm，长径比 4～8，分离因数可达 15000～65000，处理能力为 0.1～0.4m³/h。适于处理固体颗粒粒度 0.01～100μm、固体密度大于 0.01g/cm³、体积浓度小于 1% 的难分离悬浮液或者乳浊液，常用于油水、细菌、微生物、蛋白质的分离及香精油、硝酸纤维素的澄清作业。与其他高速离心机相比，其容量小、效率低，故不宜处理固相含量高的悬浮液。

②　室式离心机　室式离心机的构造如图 2-21 所示。室式离心机的转鼓内有若干个同心圆筒组成若干同心环状分离室，各分离室的流道串联。悬浮液自中心进料管加入转鼓内的第一分离室中，由内向外依次流经各分离室。受逐渐增大的离心力作用，悬浮液中的粗颗粒沉降到靠内的分离室壁上，细颗粒则沉降到靠外的室壁上，澄清的分离液经溢流口或由向心泵排出。运转一段时间后，当分离液澄清度达不到要求时，需停机清理沉渣。这种分离机一般有 3～7 个分离室，分离因数为 2000～8000，处理能力 2.5～10m³/h，适于处理颗粒粒度大于 0.1μm，固相浓度小于 5% 的悬浮液，常用于果汁、酒类、饮料及清漆等的澄清作业。

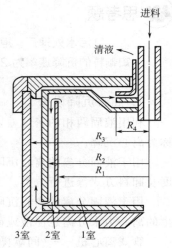

图 2-21　室式离心机的构造

室式离心机清洗较为困难，清洗时间较长，且为人工卸料。因此这种离心机仅限于处理固体体积浓度为 4%～5% 的悬浮液。

③　无孔转鼓离心机　无孔转鼓沉降离心机的转鼓壁上无孔，当悬浮液加入高速旋转的转鼓内时，随转鼓一起旋转，悬浮液受到离心力的作用，颗粒按密度大小依次分层沉淀到转鼓上，密度大的颗粒在转鼓壁上，密度小的颗粒在内层（即靠近中心）。无孔转鼓沉降离心机是间歇操作的。工业上常用的转鼓直径 300～1200mm，转鼓长径比为 0.5～0.6。分离因数最大可为 1800，最大处理量为 18m³/h，通常用于处理粒度为 5～40μm，液固密度差大于 0.05g/cm³，固体浓度小于 10% 的悬浮液。

无孔转鼓沉降离心机常用的有三足式沉降离心机（如图 2-22）和卧式刮刀卸料沉降离心机两种。

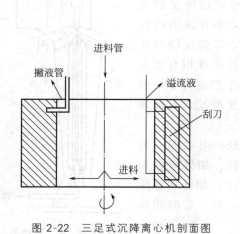

图 2-22　三足式沉降离心机剖面图

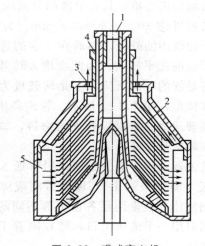

图 2-23　碟式离心机

1—顶部中心管（乳浊液入口）；2—倒锥底盘；3—重液出口；4—轻液出口；5—隔板

④　碟式（盘式）离心机　碟式离心机也称盘式离心机，结构如图 2-23 所示。碟式离心

机的转鼓内装有许多倒锥形碟片，碟片直径一般为 0.2～0.8m，碟片数为 50～180 片。两个碟片间的间隙很小，一般为 0.5～1.5mm。各碟片在两个相同位置上都开有小孔，当各碟片叠起时，可形成几个通道。

原料液从顶部中心管 1 加入碟式离心机内，流到底部后再上升，经各碟片小孔形成的孔道，在各碟片间分布成若干薄液层。分离乳浊液时，在离心力作用下重液沿径向往外移动，最后从重液出口 3 流出；轻液沿碟片外侧向中央移动，由轻液出口 4 流出。分离悬浮液时，固体颗粒沿碟片向外缘下滑，沉积于转鼓的周边，当累积至一定量时，停机卸出。

转鼓的转速一般为 4700～8500r/min。此种离心机可用作分离或澄清两种情况。

二、过滤分离

过滤是将含有固体颗粒的悬浮液在推动力的作用下通过多孔介质，固体颗粒被多孔介质截留，液体则通过，从而使悬浮液中的液、固两相得以分离。如图 2-24 所示。

在过滤操作中，悬浮液称滤浆或料浆，多孔性介质称为过滤介质，过滤介质截留的固体颗粒层称为滤饼或滤渣，通过介质的清液为滤液。

1. 过滤操作的分类

（1）按过滤机理分

① 表面过滤　表面过滤又称为滤饼过滤。颗粒尺寸大多数比介质孔道直径大。悬浮液中的固体颗粒被截留并沉积在过滤介质的上游一侧，形成滤饼层，且随着过滤时间的延长，滤饼层也增厚。应注意的是，过滤的开始阶段，特别细小的颗粒会与滤液一起穿过介质层，故开始进行过滤时，滤液较浑浊，同时细小的颗粒，也会进入介质的孔道内，并产生架桥现象（见图 2-25）。随着滤饼层的形成，滤液逐渐变清。可见，正常操作时，对于过滤操作而言，滤饼才是有效的过滤介质。

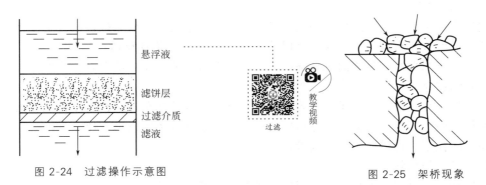

图 2-24　过滤操作示意图　　　　　　　　　　　图 2-25　架桥现象

表面过滤的特点是：滤饼层厚度随着过滤时间的延长而增厚，过滤阻力亦随之增大。

表面过滤通常用来处理固体浓度较高（体积浓度大于 1％）的悬浮液，可以得到滤液产品，也可以得到滤饼产品，这种过滤形式被广泛地应用于化工、食品、冶金等行业。

② 深层过滤　深层过滤的过滤介质层很厚，孔道弯曲而细长，且颗粒尺寸比孔道直径小得多。当细小的颗粒随着液体进入床层内弯曲的孔道时，便被截留并黏附在孔道中。固体游离过程发生在整个过滤介质的内部，如图 2-26 所示。这种过滤方法适合悬浮液中含有的固体颗粒尺寸很小，且含量很少（固相体积分布在 0.1％以下）的情况。如自来水厂通过石英砂层过滤自来水即属此种情况。

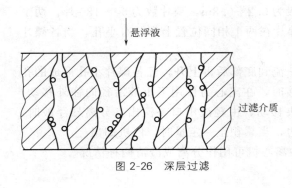

图 2-26　深层过滤

深层过滤的特点是：没有滤饼层的形成过程，在整个过程中，过滤阻力不变。

化工生产中所处理的悬浮液浓度往往较高，其过滤操作多属滤饼过滤，故本节着重讨论滤饼过滤。

（2）按过滤操作的推动力分

滤液通过滤饼层和过滤介质时应有一定的推动力，其大小常以过滤介质两侧的压强差表示。根据推动力的不同，过滤操作可分为：重力过滤、离心过滤、加压过滤与真空过滤。

① 重力过滤　依靠悬浮液本身的液柱产生的压强，一般不超过 $5 \times 10^4 Pa$；

② 离心过滤　利用离心力来实现液固分离；

③ 加压过滤与真空过滤。

加压过滤——给悬浮液加压，一般可以达到 $5 \times 10^5 Pa$；

真空过滤——在滤液侧抽真空，通常不超过 $8.5 \times 10^4 Pa$；

常压过滤——悬浮液侧和滤液侧都是常压。

（3）按过滤过程的阻力的变化分

按过滤过程中过滤速率是否恒定分为恒速过滤和变速过滤。在压力一定时，深层过滤属恒速过滤操作，而滤饼过滤属变速过滤。

（4）按过滤操作方式

按过滤操作方式可以把过滤机分为间歇式和连续式两种。板框压滤机是应用得最广泛的一种间歇过滤机，转鼓真空过滤机是一种典型的连续过滤机。

2. 过滤介质

过滤介质是整个过滤过程的关键。过滤介质的作用是使滤液通过，截留固体颗粒，并支承滤饼，故不仅要求其具有多孔性（但孔道又不宜大，以免颗粒通过），还应对所处理的悬浮液具有耐腐蚀性及有足够的机械强度等。工业上常用的过滤介质有以下几种。

（1）织物介质

用天然纤维（棉、麻、丝、毛等）和合成纤维织成的滤布，亦有用金属丝（铜、不锈钢等）编织成的滤网等。这类过滤介质应用较广泛，清洗及更换也很方便，可根据需要采用不同编织方法控制其孔道的大小，以满足要求。

（2）堆积的粒状介质

可用砂、木炭等物堆积，亦可用玻璃等非编织纤维堆积而成。这类过滤介质多用于处理含固体颗粒量很少的悬浮液过滤，如水的净化处理。

（3）多孔性固体介质

如多孔性陶瓷板或管，多孔塑料板或由金属粉末烧结而成的多孔性金属陶瓷板及管等。此类介质主要用于过滤含有少量微粒的悬浮液的间歇式过滤设备中。

过滤介质的选择要根据悬浮液中固体颗粒的含量和粒度范围，介质所能承受的温度和它的化学稳定性、机械强度等因素来考虑。合适的介质，可带来以下效益：滤液清洁，固体粒子损失量小；滤饼容易卸除；过滤时间少；过滤介质不会因突然的或逐渐的堵塞而破坏；过滤介质容易获得再生。

3. 助滤剂

滤饼分为不可压缩性滤饼和可压缩性滤饼。在过滤操作中，可压缩性滤饼会因两侧的压力差增大，或滤饼层加厚，使颗粒的形状变化，颗粒间隙减小，从而导致流体的流动通道截面积减小，流体流动阻力增大。为了避免滤布的早期堵塞及减小其流动阻力，可加入某些助滤剂来改变滤饼的结构，增加滤饼的刚性。

助滤剂是一种坚硬且形状不规则的小固体颗粒，加入助滤剂后形成的滤饼不仅结构疏散，而且几乎是不可压缩性的滤饼。可作为助滤剂的物质通常是一些不可压缩的粉状或纤维状固体，常用的有硅藻土、珍珠岩、炭粉、石棉粉等。

助滤剂的使用方法有两种：一种是将助滤剂加入待过滤的悬浮液中一起过滤，这样所得到的滤饼较疏松，压缩性小，孔隙率增大。但应注意的是，若过滤的目的是回收固体颗粒（即滤饼是产品），则这种方法不宜使用。助滤剂的另一种使用方法是将其配成悬浮液，先预涂在过滤介质表面上形成一层助滤剂滤饼层，然后再进行悬浮液的过滤，这样可以防止细小的颗粒将滤布孔道堵死。

4. 过滤操作的基本计算

（1）过滤速率

过滤速率是指单位时间内通过单位过滤面积的滤液体积，以 U 表示，即：

$$U = \frac{dV}{A\,d\theta} = \frac{dq}{d\theta} \tag{2-22}$$

式中　U——过滤速率，$m^3/m^2 \cdot s$ 或 m/s；

$\qquad V$——滤液体积，m^3；

$A(A③)$——过滤面积，m^2；

$\qquad \theta$——过滤时间，s；

$\qquad q$——单位过滤面积所通过的滤液体积，$q = \dfrac{V}{A}$，m^3/m^2。

（2）过滤基本方程式

如上所述，在滤饼过滤过程中，随着过滤时间的增长，滤饼层厚度增加，过滤阻力亦随之增大，若过滤的总压差恒定，则过滤速率逐渐减小。可见，恒压差下的过滤过程，过滤速率是一变值。过滤基本方程式就是表示过滤过程中某一瞬间的过滤速率与各有关因素的关系。

① 不可压缩性滤饼的过滤方程　不可压缩性滤饼过滤基本方程式为：

$$\frac{dV}{d\theta} = \frac{A^2 \Delta p}{\mu r c (V + V_e)} \tag{2-23}$$

$$\frac{dq}{d\theta} = \frac{\Delta p}{\mu r c (q + q_e)} \tag{2-24}$$

式中　$\Delta p(\Delta p②)$——过滤介质与滤饼上、下两侧的压力差，Pa；

$\qquad V_e$——过滤介质的当量滤液体积，或称虚拟滤液体积，m^3；

$\qquad q_e$——单位过滤面积上过滤介质的当量滤液体积，m^3/m^2；

$\qquad \mu$——滤液的黏度，$Pa \cdot s$；

$\qquad c$——滤饼体积与相应的滤液体积之比，m^3（滤饼）$/m^3$（滤液）；

$\qquad r$——滤饼的比阻，m^{-2}。

滤饼的比阻 r 的物理意义为：当滤液的黏度为 1Pa·s、平均流速为 1m/s、通过厚度为 1m 的滤饼层时所产生的压力降，故 r 值的大小可反映滤液通过滤饼层的难易难度。r 由滤液的特性决定，其值与构成滤饼的固体颗粒的形状、大小及床层的空隙率有关。

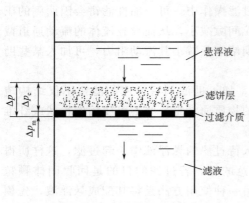

图 2-27　过滤的推动力和阻力

由式（2-24）可见，瞬时过滤速率与压力差 Δp 成正比，与 $\mu rc(q+q_e)$ 成反比。Δp 为滤饼和过滤介质两侧的压力差，是过滤过程的推动力，如图 2-27 所示。即

$$\Delta p = \Delta p_c + \Delta p_m \tag{2-25}$$

式中　Δp_c——滤饼两侧的压力差，即滤液通过滤饼的压力降，取决于滤饼的性质和厚度，Pa；

Δp_m——过滤介质两侧的压力差，即滤液通过过滤介质的压力降，取决于过滤介质的结构等，Pa。

而 $\mu rc(q+q_e)$ 是过滤过程的阻力，其值由滤液量及其性质、滤饼的性质及过滤介质的结构等因素而定。

② 可压缩性滤饼的过滤方程　可压缩性滤饼的过滤过程情况较为复杂，其滤饼的比阻不仅与滤饼本身的特性有关，还与过滤过程的压差 Δp 有关。压差对比阻的影响可用如下经验公式估算，即

$$r = r_0 \Delta p^s \tag{2-26}$$

式中　r_0——单位压力差下滤饼的比阻，m^{-2}；

s——滤饼的压缩指数，无量纲，其值由实验测定。通常 $s = 0 \sim 1$，对不可压缩性滤饼，$s = 0$；

Δp——操作压力差，Pa。

将式（2-26）代入式（2-24）中，可得

$$\frac{dq}{d\theta} = \frac{\Delta p^{1-s}}{\mu r_0 c(q+q_e)} \tag{2-27}$$

过滤基本方程式（2-27）对可压缩性和不可压缩性滤饼皆适用。

（3）恒压过滤方程式

在恒压过滤操作中，Δp 是常数，随着过滤时间的延长，滤饼层增厚，过滤阻力增大，过滤速率不断降低。

对于一定的悬浮液，比阻 r 可视为常数，故可令　　$k = \dfrac{\Delta p^{1-s}}{\mu r_0 c}$ $\tag{2-28}$

将式（2-28）代入式（2-27）中得：

$$\frac{dV}{d\theta} = \frac{kA^2}{V+V_e} \tag{2-29}$$

分离变量后积分，得

$$V^2 + 2VV_e = KA^2\theta \tag{2-30}$$

或

$$q^2 + 2qq_e = K\theta \tag{2-31}$$

其中
$$K = 2k = \frac{2\Delta p}{\mu rc}$$

式(2-30) 及式(2-31) 称为恒压过滤方程式，表示恒压条件下滤液量 V 和过滤时间 θ 的关系。可用该方程来计算为获得一定量的滤液（或滤饼）所需要的过滤时间。

式中，K 及 q_e 称为过滤常数，其值由实验测定。

在有些情况下，过滤介质阻力可以忽略时，则恒压过滤方程式(2-30) 可改写为：
$$V^2 = KA^2\theta \tag{2-32}$$

式(2-31) 可改写为
$$q^2 = K\theta \tag{2-33}$$

思考题

对于恒压过滤，过滤时间越长生产能力越大，是否时间越长越好？

5. 过滤设备

（1）板框压滤机

板框压滤机是由许多块滤板和滤框交替排列组装而成，如图 2-28(a) 所示。滤板和滤框的构造如图 2-28(b) 所示。滤板具有棱状的表面，形成了许多沟槽的通道，板与框之间隔有滤布，装合时用压紧装置将一组板与框压紧。压紧后，滤框与其两侧的滤板所形成的空间便构成了一个过滤空间。由于一台板框压滤机由若干块板和框组成，故有数个过滤空间。每一块滤板和滤框的角上皆有孔，当板、框叠合后即形成料液和洗涤液的通道。

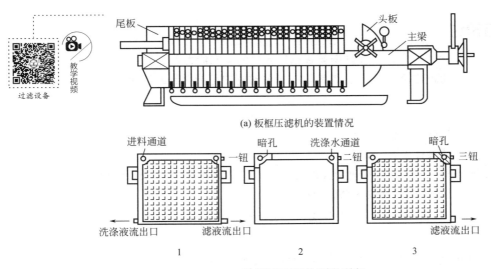

(a) 板框压滤机的装置情况

(b) 板框压滤机的滤板与滤框

图 2-28　板框压滤机的装置简图

1—滤板；2—滤框；3—洗涤板

过滤时，悬浮液在压力作用下经料液通道进入滤框内，滤液穿过滤布，进入板上的沟槽汇致暗孔流出管道。滤渣被滤布截留，留在滤框内。过滤结束后，松开板框，取出滤渣，再将滤板、滤框和滤布洗净后重新装合，即可进行下次过滤。但很多过滤操作要求在卸渣前对滤渣进行洗涤，用于这种情况的过滤机的滤板有两种，一种是板上没有洗涤液通道的，称为滤板，以一扭为记；另一种是板上开有洗涤液通道的，称为洗涤板，以三扭为记。滤框以二扭为记。板框过滤机组合时，一般将板、框按123212321……顺序安装。对于明流式板框压滤机，其过滤阶段和洗涤阶段的液体流动过程，如图2-29所示。

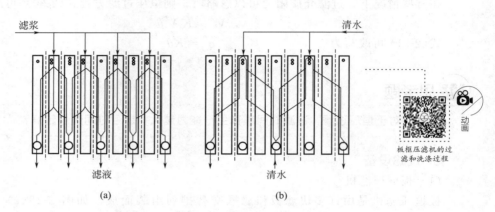

图 2-29　明流式板框压滤机的过滤 (a) 和洗涤 (b)

板框过滤机的滤板和滤框可用金属、塑料或木材制造，一般均为正方形。滤板通常比滤框薄。过滤的操作压力一般为 294～981kPa。

近年来研制成多种自动操作的板框过滤机，使过滤效率和劳动强度都得到很大的改善。

交流与探讨

怎样衡量板框过滤机的生产能力？

板框压滤机的生产能力是指过滤机在单位时间内可能得到的滤液量，即

$$Q = \frac{V}{\sum \theta} \tag{2-34}$$

式中　Q——板框过滤机的生产能力，m^3/h；

　　　V——滤液体积，m^3；

　　　$\sum \theta$——每完成一操作周期所需的总时间，包括过滤时间 θ、洗涤时间 θ_w 和组装、卸料及清洗滤布等辅助时间 θ_D。

$$\sum \theta = \theta + \theta_w + \theta_D \tag{2-35}$$

【例 2-4】　在恒压条件下，某悬浮液在一台过滤面积为 $0.4m^2$，压力为 245kPa 的板框过滤机中过滤。2h 后得滤液 $35m^3$，过滤介质阻力不计。试问：

（1）其他情况不变，过滤面积加倍，可得滤液多少？

（2）其他情况不变，将过滤时间缩短到 1.5h，可得滤液多少？

（3）其他情况不变，过滤 2h 后，用 $4m^3$ 水洗涤滤饼，洗涤时间为多少？

解：（1）恒压过滤、过滤介质阻力不计，不可压缩性滤饼的过滤方程式为：

由 $V^2 = KA^2\theta$，得：
$$\frac{V_1^2}{V^2} = \frac{KA_1^2\theta}{KA^2\theta}$$

则：
$$V_1 = V\frac{A_1}{A} = V\frac{2A}{A} = 2V = 2 \times 35 = 70(\text{m}^3)$$

（2）$\dfrac{V_1^2}{V^2} = \dfrac{KA^2\theta_1}{KA^2\theta}$

$$V_1 = V\sqrt{\frac{\theta_1}{\theta}} = 35 \times \sqrt{\frac{1.5}{2}} = 30.3(\text{m}^3)$$

（3）微分 $V^2 = KA^2\theta$ 后并整理得：$\dfrac{\mathrm{d}V}{\mathrm{d}\theta} = \dfrac{KA^2}{2V}$

洗涤速率：
$$\left(\frac{\mathrm{d}V}{\mathrm{d}\theta}\right)_{\mathrm{w}} = \frac{1}{4}\left(\frac{\mathrm{d}V}{\mathrm{d}\theta}\right) = \frac{1}{4}\frac{KA^2}{2V} = \frac{1}{4} \times \frac{1}{2V} \times \frac{V^2}{\theta}$$

$$= \frac{V}{8\theta} = \frac{35}{8 \times 2} = 2.19(\text{m}^3/\text{h})$$

洗涤时间：
$$\theta_{\mathrm{w}} = \frac{V_{\mathrm{w}}}{\left(\dfrac{\mathrm{d}V}{\mathrm{d}\theta}\right)_{\mathrm{w}}} = \frac{4}{2.19} = 1.83(\text{h})$$

【例 2-5】 今有一实验装置，在 250kPa 恒压下过滤含钛白的水悬浮液，测得过滤常数为 $K = 2.5 \times 10^{-4}\,\text{m}^2/\text{s}$，$q_{\mathrm{e}} = 0.01\,\text{m}^3/\text{m}^2$。又测得滤液体积与滤渣体积之比为 $1:0.06$。现拟在生产中用过滤面积为 $20\,\text{m}^2$、滤框内总容量为 $0.62\,\text{m}^3$ 的板框压滤机来过滤同样的悬浮液，且操作压力及所用滤布均与实验条件相同。试计算：

（1）当滤框内全部充满滤渣时所需的过滤时间；

（2）过滤后用相当于滤液量 10% 的清水清洗滤渣，求洗涤时间；

（3）卸渣及重新装合等辅助时间共需 20min，求该压滤机的生产能力。

解：（1）过滤时间

滤框中全部充满滤渣时，所产生的滤液量为：$\dfrac{0.62}{0.06} = 10.33(\text{m}^3)$

单位过滤面积的滤液量（即过滤终了时的滤液量）为：
$$q = \frac{V}{A} = \frac{10.33}{20} = 0.5165(\text{m}^3/\text{m}^2)$$

恒压过滤方程为：$q^2 + 2qq_{\mathrm{e}} = K\theta$

将实验所测得的过滤常数 K、q_{e} 及 q 值代入上式可得：
$$(0.5165)^2 + 2 \times 0.5165 \times 0.01 = 2.5 \times 10^{-4}\theta$$

$$\theta = \frac{(0.5165)^2 + 2 \times 0.5165 \times 0.01}{2.5 \times 10^{-4}} = 1108(\text{s}) \approx 0.308\text{h}$$

（2）洗涤时间

过滤速率为　$\dfrac{\mathrm{d}q}{\mathrm{d}\theta} = \dfrac{K}{2(q + q_{\mathrm{e}})}$，$\dfrac{\mathrm{d}V}{\mathrm{d}\theta} = \dfrac{AK}{2(q + q_{\mathrm{e}})}$

将过滤终了时的 $q = 0.5165\,\text{m}^3/\text{m}^2$ 代入上式，可得过滤终了时的过滤速率

$$\frac{\mathrm{d}V}{\mathrm{d}\theta} = \frac{2 \times 2.5 \times 10^{-4}}{2 \times (0.5165 + 0.01)} = 4.75 \times 10^{-3}(\text{m}^3/\text{s})$$

洗涤液用量：　　　　　$V_w = 0.1V = 0.1 \times 10.33 = 1.033(\mathrm{m}^3)$

洗涤时间：$\theta_w = \dfrac{V_w}{\left(\dfrac{dV}{d\theta}\right)_w} = \dfrac{V_w}{\dfrac{1}{4}\left(\dfrac{dV}{d\theta}\right)} = \dfrac{1.033}{\dfrac{1}{4} \times 4.75 \times 10^{-3}} = 870(\mathrm{s}) = 0.242(\mathrm{h})$

（3）生产能力：$Q = \dfrac{V}{\sum\theta} = \dfrac{V}{\theta + \theta_w + \theta_D} = \dfrac{10.33}{0.308 + 0.242 + \dfrac{20}{60}} = 11.7$ （m^3/h）

（2）叶滤机

叶滤机主要由一个垂直放置或水平放置的密闭圆柱滤槽和由许多滤叶组成，图 2-30（a）为一垂直放置的加压圆形叶滤机的示意图。图 2-30（b）所示为一水平放置的卧式圆形叶滤机的示意图。

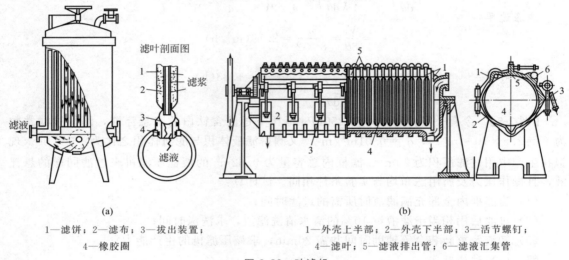

(a)　　　　　　　　　　　　　　　　　　　　　　(b)

1—滤饼；2—滤布；3—拔出装置；　　　　　　　　1—外壳上半部；2—外壳下半部；3—活节螺钉；

4—橡胶圈　　　　　　　　　　　　　　　　　　　4—滤叶；5—滤液排出管；6—滤液汇集管

图 2-30　叶滤机

滤叶是叶滤机的过滤元件，其形状可有不同，但其结构都大致是在一个金属网上罩以滤布，在滤布的一端装有短管，供滤液流出，同时供安装时悬挂滤叶之用。图 2-31 表示一个滤叶的大致构造。为使滤叶在使用中有足够的刚性和强度，常在滤叶周边上用框加固。对大形滤叶，为了加固，可用金属板在两侧衬以金属网，外面再包滤布，构成一个滤叶。

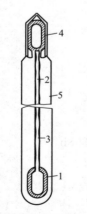

图 2-31　滤叶的构造

1—空框；2—金属网；3—滤布

4—顶盖；5—滤饼

过滤时许多叶片连接成组，由各出口管汇集至一个总管，置于密闭的壳体内；悬浮液在压力下加入机壳内。滤浆被压入壳体内时，滤液即穿过滤布，通过金属网的孔道流到出口短管，滤渣则集积于滤布上形成滤饼，通常其厚度为 5～35mm，视滤渣的性质及操作情况而定。若滤饼需要洗涤，则于过滤完了时通入洗液，洗液的路径与滤液的相同。洗涤过后，开启滤槽的下半部，用压缩空气、蒸汽或清水卸除滤饼。

叶滤机亦是间歇操作设备，它具有过滤推动力大、单位地面所容的过滤面积大、滤饼洗涤充分等优点。操作中劳动强度较板框压滤机为轻，由于其密闭操作，也改善了操作环境。其缺点为构造较为复杂、造价较高，特别是滤浆中大小不一的滤渣微粒，在过滤时，可能分别集积在不同的高度，在洗涤时，大部分洗涤液由粗大颗粒外通过，以致使洗涤不易均匀。加压叶滤机的过滤面积一般为 $20\sim100\mathrm{m}^2$，主要用于悬浮液含固体量少（约为 1%）和需要的是液体而不是固体的场合。例如用在饮料、化学、制药和加工工业，所得产品包括啤酒、果汁等。此外还用来过滤植物油、矿物油以及含脱色碳的滤浆。

（3）转鼓真空过滤机

如图 2-32 和图 2-33 所示为一台转鼓真空过滤机的外形图和操作简图。过滤机的主要部分包括转鼓、滤浆槽、搅拌槽、搅拌器和分配头。转鼓长度和直径之比约为 $1/2\sim2$。转鼓里一般有 $10\sim30$ 个彼此独立的扇形小滤室，在小滤室的圆弧形外壁上，装着覆以滤布的排水筛板，这样便形成了圆柱形过滤面。每个小滤室都由管路通向分配头，使小滤室有时与真空源相通，有时与压缩空气源相通。运转时浸没于滤浆中的过滤面积约占全部面积的 $30\%\sim40\%$。每旋转一周，过滤面积的任一部分，都顺次经历过滤、洗涤、吸干、吹松、卸渣等阶段。因此，每旋转一周，对任何一部分表面来说，都经历了一个操作循环，而任何瞬间，对整个转鼓来说，其各部分表面都分别进行着不同阶段的操作。

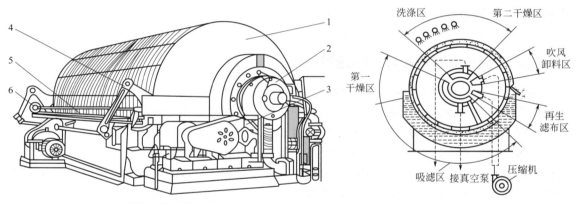

图 2-32　转鼓真空过滤机结构示意图

1—过滤转鼓；2—分配头；3—传动系统；4—搅拌装置；

5—料浆储槽；6—铁丝缠绕装置

图 2-33　转鼓真空过滤机的操作简图

（4）离心过滤机

当待分离的悬浮液中固体颗粒较大且含量也较多时，可在过滤式离心机中进行分离，图 2-34 所示为过滤式离心机的工作原理。这种离心机的转鼓壁上开有若干小孔，若固体颗粒较大时，可在转鼓的内壁上覆盖一层金属网作为过滤介质，若颗粒较小时，可在金属网上再盖上一层滤布。悬浮液加在高速旋转的转鼓内，悬浮液中的液体受到离心力的作用穿过滤布及转鼓上的小孔流出，而固体颗粒则被截留在转鼓内，即完成了两相的分离任务。与重力过滤相比，离心过滤不仅过滤速率快、时间短，而且所得的滤饼含液量较少。

图 2-35 所示的三足式离心机是工业上采用较早的间歇操作、人工卸料的立式离心机，目前仍是国内应用最广、制造数目最多的一种离心机。

三足式离心机有过滤式和沉降式两种，其卸料方式又有上部卸料与下部卸料之分。离心机的转鼓支承在装有缓冲弹簧的杆上，以减轻由于加料或其他原因造成的冲击。国产三足式离心机技术参数如下：转鼓直径在 $450\sim1500\mathrm{mm}$ 之间，有效容积为 $20\sim400\mathrm{L}$，转速在 $730\sim1950\mathrm{r/min}$ 之内，分离因数 K_c 在 $450\sim1170$ 之间。

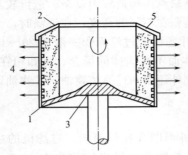

图 2-34 过滤式离心机原理示意图

1—转鼓壁；2—顶盖；3—鼓底；4—滤液；5—滤饼

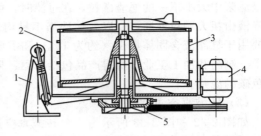

图 2-35 典型三足式离心过滤机

1—支脚；2—外壳；3—转鼓；4—电机；5—皮带轮

　　三足式离心过滤机的操作主要分三个步骤：加料、离心过滤、卸料，有时在卸料前还进行洗涤操作。

　　三足式离心过滤机结构简单、制造方便、运转平稳、适应性强、滤渣颗粒不易受损伤，适用于过滤周期较长、处理量不大、要求滤渣含液量较低的场合。其缺点是操作周期长，生产能力低；卸料不方便，劳动强度大，转动部件检修不方便。近年来已在卸料方式等方面不断改进，出现了自动卸料及连续生产的三足式离心机。

三、液固分离方案和设备的选择原则

　　如前所述，液固分离设备可以划分为三类：一是借助重力或离心力的沉降设备；二是使用过滤介质的真空抽滤或压滤设备；三是借助流体运动的流态化分级及旋流器等设备。

　　沉降设备比较简单、投资低，易于实现自动化，因此一般作为液固分离的首选设备。其中重力沉降借助重力，少用能源，最为经济，所以只有在重力沉降达不到工艺要求时，才会改而考虑其他的分离方法。重力沉降一般作为预处理过程，后续的底流或溢流再采用过滤等分离方法。重力沉降过程的推动力是重力场中的液固密度差，要增大推动力，可以把重力场提高为离心力场，离心沉降有较大的幅度可供选择，但这要依赖工艺的需要及经济的允许。

　　过滤设备操作范围相对较宽。过滤推动力可以靠真空，也可以靠加压，可变幅度较大。因而装置的类型也随之繁多。虽然可以连续作业，自动化控制，但相对来说，需要更多的人力监管，而且投资、成本以及运转费用明显高于沉降作业。

　　利用流态化分离或分级装置以及水力旋流器等不可能获得清液，底流的固体也不可能与液体彻底分开。其操作弹性也不可能太大，所以它只能作为中间的液固分离辅助设备使用。但是由于其设备紧凑、动力消耗低、连续作业，可多级串联使用，易于实现自动化，因此也是有发展前途的装置。

　　选择液固分离设备涉及许多因素，应该从工艺需求、物系性质及生产成本等多角度综合评定。

　　若分离的目的是获得固体产品，且颗粒体积分数小于 1%，宜选用连续沉降槽、旋液分离器、离心沉降机等；若颗粒体积分数大于 10%，粒径大于 $50\mu m$，宜采用离心过滤机，粒径小于 $50\mu m$，宜采用压差式过滤机；若颗粒体积分数大于 5%，宜采用转鼓真空过滤机；若颗粒体积分数很低，可采用板框过滤机。

　　若分离的目的是获得澄清液体，需根据颗粒的大小分别选用不同的分离方法。为提高澄清效率，可在料液中加入助滤剂或者絮凝剂，若澄清度要求非常高，可用深层过滤作为澄清

过滤的最后一步。

液固分离的最终目的是要将液体与固体尽可能完全地分开。显然在单一的分离设备中是很难做到的，其中也受到经济因素的限制。为了降低分离时的能源消耗，可采用的措施有以下几种。

① 采用联合流程：将两种或两种以上的分离手段合理搭配，优化配置。例如沉降与过滤的组合，旋流器与过滤及沉降分离的组合等。

② 利用凝聚与絮凝等手段及助剂以提高沉降速率及过滤速率，利用预涂层、助滤剂等改善过滤性能，提高过滤速率。

③ 利用电场、磁场等辅助手段促进过滤分离。

四、液固分离设备类型的选择步骤

液固分离设备的选择从初选可能的设备类型开始，以购置特定尺寸、类型、结构和材质的设备结束，以长时间内有成效的操作和可靠性作为选型的目标。

选择液固分离设备时应认识到机械分离设备的性能，与大多数化工过程应用的设备相比，更加依赖于流程中的前一段的操作，前段操作稍有变动，必然会波及分离设备的最佳选择。具体选择流程如下：明确全部问题→给定过程条件→进行初步选择→选取有代表性的试样→进行简单试验→如有需要则改善过程条件→向设备制造厂咨询→作出最后的选择。下面详细介绍某些操作程序和步骤。

1. 明确全部问题

要对分离问题的性质作出细致和全面的阐述。

从分离物的来源开始分析，直到符合要求的产品，分析流程，以明确前后步骤对于分离步骤的影响，考虑分离步骤与前后工序的协调；若分离设备取代原有设备，需考虑与现有流程的适应性；若分离设备是新工艺中的一环，需考虑与其他新设备相互协调。

2. 给定过程条件

下面列出了应收集的有关背景材料，是制造厂商推荐和提供液固分离设备时所需要的典型数据，这些问题回答越完全，越准确，最终选型可能越好。

（1）流程

①简单描述流程，做出流程图，标明需要液固分离设备的位置。②简述希望分离设备达到何种效果。③分析流程是间歇还是连续的。④给分离的目的编号：a. 分离两种不同固体；b. 除去固体，将有价值的液相作为溢流槽清液回收；c. 除去固体，将它作为增稠底流或者干滤饼回收；d. 洗涤固体；e. 固相增浓。

（2）来料

① 来料的数量。连续过程：…L/min；…t/d；…kg/h。间歇过程：每批体积…m^3；一个总循环…h。

② 来料性质：温度…；pH…；黏度…。

③ 许用的最高加料温度。

④ 液相的化学成分和密度。

⑤ 固相的化学成分和密度。

⑥ 来料中固体的百分比。

⑦ 固体的筛析：湿…；干…。

⑧ 来料中溶质的化学分析和浓度。

⑨ 杂质：形成和可能对分离产生的影响。

⑩ 来料中是否有易挥发组分？分离设备是否应为气密式的？物料是否必须处于压力之下？压力多大？

（3）过滤和沉降速率

① 在平底漏斗中的过滤速率多大？②重力沉降的速率多大？③沉降完毕，沉降固体占进料总体积的百分之几？经历了多长时间？

（4）来料预处理

① 来料是否起沫？是否需加入除沫剂？选择何种类型？②是否需要絮凝剂？选择何种类？③能否使用助滤剂？④紧靠分离操作的前一操作步骤是什么？能否对其加以改进使分离操作易于进行？⑤是否可以使用其他液相载体？

（5）洗涤

① 洗涤是否必须？②洗涤液的化学分析和比重？③洗涤目的：是置换残余母液还是溶解固体中的可溶物质？④洗涤温度。⑤许用的洗液量，单位 kg/kg 固体。

（6）分离固体

① 要求滤饼或增稠底流中的固体含量达到多少？②颗粒破碎是否重要？③固体中残留可溶物的允许含量。④还需对固体作何处理？

（7）分离液体

① 液体的澄清度，允许的固体含量？②滤液是否必须与洗出废液分开？③还需要对滤液和洗出液作何处理？

（8）设备结构材料

① 何种材料看起来最为适用？②何种材料根本不能使用？③何种垫圈和填充材料适用？

3. 初步选择液固分离设备类型

背景材料的收集有助于在有选择可能的设备中进行试选并剔除完全不适用的机型。

分离设备初选完毕后，就应收集一些有代表性的液固试样，针对初选的设备进行初步试验，并对试验结果进行分析。

试验过程中应尝试改善过程条件。因为操作条件较小的改变常常会显著的影响液固分离的过程，进而影响分离设备的选择。例如在处理物料中加入絮凝剂，改变沉淀式结晶的操作步骤，改变其温度、溶质含量、化学性质等条件，都可能影响固相的沉降速率。另外人为改变液体和固体相对密度的方法，如加入一种重的、粒度很细的颗粒，形成假液体悬浮介质，帮助所需要的固体浮向表面；在浮选槽中，用一种适当的浮选剂使气泡和固体颗粒相接触等操作。这些过程条件的改变都能影响过滤机的选用和生产能力。

在试验结果的基础上，设定分离设备最优的操作条件和适宜的操作参数，进而确定分离设备的尺寸或生产能力。

综上所述，分离设备的选择需要在宽范围内确定问题，编列全部过程资料，以及初选设备。随后要通过规模逐步扩大的试验对初选结果进行严密审查，其中操作的可靠性、机动性及维修的方便性在最终的经济评价中占很大分量，购置价格本身很少成为确定液固分离设备是否合适的决定因素。

五、过滤设备的选型

对于液固分离任务，应用最多的是过滤操作，与沉降操作相比由于过滤操作的可变因素多，所以流程更为复杂、设备要求更高。过滤设备选型时不仅要参照别人的经验，必要时还须利用实验装置（实验过滤机）进行中间试验，以选择合适的滤布、絮凝剂及助滤剂等。过滤设备选型步骤如下。

① 收集与工艺操作有关的背景材料，借助中间试验，梳理过滤的工艺条件，包括工序条件、过滤条件及滤饼的性质。

② 根据梳理出的工艺条件，对照表2-8给出的各种过滤机的特征，即可大致确定出过滤机的类型。

表 2-8　过滤机的特征

特　　征	真空旋转式	加压容器式	板框压滤机
助剂、洗涤、通气脱水	可	可	通常不适
操作	连续	间歇 滤饼自动剥离机构简单	间歇 滤饼自动剥离机构复杂
省力化	可能	可能	难
设备大型化	可	有限度	可
过滤压力/MPa	<0.1	<0.3	<2.0
滤浆处理量	中～大	小～中	大
单位过滤面积的固体处理量	小～中	中	大
滤饼的脱水能力	小	中	大
与滤浆过滤性的对应	适用于容易和稍难过滤性	适用于稍难和难过滤性	适用于难和极难过滤性

（过滤器）

↻ 任务解决3

洗煤废水处理及回收煤泥方案的确定

洗煤废水处理工艺流程如下图所示：

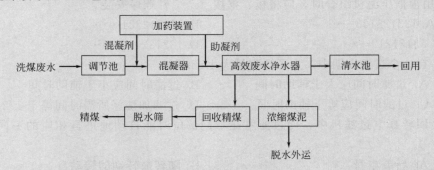

洗煤废水首先汇入调节池，调节池污水经泵提升，在泵后设置混凝混合器，在混合器前后分别抽回助凝剂、混凝剂，然后进入净化器，首先经过精煤分选装置分选出精煤回收；精煤回收后的废水经离心分离、重力沉降、过滤及污泥浓缩等过程。从净化器顶部排出的清水送入清水池回用或排放，从净化器底部排出的浓缩煤泥，排至煤泥渗滤干化池或用干燥设备干化后使用。

其中煤泥浓缩可采用过滤操作，由表2-8可知该情况属于大量过滤，要求滤饼的含湿率低，因此可选用大型的加压操作的板框过滤机，为保证生产的连续性，过滤机需用2台以上。

实践与练习2

一、选择题

1. 碟式离心机也称盘式离心机，是分离（　　）的设备。

　　A. 悬浮液　　　　　　B. 乳浊液　　　　　C. 泡沫液　　　　　D. 含尘气体

2. 污水处理厂的污水池是（　　）设备。

　　A. 重力沉降　　　　　B. 离心沉降　　　　C. 过滤　　　　　　D. 静电除尘

3. 现有一乳浊液要进行分离操作，以下设备中能使用的设备为（　　）。

　　A. 沉降器　　　　B. 三足式离心机　　C. 碟式离心机　　D. 板框过滤机

4. 下列设备中既可用来分离液固非均相物系，又可用来分离气固非均相物系的是（　　）。

　　A. 板框压滤机　　　　　　　　　B. 转筒真空过滤机

　　C. 袋滤器　　　　　　　　　　　D. 三足式离心机

5. 助滤剂应具有以下性质（　　）。

　　A. 颗粒均匀，柔软，可压缩　　　B. 颗粒均匀，坚硬，不可压缩

　　C. 粒度分布广，坚硬，不可压缩　D. 颗粒均匀，可压缩，易变形

6. 用过滤方法分离悬浮液时，悬浮液的分离宜在（　　）下进行。

　　A. 高温　　　　　　　B. 低温　　　　　　C. 常温

7. 一定厚度的滤饼，对滤液流动的阻力与以下因素有关（　　）。

　　A. 滤浆的浓度　　B. 滤液的温度　　C. 滤液的体积　　D. 操作压差

8. 过滤操作中滤液流动遇到阻力是（　　）。

　　A. 过滤介质阻力　　　　　　　　B. 滤饼阻力

　　C. 过滤介质和滤饼阻力之和　　　D. 无法确定

9. 用板框压滤机组合时，应将板、框按（　　）顺序安装。

　　A. 123123123……　　　　　　　B. 123212321……

　　C. 3121212……　　　　　　　　D. 132132132……

10. 在一个过滤周期中，为了达到最大生产能力，（　　）。

　　A. 过滤时间应大于辅助时间　　　B. 过滤时间应小于辅助时间

　　C. 过滤时间应等于辅助时间　　　D. 过滤加洗涤所需时间等于1/2周期

11. 回转真空过滤机中，使过滤室在不同部位时能自动地进行相应的不同操作的部件是（　　）。

　　A. 转鼓本身　　　　　　　　　　B. 随转鼓转动的转动盘

　　C. 与转动盘紧密接触的固定盘　　D. 分配头

12. 以下过滤机过滤设备中，可连续操作的为（　　）。

　　A. 箱式叶滤机　　　　　　　　　B. 真空叶滤机

　　C. 回转真空过滤机　　　　　　　D. 板框压滤机

二、填空题

1. 根据过推动力的不同，过滤操作可分为：＿＿＿＿＿＿＿、＿＿＿＿＿＿＿、＿＿＿＿＿＿＿、＿＿＿＿＿＿＿。

2. 过滤介质主要有＿＿＿＿＿＿＿、＿＿＿＿＿＿＿、＿＿＿＿＿＿＿。在过滤操作中

预涂在过滤介质表面或预混于溶液中的固体物料称为＿＿＿＿＿＿＿＿＿。

3. 若过滤操作要求在卸渣前对滤渣进行洗涤，用于这种情况的板框过滤机的滤板有两种，一种是板上没有洗涤液通道的，称为＿＿＿＿，以一扭为记；另一种是板上开有洗涤液通道的，称为＿＿＿＿，以三扭为记。滤框以二扭为记。板框过滤机组合时，一般将板、框按＿＿＿＿顺序安装。

三、简答题

1. 液固分离应用于哪些方面？有哪些分离方法和设备？

2. 离心机有哪些类型？各用于什么场合？

3. 简单说明板框过滤机的工作过程及操作注意事项。

4. 简述沉降与过滤的异同点。

四、计算题

1. 直径为 $60\mu m$、密度为 $1800kg/m^3$ 的颗粒分别在 20℃ 的空气和水中作自由沉降，试计算在空气中的沉降速率是水中沉降速率的多少倍（沉降在斯托克斯区）。

2. 板框过滤机的滤框为内边长 500mm 的正方形，10 个滤框。恒压下过滤 30min 获得滤液 $5m^3$，滤饼不可压缩，过滤介质阻力可忽略。试求：（1）过滤常数 K，m^2/s；（2）再过滤 30min，还可获得多少 m^3 滤液？

3. 在过滤面积为 $8.06m^2$ 的板框压滤机上进行恒压过滤操作，测得过滤方程为
$q^2+0.062q=5\times10^{-5}\theta$（$\theta$ 单位为 s），试求：（1）过滤常数 K，q_e、V_e 及 θ_e；（2）过滤 30min 可得多少滤液？

4. $0.4m^2$ 的板框机上恒压过滤某种悬浮液，2h 得滤液 $3.5m^3$，若过滤介质阻力忽略不计，试计算：（1）其他情况不变，过滤面积加倍，可得滤液量；

（2）其他情况不变，过滤 1.5h 得滤液量；

（3）其他情况不变，过滤 2h 后，用 $0.4m^3$ 清水洗涤滤饼，所需的洗涤时间。

任务三　过滤操作技能训练

一、过滤实训装置基本要求

1. 装置的设备要求

过滤操作综合训练装置应尽可能包含目前工业生产中常用的板框过滤机、三足离心过滤机、叶滤机和转鼓真空过滤机等过滤设备；此外装置还必须配置料浆配制槽、空气压缩机、水喷射真空泵、缓冲罐、各种输液泵及必要的压力、流量与液位测量仪表等，以便将各种过滤设备有机的组合成一套综合过滤系统。流程设计时应保证装置中各种过滤设备既可单独操作，也可联合操作，每种设备既可进行过滤操作，也可进行反洗操作。

2. 装置的操作训练项目

过滤装置的操作训练项目应包括以下几项：

① 板框过滤机的拆卸、安装与操作；

② 叶滤机的拆卸、安装与操作；

③ 转鼓真空过滤机的拆卸、安装与操作；

④　三足离心过滤机的操作与维护。

此外进一步强化空压机与水喷射真空泵的操作技能训练。

在工艺设计中还应注重手动单元的操作效果分析，工艺参数各种测量方法的比较。学生通过实训，了解和掌握表面过滤的方法及原理。

二、过滤操作技能训练要求

①　熟悉所用过滤装置的流程及过滤设备的结构。

正确绘制装置的流程图，叙述装置流程、设备的作用及工作原理。

②　掌握训练装置的操作规程，能规范熟练地操作装置。

学会装置的开车、正常运行控制及停车三个阶段的操作；能规范熟练地操作装置、记录操作运行的参数。

③　具备装置一般故障的分析与处理能力。

学会排除过滤操作中一般故障，并能分析故障产生的原因。

④　能根据过滤操作的运行参数，探讨提高过滤效果的途径。

三、过滤操作技能训练方案要求

各院校根据自身的设备条件，按照以上要求制定详细的培训与考核方案，方案中必须包括：技能训练任务书，操作运行记录表，考核要求，评分细则，评分表格式。

实践与练习3

根据过滤实训的实际情况回答以下问题：

1. 实训过程使用了哪些过滤设备？说明其结构、工作原理及操作注意事项。

2. 在过滤操作实训室中，有哪些危险源，写出注意事项，列出预防方案。

技创未来

产教融合助力国内气固分离膜技术的发展

在化工非均相物系分离中，气固分离至关重要，关乎产品质量、设备运行与环境保护。传统气固分离方法存在效率低、能耗高、精度差等问题，难以满足现代化工产业绿色、高效发展需求。气固分离膜技术作为新兴技术，为行业带来新契机。

气固分离膜技术基于膜对气体和固体颗粒的选择性透过差异，以压力差、浓度差等为驱动力，实现二者高效分离。膜材料是核心，常见有机和无机材质。有机材料如聚酰亚胺（PI）、聚苯硫醚（PPS）等，多用于中低温环境（一般小于260℃），具有气体处理量大、投资与运行成本低的优势；无机材料像多孔陶瓷膜、多孔金属膜，可承受高温（最高达800℃），能直接截留高温固体粉尘，利于回收气体显热，但一次性投资较大。

太原理工大学膜科学技术团队在气体分离膜领域成果显著。长期以来，受原材料和膜制备工艺限制，我国气体分离膜长期被国外垄断。面对这一困境，太原理工大学膜科学技术团队依托该校国家"双一流"建设化学工程与技术学科和省部共建煤基能源清洁高效利用国家重点实验室的先进科研平台，全力开展技术攻关。他们从膜材料这一核心出发，致力于突破高分子膜材料批量化生产壁垒。团队成员通过反复实验、不断调整，借鉴碳纤维生产工艺并采用表面偏析技术，自主设计纺丝配方，成功实现了超细中空纤维膜连续纺丝生产。该成果被授权国家发明专利 6 项、实用新型专利 12 项。

在研发过程中，团队遭遇诸多难题。例如在气体分离膜材料批量合成时，溶液极易暴聚形成固态凝胶，致使整锅原料报废。面对这一棘手问题，团队成员不厌其烦地调试配方，历经无数次失败，最终设计出具有特殊分子桥联结构的膜材料，成功破解难题。基于扎实的科研成果，在投资伙伴与学校领导的支持下，团队于 2018 年成立山西格瑞思科技有限公司，将实验室成果逐步中试放大。2020 年，他们在山东省临沂市投资 1.2 亿元建立山东汇海膜材料科技有限公司，建成 1 万余平方米现代化生产车间，装配投产 5 条高速多喷头自动化生产线，率先实现中空纤维气体分离膜量产和工业化应用，填补国内空白。2023 年，团队携手山东汇海膜材料科技有限公司、四川星秦能源科技有限责任公司共建膜科学与技术研究中心，开启产学研用全产业链一体化发展新征程。

2023 年 5 月，全国首套 CCUS（碳捕集利用与封存）膜法脱碳装备上线。团队在胜利油田组装的 5 万立方米/天油田伴生气膜法二氧化碳分离捕集与回注工业化装置，已稳定运行超 1 年，显著降低传统伴生气脱碳的能耗与成本，该成果还推广至其他油田，10 万立方米/天装置已建成，30 万立方米/天装置也在设计中。不仅如此，团队研发成果广泛应用于多个领域：在山东省临沂市开发沼气二氧化碳脱除装置；与中国石油大学合作组装 $150m^3/h$ 的烟道气二氧化碳捕集示范装置；与晋能控股集团有限公司合作开展膜法瓦斯脱氧提浓实验；在青岛金源祥机械科技有限公司开展氮气灭火应用；在山东省济南市进行加油站挥发性有机物回收；与宇通客车、安徽中科中涣智能装备股份有限公司等企业合作，用于电动车、燃料电池车电池系统氮气保护、集装箱气氛调节；其脱湿膜产品还广泛应用于高铁、船舶、精密仪器、医疗器械等。在氦气分离方面，团队采用自主生产的氦气分离膜，与安徽中科皖能科技有限公司、安徽万瑞冷电科技有限公司、中国文昌航天发射场等合作开展使用场地氦气回收，并在甘肃省兰州市海石湾进行管道天然气提氦。在成都天然气化工总厂内，由团队提供技术支持的日处理量 $3500m^3$ 的液化天然气副产 BOG 尾气氦气分离提取装置，已平稳运行 1 年有余，经西南油气田分公司天然气研究院专家评价，膜性能评价三项关键指标均达标，国产膜与国外膜工业应用效果相当。

气固分离膜技术以其高效、节能、环保等特性，在化工及多领域前景广阔。未来，随着技术持续创新突破，将为化工产业绿色高质量发展注入强大动力，助力实现可持续发展目标。

🌱 身边榜样

石化领域的奋进楷模

曹飞，这位仪征化纤的杰出代表，以非凡的毅力与卓越的贡献，书写着属于自己的辉煌篇章。2002 年，25 岁的他告别军营，踏入仪征化纤 PTA 部，成为一名石化操作工，就此开启了在石化领域的奋斗征程。

面对 10 层楼高、管道如蛛网般复杂的 PTA 生产装置，以及各类阀门仪表，毫无化工专业背景的曹飞并未退缩。他买来专业书籍刻苦自学，随身带着笔记本，详细记录每个阀门开度变化、操作参数及工艺波动情况，下班后还仔细总结规律。遇到难题，他虚心向师傅请教，并将故障排除方法一一记录。在近 20 年时间里，他积累了 20 多本、30 多万字的工作笔记与事故案例，这本"宝典"不仅是同事们借阅的热门资料，更成为培训新员工的实用"教科书"。凭借这股钻研劲头，曹飞逐渐成长为能精准洞察设备问题的"设备故障神医"。

在工作中，曹飞始终秉持"当工人就要当技术过硬的好工人，谋创新就要谋装置发展的再创新"的信念。2018年，在装置二线尾气VOC治理项目中，他敏锐察觉外方设计存在温控缺陷，可能引发催化剂床层受损的重大隐患。经过两天两夜的连续奋战，他成功设计出新温控方案，获得外方专家的高度称赞。多年来，他为PTA装置解决难题超150项，完成小发明、小创作、小改革50余项，有力推动了公司高质量发展与我国PTA行业技术进步。

曹飞深知人才传承的重要性。2018年，由他牵头的"曹飞劳模创新工作室"成立，被称为PTA部的"第二技术科"。他将培训搬到装置大修现场，带领员工们爬框架、钻管廊，手把手传授技艺。通过举办绘图赛、PK赛等活动，充分激发员工创新精神。在他的努力下，工作室完成难题攻关近百项，增效0.96亿元。此外，曹飞累计授课超1500课时，助力30多人通过技师和高级工技能鉴定，6人成长为值班长、主操，5人成为装置技术干部，6人走上PTA部管理岗位，其负责的装置二线在中石化系统同类装置"指标进步奖"评选中荣获八连冠。

凭借突出的表现，曹飞先后荣获中石化技术能手、中国化纤工业协会优秀技术工人、全国劳动模范、江苏"最美退役军人"等荣誉称号。他用实际行动诠释了退役军人退伍不褪色的优秀品质，在石化领域树立起一座令人敬仰的丰碑，激励着无数人奋勇向前。

本情境主要符号意义

英文字母

A——① 处：降尘室的底面积，m^2；

　　② 处：旋风分离器进口截面积，m^2；

　　③ 处：过滤面积，m^2；

A_P——颗粒在运动方向上的投影面积，m^2；

A_t——沉降室的底面积，m^2；

b——降尘室的宽，m；

B——旋风分离器进气管的宽度，m；

c——滤饼体积与相应的滤液体积之比，m^3（滤饼）/m^3（滤液）；

C_1——进入旋风分离器的含尘气体的浓度，g/m^3；

C_2——离开旋风分离器的含尘气体的浓度，g/m^3；

C_{i1}——粒径为第 i 段范围内的颗粒进入旋风分离器的含尘气体的浓度，g/m^3；

C_{i2}——粒径为第 i 段范围内的颗粒离开旋风分离器的含尘气体的浓度，g/m^3；

d——颗粒直径，m；

d_c——临界直径，m；

d'_e——当量直径，m；

D——旋风分离器圆筒直径，m；

D_1——旋风分离器排气管的直径，m；

F_b——浮力，N 或 kN；

F_G——重力，N 或 kN；

F_R——阻力，N 或 kN；

g——重力加速度，m/s^2；

H——降尘室的高，m；

K——过滤常数；

L——降尘室的长，m；

m——颗粒的质量，kg；

Δp——① 处：旋风分离器的压力损失，Pa；
　　　　② 处：过滤介质与滤饼上、下两侧的压力差，Pa；

Δp_c——滤饼两侧的压力差，Pa；

Δp_m——过滤介质两侧的压力差，Pa；

q——单位过滤面积所通过的滤液体积，

m^3/m^2；

q_e——单位过滤面积上过滤介质的当量滤液体积，m^3/m^2；

Q——过滤机的生产能力，m^3/h；

t_R——气体在降尘室的停留时间，s；

r——滤饼的比阻，m^{-2}；

r_0——单位压力差下滤饼的比阻，m^{-2}；

Re_t——雷诺数；

s——滤饼的压缩指数；

S——体积和不规则形状粒子相等的球形粒子的表面积，m^2；

S_P——不规则形状粒子的表面积，m^2；

t_t——微粒沉降至室底所需要的时间，s；

u——流速，m/s；

u_t——沉降速度，m/s；

U——过滤速率，$m^3/(m^2 \cdot s)$；

V——滤液体积，m^3；

V_e——过滤介质的当量滤液体积，或称虚拟滤液体积，m^3；

V_P——任意形状的一个颗粒的体积，m^3；

V_s——降尘室的生产能力，m^3。

希腊字母

η_0——总效率；

η_P——粒级效率；

θ——过滤时间，s；

θ_D——辅助时间，s；

θ_w——洗涤时间，s；

$\sum\theta$——每完成一操作周期所需的总时间，s；

μ——流体（介质）的黏度，$Pa \cdot s$；

ζ——介质阻力系数；

ρ——流体（介质）的密度，kg/m^3；

ρ_s——颗粒的密度，kg/m^3；

φ——球形度。

学习情境三
传热过程及设备的选择与操作

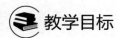 **教学目标**

知识目标：

1. 了解换热过程在化工企业中的应用，明确传热过程在工业生产中重要性。

2. 掌握传热的基本方式及其特点，熟悉工业常用的三种换热方式，掌握各种换热方式的特点及适用场合。

3. 熟悉化工生产中常用的换热介质及其选择原则，掌握换热介质的用量的求取方法，理解换热介质的用量对换热过程的影响。

4. 熟悉化工常用的间壁换热器的类型，掌握各种换热器特点及适用场合。

5. 掌握间壁换热器流体通道的选择原则、换热设备型号的确定的基本程序。

6. 掌握传热面积求取的基本方法及影响因素，熟悉换热器强化传热的途径。

7. 理解化工企业中保温与隔热措施的重要性，了解设备保温层厚度的确定程序；掌握各种保温材料施工安装的要点。

8. 了解蒸发在化工生产中的重要应用，熟悉各种蒸发装置的流程及其中单体设备的工作原理与作用，了解蒸发器传热面积的求取方法，了解提高蒸发器生产强度的途径。

能力目标：

1. 能根据具体任务正确选择换热设备类型，并确定其传热面积的大小。

2. 能正确识读换热装置流程并绘制出换热工艺流程图。

3. 能熟练正确地操作换热设备，完整规范地做好运行记录；能对操作数据进行正确分析，能对操作状态与参数进行正确控制与调节。

素质目标：

1. 树立绿色低碳、节能环保的化工行业可持续发展观。

2. 培养自主学习的习惯，弘扬创新精神，筑牢责任关怀意识。

引言

化工生产中的化学反应通常是在一定温度下进行，例如以氢气、氮气为原料合成氨的反应，若使用钛系 A106 催化剂，其活性温度为 673K，最高耐热温度为 823K，实际操作温度只有控制在 $743 \sim 793K$ 之间，才能获得较高的反应速率和转化率。因此进入合成塔的原料气（氢气和氮气的混合物）首先要预热至 673K，再进入催化剂层，才能保证催化剂的活性。由于该反应是放热反应，反应放出的热量也必须及时移走，才能保证反应在最佳温度范围内操作，确保催化剂的使用寿命。化工生产中的蒸发、蒸馏和干燥等单元操作过程也都存在供热问题。此外化工生产中的设备保温、热量的回收利用等也都涉及热量传递问题。因此，热量交换是化工生产中不可缺少的操作，传热问题是化工生产中必须解决的基本问题之一。

节能减排是我国的一项基本国策，也是实现我国经济可持续发展的必然选择，作为耗能大户的化工生产行业，对这个问题应更加重视。化工企业消耗的 80% 左右总热能最终是以低位热能放出的。因此，低位热能的有效利用是提高化工能源利用率的关键。

通过以下的工程项目来探讨如何提高工业领域热能的利用效率。

⚙ 工程项目 　　制订某精馏塔原料的预热方案

某石化厂为了对催化裂化后的粗汽油进行进一步的分离，现设一稳定精馏装置。已知粗汽油（其中夹杂着未被分离干净的催化剂细粒），流量为 23000kg/h，温度为 90℃。现工艺要求进精馏塔的原料温度为 110℃，从精馏塔塔底出来的产品为稳定汽油，流量为 19000kg/h，出塔温度为 150℃；塔顶产品为干气和液化气。请设计一预热方案以便将原料粗汽油预热至入塔所需温度。任务示意图见图 3-1。

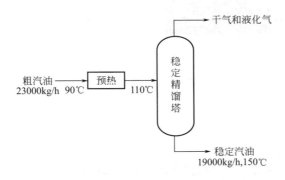

图 3-1　某精馏塔原料粗汽油预热任务示意图

✖ 项目任务分析

要使原料粗汽油从 90℃ 升温到 110℃，显然必须有提供热量的热源？热源是什么？热源怎样把热量提供给粗汽油？这是一个典型的工业预热任务。为了完成这个稳定精馏塔原料粗汽油的预热任务，必须解决以下几问题：

① 预热方案的选择问题，包括换热方式、换热介质（热源）的选择，加热介质流量的确定。

② 预热设备类型选择、换热面积的确定、流入空间的确定。

③ 预热设备如何安装？如何操作？如何判断常见的故障？如何预防及排除故障？

④ 如何提高预热效果？

⑤ 如何节能降耗，确保生产安全？

任务一　传热案例与传热方式的认识

一、观察与思考

【案例 3-1】

图 3-2 为石油加工企业裂解、裂化装置中广泛使用的管式加热炉。管式加热炉一般是由燃烧器、辐射室、对流室和烟囱四部分构成。在辐射室和对流室内装有炉管；在辐射室的底部、侧壁或顶部装有燃烧器；在烟囱内装有烟道挡板。先进的加热炉还备有空气和燃料比的控制调节系统。燃烧器的作用主要是让喷嘴喷出的燃料在炉膛内燃烧，为加热炉提供高温热源。燃烧放出的热量则通过各种方式传给炉管内物料达到加热物料的目的。

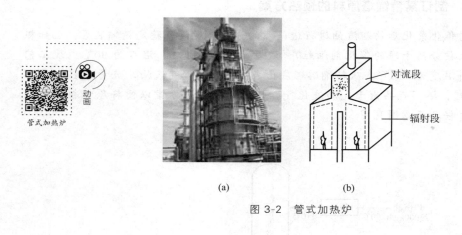

(a)　　　　　(b)

图 3-2　管式加热炉

思考题

1. 在管式加热炉内，为什么要设置辐射室和对流室？
2. 在辐射室和对流室，燃料燃烧放出的热量是以什么方式传递给物料的？
3. 没有动力设备，烟气为什么能从烟囱自动排出？

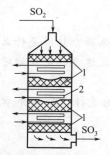

图 3-3　多段中间换热式 SO_2 转化器
1—催化剂床层；2—内部换热器

【案例 3-2】

图 3-3 为硫酸生产过程中，SO_2 氧化为 SO_3 的多段中间换热式转化器。由于 SO_2 氧化为 SO_3 的反应是一个放热反应，为防止反应温度持续升高，超出催化剂的活性温度范围，在转化器中，催化剂床层通常是分段放置，在段与段之间设置蛇管冷却器。前段反应后的气体经降温后再进入下一段催化剂床层反应。为了合理利用热量，蛇管内物料可用反应前的低温原料气体。

思考题

> 蛇管冷却器是如何工作的？分段冷却除用蛇管冷却器外，还可以用哪些方法进行冷却？

从上面两个案例可以看出，不论是反应物料的加热或冷却、反应热量的取出或供应还是工业余热（废热）的回收和热能的综合利用都需要进行各种传热过程。同时我们从上面两个典型的传热案例可以看出，他们的热能传递方式是不同的。

二、传热的基本方式

无论是气体、液体还是固体，凡是存在温度的差异，就必然会有热量自发的从高温处向低温处的传递，这一过程被称为热量传递，简称传热。

当物体之间或物体内部有温度差存在时，就一定会有传热过程发生。传热的基本方式有三种，分别是热传导、热对流和热辐射。

认识传热
基本方式

教学视频

1. 热传导

如果把一根细铁棒或其他金属棒的一段放进火焰上加热，不一会儿，棒的另一端也随着热起来，这就是传导传热的结果。**热传导又称导热，它是借助物质的分子、原子的振动或自由电子的运动将热量从物体温度较高的部分传递到温度较低部位的过程。**无论是固体内部，还是直接接触的两个固体之间，只要存在温度差，就必然发生热传导。

在热传导过程中物质没有宏观的位移。热传导不仅发生在固体中，同时也是流体内部的一种传热方式，当静止流体内部、层流流体内部在与流向垂直方向上存在温度差时，热量传递方式也是热传导。

气体、液体、固体的热传导机理各不相同。在气体中，热传导是由不规则的分子热运动引起的；在大部分液体和非金属固体中，热传导是依靠分子或晶格的振动来传递能量的；在金属固体中，除了晶格振动传递能量外，热量传递主要是依靠自由电子的迁移来实现的。因此，良好的导电体也是良好的导热体。注意：热传导不能在真空中进行。

在生产上若要知道某一物体在单位时间内以传导方式传递的热量（即导热速率），可以通过**傅里叶定律**——导热速率方程式来确定。

（1）傅里叶定律

傅里叶定律是物理学家傅里叶对物体的导热现象进行大量的实验研究，揭示出的热传导基本定律。

该定律指出：当导热体内进行的是纯导热时，单位时间内以热传导方式传递的热量，与温度差及垂直于导热方向的传热面积 A 成正比。

如图 3-4 所示，假设固体壁面一侧温度为 t_1，另一侧温度为 t_2，且 $t_1 > t_2$；固体壁面积 A 很大，壁厚 δ 较小；固体壁材料均匀；温度仅沿 x 变化，且不随时间变化。则单位时间内以热传导方式传递的热量 Q 可由傅里叶定律可表示为：

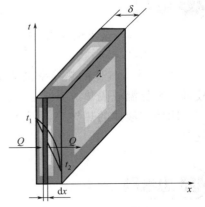

图 3-4　单层平壁的热传导

$$Q = -\lambda A \frac{\mathrm{d}t}{\mathrm{d}x} \tag{3-1}$$

式中　Q——导热速率，即单位时间内通过导热面传递的热量，W；

　　　A——导热面积，m^2；

　　　λ——比例系数，称为热导率或导热系数，$W/(m \cdot K)$ 或 $W/(m \cdot ℃)$；

$\dfrac{\mathrm{d}t}{\mathrm{d}x}$——温度梯度，传热方向上单位距离的温度变化率，$K/m$ 或 $℃/m$。

负号表示热量总是沿着温度降低的方向传递。

（2）热导率

热导率 λ 是分子微观运动的宏观表现，是表征材料导热性能的物性参数，λ 越大，导热性能越好。由式(3-1) 可见，热导率 λ 的物理意义是：当温度梯度为 1℃ 或 K 时，在单位传热面积上，单位时间内以热传导的方式传递的热量。

材料的热导率与其结构、组成、密度、温度及压力等条件有关。

在各种材料中，金属固体热导率最大，非金属固体次之，液体较小，气体最小，即：

$$\lambda_{金属固体} > \lambda_{非金属固体} > \lambda_{液体} > \lambda_{气体}$$

① 固体　对于金属固体：纯金属的热导率大于合金的热导率，$\lambda_{纯金属} > \lambda_{合金}$。对于非金属固体：同样温度下，$\rho$ 越大，λ 越大。

在一定温度范围内固体热导率随温度的变化规律可用下式表示：

$$\lambda = \lambda_0 (1 + at) \tag{3-2}$$

式中　λ_0，λ——0℃、t 时的热导率，$W/(m \cdot K)$ 或 $W/(m \cdot ℃)$；

　　　a——温度系数。

对大多数金属材料 $a < 0$，$t \uparrow \rightarrow \lambda \downarrow$

对大多数非金属材料 $a > 0$，$t \uparrow \rightarrow \lambda \uparrow$

② 液体　金属液体 λ 较高，非金属液体 λ 低，在所有非金属液体中水的热导率最大。一般来说，纯液体的热导率大于溶液的热导率。除水和甘油外，大多数液体温度升高，热导率减小。这是因为温度升高，液体体积膨胀，液体层与层之间的距离增加，质点之间相互碰撞摩擦的程度减小。

👥 思考题

> 为什么水和甘油的热导率随温度的升高而增加？

③ 气体　气体的热导率是随温度升高而增加的。由于气体的热导率小，不利于热传导，故可用来保温或隔热。

固体和液体的热导率，可通过实验测定。常见物质的热导率大小可由附录八、附录九查取。

👥 思考题

> 保温瓶装热水，是瓶塞与水接触保温效果好，还是瓶塞与水不接触保温效果好？

（3）单层平壁的导热速率

对于一个传热面积为 A、厚度为 δ、材料均匀、热导率 λ 不随温度变化而变化（或取平均热导率）的单层平壁，两壁面为保持一定温度 t_{w1} 和 t_{w2} 的等温面。将傅里叶定律积分可得到：

$$Q = \frac{\lambda}{\delta}A(t_{w1} - t_{w2}) = \frac{t_{w1} - t_{w2}}{\frac{\delta}{\lambda A}} = \frac{\Delta t}{R} \tag{3-3}$$

式中　Δt ——平壁两侧壁面的温度差，为导热的推动力，K；

$R\left(\frac{\delta}{\lambda A}\right)$ ——单层平壁的导热热阻，K/W 或 ℃/W。

式（3-3）表明导热速率与导热推动力成正比，与导热阻力成反比。即

$$导热速率 = \frac{导热推动力}{导热阻力}$$

可见导热距离越大，导热面积和热导率越小，导热阻力则越大。

2．热对流

对流传热是由于流体质点之间宏观相对位移而引起的热量传递现象，简称为热对流。

流体质点之间产生相对位移的原因有两个，一是因流体各部分的温度不同而引起密度的差异，导致流体质点产生相对位移，这种对流称为自然对流，如烟窗中高温烟气的上升流动；二是由于外力的作用使得流体质点运动，这种对流称为强制对流。流体产生流动的原因不同，对流传热的规律也不同，对流传热量也有很大的差异，强制对流的传热效果比自然对流好。

热对流是传热的基本方式，但在化工生产中单纯的热对流是不存在的，实际过程中，热对流的同时总是伴随着热传导，研究单纯的热对流没有实际意义。化工生产中需要研究的是流体与固体壁面之间的热量传递，即热流体将热量传递给固体壁面或壁面将热量传递给冷流体的过程。这种传热过程统称为对流给热，简称给热。

（1）对流给热的过程分析

流体流经固体壁面时，无论流体主体的湍流程度如何强烈，在紧靠固体壁面处总是存在着层流内层，它像薄膜一样盖住管壁。在层流内层和湍流主体间存在着缓冲层。

在传热的方向上截取一截面 A-A'，该截面上热流体的湍流主体温度为 T，冷流体湍流主体温度为 t，沿着传热的方向各点的温度分布大致如图 3-5 所示。热流体湍流主体因剧烈的湍动，使流体质点的相互混合，故温度是基本一致的，经过缓冲层后温度就从 T 降到 T'，再经过层流内层又降到壁面处的 t_{w1}；冷流体一侧的温度变化趋势正好与热流体相反。

在冷、热流体的湍流主体内，因存在着激烈的湍动，故热量的传递以热对流方式为主，其温度差几乎为零；在缓冲层内，热传导和热对流都起着明显的作

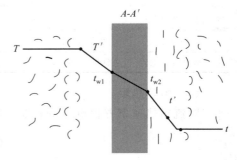

图 3-5　对流传热的流动状况

用，该层内发生较缓慢的变化；而在层流内层，因各层间质点没有混合现象，热量传递是依靠热传导方式进行，流体的层流内层虽然很薄，但温度差却占了相当大的比例。由此可知对流给热的热阻主要集中在靠近壁面的层流内层内，因此减薄或破坏层流内层是强化对流给热的主要途径。

（2）牛顿冷却定律

由上面分析可知，对流给热是一个复杂的传热过程，影响对流给热的因素很多，为了计算方便，工程上采用较为简单的处理方法。根据传热的普遍关系可知，壁面与流体之间的对流传热速率与其接触面积以及温度差成正比。因此，对流给热速率方程可写成下列形式：

$$Q = \alpha A \Delta t \tag{3-4}$$

式中　Δt——流体与固体壁面之间的平均温度差，K；

　　　α——比例系数，称为给热系数，或对流传热膜系数，$W/(m^2 \cdot K)$；

　　　A——流体与壁面之间的接触面积，给热面积，m^2。

上式称为对流给热速率方程，又称为牛顿冷却定律。

当流体被加热时：
$$Q = \alpha_{冷} A(t_w - t) \tag{3-4a}$$

当流体被冷却时：
$$Q = \alpha_{热} A(T - T_w) \tag{3-4b}$$

（3）给热系数

由式(3-4)可知，给热系数 α 的物理意义是：当流体与壁面（或反之）之间温度差为1K时，单位时间内在单位传热面积上以对流为主要方式由流体传给壁面（或反之）的热量，它反映了对流给热过程的强弱程度。根据式(3-4)，在相同的 Δt 情况下，给热系数数值越大，交换的热量越多，给热过程越强烈。

对流给热系数 α 与热导率 λ 不同，它不是流体的物理性质，而是受诸多因素影响的一个系数，反映对流给热热阻的大小。例如流体有无相变化、流体流动的原因、流动状态、流动物性和壁面情况（换热器结构）等都影响对流给热系数。一般来说，对于同一种流体，强制对流给热时的 α 要大于自然对流时的 α，有相变化的 α 要大于无相变化时的 α。表 3-1 列出了几种对流传热情况下的给热系数 α 的数值范围，以便对其大小有一数量级的概念。同时，其经验值也可作为传热计算中的参考值。

表 3-1　常见对流传热的 α 值的范围

换热方式	空气自然对流	气体加热或冷却强制对流	水自然对流	水加热或冷却强制对流
$\alpha /[W/(m^2 \cdot K)]$	5～25	20～100	20～1000	1000～15000
换热方式	水蒸气冷凝	有机蒸气冷凝	水沸腾	油加热或冷却强制对流
$\alpha /[W/(m^2 \cdot K)]$	5000～15000	500～2000	2500～25000	1000～1700

（4）给热热阻

对流给热速率方程也可写成推动力与阻力之比的形式。即：

$$Q = \frac{\Delta t}{R}, \quad R = \frac{1}{\alpha A} \tag{3-5}$$

当流体被冷却时：

$$Q = \frac{T - T_w}{R_{热}}, \quad R_{热} = \frac{1}{\alpha_{热} A} \tag{3-6}$$

式中，R 就是对流给热热阻。显然，给热系数 α 值越大，给热热阻越小。要降低对流给热热阻，就必须设法提高给热系数 α 值。

由于对流给热过程的热阻主要集中在层流内层中，因此设法降低层流内层的厚度，是提高给热系数、强化对流给热过程的主要途径。具体措施如下。

① 当流体无相变化时，采用强制对流，尽可能增加流体的湍动程度，以降低层流内层的厚度。如流量一定时，减小管件、增大流速可提高管内流体的湍动程度，其中增大流速更为有效；利用挡板或隔板、减小流通面积，不断改变流动方向可增加管外流体的湍动程度；使用波纹状、翅片状或其他异型表面，也可使管内或管外流体在很小的雷诺数时即达湍动状态。

② 当流体有相变化时，又分两种情况。

a. 对于蒸汽冷凝过程，由于冷凝过程的热阻主要集中在冷凝液膜，设法减薄冷凝液膜的厚度是强化该过程的主要途径。减薄液膜厚度可从冷凝面的形状和布置方式入手。例如，在垂直壁面上开纵向沟槽，以减薄壁面上的液膜厚度，还可在壁面上安装金属丝或翅片，使冷凝液在表面张力的作用下，流向金属丝或向翅片附近集中，从而使壁面上的液膜减薄，使冷凝给热系数得到提高。对于水平布置的管束，冷凝液从上部各排管子流向下部各排管子，使下部的各排管子的液膜变厚，给热系数减小。沿垂直方向上管排数目越多，这种负面影响越大，为此应减小垂直方向上的管排数目，或将管束由直列改为错列，或采取安装能除去冷凝液的挡板来提高对流给热系数。此外，如果蒸汽中含有微量的不凝性气体，如空气等，则不凝性气体会在液膜表面浓集形成气膜，这相当于额外附加了一层热阻，而且由于气体的热导率较小，该热阻往往很大，其外在表现就是蒸汽冷凝的对流给热系数大大降低。实验证明，当蒸汽中不凝性气体含量达到 1% 时，α 会下降 60% 左右。因此，在冷凝器的设计中，应在蒸汽冷凝侧的高处安装气体排放口，操作中定期排放加热蒸汽中混有的不凝性气体。

b. 对于液体沸腾过程，设法使传热表面粗糙化，从而减少膜状沸腾的可能性，或在液体中加入如乙醇、丙醇等添加剂均能有效地提高对流给热系数。

3. 热辐射

热辐射是物体由于具有温度而辐射电磁波的现象。任何物体只要其热力学温度大于绝对零度，都会不停地以电磁波的形式向周围空间辐射能量，这些能量在空间以电磁波的形式传播，遇到别的物体后被部分吸收，转变为热能；同时该物体自身也不断吸收来自周围其他物体的辐射能。当某物体向外界辐射的能量与其从外界吸收的辐射能不相等时，该物体就与外界产生热量传递。这种传热方式称为辐射传热。一个物体如果向外辐射的能量大于其从其他物体吸收的辐射能，则该物体处于放热过程，反之物体处于吸热过程。所以辐射传热实际上是指物体之间相互辐射和吸收电磁波过程的总效果。

物体的辐射能力是指物体在一定温度下、单位时间内单位表面积上发射的全部波长范围的辐射能，以 E 表示，单位为 W/m^2。

黑体的辐射能力服从斯蒂芬-玻尔兹曼定律。

拓展知识
物质对热辐射线的反应

$$E_0 = C_0 \left(\frac{T}{100}\right)^4 \qquad (3\text{-}7)$$

式中　E_0——黑体的辐射能力，W/m^2；

C_0——黑体的辐射系数，$C_0 = 5.669 W/(m^2 \cdot K^4)$。

物体的辐射能力与温度和波长均有关，温度愈高，辐射出的总能量就愈大，物体向外发射的辐射能取决于物体温度的 4 次方。温度较低时，主要以不可见的红外光进行辐射，当温度为 300℃ 以内时，热辐射中最强的波长在红外区。当物体的温度在 500～800℃ 时，热辐射中最强的波长成分在可见光区。

辐射传热是物体之间相互辐射和吸收电磁波过程的总效果。与热传导和对流传热相比，辐射传热具有以下特点：①换热物体之间无需直接接触。因为电磁波的传播不需要任何介质，所以热辐射是在真空中唯一的传热方式。②传热过程中伴随有能量形式的转变，即：A 物内能→辐射能（发出）→B 物（接受）辐射能→内能。③具有强烈的方向性。

由于物体的辐射能取决于辐射物体温度的 4 次方，所以仅当物体间的温度差很大时，辐射传热才是主要的传热方式。例如在管式加热炉的炉膛内（辐射段内），由于燃料燃烧的火焰温度很高，热量主要以辐射的方式传给炉管。

 ## 思考题

> 夏天人们通常穿浅色衣服，不愿意穿深色衣服，为什么？

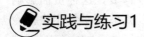 ## 实践与练习1

一、选择题

1. 物质热导率的大小顺序是（　　　）。
　A. 金属＞一般固体＞液体＞气体　　　　　　B. 金属＞液体＞一般固体＞气体
　C. 金属＞气体＞液体＞一般固体　　　　　　D. 金属＞液体＞气体＞一般固体

2. 空气、水、金属固体的热导率分别为 λ_1、λ_2、λ_3，其大小顺序正确的是（　　　）。
　A. $\lambda_1 > \lambda_2 > \lambda_3$　　　　B. $\lambda_1 < \lambda_2 < \lambda_3$　　　　C. $\lambda_2 > \lambda_3 > \lambda_1$　　　　D. $\lambda_2 < \lambda_3 < \lambda_1$

3. 热导率是物质的物性系数，所以（　　　）。
　A. 其大小只与物质的种类有关，而与其他条件无关
　B. 其大小不仅与物质种类有关，而且与温度有关
　C. 其大小不仅与物质的种类有关，而且与流体的流动形态有关
　D. 它与对流膜系数性质相同

4. 在以下材料中保温性能最好的是（　　　）；导热性能最好的是（　　　）。
　A. 铁　　　　　　　　B. 铜　　　　　　　　C. 软木　　　　　　　　D. 钢

5. 下列四种不同的对流给热过程：空气自然对流 α_1，空气强制对流 α_2（流速为 3m/s），水强制对流 α_3（流速为 3 m/s），水蒸气冷凝 α_4。α 值的大小关系为（　　　）。
　A. $\alpha_3 > \alpha_4 > \alpha_1 > \alpha_2$　　　　　　　　B. $\alpha_4 > \alpha_3 > \alpha_2 > \alpha_1$
　C. $\alpha_4 > \alpha_2 > \alpha_1 > \alpha_3$　　　　　　　　D. $\alpha_3 > \alpha_2 > \alpha_1 > \alpha_4$

6. 在蒸汽冷凝传热中，不凝气体的存在对 α 的影响是（　　　）。
　A. 会使 α 大大降低　　　　　　　　B. 会使 α 大大升高
　C. 对 α 无影响　　　　　　　　　　D. 无法判断

7. 夏天，电风扇之所以能解热是因为（　　　）。
　A. 它降低了环境温度　　　　　　　　B. 产生强制对流带走了人体表面的热量
　C. 增强了自然对流　　　　　　　　　D. 产生了导热

8. 对流传热时流体处于湍动状态，在滞流内层中，热量传递的主要方式是（　　　）。
　A. 传导　　　　　　　B. 对流　　　　　　　C. 辐射　　　　　　　D. 传导和对流同时

9. 热辐射和热传导、对流方式传递热量的根本区别是（　　　）。

　　A. 有无传递介质　　　　　　　　　　　　B. 物体是否运动

　　C. 物体内分子是否运动　　　　　　　　　D. 全部正确

　　10. 在两灰体间进行辐射传热，两灰体的温度差 50℃，现因某种原因，两者的温度各升高 100℃，则此时的辐射传热量与原来的相比，应该（　　　）。

　　A. 增大　　　　　　　B. 变小　　　　　　C. 不变　　　　　　D. 不确定

二、填空题

　　1. 传热过程的推动力是_____，传热基本方式有：_____、_____、_____三种。固体内部、静止液体内部有温差存时热量主要以_____方式进行传递。

　　2. 在傅立叶定律 $Q = -\lambda A \dfrac{\mathrm{d}t}{\mathrm{d}x}$ 中，λ 的物理意义为_____，单位是_____。

　　3. 热导率是物质_____能力的标志，热导率值越_____，导热能力越_____，液态水的热导率要比过热水蒸气的热导率_____。

　　4. 物质的热导率均随温度的变化而变化，水的热导率随温度的升高而_____，甲苯溶液的热导率随温度的升高而_____。金属固体的热导率随温度的升高而_____，非金属固体的热导率随温度的升高而_____。

　　5. 在牛顿冷却定律 $Q = \alpha A \Delta t$ 中，α 称为_____，其物理意义是_____；单位是_____。

　　6. 由于对流给热过程的热阻主要集中在_____中，因此设法减薄_____的厚度，可提高给热系数 α 值，是_____对流给热过程的主要途径。

　　7. 一般来说对同一流体，强制对流的给热系数_____于自然对流的给热系数。

　　8. 对于同一种组分的液体，有相变时的对流给热系数 α 值要比无相变时的 α 值要_____。水蒸气冷凝时的 α 值要比水降温时的 α 值要_____。

　　9. 热辐射是物体由于具有_____度而辐射_____的现象。当某物体向外界辐射的能量与其从外界吸收的辐射能不相等时，该物体就与外界产生_____传递。这种传热方式称为_____传热。

　　10. 斯蒂芬-玻尔兹曼定律的数学表达式是_____，该式表明_____。

　　11. 327℃的黑体辐射能力为 27℃黑体辐射能力的_____倍。

三、简答题

　　1. 分析案例 1 和案例 2，回答各例中包含的传热方式。

　　2. 影响对流给热系数（传热膜系数）的因素有哪些？

任务二　换热方案的确定

一、换热方式的认识

　　工业生产中，两种流体之间的换热过程是在一定的设备中完成的，此类设备称为热交换器，简称换热器。根据热交换器的换热原理不同，传热方式

认识工业
换热方式

教学视频

可分为混合式、蓄热式和间壁式三种。

1．混合式换热

混合式换热又称为直接接触式换热，就是冷、热两种流体之间的热交换是在两流体直接接触和混合的过程中实现的，它具有传热速率快、效率高、设备简单的优点等。

图 3-6、图 3-7 所示为一种机械通风式凉水塔。需要冷却的热水被集中到水塔底部，用泵将其输送到塔顶，经淋水装置分散成水滴或者水膜自上而下流动，与自下而上的空气相接触，在接触的过程中热水将热量传递给空气，达到冷却水的目的。

图 3-6　大型玻璃钢凉水塔　　　　　图 3-7　凉水塔工作原理

混合式换热只能用于允许冷、热两种流体直接接触并混合的场合。例如：气体的洗涤与冷却、水蒸气-水之间的混合，蒸汽的冷凝等。

2．蓄热式换热

蓄热式换热是借助热容量较大的固体蓄热体，将热量由热流体传递给冷流体的换热方法。使用的设备称蓄热式换热器。

蓄热式换热器中冷、热两流体间的热交换是通过对蓄热体的周期性加热和冷却来实现的。图 3-8 所示的为一蓄热式换热器，在器内装有空隙较大的充填物（如耐火砖之类）作为蓄热体。当热流体流经蓄热器时是加热期，热流体将热量传递给蓄热体，热量被贮存在蓄热体内；当冷流体流过蓄热器时是冷却期，蓄热体将贮存的热量传递给冷流体。这样冷热两流体交替流过蓄热体，利用蓄热体的贮存和释放热量来达到两个流体之间的换热目的。

蓄热式换热器结构简单、能耐高温，一般常用于高温气体热量的回收或冷却。其缺点是设备体积庞大、热效率低，且不能完全避免两流体之间的混合。石油化工厂中，蓄热式裂解炉中所进行的换热过程就是蓄热式换热。

3．间壁式换热

间壁式换热是工业生产中普遍采用的换热方式，其特点是冷、热两种流体被一固体间壁隔开，换热过程中不发生混合，从而避免了因换热带来的污染。图 3-9 是一种典型的间壁式换热方式示意图，在换热过程中两种流体之间互相不接触、不混合，热流体通过传热壁面将其热量传递给冷流体。用此种换热方法进行传热的设备称为间壁式换热器。由于化工生产中参与传热的冷、热流体大多数是不允许互相混合的，因此间壁式换热器是化工生产中应用最为广泛的一类换热器。各种管式、板式结构的换热设备中所进行的换热过程均属于间壁式换热。

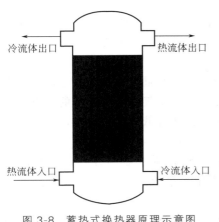

图 3-8　蓄热式换热器原理示意图

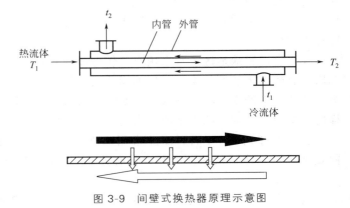

图 3-9　间壁式换热器原理示意图

任务解决1

原料油预热方式的确定

　　在引言的原料油预热任务中，需要预热的粗汽油是不允许与别的加热介质混合的，否则会影响原料的纯度，以致影响精馏操作和产品质量。另外粗汽油本身易挥发、易燃易爆，蓄热式可能导致泄漏，造成爆炸事故，所以我们选择间壁式换热的预热方法。

二、换热介质的确定

　　化工生产中换热的目的主要有两种，一是将工艺流体加热升温或汽化，二是将工艺流体冷却降温或冷凝液化。化工生产中的热量交换通常发生在两种流体之间，在换热过程中，参与换热的流体称为载热体。温度较高放出热量的流体称为热载热体，简称热流体；温度较低吸收热量的流体称为冷载热体，简称冷流体。根据换热目的不同，载热体也有其他名称，若换热的目的是将冷流体加热（或汽化），此时所用热流体称为加热剂；若换热目的是将某种热流体冷却（或冷凝），此时所用冷流体称为冷却剂（或冷凝剂）。

　　对于一定的换热任务，待冷却或加热物料的初温与终温常由工艺条件所决定，因此需要取出或提供的热量是一定的。热量的多少决定了传热过程的操作费用，为了提高传热过程的经济效益，必须选择适当温度范围的载热体。

　　载热体选择须考虑以下几个方面因素：

　　① 载热体的温度易调节控制；

　　② 载热体的饱和蒸气压应较低，加热时不易分解；

　　③ 载热体的毒性要小，不易燃、易爆，不易腐蚀设备；

　　④ 价格便宜，来源容易。

1. 常用的冷却剂

工业上常用的冷却剂有水、空气、冷冻盐水、液氨（$-33.4℃$）等。

水的主要来源是江河水和地下水，江河水的温度与当地的气候与季节有关，通常在 10～

30℃，地下水的温度则较低，通常在 4～15℃。水热容量大，应用最为普遍，这也是化工企业靠水而建的原因之一。为了节约用水和保护环境，企业生产时应让水最大限度地循环使用，如在换热器用过的水，送到凉水塔内，与空气逆流接触，部分汽化而冷却，再重新作为冷却剂使用。

在水资源紧缺地区，常采用空气作为冷却介质。空气作为冷却剂，适用于有通风机的冷却塔和有较大传热面的换热器（如翅片式换热器）的强制冷却，空气作为冷却剂的优点是不会在传热面上产生污垢，其缺点是空气的对流给热系数小，比热容低，耗用量大，要达到同样的冷却效果，空气的质量流量大约是水的 5 倍。

若要冷却到 0℃ 左右，工业常用冷冻盐水（氯化钙溶液），由于盐的存在，使水的凝固点下降（具体与盐的种类和含量有关），盐水的低温由制冷系统提供，可降温的范围是 -15～30℃。

液氨作为冷却剂，主要是利用液氨汽化时的吸热效应，使得被冷却流体降温。利用液氨作为冷却剂，可将热流体的温度降到 -5℃ 以下，在合成氨工业中，合成气的冷凝分离大量使用液氨作为冷却剂。

2. 常用的加热剂

工业常用的加热剂有热水（40～100℃）、饱和水蒸气（100～180℃）、矿物油或联苯或二苯醚混合物等低熔混合物（180～540℃）、烟道气（50～1000℃）等；除此之外还可用电来加热。

水蒸气是最常用的加热剂。当要求温度低于 180℃ 时，常用饱和水蒸气作加热剂，其优点是饱和蒸汽的压强和温度一一对应，调节其压强就可以控制加热温度，使用方便；饱和水蒸气冷凝潜热大，因此蒸汽消耗量相对较小，此外蒸汽冷凝时给热系数很大、价廉、无毒、无火灾危险。其缺点是饱和蒸汽冷凝传热能达到的温度受压强的限制。因此一般超过 200℃ 后，因蒸汽压力太高，对设备的机械强度要求高，投资费用大。

用水蒸气作为加热剂有两种使用方法：直接蒸汽加热和间接蒸汽加热。直接蒸汽加热时，蒸汽直接引入到被加热介质中，并与介质混合。这种方法适用于允许被加热介质和蒸汽冷凝液直接混合的场合。间接蒸汽加热是通过换热器的间壁传递热量。当蒸汽在换热器内没有完全冷凝时，一部分蒸汽将随冷凝液排出，造成蒸汽消耗量增加，为了使冷凝液能顺利排出，且不带走蒸汽，需要设置冷凝水排除器（疏水器）。

工业常用的加热剂的种类、加热温度范围、优缺点详见表 3-2。

表 3-2　工业常用加热剂的种类、加热温度范围、优缺点

加 热 剂	温度范围	优 点	缺 点
饱和水蒸气	100～180℃	易于调节，冷凝潜热大，热利用率高	温度升高，压力也升高，设备有困难。180℃时对应的压力10MPa
热水	40～100℃	可利用工业废水和冷凝水的废热作为回收热量的一种途径	只能用于低温；传热状况不好，本身易冷却，温度不易调节
联苯混合物	液体：15～255℃　蒸气：255～380℃	加热均匀，热稳定性好，温度范围宽，易于调节，高温时蒸气压很低，热熔值与水蒸气接近，对普通金属不腐蚀	易渗透软性昂贵石棉填料，蒸汽易燃烧，但不爆炸，会刺激人的鼻黏膜

续表

加 热 剂	温度范围	优 点	缺 点
矿物油	≤250℃	不需要高压加热，温度较高	黏度大，传热系数小，热稳定性差，超过250℃时易分解，易着火，调节困难
甘油	200～250℃	无毒，不爆炸，价廉，来源方便，加热均匀	极易吸水，且吸水后沸点急剧下降
四氯联苯	100～300℃	400℃以下有较好的热稳定性，蒸汽压低，对铁、钢、不锈钢、青铜等均不腐蚀	蒸汽可使人肝脏发生疾病
熔盐	142～530℃	常压下温度高	比热容小
烟道气	≥1000℃	温度高	传热差，比热容小，易局部过热

当然在实际生产中，载热体的选择更多的应该是从装置的余热利用方面加以考虑。比如，对于一些高温下的放热反应，通常采取的换热方案就可以采用反应后高温物料预热反应前低温原料。如图3-3中的段间冷却器中，用来冷却一段反应后气体的冷载热体就是反应前的原料气，这样在反应气冷却的同时，也实现了预热原料气的目的。

 任务解决2

> **预热原料油用加热剂的选择**
>
> 从表3-2中可知，饱和水蒸气、联苯混合物、四氯联苯都可以用来加热粗汽油到110℃。由于联苯混合物价值昂贵，易渗透软性石棉填料，蒸气易燃烧，会刺激人的鼻黏膜；四氯联苯蒸气可以使人肝脏发生疾病，联苯混合物一般用于100～300℃范围内的加热，如果用联苯成本太高；饱和水蒸气温度范围接近，易于调节，冷凝潜热大，热利用率高，无毒、价廉，所以饱和水蒸气是粗汽油加热剂的一个很好的选择。但从节约能源方面考虑，精馏塔的进料预热往往可以考虑用塔底热的出料来加热。本项目中，稳定精馏塔装置的塔底产品出塔温度为150℃，工艺要求冷却至120℃，这部分能量可以加以利用。另外在120～150℃温度范围内塔底产品稳定汽油不易分解且不易腐蚀设备，所以可以选取塔底产品稳定汽油来预热进料而不另取加热介质，即将进塔原料与塔釜的产品进行换热，这样既达到了预热原料的目的同时又冷却了塔底产品，而且也节约了冷却产品所需的冷却剂，这样可使整个装置的操作费用降低，节省了能源，降低了能耗。
>
> 但需要明确的问题是，塔底产品作为加热剂，其放热量够不够？

三、加热介质的用量的确定

在间壁式换热器中载热体用量的确定，一般是通过对间壁式换热器作能量衡算后得到的。

1. 热负荷与传热速率

化工生产中，为了达到一定的生产目的，将热、冷流体在换热器内进行换热，工艺上要求换热器在单位时间内传递的热量称为换热器的热负荷，用符号 Q' 表示，热负荷是生产任务，与换热器的结构无关。

传热速率 Q 是换热设备单位时间内能够传递的热量，是换热器工作能力的表征，主要由换热器自身的性能决定。为了保证换热器完成换热任务，换热器工作时的传热速率应大于至少等于其工艺要求的热负荷。

2. 换热器的热量衡算

对间壁式换热器以单位时间为基准，对其作能量衡算。当系统中无外部能量的输入，且一般位能和动能项均可忽略，则换热器中热流体放出的热量，等于冷流体吸收的热量加上散失到周围环境中的热量（即热量损失，简称热损失）。即：

$$Q_h = Q_c + Q_l \tag{3-8}$$

式中　Q_h——热流体放出的热量，kJ/h 或 W；

　　　Q_c——冷流体吸收的热量，kJ/h 或 W；

　　　Q_l——换热器的热损失，kJ/h 或 W。

假设换热器绝热良好，热损失可以忽略，则在单位时间内换热器中热流体放出的热量等于冷流体吸收的热量，即：

$$Q_h = Q_c \tag{3-8a}$$

3. 热负荷的确定

当换热器保温性能良好，热损失可以忽略不计时，热负荷取 Q_h 或 Q_c 均可。

$$Q' = Q_h = Q_c$$

当换热器的热损失不能忽略时，由于 $Q_h \neq Q_c$，此时热负荷取 Q_h 还是 Q_c 需根据具体情况而定。一般情况下是由工艺下达的换热任务确定，在后面介绍的列管换热器中通常是哪种流体走管程，就取该流体的传热量作为换热器的热负荷。

4. 载热体传热量的计算

换热器内，热流体放出的热量 Q_h、冷流体吸收的热量 Q_c 与流体在换热过程中的温度或状态变化有关。其计算方法主要有以下几种。

（1）焓差法

$$\begin{aligned} Q_h &= W_h(H_{h1} - H_{h2}) \\ Q_c &= W_c(H_{c2} - H_{c1}) \end{aligned} \tag{3-9}$$

式中　W——流体的质量流量，kg/h；

　　　H——单位质量流体的焓，kJ/kg。

下标 c、h 分别表示冷流体和热流体，下标 1 和 2 表示流体的进口和出口。

此法是通用方法，只要根据流体的状态与温度，查出流体进出换热器的焓值，不需要考虑换热过程中流体是否发生相变化。

（2）显热法

流体在相态不变的情况下，因温度变化而放出或吸收的热量称为显热。

若流体在换热过程中没有相变化，且流体的比热容不随温度而变或可取平均温度下的比热容时，则 Q_h、Q_c 可用下式计算：

$$\begin{aligned} Q_h &= W_h C_{ph}(T_1 - T_2) \\ Q_c &= W_c C_{pc}(t_2 - t_1) \end{aligned} \tag{3-10}$$

式中　C_p——流体的平均比热容，kJ/(kg·℃)；

t ——冷流体的温度，℃；

T——热流体的温度，℃。

下标 c、h 分别表示冷流体和热流体，下标 1 和 2 表示流体的进口和出口。

（3）潜热法

流体在温度不变而相态发生变化的过程中放出或吸收的热量称为潜热。

若流体在换热过程中仅仅发生相变（饱和蒸气冷凝成饱和液体或反之），而没有温度变化，其传热量可按下式计算：

$$Q_h = W_h \gamma_h$$
$$Q_c = W_c \gamma_c$$
（3-11）

式中　W_h，W_c——热、冷流体的流量，kg/h；

γ_h，γ_c——热、冷流体的汽化潜热，kJ/kg。

【例 3-1】 将 0.417kg/s、80℃的硝基苯，通过一换热器冷却到 40℃，冷却水初温为 30℃，出口温度不超过 35℃。如热损失可以忽略，试求该换热器的热负荷及冷却水用量。

解：

（1）由附录十液体比热容共线图，查得硝基苯和水的比热容分别为 1.6kJ/(kg·℃) 和 4.187kJ/(kg·℃)，由式(3-8) 计算热负荷

$$Q' = Q_h = w_h C_{ph}(T_1 - T_2)$$
$$= 0.417 \times 1.6 \times 10^3 \times (80 - 40)$$
$$= 26.7 \times 10^3 (\text{W}) = 26.7(\text{kW})$$

（2）依热量守恒定律可知，当 $Q_损$ 略去不计时，则冷却水用量可依 $Q_h = Q_c$ 计算，得：

$$Q_h = Q_c$$
$$w_h C_{ph}(T_1 - T_2) = W_c C_{pc}(t_2 - t_1)$$
$$26.7 \times 10^3 = W_c \times 4.187 \times 10^3 \times (35 - 30)$$
$$W_水 = W_c = 1.275\text{kg/s} = 4590\text{kg/h} \approx 4.59\text{m}^3/\text{h}$$

讨论，上题中如将冷却水的流量增加到 6m³/h，问冷却水的终温将如何变化？是多少？

解： 由于此题中之 Q_h、W_h 及 t_1 都已确定，且热损失忽略不计，所以可依 $Q_h = Q_c$ 计算，得：

$$Q_h = Q_c = W_c C_{pc}(t'_2 - t_1)$$
$$26.7 \times 10^3 = \frac{6 \times 1000}{3600} \times 4.187 \times 10^3 (t'_2 - 30)$$
$$t'_2 = \frac{26.7 \times 10^3}{4.187 \times 10^3 \times \frac{6 \times 1000}{3600}} + 30 = 33.82(℃)$$

【例 3-2】 在某列管换热器中，用 120℃的饱和水蒸气将初温为 20℃的某种溶液加热到 80℃。已知溶液走管程，流量为 70000kg/h，比热容为 1.8kJ/(kg·℃)。设热损失可以忽略，求加热蒸汽的用量。

解： 由附录十二查得 120℃时的水的汽化潜热为 2205.2 kJ/kg，即水蒸气的冷凝潜热为 2205.2 kJ/kg。

由于热损失忽略不计，则 $Q_h = Q_c$

其中　　　　　　　　　$Q_h = W_h \gamma_{hc}$ 　　$Q_c = W_c C_{pc}(t_2 - t_1)$

则有：　　　　　　　　　$W_h \gamma_h = W_c C_{pc}(t_2 - t_1)$

由此可得加热蒸汽用量为：

$$W_h = \frac{W_c C_{pc}(t_2 - t_1)}{\gamma_h} = \frac{70000 \times 1.8 \times (80 - 20)}{2205.2} = 3428.3(\text{kg/h})$$

⟳ 任务解决3

原料油预热用加热剂用量的计算

在引言任务中，冷介质为粗汽油，$C_{pc} = 2.65\text{kJ/(kg}\cdot\text{℃)}$，$W_c = 23000\text{kg/h}$，温度从 90℃ 加热至 110℃，所需吸收的热量：

$$Q_c = W_c C_{pc}(t_2 - t_1) = 1219000\text{kJ/h}$$

加热介质为稳定塔塔底产品稳定汽油，$C_{ph} = 2.42\text{kJ/(kg}\cdot\text{℃)}$，温度从 150℃ 冷却至 120℃。由 $Q_h = Q_c$ 得，需要的加热介质的流量应为：

$$W_h = \frac{Q_c}{C_{ph}(T_1 - T_2)} = \frac{1219000}{2.42 \times 30} = 16790(\text{kg/h})$$

而稳定塔塔底产品流量为 19000kg/h，所以选塔底产品作为加热剂，加热量是足够的。剩余流量（19000−16790）=2210（g/h）的塔底产品可以走跨线不经过预热器。

✎ 实践与练习2

一、选择题

1. 工业上，大型玻璃钢冷却塔的换热方式是（   ）；套管式换热器的换热方式是（   ）。

    A. 混合式　　　　　B. 间壁式　　　　　C. 蓄热式　　　　　D. 辐射式

2. 下面物料中，不能作为工业加热剂的是（   ）。

    A. 烟道气　　　　　B. 饱和水蒸气　　　C. 熔盐　　　　　　D. 盐水

3. 下面物料中，可作为工业上常用加热介质的是（   ）。

    A. 氨蒸气　　　　　B. 烟道气　　　　　C. 乙烯　　　　　　D. 丙烯

4. 工业上某流体需冷却至−2℃，我们可以选择（   ）作冷却介质。

    A. 水　　　　　　　B. 空气　　　　　　C. 熔盐　　　　　　D. 盐水

5. 换热器中被冷却物料出口温度升高，可能引起的原因是（   ）。

    A. 冷物料流量下降　　　　　　　　B. 热物料流量下降

    C. 热物料进口温度降低　　　　　　D. 冷物料进口温度降低

二、填空题

1. 工业常用的换热方式有_____、_____、_____三种。工业通风凉水塔的换热过程属于_____式换热；列管换热器的换热方式为_____。

2. 工业常用的加热介质有_____、_____、_____、_____等。

3. 热负荷 Q' 是_____上对换热设备换热能力的要求，是由_____决定的。

4. 传热速率 Q 是换热设备单位时间内_____的热量，是换热器的_____，主要由换热器_____决定。

5. 对于一个冷却任务，当热流体的流量与进出口温度一定时（即 Q_h 一定时），改变冷却剂冷流体的流量将影响冷流体的出口温度，若冷流体流量 W_c 增加，则冷流体的出口温度 t_2 _____。

三、计算题

1. 在一套管式换热器中用的冷却水将流量为 1.25kg/s 的苯由 80℃ 冷却至 40℃。冷却水进口温度为 25℃，其出口温度选定为 35℃。试求冷却水的用量。

2. 流量为 10000m³/h（标准状况）的空气在换热器中被饱和水蒸气从 20℃ 加热至 60℃，所用水蒸气的压强为 400kPa（绝压）。若设备热损失为该换热器热负荷的 6%，已知空气在平均温度 40℃ 下的比热容为：$C_{p2} = 1.005$kJ/(kg·℃)。400kPa 下水气的冷凝潜热为 2138kJ/kg。试求该换热器的热负荷及加热蒸汽用量。

3. 在一换热器中，用压力 0.6MPa、温度为 180℃ 的低压过热蒸汽间接加热某一介质。已知：0.6MPa 蒸汽的饱和温度为 160℃、汽化潜热 2091.1kJ/kg，蒸汽平均比热为 1.92J/(kg·℃)，蒸汽用量 3t/h；冷凝水温度为 100℃，冷凝水平均比热 4.6kJ/(kg·℃)，求每小时该换热器的换热量。

任务三　换热设备的确定

换热器是化工、动力、能源等许多工业部门的通用设备。由于生产物料的性质、换热的要求各不相同，换热设备的种类很多，它们的特点不一。要完成引言部分提出的任务，必须选择一个合适的换热设备，所选设备除能满足工艺和操作上的要求、确保安全生产外，而且要易于检修清洗及尽可能节省成本。

一、换热器类型的认识与选择

1. 间壁式换热器的分类

前已介绍传热方式按作用原理不同分为混合式、蓄热式和间壁式三类，其中以间壁式换热方式最为常用，间壁式换热所用的设备统称间壁式换热器。间壁式换热器类型很多且各有特点。

（1）按换热器用途分

① 加热器　用于把流体加热到所需要的温度，被加热流体在加热过程中不发生相变。

② 冷却器　用于冷却流体，使其达到所需要的温度。

③ 预热器　用于流体的预热升温，以提高整个工艺装置的效率。

④ 过热器　用于加热饱和蒸气，使其达到过热状态。

⑤ 蒸发器　用于加热液体，且使其蒸发汽化。

⑥ 再沸器　用于加热冷凝的液体，使其再受热再汽化，为蒸馏过程的专用设备。

⑦ 冷凝器　用于冷却凝结性饱和蒸气，使其放出冷凝潜热而凝结成液体。

（2）按换热间壁——传热面形状和结构分

① 管式换热器　通过管子壁面进行传热的换热器。按传热管的结构形式又可分为管壳式、蛇管式、套管式和翅片管式换热器等。其中管壳式换热器应用最广。

② 板式换热器　通过板面进行传热的换热器。按传热板的结构形式可分为平板式、螺旋板式、板翅式换热器等。

③ 特殊形式换热器　根据工艺特殊要求而设计的具有特殊结构的换热器。如回转式、热管、同流式换热器等。

（3）按制造材料分

常见的换热器材料有金属、陶瓷、塑料、石墨和玻璃等。

① 金属材料换热器　由金属材料加工制成的换热器。常用的材料有碳钢、合金钢、铜及铜合金、铝及铝合金、钛及钛合金等。因金属材料导热系数大，故此类换热器的传热效率高。

② 非金属材料换热器　常用的材料有石墨、玻璃、塑料、陶瓷等。因非金属材料热导率较小，故此类换热器的传热效率较低，常用于腐蚀性的物系的传热过程。

2. 工业常见的间壁式换热器

（1）夹套式换热器

夹套式换热器构结构如图 3-10 所示。换热器的夹套通常用钢或铸铁制成，安装在容器的外部，可焊在器壁上或者用螺钉固定在容器的法兰盘上。夹套与器壁之间形成密闭的空间，为加热剂或冷却剂的通路。容器内的物料和夹套内的物料隔着器壁进行换热。夹套式换热器主要应用于反应过程的加热或冷却。在用蒸汽进行加热时，蒸汽由上部接管进入夹套，冷凝水由下部接管流出。作为冷却器时，冷却介质（如冷却水）由夹套下部的接管进入，由上部接管流出。夹套式换热器结构简单，制造加工方便。但受容器容积的限制，传热面积较小，且夹套内部清洗困难。此外由于器内流体处于自然对流状态，传热效率低。为了提高其传热性能，在容器内安装搅拌器，使器内液体作强制对流，为了弥补传热面的不足，也可在器内安装蛇管等。

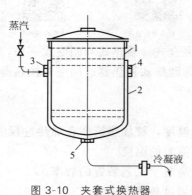

图 3-10　夹套式换热器
1—反应器；2—夹套；3,4—蒸汽或冷却
水接管；5—冷凝水或冷却水接管

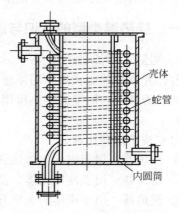

图 3-11　沉浸式换热器

（2）蛇管式换热器

蛇管式换热器又分沉浸式和喷淋式两种。

① 沉浸式换热器（见图 3-11）　这种换热器蛇管通常以金属管弯绕而成，制成适应各种容器的形状沉浸在容器内的液体中，管内流体与容器内液体隔着管壁进行换热，几种常用蛇

管的形状如图 3-12 所示。此类换热器的优点是结构简单、价格低廉、管内能承受高压，可用耐腐蚀材料制造。其缺点是蛇管易堵塞，管外容器内的流体湍动程度差，给热系数小，常需加搅拌装置以提高传热效果。沉浸式蛇管换热器主要应用于反应过程的加热或冷却、高压下传热、强腐蚀性流体的传热。

图 3-12　各种蛇管形状

② 喷淋式换热器　喷淋式蛇管换热器多用作冷却器，其结构如图 3-13 所示。

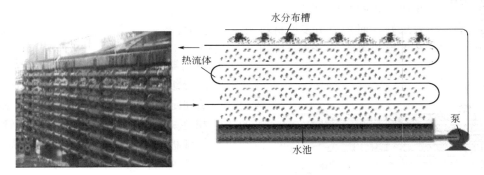

图 3-13　喷淋式蛇管换热器

固定在支架上的蛇管排列在同一垂直面上，热流体在管内流动，自下部进入，由上部的管流出。冷水由最上面的多孔分布管（淋水管）流下，分布在蛇管上，并沿其两侧下降至下面的管子表面，最后流入水槽而排出。冷水在各管表面上流过时，与管内流体进行热交换。这种设备常放置在室外空气流通处，冷却水在空气中汽化时，可带走部分热量，以提高冷却效果。它和沉浸式蛇管换热器相比，具有结构简单、检修和清洗方便、传热面积大而且改变传热效果也较好等优点，其缺点是喷淋不易均匀、只能安装在室外，占地面积大。此类换热器常用于用冷却水冷却管内高压热流体的场合，如合成氨装置中一般都设有此类换热器。

（3）套管式换热器

套管式换热器是由两种直径不同的标准管组成同心套管，然后用 180°的回弯管（肘管）将多段套管串联而成，如图 3-14 所示。每一段套管称为一程，程数可根据传热量要求而增减。每程的有效长度为 4～6m。若管子太长，管中间会向下弯曲，使环形中的流体分布不均匀。

套管式换热器的优点是结构简单、能耐高压，传热面可根据需要增减，易于维修和清洗。其缺点是单位传热面积的金属耗量大，管子接头多，流动阻力大。此类换热器适用于高温、高压及流量较小、所需传热面积小的场合。

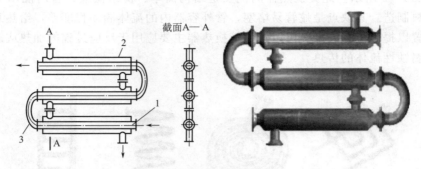

图 3-14　套管式换热器

1—内管；2—外管；3—连接肘管（回弯管）

（4）列管换热器

列管换热器是一种传统的、应用最广泛的热交换设备，与前几种换热器相比，它的突出优点是单位体积具有的传热面积大，结构紧凑、坚固、传热效果好，而且能用多种材料制造，适用性较强，操作弹性大，在高温高压以及大型装置中得到普遍应用。

列管换热器是由壳体、管束、折流板、管板和封头等部分组成，详见图 3-15。管束安装在壳体内，两端固定在管板上，封头用螺栓与壳体两端的法兰相连。一种流体由封头的进口管进入，流经封头与管板的空间分配至各管内，从另一端封头的出口管流出；另一种流体则由壳体的接管流入，在壳体与管束间的空隙流动中通过管束表面与管束内流体换热，然后从壳体的另一端接管排出，如图 3-16 所示。为增加流体湍动程度，通

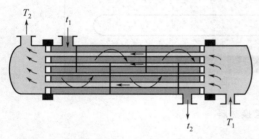

图 3-15　列管换热器部件图

常壳体内安装若干与管束垂直的折流挡板。

图 3-16　列管换热器结构图

流体流经管束的过程，称为流经管程，将该流体称为管程（管方）流体；流体流经壳体环隙的过程，称为流经壳程，将该流体称为壳程（壳方）流体。

列管换热器设置折流挡板的目的主要是为了增大壳程流体的湍动程度，提高壳程的对流给热系数 a。其形状主要有图 3-17 所示的三种。

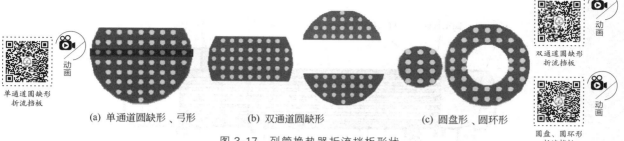

图 3-17　列管换热器折流挡板形状

在列管换热器中，若流体只在管程内流过一次的，称为单管程；只在壳程内流过一次的，称为单壳程。若在换热器封头内设置隔板，将全部管子平均分成若干组，流体在管束内来回流过多次后排出，称为多（管）程。**采用多管程可有效地增大管程流体的流速，增大管内流体的湍动程度，从而提高管程流体的对流给热系数 α_i**。若在换热器壳体内设置一块纵向挡板，将壳体内分成两部分，壳程流体在壳体内则来回两次，称为双壳程，如图 3-18所示。

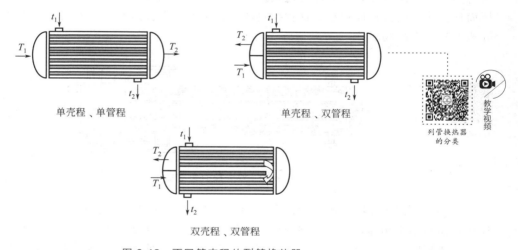

图 3-18　不同管壳程的列管换热器

在管壳式换热器中由于管内、外流体温度不同，管束与壳体的温度也不相同，因此它们的热膨胀程度也有差别，若两流体温度差较大，由于热应力而可能引起设备变形，管子弯曲，甚至破裂，因此当两流体的温度差超过 50℃时，就应采取热补偿措施。根据热补偿方法不同，列管换热器又可分为以下几种主要型式。

① 固定管板式换热器　如图 3-19 所示，固定管板式换热器是将两端管板和壳体焊在一起。当壳体与传热管壁温度之差大于 50℃时，在壳体中间加装补偿圈，也称膨胀节。依靠补偿圈的弹性变形来适应它们不同的热膨胀需要。这种换热器结构简单，管内便于清洗，造价低廉，但壳程清洗和检修困难，适用于壳程流体清洁不易结垢，两流体温差不大或温差较大但壳程压力不高的场合。

② U 型管式换热器　如图 3-20 所示，双壳程双管程的 U 型管式换热器的管板只有一端与壳体固定，另一端采用填料函密封。当壳体与管束的温度差或壳体内的流体压强较大时，

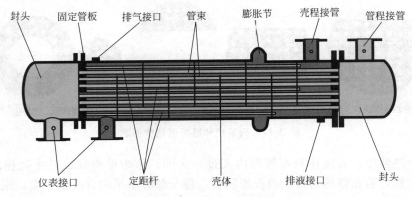

图 3-19　固定管板式换热器

管束可以自由伸缩，不会产生温差应力。该换热器的优点是结构简单，管束可以从壳体内整体抽出，管壳程均能进行清洗。其缺点是填料函耐压不高，一般小于 4.0MPa，此外由于 U形弯曲需要一定半径，与固定管板式换热器相比，相同直径的壳体中可排列的管子数目少，因而单位体积的传热面积小。这种换热器适用于管、壳程温差较大或壳程介质易结垢而管程介质不易结垢的场所。

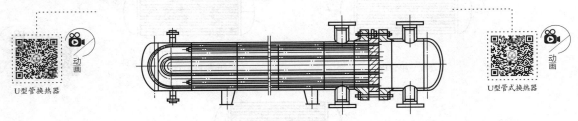

U型管换热器

U型管式换热器

图 3-20　双壳程 U 型管式换热器

③ 浮头式换热器　如图 3-21 所示，浮头式换热器两端的管板中，其中有一端不与壳体连接，而与浮头相连，浮头可在壳体内与管束一起自由移动。当壳体与管束因温度差而引起不同的热膨胀时，管束连同浮头能在壳体内沿轴向自由伸缩。这种浮头结构不但彻底消除了热应力，而且整个管束可以从壳体中抽出，清洗和检修十分方便。因此尽管其结构复杂，造价较高，但应用仍然十分广泛，特别适用于壳体与管束温差较大或壳程流体容易结垢及管程易腐蚀的场合。

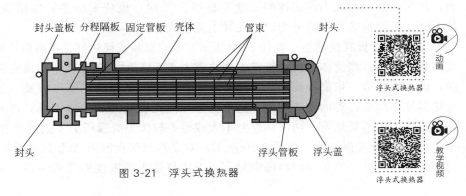

浮头式换热器

浮头式换热器

图 3-21　浮头式换热器

3. 其他类型换热器

其他类型换热器见表 3-3。

表 3-3　其他类型换热器

换热器类型	结构及说明	特　　点
螺旋板式换热器	结构如图 3-22 所示，由焊接在中心隔板上的两块金属薄板卷制而成，两薄板之间形成螺旋形通道，两板之间焊有定距柱，以维持通道间距，螺旋板的两端焊有盖板。两流体分别在两通道内流动，通过螺旋板进行换热	优点：结构紧凑；单位体积传热面积大；流体在换热器内作严格的逆流流动，可在较小的温差下操作，能充分利用低温能源；由于流向不断改变，且允许选用较高流速，故传热效果好；又由于流速较高，同时有惯性高离心力作用，污垢不容易沉积。 缺点：制造和检修都比较困难；流动阻力较大；操作压力和温度都不能太高，一般压力在 2MPa 以下，温度不超过 400℃
翅片式换热器	结构如图 3-23，在换热管的外表面或内表面同时装有许多翅片，常用翅片有纵向和横向两类	常用于气体的加热或冷却，当换热的另一方为液体或发生相变时，在气体一侧设置翅片，既可增大传热面积又可增加气体的湍动程度，提高传热效率
板式换热器	结构如图 3-24，它是由若干块长方形薄金属板叠加排列，夹紧组装于支架上构成。两相邻板的边缘衬有垫片，压紧后板间形成流体通道。板片是板式换热器的核心，常将板面冲压成各种凹凸的波纹状	优点：结构紧凑，单位体积传热面积大；组装灵活方便；有较高的传热速率，可随时增减板数，有利于清洗和维修。 缺点：处理量小；受垫片材料性能的限制，操作压力和温度不能过高。适用于需要经常清洗，工作环境要求十分紧凑，操作压力在 2.5 MPa 以下，温度在 −35～200℃ 的场合
板翅式换热器	结构如图 3-25，基本单元由翅片、隔板及封条组成。翅片上下放置隔板，两侧边缘由封条密封，即组成一个单元体。将一定数量的单元体组合起来并进行适当排列，然后焊在带有进出口的集流箱上。一般用铝合金制造	优点：结构轻巧、紧凑，单位体积传热面积大、传热效果好；操作温度范围广，适用于低温或超低温场合；允许操作压力较高，可达到 5MPa。 缺点：容易堵塞，流动阻力大；清洗检修困难，故要求介质洁净

| (a) | (b) | (c) |

图 3-22　螺旋板式换热器

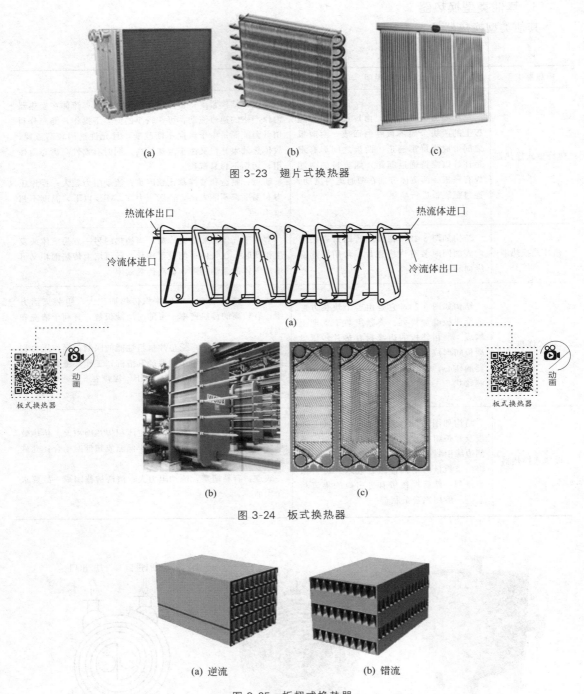

(a)　　　　　　　　(b)　　　　　　　　(c)

图 3-23　翅片式换热器

热流体出口　　　　　　　　　　　　　　热流体进口

冷流体进口　　　　　　　　　　　　　　冷流体出口

(a)

板式换热器　动画

(b)　　　　　　　　(c)

板式换热器　动画

图 3-24　板式换热器

(a) 逆流　　　　　　　　(b) 错流

图 3-25　板翅式换热器

4. 换热器型号的表示方法

鉴于列管换热器应用极广，为了便于设计、制造和选用。有关部门已制定了列管换热器的系列标准，列管换热器的基本参数主要有：①公称换热面积 SN；②公称直径 DN；③公称压力 PN；④换热管规格；⑤换热管长度 L；⑥管子数量 n；⑦管程数。

列管换热器的型号由五部分组成：

$$X \quad XXXX \quad X - XX - XXX$$
$$1 \quad 2 \quad 3 \quad 4 \quad 5$$

其中，1 代表换热器代号。如 G 表示固定管板，F 表示浮头式；U 表示 U 形管式；2 代表公称直径 DN，mm；3 代表管程数 N_P，Ⅰ、Ⅱ、Ⅳ、Ⅵ；4 代表公称压力 PN，MPa；5 代表公称换热面积 SN，m^2。

例如公称直径 600 mm，公称压力为 1.6MPa，公称换热面积为 $55m^2$，双管程固定管板式换热器的代号为：G600Ⅱ-1.6-55。

 任务解决4

> ### 间壁换热器类型的选择
>
> 流体的性质对换热器类型的选择往往会产生重大影响，如流体的物理性质（比热容、热导率、黏度），化学性质（如腐蚀性、热敏性），结垢情况等因素都对传热设备的选型有影响。例如硝酸的加热器，流体的强腐蚀性决定了设备的结构材料。如对于热敏性大的液体，能否精确控制它在加热过程中的温度和停留时间往往就成为选型的主要前提。流体的清净程度和是否易结垢，有时在选型上往往也起决定性作用，在本项目中，粗汽油中里面夹杂催化剂粉末，需要经常清洗换热器，就不能选用高效的板翅式或其他不可拆卸的结构。
>
> 同样，换热介质的流量、操作温度、压力等参数在选型时也很重要，例如板式换热器虽然高效紧凑，性能很好，但是由于受结构和垫片性能的限制，当压力或温度稍高时，或者流量很大时这种型式就不适用了。另外结构简单的蛇管或套管换热器，流体处理量小、价格高，不能适应现代大型化装置的需要。在本项目中，粗汽油的分馏属于连续化大型生产，流量达到 23000kg/h，处理量较大，显然不能采用板式换热器、蛇管或套管换热器。
>
> 随着结构材料和制造工艺的发展，列管换热器逐步推广到高温高压的场合下应用，目前这种换热器的最高使用壳程压力为 0.84MPa，温度达到 1000℃。同时具有单位体积的传热面积大、结构紧凑、坚固、传热效果好、能用多种材料制造、适用性较强、操作弹性大等优点，能很好地满足稳定塔原料预热任务的要求。另外由于两流体温差较小，材料因温差产生的热应力小，不需经常检修，因此，从经济角度出发，可以选择固定管板式换热器。

二、换热器内流体通道与流速的选择

在列管换热器的选择和设计中，哪种流体走管程，哪种流体走壳程，需要合理安排，流体通道选择一般考虑以下原则。

① 不清洁或易结垢的物料应当流过易于清洗的一侧，对于直管管束，一般通过管内，直管内易于清洗。

② 腐蚀性流体宜走管程，以免管束和壳体同时受腐管蚀，而且管内也便于清洗和检修。

③ 压力高的流体宜选管程，以防止壳体受压，并且可节省壳体金属材料的耗用量。

④ 需通过增大流速提高 α 的流体宜选管程，因管程流通面积小于壳程，宜采用多管程来提高流速。

⑤ 饱和蒸汽宜走壳程，以便于及时排出冷凝液，且蒸汽较洁净，不易污染壳程。另外蒸汽冷凝时 α 与流速无关。

⑥ 被冷却的流体一般走壳程，便于散热。

⑦ 黏度大、流量小的流体宜选壳程，因壳程的流道截面和流向都在不断变化，在 $Re >$ 100 即可达到湍流。

在选择流体通道时，以上各点往往不能同时满足，在实际选择时应抓住主要矛盾进行选择，例如，首先考虑流体的压力、腐蚀性及清洗等方面的要求，然后再考虑传热系数与阻力影响等其他方面的要求。

换热器中增加流体的流速，可以使对流给热系数增加，同时减少了污垢在管子表面的沉积的可能性，降低污垢热阻，从而提高总的传热系数。然而流速的增加又使流体流动的阻力增加，动力消耗增大，因此适宜的流速需要通过技术与经济分析来确定。充分利用系统动力设备的允许压降来提高流速是换热器设计的一个重要原则，在选择流体流速时，除了经济核算以外，还要考虑换热器结构上的要求，表 3-4 给出了工业列管换热器管程和壳程流体的常用流速范围。

表 3-4 列管换热器中常用的流速范围

流 体 种 类		一 般 液 体	易结构液体	气 体
流速/(m/s)	管程	0.5～3	>1	5～30
	壳程	0.2～15	>0.5	3～15

 任务解决5

> **间壁换热器内流体流入空间的确定**
>
> 在本情境任务中，热流体为塔釜产品稳定汽油，冷流体为原料粗汽油。粗汽油压力较大，操作压力为 0.6MPa，同时粗汽油里夹杂着从催化裂化设备里带出来的催化剂粉末，而塔釜产品稳定汽油则相对清洁很多。从压力和易于清洗的角度出发，可以选择塔釜产品走壳程，原料粗汽油走管程。

三、间壁式换热器型号的确定

在本学习情境的原料粗气油预热任务中，前面已解决了换热方式、换热介质、换热器的类型。下面主要解决有关换热器型号如何确定的问题。

（一）传热基本方程

确定间壁式换热器型号，首先要了解间壁换热器的工作过程及热量传递基本规律。

图 3-26 为一列管换热器示意图。在此换热器内两种流体呈逆流流动，假定热流体在管内流动并放出热量，进口温度为 T_1，出口温度为 T_2；冷流体在管外流动吸收热量，进

口温度为 t_1，出口温度上升到 t_2。这一总传热过程系由下列步骤组成：首先是热流体和管壁面之间的对流传热，将热量传给管壁面。然后，热量由管的壁面一侧以热传导的方式传给管壁面另一侧；最后，热量再由管壁面和冷流体间进行对流传热，而将热量传给冷流体。上述两种流体间之所以能进行热交换，是由于热流体与冷流体之间存有温度差，即

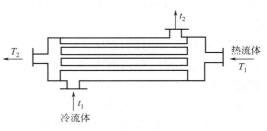

图 3-26　单程列管换热器操作示意图

传热推动力，所以热量就从热流体自动经过管壁壁面传向冷流体。传递热量的管壁壁面称为换热器的传热面。

根据长期的生产实践经验，在上述传热过程中，单位时间内通过换热器间壁传递的热量和传热面积成正比，与冷热流体间的温度差亦成正比。倘若温度差沿传热面是变化的，则取换热器两端的温度差的平均值。上述关系可用数学式表示如下：

$$Q = KA\Delta t_m \tag{3-12}$$

式中　Q——单位时间内通过换热器间壁传递的热量，即传热速率，W；

　　　A——换热器的传热面积，m^2；

　　　Δt_m——冷、热流体间传热温度差的平均值，它是传热的推动力，平均温度差的计算将在后面讨论；

　　　K——比例系数，或称传热系数，$W/(m^2 \cdot ℃)$。

K 表示传热过程强弱程度的数值，其物理意义和单位可由下式看出：

$$K = \frac{Q}{A\Delta t_m} \tag{3-13}$$

传热系数 K 的物理意义可描述为：当冷热两流体之间温度差为 1℃ 时，在单位时间内通过单位传热面积，由热流体传给冷流体的热量。K 值愈大，在相同的温度差条件下，所传递的热量就越多，即热交换过程越强烈。显然在传热操作中，通过提高传热系数 K 的数值可以强化传热过程。影响传热系数 K 值大小的因素十分复杂，后面将作专门讨论。

式（3-13）称为传热基本方程式，此式也可以写成如下形式：

$$Q = \frac{\Delta t_m}{1/KA} = \frac{\Delta t_m}{R} \tag{3-14}$$

式中，$R = \dfrac{1}{KA}$，称为间壁换热器换热过程的总热阻。

式（3-14）说明传热过程的速率与传热的推动力成正比，而与传热过程的热阻成反比。

由传热基本方程式 $Q = KA\Delta t_m$ 可知，当传热速率（或热负荷）Q、传热平均温度差 Δt_m 及传热系数 K 确定后，传热面积 A 则可算出：

$$A = \frac{Q}{K\Delta t_m} \tag{3-15}$$

下面就分别讨论传热基本方程式中 Q、K、Δt_m 及 A 在不同情况下的计算方法。

（二）传热温度差 Δt_m 的计算

传热基本方程式中 Δt_m 一项，为参加热交换的冷热两流体间的传热温度差的平均值。在间壁式换热器中，按照参加交换的两种流体在沿着换热器的传热面流动时，各点温度变化

的情况，可将传热过程分为恒温传热和变温传热两类。而这两类传热过程的传热温度差的计算方法是不相同的。

1. 恒温传热时的传热温度差

恒温传热即间壁两侧流体在进行热交换时，每一流体在换热器内的任一位置，任一时间的温度皆相等。例如：蒸发器内的传热，间壁一侧是蒸汽冷凝，冷凝温度 T 恒定不变；另一侧是液体沸腾，其沸腾温度保持在沸点 t 不变。

显然，由于恒温传热时，冷热两种流体的温度都维持不变，所以两流体间的传热温度差亦为定值，可表示如下：

$$\Delta t_m = T - t \tag{3-16}$$

式中　T——热流体的温度，℃；

　　　　t——冷流体的温度，℃。

2. 变温传热时的传热温度差

变温传热是指参加换热的两种流体中至少有一种流体沿着传热面温度不断变化，因而传热间壁两侧的温度差沿着传热面也发生变化。

变温传热又分两种情况：一种是两侧流体皆变温，另一种是一侧流体恒温、一侧流体变温。

（1）两侧流体皆变温时

间壁两侧流体皆变温时，换热器的传热平均温度差 Δt_m 的大小与流体的流向有关。间壁两侧流体的流向有以下四种形式。

逆流：参与热交换的两种流体在间壁的两侧分别以相反的方向运动。

并流：参与热交换的两种流体在间壁的两侧以相同的方向运动。

错流：参与热交换的两种流体在间壁的两侧，呈垂直方向流动。

折流：参与热交换的两种流体在间壁的两侧，其一侧沿一个方向流动，而另一侧流体反复改变流向，分为简单折流和复杂折流。

两侧流体皆变温时，逆流和并流时的温度变化及温度差分布如图 3-27 所示。

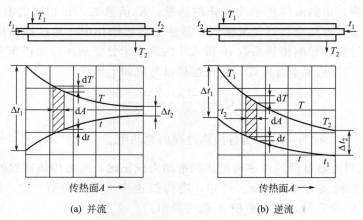

(a) 并流　　　　　　　　(b) 逆流

图 3-27　间壁两侧流体皆变温时的传热温度变化

由于变温传热时，沿传热面冷热流体间的温度差是变化的，因此在传热计算中应求取传热过程的平均温度差 Δt_m，其计算公式如下。

$$\Delta t_m = \frac{\Delta t_1 - \Delta t_2}{\ln \dfrac{\Delta t_1}{\Delta t_2}} \tag{3-17}$$

式中　Δt_m——对数平均温度差，℃或 K；

　　Δt_1，Δt_2——换热器两端热、冷流体温度差，℃或 K。

式（3-17）的使用说明

① 逆流时：$\Delta t_1 = T_1 - t_2$　　　$\Delta t_2 = T_2 - t_1$

　并流时：$\Delta t_1 = T_1 - t_1$　　　$\Delta t_2 = T_2 - t_2$

② 若 $\Delta t_1 / \Delta t_2 \leqslant 2$ 时，在工程计算中，可以用算术平均温度差（$\Delta t_1 + \Delta t_2$）/2 代替对数平均温度差，误差为 4% 以下。

③ 对于错流和折流时的平均温度差，先按逆流计算对数平均温度差 $\Delta t_{m逆}$，再乘以一个考虑流动形式及温度变化的温差校正系数 $\varPhi_{\Delta t}$，即

$$\Delta t_m = \varPhi_{\Delta t} \Delta t_{m逆} \tag{3-18}$$

式中　$\varPhi_{\Delta t}$——温度差校正系数，其值小于 1。

一般情况下，$\varPhi_{\Delta t}$ 不宜小于 0.8，否则使 Δt_m 过小，很不经济。

$\varPhi_{\Delta t}$ 值可以根据参数 R、P 查有关关联图得到，图 3-28 分别是单壳双管程、双壳程双管程换热器的温度差校正系数图，其他形式换热器的 $\varPhi_{\Delta t}$ 可查阅有关资料。

$$P = \frac{t_2 - t_1}{T_1 - t_1} \tag{3-19}$$

$$R = \frac{T_1 - T_2}{t_2 - t_1} \tag{3-20}$$

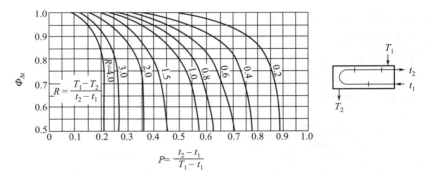

(a) 单壳程，2、4、6……管程

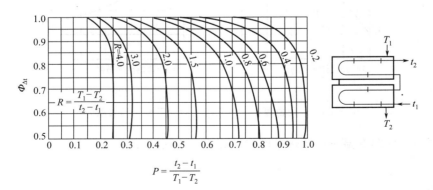

(b) 双壳程，2、4、6……管程

图 3-28　对数平均温度差校正系数图

【**例 3-3**】 某冷、热两种流体在一列管换热器中进行热交换，已知热流体的进口温度为 493K，降至 423K；冷流体从 323K 升到 363K，求冷、热流体在换热器中采用并流、逆流时的平均温度差。

解：

a. 逆流时：　　　　　热流体：　　$T_1 = 493K$　→　　$T_2 = 423K$

　　　　　　　　　　冷流体：　　$t_2 = 363K$　←　　$t_1 = 323K$

　　　　　　　　　　　　$\Delta t_1 = 130K$　　　　$\Delta t_2 = 100K$

$$\Delta t_m = \frac{\Delta t_1 - \Delta t_2}{\ln \dfrac{\Delta t_1}{\Delta t_2}} = \frac{130 - 100}{\ln \dfrac{130}{100}} = 114(K)$$

因 $\Delta t_1 / \Delta t_2 < 2$，故也可用算术平均来计算平均温度差，即：

$$\Delta t_m \approx (\Delta t_1 + \Delta t_2)/2 = (130 + 100)/2 = 115(K)$$

显然，算术平均值 115K 相对于对数平均值 114K，误差为 0.9% 工程上是允许的。

b. 并流时：　　　　　热流体：　　$T_1 = 493K$　→　　$T_2 = 423K$

　　　　　　　　　　冷流体：　　$t_1 = 323K$　→　　$t_2 = 363K$

　　　　　　　　　　　　$\Delta t_1 = 170K$　　　　$\Delta t_2 = 60K$

$$\Delta t_m = \frac{\Delta t_1 - \Delta t_2}{\ln \dfrac{\Delta t_1}{\Delta t_2}} = \frac{170 - 60}{\ln \dfrac{170}{60}} = 105.8(K)$$

结果表明：间壁两侧流体皆变温时，当冷热流体的进出口温度一定时，采用逆流操作比采用并流操作的平均温度差要大，有利于传热。

（2）一侧流体恒温、一侧流体变温

化工企业常用的蒸汽预热器［温度变化如图 3-29（a）］、余热锅炉及氨冷器［温度变化如图 3-29（b）］都属于一侧流体恒温、一侧流体变温的换热过程。

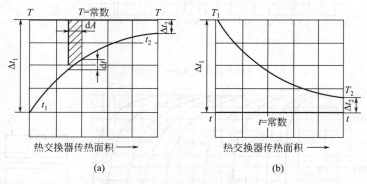

图 3-29　一侧恒温、一侧变温时的温度变化和温差分布

一侧恒温、一侧变温时的传热温度差计算式也是式（3-17）。

 讨论

　　一侧恒温、一侧变温时，流体的流动方向改变对传热温度差有没有影响？

【例3-4】　在某换热器内，用压强为143.31kPa的饱和水蒸气加热某反应原料气，气体由进口的293K升温到333K，试计算该换热过程冷、热流体的平均传热温度差。

解：因为用饱和蒸汽的冷凝放热来加热反应原料气，热流体在换热器进出口温度不变，故本题属于一侧恒温、一侧变温的换热过程。

由附录十二查得压强为143.31kPa时，饱和水蒸气的温度为383K，标出温度变化示意如下：

$$热流体：T = 383K \leftrightarrow T = 383K$$

$$冷流体：t_1 = 293K \rightarrow t_2 = 333K$$

$$\overline{\qquad \Delta t_1 = 90K \qquad\qquad \Delta t_2 = 50K \qquad}$$

显然，逆流和并流时的 Δt_1 和 Δt_2 是一样的，则 Δt_m 必然一样。计算结果如下：

$$\Delta t_m = \frac{\Delta t_1 - \Delta t_2}{\ln \dfrac{\Delta t_1}{\Delta t_2}} = \frac{90 - 50}{\ln \dfrac{90}{50}} = 68.1(K)$$

因 $\Delta t_1 / \Delta t_2 < 2$，故可用算术平均来计算平均温度差，即：

$$\Delta t_m \approx (\Delta t_1 + \Delta t_2)/2 = (90 + 50)/2 = 70(K)$$

算术平均值70K相对于对数平均值68.1K，误差为2.8%。工程上是允许的。

 讨论

　　一侧恒温、一侧变温时 Δt_m 与流向无关，实际生产中具体采用什么流向，主要是考虑安全与操作的方便。

（三）传热系数 K 值的计算和测定

传热系数是表示间壁两侧流体间传热过程强弱程度的一个数值，影响其大小的因素十分复杂。此值主要决定于流体的物性，传热过程的操作条件及换热器的类型等，因此 K 值变化范围很大。通常情况下在列管换热器中，传热系数 K 的经验值可见表3-5。

表3-5　化工中常见传热过程的 K 值范围

换热流体	$K/[W/(m^2 \cdot K)]$	换热流体	$K/[W/(m^2 \cdot K)]$
气体-气体	10~30	冷凝水蒸气-气体	10~50
气体-有机物	10~40	冷凝水蒸气-有机物	50~400
气体-水	10~60	冷凝水蒸气-水	300~2000
油-油	100~300	冷凝水蒸气-沸腾轻油	500~1000
油-水	150~400	冷凝水蒸气-沸腾溶液	300~2500
水-水	800~1800	冷凝水蒸气-沸腾水	2000~4000

下面分别讨论 K 值的计算和测定方法。

如图3-30所示的冷热流体通过间壁的热交换，在热流体把热量传递给冷流体的过程中，具有热传导和热对流两种传热方式。间壁两侧流体间传热过程强弱程度显然跟热传导和热对流两种传热方式都有关系。

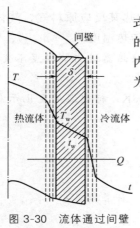

图 3-30　流体通过间壁
的热交换

现以两种流体通过间壁的恒温传热为例，推导传热系数的计算式。设管内热流体的温度为 T，管外冷流体的温度为 t，热流体一侧的壁面温度为 T_w，冷流体一侧的壁面温度为 t_w，A_i 和 A_o 分别为内、外两侧的传热面积，A_m 为管壁的平均传热面积，α_i 和 α_o 分别为热流体和冷流体的对流传热膜系数，λ 为管壁的热导率，δ 为壁厚。

由牛顿冷却定律得，热流体向内壁面的对流传热量为：

$$Q_1 = \alpha_i A_i (T - T_i) = \frac{T - T_w}{\dfrac{1}{\alpha_i A_i}} \tag{3-21}$$

由傅里叶定律得，通过管壁的导热量为：

$$Q_2 = \lambda \frac{A_m}{\delta}(T_w - t_w) = \frac{T_w - t_w}{\dfrac{\delta}{\lambda A_m}} \tag{3-22}$$

同理，管外壁面向冷流体的对流传热量：

$$Q_3 = \alpha_o A_o (t_w - t) = \frac{t_w - t}{\dfrac{1}{\alpha_o A_o}} \tag{3-23}$$

在稳定传热时：　　　　　$Q_1 = Q_2 = Q_3 = Q$

所以

$$Q = \frac{T - T_w}{\dfrac{1}{\alpha_i A_i}} = \frac{T_w - t_w}{\dfrac{\delta}{\lambda A_m}} = \frac{t_w - t}{\dfrac{1}{\alpha_o A_o}} \tag{3-24}$$

应用等比定律可得

$$Q = \frac{(T - T_w) + (T_w - t_w) + (t_w - t)}{\dfrac{1}{\alpha_i A_i} + \dfrac{\delta}{\lambda A_m} + \dfrac{1}{\alpha_o A_o}} = \frac{T - t}{\dfrac{1}{\alpha_i A_i} + \dfrac{\delta}{\lambda A_m} + \dfrac{1}{\alpha_o A_o}} = \frac{\Delta t_m}{\dfrac{1}{\alpha_i A_i} + \dfrac{\delta}{\lambda A_m} + \dfrac{1}{\alpha_o A_o}} \tag{3-25}$$

式中，Δt_m 即为冷热流体的传热温度差。对于恒温传热即 $(T - t)$，对于变温传热则用前述的平均传热温度差。

将式(3-25) 与 $Q = KA\Delta t_m$ 比较，可得

$$\frac{1}{KA} = \frac{1}{\alpha_i A_i} + \frac{\delta}{\lambda A_m} + \frac{1}{\alpha_o A_o} \tag{3-26}$$

即传热的总热阻，等于间壁两侧对流传热热阻与间壁本身导热热阻之和。

当传热面为平壁时，$A_i = A_m = A_o = A$，则式(3-26) 变为

$$\frac{1}{K} = \frac{1}{\alpha_i} + \frac{\delta}{\lambda} + \frac{1}{\alpha_o} \tag{3-27}$$

或

$$K = \frac{1}{\dfrac{1}{\alpha_i} + \dfrac{\delta}{\lambda} + \dfrac{1}{\alpha_o}} \tag{3-28}$$

若传热面为圆筒壁，$A_i \neq A_o \neq A_m$，这时传热系数 K 则随着所取的传热面不同而异。若以管内表面 A_i 为基准，则将式(3-26) 分子、分母乘以管内表面积 A_i 得：

$$\frac{1}{K_i} = \frac{1}{\alpha_i} + \frac{\delta A_i}{\lambda A_m} + \frac{A_i}{\alpha_o A_o} = \frac{1}{\alpha_i} + \frac{\delta d_i}{\lambda d_m} + \frac{d_i}{\alpha_o d_o} \tag{3-29}$$

上式中的 K_i 称为基于管壁内表面积 A_i 的传热系数，也可写成

$$K_i = \frac{1}{\frac{1}{\alpha_i} + \frac{\delta d_i}{\lambda d_m} + \frac{d_i}{\alpha_o d_o}} \tag{3-29a}$$

基于管内表面积 A_i 的传热基本方程式表示为：

$$Q = K_i A_i \Delta t_m \tag{3-30}$$

同理可写出基于管外表面积 A_o 的传热基本方程式：

$$Q = K_o A_o \Delta t_m \tag{3-31}$$

基于管子外表面积 A_o 的传热系数 K_o 可由下式求得：

$$\frac{1}{K_o} = \frac{A_o}{\alpha_i A_i} + \frac{\delta A_o}{\lambda A_m} + \frac{1}{\alpha_o} = \frac{d_o}{\alpha_i d_i} + \frac{\delta d_o}{\lambda d_m} + \frac{1}{\alpha_o} \tag{3-32}$$

$$K_o = \frac{1}{\frac{d_o}{\alpha_i d_i} + \frac{\delta d_o}{\lambda d_m} + \frac{1}{\alpha_o}} \tag{3-32a}$$

K_o 称为基于管壁外表面积 A_o 的传热系数，$W/(m^2 \cdot ℃)$。

相应也可写出基于管壁平均面积 A_m 的传热基本方程式：

$$Q = K_m A_m \Delta t_m \tag{3-33}$$

式中：

$$K_m = \frac{1}{\frac{A_m}{\alpha_i A_i} + \frac{\delta}{\lambda} + \frac{A_m}{\alpha_o A_o}} = \frac{1}{\frac{d_m}{\alpha_i d_i} + \frac{\delta}{\lambda} + \frac{d_m}{\alpha_o d_o}} \tag{3-34}$$

K_m 称为基于管壁平均面积 A_m 的传热系数，$W/(m^2 \cdot ℃)$。

式(3-29)、式(3-32)、式(3-34) 就是计算传热系数的关系式。在计算圆筒壁的传热系数时应与所取的基准传热面积相对应，因为所取的基准传热面不同，所得 K 值也不相同。

如管壁较薄或管径较大，即管内、外壁表面积大小很接近时，可近似取 $A_i \approx A_o \approx A_m$，则圆筒壁可近似当成平壁计算，从而使计算简化。

在估算传热系数 K 值时，尚需考虑污垢热阻。因为换热器在实际运转过程中，传热面上常有污垢积存，对传热产生附加热阻，由于垢层的热导率很小，垢层虽薄，但热阻较大，使传热系数降低。所以在设计热交换器时，还必须根据流体的情况，对污垢的热阻加以考虑，以保证在一定的时间内运转时，有足够的传热面。由于污垢厚度及其热导率不易估计，工程计算时，通常是选用污垢热阻的经验值，作为计算 K 值的依据。如传热面两侧表面上的污垢热阻分别用 R_{Ai} 及 R_{Ao} 表示，则总传热系数 K_o 计算式为：

$$\frac{1}{K_o} = \frac{d_o}{\alpha_i d_i} + R_{Si} \frac{d_o}{d_i} + \frac{b d_o}{\lambda d_m} + R_{So} + \frac{1}{\alpha_o} \tag{3-35}$$

工业上某些常用流体的污垢热阻经验值，可查阅有关专业资料。

对于流体易结垢，或换热器使用时间过长，污垢热阻往往会增加到使换热器的传热速率严重下降。所以换热器要根据具体工作条件，定期进行清洗。

讨论：

① 当若传热间壁为平壁时，$A_i = A_m = A_o = A$，则式(3-35) 可简化为

$$\frac{1}{K} = \frac{1}{\alpha_i} + R_{si} + \frac{\delta}{\lambda} + R_{so} + \frac{1}{\alpha_o} \qquad (3\text{-}35a)$$

② 式（3-35）说明，总热阻等于各个分热阻之和，总热阻必大于每一个分热阻，总传热系数必小于任何一个对流传热膜系数。

③ 若固体壁是金属材料，λ 很大，而 δ 很小时，δ/λ 很小，且传热过程中无垢层存在，则间壁导热热阻可以忽略，式（3-35）可简化为：

$$\frac{1}{K} = \frac{1}{\alpha_i} + \frac{1}{\alpha_o} \qquad (3\text{-}36)$$

若式（3-36）中的 $\alpha_i \gg \alpha_o$，则有 $K \approx \alpha_o$；反之 $\alpha_i \ll \alpha_o$，则 $K \approx \alpha_i$。

由此可见，总热阻是由热阻大的那一侧的对流传热所控制。说明当两个对流传膜热系数相差较大时，K 值总是接近于小的对流传热膜系数即 $K \approx \alpha_{小}$。此时，此时若要提高 K 值，关键在于提高数值小的对流传热膜系数值，亦即要尽量减小其中最大的分热阻，即减小关键热阻。

④ 若间壁两侧 α 值相差不大，则应考虑同时提高两侧的 α 值，以达提高传热系数 K 值的目的。

⑤ 由式（3-21）、式（3-22）及式（3-23）比较分析还可得出如下结论：换热器间壁的壁温接近于 $\alpha_{大}$ 的一侧边流体温度。

（四）换热器传热面积的计算

主要计算步骤如下：

① 首先由换热任务计算换热器的热负荷 Q'，再依据 $Q \geqslant Q'$ 的原则，确定传热速率 Q。

② 作出换热器壳程数、管程数及流向等条件选择后，计算其传热的平均温度差 Δt_m。

③ 根据工艺操作条件先估算冷、热流体对管壁的对流传热膜系数，然后再确定总传热系数 K；或者根据生产经验选择 K 值。

④ 由传热速率方程 $Q = K_o A_o \Delta t_m$ 计算传热面积。

【例 3-5】 拟在列管换热器中用初温为 20℃ 的水将流量为 1.25kg/s 的溶液［比热容为 1.9kJ/(kg·℃)、密度为 850kg/m³］，由 80℃ 冷却到 30℃。换热管直径为 $\phi 25mm \times 2.5mm$，长为 3m。水走管程，溶液走壳程，两流体逆流流动。水侧和溶液侧的对流传热系数分别为 0.85kW/(m²·℃) 和 1.70kW/(m²·℃)，污垢热阻、管壁热阻及热损失可忽略。若水的出口温度不能高于 50℃，试求换热器的传热面积及换热管的管子数。

解：

热负荷：$Q = W_h C_{ph}(T_1 - T_2) = 1.25 \times 1.9 \times 10^3 \times (80 - 30) = 1.19 \times 10^5 \, (\text{W})$

传热的平均温度差：

$$\begin{aligned}
\text{热流体：} \quad & T_1 = 80℃ \quad \rightarrow \quad T_2 = 30℃ \\
\text{冷流体：} \quad & t_2 = 50℃ \quad \leftarrow \quad t_1 = 20℃ \\
\hline
& \Delta t_1 = 30℃ \qquad \Delta t_2 = 10℃
\end{aligned}$$

$$\Delta t_m = \frac{\Delta t_1 - \Delta t_2}{\ln \dfrac{\Delta t_1}{\Delta t_2}} = \frac{30 - 10}{\ln \dfrac{30}{10}} = 18.2 \, (℃)$$

由式（3-35）可得：$\dfrac{1}{K_o} = \dfrac{d_0}{\alpha_i d_i} + \dfrac{1}{\alpha_0} = \dfrac{25}{0.85 \times 10^3 \times 20} + \dfrac{1}{1.7 \times 10^3} = 2.06 \times 10^{-3} \, (\text{m}^2 \cdot ℃/\text{W})$

解得总传热系数：$K_o = 485.44 W/(m^2 \cdot ℃)$

由总传热速率方程 $Q = KA\Delta t_m$ 可得：

$$A_o = \frac{Q}{K_o \Delta t_m} = \frac{1.19 \times 10^5}{485.44 \times 18.2} = 13.5 (m^2)$$

由 $A = n\pi d_o L$ 得：$\quad n = \frac{A}{\pi d_o L} = \frac{13.5}{3.14 \times 0.025 \times 3} = 57.3 \approx 58$（根）

答：换热器传热面积为 $13.5 m^2$（换热管的外表面积），所需换热管的管子数为 58 根。

任务解决6

间壁换热器型号的确定

（1）换热管规格及排列方式的确定

管子的排列方式有三种，如下图所示。其中正三角形排列比正方形排列更为紧凑，管外流体的湍动程度高，给热系数大，但正方形排列的管束清洗方便，对易结垢流体更为适用，如将管束旋转 45° 放置，也可提高给热系数。

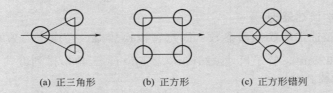

(a) 正三角形　　　(b) 正方形　　　(c) 正方形错列

对于本学习情境任务，由于走壳程的是塔底产品稳定汽油，较为清洁，管束外表面不易结垢。为了使换热器更加紧凑，同时也能提高管外流体的湍动程度。我们选择正三角形排列。

目前我国换热器系列标准规定采用 $\phi 25mm \times 2.5mm$，$\phi 19mm \times 2mm$，两种规格的管子。尽管管径减少、单位体积设备内传热面积大，但在本学习情境任务中，管径太小，粗汽油较易堵塞管路，所以采用 $\phi 25mm \times 2.5mm$ 的管子规格。

（2）Δt_m 的计算

由例 3-4 可知，两侧流体皆变温时，进出口条件相同时，$\Delta t_{m逆} > \Delta t_{m并}$。在传热量 Q 及传热系数 K 值相同的条件下，依传热速率方程式 $Q = KA\Delta t_m$，采用逆流操作，在同样的条件下可节省传热面积。所以，若工艺上无特殊要求，一般采用逆流操作。但在本任务稳定塔原料预热的过程中，为了有效地增加传热系数或使换热器结构合理，可采用单壳程多管程结构，即采用折流比采用逆流更加合理。

其中 $t_1 = 90℃$，$t_2 = 110℃$，$T_1 = 150℃$，$T_2 = 120℃$。

先按逆流计算：

$$
\begin{array}{lll}
热流体： & T_1 = 150℃ \rightarrow & T_2 = 120℃ \\
冷流体： & t_2 = 110℃ \leftarrow & t_1 = 90℃ \\
\hline
& \Delta t_1 = 40℃ & \Delta t_2 = 30℃
\end{array}
$$

因为 $\Delta t_1/\Delta t_2 \leqslant 2$，

所以：
$$\Delta t_{m逆} = \frac{\Delta t_1 + \Delta t_2}{2} = \frac{40+30}{2} = 35(℃)$$

考虑到双数管程，单壳程：
$$P = \frac{t_2 - t_1}{T_1 - t_1} = \frac{110-90}{150-90} = 0.33$$
$$R = \frac{T_1 - T_2}{t_2 - t_1} = \frac{150-120}{110-90} = 1.5$$

查图 3-28 得 $\Phi_{\Delta t} = 0.93 > 0.8$，所以两流体的平均温差为：
$$\Delta t_m = \Phi_{\Delta t}\Delta t_{m逆} = 0.93 \times 35 = 32.55(℃)$$

（3）选 K 值，估算传热面积

根据生产经验，取 $K = 250\ W/(m^2 \cdot K)$
$$A_{估} = \frac{Q}{K\Delta t_m} = \frac{1219000}{250 \times 32.55} = 149.8(m^2)$$

（4）初选换热器型号

根据已经选定的换热器参数：固定管板换热器、操作压力为 0.6MPa、估算传热面积为 149.8m²、管子尺寸 $\phi25mm \times 2.5mm$、三角形排列方式，可以初选 G800 Ⅳ-01-200 型换热器。

外壳直径 D/mm	800	管子排列方式	三角形
公称压力/MPa	1.0	管子尺寸/mm	$\phi25\times2.5$
公称面积/m²	200	管子长度/m	6
管程数 N_P	4	管数 N	444

（5）计算传热系数，校正传热面积

实际换热器设计中，应根据所选换热器的相关参数来计算管程和壳程的流速及 Re、Pr，从而进一步计算 α_i 和 α_o，这里从略。$\alpha_i = 760W/(m^2 \cdot K)$，$\alpha_o = 630W/(m^2 \cdot K)$，同时取污垢热阻 $R_{si} = 0.9m^2 \cdot ℃/kW$，$R_{so} = 0.3m^2 \cdot ℃/kW$；查得钢的热导率 λ 为 $46.5W/(m \cdot K)$。

$$K_o = \frac{1}{\frac{d_o}{\alpha_i d_i} + R\frac{d_o}{d_i} + \frac{bd_o}{\lambda d_m} + R + \frac{1}{\alpha_o}}$$
$$= \frac{1}{\frac{25}{760\times20} + 0.0009\times\frac{25}{20} + \frac{0.0025\times25}{45\times22.5} + 0.0003 + \frac{1}{630}} = 212.7[W/(m^2 \cdot K)]$$

（6）计算传热面积
$$A_{需} = \frac{Q}{K\Delta t_m} = \frac{1219000}{212.7 \times 32.55} = 176(m^2)$$

所选换热器实际面积为

$$A_{供} = n\pi d_o l = 444 \times 3.14 \times 0.025 \times 6 = 209.2(\text{m}^2)$$

安全系数

$$\frac{A_{供}}{A_{需}} = \frac{209.2}{176} = 1.19$$

说明所选的换热器面积余量恰当。

四、强化换热设备传热过程的途径

换热器的传热强化是指通过分析和计算，采取一定的技术措施以提高换热器中冷、热流体之间的传热速率。由传热速率方程可以看出，增大传热系数 K，增大传热面积 A 和增大传热平均温度差 Δt_m 均可提高传热速率，但哪一条较有利，要作具体分析。

1. 增大传热面积 A

增大间壁式换热器传热面积 A，可提高传热速率。但增大 A 对新设计的换热器意味着金属材料用量增加，设备投资费用增大，需要兼顾经济的合理性，所以工程上不是单靠增加设备尺寸提高 A，而是从设备紧凑性考虑，提高其单位体积的传热面积，也就是扩展传热面积。如：改进传热面结构，采用螺纹管、波纹管、翅片管代替光滑管；采用新型换热器如板式或板翅片式换热器等，都可以实现单位体积的传热面积增大的效果。如列管换热器单位体积的传热面积是 $40\sim160\text{m}^2/\text{m}^3$，而板式换热器单位体积的传热面积则为 $250\sim1500\text{m}^2/\text{m}^3$。注意：增大传热面积对正在使用的换热器是不可能实现的。

2. 增大传热平均温度差 Δt_m

传热平均温差与生产工艺所确定的冷热流体温度条件有关，且其中的加热或冷却介质的温度因所选介质不同而存在很大差异。如在化工生产中常用的加热介质是饱和水蒸气，提高蒸汽压力就可提高蒸汽加热温度，从而增大传热温差；又如采用深井水来代替循环水，也可以增大传热温差。但在增加传热温差时应综合考虑技术可行性和经济合理性。若温度不超过 $200℃$，多用饱和水蒸气为加热介质；若超过 $200℃$，压力太高而使锅炉投资加大，且蒸汽管和换热器都要耐更高的压力，此时可采用其他加热介质。

当换热器中冷、热流体均无相变时，应尽可能在结构上采用逆流或接近于逆流的流向型式以增大平均传热温差。然而，传热温差的增大将使整个系统的热力学不可逆性增加。因此，不能一味追求传热温差的增加，而需兼顾整个系统能量的合理利用。

3. 增大传热系数 K

增大传热系数 K 是强化传热过程最有效的途径。

欲提高传热系数，就必须减小传热过程各个环节的热阻。由于各项热阻所占份额不同，故应设法减小传热过程中的主要热阻。

在换热设备中，金属间壁比较薄且热导率较高，一般不会成为主要热阻。

污垢热阻是一个可变因素。在换热器投入使用的初期，污垢热阻很小。随着使用时间的增长，污垢将逐渐集聚在传热面上，成为阻碍传热的重要因素。因此，应通过增大流体流速等措施减弱污垢的形成和发展，并注意及时清除传热面上的污垢。

通常，流体的对流传热热阻是传热过程的主要热阻。由 K 的计算公式可知，提高 α_i 和 α_o 理论上都能使 K 值增大。当 α_i 和 α_o 数值接近时，两者应同时提高；当 α_i 和 α_o 相差较大时 K 值基本上接近于对流给热系数小的值，即应设法提高 $\alpha_{小}$ 的值。

目前强化对流传热，提高对流传热膜系数的方法主要有以下几种。

① 增加湍动程度、减小对流给热的热阻、提高 α 值　提高流体流速，增加湍动程度，减小滞流底层厚度，可有效地提高无相变流体的 α 值。例如：对于列管换热器，在封头内设置隔板，增加管束程数以提高管内流体的流速，在壳体内设置折流挡板，以提高壳程流体的流速。增加人工扰流装置 在管内安放或管外套装如麻花铁、螺旋圈、盘状构件、金属丝、翼形物等以破坏流动边界层而增强传热效果。实验表明加入人工扰流装置，对流传热可显著增强，但也使流动阻力增加，易产生通道堵塞和结垢等运行上的问题。

改变传热表面状况，改变流动条件。通过设计特殊传热壁面，使流体在流动过程中不断改变流动方向，提高湍流程度。例如：管式换热器设计成螺旋管、翅片管等；又如板式换热器流体的通道设计成凹凸不平的波纹或沟槽等。改进表面结构、增加传热面的粗糙程度。如对金属管表面进行烧结、电火花加工、涂层等方法可制成多孔表面管或涂层管，以增加传热面的粗糙程度。这样不仅有利于强化单相流体对流传热，也有利于改善沸腾或冷凝传热。但应注意，这几种方法都会增加流动阻力，有一定的局限性。

② 尽量选择 $\alpha_{大}$ 的流体给热状态。例如，有相变的蒸汽冷凝维持在滴状冷凝状态等。

综上所述，强化传热应权衡利弊，在采用强化传热措施时，对设备结构、制造费用、动力消耗、检修操作等方面作综合考虑，以获得经济而合理的强化传热方案。

实践与练习3

一、选择题

1. 目前，使用最为广泛的间壁式换热器的型式是（　　）。
　A. 套管式换热器　　　　　　　　B. 蛇管式换热器
　C. 翅片管式换热器　　　　　　　D. 列管换热器

2. 关于喷淋式蛇管换热器，下列说法错误的是（　　）。
　A. 喷淋有可能不均匀　　　　　　B. 适用周围环境要求干燥的场所
　C. 占地面积大　　　　　　　　　D. 管外给热系数小

3. 列管换热器中下列流体中宜走壳程的是（　　）。
　A. 不洁净或易结垢的流体　　　　B. 腐蚀性的流体
　C. 压力高的流体　　　　　　　　D. 被冷却的流体

4. 对于列管换热器，当壳体与换热管温度差（　　）时，产生的温度差应力具有破坏性，因此需要进行热补偿。
　A. 大于45℃　　　B. 大于50℃　　　C. 大于55℃　　　D. 大于60℃

5. 对间壁两侧流体一侧恒温、另一侧变温的传热过程，逆流和并流时 Δt_m 的大小为（　　）。
　A. $\Delta t_{m逆} > \Delta t_{m并}$　　　　　　　　B. $\Delta t_{m逆} < \Delta t_{m并}$
　C. $\Delta t_{m逆} = \Delta t_{m并}$　　　　　　　　D. 不确定

6. 要求热流体从300℃降到200℃，冷流体从50℃升到260℃，应采用（　　）换热。
　A. 逆流　　　　　B. 并流　　　　　C. 并流或逆流　　　D. 以上都不正确

7. 在间壁两侧流体皆变温的换热过程中，两流体的流向选择（　　）时，传热平均温差最大；两流体的流向选择（　　）时，传热平均温差最小。
　A. 并流　　　　　B. 逆流　　　　　C. 错流　　　　　D. 折流

8. 通常在列管换热器中，对下述几组换热介质，K 值从大到小正确的排列顺序应该是（   ）。冷流体、热流体为：①水、气体；②水、沸腾水蒸气冷凝；③水、水；④水、轻油。

    A. ②＞④＞③＞①　　　　　　　　B. ③＞④＞②＞①

    C. ③＞②＞①＞④　　　　　　　　D. ②＞③＞④＞①

9. 若传热系数 K 满足公式：$\dfrac{1}{K}=\dfrac{1}{\alpha_i}+\dfrac{1}{\alpha_o}$，当 $\alpha_o \gg \alpha_i$ 时，为了提高 K 值，最有效的途径是（   ）。

    A. α_o 提高　　　　　　　　　　B. α_i 提高

    C. α_o、α_i 同时提高　　　　　　D. 不能确定

10. 下列不属于强化传热的方法是（   ）。

    A. 加大传热面积　　　　　　　　B. 加大传热温度差

    C. 加大流速　　　　　　　　　　D. 加装保温层

11. 以下方法中，可达到强化传热目的的方法是（   ）。

    A. 增加传热面的厚度　　　　　　B. 提高流体的流速

    C. 采用顺流操作　　　　　　　　D. 增大流量

12. 翅片管换热器的翅片应安装在（   ）。

    A. $\alpha_{\text{小}}$ 的一侧　　　　　　　　　B. $\alpha_{\text{大}}$ 的一侧

    C. 管内　　　　　　　　　　　　D. 管外

13. 工业采用翅片状的暖气管代替圆钢管，其目的是（   ）。

    A. 增加热阻，减少热量损失　　　B. 节约钢材、增强美观

    C. 增加传热面积，提高传热效果　D. 减少热阻，减少热量损失

14. 有一套管换热器，环隙为 120℃蒸汽冷凝，管内空气从 20℃被加热到 50℃，则管壁温度应接近于（   ）。

    A. 35℃　　　　　B. 120℃　　　　　C. 77.5℃　　　　　D. 50℃

15. 用 120℃的饱和水蒸气加热常温空气。蒸汽的冷凝膜系数约为 2000W/(m²·K)，空气的膜系数约为 60W/(m²·K)，其过程的传热系数 K 及传热面壁温接近于（   ）。

    A. 2000W/(m²·K)，120℃　　　　B. 2000W/(m²·K)，40℃

    C. 60W/(m²·K)，120℃　　　　　D. 60W/(m²·K)，40℃

16. 下列不能提高对流传热膜系数的是（   ）。

    A. 利用多管程结构　　　　　　　B. 增大管径

    C. 在壳程内装折流挡板　　　　　D. 冷凝时在管壁上开一些纵槽

17. 在蒸气-空气间壁换热过程中，为强化传热，下列方案中在工程上可行的是（   ）。

    A. 提高空气流速　　B. 提高蒸气流速　　C. 采用过热蒸气以提高蒸气流速

18. 用水蒸气在列管换热器中加热某盐溶液，水蒸气走壳程。为强化传热，下列措施中最为经济有效的是（   ）。

    A. 增大换热器尺寸以增大传热面积　　B. 在壳程设置折流挡板

    C. 改单管程为双管程　　　　　　　　D. 减小传热壁面厚度

19. 某厂在一余热锅炉中，利用高温烟道气加热饱和水产生饱和蒸汽。为强化传热过程，下列可采取的措施中，（   ）是最有效，最实用的。

A. 提高烟道气流速和湍动程度   B. 提高水的流速

C. 在水侧加翅片   D. 换一台传热面积更大的设备

20. 导致列管换热器传热效率下降的可能原因是〔   〕。

A. 列管结垢或堵塞   B. 不凝气或冷凝液增多

C. 管道或阀门堵塞   D. 以上三种情况

二、填空题

1. 管式换热器按传热管的结构形式可分为 _____、_____、_____、_____换热器等。

2. 列管换热器主要由 _____、_____、_____、_____等部件构成。

3. 列管换热器热补偿的方法主要有：安装 _____、使用 _____、使用 _____三种，固定管板式换热器的热补偿措施为_____。

4. 列管换热器为了提高管内流体的对流传热膜系数常采取的措施是 _____ _____，为了提高管外对流传热膜系数，常采取的措施是 _____。

5. 在确定列管换热器冷热流体的流体通道时，通常蒸汽走管 _____，高压流体走管 _____，易结垢的流体走管 _____，有腐蚀性流体走管 _____。（内或外）

6. 在列管换热器中，用水冷凝乙醇蒸气，乙醇蒸气宜安排走_____。

7. 在传热速率方程式 $Q = KA\Delta t_m$ 中，Δt_m 表示 _____；在牛顿冷却定律表达式 $Q = \alpha A\Delta t$ 中，Δt 表示 _____ _____。

8. 在列管换热器中，两流体并流传热时，冷流体的最高极限出口温度为 _____；两流体逆流传热时，冷流体的最高极限出口温度为 _____。

9. 当流量一定时，管程或壳程越多，给热系数越 _____，对传热过程 _____利。

10. 冷热流体通过金属间壁式换热器进行传热，冷流体一侧的对流传热膜系数 α_1 为 $50W/(m^2 \cdot K)$，热流体一侧的对流传热膜系数 α_2 等于 $1500W/(m^2 \cdot K)$，总传热系数 K 接近于侧的对流传热系数 α 值，要提高 K 值，应提高 _____侧的 α 值更有效。

11. 提高换热器传热速率的途径 _____，_____，_____。其中最有效的途径是 _____。

12. 在卧式列管换热器中用饱和水蒸气冷凝加热原油，则原油宜在 _____程流动，总传热系数更接近 _____的对流传热膜系数值，传热壁面的温度更接近于 _____的温度。

13. 列管换热器的壳程内设置折流挡板，以提高 _____程流速。封头内设置隔板以提高 _____ 程流速，从而达到强化传热的目的。管程流速的选取，对一般液体取 _____ m/s，气体取 _____ m/s。

三、计算题

1. 在一石油热裂装置中，所得热裂产物的温度为 300℃。今拟设计一列管换热器，用来将原料油由 25℃ 预热到 180℃，要求热裂物的终温低于 200℃，试分别计算热裂产物与原料油在换热器中采用逆流与并流时的传热平均温度差。

2. 在某列管换热器中，采用 120℃ 的饱和水蒸气将热初温为 20℃ 的某种溶液加热到 80℃。已知溶液走管程，流量为 2kg/s，比热 1.8kJ/(kg·K)，设换热器热损失可以忽略，试求：

(1) 加热蒸汽的用量；

(2) 换热器中传热的平均温度差。

3. 在一单程列管换热器中，用 100℃ 的饱和水蒸气将管内的物料从 30℃ 加热到 50℃，列管直径为 $\phi25mm\times2.5mm$，长为 6m，管子数为 92 根，换热器的热负荷为 2500kW，试计算基于管子外表面积的总传热系数 K_o。

4. 一台列管换热器，由外径为 100mm，壁厚 2mm 的金属管组成，其热导率为 $46.5W/(m\cdot K)$，管内流体对流体传热膜系数为 $1340W/(m\cdot K)$，管外为饱和蒸汽冷凝，对流传热膜系数为 $4640W/(m\cdot K)$，管子内壁和外壁各有一层污垢，内侧污垢热阻为 $0.287m^2\cdot K/W$，外侧污垢热阻为 $0.216m^2\cdot K/W$，求无垢层和有垢层时的传热系数。

5. 在一逆流操作的列管换热器中，用初温为 30℃ 比热容为 $2.2kJ/(kg\cdot℃)$ 的原油，将流量 3kg/s 比热容为 $1.9kJ/(kg\cdot℃)$ 的重油由 180℃ 冷却到 120℃，原油的出口温度为 80℃。已知换热器的总传热系数 $K_o=120W/(m^2\cdot℃)$，换热器的热损失忽略不计，换热器的管束由直径为 $\phi25mm\times2.5mm$，长度为 6m 的钢管组成。试求：

(1) 原油的用量；

(2) 换热器所需的管子数。

6. 在内管为 $\phi159mm\times10mm$ 的套管换热器中，将流量为 4500kg/h 的某液态烃从 100℃ 冷却到 60℃，液态烃的平均比热容 $C_{p烃}=2.38kJ/(kg\cdot℃)$，套管环隙走冷却水，其进口温度为 30℃ 和出口温度为 50℃，水的平均比热容 $C_{p水}$ 为 $4.174kJ/(kg\cdot℃)$，已知基于管子外表面积的总传热系数 $K_o=2000W/(m^2\cdot℃)$，设其值恒定，忽略热损失。试求：

(1) 冷却水用量；

(2) 两流体作逆流流动时所需的传热面积及所需管长；

(3) 两流体作并流流动时所需的传热面积及所需管长。

7. 在一面积为 $3m^2$、由 $\phi25mm\times2.5mm$ 管子组成的单程列管换热器中，用初温为 10℃ 的水将机油由 200℃ 冷却到 100℃，水走管内，油走管间。已知水和机油的流量分别为 1000kg/h 和 1200kg/h。其比热容分别为 $4.18kJ/(kg\cdot K)$ 和 $2.0kJ/(kg\cdot K)$，水侧和油侧的对流传热膜系数分别为 $2000W/(m^2\cdot K)$ 和 $250W/(m^2\cdot K)$，两流体呈逆流流动，忽略管壁热阻及污垢热阻。

(1) 计算说明该换热器是否合用？

(2) 夏天当水的初温达到 30℃ 时，该换热器是否合用？如何解决？（假设传热系数不变）

8. 在列管换热器中用水冷却油，并流操作。水的进、出口温度分别为 15℃ 和 40℃，油的进、出口温度分别为 150℃ 和 100℃。现因生产任务要求油的出口温度降至 80℃，假设油和水的流量、进口温度及物性均不变，原换热器的管长为 1m，试求在换热管根数不变的条件下其长度增至多少才能满足要求。设换热器的热损失可忽略。

四、简答题

1. 什么叫换热器？换热器有哪些类型？

2. 列管换热器强化传热速率的途径有哪些？其主要途径是什么？采取的措施有哪些？

五、分析题

化工厂有各种各样的余热锅炉，请查阅有关资料回答以下问题：

(1) 余热锅炉的作用是什么？

(2) 余热锅炉中传热平均温度差如何求取？

（3）附图三个图都是余热锅炉结构示意图：

（a）硝酸生产工艺中氨氧化后的余热锅炉；

（b）以煤为原料生产半水煤气（CO＋H₂）工艺中的余热锅炉；

（c）合成氨装置中氨合成塔后的余热锅炉。

指出下列三个示意图的异同点，并说明为什么？

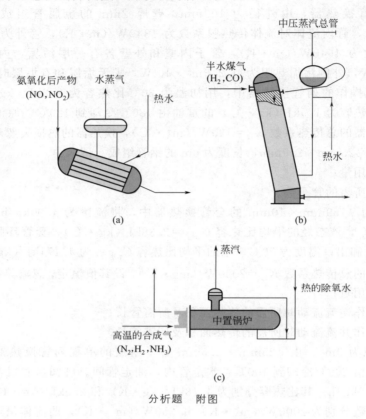

分析题　附图

任务四　换热设备的保温与隔热

在化工生产中，由于设备内物料的温度与周围环境温度一般是不同的，因此设备与周围环境之间就产生热量传递过程。如果不采取措施，对于高温设备，热量将不断损失；对于低温设备，设备内的低温将不能维持。严重时还会影响工作人员的安全，如烫伤或冻伤。

【案例 3-3】　工厂设备保温

在化工生产中，对于温度较高（或较低）的管道、反应器等各种高（低）温设备，外面都有一层厚厚的保温层，其目的在于减少热（冷）量的损失，以提高操作的经济效益；维护设备正常的操作温度，保证生产在工艺规定的温度下进行；确保装置设备、车间环境的温度正常，改善员工的劳动条件。因此设备的保温与隔热是工业企业安全生产、节能降耗不可缺少的措施，化工企业换热设备的保温与隔热是非常普遍的（见图 3-31）。

(a) 设备保温   (b) 水箱保温

图 3-31   保温隔热示例图

👥 思考题

设备如何保温，设备保温需要完成哪些任务？

一、保温材料的选择

在任务一中，由热传导的基本定律——傅里叶定律已知，物质的热导率越大，其导热性能越好。人们把善于传导热的物体叫做热的良导体，把不善于传导热的物体叫做热的不良导体。固体中金属是热的良导体，其中银和铜的热传导能力最强；其他非金属固体大都是热的不良导体，如石头、陶瓷、玻璃、木头、皮革、棉花等。我们用来做饭、烧菜的锅一般都是用善于传热的金属制成的，目的就是能让热尽快地传给待加工的食物。冬天人们穿棉衣、毛衣或羽绒衣，原因就是它们都是热的不良导体，可以保存身体发出的热量，以达到保暖的目的。

工业设备的保温就是利用热导率小、导热热阻很大的保温隔热材料对高温和低温设备进行包裹，以减少设备表面与环境的热量交换，其实质是削弱设备与环境之间的热量传热。

要做好设备的保温工作，第一步要解决的问题就选择合适的保温材料。由于气体的热导率很小，对传热不利，但有利于保温、绝热，所以工业上所用的保温材料，一般是多孔性或纤维性材料。

1. 保温材料的认识

常用的保温隔热材料有：石棉、岩棉、玻璃棉、硅酸铝、硅酸钙、橡塑材料及聚氨酯制品等。下面介绍化工常用保温材料的性能。

（1）石棉

石棉是天然的纤维状的硅酸盐类矿物质的总称。石棉由纤维束组成，而纤维束又由很长很细的能相互分离的纤维组成。石棉纤维的热导率为 $0.121 \sim 0.302 \mathrm{W/(m \cdot K)}$，导电性能也很低，是热和电的良好绝缘材料。石棉纤维具有良好的耐热性能。石棉很早就用于织布，中国周代已能用石棉纤维制作织物，因沾污后经火烧即洁白如新，故有火浣布或火烧布之称。由于石棉具有高度耐火性、电绝缘性和绝热性，是重要的防火、绝缘和保温材料。目前石棉制品或含有石棉的制品有近 3000 种，主要用于机械传动、制动以及保温、防火、隔热、防腐、隔音、绝缘等方面，其中较为重要的是汽车、化工、电器设备、建筑业等制造部门。

石棉制品的保温材料有石棉布、石棉板、石棉带、石棉绳等，如图 3-32 所示。

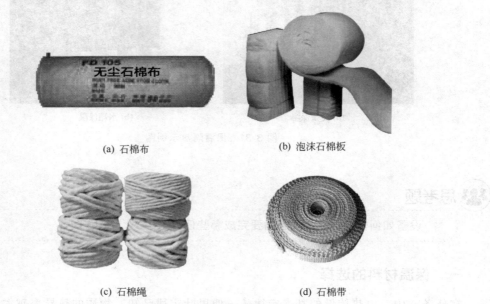

(a) 石棉布　　　　　　　　　　(b) 泡沫石棉板

(c) 石棉绳　　　　　　　　　　(d) 石棉带

图 3-32　石棉制品保温材料

由于石棉纤维是一种非常细小，肉眼几乎看不见的纤维，当这些细小的纤维被吸入人体内，就会附着并沉积在肺部，造成肺部疾病（石棉肺）。与石棉有关的疾病症状，往往会有很长的潜伏期，可能在暴露于石棉环境大约 10～40 年才出现（肺癌一般 15～20 年、胸膜间皮瘤 20～40 年）。目前石棉已被国际癌症研究中心肯定为致癌物，许多国家选择了全面禁止使用这种危险性物质，我国目前虽然没有全面禁止，但已高度重视石棉的危险性。

（2）岩棉与矿渣棉

岩棉（见图 3-33）又称岩石棉，是矿物棉的一种，它是以天然岩石、矿石（如玄武岩、辉长岩、白云石、铁矿石、铝矾）等为主要原料，并加入焦炭（焦炭与其他原料的重量比一般为 1∶3～4）在冲天炉或其他池窑内熔化后（温度 1500℃以上，2000℃以下），用 5MPa 的气体强吹、骤冷成纤维状；或用甩丝法，将熔融液流脱落在多级回转转子上，借离心力甩成纤维。

(a) 岩棉毡　　　　　　　　　(b) 岩棉板　　　　　　　　　(c) 岩棉管

图 3-33　岩棉制品保温材料

岩棉纤维直径一般在 $3\sim9\mu m$，容重为 $50\sim200kg/m^3$。岩棉的热导率：常温下为 $0.029\sim0.046W/(m\cdot K)$；在 $600℃$ 以下为 $0.111\sim0.145W/(m\cdot K)$。根据使用温度不同，岩棉可分普通岩棉（小于 $900℃$）和高温岩棉（大于 $900℃$），优质高温岩棉能耐 $1250\sim1400℃$ 高温。从原材料上来说玄武岩的岩棉是最好的，它生产出来的岩棉不但纤维细，而且热导率和抗拉强度都能达到国内一般工程的设计要求。

岩棉不燃、不霉、不蛀，可制成条、带、绳、毡、毯、席、垫、管、板状。岩棉制品用途广泛，在冶金铸造、石油化工及空间技术中，广泛用作耐烧蚀、耐高温隔热材料；建筑和设备的吸声材料、隔热材料。是管道贮罐、锅炉、烟道、热交换器、风机等工业设备隔热隔声的理想材料。此外可作为天然石棉的替代品，制作水泥制品、橡胶增强材料及高温密封材料、高温过滤材料和高温催化剂载体等。

矿渣棉是利用工业废料矿渣（高炉矿渣或铜矿渣、铝矿渣等）为主要原料，经熔化、采用高速离心法或喷吹法等工艺制成的棉丝状无机纤维。它具有质轻、热导率小、不燃烧、防蛀、价廉、耐腐蚀、化学稳定性好、吸声性能好等特点。可用于建筑物的填充绝热、吸声、隔声、制氧机和冷库保冷及各种热力设备填充隔热等。

矿渣棉是以矿渣和石灰石为主要原料，并加入焦炭（焦炭与其他原料的重量比一般为 $1:3.3\sim4.1$）。矿渣棉的生产工艺有喷吹法、离心法和摆锤法等。但目前以离心法应用最为广泛，其生产工艺为：将原料按一定比例装入炉中，经过 $1360\sim1400℃$ 的高温，使原料熔融，熔融后的料液由出料口逐步、均匀、连续地落在离心机的高速旋转的辊上，使其在巨大离心力的作用下被抛成直径小于 $7\mu m$ 的纤维。在成纤的同时，也可将雾状的防尘油（使纤维变软，以免使用时刺激皮肤）和作为黏结剂的水溶性热固型酚醛树脂喷于纤维上。然后经风选使纤维沉降于集棉室，同时通过集棉室提供的负压使纤维均匀地分布在传送带上，并输出。

（3）玻璃棉

玻璃棉（如图 3-34）是由石灰、石块、石英粉等矿物质在熔炉中熔化后经高速离心或喷制拉制而成的直径在 $6\mu m$ 以下的人造无机纤维，再经成型设备制成各种制品。其中高温玻璃棉是由均匀细长，富有弹性的玻璃纤维和特殊高温黏合剂组成，热导率：$(0.024\pm000022)W/(m\cdot K)$（厚度相关），是性能优越的耐高温保温隔热材料。玻璃棉保温材料有玻璃棉板、玻璃棉卷毡和玻璃棉管等制品，广泛用于电力、冶金、石油炼制和化学工业企业，如锅炉、烟道、热风道、除尘器、油罐、反应器等设备的保温、隔热和降噪。与常用的保温材料相比，该产品的突出优点是密度小，保温性能优，阻燃，有极好的化学稳定性。此外，在运输、安装过程中几乎没有损耗；在 $50℃$ 和相对湿度 95% 的环境下暴露 $96h$，吸湿率小于 0.2%。呈弱碱性，对钢铁构件无腐蚀作用，可用在奥氏体不锈钢上保温。

（4）硅酸钙

硅酸钙是常用于替代石棉的一种安全隔热材料。硅酸钙板又称硅钙板，是以优质纤维、矿物质材料（在冶炼金属矿石时，二氧化硅与碳酸钙反应生成的炉渣）经先进生产工艺成型、加压、高温高压蒸养和特殊技术处理而制成的新型板材。特点：轻质易施工、防火防潮性能优越、防虫防蚁防蚀、尺寸稳定、使用寿命长。无石棉硅酸钙制品耐温 $650℃$；高密度、高强度水泥硅酸钙制品耐温 $800℃$，具有热导率小、强度高、使用温度高、不易燃、易加工、无腐蚀、无污染等特点，广泛用于电力、化工、冶金等行业的设备、热力管道、锅炉体、窑体等保温隔热。硅酸钙制品具有良好的耐久性，能承受高温

(a) 玻璃棉板

(b) 玻璃棉卷毡

(c) 玻璃棉管

图 3-34 玻璃棉制品保温材料

极限内的连续热负荷，在整个使用范围内都具有优良的绝热性能，同时可加工成异型产品。主要规格如图 3-35 所示。

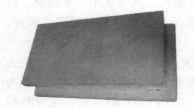
(a) 650℃无石棉硅酸钙绝热制品

(b) 1000℃无石棉硅酸钙绝热制品

(c) 硅酸钙板

图 3-35 硅酸钙制品保温材料

（5）硅酸铝保温材料

硅酸铝制品（见图 3-36）是以焦宝石为主要原料，经熔融、出丝（在出丝过程中加入适量黏合剂）、固化室固化、切割等工序制成，硅酸铝制品在初次使用时，当构件温度超过 200℃会出现轻度烟雾，此为硅酸铝黏结剂挥发，短时间内硅酸铝制品会变为褐色，运行 1～3 天后硅酸铝自然恢复原白色，而且对产品质量不会造成任何的影响。

(a) 硅酸铝棉

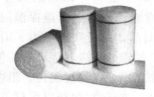
(b) 硅酸铝针刺毯

(c) 硅酸铝板条

(d) 硅酸铝卷材

(e) 硅酸铝板

(f) 硅酸铝管

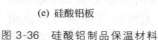
图 3-36 硅酸铝制品保温材料

可广泛用于电力锅炉高温管道壁衬、热电蒸气管道传输保温、化工高温管道保温等。

硅酸铝还可制成新型绿色无机墙体复合保温涂料，无毒无害，具有优良的吸音、耐高温、耐水、耐冻性能，收缩率低，整体无缝，无冷桥、热桥形成，质量稳定可靠，抗裂、抗震性能好，抗负风压能力强，容重轻，保温性能好并具有良好的易和性、保水性，附着力强，面层不空鼓，施工不下垂、不流挂，减少施工耗，燃烧性能为 A 级不燃材料，温度在－40～800℃范围内急冷急热，保温层不开裂，不脱落，不燃烧，耐酸、碱、油。硅酸铝复合保温涂料是墙体保温材料中安全系数最高，综合性能和施工性能最理想的保温涂料，可根据不同介质温度抹最佳经济厚度，性价比大大优于同等性能材料。

（6）橡塑保温材料

橡塑绝热保温材料是以性能优异的丁腈橡胶，聚氯乙烯（NBR/PVC）为主要原料，配以各种优质辅助材料经特殊工艺发泡而成的轻质绝热保温节能材料。它施工方便、外观整洁美观，没有污染。在美国，建筑保温材料中 81％的为橡塑保温材料。

橡塑保温材料主要有：聚乙烯高发泡产品、聚氨酯发泡产品、橡塑海绵保温材料及酚醛泡沫塑料等。

聚乙烯高发泡产品是一种用途广泛的隔热保温和防水吸音材料，因有细微的独立闭孔结构，具有密度小、热导率低、不吸水、柔性好、耐老化、耐腐蚀、隔水、阻汽等特点。广泛应用于大楼、宾馆、公寓屋顶、墙面、中央空调、建筑行业保温吸音、防震等部位。

聚氨酯发泡产品（见图 3-37）主要用于各种管线冷藏库、贮罐、管道、保温、建筑中的隔墙板及屋顶等。外保护层可选用玻璃钢防震外壳，以增强保温层的抗压强度和防腐能力。硬质聚氨酯保温材料可根据用户要求制成各种板材和管、瓦，也可以进行现场浇注发泡作业或喷涂作业。

(a) 聚氨酯成型管　　　　　　　(b) 聚氨酯管　　　　　　　(c) 聚氨酯板

图 3-37　聚氨酯制品保温材料

橡塑海绵保温材料（如图 3-38）为闭孔弹性材料，具有柔软、耐屈挠、耐寒、耐热、阻燃、防水、热导率低、减震、吸音等优良性能。可广泛用于中央空调、建筑、化工、医药、轻纺、冶金、船舶、车辆、电器等行业和部门的各类冷热介质管道、容器，能达到降低冷损和热损的效果。又由于它施工方便、外观整洁美观，没有污染，因此是一种高品质的绝热保温材料。产品特点如下。

① 热导率低　平均温度为 0℃时，该材料热导率为 0.034W/(m·K)。

② 阻燃性能好　该材料中含有大量阻燃减烟原料，燃烧时产生的烟浓度极低，而且遇火不熔化，不会滴下着火的火球，材料具有自熄火特征。属于 B1 级难燃材料，安全可靠。

(a) 橡塑海绵板   (b) 橡塑海绵管

图 3-38　橡塑海绵制品保温材料

③ 安装方便，外形美观　因富柔软性，安装简易方便。管道安装时可套上一起安装，也可将管材纵向切开后再用胶水黏合而成。对阀门、三通、弯头等复杂部件，可将板材裁剪后，按不同形状包上黏合，确保整个系统的严密性，从而保证了整个系统的保温性。因材料外表光滑平整，以及它本身的优异性能，不需另加隔汽层、防护层，减少了施工中的麻烦，也保证了外形的美观。

④ 橡塑绝热材料因具有很高的弹性，因而能最大限度地减少冷冻水和热水管道在使用过程中的振动和共振。

⑤ 其他优点　橡塑绝热材料使用起来十分安全，既不会刺激皮肤，亦不会危害健康。它们能防止霉菌生长，避免害虫或老鼠啃咬，而且耐酸抗碱，性能优越。这些性能使其成为保护管道的理想绝热材料，可防止管道设备因大气介质或工业环境而受到腐蚀。

酚醛泡沫塑料主要用于工业、民用建筑。如，高层建筑的内外墙及屋顶保温层，各种管道保温、空调风道保温层、防火门、墙之芯层、易燃品库房、冷库保温等。

(7) 闭孔泡沫玻璃

闭孔泡沫玻璃是一种无机的高级保温隔热材料，它是以玻璃粉为基料，加入外加剂通过隧道窑高温焙烧而成。具有质量轻、热导率小、不透湿、吸水率小、不燃烧、不霉变、机械强度高、加工方便、耐化学腐蚀（氢氟酸除外）、本身无毒、性能稳定、既是保冷材料又是耐高温材料、能适应深冷到较高温度范围等特点。长年使用不会变质，而且本身又起到防火、防震作用。在低温深冷、地下工程、易燃易爆、潮湿以及化学侵蚀苛刻环境下使用时，不但安全可靠，而且经久耐用，被誉为"不需更换的永久性隔热材料"，所以被广泛应用于石油、化工、地下工程、造船、国防军工的隔热保冷工程。

2. 保温材料的选用原则

保温在化工企业上占有重要的地位，它具有节约能源，降低热损失，满足生产工艺要求，确保设备、生产、人身安全，改善环境，提高经济效益等作用。化工企业对保温耐火材料的需求数量大，品种较多，质量要求高。保温材料的选用是否合理，直接影响企业的设备投资和操作运行成本。保温材料必须根据各个设备和各个部位的保温要求来选择，其基本原则如下。

① 介质温度在 1000℃以上时，应选用无石棉耐高温硅酸钙绝热制品；介质温度在 350～600℃的设备和管道可选用硅酸钙制品、硅酸铝复合保温。

复合型保温材料主要有硅酸铝棉——岩矿棉、硅酸铝棉——泡沫石棉、硅酸铝棉——玻璃棉、硅酸铝棉——硅酸钙绝热制品，以及硅酸盐复合毡与岩棉、玻璃棉制品的复合结构。当设备的温度大于 400℃时，不宜选用岩棉、玻璃棉、泡沫石棉，而应选用硅酸铝棉和硅酸盐的复合毡作内层高温层保温。

② 介质温度小于 350℃的设备与管道可选用岩棉矿物棉制品保温。

③ 外径小于 38mm 的设备选用普通硅酸纤维绳保温。

④ 阀门、弯头等异型件选用轻质保温材料或保温涂料保温。

⑤ 潮湿环境中的低温设备和管道选用憎水保温材料保温，如玻璃纤维制品、泡沫聚乙烯等。

⑥ 低温设备的保温保冷宜选用闭孔结构的泡沫橡塑绝热制品、酚醛泡沫及聚氨酯发泡材料等。考虑环保与职业卫生需要，尽量不选用石棉制品。

二、保温层厚度的确定

1. 平壁热传导的特点（平壁厚度的计算）

在石化行业中各种加热炉的炉壁、在建筑行业中建筑物的墙壁的保温，都是平壁的保温。而且常常遇到的是多层平壁，即由不同材料组成的平壁。例如房屋的墙壁，以建筑砖为主，内有砂浆层（或石灰层），外抹水泥砂浆（或粘外墙砖）；锅炉的炉壁，最内层为耐火材料层，中间层为隔热层，最外层为钢板，这些都是多层平壁保温的实例。其中各层的厚度决定了保温效果的好坏。保温隔热的主要目的就是利用固体材料减少热量的传递。

热量通过多层平壁的传递规律，遵循傅里叶定律。

图 3-39 表示一个三层不同材料组成的大平壁，各层的壁厚分别为 δ_1、δ_2、δ_3，热导率分别为 λ_1、λ_2、λ_3，平壁的表面积为 A。假定层与层之间接触良好，即相接触的两表面温度相同，各接触表面分别为 t_{w1}、t_{w2}、t_{w3} 和 t_{w4}，且 $t_{w1} > t_{w2} > t_{w3} > t_{w4}$。

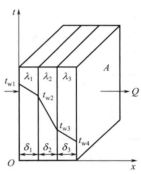

图 3-39　多层平壁热传导

在稳定热传导时，通过各层的导热速率必然相等，$Q = Q_1 = Q_2 = Q_3$

$$Q = \frac{\Delta t_1}{R_1} = \frac{\Delta t_2}{R_2} = \frac{\Delta t_3}{R_3} = \frac{\Delta t_1 + \Delta t_2 + \Delta t_3}{R_1 + R_2 + R_3} \tag{3-37}$$

即

$$Q = \frac{t_{w1} - t_{w4}}{\dfrac{\delta_1}{\lambda_1 A} + \dfrac{\delta_2}{\lambda_2 A} + \dfrac{\delta_3}{\lambda_3 A}} = \frac{\sum \Delta t}{\sum R} = \frac{总导热推动力}{总热阻} \tag{3-38}$$

对于 n 层平壁，其导热速率方程式为：

$$Q = \frac{\displaystyle\sum_{i=1}^{n} \Delta t_i}{\displaystyle\sum_{i=1}^{n} \Delta R_i} = \frac{t_1 - t_{n+1}}{\displaystyle\sum_{i=1}^{n} \dfrac{\delta_i}{\lambda_i A}} \tag{3-39}$$

式(3-38) 和式(3-39) 说明，多层平壁热传导的总推动力为各层推动力之和；总热阻为各层热阻之和。多层平壁的导热热阻计算如同直流电路中串联电阻。

【例 3-6】 有一个工业炉，其炉壁由三层不同的材料组成。内层为厚度 240mm 的耐火砖，热导率为 0.9W/(m·K) 中间为 120mm 绝热砖，热导率为 0.2W/(m·K)；最外层是厚度为 240mm 普通建筑砖，导热率为 0.63W/(m·K)。已知耐火砖内壁温度为

940℃，建筑砖外壁温度为50℃，试求单位面积炉壁的导热量 q 值，并求出各砖层接触面的温度。

解： 先求单位面积炉壁的导热量 q 值，由题意可知为三层平壁导热，

$$q = \frac{Q}{A} = \frac{t_{w1} - t_{w4}}{\dfrac{\delta_1}{\lambda_1} + \dfrac{\delta_2}{\lambda_2} + \dfrac{\delta_3}{\lambda_3}} = \frac{940 - 50}{\dfrac{0.24}{0.9} + \dfrac{0.12}{0.2} + \dfrac{0.24}{0.63}} = 713(\text{W/m}^2)$$

再求各接触面的温度 t_{w2} 和 t_{w3}，由于是稳定热导率，则有 $q = q_1 = q_2 = q_3$，所以应有：

$$q = \frac{t_{w1} - t_{w2}}{\dfrac{\delta_1}{\lambda_1}} \qquad t_{w2} = t_{w1} - q\frac{\delta_1}{\lambda_1} = 940 - 713 \times \frac{0.24}{0.9} = 750(℃)$$

$$q = \frac{t_{w3} - t_{w4}}{\dfrac{\delta_3}{\lambda_3}} \qquad t_{w3} = t_{w4} + q\frac{\delta_3}{\lambda_3} = 50 + 713 \times \frac{0.24}{0.63} = 322(℃)$$

将各层热阻和温差分别计算列入下表。

例 3-6 计算结果

项　　　目	耐 火 砖 层	绝 热 砖 层	建 筑 砖 层
热阻/(m² · K/W)	0.267	0.6	0.381
温差/K	190	428	272

由上表可知，系统中任一层的热阻与该温度层的温差（推动力）成正比，即该层温差越大，热阻也越大。利用这一概念可从系统温差分布情况判断各部分热阻的大小。

【例 3-7】 设计一燃烧炉时拟采用三层砖砌成其炉墙，其中最内层为耐火砖，中间层为绝热砖，最外层为普通砖。耐火砖和普通砖的厚度分别为 0.5m 和 0.25m，三种砖的热导率分别为 1.02W/(m · ℃)、0.14W/(m · ℃) 和 0.92W/(m · ℃)，已知耐火砖内侧为 1000℃，普通砖外壁温度为 35℃。试问绝热砖厚度至少为多少才能保证绝热砖内侧温度不超过 940℃，普通砖内侧不超过 138℃。

解：

$$q = \frac{t_1 - t_4}{\dfrac{\delta_1}{\lambda_1} + \dfrac{\delta_2}{\lambda_2} + \dfrac{\delta_3}{\lambda_3}} = \frac{t_1 - t_2}{\dfrac{\delta_1}{\lambda_1}} = \frac{1000 - 35}{\dfrac{0.5}{1.02} + \dfrac{\delta_2}{0.14} + \dfrac{0.25}{0.92}} = \frac{1000 - t_2}{\dfrac{0.5}{1.02}} \qquad (\text{a})$$

将 $t_2 = 940℃$ 代入上式，可解得 $\delta_2 = 0.997\text{m}$

$$q = \frac{t_1 - t_4}{\dfrac{\delta_1}{\lambda_1} + \dfrac{\delta_2}{\lambda_2} + \dfrac{\delta_3}{\lambda_3}} = \frac{t_3 - t_4}{\dfrac{\delta_3}{\lambda_3}} = \frac{1000 - 35}{\dfrac{0.5}{1.02} + \dfrac{\delta_2}{0.14} + \dfrac{0.25}{0.92}} = \frac{t_3 - 35}{\dfrac{0.25}{0.92}} \qquad (\text{b})$$

将 $t_3 = 138℃$ 解得 $\delta_2 = 0.250\text{m}$

将 $\delta_2 = 0.250\text{m}$ 代入式（a）解得：$t_2 = 814.4℃ < 940℃$

故选择绝热砖厚度为 0.25m。

必须指出的是，在上述多层平壁的计算中，是假设层与层之间接触良好，两个相接触的表面具有相同的温度。而实际多层平壁的导热过程中，固体表面并非理想平整，总是存在着

一定的粗糙度。因而使固体表面接触不可避免地出现附加热阻，工程上称为"接触热阻"，接触热阻的大小与固体表面的粗糙度、接触面的挤压力和材料间硬度匹配等有关，也与截面间隙内的流体性质有关。

思考题

厚度相同的三层平壁传热，温度分别如下图所示，哪一层热阻最大，说明各层 λ 的大小排列。

2. 圆筒壁热传导的特点（圆筒壁的保温）

化工生产中，经常遇到圆筒壁的导热问题，它与平壁导热的不同之处在于圆筒壁的传热面积和热通量不再是常量，而是随半径而变，同时温度也随半径而变，但传热速率在稳态时依然是常量。

对单层圆筒壁，工程上可用圆筒的内外表面积的平均值 A_m 代入单层平壁的计算公式来计算圆筒壁的导热速率，即：

$$Q = \lambda A_m \frac{t_{w1} - t_{w2}}{\delta}$$

式中：$\qquad \delta = r_2 - r_1, \qquad A_m = l \cdot 2\pi r_m \qquad r_m = \dfrac{r_2 - r_1}{\ln \dfrac{r_2}{r_1}}$

整理后可得：

$$Q = \lambda \cdot 2\pi l \frac{t_{w1} - t_{w2}}{\ln \dfrac{r_2}{r_1}} = \frac{t_{w1} - t_{w2}}{\dfrac{1}{2\pi l \lambda} \ln \dfrac{r_2}{r_1}} = \frac{t_{w1} - t_{w2}}{R} \tag{3-40}$$

其中，$t_{w1} - t_{w2}$ 为圆筒导热推动力；$R = \dfrac{1}{2\pi l \lambda} \ln \dfrac{r_2}{r_1}$ 为单层圆筒壁的导热热阻。

在工程上，多层圆筒壁的导热情况更比较常见，例如：在高温或低温管道的外部包上一层乃至多层保温材料，以减少热损（或冷损）；在反应器或其他容器内衬以工程塑料或其他材料，以减小腐蚀；在换热器换热管的内、外表面形成污垢等。

以三层圆筒壁为例，如图 3-40 所示。假设各层之间接触良好，各层的热导率分别为 λ_1、λ_2、λ_3；各层圆筒的半径分别为 r_1，r_2，r_3，r_4；长度为 L；圆筒的内、外表面及交界面的温度分别为 t_{w1}，t_{w2}，t_{w3} 和 t_{w4}，且 $t_{w1} > t_{w2} > t_{w3} > t_{w4}$。根据串联热阻的加和性，通过该三层圆筒壁的导热速率方程可以表示为：

$$Q = \frac{t_{w1} - t_{w2}}{\dfrac{1}{2\pi L \lambda_1} \ln \dfrac{r_2}{r_1}} = \frac{t_{w2} - t_{w3}}{\dfrac{1}{2\pi L \lambda_2} \ln \dfrac{r_3}{r_2}} = \frac{t_{w3} - t_{w4}}{\dfrac{1}{2\pi L \lambda_3} \ln \dfrac{r_4}{r_3}} = \frac{t_{w1} - t_{w4}}{R_{总}}$$

$$Q = \frac{\Delta t_1 + \Delta t_2 + \Delta t_3}{\frac{1}{2\pi L\lambda_1}\ln\frac{r_2}{r_1} + \frac{1}{2\pi L\lambda_2}\ln\frac{r_3}{r_2} + \frac{1}{2\pi L\lambda_3}\ln\frac{r_4}{r_3}} = \frac{t_{w1} - t_{w4}}{R_1 + R_2 + R_3} \tag{3-41}$$

$$Q = \frac{t_{w1} - t_{wn+1}}{\sum\limits_{i=1}^{n}\frac{1}{2\pi L\lambda_i}\ln\frac{r_{i+1}}{r_i}} \tag{3-42}$$

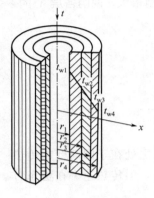

图 3-40　多层圆筒壁
的热传导

多层圆筒壁导热速率方程也可按多层平壁导热速率方程的形式写出，但各层的平均面积和厚度要分层计算，不要相互混淆。

【例 3-8】 在外径 100mm 的蒸汽管道外包一层热导率为 0.08 W/(m·℃) 的绝热材料。已知蒸汽管外壁 150℃，要求绝热层外壁温度在 50℃ 以下，且每米管长的热损失不应超过 150W/m，试求绝热层厚度。

解：

$$q = \frac{Q}{L} = \frac{2\pi(t_1 - t_2)}{\frac{1}{\lambda}\ln\frac{r_2}{r_1}} = \frac{2 \times 3.14 \times 0.08 \times (150 - 50)}{\ln\frac{r_2}{50}} = 150$$

解得：$r_2 = 69.9$mm；
壁厚：$r_2 - r_1 = 19.9$mm。

思考题

蒸汽管道外包有两层热导率不同而厚度相同的绝热层，设外层的对数平均直径为内层的 2 倍。其热导率也为内层的两倍。若将二层材料互换位置，假定其他条件不变，试问每米管长的热损失将变为原来的多少倍？说明在本题情况下，哪一种材料放在内层较为适合？

3. 保温层厚度的确定原则

设备、管道外壁的保温或保冷，有时是为了维持内部的物料温度保证生产工艺要求；有时是为了减少设备的能量损耗；也可能是出于劳动保护和建筑结构上的要求。由于保温目的不同，保温层所需要的厚度也是不一样的。

设备保温层越厚，则管路散热损失越小，节约了燃料；但厚度加大，保温结构投资费用增加。"经济保温厚度"就是综合考虑设备保温结构的投资和设备散热损失的年运行费用两者因素，折算得出在一定年限内其"年计算费用"为最小时的保温层厚度。

基于保温层经济厚度的影响因素比较多，计算比较复杂，通常工程上采用控制保温层表面散失热量的半经验公式来确定保温层的厚度。

对于外径小于 1000mm 的设备和管路可用下列公式计算：

$$r_2\ln\frac{r_2}{r_1} = \frac{\lambda(t_w - t_s)}{\alpha(t_s - t_0)} \tag{3-43}$$

$$t_s = t_0 + \frac{q}{\alpha} \tag{3-44}$$

式中　r_1，r_2——圆筒保温前及保温后的半径，m；

$\quad\quad t_s-t_0$——保温层外表面温度与环境温度之间的温差；

$\quad\quad \alpha$——保温层外壁上的对流给热系数，W/($m^2 \cdot$℃)；

在室内布置的平壁保温层 $\alpha=2+0.014$（t_s-t_0），W/($m^2 \cdot$℃)；

在室内布置的圆筒形保温层 $\alpha=2+0.01$（t_s-t_0），W/($m^2 \cdot$℃)；

$\quad\quad \lambda$——保温材料的热导率，W/(m$\cdot$℃)；

$\quad\quad t_w$——保温层内表面温度，℃；

$\quad\quad t_0$——全年平均气温，℃；

$\quad\quad q$——散热通量，单位面积的散热量 W/m^2。

$$t_w \leqslant 250℃ \quad\quad q=36$$
$$250℃ < t_w \leqslant 400℃ \quad q=47.8$$
$$400℃ < t_w \leqslant 500℃ \quad q=59.8$$

对于外径大于1m的设备可近似平面导热公式计算即：

$$X = \frac{\lambda(t_w-t_s)}{\alpha(t_s-t_0)} \tag{3-45}$$

对于工艺热管线，岩棉管壳保温层的厚度可查经验表格（见表3-6、表3-7）。

表 3-6　保热岩棉厚度选用表和保温材料用量

（适用 $T \leqslant 350℃$，$DN \geqslant 350mm$）

（1）介质温度 $T \leqslant 150℃$ 时											
公称直径 DN/mm	15	20	25	40	50	80	100	150	200	250	300	350
保温厚度/mm	40	40	40	40	40	50	50	50	50	60	60	60
铝皮用量/(m^2/m)	0.39	0.41	0.44	0.48	0.52	0.74	0.80	0.99	1.20	1.47	1.67	1.85
铁丝用量/(kg/m^2)	0.15	0.15	0.15	0.15	0.15	0.14	0.14	0.14	0.13	0.13	0.13	0.13
保温层面积/(m^2/m)	0.32	0.34	0.35	0.40	0.43	0.60	0.66	0.82	1.00	1.24	1.40	1.56
（2）介质温度 150℃ $< T \leqslant 150℃$ 时											
公称直径 DN/mm	15	20	25	40	50	80	100	150	200	250	300	350
保温厚度/mm	50	50	50	50	60	70	70	70	70	80	80	80
铝皮用量/(m^2/m)	0.46	0.47	0.51	0.55	0.67	0.88	0.95	1.13	1.35	1.62	1.80	1.99
铁丝用量/(kg/m^2)	0.15	0.15	0.15	0.14	0.14	0.14	0.14	0.13	0.13	0.13	0.13	0.13
保温层面积/(m^2/m)	0.38	0.40	0.42	0.47	0.56	0.72	0.78	0.94	1.13	1.36	1.52	1.69
（3）介质温度 250℃ $< T \leqslant 350℃$ 时											
公称直径 DN/mm	15	20	25	40	50	80	100	150	200	250	300	350
保温厚度/(mm)	60	60	60	70	70	80	80	90	90	100	100	100
铝皮用量/(m^2/m)	0.54	0.54	0.58	0.70	0.76	0.95	1.02	1.27	1.49	1.76	1.94	1.14
铁丝用量/(kg/m^2)	0.14	0.14	0.14	0.14	0.14	0.14	0.14	0.13	0.13	0.13	0.13	0.13
保温层面积/(m^2/m)	0.45	0.46	0.48	0.59	0.62	0.78	0.84	1.07	1.25	1.49	1.65	1.81
光管表面积											
公称直径 DN/mm	15	20	25	40	50	80	100	150	200	250	300	350
保温厚度/mm	0.07	0.09	0.10	0.15	0.18	0.28	0.34	0.50	0.69	0.86	1.02	1.19

表 3-7　保冷岩棉厚度选用表和保温材料用量

（1）介质温度在 −20～−40℃ 之间时

公称直径 DN/mm	15	20	25	40	50	80	100	150	200	250	300	350	400	450	500
保冷厚度/mm	50	50	50	50	60	70	70	70	80	80	80	90	90	90	90
铝皮用量/(m²/m)	0.47	0.47	0.51	0.55	0.61	0.74	0.80	0.99	1.20	1.40	1.56	1.78	1.95	2.14	2.32
保冷面积/(m²/m)	0.39	0.40	0.42	0.47	0.56	0.72	0.78	0.94	1.19	1.36	1.52	1.75	1.90	2.07	2.23
保冷层体积/(m³/10m)	0.12	0.12	0.13	0.16	0.22	0.35	0.40	0.52	0.75	0.89	1.02	1.32	1.46	1.61	1.75

（2）介质温度在 −20～0℃ 之间时

公称直径 DN/mm	15	20	25	40	50	80	100	150	200	250	300	350	400	450	500
保冷厚度/mm	40	40	40	50	50	50	60	60	60	70	70	70	70	70	70
铝皮用量/(m²/m)	0.39	0.41	0.44	0.55	0.61	0.74	0.88	1.06	1.28	1.55	1.73	1.92	2.10	2.28	2.46
保冷面积/(m²/m)	0.32	0.34	0.36	0.47	0.49	0.60	0.72	0.88	1.07	1.30	1.46	1.63	1.78	1.95	2.11
保冷层体积/(m³/10m)	0.08	0.09	0.10	0.16	0.17	0.22	0.32	0.42	0.53	0.76	0.87	0.98	1.09	1.21	1.32

（3）介质温度在 0℃ 左右时

公称直径 DN/mm	15	20	25	40	50	80	100	150	200	250	300	350	400	450	500
保冷厚度/mm	30	30	30	30	30	40	40	40	40	40	40	40	40	50	50
铝皮用量/(m²/m)	0.32	0.34	0.36	0.41	0.45	0.66	0.74	0.92	1.14	1.33	1.51	1.70	1.87	2.14	2.32
保冷面积/(m²/m)	0.26	0.28	0.30	0.34	0.37	0.53	0.59	0.75	0.94	1.11	1.27	1.44	1.59	1.82	1.98
保冷层体积/(m³/10m)	0.05	0.06	0.06	0.08	0.08	0.16	1.9	0.25	0.33	0.40	0.46	0.53	0.59	0.83	0.91

 任务解决7

> **原料汽油预热器的保温方案制定**
>
> 　　岩棉是化工设备中常用的保温材料，各种石棉灰可用于填充式结构的隔热，石棉制品则常用于高温设备及管道的隔热。岩棉材料的热导率小，孔隙率大，容重小；化学稳定性较好，耐火、耐酸、耐碱，热导率小，原料比较丰富，容易加工成各种岩棉制品。在本任务中，我们选取碳酸镁岩棉作为保温材料。
>
> 　　由于本项目的介质温度最高为 150℃，小于 350℃，因此选用岩棉和矿物棉制品为设备与管道保温。

三、保温材料的安装注意事项

　　合适的保温材料，还必须在正确的安装后，才能发挥应有的作用。设备保温施工应注意以下事项。

　　① 需保温的设施和管道应无泄漏，表面干燥，无油脂，无锈蚀。为利于防腐，可采取适当涂层。

　　② 为达到热损失最小目的，板和毡的所有接头一定要对接十分紧密，在多层保温时各

个十字接缝应交错开来，以免形成热桥，在保冷时必须杜绝冷桥。

③ 岩棉制品用于室外保温或者在易受机械磨损的地方宜用金属或塑料包皮，并注意接头、接缝的密封，必要时加胶质封条，包裹层重叠部分不小于 100mm。

④ 用于保冷一定要在保冷面加防潮层，在温度特别低的情况下，用不含树脂的岩棉进行绝热，其防潮层也必须是防火的。

⑤ 当温度超过 200℃时，保温必须加合适的外护，这样可能产生的膨胀就不会使厚度和容重发生变化。

⑥ 对于大直径或平壁设备用岩棉制品保温，超过 200℃时应加保温钉（间距 400mm），外护要贴紧。

⑦ 当保温对象垂直放置，具有相当高度时，其保温层一定要有定位销或支承环，间距不要大于 3m，以防保温材料在有震动时向下滑动。

⑧ 室外保温，保冷施工不宜在雨天进行，否则应采取防雨措施。

⑨ 橡塑绝热保温材料的安装还应注意以下几点：

所有的割隙、接头都需用专用胶水黏接密封；

胶水黏结时不要太用力，所有材料间的接口应在轻微挤压下黏合；

安装后所有的三通、弯头、阀门、法兰和其他附件都需达到设计厚度；

安装时应先大管后小管，先弯头、三通后直管，最后阀门、法兰；

当安装冷冻水管和制冷设备时，橡塑管材的两端和铁管之间的空隙都需涂上胶水黏结起来；

管道的割隙口应尽量安装在不显眼处，且两条管材的割隙口应相互错开；

机器在使用中不要安装。装好后 36h 内切勿开机。

 化工视窗　扫码观看视频，了解青藏铁路中的热管应用。

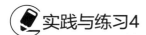

青藏铁路中的
热管应用

一、选择题

1. 在冬季，人们喜欢穿棉衣保暖，这是因为（　　　）。
　　A. 棉花的热导率大　　　　　　B. 棉花的热导率小
　　C. 棉花的温度较高　　　　　　D. 棉花较柔软

2. 保温材料一般都是结构疏松、热导率（　　　）的固体材料。
　　A. 较小　　　　B. 较大　　　　C. 无关　　　　D. 不一定

3. 用两种不同热导率的材质对圆形管道进行保温，一般情况下是（　　　）。
　　A. 热导率小的放在内有利
　　B. 热导率大的放在内有利
　　C. 无论怎样放置都一样

4. 为减少圆形管道热损失，采用包覆三种保温材料 A、B、C，若三层保温材料厚度相同，热导率 $\lambda_A > \lambda_B > \lambda_C$，则包覆的顺序从内到外依次为（　　　）
　　A. A→B→C　　B. B→A→C　　C. C→A→B　　D. C→B→A

5. 有一冷藏室需用一块厚度为 100mm 的软木板作隔热层，现有两块面积厚度和材质相同的软木板，但一块含水较多，另一块干燥，从隔热效果来看，宜选用（　　　）。

    A. 含水较多的那块　　　　　　　　B. 干燥的那块

二、填空题

1. 厚度不同的三种材料构成三层平壁，各层接触良好，已知厚度 $\delta_1 > \delta_2 > \delta_3$，热导率 $\lambda_1 < \lambda_2 < \lambda_3$，稳定传热过程中，各层的热阻_____（比较大小关系），各层导热速率_____（比较大小关系）。在钢、水、软木之间，导热效果最佳的是_____，保温效果最佳的是_____。

2. 对于多层壁稳态导热过程总热阻等于_____，温度差最大的一层，其热阻也_____。

3. 厚度为 200mm 的砖壁，在其内外壁温度差为 400K 时，其每平方米砖壁的导热量为 1600W/m^2，则该砖壁的热导率是_____ W/(m·K)。

4. 制造裂管换热器间壁的材料热导率应该_____越好；保温材料的热导率应该_____越好。

5. 通过三层平壁的热传导中，假设各层壁面间接触良好，若测得各层壁面温度 t_{w1}、t_{w2}、t_{w3} 和 t_{w4} 分别为 600℃、500℃、200℃ 和 100℃，各层热阻之比为_____。

三、计算题

1. 红砖平壁墙，厚度为 500mm，内侧温度为 200℃，外侧温度为 30℃，设红砖的平均热导率为 0.57W/(m·℃)。试求：

① 单位时间、单位面积导出的热量；

② 距离内侧 350mm 处的温度。

2. 某工业壁炉由下列三层依次组成，耐火砖的热导率 $\lambda = 1.05$ W/(m·℃)，厚度为 0.23m；绝热层热导率 $\lambda = 0.144$ W/(m·℃)；红砖热导率 $\lambda = 0.94$ W/(m·℃)，厚度为 0.32m，已知耐火砖内侧温度 $t_{w1} = 1300$℃，红砖外侧温度 $t_{w4} = 50$℃，单位面积的热损失为 607W/m。试求：

① 绝热层的厚度；

② 耐火砖与绝热层接触温度。

3. $\phi 50$mm×5mm 的不锈钢管，其材料热导率为 21W/(m·℃)；管外包厚 40mm 的石棉，其材料热导率为 0.25W/(m·℃)。若管内壁温度为 330℃，保温层外壁温度为 105℃，试计算每米管长的热损失。

四、实践分析题

到实习、实训基地观察管道、加热炉及其他设备所用保温材料、保温方式、保温层厚度，并分析其特点。

任务五　换热装置的操作技能训练

一、工业列管换热器的基本操作要点

1. 开车与运行控制步骤

① 检查装置上的仪表、阀门等是否齐全完好。

② 打开冷凝水阀，排除积水和污垢；打开放空阀，排除空气和其他不凝性气体，放净后逐一关闭。

③ 检查流体中是否含有大颗粒固体杂质和纤维质，若有一定要提前过滤和清除，防止

堵塞通道。

④ 换热器运行时，要先通入与环境温度接近的流体，缓慢或数次通入另一流体。对于加热器，一般先打开冷流体进口阀通入冷流体，而后打开热流体入口阀，缓慢或逐次通入，做到先预热后加热，防止骤冷骤热对换热器寿命的影响。通入的流体应干净，以防结垢。

⑤ 调节冷、热流体的流量，以达到工艺要求所需的温度。

⑥ 经常检查冷热流体的进出口温度和压力变化情况，如有异常现象，应立即查明原因，排除故障。

⑦ 在操作过程中，换热器间壁的一侧若有热蒸汽的冷凝过程，则应及时排放冷凝液和不凝气体，以免影响传热效果。

⑧ 定时分析冷热流体的组成变化情况，以确定有无泄漏，如有泄漏及时修理。

⑨ 定期检查换热器及管子与管板的连接处是否有损坏，外壳有无变形以及换热器有无振动现象，若有应及时排除。

2. 停车步骤

在停车时，应先停与环境温度差异大的流体，后停与环境温度接近的流体。对于加热器即先停热流体，后停冷流体，防止骤热骤冷。最后将壳程和管程内的液体排净，以防换热器冻裂和锈蚀。若长期停车还须清洗干净。

3. 具体操作注意要点

① 蒸汽加热时，必须不断排除冷凝水，同时还必须经常排除不凝性气体。

② 热水加热时，要定期排放不凝性气体。

③ 高温气加热的余热锅炉中，必须时时注意被加热物料的液位、流量和蒸汽产量，还必须做到定期排污。

④ 导热油加热时，必须严格控制进出口温度，定期检查导热油的进出口及介质流道内是否结垢，做到定期排污、定期放空，定期过滤或更换导热油。

⑤ 水和空气冷却时，注意根据季节变化调节水和空气的用量，用水冷却时，还要注意定期清洗。

⑥ 利用冷冻盐水冷却时，应严格控制进出口温度，防止结晶堵塞通道，要定期放空和排污。

⑦ 冷凝时，要定期排放蒸汽侧的不凝性气体，特别是减压条件下不凝性气体的排放。

二、工业换热器的常见故障及预防措施，换热器的日常维护

（一）换热器的常见故障及预防措施

1. 管束故障

管束故障是指由于物料的腐蚀、管子端部磨损造成管束泄漏或者管束内结垢造成堵塞引起系列故障。

冷却水中含有铁、钙、镁等金属离子、阴离子和有机物。活性离子会使冷却水的腐蚀性增强，其中金属离子的存在引起氢或氧的去极化反应从而导致管束腐蚀。冷却水中含有的 Ca^{2+}、Mg^{2+} 离子，长时间在高温下易结垢而堵塞管束。

为了提高传热效果，防止管束腐蚀或堵塞，可采取以下几种方法：①对冷却水进行处理、添加阻垢剂并定期清洗。例如煤气冷却器的冷却水，可采用离子静电处理，投加阻垢缓

蚀剂和杀菌灭藻剂，以降低冷却水的硬度，从而减小管束结垢程度，并能去除污垢。②尽量保持管内流体流速稳定。虽然流速增大，对流传热膜系数变大，但磨损也会相应增大。使用变频水泵保证流体管网压力稳定，是保证管内流体流速稳定，降低管束腐蚀、提高热交换器换热效果的有效手段。③选用耐腐蚀性材料（不锈钢、铜）或增加管束壁厚的方式。④为防止管子端部磨损造成的泄漏，可在入口 200mm 长度内接入合成树脂套管等保护管束（以不影响物料性质为前提）。

2. 振动造成的故障

造成振动的原因包括：由泵、压缩机的振动引起管束的振动；由旋转机械产生的脉动；流入管束的高速流体（高压水、蒸汽等）对管束的冲击。降低管束的振动常采用以下方法：①尽量减少开停车次数。②在流体的入口处，安装调整槽，减小管束的振动。③减小挡板间距，使管束的振幅减小。④尽量减小管束穿过挡板的孔径。

3. 法兰盘泄漏

法兰盘泄漏是由于温度升高，紧固螺栓受热伸长，在紧固部位产生间隙造成的。换热器内的流体多为有毒、高压、高温物质，一旦发生泄漏容易引发中毒和火灾事故。

法兰盘泄漏的预防措施为：①法兰盘安装时尽量使用金属密封垫，尽量减少密封垫使用数量，采用易紧固的作业方式，使用内压力紧固垫片。②换热器投入使用后，必须对法兰螺栓重新紧固。

（二）换热器的日常维护

换热器运行质量的好坏和时间长短，与日常维护保养是否及时、合适有非常密切的关系。日常维护主要是日常的检查和清洗。

1. 运行中的检查和清洗

通过热交换器运行过程中流体的流量、温度、压力等工艺指标的变化判断热交换器的状况。一般来说，温度、流量、压力等指标发生变化，可考虑管束结垢因素对换热效果的影响。因此定期使用无损探伤仪检测换热器外壁的壁厚，判断其腐蚀与结垢程度。以便及时采取相应措施，对于容易结垢的流体，可在规定的时间增大流量或采用逆流的方式进行除垢。

2. 运行停止时的检查与清洗

（1）一般检查

热交换器与其他压力容器一样，停止运行后，应进行以下各项检查：a. 检查沾污程度、污垢的附着状况；b. 测定厚度，检查腐蚀情况；c. 检查焊接处的腐蚀和破裂情况。

（2）管束的检查

管束的检查是热交换器中最难，但又是最重要的部分。应认真对壳体入口管处的管子表面、管端的入口处、挡板与管子的接触处和流动方向改变部位，进行腐蚀、沾污、壁厚等情况进行检查。利用管道检查器或者光源检查管子内表面状况；利用实验环泄漏试验检查管束安装处的间隙。

（3）清洗

在化工装置的定期检修中，热交换器的清洗是一项必需且十分重要的工作，通过清洗可有效提高后续生产过程中换热器的换热效果。清洗的方法主要有以下几种。

① 喷射清洗　将高压水从喷嘴中喷出，以除去管束内表面结垢和外表面污垢的方法。一般采用手持喷枪进行手工操作。喷射清洗适用于容积小，容易拆卸和更换的热交换器。

② 机械清洗　在疏通机的轴端装上刷子、钻头、刀具等，插入管孔中，使其旋转以除去污垢。此方法不仅适合于直管，而且还可以清洗弯曲管子，但由于机械振动及钻头等对管孔壁的刮伤，故有一定的局限性。机械清洗和喷射清洗一样，适用于容积较小，容易拆卸和更换的热交换器。

③ 化学清洗　使用化学药品在热交换器内进行循环，以溶解并除去污垢的方法。化学清洗具有以下特点：热交换器无需拆卸就可以除去污垢，这对大型容器十分有利；可以清洗用其他方法不能除去的污垢；可以在不伤及金属或镀层的条件下，对设备进行清洗。注意化学清洗后要用水进行循环清洗，要检测管束的腐蚀程度及管壁厚度。

④ 混合清洗　是以上三种清洗方式的不同组合。如受焦化厂生产环境影响，煤气冷却器的垢层中含有煤粉、碳渣及油性物质等，单纯采用喷射清洗或化学清洗，除垢效果均不理想，可采用化学清洗后再喷射清洗的方式进行除垢。应注意化学清洗后，必须根据管束的壁厚调整相应的水压，防止水压过高造成管束爆管或泄漏。

总之，定期对换热器的进行检查和清洗，是延长换热器使用寿命的有效措施。

三、换热器操作技能培训方案

1. 布置操作技能训练任务

① 熟悉现场换热装置的流程及换热设备的结构；正确绘制换热装置的流程图，叙述装置流程、设备的作用及工作原理。

② 学习换热装置的操作规程，在教师的指导下学会装置各工序的开车、正常运行控制及停车等操作，学会操作运行参数的规范记录。

③ 在掌握换热装置的操作要点的基础上；能排除换热操作中一般故障，并能分析故障产生的原因。

④ 能根据操作的运行参数，计算装置中各种换热器的传热系数，并分析操作运行效果，探讨提高传热系数的途径。

⑤ 能规范熟练地操作装置，记录数据、完成操作的考核任务。

（各院校根据自身的设备条件，按照以上要求制定详细的训练考核方案）

2. 技能训练记录

① 根据要求绘制现场装置流程图，填写装置主要设备一览表

② 操作过程及数据记录

附：

传热实训记录表

专业：＿＿＿＿＿＿＿＿＿＿＿＿＿＿＿　班级＿＿＿＿＿＿＿＿＿＿小组序号＿＿＿＿＿＿＿

小组成员姓名：＿＿＿＿＿＿＿、＿＿＿＿＿＿＿＿、＿＿＿＿＿＿＿＿＿、＿＿＿＿＿＿＿

实训时间：＿＿＿＿＿年＿＿＿＿＿月＿＿＿＿＿日＿＿＿＿地点＿＿＿＿＿＿＿＿＿＿＿＿＿

附表一　换热装置开车前的检查记录表

（各院校根据装置实际情况列出检查项目表，此处略）

附表二　换热装置运行参数记录表

（各院校根据装置实际情况列出运行参数记录表，某校样表如下）

（1）热源系统运行参数记录

热水泵型号：＿＿＿＿＿＿＿＿＿＿＿＿＿＿＿＿＿

导热油温度		℃	蒸汽发生器液位		cm
热水罐液位		cm	蒸汽发生器压力		kPa
热水罐压力		kPa	蒸汽温度		℃

（2）冷源系统运行参数记录

冷水泵型号：＿＿＿＿＿＿＿＿＿＿＿＿＿

冷水罐液位	m
冷水泵出口压力	kPa
冷水泵出口流量	%

（3）换热器操作运行参数（此表可根据实际情况更改）

换热器参数	套管式换热器	浮头式换热器	固定管板式换热器	螺旋板式换热器
冷进温度/℃				
冷出温度/℃				
热进温度/℃				
热出温度/℃				
热进压力/MPa				
热出压力/MPa				
冷流体流量/(L/h)				
热流体流量/(L/h)				

3. 技能训练总结

要求附装置运行效果分析报告。

根据运行数据，计算各换热器在不同操作条件下的总传热系数，并分析各换热器的运行效果。

实践与练习5

一、选择题

1. 30℃流体需加热到80℃，下列三种热流体的热量都能满足要求，应选（　　）有利于节能。

　　A. 100℃的蒸汽　　　　B. 80℃的蒸汽　　　　C. 200℃的蒸汽　　　　D. 150℃的热流体

2. 在管壳式换热器中，饱和蒸汽宜走管间，以便于（　　），且蒸汽较洁净，它对清洗无要求。

　　A. 及时排除冷凝水　　　　　　　　　B. 流速不太快

　　C. 流通面积不太小　　　　　　　　　D. 传热不过多

3. 在换热器的操作中，不需做的是（　　）。

　　A. 投产时，先预热，后加热

　　B. 定期更换两流体的流动通道

C. 定期分析流体的成分，以确定有无内漏

D. 定期排放不凝性气体，定期清洗

4. 在列管换热器操作中，不需停车的事故有（　　　）。

A. 换热器部分管堵　　　　　　　　　B. 自控系统失灵

C. 换热器结垢严重　　　　　　　　　D. 换热器列管穿孔

5. 在一单程列管换热器中，用 100℃的热水加热一种易生垢的有机液体，这种液体超过 80℃时易分解。试确定有机液体的通入空间及流向（　　　）。

A. 走管程，并流　　　　　　　　　　B. 走壳程，并流

C. 走管程，逆流　　　　　　　　　　D. 走壳程，逆流

6. 蒸汽中若含有不凝结气体，将（　　　）换热效果。

A. 大大减弱　　　　　　　　　　　　B. 大大增强

C. 不影响　　　　　　　　　　　　　D. 可能减弱也可能增强

7. 会引起列管换热器冷物料出口温度下降的事故有（　　　）。

A. 正常操作时，冷物料进口管堵　　　B. 热物料流量太大

C. 冷物料泵坏　　　　　　　　　　　D. 热物料泵坏

8. 列管换热器在使用过程中出现传热效率下降，其产生的原因及其处理方法是（　　　）。

A. 管路或阀门堵塞，壳体内不凝气或冷凝液增多，应该及时检查清理，排放不凝气或冷凝液

B. 管路震动，加固管路

C. 外壳歪斜，联络管线拉力或推力甚大，重新调整找正

D. 全部正确

9. 用水冷却高温气体的列管换热器，操作程序哪一种操作不正确（　　　）。

A. 开车时，应先进冷物料，后进热物料

B. 停车时，应先停热物料，后停冷物料

C. 开车时要排出不凝气

D. 发生管堵或严重结垢时，应分别加大冷、热物料流量，以保持传热量

10. 用液氨冷却某物料的列管换热器，停车时（　　　）。

A. 先停热流体，再停冷流体　　　　　B. 先停冷流体，再停热流体

C. 两种流体同时停止　　　　　　　　D. 无所谓

二、简答题

1. 在你们的技能训练中，使用了什么类型的换热器？在每个换热器中进行换热的冷、热流体各是什么？

2. 在你操作训练的各个换热器中，换热效果最好，传热系数 K 最大的换热器是哪种？

任务六　蒸发过程中传热的应用分析

一、蒸发过程的认识

1. 工业生产中的蒸发操作

在石油化工、医药和食品加工等行业中，常常需要将溶有固体溶质的稀溶液加以浓缩，

以得到高浓度的溶液或结晶析出固体产品。**蒸发就是将含有不挥发性溶质的溶液加热，使部分溶剂汽化并不断移除，以提高溶液中溶质浓度的操作，也就是浓缩溶液单元操作。**

例如：氯碱工业中，电解法制得的烧碱溶液浓度在 10% 左右，通过蒸发操作除去其中大量的水分可得到含氢氧化钠 42% 左右符合工艺要求的浓碱液。又如：食品工业中的白糖的生产，医药工业中固体药物的生产，都常常利用蒸发操作先将溶液中的部分溶剂汽化。

蒸发操作中溶剂的汽化可以在沸点时进行，也可在低于沸点下进行。若溶剂的汽化在沸点时进行的，溶剂不仅在溶液的表面汽化，而且在溶液内部的各个部分同时汽化，蒸发速率较大，这种方法属于沸腾蒸发，在工业生产中几乎都采用沸腾蒸发；若溶剂的汽化在低于沸点下进行，称为自然蒸发，如海盐的晒制过程。自然蒸发时溶剂的汽化只能在溶液的表面进行，蒸发速率缓慢，生产效率较低，工业生产中很少采用。

工业上，蒸发操作需要热源通常来自饱和水蒸气，由于目前被蒸发的物料大多为水溶液，汽化出的蒸气也是水蒸气。为区别起见，通常将加热用的蒸汽称为加热蒸汽或生蒸汽，而从溶液中汽化出来的蒸汽称为二次蒸汽，充分利用二次蒸汽是蒸发操作中节能降耗的主要途径。

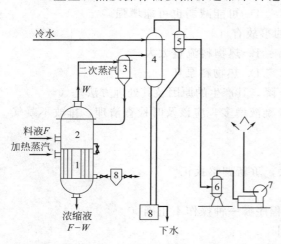

图 3-41　单效真空蒸发流程
1—加热室；2—分离室；3—二次分离器；4—混合冷凝器；5—汽液分离器；6—缓冲罐；
7—真空泵；8—冷凝水排除器

2. 蒸发装置的基本流程

蒸发装置的核心设备称为蒸发器，在蒸发装置中除了蒸发器外，还有一些辅助设备。图 3-41 为一典型真空蒸发装置示意图。

稀溶液（原料液）经过预热后送入蒸发器。蒸发器的下部是由许多加热管组成的加热室，管外用加热蒸汽加热管内的溶液，使之沸腾汽化，经浓缩后的完成液从蒸发器的底部排出。蒸发器上部为蒸发室，汽化产生的蒸汽通过蒸发室及其顶部的除沫器将其中夹带的液沫分离。排出的二次蒸汽不再使用，则送往真空混合冷凝器被冷凝除去。

3. 蒸发操作的分类

蒸发操作可按照不同的分类方法进行分类。

（1）根据操作压强进行分类

根据操作压强不同，蒸发操作可分为常压蒸发、加压蒸发和真空蒸发。

① 常压蒸发　是该设备的分离室与大气相通，或采用敞口设备，二次蒸汽直接排放在大气中。

② 加压蒸发　是操作在压力大于大气压的条件下进行。目的主要是为了提高二次蒸汽的温度，从而提高热能利用率。通常用于黏性较大的溶液，产生的蒸汽可作为其他加热设备的热源。

③ 真空蒸发　操作是在低于大气压的条件下进行。采用该法蒸发需要配套抽真空装置，如真空泵、缓冲罐等辅助设备（见图 3-41），一般适用于热敏性溶液的蒸发。

（2）根据二次蒸汽是否利用进行分类

蒸发可分为单效蒸发和多效蒸发。

① 单效蒸发　图 3-41，是一套典型的单效蒸发操作装置，其二次蒸汽不再被利用，而是冷凝后直接放掉。因此蒸发利用率低，一般适用于小批量生产或间歇生产的场合。

② 多效蒸发　就是将几个蒸发器按一定的方法组合起来，将前一个蒸发器所产生的二次蒸汽引到后一个蒸发器中作为加热热源使用，如图 3-42。

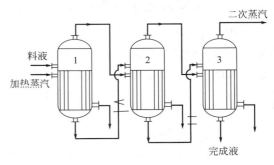

图 3-42　多效蒸发示意图

多效蒸发中的每一个蒸发器称为一效，凡进入加热蒸汽的蒸发器称为第一效，用第一效的二次蒸汽作为加热蒸汽的蒸发器称为第二效，并依次类推。

多效蒸发由于多次利用蒸发产生的二次蒸汽，因而加热蒸汽的利用率大大提高，但整个系统流程复杂，设备费用提高，因此一般适用于大规模、连续生产的场合。

根据溶液与蒸汽流向的相对关系，多效蒸发可分为并流加料、逆流加料、错流加料和平流加料四种流程。

4. 蒸发操作的特点

蒸发过程实质上是一个间壁一侧蒸汽冷凝放出潜热，间壁另一侧液体受热沸腾汽化产生二次蒸汽的过程，所以蒸发器是一种换热器，蒸发过程是传热和传质同时进行的过程。但是蒸发操作是含有不挥发性溶质的溶液的沸腾传热，因此与一般的传热过程相比，有它的特殊性。

① 蒸发的目的是使溶剂汽化，因此被蒸发的溶液应由具有挥发性的溶剂和不挥发性的溶质组成，整个蒸发过程中溶质数量不变。

② 溶液的沸点比纯溶剂的沸点高，蒸发器的蒸发溶液的传热温度差比蒸发纯溶剂时的温度差小。蒸发的原料是溶有不挥发性溶质的溶液，所以蒸发时溶液的沸点比纯溶剂的沸点高，即加热蒸汽压力一定时，蒸发溶液时的传热温度差就比蒸发纯溶剂时来得小，而且溶液的浓度越高这种影响越大。

③ 物料物性不断改变。由于蒸发时物料中水分被蒸发掉，溶质的浓度增大，在溶剂汽化过程中溶质易在加热表面析出结晶而形成污垢，影响传热效果，严重时甚至堵塞加热管影响正常操作；当溶质为热敏性物质时，还有可能因此而分解变质；有些物料增浓后黏度明显增加或者具有较强的腐蚀性等，因此应根据物料的性质选择适宜的蒸发方法和蒸发设备。

④ 蒸发时要消耗大量加热蒸汽，同时会产生二次蒸汽，将二次蒸汽冷凝直接排放，会浪费大量的热源。因此如何充分利用热能，使单位质量的加热蒸汽能汽化较多的水分；如何充分利用二次蒸汽，提高加热蒸汽的经济性，是蒸发操作节能降耗的重要课题。

思考题

多效蒸发并流加料、逆流加料、错流加料和平流加料四种流程，请查阅有关资料，绘制出各自的流程图，熟悉其工作过程，总结其特点，并说明其应用场合。

二、蒸发装置中的传热设备（蒸发器）

蒸发过程主要是一个传热过程，因此，蒸发设备和一般的传热设备并没有本质上的区别，但蒸发时需要不断地除去过程中所产生的二次蒸汽，其中不可避免地要带走一部分溶液，因此，它除了需要加热室之外，还需要有一个进行气液分离的分离室。蒸发器的型式虽然各种各样，但它们都包括加热室和分离室这两个基本部分。此外，蒸发设备还包括使液沫进一步分离的除沫器，排除二次蒸汽的冷凝器以及减压蒸发时采用的真空泵等辅助装置。下面我们介绍一些常用的蒸发器类型和辅助装置。

1. 自然循环型蒸发器

自然循环型蒸发器的特点是：溶液在加热室被加热的过程中，由于温度差引起的密度差而自然地循环流动。自然循环型蒸发器包括以下几种主要结构型式。

(1) 中央循环管式蒸发器

中央循环管式蒸发器是目前应用最广泛的一种型式，有所谓"标准蒸发器"之称。其结构如图 3-43 所示，加热室如同列管换热器一样，为 $1\sim2m$ 长的竖式管束组成，称为沸腾管，但中间有一个直径较大的管子，称为中央循环管，它的截面积大约等于其余加热管总截面积的 $40\%\sim100\%$，由于它的截面积较大，管内的液体量比小管中要多；而小管的传热面积较大，管内的液体的温度比大管中高，因而造成两种管内液体的密度差，再加上二次蒸汽在上升时的抽吸作用，使得溶液从沸腾管上升，从中央管下降，构成一个自然循环过程。

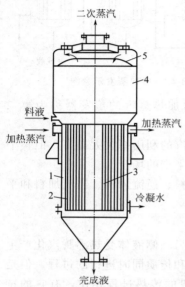

图 3-43 中央循环管式蒸发器
1—加热室；2—加热管；3—中央循环管；
4—汽液分离器；5—除沫器

蒸发器的上部即为蒸发室（分离室）。加热室内沸腾溶液所产生的蒸汽带有大量的液沫，到了蒸发室的较大空间内，液沫相互碰撞结成较大的液滴而落回到加热室的列管内，这样，二次蒸汽和液沫分开，蒸汽从蒸发器上部排出，经浓缩以后的完成液从下部排出。

中央循环管式蒸发器的优点是：构造简单、制造方便、操作可靠。缺点是：检修麻烦，溶液循环速率低，一般在 $0.4\sim0.5m/s$ 以下，故传热系数较小。它不适用于黏度较大及容易结垢的溶液。

(2) 悬筐式蒸发器

悬筐式蒸发器其结构如图 3-44 所示，它的加热室像个篮筐，悬挂在蒸发器壳体的下部，作用原理与中央循环管式相同，加热蒸汽从蒸发器的上部进入到加热管的管隙之间，溶液仍然从管内通过，并经外壳的内壁与悬筐外壁之间的环隙中循环，环隙截面积一般为加热管总面积的 $100\%\sim150\%$。这种蒸发器的优点是溶液循环速率比中央循环管式要大（一般在 $1\sim1.5m/s$），而且，加热器被液流所包围，热损失也比较小；此外，加热室可以由上方取出，清洗和检修比较方便。缺点是结构复杂，金属耗量大。它适用于容易结晶的溶液的蒸发，这时可增设析盐器，以利于析出的晶体与溶液分离。

(3) 外加热式蒸发器

其结构如图 3-45 所示，它的特点是把管束较长的加热室装在蒸发器的外面，即将加热室与蒸发室分开。这样，一方面降低了整个设备的高度，另一方面由于循环管没有受到蒸汽加热，增大了循环管内与加热管内溶液的密度差，从而加快了溶液的自然循环速率，同时还便于检修和更换。

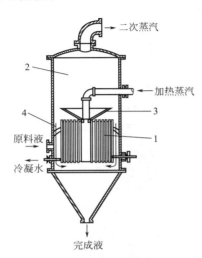

图 3-44　悬筐式蒸发器

1—加热室；2—分离室；3—除沫器；4—环形循环通道

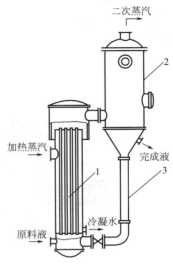

图 3-45　外加热式蒸发器

1—加热室；2—蒸发室；3—循环管

（4）列文蒸发器

列文蒸发器（见图 3-46）是自然循环蒸发器中比较先进的一种型式，它的主要特点是在加热室 1 的上部有一段管子，即在加热管的上面增加一段液柱，以使加热管内的溶液受到较大压强的作用而不至达到沸腾状态。随着溶液的上升，溶液所受的压强逐步减小，通过工艺条件的控制，使溶液在脱离加热管时开始沸腾，这样，溶液的沸腾层移到了沸腾管外，从而减少了溶液在加热管壁上因沸腾浓缩而析出结晶或结垢的机会。由于列文蒸发器具有这种特点，所以又称为管沸腾式蒸发器。

列文蒸发器中循环管的截面积比一般自然循环蒸发器的截面积都要大，通常为加热管总截面积的 2～3.5 倍，这样，溶液循环时的阻力减小；加之加热管和循环管都相当长，通常可达 7～8m，循环管不受热，因此，两个管段中溶液的温差较高，密度差较大，从而造成了比一般自然循环蒸发器要大的循环推动力，溶液的循环速率可以达到 2～3m/s，整个蒸发器的传热系数可以接近于强制循环蒸发器的数值。因此，这种蒸发器在国内化工企业中，特别是一些大中型电化厂的烧碱生产中应用较广。列文蒸发器的主要缺点是设备相当庞大，金属消耗量大，厂房必须高；另外，为了保证较高的溶液循环速率，要求有较大的温度差，因而要使用压强较高的加热蒸汽等。

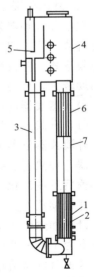

图 3-46　列文蒸发器

1—加热室；2—加热管；
3—循环管；4—蒸发室；
5—除沫器；6—挡板；
7—沸腾室

2．强制循环蒸发器

在一般自然循环蒸发器中，循环速率比较低，一般都小于 1m/s，为了处理黏度大或容易析出结晶与结垢的溶液，必须加大溶液的循环速率，以提高传热系数，为此，开发了强制循环蒸发器。

　　实现强制循环的方法是：用泵使蒸发器内的溶液沿一定方向循环，其速率可达 1.5～3.5m/s，因此，传热速率和生产能力较高。图 3-47 是强制循环蒸发器的示意图，溶液由泵自下而上地打到加热器内，并在此流动过程中因受热而沸腾，沸腾的气液混合物以较高的速率进入蒸发室内，室内的除沫器（挡板）促使气-液分离，蒸汽自上部排出，液体沿左侧的连接管而循环。

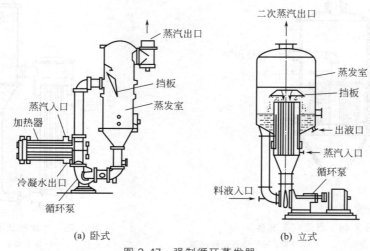

图 3-47　强制循环蒸发器

　　这种蒸发器的传热系数比一般自然循环蒸发器大得多，因此，在相同的生产任务下，蒸发器的传热面积比较小。缺点是动力消耗比较大，每平方米加热面积大约需要 0.4～0.8kW。

　　3. 膜式蒸发器

　　在上述几种蒸发器中，溶液在器内停留时间都比较长，对于热敏性物料的蒸发，容易造成分解或变质。膜式蒸发器的特点是溶液仅通过加热管一次，不作循环，溶液在加热管壁上呈薄膜形式，蒸发速率快（数秒至数十秒），传热效率高，对处理热敏性物料特别适宜，对于黏度较大，容易起沫的物料也比较适用。目前已成为国内外广泛应用的先进蒸发设备。

　　膜式蒸发器的结构型式比较多，其中比较常用的有以下几种。

　　(1) 升膜式蒸发器

　　升膜式蒸发器的结构如图 3-48 所示，它也是一种将加热室与蒸发室（分离室）分离的蒸发器。加热室实际上就是一个加热管很长的立式列管换热器，料液由底部进入加热管，受热沸腾后迅速汽化；蒸汽在管内高速上升，料液受到高速上升蒸汽的带动，沿管壁成膜状上升，并继续蒸发。汽液在顶部分离器内分离，二次蒸汽从顶部逸出，完成液则由底部排走。

　　目前加热管一般采用 25～50mm 的无缝管，管长与管径比在常压下约为 100～150，在减压下为 130～180。

　　这种蒸发器适用于蒸发量较大、有热敏性和易生泡沫的溶液，也适用于黏度很大，容易结晶或结垢的物料。

　　(2) 降膜式蒸发器

　　降膜式蒸发器的结构如图 3-49 所示，它和上升膜式的结构基本相同，其主要区别在于原料液是从加热室的顶部加入，在重力作用下沿管内壁成膜状下降并进行蒸发，浓缩后的液体从加热室的底部进入到分离器内、并从底部排出，二次蒸汽由顶部逸出。由于二次蒸汽的流向与溶液的流向一致，所以能促进料液的向下运动并形成薄膜。

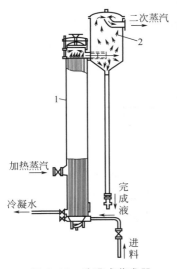

图 3-48　升膜式蒸发器
1—加热蒸发室；2—分离室

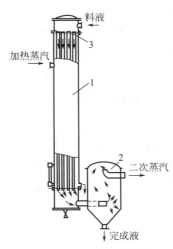

图 3-49　降膜式蒸发器
1—加热蒸发室；2—分离室；3—物料分布器

在该蒸发器中，每根加热管的顶部必须装有降膜分布器，以保证每根管子的内壁都能为料液所润湿，并不断有液体缓缓流过，否则，一部分管壁出现干壁现象，不能达到最大生产能力，甚至不能保证产品质量。图 3-50 是几种降膜分布器的示意图。

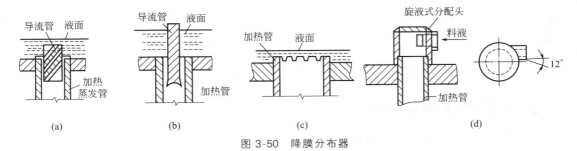

图 3-50　降膜分布器

降膜式蒸发器同样适用于热敏性物料，而不适用于易结晶、结垢或黏度很大的物料。

（3）回转式薄膜蒸发器

回转式薄膜蒸发器具有一个装有加热夹套的壳体，在壳体内装有旋转的刮板，刮板与壳体的间隙较小，只有 0.5～1.5mm，原料液从蒸发器上部沿切线方向进入，在重力和旋转刮板的作用下，溶液在壳体内壁上形成旋转下降的薄膜，并不断被蒸发，在底部成为符合工艺要求的完成液。如图 3-51。

这种蒸发器的突出优点在于对物料的适应性强，对黏度高和容易结晶、结垢的物料都能适用。其缺点是结构比较复杂，动力消耗大，因受夹套加热面积的限制（一般为 3～4m²，最大不超过 20m²），只能用在处理量较小的场合。

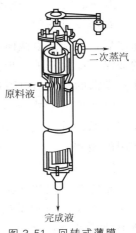

图 3-51　回转式薄膜
蒸发器

从上述的介绍可以看出，蒸发器的结构型式是很多的，实际选型时，除了要求结构简单、易于制造、金属消耗量小、维修方便、传热效果好等因素外，更主要的还是看它能否适用于所蒸发物的工艺特性，包括物料的黏性、热敏性、腐蚀性、结晶或结垢性等等，然后再全面综合地加以考虑。表 3-9 汇总了常见蒸发器的一些主要性能，可供选型时参考。

表 3-9　常见蒸发器的某些性能

蒸发器形式	制造价格	传热系数		溶液在管内的流速/(m/s)	停留时间	完成液浓度能否恒定	浓缩比	处理量	能否适应物料工艺特性					
		稀溶液	高黏度						稀溶液	高黏度	易产生泡沫	易结垢	有结晶析出	热敏性
水平管式	最廉	良好	低	—	长	能	良好	一般	适	适	适	不适	不适	不适
中央循环管式	最廉	良好	低	0.1~0.5	长	能	良好	一般	适	适	适	尚适	稍适	尚适
外热式（自然循环）	廉	高	良好	0.4~1.5	较长	能	良好	较大	适	尚适	较好	尚适	稍适	尚适
列文式	高	高	良好	1.5~2.5	较长	能	良好	较大	尚适	较好	尚适	尚适	稍适	尚适
强制循环	高	高	高	2.0~3.5	—	能	较高	大	适	好	好	适	适	尚适
升膜式	廉	高	良好	0.4~1.0	短	较难	高	大	适	尚适	好	尚适	不适	良好
降膜式	廉	良好	高	0.4~1.0	短	尚能	高	大	较适	好	适	不适	不适	良好
刮板式	较高	高	高	—	短	尚能	高	小	较适	好	较好	适	适	良好

三、蒸发装置的辅助设备

蒸发装置的辅助设备主要包括除沫器、冷凝器和抽真空设备。

1. 除沫器（分离器）

在蒸发过程中，二次蒸汽从沸腾的溶液中逸出，往往夹带着大量的液滴。当它进到分离室之后，由于流道截面的扩大，速率下降，有大部分液滴因重力而沉降，但仍然带有相当量的液沫，如果不进一步分离开，势必造成产品损失，污染冷凝液和堵塞管道等。为此，通常在蒸发器的蒸汽出口附近装设除沫器。

除沫器的型式很多，图 3-52 为常用的几种除沫器。图（a）～图（d）是直接装在蒸发器顶盖下面的除沫器，图（e）～图（g）是装在蒸发器壳体外的除沫器，它们都是工程上一些常用的型式。

2. 冷凝器

要使蒸发操作连续进行，必须不断地向溶液提供热量和不断地排除二次蒸汽。排除二次蒸汽时，通常采用的办法是使二次蒸汽冷凝，因此，冷凝器是一般蒸发操作中不可缺少的辅助设备之一。除了二次蒸汽为有价值的产品需要回收，或者会严重污染冷却水的情况外，一般都采用直接通冷却水与蒸汽混合的方法。常用的冷凝器为逆流高位冷凝

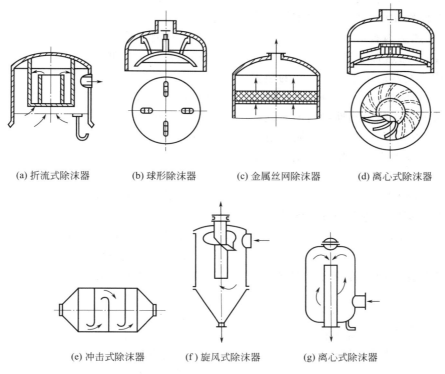

(a) 折流式除沫器　(b) 球形除沫器　(c) 金属丝网除沫器　(d) 离心式除沫器

(e) 冲击式除沫器　(f) 旋风式除沫器　(g) 离心式除沫器

图 3-52　除沫器
（a）～（d）安装在蒸发器的内部上方；
（e）～（g）安装在蒸发器的外部

器，其结构如图 3-53 所示，冷却水由顶部加入，二次蒸汽在与冷却水逆向流动过程中不断被冷凝。冷却水和冷凝液借重力沿气压管排出，不凝性气体经分离器分离后排放掉。

　　由于在这种冷凝器内一般呈真空状态，要使冷凝液自动地流到地沟中去，就必须保证出水管有足够的高度，一般在 10m 以上，故又称为高位混合式冷凝器。

　　无论采用哪一种冷凝器，在它后面都应配备抽真空设备，以排除溶液中的不凝性气体和维持减压蒸发操作的真空度。常用的抽真空设备主要为学习情境一中所介绍的水环式真空泵、喷射式真空泵等，在此不再重述。

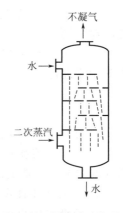

图 3-53　混合式冷凝器

实践与练习6

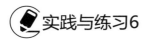
蒸发釜式换热器　教学视频

一、选择题

1. 自然循环型蒸发器中溶液的循环是由于溶液的（　　）而产生的。
　　A. 浓度差　　　B. 密度差　　　C. 速率差　　　D. 温度差

2. 随着溶液的浓缩，溶液中有微量结晶生成，且这种溶液又较易分解。对于处理这种物料应选用的蒸发器为（　　）。

　　　　A. 中央循环管式　　　B. 列文式　　　　　C. 升膜式　　　　　D. 强制循环式

3. 在蒸发操作中，冷凝水中带物料的可能原因是（　　　）。

　　　　A. 加热室内有空气　　　　　　　　　B. 加热管漏或裂

　　　　C. 部分加热管堵塞　　　　　　　　　D. 蒸汽压力偏低

4. 膜式蒸发器适用于（　　　）的蒸发。

　　　　A. 普通溶液　　　　　B. 热敏性溶液　　　C. 恒沸溶液　　　　D. 不能确定

5. 当溶液属于热敏感性物料的时候，可以采用的蒸发器是（　　　）。

　　　　A. 中央循环管式　　　B. 强制循环式　　　C. 外热式　　　　　D. 升膜式

6. 膜式蒸发器中，可用于易结晶、结垢物料的是（　　　）。

　　　　A. 升膜式蒸发器　　　　　　　　　　B. 降膜式蒸发器

　　　　C. 升降膜式蒸发器　　　　　　　　　D. 回转式薄膜蒸发器

7. 降膜式蒸发器适合处理的溶液是（　　　）的溶液。

　　　　A. 有晶体析出　　　　　　　　　　　B. 高黏度、热敏性且无晶体析出

　　　　C. 不易结垢　　　　　　　　　　　　D. 易结垢且有晶体析出

8. 在蒸发操作中，若使溶液在（　　　）下沸腾蒸发，可降低溶液沸点而增大蒸发器的有效温度差。

　　　　A. 减压　　　　　　　B. 常压　　　　　　C. 加压　　　　　　D. 变压

9. 提高蒸发器生产强度的关键是（　　　）。

　　　　A. 提高加热蒸汽压力　　　　　　　　B. 提高冷凝器的真空度

　　　　C. 增大传热系数　　　　　　　　　　D. 增大料液的温度

10. 下列几条措施，（　　　）不能提高加热蒸汽的经济程度。

　　　　A. 采用多效蒸发流程　　　　　　　　B. 引出额外蒸汽

　　　　C. 使用热泵蒸发器　　　　　　　　　D. 增大传热面积

二、判断题

1. 蒸发操作是溶剂从液相转移到气相的过程，故属传质过程。蒸发操作只有在溶液沸点下才能进行。　　　　　　　　　　　　　　　　　　　　　　　　　　　　　（　　　）

2. 在蒸发操作中，由于溶液中含有溶质，故其沸点必然低于纯溶剂在同一压力下的沸点。　　　　　　　　　　　　　　　　　　　　　　　　　　　　　　　　　　　（　　　）

3. 减压（真空）蒸发过程降低了溶质的沸点。　　　　　　　　　　　　　（　　　）

4. 单效蒸发操作中，二次蒸汽温度低于生蒸汽温度，这是由传热推动力和溶液沸点升高（温差损失）造成的。　　　　　　　　　　　　　　　　　　　　　　　　（　　　）

5. 中央循环管式蒸发器是强制循环蒸发器。　　　　　　　　　　　　　　（　　　）

6. 溶液在中央循环管蒸发器中的自然循环是由于压强差造成的。　　　　　（　　　）

7. 溶液在自然循环蒸发器中的溶液循环的方向是：在加热室列管中下降，而在循环管中上升。　　　　　　　　　　　　　　　　　　　　　　　　　　　　　　　（　　　）

8. 在膜式蒸发器的加热管内，液体沿管壁呈膜状流动，管内没有液层，故因液柱静压强而引起的温度差损失可忽略。　　　　　　　　　　　　　　　　　　　　　（　　　）

9. 多效蒸发的目的是节约加热蒸汽。在多效蒸发中，效数越多越好。　　　（　　　）

10. 蒸发操作中使用真空泵的目的是抽出由溶液带入的不凝性气体，以维持蒸发器内的真空度。　　　　　　　　　　　　　　　　　　　　　　　　　　　　　　　（　　　）

11. 一般在低压下蒸发，溶液沸点较低，有利于提高蒸发的传热温差；在加压蒸发，所得到的二次蒸汽温度较高，可作为下一效的加热蒸汽加以利用。　　　　　　（　　）

12. 提高蒸发器的蒸发能力，其主要途径是提高传热系数。　　　　　　　　（　　）

13. 溶液被蒸发时，若不排除二次蒸汽，将导致溶液沸点下降，使蒸发无法进行。

　　　　　　　　　　　　　　　　　　　　　　　　　　　　　　　（　　）

三、简答题

1. 什么叫蒸发？蒸发操作有哪些特点？

2. 单效蒸发与多效蒸发的主要区别在哪里？它们各适用于什么场合？

3. 在蒸发操作中，怎样强化传热速率？

4. 试列举 3～4 种常用的蒸发设备？它们有哪些主要优缺点？

四、课外讨论题

蒸发器加热室传热面积的求取方法。

技创未来

国内首次超导地热循环伴热技术现场试验成功

在化工领域，化工传热技术的优劣对生产过程影响重大。温度控制稍有偏差，就可能导致产品质量下降、设备故障甚至引发安全事故。智能伴热系统作为化工传热技术的创新成果，正悄然改变着行业格局。

智能伴热系统借助先进传感、自动化控制及物联网等技术，可依据环境与工艺温度变化，精准调控伴热功率，实现高效、节能且稳定的温度维持。与传统伴热方式相比，优势显著。传统蒸汽伴热系统需铺设复杂蒸汽管道，热损耗大、响应慢，还易出现跑冒滴漏；电伴热虽安装简便，但无法智能调节功率，能耗高且易局部过热。智能伴热系统则能克服这些问题，通过传感器实时采集温度数据，经智能控制系统分析处理后，自动调整伴热设备输出功率，确保管道或设备始终处于适宜温度范围。

众多企业已成功应用智能伴热系统。在石油化工行业，原油管道输送面临低温环境下原油黏度增大、流动性变差甚至凝固的难题。某大型石油企业在长距离原油输送管道部署智能伴热系统，管道沿线安装温度、压力等传感器，实时监测原油参数与环境温度。智能控制系统根据这些数据，精准调节伴热带加热功率，确保原油在不同环境下都能顺利输送。与改造前相比，该系统使原油输送能耗降低 20%，管道维护成本减少 30%，有力保障了原油输送的稳定性与安全性。

辽河油田在伴热技术创新方面成绩斐然。2025 年 2 月 13 日，其自主研发的井筒超导地热循环辅助举升技术在沈阳采油厂静 71-A155 井完成伴热先导试验，成功采集井口稳定温升数据，标志着国内首次利用生产井自身深层地热能进行井筒伴热举升试验取得成功。该技术首创"0"能耗超导地热循环伴热理念，旨在利用油井自身深层地热能加热井筒上部混合油液，实现降黏和低成本清防蜡。

为攻克超导地热循环"传质-传热"技术，辽河油田科研团队自研搭建"相变循环"静态实验、可视化实验、动态循环换热实验、工况模拟共 4 套非标准化实验系统。采用"温/压大数据分析-流态可视化观测-传热效果量化"联动分析方法，完成 308 组室内实验分析，证实了空心杆热管传热技术的可行性。同时，自主攻关设计地面注入系统及井下一体化循环伴热管柱，系统耐温 120℃，耐压 20MPa。本次试验中，结合沈阳采油厂高凝油田电伴热井管柱结构特点，于 2024 年 12 月 26 日完成先导试验井现场施工，下泵深度 1940m，在日产量 28m³ 的条件下，汽相传热扬程达到 1900m，井口采出液管流温度由措施前 33℃ 提高到 36℃，说明杆柱内成功建立了循环，具备了持续加热能力。

在新能源利用方面，辽河油田把稠油生产减排与新能源发展有机融合。在注汽环节，启动电蓄热锅炉试验，成功后有望逐步取代燃气锅炉，提升生产电气化水平。在集输环节，通过使用光伏、风电、地热、污水余热等新能源替代传统能源，逐步实现生产过程清洁化。最近两年，辽河油田锦州采油厂欢三联合站通过地热和光伏替代部分天然气，年减排二氧化碳 4700t，即将建成辽河首个"零碳"集输站。此外，辽河油田还利用二氧化碳辅助稠油吞吐开发，在减少稠油注汽和能耗同时，年埋存二氧化碳上万吨。

智能伴热系统凭借精准控温、节能降耗、提升生产安全性与稳定性等优势，在化工及相关领域前景广阔。随着科技持续进步，智能伴热系统将不断升级完善，为化工产业高质量发展注入强大动力，助力行业迈向绿色、高效的发展新征程。

🌱 身边榜样

装置前沿的攻坚楷模

欧光文，中国石化扬子石油化工有限公司（简称扬子石化）芳烃厂重整联合装置班长，凭借精湛技艺与突出贡献，荣获"全国劳动模范"称号。

1991 年，欧光文从扬子石化技校毕业，进入芳烃厂重整车间。面对复杂的装置与工艺流程，他从最基础的管线走向、阀门位置学起，随身携带笔记本，详细记录设备参数、操作要点与巡检心得。通过日复一日的积累，他逐渐成长为操作能手。

2010 年，重整装置面临催化剂活性下降、产品质量波动等难题，严重影响生产效益。欧光文主动请缨，带领团队开展技术攻关。他日夜守在装置旁，反复监测反应数据，分析催化剂性能变化。经过上百次试验，他提出优化反应温度、压力控制曲线，以及调整催化剂再生周期的方案。实施后，催化剂活性显著提升，产品质量稳定，装置能耗降低 10%，年增效超 500 万元。

2018 年，芳烃厂引入先进的重整工艺技术，新装置的调试与运行成为巨大挑战。欧光文带领班组成员，提前数月钻研技术资料，参与设备安装调试。在装置开车过程中，他连续 48h 坚守现场，及时解决多个突发问题，确保装置一次性开车成功，产出优质产品，产能提升 20%。

在日常工作中，欧光文注重细节管理，推行"精准操作法"。他要求班组成员对每一个操作步骤严格执行标准，误差控制在极小范围内。这一方法有效减少了操作失误，装置连续三年实现"零非计划停车"，安全运行天数超 1000 天。

欧光文不仅自身业务精湛，还致力于团队建设。他总结多年工作经验，编写《重整装置操作手册》与《常见故障处理指南》，为新员工提供实用的学习资料。在他的悉心指导下，班组先后有 10 余人成长为技术骨干，多人在公司技能竞赛中获奖。

2022 年，"欧光文劳模创新工作室"成立。他带领团队围绕装置节能降耗、提质增效开展创新活动，完成创新项目 20 余项，获国家实用新型专利 5 项。其中，"重整装置余热回收优化系统"每年为公司节约蒸汽消耗 5000t，降低成本 300 万元。欧光文用坚守与创新，在扬子石化树立起一面旗帜，激励着全体员工为石化事业奋勇拼搏。

本情境主要符号意义

英文字母

A——导热面积，给热面积，传热面积，m^2；

A_i——换热管内侧的表面积，m^2；

A_o——换热管外侧的表面积，m^2；

A_m——换热管管壁的平均面积，m^2；

C_0——黑体的辐射系数，W/m^2；

C_p——流体的平均比热容，$kJ/(kg \cdot K)$；

C_{ph}——热流体的平均比热容，$kJ/(kg \cdot ℃)$ 或 $kJ/(kg \cdot K)$；

C_{pc}——冷流体的平均比热容，$kJ/(kg \cdot ℃)$ 或 $kJ/(kg \cdot K)$；

E_0——黑体的辐射能力，W/m^2；

K——传热系数，$W/(m^2 \cdot K)$；

K_i——基于管壁内表面积 A_i 的传热系数，$W/(m^2 \cdot K)$ 或 $W/(m^2 \cdot ℃)$；

K_m——基于管壁平均面积 A_m 的传热系数，$W/(m^2 \cdot K)$ 或 $W/(m^2 \cdot ℃)$；

q——单位面积的传热量，W/m^2；

Q——导热速率，传热速率，W；

Q_c——冷流体吸收的热量，kJ/h 或 W；

Q_h——热流体放出的热量，kJ/h 或 W；

Q_l——换热器的热损失，kJ/h 或 W；

r——流体的汽化潜热，kJ/kg；

r_h——热流体的比汽化潜热，kJ/kg；

r_c——冷流体的比汽化潜热，kJ/kg；

R_{Ai}——基于管壁内表面积 A_i 的污垢热阻，$m^2 \cdot K/W$ 或 $m^2 \cdot ℃/W$；

R_{Ao}——基于管壁外表面积 A_o 的污垢热阻，$m^2 \cdot K/W$ 或 $m^2 \cdot ℃/W$；

Δt_m——冷、热流体间传热温度差的平均值，K 或 $℃$；

t_w——冷流体一侧的壁面温度，K 或 $℃$；

T——热/流体的温度，K 或 $℃$；

T_w——热流体一侧的壁面温度，K 或 $℃$；

W_c——冷流体的质量流量，kg/h；

W_h——热流体的质量流量，kg/h。

希腊字母

α——对流传热系数，也称给热系数，$W/(m^2 \cdot K)$ 或 $W/(m^2 \cdot ℃)$；

α_i——换热管管内流体的给热系数，$W/(m^2 \cdot K)$ 或 $W/(m^2 \cdot ℃)$；

α_o——换热管管外流体的给热系数，$W/(m^2 \cdot K)$ 或 $W/(m^2 \cdot ℃)$；

δ——传热间壁的厚度，m；

λ——热导率，$W/(m \cdot K)$ 或 $W/(m \cdot ℃)$。

学习情境四
萃取过程及设备的选择与操作

 教学目标

知识目标：
1. 了解均相液体混合物的常用分离方法，了解利用萃取分离液体混合物的适用条件及典型案例。
2. 掌握萃取过程的基本原理，了解影响萃取效果的因素。
3. 熟悉萃取操作的各种方式和各种类型萃取设备的结构。

能力目标：
1. 能根据均相液体混合物的特点、分离要求及分离任务的大小，选择合理的分离方法。
2. 能根据萃取分离项目的具体情况，确定合理的萃取方案，包括萃取剂与萃取操作方式的选择、萃取剂的用量的确定。
3. 能正确熟练操作萃取装置、完整规范地做好运行记录，对操作运行效果能进行正确分析；能根据实际生产的要求在适当范围内对参数进行控制与调节。
4. 会正确使用萃取装置中的安全与环保设施，对操作中的不正常现象能进行分析和处理。

素质目标：
1. 培养严谨的操作习惯，增强安全操作意识。
2. 学习化工职业守则，增强职业素养。

引言

由学习情境二已知，非均相物系根据连续相的不同可分为气态非均相物系和液态非均相物系两大类，不管是哪类非均相物系均可以利用沉降、过滤等手段进行分离。化工生产的原料、中间产品有许多是均相混合物。对于均相物系也可分为两大类：一类是均相液体混合物，另一类是均相气体混合物，那么他们又该如何分离呢？自本情境开始，将陆续介绍均相物系的分离方法，首先介绍均相液体混合物的有关分离手段。

工程项目 **制定从蒽醌氧化液中分离出双氧水的方案**

双氧水是重要的无机化工产品，广泛应用于国民经济各个领域。目前国内双氧水生产方法主要有三种：电解法、异丙醇法和蒽醌法。由于蒽醌法原料简便易得，且能耗较低，自动化程度较高，是工业生产双氧水的主要方法。

蒽醌法生产双氧水是以 2-乙基蒽酯为载体，以芳烃和磷酸三辛酯为溶剂，配成工作液（见图 4-1）。

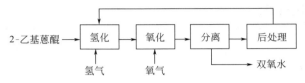

图 4-1　双氧水生产过程示意图

以钯为催化剂在一定温度和压力下，工作液中的蒽醌在氢化反应器中与氢气进行氢化反应，得到含 2-乙基氢蒽醌和四氢-2-乙基氢蒽醌的混合液即氢化液。氢化液经过滤后在氧化塔内与空气中的氧气进行氧化反应，氢蒽醌则恢复成原来蒽醌，同时生成双氧水。2-乙基蒽醌、四氢-2-乙基蒽醌及双氧水等构成的混合液统称为氧化液，也就是氢化液经氧化反应后的溶液称为氧化液。

反应原理：

$$\text{2-乙基蒽醌} + H_2 \xrightarrow{\text{Pd}} \text{2-乙基氢蒽醌}$$

$$\text{四氢-2-乙基蒽醌} + H_2 \xrightarrow{\text{Pd}} \text{四氢-2-乙基氢蒽醌}$$

$$\text{2-乙基氢蒽醌} + O_2 \longrightarrow \text{2-乙基蒽醌} + H_2O_2 \text{（双氧水）}$$

$$\text{四氢-2-乙基氢蒽醌} + O_2 \longrightarrow \text{四氢-2-乙基蒽醌} + H_2O_2 \text{（双氧水）}$$

某化工厂采用蒽醌法生产双氧水，年产 100kt（H_2O_2 质量分数为 27.5%）。已知该厂从氧化塔出来的氧化液（双氧水、三甲苯、磷酸三辛酯、烷基蒽醌、四氢烷基蒽醌）流量为 470m³/h，其中双氧水浓度 7.3g/L，那么如何将 H_2O_2 从氧化液中的分离出来，得到浓度大于 350g/L 以上的双氧水水溶液，通过净化处理获得 27.5% 以上的双氧水成品。

请拟定从氧化液中分离出双氧水的方案。

💡 调查研究

> 查阅有关资料了解双氧水的性质、用途、安全注意事项、工业生产方法；学习蒽醌法氧化液中各组分的理化性质。

✳️ 项目任务分析

教学视频

均相液体混合物
分离方法

本工程项目的主要任务就是：从含有双氧水、2-乙基蒽醌和四氢-2-乙基氢蒽醌、芳烃和磷酸三辛酯均相液体混合物（氧化液）中分离出双氧水。可见这是一典型的均相液体混合物的分离任务。

均相液体混合物的分离方法目前常用的有三种：蒸发、蒸馏和萃取。

当形成溶液的各组分中，至少有一种组分是不挥发的，通常选用蒸发的方法将不挥发性的组分与挥发性的溶剂分离，如海水制盐。

当形成均相混合物的溶液中各组分的均具挥发性，且各组分之间挥发性相差较大时，如果分离任务量大，且不需要很高的温度就能使各组分汽化时，这类均相液体混合物的分离一般采用蒸馏的方法，如粮食发酵生产白酒。

第三种方法是萃取。液液萃取是分离液体混合物的单元操作之一，它是依据待分离溶液中各组分在萃取剂中溶解度的差异来实现传质分离的。一般用于以下几种情况：①混合液中各组分都具挥发性，但各组分的挥发性相近，沸点相近，相对挥发度接近于1，甚至形成恒沸物时，用一般的蒸馏方法难以达到或不能达到分离要求的纯度；②需分离的组分浓度很低且沸点比稀释剂高，用蒸馏方法需蒸出大量稀释剂，消耗能量很多；③溶液中要分离的组分是热敏性物质，受热易于分解、聚合或发生其他化学变化。

在工程项目中，由于物系中各个组分均具挥发性，其中2-乙基蒽醌和四氢-2-乙基蒽醌、芳烃和磷酸三辛酯均为沸点较高的有机物，混合液的沸点在185℃左右，与双氧水的沸点（158℃）相差不大，而过氧化氢为热敏性物质，加热易分解。

显然要将氧化液中的过氧化氢与其他物质分离，是不可能采用蒸发和蒸馏的方法。因此实际生产中一般采用萃取的方式。

那么什么是萃取？萃取操作是如何进行的？在萃取过程中要解决哪些基本问题？怎样解决这些问题？

任务一　萃取工作过程的认识

一、液-液萃取的基本工作过程

萃取就是在欲分离的液体混合物（原料液）中加入一种与原溶剂不溶或部分互溶的液体溶剂（萃取剂），形成两相系统，利用原料液中各组分在两相中溶解度的差异（分配差异），易溶组分较多地进入溶剂相从而实现混合液初步分离的操作，也称为液液萃取。

活动与探究

> 请回忆中学化学实验——用四氯化碳萃取水中的少量碘，或观察萃取实验动画演示——煤油萃取水中的溴。
> 分析总结萃取的基本工作过程、主要术语及萃取过程与工业分离要求之间的差距。

萃取操作的基本过程如图 4-2 所示。

将一定量的萃取剂 S 加入原料液 F 中，原料液 F 由溶质 A 和稀释剂（原溶剂）B 组成，然后加以搅拌使原料液与萃取剂充分混合，溶质 A 通过相界面由原料液向萃取剂中扩散，搅拌停止后两液相因密度不同而分层，一层以萃取剂 S 为主，并溶有较多的溶质，称为萃取相，用 E 表示；另一层以原溶剂（稀释剂）B 为主，且含有未被萃取的溶质，称为萃余相，用 R 表示。若萃取剂 S 与原溶剂 B 为部分互溶，则萃取相中还含有少量的稀释剂 B，萃余相中也含有少量的萃取剂 S。

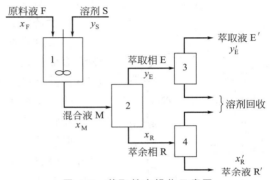

图 4-2　萃取基本操作示意图

1—混合；2—沉降分离；3—回收萃取相中
的萃取剂；4—脱除萃余相中的萃取剂

萃取操作并没有得到纯净的组分，而是新的混合液：萃取相 E 和萃余相 R。为了得到产品 A，并回收萃取剂供循环使用，还需要对两相分别进行分离，以脱除萃取剂。脱除萃取剂后萃取相与萃余相变成了萃取液 E′ 与萃余液 R′，萃取液 E′、萃余液 R′ 与原料 F 类似，为 AB 二元混合液，但 A 的含量不同。

交流与探讨

用四氯化碳萃取水中的碘在实际生产中有无现实意义？

四氯化碳为无色、易挥发、不易燃的液体；密度为 $1.595g/cm^3$，微溶于水，可与乙醇、乙醚、氯仿及石油醚等混溶；遇火或炽热物可反应产生二氧化碳、氯化氢、光气和氯气等。根据资料显示长期使用四氯化碳可以引起啮齿动物的肝癌，被列为对"人类有致癌可能"一类的化学物。因此生产四氯化碳的工序，要求严格密闭；使用四氯化碳的工场要充分通风；进入高浓度四氯化碳作业环境时，必须佩戴过滤式或供氧式面具。基于以上分析不难看出，四氯化碳萃取法工艺复杂、设备投资大、经济效益低、环境污染严重。

二、液-液萃取方案的认识

液-液萃取的最早实际应用是 1883 年 Goeing 用乙酸乙酯之类的溶剂由醋酸的稀溶液制取浓醋酸。1908 年 Edeleanu 首先将溶剂萃取应用于石油工业中。他用液态二氧化硫作为溶剂从煤油中萃取并除去芳香烃。20 世纪

教学视频

萃取工作过程及
萃取案例

30 年代初期，开始有人研究稀土元素的萃取分离问题，但是在很长的时间内没有获得具有实际价值的成果。40 年代以后，随着原子能工业的发展，基于生产核燃料的需要，大大促进了对萃取化学的研究。特别是在 40 年代末期采用 TBP（磷酸三丁酯，tributyl phosphate）作为核燃料的萃取剂以后，萃取过程得到了日益广泛的应用和发展。

后来，由于萃取设备的改进，回流萃取流程的推广以及电子计算机的应用，更加提高了萃取效率，从而为萃取过程的广泛应用创造了更为有利的条件。目前萃取操作在无机化工、石油化工、精细化工、原子能化工和环境保护等方面已被广泛应用。下面分别介绍无机萃取和有机萃取的典型实例。

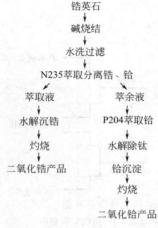

图 4-3　金属锆、铪分离过程

1. 无机化工中的液-液萃取过程

萃取过程在无机化学工业生产过程中最重要的应用就是在湿法冶金过程中提取、分离各种金属元素。下面以稀有金属锆（Zr）、铪（Hf）的分离过程为例说明。

锆、铪分离流程如图 4-3 所示。其中 N235 萃取剂三辛癸烷基叔胺的代号，P204 是萃取剂磷酸二异辛酯的代号。

据统计，至今已经对元素周期表中 94 种元素的萃取性能进行了研究。萃取技术适用于冶金过程的不同处理阶段，其中包括：①从矿石浸出液中提取金属；②分离性质相近的金属元素；③从工业废液中回收有价值的金属元素。

随着萃取技术的不断改进，开采各种低品位矿的需求的增加，以及对环境保护日益强烈的要求，将会促进萃取过程在冶金工业中得到更加广泛的应用。

2. 有机化工中的液-液萃取过程

萃取过程在有机化工中的应用也相当广泛。例如，在石油化学工业中，用于芳烃抽提、丙烷脱沥青、糠醛精制，以及利用石油基作原料合成醋酸、生产丙烯酸等多种工艺过程。在煤焦油工业中，用于从煤焦油馏分中萃取苯酚和分离苯酚同系物等过程。在制药工业中，用于从发酵液中回收抗生素（青霉素的生产是最好的例证）和各种生物碱（如马钱子碱、二甲马钱子碱、奎宁）的生产。在油脂工业中，用于动物油和植物油的净化和肥皂的生产等过程。在食品工业中，应用于磷酸三丁酯从发酵液中萃取柠檬酸等过程。表 4-1 综合了萃取法在有机化工中的部分应用实例。

表 4-1　萃取法在有机化工中的部分应用

行　业	原　料	溶　剂	萃取物
石油工业	汽油和煤油馏分	环丁砜	芳香烃
	催化重整物、直馏汽油或煤油	二甲基亚砜	芳香烃
	含重渣油的石蜡	丙烷	石蜡及沥青
	C4 碳氢化合物	二甲基甲酰胺	丁二烯
	石脑油	糠醛、糠醇、水	重芳香族化合物
炼焦工业	焦炉油	二甘醇和水	芳香烃
	粗焦馏物	甲醇、水和己烷	焦油酸
	煤气水洗液	重苯溶剂油 N503	酚

续表

行　业	原　　料	溶　　剂	萃　取　物
油脂工业	植物油和动物脂	丙烷	不饱和甘油酯和维生素
	植物油	糠醛	不饱和甘油酯
医药工业	麻黄草浸渍液	苯、二甲苯	麻黄素
	含青霉素发酵液	醋酸丁酯	青霉素
其他	醋酸稀溶液	乙酸乙酯	醋酸
	石油化工厂催化裂化废水	轻催化油	酚

此外，液-液萃取在生物化工、分析、环保等方面也有广泛的应用，例如，发酵液中酶的提取及各种酶之间的分离；核酸的分离及纯化；又如，大量钍中微量铀的测定，就经常用某种萃取剂（TRPO）先萃取分离铀、钍，然后再进行铀的比色测定。

在液-液萃取技术不断扩大其应用领域的同时，还不断地发展了若干新技术，除了前已叙述的方法之外，随着回流萃取、双溶剂萃取、液膜萃取、超临界萃取等技术的问世，以及萃取与其他分离手段相结合的技术，使得液-液萃取技术成为具有广阔发展前景的单元操作之一。

交流与探讨

用液-液萃取的方法分离双氧水需要解决的问题

从上面液-液萃取在无机化工和有机化工应用的例子中我们已经看出，在不同的场合，处理对象不同，分离目的不同，所用萃取剂也不相同，萃取过程所采用的工艺条件更是千变万化。但作为萃取过程本身，其实质都是一样的。无论是哪种分离体系，哪一种流程，它们需要解决如下共性问题，完成以下几个任务：

① 萃取体系的选择：即是采用什么样的萃取剂从哪一种介质中进行萃取，能够满足萃取分离的要求，并且对被萃取组分的提取和分离最为有利。

② 工艺和操作条件的确定：即是在确定萃取体系之后，研究采用什么样的条件进行萃取，对被萃取组分的提取和分离最为有利。

③ 萃取操作方式的确定、萃取流程的建立及萃取剂用量的确定。

④ 萃取设备的选型和设计。

显然，上述每个问题都着眼于取得较好的萃取效果，满足对具体处理对象所提出来的提取或分离的要求，并使之在生产实践中付诸实现。后面我们将针对这些方面进行专门的探讨。

实践与练习1

一、选择题

1. 萃取操作的依据是（　　　）。

A. 黏度不同　　　B. 蒸气压不同　　　C. 溶解度不同　　　D. 挥发度不同

2. 液-液萃取的基本工作过程中包括若干步骤，除了（　　　）。

A. 原料预热　　　　　　　　B. 原料与萃取剂混合

C. 澄清分离　　　　　　　　D. 萃取剂回收

二、填空题

1. 萃取就是在欲分离的均相液体混合物（原料液）中加入一种与原溶剂_____溶或_____溶的液体溶剂（萃取剂），形成_____相系统，利用原料液中各组分在两相中_____的差异（分配差异），易溶组分较多地进入溶剂相，从而实现均相混合液分离的操作。

2. 在一萃取装置中，用三氯乙烷萃取丙酮水溶液中的丙酮。在这个萃取操作中，原料液是_____和_____的混合物；萃取剂是_____，溶质是_____，稀释剂是_____。萃取相的主要成分是_____；萃余相的主要成分是_____。

三、简答题

1. 液-液萃取主要应用于哪些方面？请举例。

2. 在表 4-1 中选取一个萃取实例，通过查找资料，画出该实例的萃取操作示意图。

任务二　萃取剂的选择与萃取操作方式的确定

在引言及任务一中，我们接触了大量的萃取实例，对萃取的过程已经有了基本的认识。要用萃取方法完成从氧化液中分离出双氧水任务，我们应该选择什么样的物质作为萃取剂呢？选择萃取剂时应考虑的因素有哪些？对不同的原料液，确定萃取剂的类型和用量是萃取过程中要解决的核心问题。要解决以上问题必须掌握萃取过程中三元物系的平衡关系、萃取剂选择的原则及萃取过程的基本计算方法。

一、萃取剂的选择

在萃取过程中至少要涉及三个组分，原料液中的两个组分即溶质（A）和稀释剂（B）以及加入的溶剂即萃取剂（S）。萃取是利用溶质 A 在稀释剂和萃取剂中溶解度的差异进行分离的，萃取相与萃余相的组成与溶质 A 在稀释剂与萃取剂中的溶解平衡有关。

1. 萃取过程的相平衡关系

萃取过程的基础是相平衡关系，萃取的相平衡指明了萃取传质过程的方向和极限。但在萃取操作中由于萃取剂与原溶剂通常有一定的互溶度，于是萃取相与萃余相中都含有三个组分，因此萃取操作的平衡关系是一个比较复杂的三元物系的相平衡。其平衡组成关系通常用三角形相图来表示。

（1）三角形相图

萃取过程的相平衡关系与操作关系的一般是在三角形相图来表示，如图 4-4 所示。

三角形坐标图一般采用等边三角形或等腰直角三角形，溶液组成通常用质量分数表示。其表示的平衡组成图即为三角形相图。三角形的三个顶点分别表示某一种纯物质，如 A 点表示只有一个组分（纯溶质），含量为 100%，B 点则表示只有稀释剂一种组分，S 点则为纯溶剂。

在三角形相图中，每条边上的任一点代表一个二元混合物的组成，其中不含有第三组

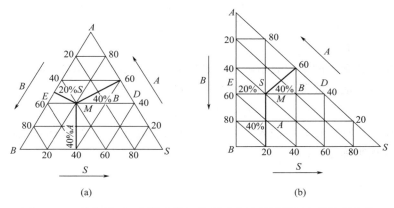

(a)　　　　　　　　　　(b)

图 4-4　三元物系（三元混合液）的组成在三角形相图中的表示方法

分，二元混合物的组分的含量可以直接由图上读出。例如在图 4-4(a) 中 AB 边上的 E 点所表达的含 A（溶质）50％，含 B（稀释剂）50％。

$$x_A = \overline{EB} = 0.5 \quad x_B = \overline{EA} = 0.5 \quad x_A + x_B = 0.5 + 0.5 = 1.0$$

在三角形内的任一点代表某三元混合物的组成。例如图 4-4 中 M 点所代表的混合物中含有 40％的组分 A，含有 40％的组分 B，含有 20％的组分 S。其查法是由点 M 至 AB 边的垂直距离代表组分 S 在 M 中的质量分数 $x_S = 20\%$，由点 M 至 BS 边的垂直距离代表组分 A 在 M 中的质量分数 $x_A = 40\%$。同样由点 M 至 AS 边的垂直距离代表组分 B 在 M 中的质量分数 $x_B = 40\%$。所以 $x_A + x_B + x_S = 0.4 + 0.4 + 0.2 = 1.0$。

（2）杠杆规则

当组成不同的两种溶液混合后，混合液的组成和总量也可方便地通过三角形相图表示出来。如图 4-5 所示。

若将组成如 R 点位置所示的 R 相混合液 R kg 与组成如 E 点位置所示的 E 相混合液 E kg 混合，即得到总组成如 M 点所示的 M kg 的混合液。M 称为两个溶液 R 和 E 的和点，而 R 点（或 E 点）则称为 M 与 E 点（或 R 点）的差点。三点如图所示，处于同一直线上。M 的量、组成与R 和 E 的量、组成之间的关系可通过物料衡算推导出来。

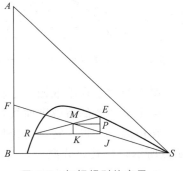

图 4-5　杠杆规则的应用

设　y_{EA}——溶质 A 在 E 相中的质量分数；

　　x_{RA}——溶质 A 在 R 相中的质量分数；

　　x_{MA}——溶质 A 在混合液 M 中的质量分数。

对总物料衡算可得：$R + E = M$

对于溶质 A：
$$R \cdot x_{RA} + E \cdot y_{EA} = M \cdot x_{MA}$$
$$R \cdot x_{RA} + E \cdot y_{EA} = R \cdot x_{MA} + E \cdot x_{MA}$$
$$E \cdot (y_{EA} - x_{MA}) = R \cdot (x_{MA} - x_{RA})$$

所以得到：$\dfrac{R}{E} = \dfrac{y_{EA} - x_{MA}}{x_{MA} - x_{RA}} = \dfrac{\overline{EP}}{\overline{MK}} = \dfrac{\overline{EM}}{\overline{MR}}$（根据相似三角形）

以 $\overline{EM}$ 表示线段 EM 长度，$\overline{MR}$ 表示线段 MR 的长度。

即：

$$\frac{R}{E} = \frac{\overline{EM}}{\overline{MR}} = \frac{\overline{EM}}{\overline{RM}}$$ (4-1)

上式称为杠杆规则。

杠杆规则是物料衡算的图解表示方法，是以后将要讨论的萃取操作中物料衡算的基础。利用杠杆规则可得到混合液分层后两相的组成和量的相互关系：

$$E \cdot \overline{EM} = \overline{MR} \cdot R$$ (4-1a)

若于 A、B 二元原料液 F 中加入纯溶剂 S，则混合液总组成的坐标 M 点沿 SF 线而变，具体位置由杠杆规则确定，即：

$$\frac{\overline{FM}}{\overline{MS}} = \frac{S}{F}$$ (4-2)

（3）溶解度曲线与联结线

在萃取操作，按三组分间的互溶度的不同，物系可以分为以下两类。

第Ⅰ类物系：溶质 A 与稀释剂 B 完全互溶，溶质 A 与萃取剂 S 也完全互溶，但稀释剂 B 与萃取剂 S 是部分互溶或完全不互溶。图 4-6 是第Ⅰ类物系的典型相平衡图，图中曲线是溶解度曲线，它将三角形相图分为两个区：曲线上部为均相区，曲线下部为两相区。

第Ⅱ类物系：溶质 A 与稀释剂 B 完全互溶，但稀释剂 B 与萃取剂 S 部分互溶，同时溶质 A 与萃取剂 S 也是部分互溶。图 4-7 是第Ⅱ类物系的相平衡图。

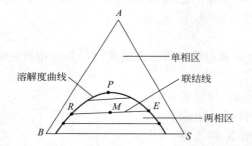

图 4-6 第Ⅰ类物系（一对组分 B 与 S 部分互溶）

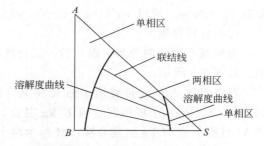

图 4-7 第Ⅱ类物系（两对组分部分互溶）

第Ⅰ类物系在萃取操作中较为普遍，故下面主要讨论第Ⅰ类物系。

第Ⅰ类物系的溶解度曲线是在恒定温度时通过实验测定的，方法如下。

在恒温下，将一定量的稀释剂 B 和萃取剂 S 加到试验瓶中，此混合物组成如图 4-8 上的 M 点所示，将其充分混合，两相达平衡后静置分层，两层的组成可由图中的点 R 和点 E 表示。然后在瓶中滴加少许溶质 A，此时瓶中总物料的状态点为 M_1，经充分混合，两相达到平衡后静置分层，分析两层的组成，得到 E_1 和 R_1 两液相的组成，E_1 和 R_1 为一对呈平衡的两相称为共轭相（或平衡液），E_1 和 R_1 两点的联结的直线称为联结线。然后再加入少量溶质 A，进行同样的操作可以得到 E_2、R_2、E_3、R_3 等若干对共轭相，当 A 的加入量增加到某一程度时，混合液的组成抵达图中 N 点处，分层现象就完全消失。将诸平衡液层的状态点 R、R_1、R_2、R_3、N、E_3、E_2、E_1、E 连接起来的曲线即为此体系在该温度下的溶解度曲线。

通常联结线都不互相平行，各条联结线的斜率随混合液的组成而异。一般情况下各联结线是按同一方向缓慢地改变其斜率，但有少数体系，当混合液组成改变时，联结线斜率改变较大，能从正到负，在某一组成联结线为水平线，例如吡啶-氯苯-水体系就是这种情况，如图 4-9 所示。

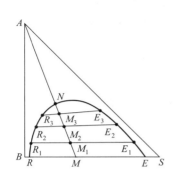
图 4-8　溶解度曲线和联结线绘制

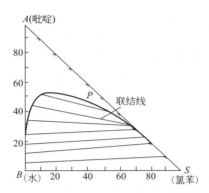
图 4-9　吡啶-氯苯-水体系的联结线

不同物系有不同形状的溶解度曲线，对于同一物系，在不同温度下，由于物质在溶剂中的溶解度不同，因而分层区的大小也相应地改变，而使溶解度曲线形状发生变化。

图 4-10 所示的为甲基环戊烷（A）-正己烷（B）-苯胺（S）系统在温度 $t_1=20℃$，$t_2=34.5℃$，$t_3=45℃$ 条件时的溶解度曲线。一般情况下，当温度升高时，溶质在溶剂中的溶解度增加，温度降低时溶质的溶解度减少。

在溶解度数据表中，三元混合物组成有时也省略掉稀释剂的组成数据，因为它可以从 $x_B=1-x_A-x_S$ 中计算得到。

（4）辅助曲线与临界混溶点

在一定温度下测得的溶解度平衡数据是由实验的次数决定的，也是有限的。为了得到其他组成的液液平衡数据，可以应用内插法进行图解求得。内插法是通过辅助曲线进行的，而辅助曲线则是利用若干对已知平衡数据的联结线绘制出的。

辅助曲线的作法如图 4-11 所示。已知联结线 E_1R_1，E_2R_2，E_3R_3。从 E_1 点（E_1 与 R_1 中的较高点）作 AB 轴的平行线，从 R_1 点（E_1 与 R_1 中的较低点）作 BS 轴的平行线，得一交点 H。同样从 E_2、E_3 分别作 AB 轴的平行线，从 R_2、R_3 分别作 BS 轴的平行线，分别得到交点 K、J，联结各交点，所得的曲线 HKJ 即为该溶解度曲线的辅助曲线。

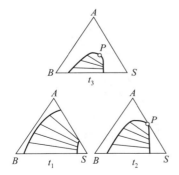
图 4-10　溶解度曲线形状随温度的变化情况

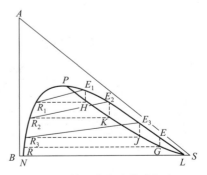
图 4-11　辅助曲线的作法与应用

利用辅助曲线可求任一液相的共轭相。如求液相 R 的共轭相，如图 4-11 所示，自 R 作点 BS 轴的平行线交辅助曲线于 G 点，再由 G 点作 AB 轴的平行线，交溶解度曲线于 E 点，则 E 是 R 的共轭相。

在作辅助线时，将辅助线延长与溶解度曲线相交在 P 点，该点称为临界混溶点，它将溶解度曲线分为两部分，靠溶剂 S 一侧为萃取相即 E 相，含溶剂较多，靠稀释剂 B 一侧为萃余相即 R 相，含稀释剂较多。临界混溶点一般不在溶解度曲线的最高点，其准确位置的确定较为困难，只有当已知的其轭相接近临界混溶点时才较准确。

（5）分配系数与分配曲线

一定温度下，某组分在互相平衡的 E 相与 R 相中组成之比称为该组分的分配系数，用符号 k_A 表示，即：

$$k_A = \frac{y_{EA}}{x_{RA}} \tag{4-3}$$

式中　y_{EA}——溶质 A 在 E 相中的质量分数；

x_{RA}——溶质 A 在 R 相中的质量分数。

分配系数是选择萃取剂的一个重要参数。如对于某溶剂其值愈大，表明溶质更易在该溶剂相中富集，采用该溶剂做萃取剂进行萃取分离的效果愈好。k_A 一般不是一个常数，它随物系的种类、操作温度和溶质的组成的变化而变化，但在低浓度萃取时 k_A 的值变化较小，可近似认为是常数，则 y_{EA} 与 x_{RA} 成线性关系，即

$$y_{EA} = k_A x_{RA}$$

在相图上，k_A 值与联结线的斜率有关，当 $k_A > 1$ 时，即 $y_{EA} > x_{RA}$，则联结线斜率大于 0；当 $k_A = 1$，即 $y_{EA} = x_{RA}$，则联结线为水平线；当 $k_A < 1$，即 $y_{EA} < x_{RA}$，则联结线斜率小于 0。联结线斜率越大，k_A 越大。

如果将溶质 A 在平衡两相中的质量分数 y_A、x_A 在直角坐标中表示，如图 4-12 所示。在右侧的 x-y 图中，横坐标为溶质 A 在萃余相 R 中的质量分数 x_A，纵坐标为溶质 A 在萃取相 E 中的质量分数 y_A。以对角线 $y_A = x_A$ 为辅助曲线，根据三角相图中共轭相 R、E 中组分 A 的组成，在直角坐标 x-y 图上写出对应的点 H、I、J、K、…、P，将这若干点连成的平滑曲线即为分配曲线。

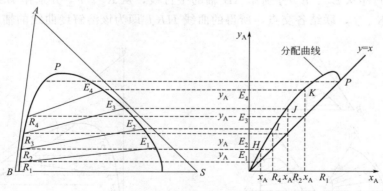

图 4-12　分配曲线

由于联结线的斜率各不相同，所以分配曲线总是弯曲的，若联结线斜率为正值，分配曲线在对角线的上方，若斜率为负值，曲线就在对角线的下方。斜率的绝对值越大，曲线距对

角线越远，而分配曲线与对角线的交点 P 即为临界混溶点。图 4-13（a）和图 4-13（b）分别表示了第Ⅰ类物系与第Ⅱ类物系的分配曲线与联结线之间的关系。

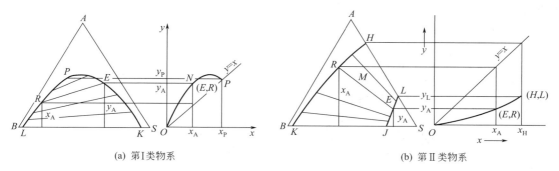

(a) 第Ⅰ类物系　　(b) 第Ⅱ类物系

图 4-13　分配曲线与联结线间的关系

2. 萃取剂的选择原则

萃取剂的选择是萃取操作的关键，它直接影响到萃取操作能否进行，对萃取产品的产量、质量和过程的经济性也有重要的影响。因此，当准备采用萃取方法对液体混合物进行分离时，首要的问题，就是萃取剂的选择。一个溶剂能否作为萃取剂，首要的条件是它与料液混合后，能分成两个液相，其次溶剂对溶质有较大的溶解度。但要选择一个经济有效的溶剂，还必须对以下参数分析后，进行综合考虑。

（1）萃取剂的选择性

选择性是指萃取剂 S 对原料液中原有两个组分 A 和 B 溶解能力的差异，一个好的萃取剂应该对溶质 A 有较强的溶解能力，而对组分 B 的溶解能力要小。萃取剂的选择性可以通过选择性系数 β 来表示，其定义式为：

$$\beta = \frac{\text{A 在萃取相中的组成}/\text{B 在萃取相中的组成}}{\text{A 在萃余相中的组成}/\text{B 在萃余相中的组成}} = \frac{y_{EA}/y_{EB}}{x_{RA}/x_{RB}} = \frac{y_{EA}/x_{RA}}{y_{EB}/x_{RB}} = \frac{k_A}{k_B} \quad (4-4)$$

式（4-4）表明选择性系数 β 是溶质（A）和稀释剂（B）分别在萃取相 E 和萃余相 R 中的分配系数的比值，可作为萃取分离难易程度的判据。

若 $\beta>1$，说明组分 A 在萃取相中相对含量比萃余相中的高，即组分 A 和 B 得到了一定程度的分离，萃取操作能够实现；β 越大，萃取剂的选择性也就越高，组分 A、B 分离越容易，分离操作越容易（完成一定分离任务所需的萃取剂用量越少，相应的用于回收溶剂操作的能耗也就越低）；当稀释剂 B 不溶解于萃取剂 S 时，β 为无穷大，萃取则相当于吸收。

当 $\beta<1$，萃取操作也能够实现，只是萃取分离出来的是稀释剂（B），而不是溶质（A）。

若 $\beta=1$，A、B 两组分不能用此萃取剂分离，所选择的萃取剂是不适宜的。因为萃取相和萃余相脱去溶剂后，得到的萃取液和萃余液有相同的组成，并和原溶液一样，也就不可能进行萃取分离。

从溶剂的选择性系数考虑，要选择 β 值较大的溶剂，使萃取操作容易实现。

（2）萃取剂与原溶剂的互溶度

若稀释剂 B 不溶解于萃取剂 S，则 S 对溶质 A 有无穷大的选择性。但通常 B 和 S 会有一定的互溶度，互溶度越小，则在相图上两相区越大，萃取可操作的范围也越大。

图 4-14 表示两种不同的溶剂 S 和 S′对 A 和 B 的混合液进行萃取的情况，图 4-14（a）表

示 B 和 S 的互溶度小，而图 4-14(b) 表示 B 和 S′互溶度较大。过 S 和 S′分别作溶解度曲线的切线，得到两种情况的萃取液的组成 E_{max} 和 E'_{max}，显然 $E_{max} > E'_{max}$，采用萃取剂 S 比 S′更有利于组分 A 的分离。

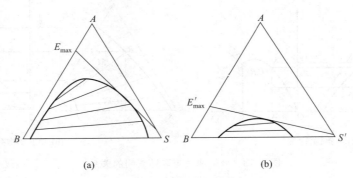

图 4-14   溶剂与稀释剂的互溶度影响

B 和 S 的互溶度越小，选择性系数大，对萃取操作有利。

（3）萃取剂的物理性质

① 密度   在液液萃取过程中，两相间应保持一定的密度差，以利于两液相在萃取设备中能以较高的相对速率逆流和分层；此外萃取设备还可达到较大的生产能力。

② 界面张力   萃取物系的界面张力较大时，细小的液滴比较容易聚结，有利于两相的分离，但界面张力过大，液体不易分散，难以使两相混合良好，需要较多的外加能量。界面张力小，液体易分散，但易产生乳化现象使两相难分离，因此应从界面张力对两液相混合与分层的影响综合考虑，选择适当的界面张力，一般说不宜选用张力过小的萃取剂。

两种纯液体的界面张力可用滴重法和气泡最大压力法来测定，常用体系界面张力数值可在文献中找到。有人建议，将溶剂和料液加入分液漏斗中，经充分剧烈摇动后，两液相最多在 5min 以内要能分层，以此作为溶剂界面张力 σ 适当与否的大致判别标准。

③ 黏度   溶剂的黏度低，有利于两相的混合与分层，也有利流动与传质，因而黏度小对萃取有利。有的萃取剂黏度大，往往需加入其他溶剂来调节其黏度。

（4）萃取剂的化学性质

萃取剂需有良好的化学稳定性，不易分解、聚合，并应有足够的热稳定性和抗氧化稳定性。对设备的腐蚀性要小。

（5）萃取剂回收的难易与经济性

通常萃取相和萃余相中的萃取剂需回收后重复使用，以减少溶剂的消耗量。回收费用取决于回收萃取剂的难易程度。有的溶剂虽然具有以上很多良好的性质，但往往由于回收困难而不被采用。

最常用的回收方法是蒸馏，因而要求萃取剂与原料液中各组分的相对挥发度要大，不应形成恒沸物，并且最好是组成低的组分易挥发。如果萃取相各组分相对挥发度接近于 1，不宜用蒸馏，可以考虑用反萃取，结晶分离等方法。如果被萃取的溶质不挥发或挥发度很低时，则要求萃取剂 S 的汽化热要小，以降低能耗。

（6）萃取剂要有合适的温度条件

在讨论萃取剂和稀释剂互溶度时指出，对于萃取过程互溶度越小越好。温度对互溶度有显著影响，通常温度升高溶解度增加。

图 4-15 所示为二十二烷-二苯基己烷-糠醛体系的相图。二十二烷与糠醛部分互溶。从图中可以看出，温度从 45℃上升到 140℃，两相区不断减少。若温度继续上升，则变成三组分完全互溶体系而无法进行萃取操作。

某些体系，温度改变时，溶解度曲线的形状会发生较大的变化，例如在图 4-10 所示的甲基环戊烷（A）-正己烷（B）-苯胺（S）体系，在三个不同温度下的溶解度曲线。随着温度升高，该体系的溶解度曲线由第Ⅱ类物系转变为第Ⅰ类物系。

也有一些体系温度变化时溶解度曲线无明显变化。温度对萃取剂的黏度，表面张力等物性有较大影响，因而在萃取操作中选择什么温度应该仔细考虑。

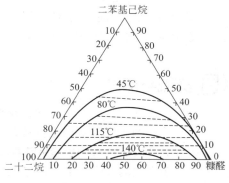

图 4-15　温度对分层区大小的影响

通常很难找到能同时满足以上所有条件的萃取剂，这就需要根据实际情况综合考虑，以保证主要求，甚至可以采用几种溶剂组成的混合萃取剂以获得较好的性能。

 任务解决1

蒽醌氧化液分离用萃取剂的选择

从氧化塔出来的氧化液是 2-乙基氢蒽醌和四氢-2-乙基氢蒽醌、芳烃和磷酸三辛酯和过氧化氢的混合物。在这个混合物中，只有过氧化氢溶解于水，其他组分几乎不溶于水，可见水对过氧化氢有很好选择性。水的黏度低，只要措施得当容易与工作液（原料液）混合，也有利流动与相际传质。由于氧化液的密度在 $900kg/m^3$ 左右，与水的密度相差较大，当水中溶有双氧水后，密度更大，因此水相与油相很容易分开。更重要的是产品双氧水溶液的溶剂本身就是水，因此可直接使用水做萃取剂，可减少后续处理的环节。

鉴于上述几个原因，可见从氧化液中分离过氧化氢并获得产品双氧水溶液，用水作为萃取剂是最合适的。

特别提示：由于过氧化氢遇到 Fe^{2+} 会分解，所以作为萃取剂使用的水一定要使用无离子的纯净水。

二、萃取操作方式与萃取剂用量的确定

当分离任务一定时，萃取剂用量、萃取设备型号与萃取过程的操作方式有关。根据原料液和萃取剂的接触方式不同，萃取操作方式可分为分级接触式萃取和连续接触式（微分接触式）萃取两类。分级接触式萃取可分为单级萃取和多级萃取，其中多级萃取又分为多级错流萃取和多级逆流萃取。

（一）单级萃取过程

1. 单级萃取过程在相图中的表示

单级接触萃取可以用于间歇操作，也可用于连续操作。单级萃取过程在三角形坐标相图

中表示如图 4-16 所示，具体过程如下。

① 混合：将定量纯 S 加入 F 中（只含 A、B），M 点在 S、F 连线上。

② 沉降分层：混合物 M 分层后得 E、R 两相，E、R 位置可借助辅助曲线求出。

③ 脱除溶剂：$E \rightarrow E'$；$R \rightarrow R'$。

 交流与探讨

> #### 单级萃取能否得到纯组分 A 和纯组分 B?
>
> 在图 4-16 中，当原料液 F 的组成一定时，萃取相中的 A 的含量与萃取剂的用量有关，萃取相的 A 的含量是随着萃取剂的用量的增大而降低的。萃取相的组成点是在溶解度曲线的临界混溶点 P 与 M_E 之间。萃取相 E 脱除溶剂后所得的萃取液 E' 的组成与 E 点所在位置有关。E 点越接近 AS 斜边萃取液 E' 中 A 的含量越高。萃取相脱除溶剂后的萃取液 E' 的组成有一个最大值 E'_{max}，E'_{max} 的求取方法是过 S 点作溶解度曲线的切线 SE'_{max} 并延长交 AB 轴于 E'_{max} 点，E'_{max} 点的 A 含量就是单级萃取的萃取液的最大浓度如图 4-17 所示，显然当 B 和 S 部分互溶时，单级萃取是得不到纯组分 A 的。

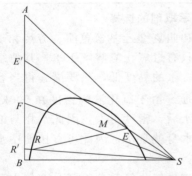

图 4-16　单级接触萃取在三角形坐标相图中的表示

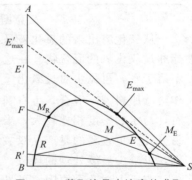

图 4-17　萃取液最大浓度的求取

由上讨论可见：单级萃取最多为一次平衡，故分离程度不高，不可能获得纯组分，只适用于溶质在萃取剂中溶解度很大或溶质萃取率要求不高的场合。

2. 单级萃取过程萃取剂用量的求取

在单级萃取的生产任务下达时，一般已知的条件是：原料液的流量 F 和溶质 A 的质量分数 x_{FA}，萃取剂中 A 的质量分数 y_{SA}，体系的相平衡数据、分离要求（如萃余相中溶质的质量分数 x_{RA} 不高于某一数值或萃取相溶质的质量分数 y_{EA} 不低于某一数值），要计算所需的萃取剂用量 S，萃取相的量 E，萃取余相的量 R 和萃取相组成 y_{EA} 或萃取余相的组成。

对于图 4-16 所示最基本的单级萃取过程中，物料质量衡算满足：

$$F + S = E + R = M \tag{4-5}$$

$$Fx_{FA} + Sy_{SA} = Ey_{EA} + Rx_{RA} = Mx_{MA} \tag{4-6}$$

当原料液与萃取剂接触时间足够长，混合液 M 静置分层时间也足够长时，萃余相 R 和萃取相 E 是达平衡的，则在三角相图上 y_{EA} 和 x_{RA} 的组成点在一条联结线上，因此利用三角相图和杠杆定律能够很方便求出未知量。计算过程如图 4-18 所示。

式(4-5)、式(4-6) 及图 4-18 中各物流量及组成的符号表示为：

F——原料液的量，kg 或 kg/h；

S——萃取剂的量，kg 或 kg/h；

M——混合液（原料液＋萃取剂）的量，kg 或 kg/h；

E——萃取相的量，kg 或 kg/h；

R——萃余相的量，kg 或 kg/h；

E'——萃取液的量，kg 或 kg/h；

R'——萃余液的量，kg 或 kg/h；

x_{FA}——原料液中溶质 A 的质量分数；

x_{MA}——混合液中溶质 A 的质量分数；

x_{RA}——萃余相中溶质 A 的质量分数；

$x_{R'A}$——萃余液中溶质 A 的质量分数；

y_{SA}——萃取剂中溶质 A 的质量分数；

y_{EA}——萃取相中溶质 A 的质量分数；

$y_{E'A}$——萃取液中溶质 A 的质量分数。

质量分数的下角 A 在不产生歧义时可忽略。

图解法的计算步骤如下。

① 根据已知物质的平衡数据在直角三角形坐标图中画出溶解度曲线及辅助曲线。

② 在三角形坐标的 AB 边上根据原料液的组成 x_{FA} 确定 F 点（如图 4-18），根据所用萃取剂的组成 y_S 在图上确定 S 点（设为纯溶剂在三角形右顶点上。有时溶剂是经过回收循环使用的，其中会含有少量的组分 A 与 B，则萃取剂的组成点落在三角形之内）。连接 FS，则原料液与萃取剂的混合液的点 M 必定落在 FS 的联线上。

③ 由生产中规定的萃余液组成 $x_{R'A}$ 在 AB 边上定出 R' 点，连接 SR' 线，与溶解度曲线交于 R 点，由 R 点再利用辅助曲线画联结线 RE，其中 E 是 R 的共轭相，RE 与 FS 的交点即为混合液的组成点 M。根据杠杆规则，求出所需萃取剂的量 S。

$$\frac{S}{F} = \frac{\overline{FM}}{\overline{MS}} = \frac{x_{FA} - x_{MA}}{x_{MA} - y_{SA}} \tag{4-7}$$

$$S = F \cdot \frac{\overline{FM}}{\overline{MR}} = F \cdot \frac{x_{FA} - x_{MA}}{x_{MA} - y_{SA}} \tag{4-7a}$$

式中原料液量 F 为已知，$\overline{MF}$ 与 $\overline{MS}$ 线段的长度可从图中量出或坐标的读数求出。

④ 求萃取相量 E 和萃余相量 R，根据杠杆规则：

$$\frac{E}{M} = \frac{\overline{MR}}{\overline{ER}} = \frac{x_{MA} - x_{RA}}{y_{EA} - x_{RA}}$$

$$E = M \cdot \frac{\overline{MR}}{\overline{ER}} = M \cdot \frac{x_{MA} - x_{RA}}{y_{EA} - x_{RA}} \tag{4-8}$$

$$\frac{R}{E} = \frac{\overline{ME}}{\overline{RM}} = \frac{y_{EA} - x_{MA}}{x_{MA} - x_{RA}} \tag{4-8a}$$

根据系统的总物料衡算：

$$F + S = R + E = M$$

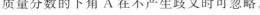

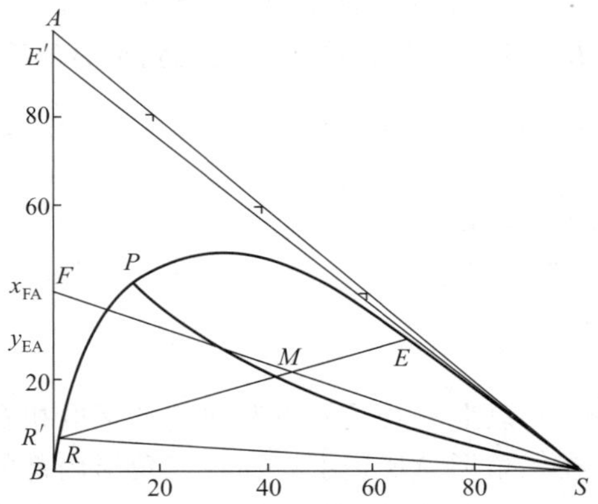

图 4-18　单级接触萃取操作图解法

联立上二式即可解出 R 与 E，并从图 4-18 中读出 y_{EA}。

⑤ 求萃取液 E' 和萃余液 R' 的量：过 E、S 两点作直线延长交三角形 AB 边于 E' 点，过 R、S 两点作直线延长交三角形 AB 边于 R' 点，根据杠杆规则：

$$\frac{E'}{S_E} = \frac{\overline{ES}}{\overline{EE'}}; \quad E' = \frac{\overline{ES}}{\overline{EE'}} \cdot S_E \tag{4-9}$$

$$\frac{R'}{S_R} = \frac{\overline{RS}}{\overline{RR'}}; \quad R' = \frac{\overline{RS}}{\overline{RR'}} \cdot S_R \tag{4-10}$$

$$R' + E' = F \tag{4-11}$$

$$S_E + S_R = S \tag{4-12}$$

以上三式是假设萃取剂从萃取相及萃余相中全部脱除，如未全部脱除，E' 和 R' 两点不在三角形 AB 边上，而在三角形内部的 ES 及 RS 联线的延长线上。

应予指出，在实际生产中，由于接触时间有限，一个萃取单元级的萃取效果达不到一个理论级。通常用级效率表示它们的差异，级效率越高，表示萃取过程越接近一个平衡级。萃取过程的级效率通常通过实验来测定。

【例 4-1】 以水为萃取剂，从醋酸-氯仿原料液中萃取出醋酸。25℃时两液相（萃取相 E 和萃余相 R）以质量百分数表示的三元平衡数据列于本例附表中。已知原料液的量为1000kg，醋酸浓度为 35%，用纯水作萃取剂。要求萃取后萃余相中含醋酸不超过 7.0%。计算（1）萃取剂水的用量，（2）萃取后的水层和氯仿层的量及水层中醋酸浓度，（3）若水完全脱除后所得萃取液，萃余液的量及醋酸的浓度。

例 4-1　附表

氯仿层（R 相）		水层（E 相）	
醋酸/%	水/%	醋酸/%	水/%
0.00	0.99	0.00	99.16
6.77	1.38	25.10	73.69
17.22	2.24	44.12	48.58
25.72	4.15	50.18	34.71
27.65	5.20	50.56	31.11
32.08	7.93	49.41	25.39
34.16	10.03	47.87	23.28
42.5	16.5	42.50	16.50

解：（1）根据平衡数据在直角三角形坐标图中绘出溶解度曲线并作出辅助曲线。

在 AB 坐标上根据原料液中醋酸的组成 35% 确定 F 点。因萃取剂是纯水，则萃取剂的 S 点在三角形的右顶点上，联结 F、S 两点得直线 FS。再由萃余相中含醋酸浓度为 7.0%，在临界点左边的溶解度曲线上确定 R 点，从 R 点作平行于三角形 BS 边的直线交辅助曲线于 L 点，再从 L 点作平行于三角形 AB 边的直线交溶解度曲线于 E 点，联结 R、E 两点的直线与 FS 直线交于 M 点，并在附图中分别量出线段 $\overline{MF}$ 和 $\overline{MS}$ 的长度为 5.3 及 5.3。由杠杆规则：

$$\frac{S}{F} = \frac{\overline{MF}}{\overline{MS}}$$

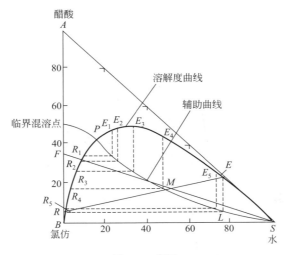

例 4-1　附图

得
$$S = \frac{5.3}{5.3} \times 1000 = 1000(\text{kg})$$

（2）由图量得 $\overline{MR} = 5.0$，$\overline{ME} = 2.7$，代入式（4-8）得：$\dfrac{R}{E} = \dfrac{2.7}{5.0}$

由式（4-5）得：　　　　　$R + E = F + S = 1000 + 1000 = 2000(\text{kg})$

联解两式，得：　　　　　$R = 701.3\text{kg}$，　　　　　$E = 1298.7\text{kg}$

由附图中 E 点查得：　　　$y_{EA} = 24.0\%$

（3）过 E、S 两点及 R、S 两点分别作直线交 AB 边得两点 E' 和 R' 并在图中量得 $\overline{ES}$ 和 $\overline{EE'}$ 的线段长度分别为 3.5 和 10.0，代入式（4-9）得：

$$E' = \frac{\overline{ES}}{\overline{EE'}} \cdot S = \frac{3.5}{10.0} \times 1000 = 350(\text{kg})$$

由式（4-11）得：$R' = F - E' = 1000 - 350 = 650(\text{kg})$

由图查得：　　　　　　$y_{E'} = 92.3\%$，　　　　$x_{R'} = 7.1\%$

交流与探讨

单级萃取的萃取剂用量范围？

在萃取操作过程中，萃取剂的量的大小决定了混合点 M 在线段 FS 上的位置。当萃取剂的加入量过大或过小时，有可能使 M 点落在两相区外，从而无法分离。对应一定的原料液量存在两个极限萃取剂用量，在此二极限用量下，原料液与萃取剂的混合物系点恰好落在溶解度曲线上，如图 4-19 中的点 G 和点 H 所示，能进行萃取分离的最小溶剂用量 S_{min}（和点为 G 时对应的萃取剂用量）和最大溶剂用量 S_{max}（和点为 H 时对应的萃取剂用量），其值可由杠杆定律计算，即：

$$S_{\text{min}} = F\,\frac{\overline{FG}}{\overline{GS}} \qquad S_{\text{max}} = F\,\frac{\overline{FH}}{\overline{HS}}$$

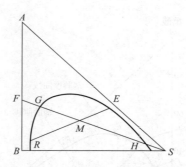

图 4-19　单级萃取过程中最大与最小萃取剂用量

（二）多级萃取过程

1. 多级错流萃取过程

多级错流萃取流程如图 4-20 所示。

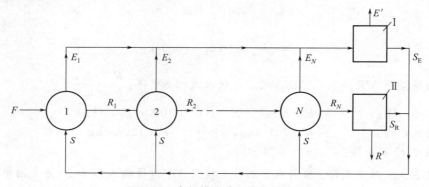

图 4-20　多级错流萃取流程示意图

多级错流萃取实际上就是多个单级萃取的组合。原料液依次通过各级，新鲜萃取剂则分别加入各级的混合槽中，前级的萃余相为后级的原料。各级所得的萃取相和全部进入溶剂回收设备Ⅰ中，最后一级（N 级）的萃余相进入溶剂回收设备Ⅱ中，回收溶剂萃取相称为萃取液（用 E' 表示），回收溶剂后的萃余相称为萃余液（用 R' 表示）。

📖 交流与探讨

如何根据生产任务确定多级错流萃取的萃取剂用量？

由于在多级错流萃取操作中，原料依次通过各级萃取器，每级所得的萃余相进入下一级作为原料液，同时每一级均加入新鲜萃取剂。如此萃余相经多次萃取，只要级数足够多，最终可得到溶质组成低于指定值的萃余相。显然多级错流萃取的总溶剂用量为各级溶剂用量之和，原则上各级溶剂用量可以相等也可以不等。多级错流萃取的萃取剂用量取决于每一级的萃取剂用量及萃取的级数。错流萃取的级数由生产任务中规定的萃余相组成 x_{RA} 决定。计算的方法与物系的性质有关。

（1）稀释剂 B 与萃取剂 S 部分互溶

对于稀释剂 B 与萃取剂 S 部分互溶的物系一般是通过三角相图图解法，它实质上是单级萃取图解法的多次重复。如果已知操作条件下物系的相平衡数据，原料液量 F 及组成 x_{FA}，每级溶剂的量 S 和组成 y_S 和工艺规定的萃余相的组成 x_{RA}，图 4-21 给出了一个三级错流萃取的图解过程（假设为纯溶剂 $y_S = 0$），其具体步骤如下：

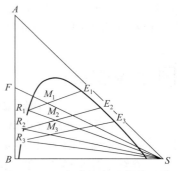

图 4-21　B 与萃取剂 S 部分互溶体系三级错流萃取的图解过程

① 由已知的平衡数据在三角形坐标图中绘出溶解度曲线及辅助曲线（图中未标出），并在此相图上标出 F 点。

② 联结点 F、S 得 FS 线，根据第一级 F、S 的量，依杠杆定律在 FS 线上确定混合物系点 M_1。

③ 由于此时 M_1 对应的平衡点 R_1、E_1 均不知，因此必须采用试差的方法借助辅助曲线作出过 M_1 的联结线 E_1R_1。

④ 第二级以 R_1 为原料液，加入量为 S 的新鲜萃取剂，依杠杆定律找出二者混合点 M_2，按与③类似的方法可以得到 E_2 和 R_2，此即第二个理论级分离的结果。

⑤ 依此类推，直至某级萃余相中溶质的组成等于或小于规定的组成 x_{RA} 为止。

⑥ 作出的联结线数目即为所需的理论级数。

此时萃取剂总的用量就是每一级的用量与萃取级数的乘积。

（2）稀释剂 B 与萃取剂 S 完全不互溶

对于稀释剂 B 与萃取剂 S 不互溶的物系，设每一级的溶剂加入量相等，则各级萃取相中溶剂 S 的量和萃余相中稀释剂 B 的量均可视为常数。

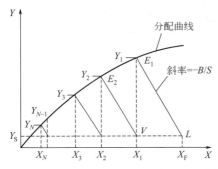

图 4-22　B 与 S 完全不互溶体系多级错流萃取的直角坐标图解法

可采用分配曲线表示相平衡关系，用质量比来表示两相组成，求取理论级数的方法有直角坐标图解法和解析法。X_{FA} 为原料液 A 的质量比，X_{RA} 为萃余相 A 的质量比，Y_{SA} 为萃取剂 A 的质量比，Y_{EA} 为萃取相中 A 的质量比。下角标 A、RA、EA 在不产生歧义时可忽略。

对每 N 级作物料衡算：

$$S \cdot Y_S + B \cdot X_{RA,\,N-1} = S \cdot Y_{EA,\,N} + B \cdot X_{RA,\,N}$$

可以得到萃取的操作线方程。第 N 级的操作线方程为。

$$Y_{EA,N} = -(B/S)(X_{RA,N} - X_{RA,N-1}) + Y_S \quad (4\text{-}13)$$

直角坐标图解法如图 4-22 所示，其步骤如下：

① 根据 X_{FA} 及 Y_{SA} 在直角坐标内确定点 L，自点 L 出发，作斜率为 $-B/S$ 的直线交分配曲线于点 E_1，LE_1 即为第一级的操作线，E_1 点的坐标 (X_1, Y_1) 即为离开第一级的萃余相与萃取相的质量比。

② 过点 E_1 作 X 轴的垂线交 $Y = Y_S$ 于点 V，由于第二级操作线必通过点 (X_1, Y_S) 即点 V，又各级操作线的斜率相同，故自点 V 作 LE_1 的平行线即为第二级操作线，其与分配曲线交点 E_2 的坐标 (X_2, Y_2) 即为离开第二级萃余相与萃取相的质量比。

③ 依此类推，直至萃余相组成 $X_{RA,N}$ 等于或低于指定值为止。重复作出的操作线数目即为所需的理论级数。

若各级萃取剂用量不相等，则操作线不再互相平行，此时可依照第一级的作法，过 V 点作斜率为 $(-B/S_2)$ 的直线与分配曲线相交，依此类推，即可求得所需的理论级数。若

溶剂不含溶质即 $Y_S=0$，则 L、V 等点均落在 X 轴上。

解析法求取理论级数可查阅有关资料。

 交流与探讨

多级错流萃取的萃取剂用量、萃取级数与萃余液组成的关系

前面介绍的多级错流萃取计算中，已知条件是：相平衡数据，原料液量 F 及组成 x_{FA}，溶剂的量 S 和组成 y_S，以及萃余相的组成 x_{RA}，待求量是：所需理论级数 N 和离开各级的萃余相和萃取相的量、组成和萃取剂总量。这属于设计型的计算。通过图解可以看出，当分离任务一定时（萃余相的浓度一定时），每一级的萃取剂用量增多，完成任务所需的理论级数就减少，设备投资就减少。下面将从生产的角度进行讨论。

 讨论

如果其他条件不变将单级萃取改成多级错流萃取，萃取效果如何改变？

 做中学

已知 A、B、S 某三元混合物系在一定温度下的溶解度曲线与辅助曲线附图所示。若原料液的量为 1000kg，原料中 A 质量百分数为 40%，其余为 B。现以纯 S 为萃取剂，从 A-B 原料液中萃取 A，现有萃取剂 S 800kg。

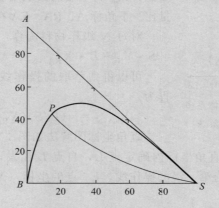

（1）如果采用单级萃取，求萃取后萃余相 A 的含量 x_{RA}；

（2）如果采用二级错流萃取，且每级的萃取剂用量均为 400 kg，求二级萃取后，萃余相 A 的含量 x_{R2A} 计算并讨论。

① 单级萃取改成二级错流萃取，萃取效果如何改变？

② 多级错流萃取时，其他条件不变，增加每一级的萃取剂用量，萃取效果如何改变？

生产中当萃取装置一定时，如果增加每一级萃取剂用量，则每一级萃余相 R_i 中溶质 A 的含量降低，当级数一定时，则最终萃余相中 A 的含量必然降低，即溶质 A 的除去率提高。错流萃取的级数越多，分离效果好。

由以上讨论可见，多级错流萃取具有传质推动力大，萃取率高，但萃取剂的用量较多，萃取剂再生的能耗较大的特点。

对于 B 是产品、A 是必须除去的少量杂质的混合液，用多级错流萃取可实现组分 B 的精制与提纯作用。

2．多级逆流萃取过程

图 4-23 为多级逆流萃取操作示意图。

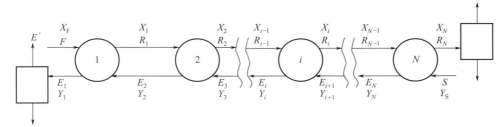

图 4-23　多级逆流萃取流程示意图

在多级逆流萃取流程中原料液从第 1 级进入系统，依次经过各级萃取，成为各级的萃余相，其溶质组成逐级下降，最后从第 N 级流出；萃取剂则从第 N 级进入系统，依次通过各级与萃余相逆向接触，进行多次萃取，其溶质组成逐级提高，最后从第 1 级流出。最终的萃取相与萃余相可在溶剂回收装置中脱除萃取剂得到萃取液与萃余液，脱除的溶剂返回系统循环使用。

多级逆流萃取操作一般是连续的，萃取剂循环使用，其中常含有少量的组分 A 和 B，故最终萃余相中可达到的溶质最低组成 X_{RN} 受溶剂组成 Y_S 限制，最终萃取相中溶质的最高组成 Y_1 受原料液中溶质组成 X_F 的制约。

实际生产中当原料组成一定时，若规定了萃取后萃余相的 A 的含量不能超过某值，则萃取剂的用量、萃取级数该如何确定？

交流与探讨

如何根据生产任务确定多级逆流萃取的级数？
多级逆流萃取过程的计算类型和多级错流萃取过程基本相同，但具体过程与多级错流萃取不同。求取方法有三角形坐标图解法、直角坐标图解法和解析法等。

（1）三角形坐标图解法

三角形坐标图解法是通用方法。图解过程如图 4-24 所示，具体求解步骤如下：

① 在三角形坐标图上根据操作条件下的平衡数据绘出溶解度曲线和辅助曲线。

② 根据原料液和萃取剂的组成，在图上定出点 F、S（图中是采用纯溶剂），再由溶剂比 S/F 依杠杆定律在 FS 联线上定出和点 M 的位置。应予指出的是在流程上新鲜萃取剂 S 并没有和原料液 F 直接发生混合，因此此处的和点 M 并不代表任何萃取级的操作点，只是图解过程的一个辅助点。根据杠杆定律有：$E_1+R_N=M=F+S$，注意 E_1，与 R_N 不平衡。

③ 根据最终萃余相组成 x_N（生产任务给定），在溶解度曲线上找出 R_N 点，连 $R_N M$

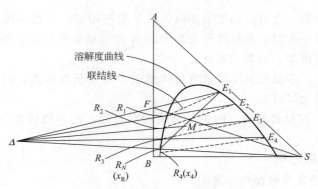

图 4-24 连续逆流萃取理论级的图解计算

延长后与另一侧溶解度曲线交于 E_1 点，此点的组成即为最终的萃取相组成 y_{E1}。

④ 应用溶解度曲线与物料衡算关系，逐级计算求理论级数。

做第一级的物料衡算（见图 4-23）得：$F+E_2=R_1+E_1$
$$F-E_1=R_1-E_2$$

同理，做第一、二级的物料衡算可得：
$$F-E_1=R_2-E_3$$

做第一级到第 N 级的物料衡算：
$$F-E_1=R_N-S$$

由以上各式可得：
$$F-E_1=R_1-E_2=R_2-E_3=\cdots\cdots=R_{N-1}-E_N=R_N-S=\Delta \tag{4-14}$$

当用式(4-14) 表示的 Δ 为负值时，可将上式改写为以下形式：
$$S-R_N=E_1-F=E_2-R_1=\cdots\cdots=E_N-R_{N-1}=\Delta \tag{4-15}$$

以上两式表示任意二级间相遇的萃取相与萃余相间的关系，称为逆流萃取操作线方程，它表明离开任一级的萃余相量 R_i 与进入该级的萃取相流量 E_{i+1} 之差为一常数，以 Δ 值表示，此 Δ 值所示的量可认为通过每一级的"净流量"。因 Δ 是 F 与 E_1 点的差点，则 F、E_1 与 Δ 三点共线，所以 Δ 应位于 E_1F 的延长线上。同理，点 Δ 也是 R_N 与 S_1，R_1 与 E_2，R_2 与 E_3……R_{N-1} 与 E_N 的差点，因此 Δ 也应位于各组两点的延长线上。由此可见，在三角形相图上，任二级间相遇的萃取相和萃余相的状态点的连线必通过 Δ 点。根据此特性就可以很方便地进行逐级计算以确定逆流萃取所需的理论级数。

作法如下，见图 4-24，首先作 E_1 与 F 和 S 与 R_N 的联线，并延长使其相交于 Δ，然后从 E_1 开始，先作联结线求出 R_1 点，联 Δ、R_1 两点并延长与溶解度曲线交于 E_2，再作联结线求出 R_2 点，联 Δ、R_2 并延长与溶解度曲线交于 E_3……这样反复利用平衡线（溶解度曲线）与操作线，连续作图，当第 N 根联结线所得到的 R_N 的组成 x_N 等于或小于塔底出口萃余相组成 x_R 时，则 N 就是所要求的理论级数。从图 4-24 可看出 R_4 中溶质 A 的组成 x_4 已小于规定量 x_R，表明 4 个理论级就可以达到萃取要求。

由于点 Δ 为各操作线的交点，所以点 Δ 称为操作点。操作点的位置与这四股物流的量与组成等因素有关，它可能在三角形相图的左侧，也可能在三角形相图的右侧，而计算理论级数的方法都是一样的。

（2）直角坐标图解法

① B 与 S 部分互溶时 将平衡关系用分配曲线表示在 y-x 直角坐标上，利用阶梯法求

解理论级数。图解过程如图 4-25 所示。图解时忽略下标 A。

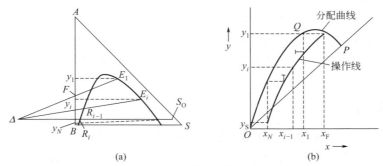

图 4-25　用分配曲线图解理论级数

其具体步骤为：

a. 根据已知的相平衡数据，分别在三角形坐标图和 $y\text{-}x$ 直角坐标图上绘出分配曲线。

b. 按前述方法在三角形相图上定出操作点 "Δ"。S_O 说明萃取操作中使用的是再生后的萃取剂。

c. 自操作点 Δ 分别引出若干条 ΔRE 操作线，分别与溶解度曲线相交，根据其组成可在直角坐标图上定出若干个操作点，将操作点相联结，即可得到操作线，其起点坐标为 (x_F, y_1)，终点坐标为 (x_N, y_S)。

d. 从点 (x_F, y_1) 出发，在分配曲线与操作线之间画梯级，直至某一梯级所对应的萃余相组成等于或小于规定的萃余相组成为止，此时重复作出的梯级数即为所需的理论级数。

② B 与 S 完全不互溶时　对于原溶剂 B 与萃取剂完全不互溶的物系亦可采用 $X\text{-}Y$ 直角坐标图法。与 B 与 S 互溶体系一样，此过程的图解法仍然是在操作线和平衡线之间画理论梯级，然而不互溶的物系的操作线要比互溶体系做法简单得多，它是一条起点坐标为 (X_F, Y_1)，终点坐标为 (X_N, Y_S)，斜率为 B/S 的线段，图解过程略。

（3）解析法

该法只适用于原溶剂 B 与萃取剂 S 完全不互溶的物系，且操作条件下的分配曲线为通过原点的直线，由于操作线也为直线，萃取因数 $b = k_A S/B$ 为常数，则可仿照解吸过程的计算方法，用下式求算理论级数，即

$$N = \frac{1}{1-(1/b)} \ln \left[(1-b) \left(\frac{X_F - Y_S/k_A}{X_N - Y_S/k_A} \right) + b \right] \tag{4-16}$$

式中　k_A——溶质 A 在两相中的分配系数，kg B/kg S；

b——萃取因数，$b = k_A S/B$；

S——萃取剂 S 的质量流量，kg 萃取剂/h；

B——原料液中稀释剂 B 的质量流量，kg 稀释剂/h；

X_F——原料液中溶质 A 的质量比，kg A/kg B；

X_N——萃余相中溶质 A 的质量比，kg A/kg B；

Y_S——新鲜萃取剂中溶质 A 的质量比，kg A/kg S。

讨论

多级逆流萃取时萃取剂用量与萃取理论级数之间的关系是怎样的？

由图 4-24 可以看出，当分离要求一定时，如果多级逆流萃取的萃取剂用量减小，则 M 点将向 F 点靠近，因而 E_1 点将沿着溶解度曲线上移，则完成分离任务所需理论级数将增多。在多级逆流萃取操作中存在着最小萃取剂用量 S_{min}。当操作线与分配曲线相交时，操作线斜率达到最大，对应的 S 即为最小值 S_{mir}，此时所需的理论级数为无穷多。

📖 交流与探讨

如何根据生产任务确定多级逆流萃取的萃取剂的用量？

S_{min} 为理论上溶剂用量的最低极限值，实际用量必须大于此极限值。实际萃取剂用量的选择必须综合考虑设备费和操作费随萃取剂用量的变化情况。

适宜的萃取剂用量应使设备费与操作费之和最小。根据工程经验，一般取为最小萃取剂用量的 1.1~2.0 倍，即

$$S = (1.1 \sim 2.0)S_{min} \tag{4-17}$$

总结：与单级萃取相比，多级萃取操作具有分离效率较高、产品回收率高、溶剂用量较少等优点。工业中最常用的就是多级逆流萃取操作。

【**例 4-2**】以异丙醚为萃取剂，用逆流萃取塔萃取醋酸水溶液中的醋酸。原料液的处理量为 2000kg/h，原料液中醋酸含量为 30%（质量百分数）。萃取剂用量为 5000kg/h，要求最终萃取余相中醋酸含量不大于 2%（质量百分数），操作温度为 20℃，试用 x-y 直角坐标求所需理论级数。

20℃时醋酸-水-异丙醚系统的联结线数据如附表 1 所示（表中数据均为质量百分数）。

例 4-2　附表 1

在萃余相 R（水层）中			在萃取相 E（异丙醚层）中		
醋酸（A）/%	水（B）/%	异丙醚（S）/%	醋酸（A）/%	水（B）/%	异丙醚（S）/%
0.69	98.1	1.2	0.13	0.5	99.3
1.4	97.1	1.5	0.37	0.7	98.9
2.7	95.7	1.6	0.79	0.8	98.4
6.4	91.7	1.9	1.9	1.0	97.1
13.30	84.4	2.3	4.8	1.9	93.3
25.50	71.1	3.4	11.40	3.9	84.7
37.00	58.6	4.4	21.60	6.9	71.5
44.30	45.1	10.6	31.10	10.8	58.1
46.40	37.1	16.5	36.20	15.1	48.7

解：①首先在三角形图上依题给联结数所绘出溶解度曲线，如附图（a）所示。依原料液组成 $x_F = 0.3$ 在附图（a）上确定 F 点，联 SF 线。已知 $F = 2000$kg/h，$S = 5000$kg/h，由杠杆定律得：

$$\frac{\overline{FM}}{\overline{SM}} = \frac{S}{F} = \frac{5000}{2000} = 2.5$$

按上述比值，可在 SF 线上确定和点 M。

② 由最终萃余相的组成（生产任务给定），确定 R_N 点，连接 R_{NM} 并延长，找出延长线与溶解度曲线的交点 E_1，此点的组成即为最终萃取相的组成 x_{EA}。

③ 联 FE_1 线及 R_NS 线并延长之，此二直线相交于 Δ 点。过 Δ 点作任意几条操作线与溶解度曲线相交于 e_1 与 r_1，e_2 与 r_2，e_3 与 r_3 以及 e_4 与 r_4 诸点。从附图上读出以上各点相应的坐标列于附表2。

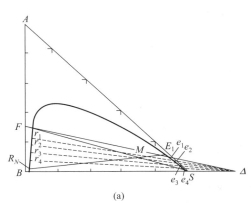

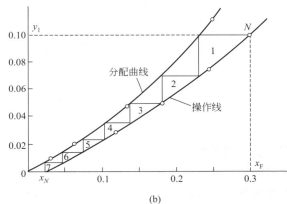

(a)　　　　　　　　　　　　　　　　(b)

例 4-2　附图

例 4-2　附表 2

y	0.1	0.075	0.05	0.028	0.014	0
x	0.3	0.225	0.18	0.12	0.075	0.02

④ 依题给联结线数据可在 $x\text{-}y$ 直角坐标上绘出分配曲线，如本例题附图（b）所示。再依本例题附表 2 所列 $x\text{-}y$ 数据在附图（b）上绘出操作线。

⑤ 从 $x=x_F=0.3$ 与 $y=y_1=0.1$ 的点 N 开始在分配曲线与操作线之间作直角梯级直至 x 等于或小于 x_N（$x_N=2\%$）为止。由附图（b）可看出本题所给条件下萃取需用的理论级数为 7。

（4）多级逆流萃取萃取剂最少用量的计算

在萃取过程中，当萃取剂用量少时，可以减少回收溶剂所消耗的能量或处理费用，以降低操作成本。但是，萃取剂用量越少，则完成同样分离任务所需的理论级数就越多，从而增加了萃取设备投资。所以应依经济衡算确定适宜的萃取剂用量。所谓最少萃取剂的用量 S_{min}，是指一种极限情况，即当所用萃取剂的量减少到 S_{min} 时，所需的萃取理论级数已达无穷多。实际的萃取剂用量必须大于此极限值。参看图 4-26，若用 ε 代表操作线的斜率，即 $\varepsilon=B/S$。萃取剂 S 值越少，则 ε 值越大。对两组分 B 和 S 基本不互溶的 A、B、S 三元物系，其操作线与分配曲线关系可依质量比浓度 x 及 y 绘于 $x\text{-}y$ 直角坐标上。在图 4-26 中，OPQ 曲线为某 A、B、S 三元物系的分配曲线，NM_1、NM_2 与 NM_{min} 时的操作线，各操作线的斜率分别为 ε_1、ε_2 与 ε_{max}（ε_{max} 为使用最少量萃取剂时的操作线的斜率）。

如图 4-26 示，当萃取剂用量为 S_1 时，在分配曲线与操作线 NM_1 间图解理论级数为二级。当萃取剂用量减少为 S_2 时，操作线为 NM_2，图解理论级数为五级。若萃取剂用量继续减少，则操作线斜率 ε 继续增大，并向分配曲线靠近。当操作线与分配曲线出现交点，即出现了夹紧区，此时类似蒸馏图解理论板层数时出现的夹紧区一样，理论级数需无穷多，相应的萃取剂量即为最少萃取剂用量 S_{min}，其值可依下式求算：

$$S_{min}=B/\varepsilon_{max} \tag{4-18}$$

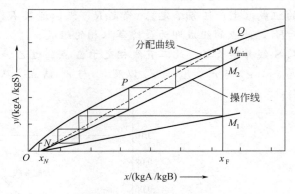

图 4-26 最少萃取剂用量

应予指出，在三角形图上，观察操作线与联结线位置之间的关系，可以发现当萃取剂用量愈少，则操作线与联结线的斜率愈接近，即意味萃取剂用量愈少，所需理论级数愈多。当萃取剂用量减少至 S_{min} 时，出现操作线与联结线重合的情况，也即两者斜率相同，此时所需理论级数为无穷多。S_{min} 的数值可依物料衡算与杠杆规则求得。

【例 4-3】 15℃时，丙酮（A）-苯（B）-水（S）系统的分配曲线如本例附图所示。丙酮与苯的混合液中含有丙酮 40%（质量分数）、苯 60%（质量分数）。用水作萃取剂萃取丙酮。萃余相中要求丙酮含量不大于 4%，苯与水可视为完全不互溶。试在 x-y 直角坐标图上求：

(1) 若每小时处理原料液的量为 1000kg，水的用量为 1200kg/h，所需的理论级数。

(2) 上述条件下，最少萃取剂用量为多少 kg/h?

解： 依已知数据首先求出溶质在各流体中的质量比组成。

原料液的组成 $\qquad X_F = \dfrac{40}{60} = 0.667 (kgA/kgB)$

萃余相的组成 $\qquad X_N = \dfrac{4}{100-4} = 0.0417 (kgA/kgB)$

原料液中苯的质量流量 $\qquad B = 1000(1-0.4) = 600 (kg/h)$

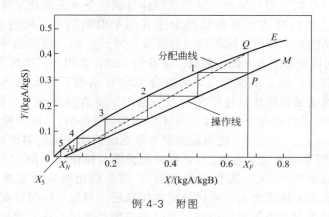

例 4-3 附图

(1) 每小时用 1200kg 水进行萃取，则操作线的斜率为：

$$B/S = 600/1200 = 0.5$$

　　最终，萃余相中溶质的质量比组成 $X_N = 0.0417$，已知萃取剂中溶质的质量比组成 $Y_S = 0$，于本题图中标绘此二值，即为图上的点 N。过点 N 作斜率为 0.5 的直线 NPM。此直线与 $X_F = 0.667$ 的直线相交于 P 点。从点 P 开始在分配曲线 OQE 与操作线 NPM 之间作梯级，当作至第 5 级时所得萃余相的组成 X_5 已小于 X_N，故知此萃取过程需用五个理论级。

　　(2) 依最少萃取剂用量定义知，$X = X_F$ 直线与分配曲线的交点 Q 与点 N 间所联的直线（如图中虚线所示），即为最少萃取剂用量时的操作线。由图知其斜率为：

$$B/S_{min} = 0.65$$

　　所以：

$$S_{min} = B/0.65 = 600/0.65 = 923(kg/h)$$

3. 连续接触式萃取 (微分逆流萃取)

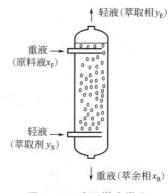

图 4-27　喷洒塔中微分
接触逆流萃取

　　微分接触逆流萃取过程通常在塔式设备（如喷洒塔、填料塔、脉冲筛板塔等）中进行，其流程如图 4-27 所示，重液（如原料液）和轻液（如萃取剂）分别自塔顶和塔底进入，二者微分逆流接触进行传质。萃取结束后，萃取相和萃余相分别在塔顶、塔底分层后流出。

　　微分逆流萃取的实质就是多级逆流萃取，其萃取剂用量的求取方法与多级逆流萃取一样。分离任务的难易程度决定了理论级数的多少，从而决定了萃取塔设备的高低。

 任务解决2

蒽醌氧化液萃取分离操作方式的选择

　　前面在任务解决 1、2 中已经说明要完成从氧化液中分离出双氧水分离任务，只能采用萃取的方法，以水作为萃取剂。

　　虽然萃取有多种操作方式，但在本工程项目中由于氧化液流量比较大——470m³/h，原料中氧化液中双氧水含量比较低——7.3g/L，而最终产品中双氧水含量要求却较高——在 350g/L 以上。显然单级萃取的操作方式实现不了获得高浓度萃取液的目的；由于本分离任务的主要目的是获得高浓度的萃取相且不希望有 H_2O_2 产品损失，而不是获得浓度很低的萃余相，因此多级错流萃取也不可用。

　　鉴于以上原因，从完成分离任务的角度出发，本项目可采用多级逆流萃取和微分逆流萃取两种操作方式。但由于要求的最终萃取相浓度很高，则所需理论级数比较多，如果采用多级逆流萃取，则所需单体设备——混合-澄清器数目较多，则总的设备投资较大，且不利于连续化的生产。

　　综合以上分析：本工程项目应该采用微分逆流萃取（连续逆流接触式）操作方式。采用的萃取操作流程图和萃取工艺参数如下图所示。

　　萃取流程的核心为萃取塔，塔顶进料 S 为萃取剂纯水，塔底进料 F 为氧化液，塔顶出料 R 为萃余相，塔底出料 E 为萃取相（粗双氧水）。萃余相经后处理得萃余液（工作液）再循环使用；萃取相净化后即得产品。

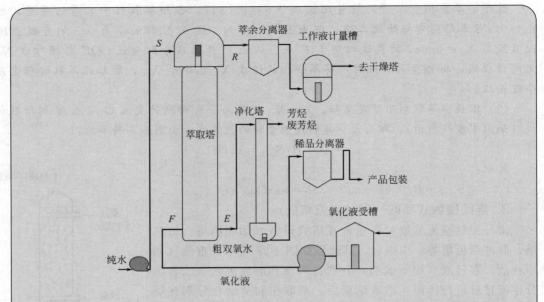

　　萃取过程中氧化液（双氧水、三甲苯、磷酸三辛酯、烷基蒽醌、四氢烷基蒽醌）流量为 470m³/h，双氧水浓度 7.3g/L，萃取剂水的量在 10m³/h 以内，萃余相中双氧水浓度控制在不大于 0.3g/L 的范围内。萃取后，萃取相粗双氧水经净塔净化后，萃取液中含双氧水 375g/L，双氧水和水占总萃取液组成的 99.99% 以上，产量为 100kt/a。萃余相经后处理的所得萃余液中含双氧水小于 0.1mg/L，含水小于 25mg/L。

✎ 实践与练习2

一、选择题

1. 在表示萃取平衡关系的三角形相图中，顶点处表示（　　）。
　　A. 纯组分　　　　　　B. 一元混合物　　　　C. 二元混合物　　　D. 无法判断

2. 三角形相图内任一点，代表的是（　　）元混合物的组成。
　　A. 一　　　　　　　　　　　　　　　B. 二
　　C. 三　　　　　　　　　　　　　　　D. 四

3. 附图为有一对组分（B 与 S）部分互溶三角形相图，曲线 3 所指为（　　），直线 4 所指为（　　）。
　　A. 联结线　　　　　　　　　　　B. 特性曲线
　　C. 溶解度曲线　　　　　　　　　D. 以上三种都不是

选择题第 3 题　附图

4. 在表示萃取平衡关系的三角形相图中，随着温度的升高，相图中两相区的范围会（　　）。
　　A. 缩小　　　　B. 不变　　　　C. 扩大　　　　D. 不变式缩小

5. 在萃取操作中，当温度降低时，萃取剂与原溶剂的互溶度将（　　　）。

  A. 增大   B. 不变   C. 减小   D. 先减小，后增大

6. 进行萃取剂的选择时，应使溶质的分配系数（　　　）1；原溶剂的分配系数（　　　）1。

  A. 等于   B. 大于   C. 小于   D. 无法判断

7. 在萃取操作中用于评价溶剂选择性好坏的参数是（　　　）。

  A. 溶解度   B. 分配系数   C. 挥发度   D. 选择性系数

8. 在萃取操作中，下列哪项不是选择萃取剂的主要原则（　　　）。

  A. 较强的溶解能力   B. 较高的选择性

  C. 易于回收   D. 沸点较高

9. 在表示萃取平衡关系的三角形相图中，溶解度曲线上的临界混溶点（P）处其溶质的选择性系数 β（　　　）。

  A. 无穷大   B. 等于零   C. 等于1   D. 以上都不是

10. 若萃取相和萃余相在脱溶剂后具有相同的组成，并且等于原料液组成，这说明萃取剂的选择性系数 β（　　　）。

  A. 无穷大   B. 等于零   C. 等于1   D. 以上都不是

11. 在萃取操作时，萃取剂的加入量应使原料与萃取剂的和点 M 位于（　　　）。

  A. 溶解度曲线上方区   B. 溶解度曲线下方区

  C. 溶解度曲线上   D. 任何位置均可

12. 单级萃取中，在维持料液组成 x_F、萃取相组成 y_A 不变条件下，若用含有一定溶质 A 的萃取剂代替纯溶剂，所得萃余相组成 x_R 将（　　　）。

  A. 增高   B. 减小   C. 不变   D. 不确定

13. 下列关于萃取操作的描述，正确的是（　　　）。

  A. 密度相近，分离容易但分散慢

  B. 密度相近，分离容易且萃取速度快

  C. 密度相差大，分离容易且分散快

  D. 密度相差大，分离容易但萃取速度慢

14. 在原料液组成及溶剂比（S/F）相同的条件下，将单级萃取改为多级萃取，如下参数的变化趋势是萃取率____、萃余率____。（　　　）

  A. 提高　不变 B. 提高　降低 C. 不变　降低 D. 均不确定

15. 下列不属于多级逆流接触萃取的特点是（　　　）。

  A. 连续操作 B. 平均推动力大 C. 分离效率高 D. 溶剂用量大

二、填空题

1. 在三元物系的三角形相图中，三角形的顶点代表的是_____物系，每条边表示的是_____物系，三角形内部的点表示的是_____物系（填一元、二元、三元）。

2. 在萃取平衡关系的相图中，溶解度曲线将三角形相图分为两个区域，曲线内为两相区，曲线外为均相区，萃取操作只能在_____区内进行，在溶解度曲线上萃取相与萃余相重合的点称为_____点。

3. 萃取操作中：所用溶剂的选择性系数 β 值越趋近于1，组分_____（越难或越易）分离；操作温度升高，分层区面积_____，将_____（填不利或有利）于萃取的进行。

4. 萃取是利用原料液中各组分在萃取剂中的_____度的差异来分离液体混合物的。

依据原料液和萃取剂的接触方式不同，萃取可分为＿＿＿＿＿＿＿接触萃取，＿＿＿＿＿＿＿接触萃取。

三、简答题

1. 联结共轭液相组成坐标的直线称为联结线，举例说明联结线在萃取计算中的作用。
2. 萃取剂必须满足的两个基本要求是什么？

四、计算题

1. 已知醋酸-氯仿-水三元物系溶解度曲线如附图所示。现在一单级萃取器中以纯水为萃取剂，从醋酸-氯仿原料液 F 中萃取出醋酸，原料液 F 液中含醋酸 35％，F 的位置如图所示；现在 1000kg 的原料液 F 中加入一定量的萃取剂水后，和点如 M 所示；M 点的混合液静置分层后，分得到图中 E 点表示的萃取相 E 和 R 点表示的萃余相。请图解计算：（1）萃取剂水的用量；（2）萃取相 E 的质量和萃余相 R 的质量。

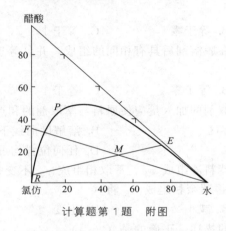

计算题第 1 题　附图

2. 在单级萃取器中以异丙醚为萃取剂，从醋酸组成为 0.50（质量分数）的醋酸水溶液中萃取醋酸。醋酸水溶液量为 500kg，异丙醚量为 600kg，平衡数据如下：

在萃余相 R（水层）中			在萃取相 E（异丙醚层）中		
醋酸（A）/％	水（B）％	异丙醚（S）％	醋酸（A）/％	水（B）％	异丙醚（S）％
0.69	98.1	1.2	0.18	0.5	99.3
1.4	97.1	1.5	0.37	0.7	98.9
2.7	95.7	1.6	0.79	0.8	98.4
6.4	91.7	1.9	1.9	1.0	97.1
13.30	84.4	2.3	4.8	1.9	93.3
25.50	71.1	3.4	11.40	3.9	84.7
37.00	58.6	4.4	21.60	6.9	71.5
44.30	45.1	10.6	31.10	10.8	58.1
46.40	37.1	16.5	36.20	15.1	48.7

试求以下各项：

（1）在直角三角形相图上绘出溶解度曲线与辅助曲线；
（2）确定原料液与萃取剂混合后，混合液的坐标位置；
（3）萃取过程达平衡时萃取相与萃余相的组成与量；
（4）萃取相与萃余相间溶质（醋酸）的分配系数及溶剂的选择性系数；

（5）两相脱除溶剂后，萃取液与萃余液的组成与量。

3. 365kg 未知浓度的原料液含水（B）、醋酸（A）及异丙醚三种组分，在一单级萃取器中与 124kg 混合液相接触，该混合液的组成为醋酸 0.20，异丙醚 0.78，水 0.02（皆为质量分数），萃取相为 320kg，含醋酸 0.20，试估算料液组成及萃余相组成。操作条件下的相平衡数据同计算题 2。

4. 以纯溶剂 S 为萃取剂，从 1000kgA-B 原料液中萃取出 A。已知 25℃时 A-B-S 三元物系的溶解度曲线与辅助曲线如附图所示。原料液中 A 的浓度为 35%，要求萃取后萃余相中含 A 不超过 10%。请根据题意，完成下列任务：

（1）在图中标出萃余相 R、萃取相 E 的位置；

（2）在图中标出原料组成 F 的位置，写出萃取剂 S 的用量的计算公式。

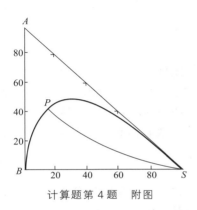

计算题第 4 题　附图

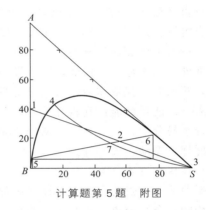

计算题第 5 题　附图

5. 在 25℃时以 S 为萃取剂，从 100kg A-B 原料液中萃取出 A。已知 25℃时物系的溶解度曲线、辅助曲线及解题需画出的连接线如附图所示。原料中 A 的浓度为 40%，规定萃取后萃余相中含 A 不超过 5%；请根据题意，完成下列任务：

（1）在图 7 个点中指出哪三个点对应的是 F、E、R。

（2）已知线段 1-2 的长度为 9.5 个的单位，线段 2-3 的长度为 7.5 个单位，线段 5-2 的长度为 9 个单位，线段 2-6 的长度为 3 个单位，求萃取剂 S 的用量。

6. 在 20℃的操作条件下，用纯异丙醚作为溶剂，在单级萃取器中，从含醋酸 0.20（质量分数）的水溶液中萃取醋酸。处理量为 100kg，要求萃余相醋酸含量不超过 0.10（质量分数），求所需溶剂量。若原料的醋酸组成变为 0.4，溶剂比不变，所得萃余相组成为多少？若仍要求萃余相醋酸组成不超过 0.10，所需溶剂比为多少？（操作条件下平衡数据见计算题第 2 题）

任务三　萃取设备的确定

在双氧水生产的工程项目中，萃取工序的主要设备为萃取塔，前面已确定萃取流程，其中塔顶进料 S_0 为萃取剂水，塔底进料 F 为氧化液，塔顶出料 R 为萃余相，塔底出料 E 为萃取相。由项目任务已知萃取过程原料-氧化液的流量为 470m³/h，双氧水浓度 7.3g/L，萃取剂水的用量在 10m³/h 以内，萃取后，萃余相中双氧水浓度需控制在不大于 0.3g/L；萃取液中含双氧水不低于 375g/L，双氧水和水占总萃取液组成的 99.99% 以上，产量为 100kt/a。

萃余相经后处理的所得萃余液中含双氧水小于 0.1mg/L，含水量小于 25mg/L。

显然要实现上述生产目标，我们还要解决以下几个问题：

1. 选用何种类型的萃取设备，此设备的各种参数；

2. 萃取中的工艺条件，温度，压力，是否需要机械混合等。

下面我们就来学习相关的知识。

一、萃取设备的认识

教学视频

认识萃取设备

1. 萃取设备的分类

为完成溶质在两相中的传递，萃取设备应能提供较大的相际接触面积和较强的流体湍动程度，并能使两相在接触后分离完全。为此，人们开发了多种萃取设备。目前工业上所采用的萃取设备已达 30 多种，而且还不断开发出新型的萃取设备。萃取设备的类型很多，分类的方法也可以根据不同的标准，主要有以下几种分类方法。

（1）按有无外加能量分类

根据外界是否输入机械能，萃取设备可分为有外加能量和无外加能量两类。若两相密度差较大，萃取时，仅依靠液体进入设备时的压力差及密度差即可使液体有较好分散和流动，此时不需外加能量即能达到较好的萃取效果；反之，若两相密度差较小，界面张力较大，液滴易聚合不易分散，此时常采用从外界输入能量的方法来改善两相的相对运动及分散状况，如施加搅拌、振动、离心等。

（2）按接触方式分类

根据两液相接触的方式分为逐级接触式和微分接触式。在逐级接触式设备中，每一级均进行两相的混合与分离，故两液相的组成在级间发生阶跃式变化，可用于间歇操作，又可用于连续操作。而在微分接触式设备中，两相逆流连续接触传质，两液相的组成则发生连续变化，一般为连续操作。

（3）按结构特点分类

根据萃取设备的构造特点和形状，可分为组件式和塔式。组件式设备一般为逐级式，可以根据需要灵活地增减级数；塔式设备可以是逐级式的，如筛板塔，也可以是连续接触式，如填料塔。各种常用萃取设备的类型详见表 4-2。

表 4-2　常用萃取设备的类型

项　　目		逐级接触式	微分接触式
无外加能量		筛板塔	喷洒塔
			填料塔
有外加能量	脉冲	混合脉冲澄清器	脉冲填料塔
			脉冲筛板塔
	旋转搅拌	混合-澄清器 夏贝乐（Scheibel）塔	转盘塔
			偏心转盘塔
			库尼塔
	往复搅拌		往复筛板塔
	离心力	卢威离心萃取机	POD 离心萃取器

2. 典型萃取设备

（1）级式萃取设备——混合-澄清器

混合-澄清器是使用最早，而且目前仍广泛应用的一种萃取设备。它可以单级使用，也可多级串联组合使用，是一种组件的级式萃取设备。典型的混合-澄清器如图 4-28 所示，它由混合室与澄清室组成。原料液和萃取剂进入混合室后，在搅拌装置的作用下，其中一相破碎成液滴而分散于另一相中，从而加大相际接触面积并提高传质速率，在混合室内停留一定时间，经充分传质后再流入澄清室；在澄清室中，轻、重两相依靠密度差进行重力沉降（或升浮），并在界面张力的作用下凝聚分层，形成萃取相和萃余相。

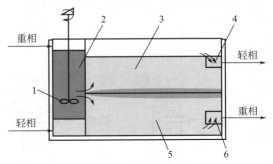

图 4-28　厢式混合-澄清器

1—搅拌器；2—两液相的混合物；3—轻液相；
4—轻液溢流口；5—重液层；6—重液出口

混合室大多应用机械搅拌，有时也可将压缩气体通入室底进行气流式搅拌，根据生产需要，可以将多个混合-澄清级串联起来组成多级逆流或错流的流程。多级设备一般是前后排列，但也可以将几个级上下重叠。

混合-澄清器的主要优点如下：

① 处理量大，传质效率高，一般单级效率可达 80% 以上；

② 两液相流量比范围大，流量比达到 1/10 时仍能正常操作；

③ 设备结构简单，易于放大，操作方便，运转稳定可靠，适应性强；

④ 易实现多级连续操作，便于调节级数。

混合-澄清器的缺点是：水平排列的设备占地面积大，溶剂储量大，多级操作时每级内都设有搅拌装置，液体在级间流动需输送泵，设备费和操作费都较高。

混合-澄清槽对大、中、小型生产都能适用，特别在湿法冶金中应用广泛。

（2）微分接触式萃取设备

微分接触式萃取设备都是塔设备。通常将高径比较大的萃取装置统称为塔式萃取设备，简称萃取塔。为了获得满意的萃取效果，萃取塔应具有分散装置，以提供两相间良好的接触条件；同时，塔顶、塔底均应有足够的分离空间，以便两相的分层。两相混合和分散所采用的措施不同，萃取塔的结构型式也多种多样。下面介绍几种工业上常用的萃取塔。

① 喷洒塔　喷洒塔又称喷淋塔，是最简单的萃取塔，如图 4-28 所示，轻、重两相分别从塔底和塔顶进入。若以重相为分散相，则重相经塔顶的分布装置分散为液滴后进入轻相，与其逆流接触传质，重相液滴降至塔底分离段处聚合形成重相液层排出；而轻相上升至塔顶并与重相分离后排出 [见图 4-29(a)]。若以轻相为分散相，则轻相经塔底的分布装置分散为液滴后进入连续的重相，与重相进行逆流接触传质，轻相升至塔顶分离段处聚合形成轻液层排出。而重相流至塔底与轻相分离后排出 [见图 4-29(b)]。

喷洒塔结构简单，塔体内除进出各流股物料的接管和分散装置外，无其他内部构件。缺点是轴向返混严重，传质效率较低，因而适用于仅需一两个理论级的场合，如水洗、中和或处理含有固体的物系。

② 填料萃取塔　填料萃取塔的结构与吸收使用的填料塔基本相同，如图 4-30 所示。在塔内充填充物，连续相充满整个塔中，分散相以滴状通过连续相。填料可以是拉西环，鲍尔

环，鞍形填料，丝网填料等。填料的材料有陶瓷，金属或塑料。为了有利于液滴的形成和液滴的稳定性，所用的填料材料应被连续相优先润湿。一般瓷质填料易被水优先润湿，石墨和塑料填料则易被大部分有机液优先润湿，金属填料易被水溶液优先润湿。在应用丝网填料时，为了防止转相，应被分散相所润湿。

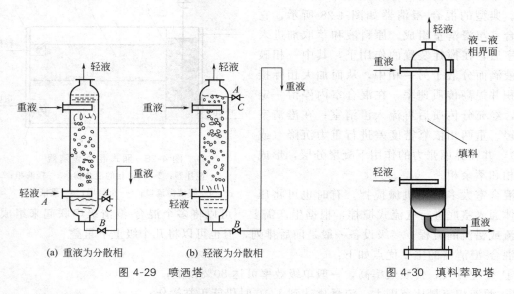

(a) 重液为分散相　　　(b) 轻液为分散相

图 4-29　喷洒塔

图 4-30　填料萃取塔

对于标准的工业填料，在液液萃取中有一个临界的填料尺寸，为了减少壁流效应，填料尺寸应小于塔径的 1/8～1/10。大多数液液萃取系统，填料的临界直径约为 12mm 或更大些。工业上，一般可选用 15mm 或 25mm 直径的填料，以保证适当的传质效率和两相的流通能力。各种填料的处理能力和传质性能各有不同，对一个新的萃取过程，最适宜的填料型式，应由实验决定。

因此为减少液体的轴向混合与沟流，通常在塔高 3～5m 的间距，设置液体再分布装置。为防止过早的液泛，送料嘴必须穿过填料支撑器 25～50mm，而填料支撑器必须具有尽可能大的自由截面，以尽量减少压力降及沟流。

填料萃取塔的优点是结构简单、造价低，操作方便、适合于处理腐蚀性料液；缺点是传质效率低，一般用于所需理论级数较少（如 3 个萃取理论级）的场合；两相的处理量有限，不能处理含固体的悬浮液。

与喷淋塔相比，由于填料增进了相际间的接触，减少了轴向混合，因而提高了传质速率，但是效率仍较小。工业萃取塔高度一般为 20～30m，因而在工艺条件所需的理论级数小于三的情况下，可以考虑选用。

③ 筛板塔　筛板萃取塔也属于分级接触式，如图 4-31 所示。塔内轻重两相依靠密度差做总体逆流流动，而在每块塔板上两相呈错流流动。筛板上开有一定数量的小孔，孔径一般为 3～9mm，孔距为孔径的 3～4 倍，开孔率为 10%～25%，板间距为 150～600mm。

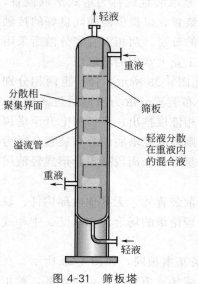

图 4-31　筛板塔

操作中如果轻液为分散相，如图 4-32(a)，轻液由底部进入，经孔板分散成液滴，在塔板上与连续相密切接触后，分层凝聚，并积聚在上一层筛板的下面，然后借助压力的推动，再经孔板分散，最后由塔顶排出。重液连续相由上部进入，经降液管至筛板后，经溢流堰流入降液管进入下面一块筛板。依次反复，最后由塔底排出。如果重液是分散相，如图 4-32(b)，则塔板上的降液管须改为升液管，连续相（轻液）通过升液管进入上一层塔板。

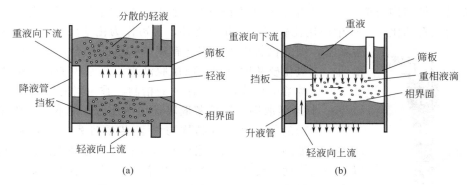

图 4-32 筛板工作过程示意图

因为连续相的轴向混合被限制在板与板之间范围内，没有扩展至整个塔内，同时分散相液滴在每一块塔板上进行凝聚和再分散，使液滴的表面得以更新，因此筛板塔的萃取效率比填料有所提高。由于筛板塔结构简单，价格低廉，尽管级效率较低，仍在许多工业萃取过程中得到应用。尤其是在萃取过程所需理论级数少，处理量较大及物系具有腐蚀性的场合。国内在芳烃抽提中，应用筛板塔，效果良好。

为了提高板效率，使分散相在孔板上易于形成液滴，筛板材料必须优先被连续相所润湿，因此有时需应用塑料或将塔板涂以塑料，或者分散相由板上的喷嘴形成液滴。同时选择体积流量大的流体为分散相。

在筛板萃取塔内分散相的多次分散和聚集，液滴表面不断更新使其具有较高的传质效率，同时塔板的限制也减小了轴向返混现象的发生，加之筛板塔结构简单，造价低廉，可处理腐蚀性料液，因而得到相当广泛的应用。

④ 转盘萃取塔（RDC 塔）　转盘萃取塔是装有搅拌圆盘的萃取设备，结构如图 4-33 所示。塔体呈圆筒形，其内壁上装有固定环，固定环将塔分隔成许多小室，每两个固定环间有一转盘，塔的中心从塔顶插入一根转轴，转盘即装在其上。转轴由塔顶的电动机带动。转盘的直径小于固定环的内径。

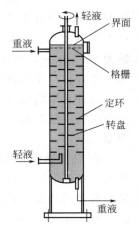

图 4-33 转盘萃取塔

在固定环与转盘之间有一自由空间，这一自由空间不仅能提高萃取速率，增加流通量，而且能保证使转盘装入固定环开孔部分中央，在必要时，还可将转轴从塔顶抽出。塔的顶部和底部是澄清区，它们同塔中段的萃取区用格栅相隔。互相接触的两种液体，可以间歇加入，也可以连续加入，一般都用连续加入。当采用并流操作时，两种液体同时从塔顶或者塔底加入塔内，当采用逆流操作时，不管间歇加料还是连续加料，都是重液从塔顶进入，轻液从塔底进入，这时，轻液和重液哪一种都可作为连续相。为了避免扰乱流型，当塔径在

0.6m 以上时，液体最好从转盘转动的切线方向加入。

当变速电机起动后，圆盘高速旋转，并带动两相一起转动，因而在液体中产生剪应力。剪应力使连续相产生涡流，处于湍动状态，使分散相破裂，形成许多大小不等的液滴，从而增大了传质系数及接触界面。固定环的存在，在一定程度上抑制了轴向混合，因此转盘塔萃取效率较高。

转盘塔不仅结构简单、造价低廉、操作维修方便，而且传质效率高、操作弹性与生产能力大，因而在石油化学工业中应用比较广泛。除此之外，也可作为化学反应器。由于不易发生堵塞，因此也适用于处理含有稠厚物料的场合，如：糠醛精制润滑油、二氧化硫萃取煤油、丙烷脱沥青、废水脱酚，水洗法除去汽油中的硫醇溶解加速剂、食用油的精制，香兰素的提纯等。

⑤ 脉冲萃取塔　脉冲萃取塔是指在外力作用下，液体在塔内产生脉冲运动的筛板塔，其结构与气-液传质过程中无降液管的筛板塔类似，如图 4-34 所示。塔两端直径较大部分为上澄清段和下澄清段，中间为两相传质段，其中装有若干层具有小孔的筛板，板间距较小，一般为 50mm。在塔的下澄清段装有脉冲管，萃取操作时，由脉冲发生器提供的脉冲使塔内液体作上下往复运动，迫使液体经过筛板上的小孔，使分散相破碎成较小的液滴分散在连续相中，并形成强烈的湍动，从而促进传质过程的进行。脉冲发生器的类型有多种，如活塞型、膜片形、风箱形等。

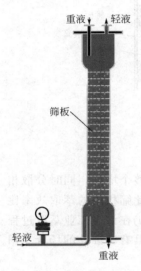

图 4-34　脉冲萃取塔

在塔的下澄清段装有脉冲管，萃取操作时，由脉冲发生器提供的脉冲使塔内液体作上下往复运动，迫使液体经过筛板上的小孔，使分散相破碎成较小的液滴分散在连续相中，并形成强烈的湍动，从而促进传质过程的进行。

脉动通常通过往复泵的往复运动产生，有时也可采用压缩空气产生。在脉冲萃取塔内，萃取效率受脉冲频率影响较大，受振幅影响较小。一般认为频率较高、振幅较小时萃取效果较好。通常脉冲振幅为 9～50mm，频率为 30～200min^{-1}。如脉冲过于激烈，将导致严重的轴向返回，传质效率反而下降。

脉冲萃取塔的优点是结构简单、传质效率高、但其生产能力一般有所下降，在化工生产中的应用受到一定限制。

⑥ 往复筛板萃取塔　往复筛板萃取塔的结构如图 4-35 所示，将若干层筛板按一定间距固定在中心轴上，由塔顶的传动机构驱动而作上下往复运动。往复振幅一般为 3～50mm，频率可达 100min^{-1}。往复筛板的孔径要比脉动筛板的大些，一般为 7～16mm。当筛板向上运动时，迫使筛板上侧的液体经筛孔向下喷射；反之，又迫使筛板下侧的液体向上喷射。为防止液体沿筛板与塔壁间的缝隙走短路，每隔若干块筛板，在塔内壁应设置一块环形挡板。

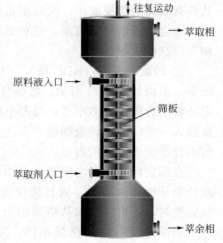

图 4-35　往复筛板萃取塔

往复筛板萃取塔的效率与塔板的往复频率密切相关。当振幅一定时，在不发生液泛的前提下，效率随频率的增大而提高。

往复筛板萃取塔可较大幅度地增加相际接触面积和提高液体的湍动程度，传质效率高，流体阻力小，操作方便，生产能力大，在石油化工、食品、制药和湿法冶金工业中应用日益广泛。

（3）离心萃取器

离心萃取器是利用离心力的作用使两相快速混合、分离的萃取装置。离心萃取器的类型较多，按两相接触方式可分为逐级接触式和微分接触式两类。在逐级接触式萃取器中，两相的作用过程与混合-澄清器类似。而在微分接触式萃取器中，两相接触方式则与连续逆流萃取塔类似。

① 转筒式离心萃取器　单级转筒式离心萃取器，其结构如图 4-36 所示。重液和轻液由底部的三通管并流进入混合室，在搅拌桨的剧烈搅拌下，两相充分混合进行传质，然后共同进入高速旋转的转筒。在转筒中，混合液在离心力的作用下，重相被甩向转鼓外缘，而轻相则被挤向转鼓的中心。两相分别经轻、重相堰流至相应的收集室，并经各自的排出口排出。

转筒式离心萃取器结构简单，效率高，易于控制，运行可靠。

② 芦威式离心萃取器　芦威式离心萃取器（Luwesta）简称 LUWE 离心萃取器，它是立式逐级接触式离心萃取器的一种。图 4-37 所示为三级离心萃取器，其主体是固定在壳体上并随之作高速旋转的环形盘。壳体中央有固定不动的垂直空心轴，轴上也装有圆形盘，盘上开有若干个喷出孔。

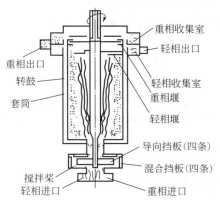

图 4-36　单级转筒式离心萃取器

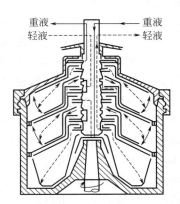

图 4-37　芦威式三级离心萃取器

萃取操作时，原料液与萃取剂均由空心轴的顶部加入。重液沿空心轴的通道向下流至萃取器的底部而进入第三级的外壳内，轻液由空心轴的通道流入第一级。在空心轴内，轻液与来自下一级的重液相混合，再经空心轴上的喷嘴沿转盘与上方固定盘之间的通道被甩至外壳的四周。重液由外部沿转盘与下方固定盘之间的通道而进入轴的中心，并由顶部排出，其流向为由第三级经第二级再到第一级，然后进入空心轴的排出通道，如图中实线所示；轻液则由第一级经第二级再到第三级，然后进入空心轴的排出通道，如图中虚线所示。两相均由萃取器顶部排出。

该类萃取器主要用于制药工业，其处理能力为 $7\sim49\mathrm{m}^3/\mathrm{h}$，在一定条件下，级效率可接近 100%。

③ 波德式离心萃取器　波德式离心萃取器亦称离心薄膜萃取器，简称 POD 离心萃取器，

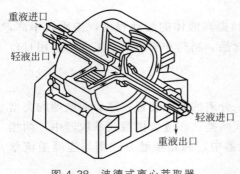

重液进口

轻液出口

轻液进口

重液出口

图 4-38 波德式离心萃取器

是一种微分接触式的萃取设备，其结构如图 4-38 所示。波德式离心萃取器由一水平转轴和随其高速旋转的圆形转鼓以及固定的外壳组成。转鼓由一多孔的长带卷绕而成，其转速很高，一般为 2000～5000r/min，操作时轻、重液体分别由转鼓外缘和转鼓中心引入。由于转鼓旋转时产生的离心力作用，重液从中心向外流动，轻液则从外缘向中心流动，同时液体通过螺旋带上的小孔被分散，两相在逆向流动过程中，于螺旋形通道内密切接触进行传质。最后重液和轻液分别由位于转鼓外缘和转鼓中心的出口通道流出。它适合于处理两相密度差很小或易乳化的物系。波德式离心萃取器的传质效率很高，其理论级数可达 3～12。

POD 离心萃取器的优点是结构紧凑、生产强度高、物料停留时间短、分离效果好，特别适用于两相密度差小、易乳化、难分相及要求接触时间短、处理量小的场合。缺点是结构复杂、制造困难、操作费高。

二、萃取设备的确定

1. 萃取设备的选择原则

萃取设备的类型较多，特点各异，物系性质对操作的影响错综复杂。对于具体的萃取过程，选择萃取设备的原则是：在满足工艺条件和要求的前提下，使设备费和操作费之和趋于最低。通常选择萃取设备时应考虑以下因素。

① 需要的理论级数 当需要的理论级数不超过 2～3 级时，各种萃取设备均可满足要求；当需要的理论级数较多（如超过 4～5 级）时，可选用筛板塔；当需要的理论级数更多（如 10～20 级）时，可选用有外加能量的设备，如混合-澄清器、脉冲塔、往复筛板塔、转盘塔等。

② 生产能力 处理量较小时，可选用填料塔、脉冲塔；处理量较大时，可选用混合-澄清器、筛板塔及转盘塔。离心萃取器的处理能力也相当大。

③ 物系的物性 对密度差较大、界面张力较小的物系，可选用无外加能量的设备；对密度差较小、界面张力较大的物系，宜选用有外加能量的设备；对密度差甚小、界面张力小、易乳化的物系，应选用离心萃取器。

对有较强腐蚀性的物系，宜选用结构简单的填料塔或脉冲填料塔。对于放射性元素的提取，脉冲塔和混合-澄清器用得较多。

物系中有固体悬浮物或在操作过程中产生沉淀物时，需定期清洗，此时一般选用混合-澄清器或转盘塔。另外，往复筛板塔和脉冲筛板塔本身具有一定的自清洗能力，在某些场合也可考虑使用。

④ 物系的稳定性和液体在设备内的停留时间 对生产中要考虑物料的稳定性、要求在设备内停留时间短的物系，如抗生素的生产，宜选用离心萃取器；反之，若萃取物系中伴有缓慢的化学反应，要求有足够长的反应时间，则宜选用混合-澄清器。

⑤ 其他 在选用萃取设备时，还应考虑其他一些因素，如能源供应情况，在电力紧张地区应尽可能选用依靠重力流动的设备；当厂房面积受到限制时，宜选用塔式设备，而当厂房高度受到限制时，则宜选用混合-澄清器。

选择设备时应考虑的各种因素列于表4-3。

表 4-3　萃取设备的选择

设备类型/考虑因素		喷洒塔	填料塔	筛板塔	转盘塔	往复筛板 脉动筛板	离心萃取器	混合-澄清器
工艺条件	理论级数多	×	○	○	√	√	○	○
	处理量大	×	×	○	√	×	○	√
	两相流量比大	×	×	×	○	○	√	√
物系性质	密度差小	×	×	×	○	○	√	√
	黏度高	×	×	×	○	○	√	√
	界面张力大	×	×	×	○	○	√	○
	腐蚀性强	√	√	○	○	○	×	×
	有固体悬浮物	√	×	×	√	○	×	○
设备费用	制造成本	√	○	○	○	○	×	○
	操作费用	√	√	√	○	○	×	×
	维修费用	√	√	○	○	○	×	○
安装场地	面积有限	√	√	√	√	√	√	×
	高度有限	×	×	×	○	○	√	√

注：√—适用；○—可以；×—不适用。

2. 微分逆流萃取塔设备尺寸的确定

塔式微分接触逆流萃取设备的特点：一液相为连续相，另一液相为分散相，分散相与连续相呈逆流流动，两相在流动过程中进行质量传递，其浓度沿塔高呈连续微分变化。塔式微分接触逆流萃取设备的计算和吸收操作的气液传质设备一样，主要是确定塔径和塔高。塔径的尺寸取决于两液相的流量及适宜的操作速率；而塔高的计算通常有两种方法，即理论级当量高度法和传质单元数法，参照吸收过程。

　任务解决3

蒽醌氧化液萃取设备的选择

由前面任务解决方案可知中：萃取原料液——过程中氧化液（双氧水、三甲苯、磷酸三辛酯、烷基蒽醌、四氢烷基蒽醌）流量为$470m^3/h$，工作液的密度在$900kg/m^3$左右，双氧水浓度$7.3g/L$，萃取剂水的量在$10m^3/h$以内，萃余相中双氧水浓度控制在不大于$0.3g/L$的范围内。萃取后，萃取相粗双氧水经净塔净化后，萃取液中含双氧水$375g/L$，双氧水和水占总萃取液组成的99.99%以上，产量为100kt/a。萃余相经后处理的所得萃余液中含双氧水小于$0.1mg/L$，含水小于$25mg/L$。

现计算蒽醌氧化液萃取分离所需要的理论级数。

查有关资料：双氧水在工作液和水中的分配系数$k=70$，由题意可知生产中溶剂比为42。由于水和工作介质几乎完全不互溶，所以其理论级数，可用式(4-16)求取。即：

$$N = \frac{1}{1 - \frac{1}{b}} \ln \left[\left(1 - \frac{1}{b}\right) \frac{X_F - \frac{Y_S}{k_A}}{X_N - \frac{Y_S}{k_A}} + \frac{1}{b} \right]$$

式中，$b = k_A S / B = 70/42 = 1.67$，以纯净水入塔萃取计算，则 $Y_S = 0$。

$$X_F = \frac{7.3}{\rho_{工作液}} = \frac{7.3}{900 - 7.3} = 0.0082 \quad X_N = \frac{0.3}{\rho_{工作液}} = \frac{0.3}{900 - 7.3} = 0.00033$$

则理论级数：

$$N = \frac{1}{1 - \frac{1}{b}} \ln \left[\left(1 - \frac{1}{b}\right) \frac{X_F - \frac{Y_S}{k_A}}{X_N - \frac{Y_S}{k_A}} + \frac{1}{b} \right]$$

$$= \frac{1}{1 - \frac{1}{b}} \ln \left[\left(1 - \frac{1}{b}\right) \frac{X_F}{X_N} + \frac{1}{b} \right] = \frac{1}{1 - \frac{1}{1.667}} \ln \left[\left(1 - \frac{1}{1.667}\right) \frac{0.0082}{0.00033} + \frac{1}{1.667} \right] = 5.91$$

实际取整理论级为 6 级。

由于项目任务中处理量较大（470m³/h），完成任务所需的理论级数较多（超过 3 级），但又不是很多，加之萃取剂水与工作液的密度相差不是太小，因此对照表 4-3 从氧化液分离双氧水选择筛板塔为宜。考虑传质的效果与设备的耐腐蚀性，萃取塔采用不锈钢筛板塔，氧化液经每层筛板分散成细小液滴穿过连续水相后再凝聚。其塔板工作过程示意如下图所示。

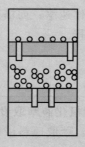

✏️ 实践与练习3

一、选择题

1. 对于理论级数多、处理量大，且有固体悬浮物的物系应选用（   ）。
   A. 填料萃取塔   B. 筛板萃取塔   C. 转盘萃取塔   D. POD 离心萃取器
2. 在萃取设备中，对密度差很小且接触时间要求短的体系，宜选用设备为（   ）。
   A. 喷洒塔   B. 筛板萃取塔   C. 填料萃取塔塔   D、离心萃取器
3. 处理量较小的萃取设备是（   ）。

A. 筛板塔　　　　　　B. 转盘塔　　　　　　C. 填料塔　　　　　　D. 混合澄清器

二、填空题

1. 填料萃取塔中填料可用_____、_____、_____和_____等。

2. 转盘塔具有结构_____（简单或复杂）、操作维修_____（方便或困难）、传质效率_____（高或低）、操作弹性与生产能力_____（大或小）的特点，因而在石油化学工业中应用比较广泛。

三、简答题

1. 液-液萃取设备应具有什么基本功能？

2. 常用萃取设备有哪些？各自的特点是什么？

3. 萃取设备选用的原则是什么？

任务四　萃取操作技能训练

一、影响萃取操作效果的因素

当萃取物系一定时，分散相的形成和凝聚过程、萃取设备内两相流体的性质与流动状况是影响萃取操作效果的主要因素，主要表现在以下几个方面。

1. 分散相的形成和凝聚

当萃取物系一定时，分散相的形成和凝聚是两个影响萃取操作效果的重要因素。

许多萃取设备中分散相是靠外部机械做功的方法形成的，像搅拌桨，离心泵等等。它们的共同特点是靠机械做功使流体在高度湍流中形成液滴。

分散相的液滴直径不宜过小，太小则难于凝聚，使轻重相不易分离，增加澄清所需的时间，并且还导致液滴被连续相所夹带，造成返混而降低传质效率。

液-液分散体系同其他分散体系一样是热力学不稳定系统，大量液滴形成了很大的相际界面，有减小界面的自发倾向。所以小液滴凝聚成大液滴，最后得到澄清分层是一种能自发进行的过程。在萃取设备中，要考察的是凝聚速率的快慢。液滴凝聚是一个复杂过程，首先小液滴互相靠拢，将液滴之间的连续相排出，然后使两个液滴接触并破裂而形成大液滴，大液滴容易在重力场或离心力作用下得到澄清。有许多因素，如液滴的尺寸和表面形状、两相间的密度差、两相间的黏度比值、界面张力、温度、杂质的存在等等，都影响凝聚过程的进行。很小的液滴凝聚特别困难，有时可使其通过一层填料或滤网，使液滴长大而便于分离。

在萃取过程的液滴形成和聚并阶段中，由于相际表面得到更新并产生强烈湍动，其传质速率比已形成的液滴的传质速率要高，因此许多萃取设备采用了多次分散和凝聚的分级接触式，以提高传质效率。

液滴在连续相中运动时，直径小的液滴能保持球形状态，相对较大的液滴则往往变成椭圆形，滴内液体会发生内部环流，并且还使液滴发生抖动。这种环流和抖动能减小传质阻力，增加传质系数。但当溶液中有少量表面活性物质存在时，它能迅速抑制这种环流运动，使传质速率降低。

在萃取过程中，萃取质和其他杂质在相际扩散时，不断地改变界面上的组成，往往对界面张力发生较大影响，改变界面的稳定性，使界面上的液体流动和传质都受到影响，当某些杂质一经吸附在液滴表面之后，还会形成界面对萃取质的扩散阻力而降低传质速率。

2. 液泛

分散相和连续相在萃取塔内作逆向流动时，它们之间的流动阻力随两流速的增加而增加，当流速增加到一定程度，两流体相互之间产生严重夹带而发生液泛。液泛是萃取操作的负荷极限。单液滴为连续相所夹带的现象与固体粒子为气流所夹带的现象相似，可用颗粒流体力学来分析。但在萃取过程中，许多液滴同时存在，互相发生干扰，并且不同的萃取设备内连续相的运动方式也各不相同，它们都对液泛现象产生影响。因此，各种萃取设备的泛点关联形式也不相同。

3. 萃取塔内的返混

在萃取塔内，如果连续相和分散相都各自以均一的速度逆向流动，即两相都呈活塞式流动时，液体之间没有返混，这时，传质的推动力最大，效率最高。在实际塔内，液体的流动并不理想，如以密度较小的液体为连续相、密度较大的液体为分散相的逆向流动系统为例，当连续相向上运动时，由于受有塔壁的摩擦阻力，致使近壁区的液体为分散相的速度比中心区的速度要慢，中心区的液体以较快速度通过塔内，在塔内的停留时间较少，而近壁区的液体则因速度较低，在塔内有较长的停留时间。这种停留时间的不均匀分布可理解为流体的一种短路现象，是液体返混的一种原因。分散相在塔内运动时也发生返混现象，例如直径较大的液滴以较大的速度通过塔内，它的停留时间较短，而直径较小的液滴由于速率较小，在塔内停留时间就长。更小的液滴甚至还可以被连续相所夹带，产生反方向运动。在塔内的液体还可由于无规则的旋涡流动而产生局部的返混现象。液相返混使两相液体各自沿轴向的浓度梯级减小，从而也减小了塔内任一横截面上两相液体间的浓度差，即减小了传质推动力，使塔的传质效率下降。萃取塔的液体返混是影响塔效率的重要因素。

二、萃取操作技能训练要求

① 熟悉所用萃取装置的流程及萃取设备的结构。

正确绘制萃取装置的流程图，描述装置流程、设备的作用及工作原理。

② 掌握训练装置的操作规程，能规范熟练的操作装置。

在教师的指导下学会装置的开车、正常运行控制及停车三个阶段的操作；学会原料液、萃取相、萃余相组成的分析方法；能规范熟练地操作装置、记录操作运行的参数。

③ 具备装置一般故障的分析与处理能力。

在熟练掌握萃取装置的操作要点的基础上；学会排除萃取操作中一般故障，并能分析故障产生的原因。

④ 能根据萃取操作的运行参数，计算萃取率，分析影响萃取率的因素，探讨提高萃取率的途径。

三、萃取操作技能训练方案

各院校根据自身的设备条件，按照以上要求制定详细的培训与考核方案，方案中必须包括：技能训练任务书，操作运行记录表、考核要求、评分细则，评分表格式。

1. 技能培训任务清单

培训任务一　绘制萃取实训装置的流程图，简述装置流程、设备的作用及工作原理。

（现场教师提问，学生进入实训室前必须充分做好预习工作。）

培训任务二　填写萃取装置的检查记录表（相当于工厂的交接班记录表中的设备记录部分）。

培训任务三　学习装置操作规程，总结操作要点及操作中的主要注意事项（特别注意不安全的因素、可能损坏设备的因素、影响萃取效果的因素）。（教师提问，学生现场回答。）

培训任务四　分组练习基本操作（在教师指导下进行）。注意观察，如有异常现象立即紧急停车，在指导教师的带领下对故障进行分析处理。

备注：教师要组织好，保证每个学生在每个岗位都能熟练操作。

2. 运行数据记录

附表一　萃取装置的检查记录表（以扬工院装置为例）

组号：　　　　　　　　　学生姓名：_____、_____、_____、_____

设备号　　　　　　　　　实训日期：_____年___月___日

检查时间	开始		时　　分		结束			时　　分	
公用工程	水源			电源			其他		
设备完好情况	萃取塔	类型			塔径/m			有效段高度	
		型号			塔高/m			状态	
	原料液用泵	类型			流量			轴功率	
		型号			扬程			转速	
	萃取剂用泵	类型			流量			轴功率	
		型号			扬程			转速	
	转盘电机	型号						调速范围	
	流量计1	型号		流量计2	型号		阀门1	型号	
		量程			状态			状态	
	阀门2	型号		阀门3	型号		阀门4	型号	
		状态			状态			状态	

实践与练习4

一、选择题

1. 萃取塔开车时，应先注满（　　），后进（　　）。

　A. 连续相　　　　B. 重相　　　　C. 分散相　　　　D. 轻相

2. 萃取操作停车步骤是（　　）。

　A. 关闭总电源开关——关闭轻相泵开关——关闭重相泵开关——关闭空气比例控制开关

　B. 关闭总电源开关——关闭重相泵开关——关闭空气比例控制开关——关闭轻相泵开关

　C. 关闭重相泵开关——关闭轻相泵开关——关闭空气比例控制开关——关闭总电源开关

　D. 关闭重相泵开关——关闭轻相泵开关——关闭总电源开关——关闭空气比例控制开关

3. 萃取操作包括若干步骤，除了（　　）。

A. 原料预热　　　　　　　　　B. 原料与萃取剂混合

C. 澄清分离　　　　　　　　　D. 萃取剂回收

二、选择填空题

1. 为使溶质更快地从原料液进入＿＿＿＿＿＿＿，必须使两相间具有＿＿＿＿＿＿＿的接触表面积。

①萃取相　　②萃余相　　③萃取剂　　④稀释剂　　⑤小　　⑥大

2. 分散相液滴越＿＿＿＿＿＿＿，两相的接触面积越＿＿＿＿＿＿＿，传质越快，相对流动越＿＿＿＿＿＿＿，聚合分层越＿＿＿＿＿＿＿。

①小　　②大　　③快　　④慢　　⑤易　　⑥难

三、简答题

1. 绘制萃取操作过程示意图，指出萃取剂、溶质、稀释剂、萃取相、萃余相。

2. 说明萃取操作中原料、萃取剂及萃取相、萃余相的排出位置，并说明理由。

3. 转盘式萃取塔中的转盘起什么作用？为什么在萃取塔中只有中间有转盘，而没有自上而下贯穿整个萃取塔。

4. 在转盘萃取塔的萃取实验中，提高转盘转速在一定范围内可提高溶质回收率，但不可无限制地提高转盘的转速，为什么？

任务五　其他萃取技术的认识

一、超临界流体萃取技术

超临界萃取是超临界流体萃取的简称，又称为压力流体萃取、超临界气体萃取。它是以高压、高密度的超临界流体为溶剂，从液体或固体中溶解所需的组分，然后采用升温、降压、吸收（吸附）等手段将溶剂与所萃取的组分分离，最终得到所需纯组分的操作。

1. 超临界萃取的基本原理

（1）超临界流体的 pVT 性质

超临界流体是指超过临界温度与临界压力状态的流体。如果某种气体处于临界温度之

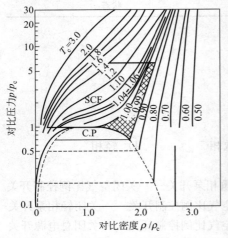

图 4-39　二氧化碳的
对比压力-对比密度图

上，则无论压力增至多高，该气体也不能被液化，称此状态的气体为超临界流体。常用的超临界流体有二氧化碳、乙烯、乙烷、丙烯、丙烷和氨等。二氧化碳的临界温度比较接近于常温，加之安全易得，价廉且能分离多种物质，故二氧化碳是最常用的超临界流体。

图 4-39 所示为二氧化碳的对比压力与对比密度的关系图。图中阴影部分是超临界萃取的实际操作区域。可看出，在稍高于临界点温度的区域内，压力的微小变化将引起密度的较大变化。利用这一特性，可在高密度条件下萃取分离所需组分，然后稍微升温或降压将溶剂与所萃取的组分分离，从而得到所需的组分。

（2）超临界流体的基本性质

密度、黏度和自扩散系数是超临界流体的三个基本性质。表 4-4 将超临界流体的这三个基本性质与常

规流体的性质进行了比较。可看出，超临界流体的密度接近于液体，黏度接近于气体，而自扩散系数介于气体和液体之间，比液体大 100 倍左右。因此，超临界流体既具有与液体相近的溶解能力，萃取时又具有远大于液态萃取剂的传质速率。

表 4-4 超临界流体与常规流体性质的比较

项　　目	常 规 气 体	超临界流体		常 规 流 体
		(T_c, p_c)	$(T_c, 4p_c)$	
密度/(kg/m^3)	2～6	200～500	400～900	600～1600
黏度×10^5/Pa·s	1～3	1～3	3～9	20～300
自扩散系数×10^4/(m^2/s)	0.1～0.4	$0.7×10^{-3}$	$0.2×10^{-3}$	$(0.2～2)×10^{-5}$

（3）超临界流体的溶解性能

超临界流体的溶解性能与其密度密切相关。通常物质在超临界流体中的溶解度 C 与超临界流体的密度 ρ 之间具有如下关系，即

$$\ln C = k\ln\rho + m \tag{4-19}$$

式中，k 为正数，即溶解度随超临界流体密度的增大而增加。

图 4-40 所示为不同物质在超临界二氧化碳中的溶解度。应予指出，式（4-19）中 k 和 m 的数值与超临界流体及溶质的性质有关，二者的性质越近，溶解度就越大。因此，若适当选择作为萃取剂的超临界流体，就能够对多组分物系的组分进行有选择地溶解，从而达到萃取分离的目的。

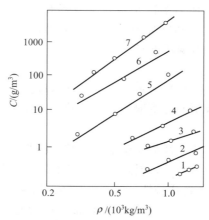

图 4-40 不同物质在超临界二氧化碳中的溶解度

1—甘氨酸；2—弗朗鼠李甙；3—大黄素；4—对羟基苯甲酸；5—1,8-二羟基蒽醌；6—水杨酸；7—苯甲酸

2. 超临界萃取的典型流程

超临界萃取过程主要包括萃取阶段和分离阶段。在萃取阶段，超临界流体将所需组分从原料中萃取出来；在分离阶段，通过改变某个参数，使萃取组分与超临界流体分离，从而得到所需的组分并可使萃取剂循环使用。根据分离方法的不同，可将超临界萃取流程分为等温变压流程、等压变温流程和等温等压吸附流程三类，如图 4-41 所示。

（1）等温变压流程

等温变压萃取是利用不同压力下超临界流体溶解能力的差异，通过改变压力而使溶质与超临界流体分离的操作。所谓等温是指在萃取器和分离器中流体的温度基本相同。等温变压

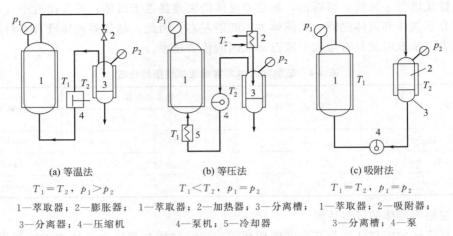

(a) 等温法　　　　　　(b) 等压法　　　　　　(c) 吸附法

$T_1 = T_2$，$p_1 > p_2$　　　$T_1 < T_2$，$p_1 = p_2$　　　$T_1 = T_2$，$p_1 = p_2$

1—萃取器；2—膨胀器；　1—萃取器；2—加热器；3—分离槽；　1—萃取器；2—吸附器；

3—分离器；4—压缩机　　4—泵机；5—冷却器　　　　　　　3—分离槽；4—泵

图 4-41　超临界萃取的三种典型流程

流程是最方便的一种流程，如图 4-41（a）所示。萃取剂通过压缩机被压缩到超临界状态后进入萃取器，与原料混合进行超临界萃取，萃取了溶质的超临界流体经减压阀后降压，使溶解能力下降，从而使溶质与溶剂在分离器中得以分离。分离后的萃取剂再通过压缩使其达到超临界状态并重复上述萃取-分离步骤，直至达到预定的萃取率为止。

（2）等压变温流程

等压变温萃取是利用不同温度下溶质在超临界流体中溶解度的差异，通过改变温度使溶质与超临界流体分离的操作。所谓等压是指在萃取器和分离器中流体的压力基本相同。如图 4-41（b）所示，萃取了溶质的超临界流体经加热升温后使溶质与溶剂分离，溶质由分离器下方取出，萃取剂经压缩和调温后循环使用。

（3）等温等压吸附流程

等温等压吸附流程如图 4-41（c）所示，在分离器内放置仅吸附溶质而不吸附萃取剂的吸附剂，溶质在分离器内因被吸附而与萃取剂分离，萃取剂经压缩后循环使用。

3. 超临界萃取的特点

超临界萃取在溶解能力、传递性能及溶剂回收等方面具有突出的优点。

① 超临界流体的密度接近于液体，因此超临界流体具有与液体溶剂基本相同的溶解能力。超临界流体保持了气体所具有的传递特性，具有更高的传质速率，能更快地达到萃取平衡。

② 在接近临界点处，压力和温度的微小变化都将引起超临界流体密度的较大改变，从而引起溶解能力的较大变化，因此萃取后溶质和溶剂易于分离。

③ 超临界萃取过程具有萃取和精馏的双重特性，有可能分离一些难分离的物系。

④ 超临界萃取一般选用化学性质稳定、无毒无腐蚀性、临界温度不太高或太低的物质（如二氧化碳）作萃取剂，因此，不会引起被萃取物的污染。可以用于医药、食品等工业，特别适合于热敏性、易氧化物质的分离或提纯。

超临界萃取的主要缺点是操作压力高，设备投资较大。另外，超临界流体萃取的研究起步较晚，目前对超临界萃取热力学及传质过程的研究还远不如传统的分离技术成熟，还有待于进一步研究。

4. 超临界萃取的应用示例

超临界萃取是具有特殊优势的分离技术。在石油残渣中油品的回收、咖啡豆中脱除咖啡因、啤酒花中有效成分的提取等工业生产领域，超临界萃取技术已获得成功的应用。在此简要介绍几个应用示例。

（1）利用超临界 CO_2 提取天然产物中的有效成分

超临界 CO_2 萃取的操作温度较低，能避免分离过程中有效成分的分解，故其在天然产物有效成分的分离提取中极具应用价值。例如从咖啡豆中脱除咖啡因、从名贵香花中提取精油、从酒花及胡椒等物料中提取香味成分和香精、从大豆中提取豆油等都是应用超临界 CO_2 从天然产物中分离提取有效成分的示例，其中以从咖啡豆中脱除咖啡因最为典型。

咖啡因存在于咖啡、茶等天然产物中，医药上用作利尿剂和强心剂。传统的脱除工艺是用二氯乙烷萃取咖啡因，但选择性较差且残存的溶剂不易除尽。

利用超临界 CO_2 从咖啡豆中脱除咖啡因可以很好地解决上述问题，图 4-42 为其操作流程示意图，将浸泡过的生咖啡豆置于压力容器中，然后通入 $90℃$、$16\sim22MPa$ 的 CO_2 进行萃取，溶有咖啡因的 CO_2 进入水洗塔用水洗涤，咖啡因转入水相，CO_2 循环使用。水相经脱气后进入蒸馏塔以回收咖啡因。

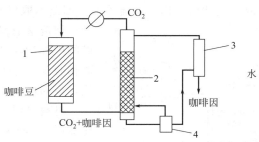

图 4-42　超临界 CO_2 从咖啡豆中脱除咖啡因流程
1—萃取塔；2—水洗塔；3—蒸馏塔；4—脱气罐

CO_2 是一种理想的萃取剂，对咖啡因具有极好的选择性，经 CO_2 处理后的咖啡豆除咖啡因外，其他芳香成分并不损失，CO_2 也不会残留于咖啡豆中。

（2）稀水溶液中有机物的分离

许多化工产品，如酒精、醋酸等常用发酵法生产，所得发酵液往往组成很低，通常要用精馏或蒸发的方法进行浓缩分离，能耗很大。超临界萃取工艺为获得这些有机产品提供了一条节能的有效途径。超临界 CO_2 对许多有机物都具有选择溶解性，利用这一特性，可将有机物从水相转入 CO_2，将有机物-水系统的分离转化为有机物-CO_2 系统的分离，从而达到节能的目的。目前此类工艺尚处于研究开发阶段。

（3）超临界萃取在生化工程中的应用

由于超临界流体具有毒性低、温度低、溶解性好等优点，因此特别适合于生化产品的分离提取。利用超临界 CO_2 萃取氨基酸、在生产链霉素时利用超临界 CO_2 萃取去除甲醇等有机溶剂以及从单细胞蛋白游离物中提取脂类等研究均显示了超临界萃取技术的优势。

（4）活性炭的再生

活性炭吸附是回收溶剂和处理废水的一种有效方法，其困难主要在于活性炭的再生。目前多采用高温或化学方法再生，既不经济，还会造成吸附剂的严重损失，有时还会产生二次污染。利用超临界 CO_2 萃取法可以解决这一难题，图 4-43 为其流程示意图。

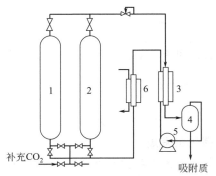

图 4-43　活性炭超临界再生流程
1，2—再生器；3—换热器；4—分离器；
5—压缩机；6—冷却器

超临界萃取是一种新型萃取分离技术，尽管目前处于工业规模的应用还不是很多，但这一领域的基础研究、应用基础研究和中间规模的试验却异常活跃。可以预期，随着研究的深入，超临界萃取技术将获得更大的发展和更多的应用。

二、回流萃取技术

在多级逆流或微分接触逆流操作中，若采用纯溶剂并选择适宜的溶剂比，则只要理论级数足够多，就可使最终萃余相中的溶质组成降至很低，从而在萃余相脱除溶剂后能得到较纯的原溶剂。而萃取相则不然，由于受到平衡关系的限制，最终萃取相中的溶质组成不会超过与进料组成相平衡的组成，因而萃取相脱除溶剂后所得到的萃取液中仍含有较多的原溶剂。为了得到具有更高溶质组成的萃取相，可仿照精馏中采用回流的方法，使部分萃取液返回塔内，这种操作称为回流萃取。回流萃取操作可在逐级接触式或连续接触式设备中进行。

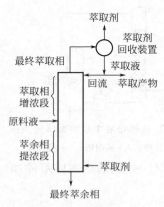

图 4-44　回流萃取操作流程

回流萃取操作流程如图 4-44 所示。原料液和新鲜溶剂分别自塔的中部和底部进入塔内，最终萃余相自塔底排出，塔顶最终萃取相脱除溶剂后，一部分作为塔顶产品采出，另一部分作为回流，返回塔顶。

进料口以下的塔段即为常规的逆流萃取塔，类似于精馏塔的提馏段，称为提浓段。在提浓段，萃取相逐级上升，萃余相逐级下降，在两相逆流接触过程中，溶质不断的由萃余相进入萃取相，使萃余相溶质组成逐渐下降。只要提浓段足够高，便可得到溶质组成很低萃余相，在脱除溶剂后即可得到原溶剂组成很高而溶质组成很低的萃余液。

进料口以上的塔段，类似于精馏塔的精馏段，称为增浓段。在增浓段，由于萃取剂对溶质具有较高的选择性（$\beta > 1$），故当两相在逆流接触过程中，溶质将自回流液进入萃取相，而萃取相中的原溶剂则转入回流液中。如此相际传质的结果，将使萃取相中溶质的组成逐渐增高，原溶剂的组成逐渐下降。只要增浓段有足够的高度，且组分 B、S 互溶度很小（如Ⅱ类物系）就可以使萃取相中的溶质组成增至很高，从而在脱除溶剂后得到溶质组成很高的产品。显然，选择性系数 β 越大，溶质与原溶剂的分离越容易，回流萃取达到规定的分离要求所需的理论级数就越少，相应的提浓段和增浓段高度也就越小。

✏ 实践与练习5

课后调研题：

上网、去图书馆或相关企业调研，撰写一份超临界萃取、回流萃取技术的有关在行业或企业中实际应用的详细报告。

🌐 技创未来

石化超临界 CO_2 萃取技术：创新引领化工发展

在新时代化工技术飞速发展的浪潮中，超临界流体萃取技术凭借其独特优势，成为化工领域的一颗璀璨明星。该技术利用处于临界温度和临界压力以上的流体作为萃取剂，这些超临界流体兼具气体的高扩散性和液体的高溶解力，能在温和条件下高效分离和提取目标物质。

超临界二氧化碳因具有临界温度接近室温（31.1℃）、临界压力适中（7.38MPa）、无毒、无味、不燃、化学惰性、价格低廉且易回收等诸多优点，成为最常用的超临界流体。在化工生产中，超临界流体萃取技术可广泛应用于天然产物提取、精细化工产品分离等领域。例如，在从植物中提取有效成分方面，相较于传统的有机溶剂萃取法，超临界二氧化碳萃取技术能避免有机溶剂残留问题，且能在较低温度下进行萃取，有效保留热敏性成分的生物活性。

在化工领域，中化泉州石化有限公司（以下简称中化泉州石化）开发的超临界CO_2萃取技术独树一帜，展现出强大的技术优势与应用潜力。

在工艺参数优化方面，中化泉州石化运用先进的实验设备与模拟软件，精准调控温度、压力、萃取时间和流体流量。例如，在对某种高附加值化工原料的提取中，通过反复实验与模拟运算，发现将温度控制在35～40℃、压力维持在8～10MPa时，超临界CO_2对该原料的溶解能力最佳，萃取率相较于传统工艺提高了20%～30%。同时，合理设置萃取时间为60～90min、优化流体流量，使目标物质与超临界CO_2充分接触，在保证产品纯度的前提下，大幅提升了生产效率。

设备创新上，中化泉州石化设计了新型萃取塔。该萃取塔内部配备特殊内构件，通过增加超临界CO_2与物料的接触面积和接触时间，强化传质过程。实验数据表明，新型萃取塔使萃取效率提高了约15%。此外，中化泉州石化还将超临界CO_2萃取技术与膜分离技术巧妙联用。萃取后的混合物进入膜分离系统，利用特定膜对不同物质的选择透过性，高效分离目标产物与超临界CO_2。这不仅提高了产品纯度，超临界CO_2还能循环利用，降低了生产成本与资源消耗。

中化泉州石化超临界CO_2萃取技术已在多个领域成功应用。在天然产物提取方面，从植物中提取有效成分时，该技术避免了传统有机溶剂萃取的残留问题，且能在低温下操作，最大程度保留热敏性成分的生物活性。在精细化工产品分离中，对复杂混合物的分离效果显著，产品质量达到国际先进水平。

中化泉州石化超临界CO_2萃取技术的成功开发，为化工行业绿色、高效发展树立了典范，推动了整个行业技术升级与创新发展，在未来有望在更多领域实现突破，创造更大价值。

身边榜样

石化领域的卓越领航者

张达，现任中国石化镇海炼化分公司（简称镇海炼化）副总工程师、生产部（调度部）经理，在石化领域深耕多年，以卓越的领导能力与突出贡献，荣获2025年"全国劳动模范"称号。

1997年，张达从浙江大学化工专业毕业后，投身镇海炼化。从基层班组外操起步，他脚踏实地，逐步成长为生产调度的核心"指挥官"。面对复杂多变的生产调度工作，他将其比作驾驶飞机，强调只有精调细调，让所有参数保持在正常范围内，才能确保装置平稳高效运行。

为优化生产格局，张达带领团队成立"重油攻关组"、"乙烯攻关组"、"芳烃攻关组"以及"聚烯烃攻关组"。通过持续钻研，他们不断优化生产方案，及时攻克热点难点问题，有力推动了原油结构和加工路线的优化升级，实现生产经营的高效平衡。

在降本增效方面，张达目光独到。当行业聚焦轻质油资源时，他另辟蹊径，带领团队开辟出重油深加工的新路径。自 2021 年镇海炼化千万吨级常减压装置投产后，他牵头成立攻关组，历经近三年不懈努力，成功构建以沸腾床渣油加氢装置为核心的重油加工路线。该装置不仅创下长周期运行新纪录，获得法国专利商认证，还充分挖掘出未转化油的潜在价值。同时，他采用 PMO 工作法，成立涵盖原油到港、转输、加工等全流程的 5 个工作小组，从各个环节"抠"效益，实现原油系统高效衔接与低成本运行。

在绿色转型的浪潮中，张达同样勇立潮头。他牵头编制《镇海炼化 2030 年前碳达峰方案》，主导建设碳足迹系统，将公司 119 套能源装置、917 条能源活动数据纳入智能监控，实现全品类石化产品的碳足迹溯源。在他推动下，镇海炼化节能降碳成果丰硕："地沟油"变身生物航煤，每年减排二氧化碳超 8 万吨；日供氢 4000kg 的加氢站，年减排二氧化碳超 220t；芳烃低温热综合利用项目，年节能 5.56 万吨标煤。凭借这些成绩，镇海炼化荣获 2024 年中国工业碳达峰"领跑者"称号，炼油、乙烯、芳烃等能耗指标在行业内名列前茅。

张达用对工作的热爱与执着，在镇海炼化树立起一座精神丰碑，激励着全体员工为石化事业的发展拼搏奋进，为保障国家能源安全与推动行业绿色发展贡献力量。

本情境主要符号意义

英文字母

A——溶质；

b——萃取因数；

B——稀释剂（原溶剂）；

E——萃取相或萃取相的质量流量，kg/h；

E'——萃取液或萃取液的质量流量，kg/h；

F——原料液或原料液的质量流量，kg/h；

k_A——组分 A（溶质）在萃取相 E 与萃余相 R 中的分配系数；

k_B——组分 B（原溶剂）在萃取相 E 与萃余相 R 中的分配系数；

M——混合液或混合液的质量流量，kg/h；

N——萃取级数；

p——压力，Pa；

R——萃余相或萃余相的质量流量，kg/h；

R'——萃余液或萃余液的质量流量，kg/h；

S——萃取剂或萃取剂的质量流量，kg/h；

S_{min}——萃取剂的最少用量，kg/h；

T——温度，K；

x_{MA}——混合液 M 中溶质 A 中的质量分数；

x_{RA}——溶质 A 在萃余相 R 中的质量分数，简写 x_A 或 x_R；

$x_{R'A}$——萃余液中溶质 A 的质量分数，简写 $x_{R'}$；

x_F——萃取原料液中溶质 A 的质量分数；

X_F——原料液中溶质 A 的质量比，kgA/kgB；

X_N——萃余相中溶质 A 的质量比，kgA/kgB；

y_{EA}——溶质 A 在萃取相 E 中的质量分数，简写 y_A 或 y_E；

$y_{E'A}$——萃取液中溶质 A 的质量分数，简写 $y_{E'}$；

Y_{EA}——萃取相中溶质 A 的质量比，kgA/kgS；

y_{SA}——萃取剂中溶质 A 的质量分数；

Y_S——新鲜萃取剂中溶质 A 的质量比，kgA/kgS。

希腊字母

β——选择性系数。

附　录

附录一　各种流体的适宜流速

介　质	条　件	流速/(m/s)	介　质	条　件	流速/(m/s)
过热蒸汽	DN<100	20～40	水及黏度相似液体	$p_表$＝0.1～0.3MPa	0.5～2.0
	DN＝100～200	30～50		$p_表$＜1.0MPa	0.5～3.0
	DN>200	40～60		压力回水	0.5～2.0
饱和蒸汽	DN<100	15～30		无压回水	0.5～1.2
	DN＝100～200	25～35		离心泵吸入口	1.5～2.0
	DN>200	30～40		离心泵排出口	1.5～3.0
低压气体 $p_绝$＜0.1MPa	DN≤100	2～4		往复泵吸入口	0.5～1.5
	DN＝125～300	4～6		往复泵排出口	1.0～2.0
	DN＝350～600	6～8	油及黏度大的液体	油及相似液体	0.5～2.0
	DN＝700～1250	8～12		黏度0.05Pa·s	
气体	鼓风机吸入管	10～15		DN≤25	0.5～0.9
	鼓风机排出管	15～20		DN＝50	0.7～1.0
	压缩机吸入管	10～15		DN＝100	1.0～1.6
	压缩机排出管：			黏度0.1Pa·s	
	$p_绝$＜1.0MPa	8～10		DN≤25	0.3～0.6
	$p_绝$＝1.0～10.0MPa	10～20		DN＝50	0.5～0.7
	往复真空泵：			DN＝100	0.7～1.0
	吸入管	13～16		DN＝200	1.2～1.6
	排出管	25～30		黏度0.1Pa·s	
苯乙烯、氯乙烯		2		DN≤25	0.1～0.2
乙醚、苯、二硫化碳	安全许可值	＜1		DN＝50	0.16～0.25
				DN＝100	0.25～0.35
甲醇、乙醇、汽油	安全许可值	＜2～3		DN＝200	0.35～0.55

附录二　管子规格表

管端用螺纹和沟槽连接的钢管外径、壁厚（GB/T 3091—2015）

公称直径/mm	外径/mm	壁厚/mm	
		普通管	加厚管
6	10.0	2.0	2.5
8	13.5	2.5	2.8
10	17.2	2.5	2.8
15	21.3	2.8	3.5
20	26.9	2.8	3.5
25	33.7	3.2	4.0
32	42.4	3.5	4.0
40	48.3	3.5	4.5
50	60.3	3.8	4.5
65	76.1	4.0	4.5
80	88.9	4.0	5.0
100	114.3	4.0	5.0
125	139.7	4.0	5.5
150	165.1	4.5	6.0
200	219.1	6.0	7.0

注：表中的公称直径系近似内径的名义尺寸，不表示外径减去两倍壁厚所得的内径。

附录三　离心泵的规格

（1）IS 型单级单吸离心泵性能表

型　号	转速 n /（r/min）	流量		扬程 H/m	效率 η	功率/kW		必须汽蚀余量 r/m	质量（泵/底座）/kg
		m³/h	L/s			轴	电机		
IS50-32-125	2900	7.5	2.08	22	47%	0.96		2.0	
		12.5	3.47	20	60%	1.13	2.2	2.0	32/46
		15	4.17	18.5	60%	1.26		2.5	
	1450	3.75	1.04	5.4	43%	0.13		2.0	
		6.3	1.74	5	54%	0.16	0.55	2.0	32/38
		7.5	2.08	4.6	55%	0.17		2.5	
IS50-32-160	2900	7.5	1.04	5.4	44%	1.59		2.0	
		12.5	1.74	5	54%	2.02	3	2.0	50/46
		15	2.08	4.6	56%	2.16		2.5	
	1450	3.75	1.04	13.1	35%	0.25		2.0	
		6.3	1.74	12.5	48%	0.29	0.55	2.0	50/38
		7.5	2.08	12	49%	0.31		2.5	

型　　号	转速 n /（r/min）	流量		扬程 H/m	效率 η	功率/kW		必须汽蚀余量 r/m	质量（泵/底座）/kg
		m³/h	L/s			轴	电机		
IS50-32-200	2900	7.5	2.08	82	38%	2.82	5.5	2.0	52/66
		12.5	3.47	80	48%	3.54		2.0	
		15	4.17	78.5	51%	3.95		2.5	
	1450	3.75	1.04	20.5	33%	0.41	0.75	2.0	52/38
		6.3	1.74	20	42%	0.51		2.0	
		7.5	2.08	19.5	44%	0.56		2.5	
IS-32-250	2900	7.5	2.08	21.8	23.5%	5.87	11	2.0	88/110
		12.5	3.47	20	38%	7.16		2.0	
		15	4.17	18.5	41%	7.83		2.5	
	1460	3.75	1.04	5.35	23%	0.91	1.5	2.0	88/64
		6.3	1.74	5	32%	1.07		2.0	
		7.5	2.08	4.7	35%	1.14		3.0	
IS65-50-125	2900	7.5	4.17	35	58%	1.54	3	2.0	50/41
		12.5	6.94	32	69%	1.97		2.0	
		15	8.33	30	68%	2.22		3.0	
	1450	3.75	2.08	8.8	53%	0.21	0.55	2.0	50/38
		6.3	3.47	8.0	64%	0.27		2.0	
		7.5	4.17	7.2	65%	0.30		2.5	
IS65-50-160	2900	15	4.17	53	54%	2.65	5.5	2.0	51/66
		25	6.94	50	65%	3.35		2.0	
		30	8.33	47	66%	3.71		2.5	
	1450	7.5	2.08	13.2	50%	0.36	0.75	2.0	51/38
		12.5	3.47	12.5	60%	0.45		2.0	
		15	4.17	11.8	60%	0.49		2.5	
IS65-40-200	2900	15	4.17	53	49%	4.42	7.5	2.0	62/66
		25	6.94	50	60%	5.67		2.0	
		30	8.33	47	61%	6.29		2.5	
	1450	7.5	2.08	13.2	43%	0.63	1.1	2.0	62/46
		12.5	3.47	12.5	55%	0.77		2.0	
		15	4.17	11.8	57%	0.85		2.5	
IS65-40-250	2900	15	4.17	82	37%	9.05	15	2.0	82/110
		25	6.94	80	50%	10.89		2.0	
		30	8.33	78	53%	12.02		2.5	
	1450	7.5	2.08	21	35%	1.23	2.2	2.0	82/67
		12.5	3.47	20	46%	1.48		2.0	
		15	4.17	19.4	48%	1.65		2.5	
IS65-40-315	2900	15	4.17	127	28%	1.85	30	2.5	152/110
		25	6.94	125	40%	2.13		2.5	
		30	8.33	123	44%	2.28		3.0	

续表

型　号	转速 n /(r/min)	流量 m³/h	流量 L/s	扬程 H/m	效率 η	功率/kW 轴	功率/kW 电机	必须汽蚀余量 r/m	质量（泵/底座）/kg
IS65-40-315	1450	7.5	2.08	32.2	25%	6.63		2.5	
		12.5	3.47	32.0	37%	2.94		2.5	152/67
		15	4.17	31.7	41%	3.16		3.0	
IS80-65-125	2900	30	8.33	22.5	64%	2.87		3.0	
		50	1.39	20	75%	3.63	5.5	3.0	44/46
		60	1.67	18	74%	3.98		3.5	
	1450	15	4.17	5.6	55%	0.42		2.5	
		25	6.94	5	71%	0.48		2.5	
		30	8.33	4.5	72%	0.51	0.75	3.0	44/38
		25	6.94	12.5	65%	1.31		2.5	
		30	8.33	11.8	67%	14.4		3.0	
IS80-65-160	2900	30	8.33	36	61%	4.82		2.5	
		50	1.39	32	73%	5.97	7.5	2.5	48/66
		60	1.67	29	72%	6.59		3.0	
	1450	15	4.17	9	55%	0.67		2.5	
		25	6.94	8	69%	0.79	1.5	2.5	48/46
		30	8.33	7.2	68%	0.86		3.0	
IS80-50-200	2900	30	8.33	53	55%	7.87		2.5	
		50	1.39	50	69%	9.87	15	2.5	64/124
		60	1.67	47	71%	10.8		3.0	
	1450	15	4.17	13.2	51%	1.06		2.5	
		25	6.94	12.5	65%	1.31	2.2	2.5	64/46
		30	8.33	11.8	67%	14.4		3.0	
IS80-50-250	2900	30	8.33	84	52%	13.2		2.5	
		50	13.9	80	63%	17.3	22	2.5	90/110
		60	16.7	75	64%	19.2		3.0	
	1450	15	4.17	21	49%	1.75		2.5	
		25	6.94	20	60%	2.22	3	2.5	90/64
		30	8.33	18.8	61%	2.52		3.0	
IS80-50-315	2900	30	8.33	128	41%	25.5		2.5	
		50	13.9	125	54%	31.5	37	2.5	125/160
		60	16.7	123	57%	35.3		3.0	
	1450	15	4.17	32.5	39%	3.4		2.5	
		25	6.94	32	52%	4.19	5.5	2.5	125/66
		30	8.33	31.5	56%	4.6		3.0	

续表

型　　号	转速 n / (r/min)	流量		扬程 H/m	效率 η	功率/kW		必须汽蚀余量 r/m	质量（泵/底座）/kg
		m³/h	L/s			轴	电机		
IS100-80-125	2900	60	16.7	24	67%	5.86	11	4.0	49/64
		100	27.8	20	78%	7.00		4.5	
		120	33.3	16.5	74%	7.28		5.0	
	1450	30	8.33	6	64%	0.77	1	2.5	49/46
		50	13.9	5	75%	0.91		2.5	
		60	16.7	4	71%	0.92		3.0	
IS100-80-160	2900	60	16.7	36	70%	8.42	15	3.5	69/110
		100	27.8	32	78%	11.2		4.0	
		120	33.3	28	75%	12.2		5.0	
	1450	30	8.33	9.2	67%	1.12	2.2	2.0	69/64
		50	13.9	8.0	75%	1.45		2.5	
		60	16.7	6.8	71%	1.57		3.5	
IS100-65-200	2900	60	16.7	54	65%	13.6	22	3.0	81/110
		100	27.8	50	76%	17.9		3.6	
		120	33.3	47	77%	19.9		4.8	
	1450	30	8.33	13.5	60%	1.84	4	2.0	81/64
		50	13.9	12.5	73%	2.33		2.0	
		60	16.7	11.8	74%	2.61		2.5	
IS100-65-250	2900	60	16.7	87	61%	23.4	37	3.5	90/160
		100	27.8	80	72%	30.0		3.8	
		120	33.3	74.5	73%	33.3		4.8	
	1450	30	8.33	21.3	55%	3.16	5.5	2.0	90/66
		50	13.9	20	68%	4.00		2.0	
		60	16.7	19	70%	4.44		2.5	
IS125-100-200	2900	120	33.3	57.5	67%	28.0	45	4.5	108/160
		200	55.6	50	81%	33.6		4.5	
		240	66.7	44.5	80%	36.4		5.0	
	1450	60	16.7	14.5	62%	3.83	7.5	2.5	108/66
		100	27.8	12.5	76%	4.48		2.5	
		120	33.3	11	75%	4.79		3.0	
IS125-100-250	2900	120	33.3	87	66%	43.0	75	3.8	166/295
		200	55.6	80	78%	55.9		4.2	
		240	66.7	72	75%	62.8		5.0	
	1450	60	16.7	21.5	63%	5.59	11	2.5	166/112
		100	27.8	20	76%	7.17		2.5	
		120	33.3	18.5	77%	7.84		3.0	

续表

型　号	转速 n /（r/min）	流量		扬程 H/m	效率 η	功率/kW		必须汽蚀余量 r/m	质量（泵/底座）/kg
		m³/h	L/s			轴	电机		
IS200-150-400	1450	240	66.7	55	74%	48.6	90	3.0	295/298
		400	111.1	50	81%	67.2		3.8	
		460	127.8	48	76%	74.2		4.5	

（2）Y 型离心油泵性能表（摘录）

型　号	流量 /（m³/h）	扬程 /m	转速 /（r/min）	功率/kW		效率	汽蚀余量/m	泵壳许用应力/Pa	结构形式	备注
				轴	电机					
50Y-60	12.5	60	2950	5.95	11	35%	2.3	1570/2550	单级悬臂	泵壳许用应力内的分子表示第Ⅰ类材料相应的许用应力数，分母表示Ⅱ、Ⅲ类材料相应的许用应力数
50Y-60A	11.2	49	2950	4.27	8			1570/2550	单级悬臂	
50Y-60B	9.9	38	2950	2.39	5.5	35%		1570/2550	单级悬臂	
50Y-60×2	12.5	120	2950	11.7	15		2.3	2158/3138	单级悬臂	
50Y-60×2A	11.7	105	2950	9.55	15	35%		2158/3138	两级悬臂	
50Y-60×2B	10.8	90	2950	7.65	11			2158/3138	两级悬臂	
50Y-60×2C	9.9	75	2950	5.9	8			2158/3138	两级悬臂	
65Y-60	25	60	2950	7.5	11		2.6	1570/2550	两级悬臂	
65Y-60A	22.5	49	2950	5.5	8	55%		1570/2550	单级悬臂	
65Y-60B	19.8	38	2950	3.75	5.5			1570/2550	单级悬臂	
65Y-100	25	100	2950	17.0	32		2.6	1570/2550	单级悬臂	
65Y-100A	23	85	2950	13.3	20	40%		1570/2550	单级悬臂	
65Y-100B	21	70	2950	10.0	15			1570/2550	单级悬臂	
65Y-100×2	25	200	2950	34.0	55		2.6	2942/3923	两级悬臂	
65Y-100×2A	23.3	175	2950	27.8	40	40%		2942/3923	两级悬臂	
65Y-100×2B	21.6	150	2950	22.0	32			2942/3923	两级悬臂	
65Y-100×2C	19.8	125	2950	16.8	20			2942/3923	两级悬臂	
80Y-60	50	60	2950	12.8	15		3.0	1570/2550	单级悬臂	
80Y-60A	45	49	2950	9.4	11	64%		1570/2550	单级悬臂	
80Y-60B	39.5	38	2950	6.5	8			1570/2550	单级悬臂	
80Y-100	50	100	2950	22.7	32		3.0	1961/2942	单级悬臂	
80Y-100A	45	85	2950	18.0	25	60%		1961/2942	单级悬臂	
80Y-100B	39.5	70	2950	12.6	20			1961/2942	单级悬臂	
80Y-100×2	50	200	2950	45.4	75	60%	3.0	2942/3923	单级悬臂	
80Y-100×2A	46.6	175	2950	37.0	55	60%	3.0	2942/3923	两级悬臂	
80Y-100×2B	43.2	150	2950	29.5	40				两级悬臂	
80Y-100×2C	39.6	125	2950	22.7	32				两级悬臂	

附录四　饱和水的物理性质

温度 (t) /℃	饱和蒸气压 (p)/kPa	密度 (ρ) /(kg/m³)	比焓 (H) /(kJ/kg)	比热容 ($c_p \times 10^{-3}$) /[J/(kg·K)]	热导率 ($\lambda \times 10^2$) /[W/(m·K)]	黏度 ($\mu \times 10^6$) /Pa·s	体积膨胀系数 ($\beta \times 10^4$) /K⁻¹	表面张力 ($\sigma \times 10^4$) /(N/m)	普朗特数 Pr
0	0.611	999.9	0	4.212	55.1	1788	−0.81	756.4	13.67
10	1.227	999.7	42.04	4.191	57.4	1306	+0.87	741.6	9.52
20	2.338	998.2	83.91	4.183	59.9	1004	2.09	726.9	7.02
30	4.241	995.7	125.7	4.174	61.8	801.5	3.05	712.2	5.42
40	7.375	992.2	167.5	4.174	63.5	653.3	3.86	696.5	4.31
50	12.335	988.1	209.3	4.174	64.8	549.4	4.57	676.9	3.54
60	19.92	983.1	251.1	4.179	65.9	469.9	5.22	662.2	2.99
70	31.16	977.8	293.0	4.187	66.8	406.1	5.83	643.5	2.55
80	47.36	971.8	355.0	4.195	67.4	355.1	6.40	625.9	2.21
90	70.11	965.3	377.0	4.208	68.0	314.9	6.96	607.2	1.95
100	101.3	958.4	419.1	4.220	68.3	282.5	7.50	588.6	1.75
110	143	951.0	461.4	4.233	68.5	259.0	8.04	569.0	1.60
120	198	943.1	503.7	4.250	68.6	237.4	8.58	548.4	1.47
130	270	934.8	546.4	4.266	68.6	217.8	9.12	528.8	1.36
140	361	926.1	589.1	4.287	68.5	201.1	9.68	507.2	1.26
150	476	917.0	632.2	4.313	68.4	186.4	10.26	486.6	1.17
160	618	907.0	675.4	4.346	68.3	173.6	10.87	466.0	1.10
170	792	897.3	719.3	4.380	67.9	162.8	11.52	443.4	1.05
180	1003	886.9	763.3	4.417	67.4	153.0	12.21	422.8	1.00
190	1255	876.0	807.8	4.459	67.0	144.2	12.96	400.2	0.96
200	1555	863.0	852.8	4.505	66.3	136.4	13.77	376.7	0.93
210	1908	852.3	897.7	4.555	65.5	130.5	14.67	354.1	0.91
220	2320	840.3	943.7	4.614	64.5	124.6	15.67	331.6	0.89
230	2798	827.3	990.2	4.681	63.7	119.7	16.80	310.0	0.88
240	3348	813.6	1037.5	4.756	62.8	114.8	18.08	285.5	0.87
250	3978	799.0	1085.7	4.844	61.8	109.9	19.55	261.9	0.86
260	4694	784.0	1135.7	4.949	60.5	105.9	21.27	237.4	0.87
270	5505	767.9	1185.7	5.070	59.0	102.0	23.31	214.8	0.88
280	6419	750.7	1236.8	5.230	57.4	98.1	25.79	191.3	0.90
290	7445	732.3	1290.0	5.485	55.8	94.2	28.84	168.7	0.93
300	8592	712.5	1344.9	5.736	54.0	91.2	32.73	144.2	0.97

温度 (t) /℃	饱和蒸气压 (p) /kPa	密度 (ρ) /(kg/m³)	比焓 (H) /(kJ/kg)	比热容 $(c_p \times 10^{-3})$ /[J/(kg·K)]	热导率 $(\lambda \times 10^2)$ /[W/(m·K)]	黏度 $(\mu \times 10^6)$ /Pa·s	体积膨胀系数 $(\beta \times 10^4)$ /K⁻¹	表面张力 $(\sigma \times 10^4)$ /(N/m)	普朗特数 Pr
310	9870	691.1	1402.2	6.071	52.3	88.3	37.85	120.7	1.03
320	11290	667.1	1462.1	6.574	50.6	85.3	44.91	98.10	1.11
330	12865	640.2	1526.2	7.244	48.4	81.4	55.31	76.71	1.22
340	14608	610.1	1594.8	8.165	45.7	77.5	72.10	56.70	1.39
350	16537	574.4	1671.4	9.504	43.0	72.6	103.7	38.16	1.60
360	18674	528.0	1761.5	13.984	39.5	66.7	182.9	20.21	2.35
370	21053	450.5	1892.5	40.321	33.7	56.9	676.7	4.709	6.79

附录五　某些液体的物理性质

序号	名　称	分子式	相对分子质量	密度(20℃) /(kg/m³)	沸点(101.3kPa) /℃	比汽化热(101.3kPa) /(kJ/kg)	比热容(20℃) /[kJ/(kg·K)]	黏度(20℃) /mPa·s	热导率(20℃) /[W/(m·K)]	体积膨胀系数(20℃) /10⁻⁴ ℃⁻¹	表面张力(20℃) /(10⁻³ N/m)
1	水	H_2O	18.02	998	100	2258	4.183	1.005	0.599	1.82	72.8
2	盐水(25%NaCl)	—		1186	107 (25℃)	—	3.39	2.3	0.57 (30℃)	(4.4)	—
3	盐水(25%CaCl₂)	—		1228	107	—	2.89	2.5	0.57	(3.4)	—
4	硫酸	H_2SO_4	98.08	1831	340 (分解)		1.47 (98%)		0.38	5.7	
5	硝酸	HNO_3	63.02	1513	86	481.1	—	1.17 (10℃)	—	—	—
6	盐酸(30%)	HCl	36.47	1149	—	—	2.55	2 (31.5%)	0.42		
7	二硫化碳	CS_2	76.13	1262	46.3	352	1.005	0.38	0.16	12.1	32
8	戊烷	C_5H_{12}	72.15	626	36.07	357.4	2.24 (15.6℃)	0.229	0.113	15.9	16.2
9	己烷	C_6H_{14}	86.17	659	68.74	335.1	2.31 (15.6℃)	0.313	0.119		18.2
10	庚烷	C_7H_{16}	100.20	684	98.43	316.5	2.21 (15.6℃)	0.411	0.123	—	20.1
11	辛烷	C_8H_{18}	114.22	703	125.67	306.4	2.19 (15.6℃)	0.540	0.131		21.8
12	三氯甲烷	$CHCl_3$	119.38	1489	61.2	253.7	0.992	0.58	0.138 (30℃)	12.6	28.5 (10℃)

序号	名　称	分子式	相对分子质量	密度 (20℃) /(kg /m³)	沸点 (101.3kPa) /℃	比汽化热 (101.3kPa) /(kJ/kg)	比热容 (20℃) /[kJ/ (kg·K)]	黏度 (20℃) /mPa·s	热导率 (20℃) /[W/ (m·K)]	体积膨 胀系数 (20℃) /10⁻⁴ ℃⁻¹	表面 张力 (20℃) /(10⁻³ N/m)
13	四氯化碳	CCl_4	153.82	1594	76.8	195	0.850	1.0	0.12	—	26.8
14	1,2-二氯乙烷	$C_2H_4Cl_2$	98.96	1253	83.6	324	1.260	0.83	0.14 (50℃)	—	30.8
15	苯	C_6H_6	78.11	879	80.10	393.9	1.704	0.737	0.148	12.4	28.6
16	甲苯	C_7H_8	92.13	867	110.63	363	1.70	0.675	0.138	10.9	27.9
17	邻二甲苯	C_8H_{10}	106.16	880	144.42	347	1.74	0.811	0.142	—	30.2
18	间二甲苯	C_8H_{10}	106.16	864	139.10	343	1.70	0.611	0.167	10.1	29.0
19	对二甲苯	C_8H_{10}	106.16	861	138.35	340	1.704	0.643	0.129	—	28.0
20	苯乙烯	C_8H_9	104.1	911 (15.6℃)	145.2	(352)	1.733	0.72	—	—	—
21	氯苯	C_6H_5Cl	112.56	1106	131.8	325	1.298	0.85	0.14 (30℃)	—	32
22	硝基苯	$C_6H_5NO_2$	123.17	1203	210.9	396	1.466	2.1	0.15	—	41
23	苯胺	$C_6H_5NH_2$	93.13	1022	184.4	448	2.07	4.3	0.17	8.5	42.9
24	苯酚	C_6H_5OH	94.1	1050 (50℃)	181.8 40.9 (熔点)	511	—	3.4 (50℃)	—	—	—
25	萘	$C_{15}H_8$	128.17	1145 (固体)	217.9 80.2 (熔点)	314	1.80 (100℃)	0.59 (100℃)	—	—	—
26	甲醇	CH_3OH	32.04	791	64.7	1101	2.48	0.6	0.212	12.2	22.6
27	乙醇	C_2H_5OH	46.07	789	78.3	846	2.39	1.15	0.172	11.6	22.8
28	乙醇(95%)	—	—	804	78.3	—	—	1.4	—	—	—
29	乙二醇	$C_2H_4(OH)_2$	62.05	1113	197.6	780	2.35	23	—	—	—
30	甘油	$C_3H_5(OH)_3$	92.09	1261	290 (分解)	—	—	1499	0.59	53	—
31	乙醚	$(C_2H_5)_2O$	74.12	714	34.6	360	2.34	0.24	0.14	16.3	—
32	乙醛	CH_3CHO	44.05	783 (18℃)	20.2	574	1.9	1.3 (18℃)	—	—	—
33	糠醛	$C_5H_4O_2$	96.09	1168	161.7	452	1.6	1.15 (50℃)	—	—	—
34	丙酮	CH_3COCH_3	58.08	792	56.2	523	2.35	0.32	0.17	—	—
35	甲酸	$HCOOH$	46.03	1220	100.7	494	2.17	1.9	0.26	—	—
36	乙酸	CH_3COOH	60.03	1049	118.1	406	1.99	1.3	0.17	10.7	—
37	乙酸乙酯	$CH_3COOC_2H_5$	88.11	901	77.1	368	1.92	0.48	0.14 (10℃)	—	—
38	煤油			780~820	—	—	—	3	0.15	10.0	—
39	汽油			680~800	—	—	—	0.7~ 0.8	0.19 (30℃)	12.5	—

附录六　液体的黏度共线图

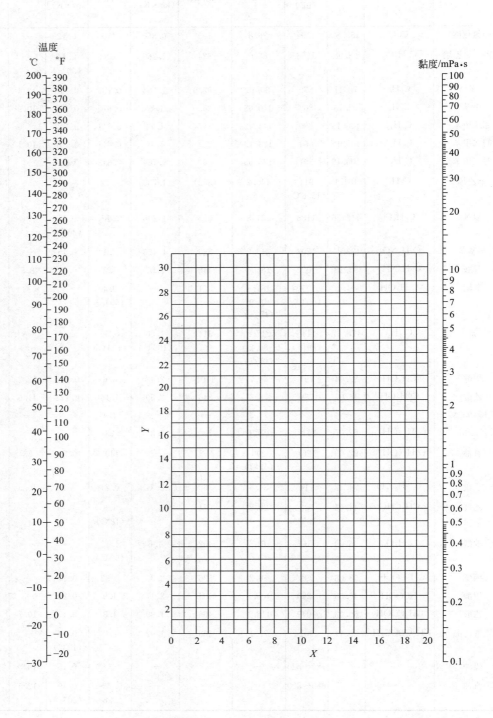

液体的黏度共线图的坐标值列于下表。

序号	名　称	X	Y	序号	名　称	X	Y
1	水	10.2	13.0	31	乙苯	13.2	11.5
2	盐水（25%NaCl）	10.2	16.6	32	氯苯	12.3	12.4
3	盐水（25%CaCl₂）	6.6	15.9	33	硝基苯	10.6	16.2
4	氨	12.6	2.2	34	苯胺	8.1	18.7
5	氨水（26%）	10.1	13.9	35	酚	6.9	20.8
6	二氧化碳	11.6	0.3	36	联苯	12.0	18.3
7	二氧化硫	15.2	7.1	37	萘	7.9	18.1
8	二硫化碳	16.1	7.5	38	甲醇（100%）	12.4	10.5
9	溴	14.2	18.2	39	甲醇（90%）	12.3	11.8
10	汞	18.4	16.4	40	甲醇（40%）	7.8	15.5
11	硫酸（110%）	7.2	27.4	41	乙醇（100%）	10.5	13.8
12	硫酸（100%）	8.0	25.1	42	乙醇（95%）	9.8	14.3
13	硫酸（98%）	7.0	24.8	43	乙醇（40%）	6.5	16.6
14	硫酸（60%）	10.2	21.3	44	乙二醇	6.0	23.6
15	硝酸（95%）	12.8	13.8	45	甘油（100%）	2.0	30.0
16	硝酸（60%）	10.8	17.0	46	甘油（50%）	6.9	19.6
17	盐酸（31.5%）	13.0	16.6	47	乙醚	14.5	5.3
18	氢氧化钠（50%）	3.2	25.8	48	乙醛	15.2	14.8
19	戊烷	14.9	5.2	49	丙酮	14.5	7.2
20	己烷	14.7	7.0	50	甲酸	10.7	15.8
21	庚烷	14.1	8.4	51	乙酸（100%）	12.1	14.2
22	辛烷	13.7	10.0	52	乙酸（70%）	9.5	17.0
23	三氯甲烷	14.4	10.2	53	乙酸酐	12.7	12.8
24	四氯化碳	12.7	13.1	54	乙酸乙酯	13.7	9.1
25	二氯乙烷	13.2	12.2	55	乙酸戊酯	11.8	12.5
26	苯	12.5	10.9	56	氟利昂-11	14.4	9.1
27	甲苯	13.7	10.4	57	氟利昂-12	16.8	5.6
28	邻二甲苯	13.5	12.1	58	氟利昂-21	15.7	7.5
29	间二甲苯	13.9	10.6	59	氟利昂-22	17.2	4.7
30	对二甲苯	13.9	10.9	60	煤油	10.2	16.9

　　用法举例：求苯在 60℃时的黏度，从本表序号 26 查得苯的 X=12.5，Y=10.9。把这两个数值标在前页共线图的 X-Y 坐标上得一点，把这点与图中左方温度标尺上 50℃的点连成一直线，延长，与右方黏度标尺相交，由此交点定出 60℃苯的黏度为 0.42mPa·s。

附录七 101.33kPa 压力下气体的黏度共线图

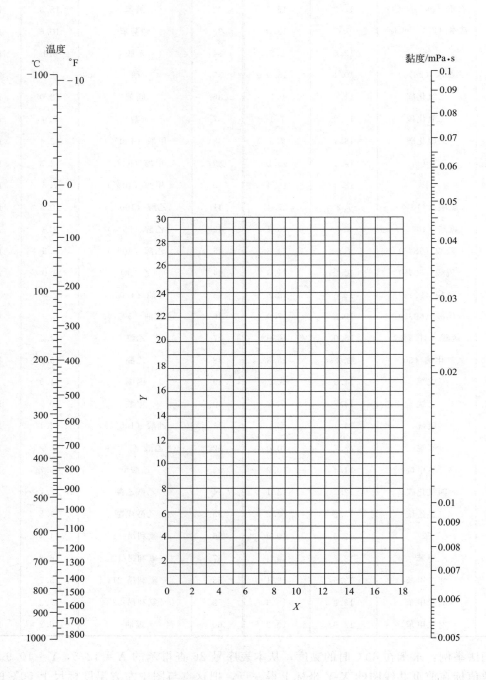

气体的黏度共线图坐标值列于下表。

序号	名　称	X	Y	序号	名　称	X	Y
1	空气	11.0	20.0	21	乙炔	9.8	14.9
2	氧气	11.0	21.3	22	丙烷	9.7	12.9
3	氮气	10.6	20.0	23	丙烯	9.0	13.8
4	氢气	11.2	12.4	24	丁烯	9.2	13.7
5	$3H_2+1N_2$	11.2	17.2	25	戊烷	7.0	12.8
6	水蒸气	8.0	16.0	26	己烷	8.6	11.8
7	二氧化碳	9.5	18.7	27	三氯甲烷	8.9	15.7
8	一氧化碳	11.0	20.0	28	苯	8.5	13.2
9	氨气	8.4	16.0	29	甲苯	8.6	12.4
10	硫化氢	8.6	18.0	30	甲醇	8.5	15.6
11	二氧化硫	9.6	17.0	31	乙醇	9.2	14.2
12	二硫化碳	8.0	16.0	32	丙醇	8.4	13.4
13	一氧化二氮	8.8	19.0	33	乙酸	7.7	14.3
14	一氧化氮	10.9	20.5	34	丙酮	8.9	13.0
15	氟气	7.3	23.8	35	乙醚	8.9	13.0
16	氯气	9.0	18.4	36	乙酸乙酯	8.5	13.2
17	氯化氢	8.8	18.7	37	氟利昂-11	10.6	15.1
18	甲烷	9.9	15.5	38	氟利昂-12	11.1	16.0
19	乙烷	9.1	14.5	39	氟利昂-21	10.8	15.3
20	乙烯	9.5	15.1	40	氟利昂-22	10.1	17.0

附录八　固体材料的热导率

1. 常用金属材料的热导率

热导率 /[W/(m·K)]	温度/℃				
	0	100	200	300	400
铝	228	228	228	228	228
铜	384	379	372	367	363
铁	73.3	67.5	61.6	54.7	48.9

续表

热导率 /[W/(m·K)]	温度/℃				
	0	100	200	300	400
铅	35.1	33.4	31.4	39.8	—
镍	93.0	82.6	73.3	63.97	59.3
银	414	409	373	362	359
碳钢	52.3	48.9	44.2	41.9	34.9
不锈钢	16.3	17.5	17.5	18.5	—

2. 常用非金属材料的热导率

名称	温度/℃	热导率/[W/(m·℃)]	名称	温度/℃	热导率/[W/(m·℃)]
石棉绳	—	0.10~0.21	泡沫塑料	—	0.0465
石棉板	30	0.10~0.14	泡沫玻璃	−15	0.00489
软木	30	0.0430		−80	0.00349
玻璃棉	—	0.0349~0.0698	木材（横向）		0.14~0.175
保温灰	—	0.0698	纵向	—	0.384
锯屑	20	0.0465~0.0582	耐火砖	230	0.872
棉花	100	0.0698		1200	1.64
厚纸	20	0.14~0.349	混凝土		1.28
玻璃	30	1.09	绒毛毡	—	0.0465
	−20	0.76	85%氧化镁粉	0~100	0.0698
搪瓷	—	0.87~1.16	聚氯乙烯	—	0.116~0.174
云母	50	0.43	酚醛加玻璃纤维	—	0.259
泥土	20	0.698~0.930	酚醛加石棉纤维	—	0.294
冰	0	2.33	聚碳酸酯		0.191
膨胀珍珠岩散料	25	0.021~0.062	聚苯乙烯泡沫	25	0.0419
软橡胶	—	0.129~0.159		−150	0.00174
硬橡胶	0	0.15	聚乙烯	—	0.329
聚四氟乙烯	—	0.242	石墨	—	139

附录九　液体的热导率

液体	温度/℃	热导率/[W/(m·℃)]	液体	温度/℃	热导率/[W/(m·℃)]
石油	20	0.180	四氯化碳	0	0.185
汽油	30	0.135		68	0.163
煤油	20	0.149	二硫化碳	30	0.163
	75	0.140		75	0.152
正戊烷	30	0.135	乙苯	30	0.149
	75	0.128		60	0.142
正己烷	30	0.138	氯苯	10	0.144
	60	0.137	硝基苯	30	0.164
正庚烷	30	0.140		100	0.152
	60	0.137	硝基甲苯	30	0.216
正辛烷	60	0.14		60	0.208
丁醇（100%）	20	0.182	橄榄油	100	0.164
丁醇（80%）	20	0.237	松节油	15	0.128
正丙醇	30	0.171	氯化钙盐水（30%）	30	0.55
	75	0.164	氯化钙盐水（15%）	30	0.59
正戊醇	30	0.163	氯化钠盐水（25%）	30	0.57
	100	0.154	氯化钠盐水（12.5%）	30	0.59
异戊醇	30	0.152	硫酸（90%）	30	0.36
	75	0.151	硫酸（60%）	30	0.43
正己醇	30	0.163	硫酸（30%）	30	0.52
	75	0.156	盐酸（12.5%）	32	0.52
正庚醇	30	0.163	盐酸（25%）	32	0.48
	75	0.157	盐酸（38%）	32	0.44
丙烯醇	25～30	0.180	氢氧化钾（21%）	32	0.58
乙醚	30	0.138	氢氧化钾（42%）	32	0.55
	75	0.135	氨	25～30	0.18
乙酸乙酯	20	0.175	氨水溶液	20	0.45
氯甲烷	−15	0.192		60	0.50
	30	0.154	水银	28	0.36
三氯乙烷	30	0.138			

附录十　液体的比热容

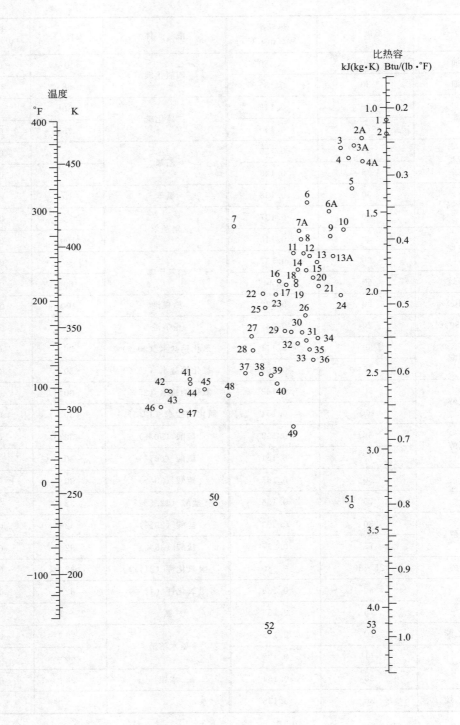

液体比热容共线图中的编号列于下表。

编　号	名　　称	温度范围/℃	编　号	名　　称	温度范围/℃
53	水	10～200	35	己烷	－80～20
51	盐水（25%NaCl）	－40～20	28	庚烷	0～60
49	盐水（25%CaCl$_2$）	－40～20	33	辛烷	－50～25
52	氨	－70～50	34	壬烷	－50～25
11	二氧化硫	－20～100	21	癸烷	－80～25
2	二氧化碳	－100～25	13A	氯甲烷	－80～20
9	硫酸（98%）	10～45	5	二氯甲烷	－40～50
48	盐酸（30%）	20～100	4	三氯甲烷	0～50
22	二苯基甲烷	30～100	46	乙醇（95%）	20～80
3	四氯化碳	10～60	50	乙醇（50%）	20～80
13	氯乙烷	－30～40	45	丙醇	－20～100
1	溴乙烷	5～25	47	异丙醇	20～50
7	碘乙烷	0～100	44	丁醇	0～100
6A	二氯乙烷	－30～60	43	异丁醇	0～100
3	过氯乙烯	－30～140	37	戊醇	－50～25
23	苯	10～80	41	异戊醇	10～100
23	甲苯	0～60	39	乙二醇	－40～200
17	对二甲苯	0～100	38	甘油	－40～20
18	间二甲苯	0～100	27	苯甲醇	－20～30
19	邻二甲苯	0～100	36	乙醚	－100～25
8	氯苯	0～100	31	异丙醚	－80～200
12	硝基苯	0～100	32	丙酮	20～50
30	苯胺	0～130	29	乙酸	0～80
10	苯甲基氯	－20～30	24	乙酸乙酯	－50～25
25	乙苯	0～100	26	乙酸戊酯	－20～70
15	联苯	80～120	20	吡啶	－40～15
16	联苯醚	0～200	2A	氟利昂-11	－20～70
16	导热姆 A（Dowtherm A）（联苯-联苯醚）	0～200	6	氟利昂-12	－40～15
14	萘	90～200	4A	氟利昂-21	－20～70
40	甲醇	－40～20	7A	氟利昂-22	－20～60
42	乙醇（100%）	30～80	3A	氟利昂-113	－20～70

　　用法举例：求丙醇在 47℃（320K）时的比热容，从本表找到丙醇的编号为 45，通过图中标号 45 的圆圈与图中左边温度标尺上 320K 的点连成直线并延长与右边比热容标尺相交，由此交点定出 320K 时丙醇的比热容为 2.71kJ/(kg·K)。

附录十一 101.33kPa压力下气体的比热容

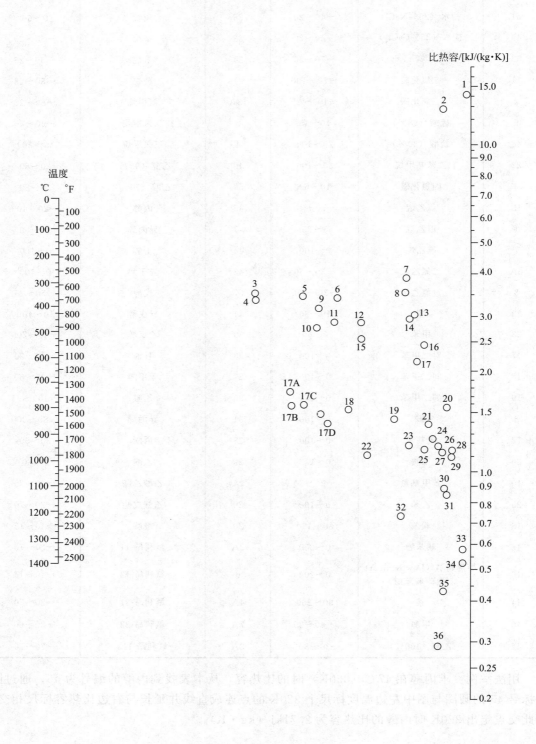

气体比热容共线图中的编号列于下表。

编号	气体	温度范围/K	编号	气体	温度范围/K
10	乙炔	273~473	1	氢气	273~873
15	乙炔	473~673	2	氢气	873~1673
16	乙炔	673~1673	35	溴化氢	273~1673
27	空气	273~1673	30	氯化氢	273~1673
12	氨	273~873	20	氟化氢	273~1673
14	氨	873~1673	36	碘化氢	273~1673
18	二氧化碳	273~673	19	硫化氢	273~973
24	二氧化碳	673~1673	21	硫化氢	973~1673
26	一氧化碳	273~1673	5	甲烷	273~573
32	氯气	273~473	6	甲烷	573~973
34	氯气	473~1673	7	甲烷	973~1673
3	乙烷	273~473	25	一氧化氮	273~973
9	乙烷	473~873	28	一氧化氮	973~1673
8	乙烷	873~1673	26	氮气	273~1673
4	乙烯	273~473	23	氧气	273~773
11	乙烯	473~873	29	氧气	773~1673
13	乙烯	873~1673	33	硫	573~1673
17B	氟利昂-11(CCl_3F)	273~423	22	二氧化硫	273~673
17C	氟利昂-21($CHCl_2F$)	273~423	31	二氧化硫	673~1673
17A	氟利昂-22($CHClF_2$)	273~423	17	水	273~1673
17D	氟利昂-113($CCl_2F\text{-}CClF_2$)	273~423			

附录十二　饱和水蒸气表

1. 饱和水蒸气表（以温度为准）

温度/℃	绝对压力		蒸汽的密度/(kg/m³)	焓				汽化热	
	/(kgf/cm²)	/kPa		液体		蒸汽		/(kcal/kg)	/(kJ/kg)
				/(kcal/kg)	/(kJ/kg)	/(kcal/kg)	/(kJ/kg)		
0	0.0062	0.6082	0.00484	0	0	595.0	2491.1	595.0	2491.1
5	0.0089	0.8730	0.00680	5.0	20.94	597.3	2500.8	592.3	2479.9
10	0.0125	1.2262	0.00940	10.0	41.87	599.6	2510.4	589.6	2468.5
15	0.0174	1.7068	0.01283	15.0	62.80	602.0	2520.5	587.0	2457.7
20	0.0238	2.3346	0.01719	20.0	83.74	604.3	2530.1	584.3	2446.3
25	0.0323	3.1684	0.02304	25.0	104.67	606.6	2539.7	581.6	2435.0

续表

温度 /℃	绝对压力		蒸汽的密度 /(kg/m³)	焓				汽化热	
	/(kgf/cm²)	/kPa		液体		蒸汽			
				/(kcal/kg)	/(kJ/kg)	/(kcal/kg)	/(kJ/kg)	/(kcal/kg)	/(kJ/kg)
30	0.0433	4.2474	0.03036	30.0	125.60	608.9	2549.3	578.3	2423.7
35	0.0573	5.6207	0.03960	35.0	146.54	611.2	2559.0	576.2	2412.4
40	0.0752	7.3766	0.05114	40.0	167.47	613.5	2568.6	573.5	2401.1
45	0.0977	9.5837	0.06543	45.0	188.41	615.7	2577.8	570.7	2389.4
50	0.1258	12.340	0.0830	50.0	209.34	618.0	2587.4	568.0	2378.1
55	0.1605	15.743	0.1043	55.0	230.27	620.2	2596.7	565.2	2366.4
60	0.2031	19.923	0.1301	60.0	251.21	622.5	2606.3	562.0	2355.1
65	0.2550	25.014	0.1611	65.0	272.14	624.7	2615.5	559.7	2343.4
70	0.3177	31.164	0.1979	70.0	293.08	626.8	2624.3	556.8	2331.2
75	0.393	38.551	0.2416	75.0	314.01	629.0	2633.5	554.0	2319.5
80	0.483	47.379	0.2929	80.0	334.94	631.1	2642.3	551.2	2307.8
85	0.590	57.875	0.3531	85.0	355.88	633.2	2651.1	548.2	2295.2
90	0.715	70.136	0.4229	90.0	376.81	635.3	2659.9	545.3	2283.1
95	0.862	84.556	0.5039	95.0	397.75	637.4	2668.7	542.4	2270.9
100	1.033	101.33	0.5970	100.0	418.68	639.4	2677.0	539.4	2258.4
105	1.232	120.85	0.7036	105.1	440.03	641.3	2685.0	536.3	2245.4
110	1.461	143.31	0.8254	110.1	460.97	643.3	2693.4	533.1	2232.0
115	1.724	169.11	0.9635	115.2	482.32	645.2	2701.3	531.0	2219.0
120	2.025	198.64	1.1199	120.3	503.67	647.0	2708.9	526.6	2205.2
125	2.367	232.19	1.296	125.4	525.02	648.8	2716.4	523.5	2191.8
130	2.755	270.25	1.494	130.5	546.38	650.6	2723.9	520.1	2177.6
135	3.192	313.11	1.715	135.6	567.73	652.3	2731.0	516.7	2163.3
140	3.685	361.47	1.962	140.7	589.08	653.9	2737.7	513.2	2148.7
145	4.238	415.72	2.238	145.9	610.85	655.5	2744.4	509.7	2134.0
150	4.855	476.24	2.543	151.0	632.21	657.0	2750.7	506.0	2118.5
160	6.303	618.28	3.252	161.4	675.75	659.9	2762.9	498.5	2087.1
170	8.080	792.59	4.113	171.8	719.29	662.4	2773.3	490.6	2054.0
180	10.23	1003.5	5.145	182.3	763.25	664.6	2782.5	482.3	2019.3
190	12.80	1255.6	6.378	192.9	807.64	666.4	2790.1	473.5	1982.4
200	15.85	1554.77	7.840	203.5	852.01	667.7	2795.5	464.2	1943.5
210	19.55	1917.72	9.567	214.3	897.23	668.6	2799.3	454.4	1902.5
220	23.66	2320.88	11.60	225.1	942.45	669.0	2801.0	443.9	1858.5

续表

温度 /℃	绝对压力		蒸汽的密度 /(kg/m³)	焓				汽化热	
	/(kgf/cm²)	/kPa		液体		蒸汽		/(kcal/kg)	/(kJ/kg)
				/(kcal/kg)	/(kJ/kg)	/(kcal/kg)	/(kJ/kg)		
230	28.53	2798.59	13.98	236.1	988.50	668.8	2800.1	432.7	1811.6
240	34.13	3347.91	16.76	247.1	1034.56	668.0	2796.8	420.8	1761.8
250	40.55	3977.67	20.01	258.3	1081.45	664.0	2790.1	408.1	1708.6
260	47.85	4693.75	23.82	269.6	1128.76	664.2	2780.9	394.5	1651.7
270	56.11	5503.99	28.27	281.1	1176.91	661.2	2768.3	380.1	1591.4
280	65.42	6417.24	33.47	292.7	1225.48	657.3	2752.0	364.6	1526.5
290	75.88	7443.29	39.60	304.4	1274.46	652.6	2732.3	348.1	1457.4
300	87.6	8592.94	46.93	316.6	1325.54	646.8	2708.0	330.2	1382.5
310	100.7	9877.96	55.59	329.3	1378.71	640.1	2680.0	310.8	1301.3
320	115.2	11300.3	65.95	343.0	1436.07	632.5	2648.2	289.5	1212.1
330	131.3	12879.6	78.53	357.5	1446.78	623.5	2610.5	266.6	1116.2
340	149.0	14615.8	93.98	373.3	1562.93	613.5	2568.6	240.2	1005.7
350	168.6	16538.5	113.2	390.8	1636.20	601.1	2516.7	210.3	880.5
360	190.3	18667.1	139.6	413.0	1729.15	583.4	2442.6	170.3	713.0
370	214.5	21040.9	171.0	451.0	1888.25	549.8	2301.9	98.2	411.1
374	225.0	22070.9	322.6	501.1	2098.0	501.1	2098.0	0	0

2. 饱和水蒸气表（以用 kPa 为单位的压力为准）

绝对压力/kPa	温度/℃	蒸汽的密度/(kg/m³)	焓/(kJ/kg)		汽化热/(kJ/kg)
			液体	蒸汽	
1.0	6.3	0.00773	26.48	2503.1	2476.8
1.5	12.5	0.01133	52.26	2515.3	2463.0
2.0	17.0	0.01486	71.21	2524.2	2452.9
2.5	20.9	0.01836	87.45	2531.8	2444.3
3.0	23.5	0.02179	98.38	2536.8	2438.4
3.5	26.1	0.02523	109.30	2541.8	2432.5
4.0	28.7	0.02867	120.23	2546.8	2426.6
4.5	30.8	0.03205	129.00	2550.9	2421.9
5.0	32.4	0.03537	135.69	2554.0	2418.3
6.0	35.6	0.04200	149.06	2560.1	2411.0
7.0	38.8	0.04864	162.44	2566.3	2403.8
8.0	41.3	0.05514	172.73	2571.0	2398.2

续表

绝对压力/kPa	温度/℃	蒸汽的密度/(kg/m³)	焓/(kJ/kg)		汽化热/(kJ/kg)
			液体	蒸汽	
9.0	43.3	0.06156	181.16	2574.8	2393.6
10.0	45.3	0.06798	189.59	2578.5	2388.9
15.0	53.5	0.09956	224.03	2594.0	2370.0
20.0	60.1	0.13068	251.51	2606.4	2854.9
30.0	66.5	0.19093	288.77	2622.4	2333.7
40.0	75.0	0.24975	315.93	2634.1	2312.2
50.0	81.2	0.30799	339.80	2644.3	2304.5
60.0	85.6	0.36514	358.21	2652.1	2393.9
70.0	89.9	0.42229	376.61	2659.8	2283.2
80.0	93.2	0.47807	390.08	2665.3	2275.3
90.0	96.4	0.53384	403.49	2670.8	2267.4
100.0	99.6	0.58961	416.90	2676.3	2259.5
120.0	104.5	0.69868	437.51	2684.3	2246.8
140.0	109.2	0.80758	457.67	2692.1	2234.4
160.0	113.0	0.82981	473.88	2698.1	2224.2
180.0	116.6	1.0209	489.32	2703.7	2214.3
200.0	120.2	1.1273	493.71	2709.2	2204.6
250.0	127.2	1.3904	534.39	2719.7	2185.4
300.0	133.3	1.6501	560.38	2728.5	2168.1
350.0	138.8	1.9074	583.76	2736.1	2152.3
400.0	143.4	2.1618	603.61	2742.1	2138.5
450.0	147.7	2.4152	622.42	2747.8	2125.4
500.0	151.7	2.6673	639.59	2752.8	2113.2
600.0	158.7	3.1686	670.22	2761.4	2091.1
700.0	164.7	3.6657	696.27	2767.8	2071.5
800.0	170.4	4.1614	720.96	2773.7	2052.7
900.0	175.1	4.6525	741.82	2778.1	2036.2
1×10^3	179.9	5.1432	762.68	2782.5	2019.7
1.1×10^3	180.2	5.6339	780.34	2785.5	2005.1
1.2×10^3	187.8	6.1241	797.92	2788.5	1990.6
1.3×10^3	191.5	6.6141	814.25	2790.9	1976.7
1.4×10^3	194.8	7.1038	829.06	2792.4	1963.7
1.5×10^3	198.2	7.5935	843.86	2794.5	1950.7

续表

绝对压力/kPa	温度/℃	蒸汽的密度/(kg/m³)	焓/(kJ/kg) 液体	焓/(kJ/kg) 蒸汽	汽化热/(kJ/kg)
1.6×10^3	201.3	8.0814	857.77	2796.0	1938.2
1.7×10^3	204.1	8.5674	870.58	2797.1	1926.5
1.8×10^3	206.9	9.0533	833.39	2798.1	1914.8
1.9×10^3	209.8	9.5392	896.21	2799.2	1903.0
2×10^3	212.2	10.0388	907.32	2799.7	1892.4
3×10^3	233.7	15.0075	1005.4	2798.9	1793.5
4×10^3	250.3	20.0969	1082.9	2789.8	1706.8
5×10^3	263.8	25.3663	1146.9	2776.2	1629.2
6×10^3	275.4	30.8494	1203.2	2759.5	1556.3
7×10^3	285.7	36.5744	1253.2	2740.8	1487.6
8×10^3	294.8	42.5768	1299.0	2720.5	1403.7
9×10^3	303.2	48.8945	1343.5	2699.1	1356.6
10×10^3	310.9	55.5407	1384.0	2677.1	1293.1
12×10^3	324.5	70.3075	1463.3	2631.2	1167.7
14×10^3	336.5	87.3020	1567.9	2583.2	1043.4
16×10^3	347.2	107.8010	1615.8	2531.1	915.4
18×10^3	356.9	134.4813	1699.8	2466.0	766.1
20×10^3	365.6	176.5961	1817.8	2364.2	544.9

附录十三　换热器

（摘选自 GB/T 28712.1—2023《热交换器型式与基本参数》）

内导流热交换器和冷凝器的主要工艺参数

公称直径 DN /mm	管程数 N	换热管根数[①] n		中心排管数		计算换热面积[②]/(A/m²) L=3000mm		L=4500mm		L=6000mm		L=9000mm	
		换热管外径 d/mm				换热管外径 d/mm							
		19	25	19	25	19	25	19	25	19	25	19	25
(325) 300	2	60	32	7	5	10.5	7.4	15.8	11.1	—	—	—	—
	4	52	28	6	4	9.1	6.4	13.7	9.7	—	—	—	—
(426) 400	2	120	74	8	7	20.9	16.9	31.6	25.6	42.3	34.4	—	—
	4	108	68	9	6	18.8	15.6	28.4	23.6	38.1	31.6	—	—

续表

公称直径 DN /mm	管程数 N	换热管根数① n		中心排管数		计算换热面积②/(A/m²)							
						L=3000mm		L=4500mm		L=6000mm		L=9000mm	
		换热管外径 d/mm				换热管外径 d/mm							
		19	25	19	25	19	25	19	25	19	25	19	25
500	2	206	124	11	8	35.7	28.3	54.1	42.8	72.5	57.4	—	—
	4	192	116	10	9	33.2	26.4	50.4	40.1	67.6	53.7	—	—
600	2	324	198	14	11	55.8	44.9	84.8	68.2	113.9	91.5	—	—
	4	308	188	14	10	53.1	42.6	80.7	64.8	108.2	86.9	—	—
	6	284	158	14	10	48.9	35.8	74.4	54.4	99.8	73.1	—	—
700	2	468	268	16	13	80.4	60.6	122.2	92.1	164.1	123.7	—	—
	4	448	256	17	12	76.9	57.8	117.0	87.9	157.1	118.1	—	—
	6	382	224	15	10	65.6	50.6	99.8	76.9	133.9	103.4	—	—
800	2	610	366	19	15	104.3	62.6	158.9	125.4	213.5	168.5	—	—
	4	588	352	18	14	100.6	60.2	153.2	120.6	205.8	162.1	—	—
	6	518	316	16	14	88.6	54.0	134.9	108.3	181.3	145.5	—	—
900	2	800	472	22	17	136.0	80.2	207.6	161.2	279.2	216.8	—	—
	4	776	456	21	16	131.9	77.5	201.4	155.7	270.6	209.4	—	—
	6	720	426	21	16	122.4	72.4	186.9	145.5	251.3	195.6	—	—
1000	2	1006	606	24	19	170.5	102.7	260.6	206.6	350.6	277.9	—	—
	4	980	588	23	18	166.1	99.7	253.9	200.4	341.6	269.7	—	—
	6	892	564	21	18	151.2	95.6	231.1	192.2	311.0	258.7	—	—
1100	2	1240	736	27	21	—	—	320.3	250.2	431.3	336.8	—	—
	4	1212	716	26	20	—	—	313.1	243.4	421.6	327.7	—	—
	6	1120	692	24	20	—	—	289.3	235.2	389.6	316.7	—	—
1200	2	1452	880	28	22	—	—	374.4	298.6	504.3	402.2	764.2	609.4
	4	1424	860	28	22	—	—	367.2	291.8	494.6	393.1	749.5	595.6
	6	1348	828	27	21	—	—	347.6	280.9	468.2	378.4	709.5	573.4
1300	4	1700	1024	31	24	—	—	—	—	589.3	467.1	—	—
	6	1616	972	29	24	—	—	—	—	560.2	443.3		
1400	4	1972	1192	32	26	—	—	—	—	682.6	542.9	1035.6	823.6
	6	1800	1130	30	24	—	—	—	—	654.2	514.7	992.5	780.8
1500	4	2304	1400	34	29	—	—	—	—	795.9	636.3	—	—
	6	2252	1332	34	28	—	—	—	—	777.9	605.4	—	—
1600	4	2632	1592	37	30	—	—	—	—	907.6	722.3	1378.7	1097.3
	6	2520	1518	37	29	—	—	—	—	869.0	688.8	1320.0	1047.2

续表

公称直径 DN /mm	管程数 N	换热管根数[①] n		中心排管数		计算换热面积[②]/(A/m²)							
						L=3000mm		L=4500mm		L=6000mm		L=9000mm	
		换热管外径 d/mm				换热管外径 d/mm							
		19	25	19	25	19	25	19	25	19	25	19	25
1700	4	3012	1856	40	32	—	—	—	—	1036.1	840.1	—	—
	6	2834	1812	38	32	—	—	—	—	974.0	820.2	—	—
1800	4	3384	2056	43	34	—	—	—	—	1161.3	928.4	1766.9	1412.5
	6	3140	1986	37	30	—	—	—	—	1077.5	896.7	1639.5	1364.4
1900	4	3660	2228	42	36	—	—	—	—	1251.8	1003.0	—	—
	6	3650	2172	40	34	—	—	—	—	1248.4	977.5	—	—
2000	4	4204	2562	54	42	—	—	—	—	1420.3	1138.9	2173.1	1742.6
	6	4130	2504	54	42	—	—	—	—	1395.3	1113.1	2134.9	1703.1
2200	4	5064	3078	58	46	—	—	—	—	1710.9	1368.3	2617.7	2093.5
	6	4978	3014	58	46	—	—	—	—	1681.8	1339.8	2573.2	2050.0
2400	4	6028	3652	64	50	—	—	—	—	2036.5	1623.4	3116.0	2483.9
	6	5936	3580	64	50	—	—	—	—	2005.5	1591.4	3068.4	2435.0
2600	4	7072	4280	70	54	—	—	—	—	2389.3	1902.6	3655.6	2911.1
	6	6970	4202	70	54	—	—	—	—	2354.8	1867.9	3602.9	2858.0

① 换热管根数按转角正方形（45°）排列计算。
② 计算换热面积按光管及工程压力 2.5MPa 管板厚度确定。

外导流热交换器的主要工艺参数

公称直径 DN /mm	管程数 N	换热管根数[①] n		中心排管数		计算换热面积[②]/(A/m²)	
						L=6000mm	
		换热管外径 d/mm				换热管外径 d/mm	
		19	25	19	25	19	25
500	2	224	132	13	10	78.9	61.2
	4	218	124	12	10	76.8	57.4
600	2	338	206	16	12	118.8	95.3
	4	320	196	15	12	112.5	90.6
700	2	480	280	18	15	168.3	129.2
	4	460	268	17	14	161.3	123.6
800	2	636	378	21	16	222.6	174.1
	4	612	364	20	16	214.2	167.6
900	2	822	490	24	19	287.0	225.1
	4	796	472	23	18	278.0	216.9
	6	742	452	23	16	259.1	207.7

续表

公称直径 DN /mm	管程数 N	换热管根数[①] n		中心排管数		计算换热面积[②]/(A/m²) L=6000mm	
		换热管外径 d/mm				换热管外径 d/mm	
		19	25	19	25	19	25
1000	2	1050	628	26	21	365.9	287.9
	4	1020	608	27	20	355.5	278.8
	6	938	580	25	20	326.9	265.9

① 换热管根数按转角正方形（45°）排列计算。

② 计算换热面积按光管及工程压力 2.5MPa 管板厚度确定。

参 考 文 献

［1］ 天津大学化工原理教研室．化工原理．天津：天津科学技术出版社，2005．

［2］ 汤金石．化工原理课程设计．北京：化学工业出版社，1996．

［3］ 李云倩．化工原理．北京：中央广播电视大学出版社，1991．

［4］ 管国锋、赵汝溥．化工原理，北京：化学工业出版社，2021．

［5］ 蒋维钧，等．化工原理．3版．北京：清华大学出版社，2009．

［6］ 陆美娟，等．化工原理．4版．北京：化学工业出版社，2024．

［7］ 陈敏恒，等．化工原理．5版．北京：化学工业出版社，2020．

［8］ 马秉骞．化工设备使用与维护．4版．北京：高等教育出版社，2025．

［9］ 柴诚敬，等．化工原理学习指南．3版．北京：高等教育出版社，2022．

［10］ 杨祖荣．化工原理．4版．北京：化学工业出版社，2021．

［11］ 吴红．化工单元过程及操作．2版．北京：化学工业出版社，2015．

"十二五"职业教育国家规划教材
经全国职业教育教材审定委员会审定

"十三五"江苏省高等学校重点教材（编号：2018-1-148）

"十四五"职业教育江苏省规划教材

化工单元过程及设备的选择与操作

下

第3版

周寅飞　封　娜　主编

徐忠娟　主审

化学工业出版社

·北京·

内容简介

　　本教材是基于工作过程系统化的理念，按项目导向、任务驱动的原则编写。全书分上、下两册，共设置了八个学习情境，每个学习情境均以来自企业的真实工程任务为载体，重点介绍化工常用单元操作过程或反应过程的工作原理、设备结构及相关的操作与维护技术。本教材还以二维码形式插入动画及视频资源，方便读者自学。

　　下册内容包括：蒸馏过程及设备的选择与操作、吸收过程及设备的选择与操作、干燥过程及设备的选择与操作和反应过程及设备的选择与操作。全书内容循序渐进、深入浅出，每个学习情境均适度配置有观察与思考、例题及课后实践与练习等。

　　本书可作为高等职业院校应用化工技术、石油化工技术及精细化工技术等化工及相关专业的以培养化工生产岗位基本操作技能为目标的课程教材，也可供化工、医药、食品、环保等相关行业技术人员参考。

责任编辑：林　媛　窦　臻　　　　　　　　　　装帧设计：王晓宇

责任校对：王　静

出版发行：化学工业出版社（北京市东城区青年湖南街 13 号　邮政编码 100011）

印　　装：北京云浩印刷有限责任公司

787mm×1092mm　1/16　印张 38　字数 938 千字　2025 年 4 月北京第 3 版第 1 次印刷

购书咨询：010-64518888　　　　　　　　　　售后服务：010-64518899

网　　址：http://www.cip.com.cn

凡购买本书，如有缺损质量问题，本社销售中心负责调换。

定　　价：98.00 元（上、下册）

前言

　　《化工单元过程及设备的选择与操作》第二版自 2021 年出版以来，得到了许多读者的支持。本次修订以落实党的二十大报告中"培养造就大批德才兼备的高素质人才"为总要求，以打造契合"大国工匠"培育需求的"专业与思政融合"精品教材为目标，以更充分发挥教材铸魂育人的作用。

　　作为服务地方产业经济的高等职业教育专业教材，第三版在保持前版"项目导向、任务驱动"编写特色的同时，进一步强化与区域内化工头部企业合作，共同组织教材内容。具体修订内容如下。

　　1. 优化目标：重新修订了各学习情境中的教学目标，使之更加符合目前传统化工行业转型升级和技术变革的趋势，更好地对接职业标准和岗位要求。

　　2. 案例优化与栏目增设：修订优化各学习情境中的化工工程项目案例，新增"化工视窗""技创未来""身边榜样"三大特色栏目。其中，"化工视窗"精选了融入思政元素的视频，"技创未来"展示技术创新实践案例，"身边榜样"呈现行业楷模先进事迹，通过多维内容设计，实现知识传授、能力培养与价值引领的有机融合。

　　3. 强化实践：进一步丰富教材中的数字资源，充实了知识讲解与技能操作的视频，新增了化工单元设备虚拟仿真视频，理论与实践相结合，将课程教学改革成果更直观地呈现给广大的读者。

　　4. 更新内容：校正了前版教材中的文字与符号，完善了实践与练习，对部分情境的内容进行了修改与调整，使之更符合产业升级的实际。

　　本书由扬州工业职业技术学院周寅飞、封娜担任主编，扬州工业职业技术学院王卫霞、诸昌武、扬州职业大学张睿担任副主编，扬州工业职业技术学院左志芳、王雪、陈华进、王芳、杜彬、仇实、田杰、肖伽励、王彤，江苏扬农化工集团有限公司刘霞参与了教材的修订和数字化资源的制作。本书由扬州工业职业技术学院徐忠娟担任主审。扬州工业职业技术学院化学工程学院的领导和同事在教材修订过程中给予了帮助。中国石化仪征化纤有限责任公司、中国石化扬州石化有限责任公司、江苏扬农化工集团有限公司、江苏奥克化学有限公司等单位的有关工程技术专家提供了珍贵技术资料并审定教材内容。在此一并表示感谢。

由于编者水平所限，书中不足之处在所难免，敬请广大读者批评指正！

编者

2025 年 2 月

  "化工单元过程及设备的选择与操作"是应用化工技术、石油化工生产技术、精细化学品生产技术等化工类专业的一门重要的专业核心课程。通过本课程学习，学生可运用各单元过程的基本理论来分析和解决化工生产中的一些简单的工程问题，凭借所掌握的基本操作技能，胜任有关装置的操作与管理工作。

  本教材是在应用化工技术专业、石油化工生产技术专业、精细化学品生产技术专业三个专业教学改革的基础上，以基于工作过程系统化的理念编写的。经全国职业教育教材审定委员会审定，确定为"十二五"职业教育国家规划教材。教材编写遵循学生的认知规律，力求紧密结合生产实际。在吸取同类教材优点的基础上，本教材编写过程中进行了以下尝试。

  (1) 校企合作，选择学习载体，以项目导向、任务驱动的思路编写

  深入学生就业企业，学校合作企业，收集可用于教学的工程任务或工作案例，在企业专家的帮助下，筛选典型工程任务作为学习载体，设计了八个学习情境。每个学习情境都是以一到二个真实的工程任务为载体，按照学生的认知规律和完成实际工程任务的程序，把项目分解成一个个具体的工作任务，引导学生在完成具体工作任务的过程中，学习化工生产中的单元操作过程与单元反应过程的原理、设备和操作方面的知识与技能。

  (2) 注重对学生进行工程观念及分析与解决问题的能力培养

  各学习情境均采用实际生产中工程任务引入，同时辅之以典型生产案例帮助分析，努力培养学生的工程观念。例题的选取和有关问题的分析案例皆来自生产实际，许多直接源自于参编院校的合作企业、实习基地。学生通过对企业案例的分析过程，掌握有关原理、概念、公式等在实际生产中的应用，做到学以致用。

  (3) 注重对学生自主学习的能力的培养

  每个情境的教学内容都是围绕解决问题的需要而展开，引导学生有目的地自主探究知识。整个内容是按理实一体化的理念编写的，部分内容是让学生先观察、动手做，然后再探究解释原理现象等；适时设置一些需要学生查找资料或实地调查才能解决的习题，以提高自

主学习的意识，培养学生解决实际问题的能力。

（4）注重实践操作知识学习和操作技能培训

根据高职教育的"以就业为导向，以能力为本位"的办学指导思想，结合化工专业职业技能鉴定的要求，注重实践操作知识学习和操作技能培训。

（5）图文结合，直观主动

为便于学生的理解，教材中插有丰富的设备外观图和设备内部结构示意图，同时增强了直观性和趣味性。

全书由扬州工业职业技术学院徐忠娟、河南中州大学王宇飞、扬州职业大学张睿三位老师统稿。扬州石化有限责任公司姚日远总工程师，江苏扬农化工集团有限公司唐巧虹高级工程师担任本教材的主审。本书绪论、学习情境一、附录部分由徐忠娟编写，学习情境二由封娜编写，学习情境三由谢伟、王宇飞编写，学习情境四由王雪源、王宇飞编写，学习情境五由周寅飞、张睿编写，学习情境六由杜彬、诸昌武编写，学习情境七由张睿、张伟编写，学习情境八由王卫霞编写。

在此对中石化扬子石化、江苏油田、江苏扬农化工集团有限公司等单位的有关工程技术专家提供的珍贵技术资料，对本书中的参考文献作者，对教育部"十二五"规划教材评审专家提出的修改意见，特表感谢。

本教材是基于工作过程系统化的理念初步尝试，因编者水平有限，不当之处在所难免，请大家多多指正，不胜感谢！

编者

2015 年 1 月

本书第一版自 2015 年出版以来，得到了许多读者的支持，本次修订，笔者综合读者和同行的建议，根据高职应用化工技术、石油化工技术、高分子合成技术、精细化工技术、煤化工技术等化工类专业的人才培养要求，在保证学生掌握扎实的单元过程操作基本理论的同时，重视相关内容在实际生产中的应用，注重培养和启发学生运用基本理论来分析和解决化工生产工程问题的能力。第二版教材继续保持了第一版教材的项目导向、任务驱动的编写特色，主要在如何让读者更方便、更有效地学习方面，作了积极的探索，具体变化如下。

1. 教材中以二维码的形式增加了数字资源，可方便不同地区、不同条件下的读者随时随地地学习。其中的拓展知识二维码资源，方便学习者享受尽可能多的学习资源。

2. 纠正了原来正文、附录和附图中的文字与符号错误，对部分章节的内容进行了删减调整。

3. 修改了部分实践与练习题，使之更符合生产实际。

4. 每个学习情境以资源链接的形式增设了企业案例库，便于师生进行分析讨论，提高学生分析问题与解决问题的能力。

本书由扬州工业职业技术学院徐忠娟、周寅飞担任主编，扬州工业职业技术学院封娜、王卫霞、扬州职业大学张睿担任副主编，扬州工业职业技术学院左志芳、王雪、陈华进、诸昌武、王芳、仇实老师参与了教材的修订和数字化资源的制作。南通科技学院闫生荣老师为教材的修订提出了宝贵意见。扬州工业职业技术学院化工学院的领导和同事在教材修订过程中给予了帮助。中石化扬子石化、江苏油田、江苏扬农化工集团有限公司等单位的有关工程技术专家提供了珍贵技术资料。在此一并表示感谢。

编者
2020 年 2 月

目录

学习情境七　干燥过程及设备的选择与操作 ——————————— 123

学习情境八　反应过程及设备的选择与操作 ——————————— 171

附录 233

参考文献 241

学习情境五
蒸馏过程及设备的选择与操作

 教学目标

知识目标：

1. 了解蒸馏特别是精馏操作在化工生产中的重要应用。

2. 熟悉工程上常见的各种蒸馏方式，理解各种蒸馏方式的特点。

3. 掌握蒸馏过程的基本原理，理解影响蒸馏操作效果的因素。

4. 熟悉各种类型蒸馏设备的结构及其性能。

5. 掌握蒸馏装置操作的要点及注意事项。

能力目标：

1. 能够根据均相液体混合物的特点、分离要求及分离任务的大小，选择合理的分离方法。

2. 能根据工程项目的具体情况，确定合适的蒸馏方案，其中包括蒸馏操作方式的选择、装置流程及操作条件的确定。

3. 能熟练操作实训用蒸馏装置，完整规范地记录运行数据，对操作运行效果能进行正确分析；能根据实际生产的要求在适当范围内对参数进行控制与调节。

4. 会正确使用蒸馏装置中的安全与环境保护设施，对操作中的不正常现象能进行分析和处理。

素质目标：

1. 增强责任意识，培养克服困难、承受挫折的能力。

2. 学习工匠创新精神，培养化工行业职业素养。

引言

教学视频

引言

 工程项目　　由 92% 粗甲醇水溶液制备 99% 精甲醇

甲醇是一种用途广泛的有机化工产品，也是性能优良的洁净能源与车用燃料。甲醇燃料电池具有能量转换效率高、污染小等优点，随着新能源汽车、5G 通信等新兴产业的快速发展，世界上对甲醇的生产量和需求量大幅度增加。甲醇的生产方法有多种，可以由煤（焦炭）、天然气和石油制甲醇，也可与合成氨联合生产甲醇简称联醇。联醇法生产甲醇是一种合成气的净化工艺，以替代我国不少合成氨生产用铜氨液脱除微量碳氧化物而开发的一种工艺。无论哪种生产工艺，合成后的粗甲醇都需要经过分离后才能得到精甲醇。

某联醇厂年产50000t甲醇，其中粗甲醇的分离分两个阶段，先在预塔中脱除二甲醚等轻组分；然后将此甲醇水溶液送入主分离塔，就可以制得纯度在99%以上的精甲醇。已知主分离塔的进料流量为220m^3/h，其进料组成为：甲醇92%，水8%，要求得到纯度在99.8%以上的精甲醇，分离后残余水溶液中甲醇不得高于0.5%。请根据分离要求拟定出分离方案并实施该分离方案。

项目任务分析

要将甲醇含量92%的甲醇水混合溶液提纯到含量在99%以上，显然这是一个典型的均相液体混合物的分离任务。

前面已经知道萃取、蒸发可用于均相液体混合物的分离，其中蒸发是浓缩溶液的操作，用于不挥发性的溶质组分与挥发性的溶剂组分之间进行部分分离的；萃取则是用于混合液中各组分挥发性相差很小、混合液中待分离组分浓度很稀（稀溶液）、高温下混合物液中组分易分解的液体混合物物系的分离。对于溶液中各组分均具挥发性且挥发性相差较大，分离任务量大且各组分的含量相差不大的混合液；如果不需要很高的温度就能使各组分汽化且加热后组分不会分解、化学性质不变，那么这类均相液体混合物的分离一般采用蒸馏的方法。

对于甲醇水溶液而言，由于甲醇和水均具有挥发性，而且甲醇比水更容易挥发，所以不可能使用蒸发的方法；由于原料液中甲醇占绝大多数，如果用萃取的方法分离甲醇和水，则很难找到合适的萃取剂。现考虑到甲醇与水的挥发性相差较大，沸点相差较大且沸点都不是很高（甲醇64.5℃，水沸点100℃），因此，应该使用蒸馏方法来分离。由于蒸馏有多种方式，每一种方式又有不同的装置或流程及不同的设备。下面是我们要解决的问题：

① 什么是蒸馏？蒸馏分离的依据？蒸馏方式有哪些？本任务应该选用什么样的操作方式？

② 当蒸馏方式定下后，又该采用什么样的蒸馏装置？

③ 装置中设备尺寸如何来确定？

④ 装置该怎样操作以及怎样操作更好？

教学视频

蒸馏分离依据

一、蒸馏分离依据

蒸馏是根据均相液体混合物中各组分挥发度的不同，用部分汽化、部分冷凝的方法分离液态混合物的一种操作过程。

蒸馏操作应用广泛，历史悠久，如：从粮食发酵的醪液中利用蒸馏方法提纯饮用酒或酒精；炼油企业将原油通过蒸馏分离为汽油、煤油、轻柴油等；将空气液化后，利用蒸馏的方法分离出纯氧和纯氮。

在液体混合物中，饱和蒸气压高、纯组分时沸点低的组分习惯上称为易挥发组分或轻组分；而饱和蒸气压低，纯组分时沸点高的组分则称为难挥发组分或重组分。如乙醇和水混合液，在1atm下纯乙醇沸点是78.5℃，纯水的沸点是100℃，因此，乙醇是易挥发组分、轻组分，水是难挥发组分或重组分。

蒸馏的依据是液体混合物中各组分之间挥发性的差异。将液体混合物加热至泡点以上使之部分汽化必然产生气液两相系统，则在它的气相中易挥发组分含量 y_A 必然大于剩余液体中易挥发组分的含量 x_A，即 $y_A > x_A$，如果此时将气相的蒸气冷凝下来，则所得的冷凝液中易挥发组分的含量必高于原料液中易挥发组分的含量即 $y_A > x_F$，剩余液中易挥发组分的含量必低于原料液中易挥发组分的含量即 $x_A < x_F$，这样就实现了混合物的部分分离。

二、挥发度与相对挥发度

液体混合物中组分之间挥发性的差异可用挥发度或相对挥发度来表示。

1. 挥发度

在一定温度下，液相中某组分的挥发度与该组分的饱和蒸气压及液相中该组分的含量有关。液相中各组分的挥发度是指气液平衡时某一组分在气相中的平衡分压与其在液相中摩尔分数的比值，通常用 ν 表示。

$$\nu_A = \frac{p_A}{x_A} \quad \nu_B = \frac{p_B}{x_B} \tag{5-1}$$

 讨论

不同物系中各组分的挥发度

（1）对于纯组分液体，由于 $x_A = 1$，气相中只有 p_A 没有 p_B，且 $p_A = p_A^0$，所以 $\nu_A = p_A^0$

（2）对于理想溶液，因遵循拉乌尔定律，则 $p_A = p_A^0 x_A$；$p_B = p_B^0 x_B$

所以有：

$$\nu_A = \frac{p_A}{x_A} = \frac{p_A^0 x_A}{x_A} = p_A^0 \quad \nu_B = \frac{p_B}{x_B} = \frac{p_B^0 x_B}{x_B} = p_B^0$$

结论：

纯组分液体的挥发度等于该组分液体在一定温度下的饱和蒸气压。

理想溶液中某一组分挥发度 ν 等于气液平衡时，该组分在平衡温度下的饱和蒸气压。显然对于理想溶液某组分的饱和蒸气压越大，说明该组分的挥发度越高。

注意：

对于非理想溶液由于不服从拉乌尔定律，$p \neq p_A^0 x_A$；$p_B \neq p_B^0 x_B$，故其挥发度只能用实验测定后再用式(5-1) 计算。

2. 相对挥发度

挥发度可说明组分挥发性的大小，但必须通过具体数值的比较后才能说明溶液中各组分间挥发性的差异，而相对挥发度能直接反映溶液中各组分之间挥发性的差异，利用相对挥发度可直接判断物系分离的可能性及分离的难易程度。

相对挥发度的广义定义为：溶液中两组分的挥发度之比，通常用溶液中易挥发组分的挥发度对难挥发组分的挥发度之比，以 α_{AB} 或 α 表示，则：$\alpha_{AB} = \dfrac{\nu_A}{\nu_B} = \dfrac{p_A/x_A}{p_B/x_B}$。

若操作压强不高，气相遵循道尔顿分压定律，故上式可改为：

$$\alpha_{AB} = \frac{p y_A / x_A}{p y_B / x_B} = \frac{y_A x_B}{y_B x_A} \tag{5-2}$$

式(5-2)即为相对挥发度的一般定义式，通过测定某一温度下平衡时的气液两相组成，可计算出该温度下物系的相对挥发度数值。

 讨论

不同物系中各组分间的相对挥发度

（1）对理想溶液，由于 $p_A = p_A^0 x_A$；$p_B = p_B^0 x_B$

所以：

$$\alpha_{AB} = \frac{\nu_A}{\nu_B} = \frac{p_A / x_A}{p_B / x_B} = \frac{p_A^0}{p_B^0}$$

上式表明，理想溶液中各组分的相对挥发度等于同温度下，两纯组分的饱和蒸气压之比。由于 p_A^0 及 p_B^0 均随温度沿相同方向而变化，因而两者的比值变化不大，故一般可将 α_{AB} 视为常数，计算时可取平均值。

（2）对于两组分溶液：由式(5-2)得

$$\frac{y_A}{y_B} = \alpha_{AB} \frac{x_A}{x_B} \text{ 或 } \frac{y_A}{1 - y_A} = \alpha_{AB} \frac{x_A}{1 - x_A} \tag{5-2a}$$

① 若 $\alpha_{AB} > 1$，则 $\frac{y_A}{y_B} > \frac{x_A}{x_B} \left(\alpha = \frac{\nu_A}{\nu_B} = \frac{p_A^0}{p_B^0} \right)$ 或 $p_A^0 > p_B^0$ 表示组分 A 较 B 易挥发。且 α_{AB} 越大，平衡时 y_A 与 x_A 的差距越大，说明物系越容易分离。

② 若 $\alpha_{AB} = 1$，则 $y_A = x_A$ 说明溶液受热汽化后的气相组成与原溶液组成相同，因此，不能用普通蒸馏方法分离该混合液。

由此可见，利用相对挥发度可判断物系能否用蒸馏方法分离及分离的难易程度。

当 α_{AB} 已知时，由式(5-2a)解出 y_A，可得：

$$y_A = \frac{\alpha_{AB} x_A}{1 + (\alpha_{AB} - 1) x_A} \tag{5-3}$$

式(5-3)即为用相对挥发度表示的气液平衡关系。也称为蒸馏的气液相平衡方程。

当 α_{AB} 为已知时，利用上式可求出气液两相平衡时相组成，并可绘制相应的相平衡曲线。

蒸馏的气液相平衡关系有多种表示方法，常见的还有相图表示。如：p-x-y 图（蒸气压组成图）、t-x-y 图（沸点组成图）、y-x 图（相平衡图），这些图在基础化学中已经介绍。

 实践与练习1

一、选择题

1. 蒸馏是利用各组分（　　　）不同的特性实现分离的目的。
   A. 溶解度　　　　　B. 浓度　　　　　C. 挥发度　　　　　D. 温度
2. 溶液能否用蒸馏方法分离，主要取决于（　　　）。
   A. 各组分溶解度的差异　　　　　B. 各组分间相对挥发度的大小
   C. 是否遵循拉乌尔定律　　　　　D. 以上答案都不对

3. 在二元混合液中，沸点低的组分称为（　　　）组分。

    A. 可挥发　　　　　B. 不挥发　　　　　C. 易挥发　　　　　D. 难挥发

4. 两组分物系的相对挥发度越接近于 1，则表示用蒸馏的方法分离该物系就越（　　　）。

    A. 完全　　　　　　B. 不完全　　　　　C. 容易　　　　　　D. 困难

二、简答题

1. 何谓挥发度、相对挥发度？如何求取？

2. 简要说明相对挥发度对均相液体混合分离的影响。

任务一　蒸馏方式选择

教学视频
蒸馏方式

    在引言的任务分析中我们已经明确甲醇的提纯必须采用蒸馏的方法，但蒸馏有简单蒸馏、平衡蒸馏、精馏等不同的方式，那么到底选择何种方式呢？为此我们就需要了解各种蒸馏方式的特点、分离效果及适用场合，才能最终选择一种方式。

一、简单蒸馏

    简单蒸馏又称微分蒸馏，是一种单级蒸馏操作，常以间歇方式进行，如图 5-1。图 5-1(a) 为实验室简单蒸馏装置，图 5-1(b) 是工业生产中的简单蒸馏装置流程图，其工作过程如下：将一批料液一次加入蒸馏釜 1 中，在外压恒定下加热到沸腾，生成的蒸气及时引入到冷

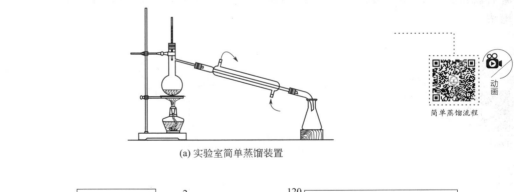

(a) 实验室简单蒸馏装置

动画
简单蒸馏流程

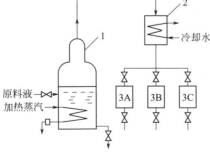

(b) 工业简单蒸馏装置

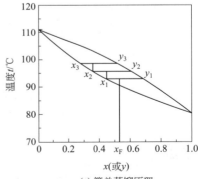

(c) 简单蒸馏原理

图 5-1　简单蒸馏装置与简单蒸馏原理

1—蒸馏釜；2—冷凝器；3A，3B，3C—产品受液槽

凝器 2 中冷凝后，冷凝液作为顶部产品，其中易挥发组分相对富集。在蒸馏过程中釜内液体的易挥发组分浓度不断下降，蒸气中易挥发组分浓度也相应降低，因此顶部产品是分批进入馏出液贮槽 3A、3B 和 3C 中，最终将釜内残液一次排出。馏出液贮槽中产品的组成可由图 5-1(c) 分析得出。

对混合液进行加热使之部分汽化能使混合液分离，同理若对混合蒸气进行部分冷凝也能实现部分分离目的。

思考题

（1）比较工业简单蒸馏装置与实验室简单蒸馏装置，找出其中设备的对应关系。

（2）工业简单蒸馏装置中产品受液槽中馏出液的最大浓度是多少？ 受液槽中产品的组成范围？ 能否得到纯组分？

二、平衡蒸馏

平衡蒸馏又称闪蒸，是一种单级连续的蒸馏操作，其流程如图 5-2 所示。原料经泵加压后连续地进入加热器在加热器 1 内被加热升温至高于分离器压力下的沸点，然后经节流阀 2 减压至预定压强。由于压强的突然降低，液体成为过热液体，其高于沸点的显热随即转变为潜热发生自蒸发，液体部分汽化。气、液两相在分离器 3 中分开，顶部气相混合物经冷凝后就得到了含易挥发组分较多的馏出液产品，分离器下部液体中难挥发组分则获得了增浓。

平衡蒸馏流程

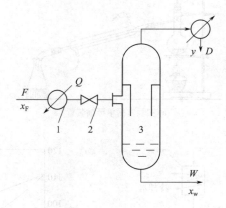

图 5-2 平衡蒸馏装置

1—加热器；2—节流阀；3—分离器

思考题

（1）在图 5-2 中 y 的最大值是多少？ x_w 的最小值是多少？ 用 t-x-y 图说明。

（2）能否得到纯组分？ 那么怎样才能获得高纯度的产品？

✐ 讨论

简单蒸馏与平衡蒸馏的异同点？

相同点：①都是单级蒸馏（一次部分汽化和部分冷凝）。②不能实现高纯度的分离。因为平衡蒸馏只经过一次部分汽化，简单蒸馏为间歇过程，顶部蒸气组成随釜液组成的降低而降低，得不到高纯度的顶部产品，虽然可得到高纯度的底部产品，但其量很小。

不同点：①过程方式不同，前者常以间歇式方式进行，后者既可间歇又可连续。②加热温度不同，前者边受热边汽化，沸点不断变化升高，后者加热到沸点后汽化，对于连续操作沸点恒定。③前者部分汽化（然后将部分气液冷凝下来）不强调气液平衡；后者部分汽化后气相与液相处于互相平衡状态。

三、精馏

由前分析可知，简单蒸馏和平衡蒸馏的一次部分汽化或一次部分冷凝只能使混合物得到部分分离，不能实现完全的分离，若要使混合物完全分离，以获得接近纯组分的物质，则需要对液体进行多次部分汽化和对蒸气进行多次部分冷凝操作才可能实现，也就是工业上的精馏操作。

精馏是一种使用回流手段使均相液体混合物得到高纯度分离的蒸馏方法，是工业上目前应用最广的液体混合物分离操作，广泛用于石油、化工、轻工、食品、冶金等部门。精馏操作可按不同方法进行分类。根据操作方式，可分为连续精馏和间歇精馏；根据混合物的组分数，可分为二元精馏和多元精馏；根据是否在混合物中加入影响气液平衡的添加剂，可分为普通精馏和特殊精馏（包括萃取精馏、恒沸精馏和加盐精馏）。若精馏过程伴有化学反应，则称为反应精馏。

1. 精馏原理

精馏过程原理可用 t-x-y 图来说明，如图 5-3 所示。将组成为 x_F、温度为 t_F 的某二组分混合液加热至泡点以上，则该混合物被部分汽化，产生气液两相，其组成分别为 y_1 和 x_1，此时 $y_1 > x_F > x_1$。将气液两相分离，并将组成为 y_1 的气相混合物进行部分冷凝，则可得到组成为 y_2 的气相和组成为 x_2 的液相。继续将组成为 y_2 的气相进行部分冷凝，又可得到组成为 y_3 的气相和组成为 x_3 的液相，显然 $y_3 > y_2 > y_1$。如此进行下去，最终的气相经全部冷凝后，即可获得高纯度的易挥发组分产品。同时，将组成为 x_1 的液相进行部分汽化，则可得到组成为 y_2' 的气相和组成为 x_2' 的液相，继续将组成为 x_2' 的液相部分汽化，又可得到组成为 y_3' 的气相和组成为 x_3' 的液相，显然 $x_3' < x_2' < x_1'$。如此进行下去，最终的液相即为高纯度的难挥发组分产品。

由此可见，液体混合物经多次部分汽化和冷凝后，便可得到几乎完全的分离，这就是精馏过程的基本原理。

2. 精馏塔模型

在图 5-3 中，液体多次部分汽化后虽然可获得接近纯的难挥发组分，但其量很少，且每一次汽化的过程都有副产物——蒸气产生，在液体的每一次汽化的过程中需要有加热剂；气体经过多次部分冷凝后虽然可得到接近纯的易挥发组分，但其量也很少，且每一次冷凝过程中都有副产物——冷凝液产生，在气体的每一次部分冷凝过程中则需要有冷却剂。如果将上述部分汽化和部分冷凝单独进行，显然是不经济不合理的。

因此，要达到精馏的目的，就必须设法将汽化和冷凝过程中副产物充分利用起来，同时要尽量降低汽化和冷凝过程中的能量消耗。

如果将含难挥发组分较多、温度较高且需要部分冷凝的蒸气与含难挥发组分较少、温度较低且需要进一步部分汽化的液体进行混合接触，这样不但进行了液体的部分汽化、蒸气的部分冷凝，回收了中间产物，还节省了操作费用。

图 5-4 所示就是基于上述理念设计的精馏塔的模型，图中的 1、2、3 及 2′、3′、4′ 容器内同时进行着液体的部分汽化和蒸气的部分冷凝过程，且无需加热剂和冷却剂。

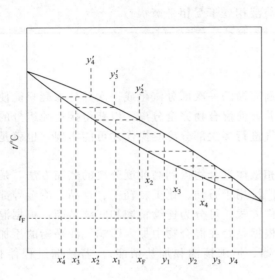

图 5-3　精馏原理

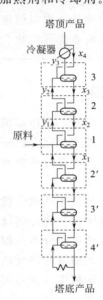

图 5-4　精馏塔模型

工业上的精馏是在本情境任务二中图 5-5 所示的精馏装置中进行的，在这个装置中核心设备是精馏塔，但只有精馏塔还不能完成精馏操作，必须同时有塔底再沸器和塔顶冷凝器。再沸器的作用是将塔底含难挥发组分较多的溶液加热后再次沸腾，以提供塔内所需的上升蒸气流，此上升蒸气流是塔中液体多次部分汽化的热源；冷凝器的作用是将塔顶上升的蒸气全部冷凝后，除获得塔顶液相产品外，还要保证有适量的液相回流，此液相回流是塔内气体多次部分冷凝的冷源，这样才能保证精馏操作连续稳定地进行。

与简单蒸馏和平衡蒸馏相比，精馏分离还具有如下特点。

① 通过精馏分离可以直接获得所需要的产品，产品纯度高。

② 精馏分离的适用范围广，它不仅可以分离液体混合物，而且可用于气态或固态混合物的分离。气态混合物可通过压缩冷凝成液体混合物后再用精馏方法分离，如空气的分离，裂解气的分离。固态混合物可加热熔化成液态混合物后再分离，例如脂肪酸的固态混合物，可先加热使其熔化，并在减压下建立气液两相系统，用蒸馏方法进行分离。

③ 精馏过程适用于各种组成混合物的分离。可分离双组分混合物，也可分离多组分混合物。

④ 由于精馏操作是通过对混合液加热建立气液两相体系，所得到的气相还需要再冷凝液化。因此，精馏操作耗能较大。

总之，精馏就是将挥发度不同的组分所构成的均相混合液在精馏塔中多次而且同时进行部分汽化和部分冷凝，以获得几乎纯净的易挥发组分和几乎纯净的难挥发组分的过程，其中塔顶产品的部分回流和塔底液体的再次沸腾汽化是精馏操作得以连续稳定进行的两个必不可少条件，所以精馏装置必须包括冷凝器与再沸器。

精馏之所以能使液体混合物得到较完全的分离，关键在于回流的应用。回流包括塔顶高浓度易挥发组分液体和塔底高浓度难挥发组分蒸气两者返回塔中。气液回流形成了逆流接触的气液两相，从而在塔的两端分别得到相当纯净的单组分产品。塔顶回流入塔的液体量与塔顶产品量之比，称为回流比，它是精馏操作的一个重要控制参数，它的变化影响精馏操作的分离效果和能耗。

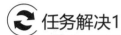
任务解决1

蒸馏方案的选择

根据简单蒸馏、平衡蒸馏和精馏的特点，简单蒸馏、平衡蒸馏无法获得高浓度的甲醇。由于本任务要求分离后甲醇的纯度高达 99.8% 以上，因此只能选择精馏方式才有可能完成任务。

实践与练习2

一、选择题

1. 某二元混合物，其中 A 为易挥发组分，液相组成 $x_A = 0.5$ 时相应的泡点为 t_1，气相组成 $y_A = 0.3$ 时相应的露点为 t_2，则（　　　）。

    A. $t_1 = t_2$ B. $t_1 < t_2$ C. $t_1 > t_2$ D. 不能判断

2. 某二元混合物，其中 A 为易挥发组分。液相组成 $x_A = 0.5$ 时泡点为 t_1，与之相平衡的气相组成 $y_A = 0.75$ 时，相应的露点为 t_2，则（　　　）。

    A. $t_1 = t_2$ B. $t_1 < t_2$ C. $t_1 > t_2$ D. 不能判断

3. 区别精馏与普通蒸馏的必要条件是（　　　）。

    A. 相对挥发度大于 1   B. 操作压力小于饱和蒸气压

    C. 操作温度大于泡点温度   D. 回流

4.（　　　）是保证精馏过程连续稳定操作的必不可少的条件之一。

    A. 液相回流   B. 进料   C. 侧线抽出   D. 产品提纯

5. 在（　　　）中溶液部分汽化而产生上升蒸气，是精馏得以连续稳定操作的一个必不可少条件之一。

    A. 冷凝器   B. 蒸发器   C. 再沸器   D. 换热器

二、填空题

1. 蒸馏是分离_____的单元操作，是利用混合物中各组分_____的不同来实现分离要求的，是传质传热_____发生的过程，并且是_____向传质。

2. 蒸馏按操作方式分类可分为_____、_____和_____。

3. 精馏过程的原理是利用混合液中各组分_____的差异；采用多次而且同时进行_____和_____的方法，以获得接近纯组分的分离产物。

4. 精馏之所以能使液体混合物得到较完全的分离，关键在于_____的应用，_____包括塔顶高浓度易挥发组分液体和塔底高浓度难挥发组分蒸气两者返回塔中。

5. 精馏操作就是将挥发度不同的组分所构成的均相混合液，在精馏塔中_____而且_____进行部分汽化和部分冷凝，以获得几乎纯净的易挥发组分和几乎纯净的难挥发组分的过程，其中塔顶产品的部分_____和塔_____液体的再次沸腾汽化是精馏操作得以连续稳定进行的两个必不可少的条件，所以精馏装置必须包括_____器与_____器。

三、简答题

1. 精馏操作的基本依据是什么？

2. 利用 $t\text{-}x\text{-}y$ 图说明精馏过程？

任务二　精馏装置流程的确定

工业上的精馏装置中除了核心设备精馏塔及保证精馏操作连续稳定进行所必需的塔底再沸器和塔顶冷凝器外，有时还需要根据生产任务的具体要求及操作的可能性、产品生产工艺的合理性有选择地配以原料液预热器、回流液泵、产品冷却器等附属设备，以确保生产过程的经济合理。因此，实际的精馏装置有各种不同的流程。

一、精馏装置的流程认识

1. 重力回流的精馏装置流程

最基本的精馏装置流程如图 5-5(a) 所示，包括精馏塔、再沸器、冷凝器三个主要设备。原料液直接从塔中间某个位置连续进入精馏塔中，塔底部溶液经再沸器一部分被汽化为蒸气

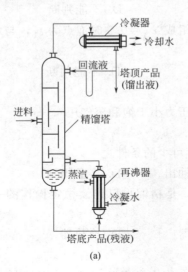
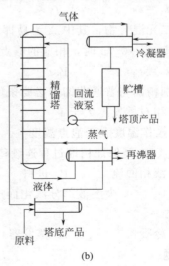

图 5-5　精馏装置流程

回到塔内后从塔底逐板上升，剩余的残液排出塔外；塔顶蒸气进入冷凝器冷凝为液体后，一部分作为馏出液连续排出作为塔顶产品；另一部分作为回流液，依靠重力从塔顶连续返回塔内。

加料板把精馏塔分为二段，加料板以上的部分，气体每经过一块塔板就被部分冷凝一次，气相中的难挥发组分就被部分冷凝下来，可见塔的上半部完成了上升蒸气的精制，即除去了其中的难挥发组分，因而称为精馏段。加料板以下（包括加料板）的部分，即塔的下半部完成了下降液体中难挥发组分的提浓，因为在塔的下半部分液体依靠重力向下流淌的过程中，每经过一块塔板都与塔底上来的热蒸气接触，在接触的过程中液体被加热部分汽化，由于汽化的主要是易挥发组分，可见塔的下半部完成了从下降液体中提取易挥发组分的工作，因而称为提馏段；显然这里的"提馏"二字是针对易挥发组分而言的。对于难挥发组分而言则相反，加料板以下部分是精制，而以上部分则是提取。

一个完整的精馏塔应包括精馏段和提馏段。仅有提馏段或仅有精馏段的塔只能在其一端得到一种高纯度的产品，而在另一端得到的是一种纯度不高，仅经过粗分离的产品。

在连续精馏塔内，回流液与上升的蒸气逆流接触，同时发生热量传递和物质传递。因而回流液体在下降过程中被部分汽化，并将轻组分向气相传递而重组分含量逐渐增多；蒸气在上升过程中被部分冷凝，并将重组分向液相传递而轻组分含量逐渐增多。最终在塔顶获得较纯的轻组分，而在塔底可获得较纯的重组分。

精馏装置的塔顶冷凝器就是间壁式换热器，可以是 U 型管式的也可以是浮头式的换热器，其作用就是将塔顶引出的蒸气全部冷凝成液体。一部分作为塔顶产品取出，另一部分作为塔顶液相回流，以维持塔的正常操作。重力回流的精馏装置中，塔顶冷凝器及冷凝液贮槽一般安装在不太高的平台或厂房楼板上，适用于完成任务的精馏塔不是很高的场合。

塔底再沸器也叫重沸器，是管壳式换热器的一种特殊形式，安装于塔的底部。作用是使塔底液体中轻组分汽化后重新返回塔内，以提供精馏所需的热量和气相回流。再沸器有釜式再沸器和热虹吸式再沸器两种形式，详细内容请查阅有关资料。

2. 强制回流的精馏装置流程

图 5-5（b）是一个强制回流的精馏装置的流程，与基本流程相比多了一个原料液预热器和回流液泵，此流程适用于分离要求高，所需的精馏塔高度比较高的情况。装置工作流程说明如下：原料液在预热器中利用塔釜产品加热到指定温度后，送入精馏塔的进料板，与塔上部下来的液体和塔下部上来的蒸气，进行传热与传质。然后，气相逐板上升，每经过一块塔板被部分冷凝一次，最后离开塔顶进入全凝器全部冷凝，冷凝后的液体通过冷凝液贮槽，分为两部分，一部分作为塔顶产品取出，另一部分利用回流泵送到精馏塔顶的第一块塔板上，作为整个塔的回流液，逐板向下流；而加料板上的液体则逐板向下流动，在向下流动的过程中与底部上升的蒸气进行接触，每接触一次被部分汽化一次，最后的液体流入塔底再沸器中。在再沸器被再次加热进行最后一次部分汽化，汽化产生的蒸气回到塔内逐板上升，作为精馏塔内液体多次部分汽化的热源；最后剩下的不被汽化的液体就是易挥发组分含量很少、难挥发组分含量很高的塔釜产品。由于塔釜再沸器出来的液体温度很高，因此可作为预热原料液的热源。

在强制回流的精馏装置中冷凝器及冷凝液贮槽、产品冷却器、原料液预热器等设备一般都安装在地面上或不太高的二、三层平台上。

由此可见，不管是重力回流，还是用泵进行强制回流，只要是精馏装置就必须有回流。回流是精馏区别于简单蒸馏的标志。只有保证一定程度的回流，才能创造气液两相充分接触

的条件，才能保证了塔内正常的浓度分布和温度分布，为塔内传质、传热提供了必需的推动

精馏塔气液
流动情况

力，达到同时进行多次部分冷凝和部分汽化的目的；其中的液相回流还可以取走塔内多余的热量，维持全塔的热平衡，有利于产品质量的控制。

因此，塔顶冷凝器提供的部分液相产品回流与再沸器提供的上升蒸气流是精馏能实现高效分离的工程手段，是精馏操作能够连续稳定进行的必备条件。

二、精馏塔内传质过程分析

精馏塔内通常装有一些塔板或一定高度的填料，前者称为板式塔，后者则称为填料塔。液体的多次部分汽化过程和蒸气的多次部分冷凝过程是在精馏塔内的塔板或填料表面上进行的。再沸器提供的上升蒸气流是塔内每块塔板上液体部分汽化的热源，冷凝器提供的塔顶产品的液相回流是每块塔板上蒸气部分冷凝的冷源。现以板式塔的任意一块塔板为例，说明在塔内进行的传热与传质过程。

图 5-6 所示为精馏塔中任意第 n 层塔板上的操作情况。在塔板上，设置升气通道（筛孔、泡罩或浮阀等），下层塔板（$n+1$ 板）上升蒸气通过第 n 板的升气道上升；而上层塔板（$n-1$ 板）上的液体通过降液管下降到第 n 板上，在该板上横向流动而流入下一层板。蒸气鼓泡穿过液层，与液相进行热量和质量的交换。

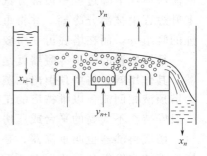

图 5-6 塔板上的气液传质过程

设进入第 n 板的气相组成和温度分别为 y_{n+1} 和 t_{n+1}，液相组成和温度分别为 x_{n-1} 和 t_{n-1}，且 t_{n+1} 大于 t_{n-1}，x_{n-1} 大于与 y_{n+1} 成平衡的液相组成 x_{n+1}。由于存在温度差和浓度差，气相发生部分冷凝，因难挥发组分更易冷凝，故气相中部分难挥发组分冷凝后进入液相；同时液相发生部分汽化，因易挥发组分更易汽化，故液相中部分易挥发组分汽化后进入气相。其结果是离开第 n 板的气相中易挥发组分的组成较进入该板时增高，即 $y_n > y_{n+1}$，而离开该板的液相中易挥发组分的组成较进入该板时降低，即 $x_n < x_{n-1}$。由此可见，气体通过一层塔板，即进行了一次部分汽化和冷凝过程。

精馏塔中每层板上都进行着与上述相似的过程，其结果是上升蒸气中易挥发组分浓度逐渐增高，而下降的液体中难挥发组分越来越浓，只要塔内有足够多的塔板数，就可使混合物达到所要求的分离纯度（当然共沸情况除外）。最后在塔顶气相中获得较纯的易挥发组分，在塔底液相中获得较纯的难挥发组分，从而实现了液体混合物的分离。

应予指出，在每层塔板上所进行的热量交换和质量交换是密切相关的，气、液两相温度差越大，则所交换的质量越多。气、液两相在塔板上接触后，气相温度降低，液相温度升高，液相部分汽化所需要的潜热恰好等于气相部分冷凝所放出的潜热，故每层塔板上不需设置加热器和冷凝器。

精馏操作涉及气、液两相间的传热和传质过程。塔板上两相间的传热速率和传质速率不仅取决于物系的性质和操作条件，而且还与塔板结构有关，因此它们很难用简单方程加以描述。

若气液两相（组成为 y_{n+1} 气相与组成为 x_{n-1} 的液相）在板上的接触时间足够长，接

触比较充分，那么离开该板的气液两相温度就可能相等且组成相互平衡（即 y_n，x_n 成平衡），通常称这种板为理论板。所谓理论板，是指在塔板上气、液两相充分混合，且传热和传质过程阻力为零的理想化塔板。因此，不论进入塔板的气、液两相组成如何，离开理论板时气、液两相达到平衡状态，即两温度相等，组成互相平衡。

实际上，由于板上气、液两相接触面积和接触时间是有限的，因此在任何形式的塔板上，气、液两相均难以达到平衡状态，即理论板是不存在的。理论板仅用作衡量实际板分离效率的依据和标准。但是通常，在精馏计算中，先求得理论板数，然后利用塔板效率予以修正，即求得实际板数。引入理论板的概念，对精馏过程的分析和计算是十分有用的。

在精馏塔内，传热传质的推动力来自沿塔高度分布的温度差与浓度差。由于塔底再沸器提供了所有液体部分汽化的热源，所以精馏塔温度最高的部分在塔底，塔顶冷凝器提供了气体多次部分汽化的冷源，所以精馏塔温度最低的部分在塔顶，整个精馏塔温度分布是自上而下温度逐渐升高。由于离开塔顶蒸气是多次部分冷凝后剩下的，自然其中含易挥发组分较多；而离开塔釜的液体是多次部分汽化后剩下的，自然其中的易挥发组分少而难挥发组分含量高，因此对整个精馏塔而言，不论是气相还是液相，自上而下易挥发组分浓度逐渐降低，难挥发组分浓度逐渐增加。

在一定总压下，塔顶温度是馏出液组成的直接反映。一个正常操作的精馏塔当受到某一外界因素的干扰（如回流量、进料组成发生波动等），全塔各板的组成发生变动，全塔的温度分布也将发生相应的变化。但不是等差变化，其中有一块塔板上的温度变化特大，即称为灵敏塔板，此塔板上的温度、浓度变化对产品质量合格与否是关键，以灵敏塔板温度为控制点，选择塔顶或上部为参照点，控制住此两点温度差，就能保证产品的质量。

 任务解决2

精馏装置流程的选择

通过学习精馏装置的布局与一般流程，对于本生产任务：甲醇-水的分离，仅从分离效果来看，无论是重力回流的连续精馏装置还是强制回流连续精馏装置从理论上讲均可满足生产要求。考虑到分离要求较高（99.8%），可能塔高比较高，再从节能的角度出发，因我们选择下图所示的强制回流的精馏流程作为分离装置的初步流程。

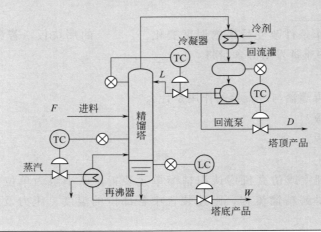

实践与练习3

一、选择题

1. 在精馏塔中，加料板以上（不包括加料板）的塔部分称为（　　）。
   A. 精馏段　　　　　　B. 提馏段　　　　　　C. 进料段　　　　　　D. 混合段

2. 用于加热冷凝的液体，使其再次受热汽化，且为蒸馏过程的专用设备（　　）。
   A. 冷却器　　　　　　B. 预热器　　　　　　C. 过热器　　　　　　D. 再沸器

3. 再沸器的作用是提供一定量的（　　）流。
   A. 上升物料　　　　　B. 上升组分　　　　　C. 升产品　　　　　　D. 上升蒸气

4. 冷凝器的作用是提供塔顶液相产品及保证有适宜的（　　）回流。
   A. 气相　　　　　　　B. 液相　　　　　　　C. 固相　　　　　　　D. 混合相

5. 在精馏塔中，原料液进入的那层板称为（　　）。
   A. 浮阀板　　　　　　B. 喷射板　　　　　　C. 加料板　　　　　　D. 分离板

6. 在精馏塔中，加料板以下的塔段（包括加料板）称为（　　）。
   A. 精馏段　　　　　　B. 提馏段　　　　　　C. 进料段　　　　　　D. 混合段

二、填空题

1. 精馏塔中加料板以上的部分称为_____段，加料板以下的是_____段，加料板属于_____段第一块板。板式精馏塔内的_____是气液接触进行传质的场所，在塔板上，液相中部分_____组分进入气相和气相中部分_____组分进入液相且同时发生。

2. 再沸器的作用是提供一定量的上升_____流（塔内每块塔板上液体部分汽化的_____源），冷凝器的作用是提供塔顶液相产品及保证有适宜的_____流（每块塔板上蒸气部分冷凝的_____源），以保证精馏操作能连续稳定地进行。

3. 精馏塔操作时，从上到下，温度逐渐_____，易挥发组分含量逐渐_____；精馏塔操作时温度控制最关键的部位是_____板的温度。

4. 在精馏塔内，由塔顶向下数的第 $n-1$、第 n、第 $n+1$ 层塔板上，其气相组成 y_{n-1}、y_n、y_{n+1} 的关系为_____。

5. 不论进入塔板的气、液两相组成如何，离开同一块理论板的气液两相组成互成_____且温度_____。

6. 灵敏板是操作条件改变后塔内温度变化_____的那块板，若灵敏板上温度升高，则预示着塔顶产品中难挥发组分含量将_____。

三、简答题

1. 精馏装置中再沸器与冷凝器的作用是什么？
2. 什么是理论板？
3. 什么是灵敏板？

四、调查与研究

去蒸馏操作实训室或仿真机房认识精馏单元装置，以小组为单位汇报精馏装置中各部分名称、作用及讲解精馏流程，阐述装置中各部位的温度、压力及组成等操作参数的范围。

任务三　精馏塔设备的确定

由前面精馏装置的流程可知，精馏装置的必备设备除了管道外，至少有三个设备——精馏塔、冷凝器、再沸器。其中再沸器和冷凝器都是间壁式换热器，其类型与型号的确定方法已在学习情境三中学过，此处不再重复。下面重点讨论精馏塔设备的确定方法。精馏塔设备的确定主要包括：塔类型的选择、塔的操作条件与操作关系的确定、塔高和塔径的确定四个部分。

一、精馏塔类型选择

工业用的精馏塔主要有两类，一类是板式塔，另一类是填料塔。板式塔一般适合于分离任务的混合物流量较大、完成任务所需的塔径较大（塔径大于800mm时）的场合。而处理量较小、完成任务所需塔径较小时则采用填料塔则更经济合理。在大型化工企业连续操作的精馏中，目前普遍采用板式塔；而填料塔则在吸收操作中的应用较为广泛，在此我们重点介绍板式塔。

1. 板式塔的基本结构与特点

板式塔是一种应用极为广泛的气液传质设备，它不仅用于精馏操作，也可用于吸收操作。板式塔的结构简图如图5-7所示，塔的主要构件有塔体、塔板及气体和液体的进出口。

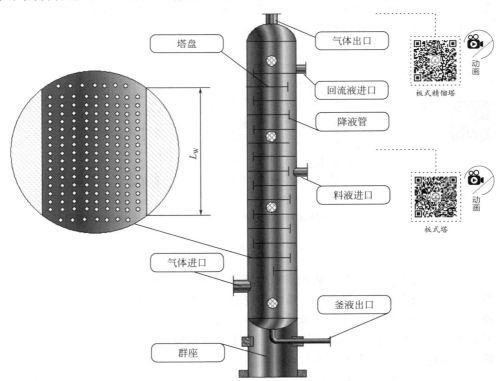

图 5-7　板式塔结构

塔体是一个呈圆柱形的壳体，上下装有封头。塔体内装有按一定垂直间距水平放置的塔板，在塔板上均匀地开孔，并在其上装有气液接触构件（如浮阀、泡罩等）。

板式塔的塔板是气液两相进行传热与传质的基本场所。操作时，液体在重力作用下自上而下通过各层塔板后由塔底排出，并在各层塔板的板面上形成流动的液层；气体则在压差推动下，自塔底向上依次通过板上的开孔与板上的液层进行接触传质，最后从塔顶排出。板式塔是逐级接触型的气液传质设备，所以气液两相组成沿塔高呈梯级式变化。

为有效地实现气液两相之间的传质，板式塔应具有以下两方面的功能：

① 在每块塔板上气液两相必须保持密切而充分的接触，为传质过程提供足够大而且不断更新的相际接触表面，减小传质阻力；

② 在塔内应尽量使气液两相呈逆流流动，以提供最大的传质推动力。

与填料塔相比，板式塔具有生产能力较大、分离效率稳定、造价低、检修清理方便的优点。

2. 塔板类型

塔板是板式塔的基本构件，决定塔的性能。按照塔内气液两相的流动方式，塔板可分为错流式塔板和逆流式塔板两类。

错流式塔板又称有降液管式塔板，也称溢流式塔板，如图 5-8(a) 所示，塔板上气液两相呈错流接触。塔板间有专供液体溢流的降液管（溢流管），横向流过塔板的流体与由下而上穿过塔板的气体呈错流或并流流动。板上液体的流径与液层的高度可通过适当安排降液管的位置及溢流堰的高度给予控制，从而可获得较高的板效率，但降液管将占去塔板的部分传质有效面积，影响塔的生产能力。溢流式塔板应用很广，按塔板的具体结构形式可分为：泡罩塔板、筛孔塔板、浮阀塔板、网孔塔板、舌形塔板等。

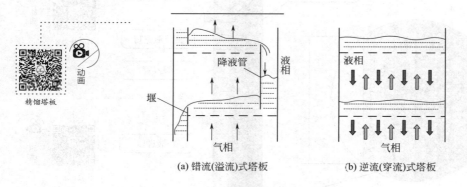

(a) 错流(溢流)式塔板　　　(b) 逆流(穿流)式塔板

图 5-8　塔板类型

逆流式塔板又称无溢流装置塔板，即无降液管式塔板，也称穿流式塔板，如图 5-8(b)所示。塔板间设有降液管，气、液两相同时由塔板上的孔道或缝隙逆向穿流而过，板上液层高度靠气体速率维持。这种塔板结构简单，板上无液面差，板面充分利用，生产能力较大；但板效率及操作弹性不及溢流塔板。与溢流式塔板相比，逆流式塔板应用范围小得多，常见的板型有筛孔式、栅板式、波纹板式等。

在工业生产中，以有降液管的逆流式塔板应用最为广泛，在此只讨论有降液管式塔板。下面将介绍几种常见的塔板类型。

（1）泡罩塔板

泡罩塔板是工业上最早（1813 年）应用的塔板，其主要元件由升气管和泡罩构成，结构如图 5-9 所示。泡罩安装在升气管的顶部，分圆形和条形两种，前者使用较广。泡罩有 f80mm、f100mm、f150mm 三种尺寸，可根据塔径的大小选择。泡罩的底缘开有很多齿缝，齿缝一般为三角形、矩形或梯形。泡罩在塔板上为正三角形排列。

图 5-9　泡罩结构

操作时，液体横向流过塔板，靠溢流堰保持板上有一定厚度的液层，齿缝浸没于液层之中而形成液封。升气管的顶部应高于泡罩齿缝的上沿，以防止液体从中漏下。上升气体通过齿缝进入液层时，被分散成许多细小的气泡或流股，在板上形成鼓泡层，为气液两相的传热和传质提供大量的界面。

泡罩塔板的优点是操作弹性较大，塔板不易堵塞；缺点是结构复杂、造价高，板上液层厚，塔板压降大，生产能力及板效率较低。

（2）筛孔塔板

筛孔塔板简称筛板，结构如图 5-10 所示，塔板上开有许多均匀的小孔，孔径一般为 3～8mm。筛孔在塔板上为正三角形排列。塔板上设置溢流堰，使板上能保持一定厚度的液层。操作时，气体经筛孔分散成小股气流，鼓泡通过液层，气液间密切接触而进行传热和传质。在正常的操作条件下，通过筛孔上升的气流，应能阻止液体经筛孔向下泄漏。

图 5-10　筛孔塔板结构

筛板的优点是结构简单、造价低，板上液面落差小，气体压降低，生产能力大，传质效率高。其缺点是：筛孔小时易堵塞，不宜处理易结焦、黏度大的物料。筛孔大时易漏液，操作控制较难。

应予指出，筛板塔的设计和操作精度要求较高，过去工业上应用较为谨慎。近年来，由于设计和控制水平的不断提高，可使筛板塔的操作非常精确，故应用日趋广泛。

（3）浮阀塔板

浮阀塔兼有泡罩塔和筛板塔的优点，现已成为国内应用最广泛的塔型。大型浮阀塔的塔径可达 10m，塔高达 83m，塔板数多达数百块。其主要优点为：

① 在相同的条件下，生产能力与筛板塔接近；

② 塔板效率比泡罩塔高 15% 左右；

③ 操作弹性大，一般为 5～9；

④ 气体压力降小，在常压塔中每块板的压力降一般为 400～666Pa；

⑤ 液面落差小；

⑥ 不易积垢堵塞，操作周期长；

⑦ 结构比较简单，安装容易，制造费用仅为泡罩塔的 60％～80％（但为筛板塔的 120％～130％）。

浮阀的形式有多种，国内常用的有 F1 型、V-4 型及 T 型等，其结构如图 5-11 所示。其中最常用的是 F1 型浮阀，已确定为部颁标准（NB/T 10557—2021）。浮阀塔板上开有若干个阀孔，每个阀孔装有一个可上下浮动的阀片，阀片本身连有几个阀腿，阀片插入阀孔后将阀腿底脚拨转 90°，以限制阀片升起的最大高度，并防止阀片被气体吹走。阀片周边冲出几个略向下弯的定距片，当气速很低时，由于定距片的作用，阀片与塔板呈点接触而坐落在阀孔上，在一定程度上可防止阀片与板面的黏结。

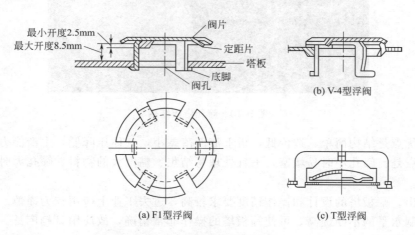

(a) F1型浮阀   (c) T型浮阀

图 5-11 浮阀塔板结构

操作时，由阀孔上升的气流经阀片与塔板间隙沿水平方向进入液层，增加了气液接触时间，浮阀开度随气体负荷而变，在低气量时，开度较小，气体仍能以足够的气速通过缝隙，避免过多的漏液；在高气量时，阀片自动浮起，开度增大，使气速不致过大。

F1 型浮阀分轻阀（代表符号 Q）和重阀（代表符号 Z）两种。一般重阀应用较多，轻阀泄漏量较大，只有在要求塔板压降小时（如减压蒸馏）才采用。

虽然浮阀塔具有很多优点，但在处理黏稠度较大的物料方面不及泡罩塔；在结构、生产能力、塔板效率、压力降等方面不及筛板塔。处理易结焦、高黏度的物料时，阀片易与塔板黏结；在操作过程中有时会发生阀片脱落或卡死等现象，使塔板效率和操作弹性下降。

（4）喷射型塔板

前述三种塔板，气体是以鼓泡或泡沫状态和液体接触，当气体垂直向上穿过液层时，使分散形成的液滴或泡沫具有一定向上的初速度。若气速过高，会造成较为严重的液沫夹带（尤其是筛板塔），使塔板效率下降，因而生产能力受到一定的限制。为克服这一缺点，工程研究人员又开发出了喷射型塔板，大致有以下几种类型。

① 固定舌型塔板　固定舌型塔板（图5-12）就是在塔板上冲出许多舌孔，方向朝塔板液体流出口一侧张开。舌片与板面成一定的角度，有18°、20°、25°三种（一般为20°），舌片尺寸有50mm×50mm和25mm×25mm两种。舌孔按正三角形排列，塔板的液体流出口一侧不设溢流堰，只保留降液管，降液管截面积要比一般塔板设计得大些。

操作时，上升的气流沿舌片喷出，其喷出速率可达20～30m/s。当液体流过每排舌孔时，即被喷出的气流强烈扰动而形成液沫，被斜向喷射到液层上方，喷射的液流冲至降液管上方的塔壁后流入降液管中，流到下一层塔板。

舌型塔板的优点是：生产能力大，塔板压降低，传质效率较高；缺点是：操作弹性较小，气体喷射作用易使降液管中的液体夹带气泡流到下层塔板，从而降低塔板效率。

② 浮舌塔板　浮舌塔板（图5-13）是在舌型塔板的基础上改进而来，其结构特点是：其舌片可上下浮动。因此，浮舌塔板兼有浮阀塔板和固定舌型塔板的特点，具有处理能力大、压降低、操作弹性大等优点，特别适宜于热敏性物系的减压分离过程。

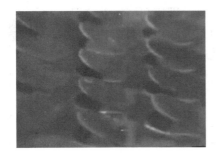

图 5-12　固定舌型塔板

图 5-13　浮舌塔板

③ 斜孔塔板　斜孔塔板（图5-14）就是在板上开有斜孔，孔口向上与板面成一定角度。斜孔的开口方向与液流方向垂直，同一排孔的孔口方向一致，相邻两排开孔方向相反，使相邻两排孔的气体向相反的方向喷出。这样，气流不会对喷，既可得到水平方向较大的气速，又阻止了液沫夹带，使板面上液层低而均匀，气体和液体不断分散和聚集，其表面不断更新，气液接触良好，传质效率提高。

斜孔塔板克服了筛孔塔板、浮阀塔板和舌型塔板的液层厚度不均匀的缺点。斜孔塔板的生产能力比浮阀塔板大30%左右，效率与之相当，且结构简单，加工制造

图 5-14　斜孔塔板

方便，是一种性能优良的塔板。

讨论

> 确定完成项目任务的塔板类型及下一步要开展的工作。

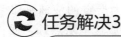任务解决3

> **精馏塔塔板类型的选择**
> 　　由于浮阀塔板结构简单、造价低，板上液面落差小，气体压降低，生产能力大，传质效率高，操作控制容易，所以在本任务中，本着实用、够用、经济的原则，我们采用有降液管的浮阀塔，进行甲醇-水溶液的分离。
> 　　在明确了采用浮阀塔来完成项目任务后，下面我们就要设计一座精馏塔来完成生产任务，那么精馏塔主要设计哪些内容？

　　板式精馏塔的设计核心内容就是要计算完成任务所需的精馏塔的塔径、塔高和塔板上各个部件的具体尺寸。然而精馏塔的各部分尺寸除了与生产时的物料的流量大小有关外，还与操作条件和操作状态参数有关。因此在进行塔的结构设计之前必须明确塔内各股物料的流量大小，塔的操作条件和有关操作状态参数。

二、精馏塔的物料衡算

　　精馏塔有上升蒸气、有下降液体，塔的中间有进料，塔顶和塔釜有产品取出。塔内的各股物料的流量及组成之间的关系是相互关联相互制约的，其大小及变化规律与操作条件有关，不同的操作条件塔内的操作关系是不一样的，完成分离任务需要的塔径和塔的高度也不一样。精馏塔内的操作关系可通过物料衡算来分析和确定。

教学视频
精馏塔物料衡算

（一）全塔物料衡算

　　对图 5-15 所示的连续精馏塔作全塔的物料衡算，衡算范围为图中的虚线框内，并以单

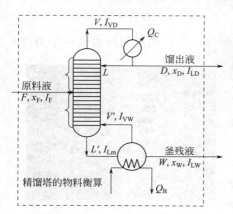

图 5-15　精馏塔物料衡算示意图

位时间（每小时）为基准。根据质量守恒定律，对于一个连续操作的稳定过程而言，因为输入＝输出，所以有：

$$\begin{cases} F = D + W & \text{总物料} \\ Fx_F = Dx_D + Wx_W & \text{易挥发组分} \end{cases} \quad (5\text{-}4)$$

式中　F —— 原料液的摩尔流量，kmol/h；或质量流量，kg/h；

D —— 塔顶产品（馏出液）摩尔流量，kmol/h；或质量流量，kg/h；

W —— 塔底产品（釜残液）摩尔流量，kmol/h；或质量流量，kg/h；

x_F——原料液中易挥发组分的摩尔分数，或质量分数；

x_D——馏出液中易挥发组分的摩尔分数，或质量分数；

x_W——釜残液中易挥发组分的摩尔分数，或质量分数。

式(5-4)（方程组）就是精馏塔的全塔物料衡算式。由于精馏过程中没有化学反应，是纯物理过程，所以式(5-4)不仅质量守恒，而且摩尔数也守恒。

在精馏计算中，分离程度除用两种产品的摩尔分率或质量分率表示外，有时还用回收率表示，即：

塔顶易挥发组分的回收率：$\qquad \eta_D = \dfrac{Dx_D}{Fx_F} \times 100\%$ （5-5）

塔底难挥发组分的回收率：$\eta_W = \dfrac{W(1-x_W)}{F(1-x_F)} \times 100\%$ （5-5a）

【例5-1】 每小时将175kmol含苯44%和甲苯56%的溶液，在连续精馏塔中进行分离，要求塔顶馏出液的苯的含量不小于93.5%，釜底残液中含苯不高于2.4%（以上均为摩尔分数），试求：（1）塔顶产品馏出液和塔釜产品的流量；（2）塔顶易挥发组分苯的回收率。

解：（1）由式(5-4)
$$\begin{cases} F = D + W \\ Fx_F = Dx_D + Wx_W \end{cases} \quad 得：$$
$$\begin{cases} 175 = D + W \\ 175 \times 44\% = D \times 93.5\% + W \times 2.4\% \end{cases}$$

解方程组得：
$$D = 80\text{kmol/h}, \ W = 95\text{kmol/h}$$

即塔顶产品馏出液的流量 $D = 80$kmol/h，塔釜产品的流量 $W = 95$kmol/h。

（2）由式(5-4)得：
$$\eta_D = \frac{Dx_D}{Fx_F} \times 100\% = \frac{80 \times 0.935}{175 \times 0.44} \times 100\% = 97.1\%$$

即塔顶产品馏出液中苯的回收率为97.1%。

特别提醒：

在实际生产中分离任务和分离要求的数据，通常是质量流量和质量分数，因此在利用公式计算时要一定注意使用时的单位一致性。用质量流量衡算时溶液组成用质量分数表示；用摩尔流量衡算时溶液的组成用摩尔分数表示。

【例5-2】 每小时将15000kg含苯40%和甲苯60%的溶液，在连续精馏塔中进行分离，要求釜底残液中含苯不高于2%（以上均为质量分数），塔顶馏出液的回收率为97.1%。操作压力为101.3kPa。试求：馏出液和釜底残液的流量及组成（以千摩尔流量及摩尔分数表示）。

解：

方法一：先用质量守恒定律进行衡算，求得产品的质量流量后再求产品的摩尔流量。

由式(5-4)得：

$15000 = D + W \qquad\qquad \Rightarrow W = 15000 - D$

$15000 \times 40\% = Dx_D + W \times 2\% \Rightarrow 15000 \times 40\% = Dx_D + (15000 - D) \times 2\%$

由式(5-4)得：

$$\frac{Dx_D}{15000 \times 40\%} \times 100\% = 97.1\% \qquad Dx_D = 15000 \times 40\% \times 97.1\%$$

最后解得：$D = 6300\text{kg/h}$，$W = 8700\text{kg/h}$　$x_D = 92.5\%$（质量分数）

馏出液的摩尔分数：

$$x_D = 92.5\%（质量分数）= \frac{0.925/78}{(0.925/78) + (1-0.925)/92}（摩尔分数）= 93.5\%（摩尔分数）$$

馏出液的平均分子量：$\overline{M}_D = 93.5\% \times 78 + (1 - 93.5\%) \times 92 = 78.9(\text{kg/kmol})$

馏出液的摩尔流量：

$$D = 6300\text{kg/h} = \frac{6300}{\overline{M}_D}\text{kmol/h} = \frac{6300}{78.9}\text{kmol/h} = 80\text{kmol/h}$$

塔釜残液的摩尔分数：

$$x_W = 2\%（质量分数）= \frac{0.02/78}{(0.02/78) + (1-0.02)/92}（摩尔分数）= 0.0235 = 2.35\%（摩尔分数）$$

塔釜残液的平均分子量：$\overline{M}_W = 2.35\% \times 78 + (1 - 2.35\%) \times 92 = 91.8(\text{kg/kmol})$

塔釜残液的摩尔流量：

$$W = 8700\text{kg/h} = \frac{8700}{\overline{M}_W}\text{kmol/h} = \frac{8700}{91.8}\text{kmol/h} = 95\text{kmol/h}$$

方法二：先将质量流量、质量分数换算成摩尔流量和摩尔分数后再根据摩尔守恒进行衡算。

已知：苯的相对分子质量为 78，甲苯的相对分子质量为 92。

原料液中苯的摩尔分数；塔釜液液苯的摩尔分数。

$$x_F = \frac{\dfrac{40}{78}}{\dfrac{40}{78} + \dfrac{60}{92}} = 0.44, \quad x_W = \frac{\dfrac{2}{78}}{\dfrac{2}{78} + \dfrac{98}{92}} = 0.0235$$

原料液平均分子量：$\overline{M}_F = 44\% \times 78 + (1 - 44\%) \times 92 = 85.8(\text{kg/kmol})$

原料液的摩尔流量：

$$F = 15000\text{kg/h} = \frac{15000}{\overline{M}_F}\text{kmol/h} = \frac{15000}{85.8}\text{kmol/h} = 175\text{kmol/h}$$

由：$\dfrac{Dx_D}{Fx_F} \times 100\% = 97.1\%$　得：$Dx_D = 97.1\%$　$Fx_F = 0.971 \times 175 \times 0.44$

由全塔物料衡算得：

$$175 = D + W \Rightarrow W = 175 - D$$

$$175 \times 0.44 = Dx_D + W \times 0.02.5 \Rightarrow 15000 \times 40\% =$$

$$0.971 \times 175 \times 0.44 + (15000 - D) \times 0.0235$$

解得：$W = 95\text{kmol/h}$　　$D = 80\text{kmol/h}$　　$x_D = 0.935 = 93.5\%$

例 5-2 计算结果说明：精馏过程是物理过程，分离前后不但物料总质量不变，总摩尔数也是不变的。所以用质量衡算和用摩尔衡算的结果是一致的。

在精馏塔的操作控制中，产品的产量和质量是相互制约的，其关系与产品的采出率有关。精馏塔产品的采出率有两个：

$$塔顶产品采出率 = \frac{D}{F} = \frac{x_F - x_W}{x_D - x_W} \tag{5-6}$$

$$塔底产品采出率 = \frac{W}{F} = \frac{x_D - x_F}{x_D - x_W} \tag{5-6a}$$

📝 讨论

（1）当产品质量 x_D、x_W 规定后，采出率 $\dfrac{D}{F} = \dfrac{x_F - x_W}{x_D - x_W}$ 和 $\dfrac{W}{F} = \dfrac{x_D - x_F}{x_D - x_W}$ 随之确定，不能自由选择。

（2）当规定了 D/F 和 x_D 时，则 x_W 和 W/F 也随之确定，不能自由选择，反之亦然。

（3）在规定了分离要求后，应使 $Dx_D \leqslant Fx_F$ 或 $\dfrac{D}{F} \leqslant \dfrac{x_F}{x_D}$。如果 D/F 取得过大，即使精馏塔有足够的分离能力，塔顶仍得不到高纯度的产品，其原因可由 $x_D \leqslant \dfrac{Fx_F}{D}$ 推出，当 x_F 一定时，D/F 增大会使 x_D 下降。

📊 结论

当原料的量和组成一定时，分离所得产品的产量与分离要求有关，其规律是：塔顶产品中易挥发组分含量越高，塔顶产品的产量就越少。此规律也符合杠杆原理。

$$D(x_D - x_W) = F(x_F - x_W)$$

👥 思考题

某二元混合物，进料量为 100kmol/h，原料中易挥发组分含量为 60%，要求塔顶产品中易挥发组分的含量 不小于 90%，则塔顶产品的最大产量是多少？ 如果将塔顶产品中易挥发组分的含量提高到 95%，试问塔顶产品的最大产量将如何变化？（以上含量均为摩尔分数。）

（二）精馏段与提馏段的物料衡算——精馏塔的操作线方程

在精馏塔的传质过程分析中，知道离开同一块理论板的气液两相组成 y_n 与 x_n 之间满足相平衡关系。那么，在精馏塔内相邻两层塔板之间的气液相组成之间的关系又是怎样的呢？

精馏塔内相邻两块塔板上的气液相组成之间关系，即从任意第 n 层板的下降液体组成 x_n 与相邻下一层板（第 $n+1$ 层板）的上升蒸气组成 y_{n+1} 之间的关系，与操作条件及相邻两板所处的位置有关。

由前面介绍已知，精馏塔的加料位置是在塔的中间某一部位，精馏塔有精馏段和提馏段之分。因为中间加料的缘故，精馏段和提馏段内气、液相的流量不完全一样，因此两段内气液相组成之间的变化规律也是不一样的。下面通过对精馏段和提馏段分别进行物料衡算以找出它们各自的变化规律。精馏塔内相邻两块塔板上的气液相组成 y_{n+1} 与 x_n 之间的关系由操作条件决定，是在恒摩尔流假设的基础上通过物料衡算获得。

1. 恒摩尔流假定

在精馏过程，塔内气液两相的浓度、温度不断发生变化且同时涉及热量和质量传递，影响因素很多，过程也很复杂，为了便于工程分析和计算，常作以下恒摩尔流假定。

恒摩尔流包括恒摩尔上升气流和恒摩尔下降液流。

① 恒摩尔上升气流　恒摩尔气流是指在精馏塔内，在没有中间加料（或出料）的条件下，在同一段内离开各层塔板的上升蒸气的摩尔流量相等，即：

精馏段　　　　　$V_1 = V_2 = V_3 = \cdots = V = $ 常数

提馏段　　　　　$V'_1 = V'_2 = V'_3 = \cdots = V' = $ 常数

但两段的上升蒸气摩尔流量不一定相等。

② 恒摩尔下降液流　恒摩尔液流是指在精馏塔内，在没有中间加料（或出料）的条件下，在同一段内离开各层塔板的下降液体的摩尔流量相等，即：

精馏段　　　　　$L_1 = L_2 = L_3 = \cdots = L = $ 常数

提馏段　　　　　$L'_1 = L'_2 = L'_3 = \cdots = L' = $ 常数

但两段的下降液体摩尔流量不一定相等。

显然要使上述的等式成立，在精馏塔内每块塔板上气液两相接触时，有 1kmol 的蒸气冷凝的同时，相应就必须有 1kmol 的液体汽化。只有这样，恒摩尔流假设才可能成立。为此物系必须符合以下条件：①混合物中各组分的摩尔汽化潜热相等；②各层塔板上液体因温度变化产生的显热差异可忽略不计；③塔设备保温良好，热损失可忽略不计。

在精馏生产中，有些系统能基本符合上述各项要求，塔内气液两相可认为恒摩尔流动。

在连续精馏塔中，由于原料液不断进入塔内，因此精馏段和提馏段两者的操作关系是不相同的，下面分别予以讨论。

2. 精馏段的物料衡算——精馏段的操作线方程式

如图 5-16 所示，取精馏段内第 $n+1$ 块塔板以上塔段及包括冷凝器在内的虚线框内作为衡算范围，并设冷凝器为全凝器，即从塔顶引出的蒸气在冷凝器内全部冷凝。根据质量守恒定律和恒摩尔流假定，以单位时间为基准，对虚线框作物料衡算得。

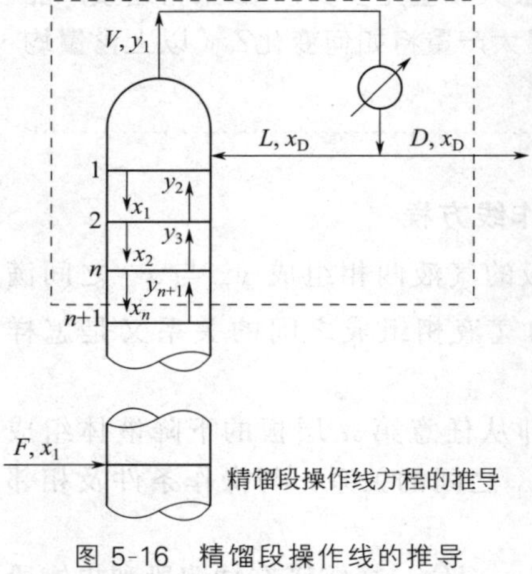

由总物料衡算得：

$$V = L + D \qquad ①$$

式中　V——精馏段内每块塔板上升蒸气的流量，kmol/h；

　　　L——精馏段内每块塔板下降液体（回流）的流量，kmol/h；

　　　D——塔顶产品（馏出液）的流量，kmol/h。

由易挥发组分的物料衡算得：

$$Vy_{n+1} = Lx_n + Dx_D \qquad ②$$

式中　y_{n+1}——精馏段第 $n+1$ 塔板上升蒸气中易挥发组分的摩尔分数；

精馏段操作线方程的推导

图 5-16　精馏段操作线的推导

　　x_n——精馏塔第 n 层板下降液体中易挥发组分的摩尔分数；

　　x_D——馏出液中易挥发组分的摩尔分数。

将式①代入式②得：

$$y_{n+1} = \frac{L}{L+D}x_n + \frac{D}{L+D}x_D \tag{5-7}$$

上式右边两项的分子分母同除以塔顶产品量 D。

$$y_{n+1} = \frac{L/D}{L/D + D/D}x_n + \frac{D/D}{L/D + D/D}x_D$$

令 $R = \dfrac{L}{D}$，则得：

$$y_{n+1} = \frac{R}{R+1}x_n + \frac{1}{R+1}x_D \tag{5-8}$$

　　式中，R 称为回流比，即回流液的摩尔流量 L 与馏出液（塔顶产品）的摩尔流量 D 的比值。回流比 R 是精馏过程的一个重要参数，其值的大小将对塔精馏塔的设计和操作有着很大的影响，其数值由设计者选定，其确定方法将在后面的内容中介绍。

　　式(5-7) 和式(5-8) 均为精馏段的操作线方程，它们都表示了在一定的操作条件下，精馏段内自任意的第 n 层板的下降液体组成 x_n 与其相邻的下一层塔板（第 $n+1$ 层板）上的上升蒸气组成 y_{n+1} 之间的关系，即相邻两块塔板的气液相组成之间的关系。

　　在稳定操作过程中，回流比 R、馏出液浓度 x_D 均为定值，因此精馏段操作线方程是斜率为 $R/(R+1)$，截距为 $x_D/(R+1)$ 的直线方程。当回流比 R，馏出液浓度 x_D 均已知时，可将精馏段操作线标绘在 $x\text{-}y$ 图上。

　　因为精馏段操作线方程斜率 $R/(R+1)$ 小于 1，而对角线（$y=x$）斜率等于 1，故精馏操作线与对角线必然有交点，且其交点 a 的坐标为（x_D, x_D）。

　　精馏段的操作线的作图方法一般采用两点式，具体步骤如下：

　　① 根据馏出液组成 x_D，在对角线上找出 a 点；

　　② 由截距 $x_D/(R+1)$，在 y 轴上找出 b 点；

　　③ 连接 a 和 b 两点所得的直线，即为精馏段的操作线。如图 5-17 中的 ab 线所示。

　　3. 提馏段的物料衡算——提馏段的操作线方程式

　　对图 5-18 虚线范围（包括提馏段第 m 层塔板以下的塔段和再沸器在内），作物料衡算，

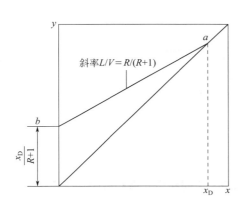

图 5-17　精馏段操作线作法

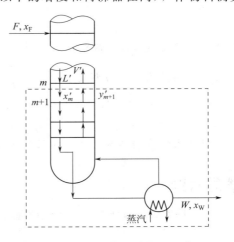

图 5-18　提馏段操作线推导示意图

以单位时间为基准。

总的物料衡算
$$L' = V' + W \tag{①}$$

式中 L'——提馏段中每块塔板下降液体的流量，kmol/h；

V'——提馏段中每块塔板上升蒸气的流量，kmol/h；

W——塔底产品（残液）的流量，kmol/h。

由易挥发组分的物料衡算得：
$$L'x'_m = V'y'_{m+1} + Wx_W \tag{②}$$

式中 x'_m——从提馏段第 m 块塔板下降的液体中易挥发组分的摩尔分数；

y'_{m+1}——从提馏段第 $m+1$ 块塔板上升的蒸气中易挥发组分的摩尔分数；

x_W——残液中易挥发组分的摩尔分数。

将式①代入式②后，整理得：

$$y'_{m+1} = \frac{L'}{L'-W}x'_m - \frac{W}{L'-W}x_W \tag{5-9}$$

式(5-9)称为提馏段的操作线方程，它表示了在一定的操作条件下，提馏段内自任意的第 m 层板的下降液体组成 x'_m 与其相邻的下一层塔板（第 $m+1$ 层板）上的上升蒸气组成 y'_{m+1} 之间的关系。根据恒摩尔流假定，L' 为定值，且在连续稳定操作时 W、x_W 均为定值，因此，该式为直线方程，即在 x-y 图中为一直线，直线的斜率为 $L'/(L'-W)$，截距为 $-Wx_W/(L'-W)$。

由于提馏段操作线的斜率 $L'/(L'-W) < 1$，而与对角线 $y=x$ 斜率不相等，则提馏段操作线与对角线不平行也必然相交，交点用 c 表示，c 点的坐标是联立后方程组的解：$x = x_W$，$y = x_W$。

提馏段的下降液体流量 L' 不如精馏段 L 易于求得，L' 除了与 L 有关外还与进料量及其受热状况有关，如饱和液体（泡点）进料时：$L' = L + F$。

【例 5-3】 分离例 5-1 的溶液时，若进料为泡点液体（$L' = L + F$），所用回流比为 2，试求精馏段和提馏段操作线方程式，并写出其斜率和截距。

解：（1）精馏段操作线方程式为：$y_{n+1} = \dfrac{R}{R+1}x_n + \dfrac{1}{R+1}x_D$

将 $R=2$，$x_D = 0.935$ 代入精馏段的操作线方程得：

$$y_{n+1} = \frac{2}{2+1}x_n + \frac{0.935}{2+1} = 0.667x_n + 0.312$$

精馏段的斜率为 0.667，截距为 0.312。

（2）提馏段操作线方程为：$y'_{m+1} = \dfrac{L'}{L'-W}x'_m - \dfrac{W}{L'-W}x_W$

$F = 175\text{kmol/h}$，$W = 95\text{kmol/h}$，$L = RD = 2 \times 80 = 160\text{kmol/h}$，$x_W = 0.0235$；

$$y'_{m+1} = 1.4x'_m - 0.0093$$

提馏段操作线斜率为 1.4，截距为 -0.0093。

👥 思考题

提馏段的操作线可用类似精馏段操作线的方法（即利用 c 点和截距点）来作图吗？

（三）加料板的物料衡算和热量衡算——进料热状况分析

进料热状态

教学视频

1. 加料板的物料与热量衡算

加料板是精馏段和提馏段的联系，由于有物料自塔外引入，所以加料板上物料、热量关系与普通板不同，必须加以单独讨论。

图 5-19 为加料板上各股物料的进出情况，现对其中的虚线框内作物料衡算和热量衡算。用 I 表示物料的焓。物料用下标区分。

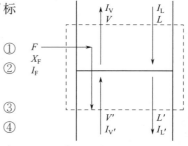

物料衡算式：	$F + V' + L = L' + V$　　①
热量衡算式：	$FI_F + V'I_{V'} + LI_L = L'I_{L'} + VI_V$　　②
令	$I_{V'} \approx I_V$；$I_L \approx I_{L'}$
改写式①得：	$V - V' = F - (L' - L)$　　③
改写式②得：	$FI_F - (L' - L)I_L = (V - V')I_V$　　④

将式③代入式④得：

$$\frac{L' - L'}{F} = \frac{I_V - I_F}{I_V - I_L}$$

图 5-19　加料板上的物料衡算和热量衡算

令

$$q = \frac{I_V - I_F}{I_V - I_L} \tag{5-10}$$

q 称为进料热状况参数

它的含义为 1kmol 进料变成饱和蒸气所需热量/进料液的千摩尔汽化潜热。

又令

$$q = \frac{L' - L}{F} = 进料中的液体分率（简称液化率） \tag{5-11}$$

说明：1）该参数指液化率时，适宜描述饱和液、气液混合物和饱和气三种进料情况。

2）实际计算进料热状况参数时，

$$q = \frac{r_m + C_{pm}(t_s - t)}{r_m} \tag{5-12}$$

式中　t_s——进料液的泡点温度，℃；

t——进料液的实际温度，℃；

r_m——泡点下混合液的平均汽化潜热，kJ/kmol；

C_{pm}——定性温度下混合液的平均定压比热，kJ/(kmol·℃)。

定性温度取 $t_m = \dfrac{t_s + t}{2}$，　则：$r_m = r_A x_A + r_B (1 - x_A)$

$$C_{pm} = C_{pA} x_A + C_{pB} (1 - x_A)$$

2. 精馏塔的五种进料状况

在生产实际中，引入塔内的原料可能有五种不同的状况：①低于泡点的冷液体；②饱和液体（泡点）进料；③气液混合物；④饱和蒸气；⑤过热蒸气。各种进料状况下提馏段和精馏段气液相流量之间的关系可用图 5-20 表示。

（1）饱和液体（泡点）进料

由于精馏塔内的液体和蒸气都是呈饱和状态，即沸腾状态，且加料板上、下处的温度及气、液相组成各自都比较接近，故 $I_V \approx I_V'$　$I_L \approx I_L'$。

当进料为饱和液体时：因为：$I_F = I_L$

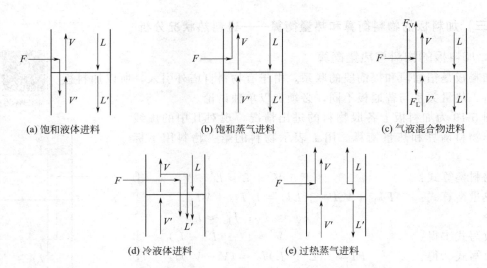

图 5-20 精馏塔的五种进料状况对加料板上、下各股物流的影响

代入式(5-10) 则有： $q=1$

再由式(5-11) 得： $L'=L+F$ $V'=V$ $q=(L'-L)/F$

显热，对于饱和液体进料（泡点进料），$q=1$，$L'=L+F$，

（2）饱和蒸气进料

因为 $I_F=I_V$ 所以 $q=0$

则有：$L=L'$ $V=V'+F$ $q=\dfrac{L'-L}{F}$

显热，对于饱和蒸气进料（露点进料），$q=0$，$L'=L$

（3）气液混合物进料

因 $I_L<I_F<I_V$ 则 $0<q<1$

则有：$L'=L+F_L$ $V=V'+F_V$

$L<L'<L+F$ $q=(L'-L)/F=F_L/F$ 此时 q 就是进料中的液相分率。

（4）进料为低于泡点温度的冷液体

由于进料低于泡点温度，则进料的焓小于加料板上饱和液体的焓，即 $I_F<I_L$

代入式(5-10) 得： $q>1$

再由式(5-11) 得： $L'>L+F$ $V<V'$

这说明：冷液进料时，要由提馏段上升的蒸气把原料加热到泡点温度，而蒸气则被冷凝为部分液体随料液一块向下流到提馏段。如图 5-20 中的（e）所示。

（5）过热蒸气进料

由于过热蒸气温度高于进料板的蒸气温度，则进料的焓大于加料板上的饱和蒸气的焓，即：$I_F>I_V$

代入式(5-10) 得： $q=\dfrac{I_V-I_F}{I_V-I_L}<0$

由式(5-11) 得： $L'<L$ $V>V'+F$

这说明：过热蒸气要释放部分显热使精馏段下降的液体部分汽化，与提馏段上升的气体混合进入精馏段。如图 5-20 中的（e）所示。

3. 进料状况对提馏段操作线的影响

将式(5-11)，代入式(5-9)后，提馏段操作线方程式又可表示为：

$$y'_{m+1} = \frac{L+qF}{L+qF-W}x'_m - \frac{W}{L+qF-W}x_W \qquad (5-13)$$

显然，当一定的操作回流比下（L一定时），q不同，提馏段的操作线方程是不同的，说明进料的热状态对提馏段操作线存在显著的影响。

因为精馏段操作线的斜率大于1，而提馏段操作线的斜率小于1，所以两操作线不平行。必然有交点，用d表示。当两操作线方程已知时，d点的坐标就是精馏段操作线方程和提馏段操作方程联立后的解。

但由于提馏段操作线方程$y'_{m+1} = \dfrac{L+qF}{L+qF-W}x'_m - \dfrac{W}{L+qF-W}x_W$与进料的热状况$q$有关，因此$d$点的位置也与进料状况$q$有关。可见在进料板上，同时满足精馏段和提馏段的物料衡算，故两操作线的交点d一定落在加料板上。

下面我们来分析d点的位置与进料状况之间的关系。

将精馏段和提馏段两操作线联立：

$$\begin{cases} y = \dfrac{L}{L+D}x + \dfrac{D}{L+D}x_D \\[2mm] y = \dfrac{L+qF}{L+qF-W}x - \dfrac{W}{L+qF-W}x_W \end{cases}$$

分别整理得 $\qquad L(y-x) = D(x_D - y)$

$$L(y-x) = qF(x-y) + W(y-x_W)$$

所以，$\qquad D(x_D - y) = qF(x-y) + W(y-x_W)$

再整理得 $\qquad qFy - (D+W)y = qFx - (Dx_D + Wx_W)$

因为，$\qquad\qquad D+W = F \qquad$（全塔物料衡算）

$$Dx_D + Wx_W = Fx_F \qquad$$（全塔易挥发组分物料衡算）

所以，$\qquad\qquad qFy - Fy = qFx - Fx_F$

各项同除以F，最终整理得：$\qquad y = \dfrac{q}{q-1}x - \dfrac{x_F}{q-1} \qquad (5-14)$

式(5-14)称加料线方程式或q线方程。

q线方程式上所有点是精馏段操作线与提馏段操作线交点的轨迹线，该方程所表示的直线称为q线，故精馏段操作线与q线的交点也一定在提馏段操作线上。因此q线方程也称为精馏操作线和提馏段操作线交点的轨迹方程。

由于q线方程的斜率$q/(q-1)$不等于1，故进料线与对角线必然有交点e。

将q线方程与对角线方程联立，解得交点e坐标为$x=x_F$，$y=x_F$。

在图5-21中，从e点作斜率为$q/(q-1)$的直线（进料线），如图中的ef线。

ef线与精馏段操作线ab线交于d点，点d即为精馏段操作线与提馏段操作线的交点。连接dc，则dc线即为某一进料状况下的提馏段操作线。

五种不同进料热状况对q线（ef线）的影响如图5-22所示。当回流比一定时，根据不同进料状况，可做出不同斜率的提馏段操作线也如图5-22所示。不同进料热状况对q值和进料线的影响情况如表5-1所示。

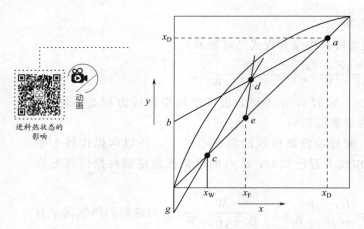

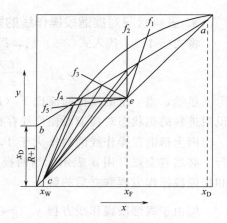

进料热状态的影响

图 5-21　提馏段操作线的作图　　　　图 5-22　不同进料状况时进料线和
提馏段操作线示意图

表 5-1　不同进料热状况下气液相流量及 q 线的变化

进料热状况	进料的焓 I_F	$q=\dfrac{I_V-I_F}{I_V-I_L}$	气液相流量变化	q 线的斜率 $\dfrac{q}{q-1}$	q 线在 $x\text{-}y$ 图上的位置
冷液体	$I_F<I_L$	>1	$L'>L+F$　　$V<V'$	$+$	ef_1（↗向上偏右）
饱和液体	$I_F=I_L$	1	$L'=L+F$　　$V=V'$	∞	ef_2（↑垂直向上）
气液混合物	$I_L<I_F<I_L$	$0<q<1$	$L<L'<L+F$　　$V'<V<V'+F$	$-$	ef_3（↖向上偏左）
饱和蒸气	$I_F=I_V$	0	$L'=L$　　$V=V'+F$	0	ef_4（←水平线）
过热蒸气	$I_F>I_V$	<0	$L'<L$　　$V>V'+F$	$+$	ef_5（↙向下偏左）

随 q 值减小，则提馏段操作线斜率增大，说明提馏段液气比增大，气、液两相组成更接近平衡线，意味着提馏段单位流量液体所用蒸气在不断减少，提馏段操作线更靠近平衡曲线，将导致提馏段分离能力不断下降，则影响塔高和塔径的设计。

精馏塔操作线绘图步骤小结

（1）精馏段操作线：

① 在对角线上找 a 点（x_D，x_D）；

② 在 y 轴上找截距点 b 点：$\left(0,\dfrac{1}{R+1}x_D\right)$；

③ 连接 ab 即为精馏段的操作线。

（2）提馏段操作线：

① 在对角线上找 c 点（x_W，x_W）；

② 在对角线上找 e 点（x_F，x_F）；

③ 过 e 点作斜率为 $\dfrac{q}{q-1}$ 的直线 ef 线；

④ 找 ef 线与 ab 线的交点 d；

⑤ 连接 c 点和 d 点，所得直线 cd 即为提馏段操作线。

三、精馏塔塔高的确定

精馏塔的塔高由四部分决定：完成分离任务所需的塔的有效段高度、塔顶空间高度、塔底空间高度、塔的下部裙座高度。其中塔顶空间高度、塔底空间高度、裙座高度是在塔径确定后随之确定的，而完成分离任务所需的塔的有效段高度则是决定塔高的关键。

对于板式塔，完成分离任务的所需的塔的有效段高度取决于实际塔板数和板间距，其计算公式为：

$$H = (N_P - 1)H_T \tag{5-15}$$

式中　H——板式塔的有效段高度，m；

　N_P——实际塔板数；

　H_T——塔板间距，m。

对于板式精馏塔，实际塔板数取决于完成任务所需的理论塔板层数 N_T 和操作条件下的总板效率 E_T，即：

$$N_P = \frac{N_T}{E_T} \tag{5-16}$$

式中　N_T——完成分离任务所需的理论塔板数；

　E_T——总板（全塔）效率。

对于填料塔塔高则取决于完成分离任务所需的填料层高度，而填料层高度也可由理论板层数和等板高度相乘后获得。

此处，我们重点介绍板式塔塔高的确定。

1. 理论板层数 N_T 的求取

理论板层数的计算是确定精馏塔实际塔板数及塔高的重要数据，常用方法有三种，即：①逐板计算法；②图解法；③简捷法（本教材不作介绍）。

求算理论板层数时主要利用两个关系：理论板上的气液相平衡关系、相邻两板之间气液两相组成之间的操作关系。

（1）逐板计算法

逐板计算法是计算理论板层数的最基本方法，其利用的关系为物系的相平衡方程和操作线方程。

气液相平衡方程：

$$y = \frac{\alpha x}{1 + (\alpha - 1)x} \tag{1}$$

操作线方程：

精馏段的操作线方程：

$$y_{n+1} = \frac{R}{R+1}x_n + \frac{1}{R+1}x_D \tag{2}$$

提馏段的操作线方程：

$$y'_{m+1} = \frac{L+qF}{L+qF-W}x'_m - \frac{W}{L+qF-W}x_W \tag{3}$$

如图 5-23 所示的精馏塔，若塔顶采用全凝器，且泡点回流，即从塔顶最上层塔板（第 1 层板）上升的蒸气进入冷凝器中被全部冷凝，因此塔顶馏出液组成及回流液组成均与第 1 层板的上升蒸气组成相同，即：$y_1 = x_D$（x_D 为已知值）。

因为是理论板，离开每层理论板的气液相组成是互成平衡的，故可由 y_1 用气液平衡方程（1）求得 x_1。由于从下一层塔板（第 2 层塔板）上升的蒸气组成 y_2 与 x_1 符合精馏段的操作关系，故用精馏段的操作线方程可由 x_1 求得 y_2。即：

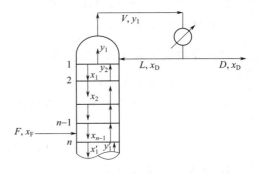

图 5-23　逐板计算分析图

$y_2 = [R/(R+1)]x_1 + x_D/(R+1)$。

同理，y_2 与 x_2 互成平衡，即可用平衡方程由 y_2 求 x_2，以及再用精馏段操作线方程由 x_2 求 y_3，如此重复计算，直到 $x_n < x_d$ 为止（x_d 为精馏段操作线与提馏段操作线交点的横坐标，也就是精馏段方程与提馏段方程组解的 x 值。对于饱和液体进料时 $x_d = x_F$）。说明第 n 层板是加料板，因此精馏段的理论塔板层数为 $(n-1)$ 块。第 n 板是加料板也是提馏段的第 1 块板。当计算到 $x_n < x_d$ 后，改用提馏段操作线方程继续逐板向下计算，来确定提馏段理论塔板数，直到 $x'_m \leqslant x_W$（x_W 为塔底产品——残液的组成）为止。见图 5-24。

应予注意：在计算过程中，每使用一次平衡关系，表示需要一层理论板。

由于物料在再沸器中停留时间较长，离开再沸器的气液两相已达平衡，它起到了一块理论板的分离效果，所以，第 m 块理论板就是再沸器。

【例 5-4】 在一常压连续精馏塔中分离含苯 44% 的苯-甲苯混合液，要求塔顶产品中含苯 97.4% 以上。塔底产品中含苯 2.35% 以下（以上均为摩尔百分数）。采用回流比 $R = 2$。试求下列两种进料状况下的理论加料板位置和所需的理论塔板层数。（一）饱和液体进料；（二）20℃ 冷液进料。

已知：苯-甲苯混合液的平均相对挥发度为 2.47；20℃ 冷液进料时，进料的热状况参数 q 为 1.36。

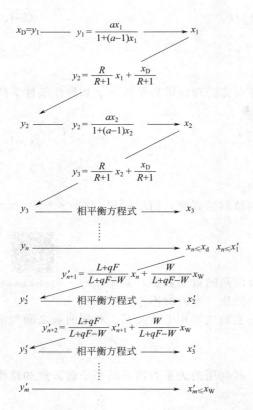

图 5-24 逐板计算过程示意图

解：（一）饱和液体进料时：

1. 苯-甲苯的气液相平衡方程为：

$$y = \frac{2.47x}{1 + (2.47 - 1)x} = \frac{2.47x}{1 + 1.47x} \qquad \text{A}$$

2. 求进料线方程和操作线方程

（1）进料线方程式为：

$$x = x_F = 0.44 \qquad \text{B}$$

（2）精馏段的操作线方程式为：

$$y = \frac{R}{R+1}x + \frac{1}{R+1}x_D = \frac{2}{3}x + 0.325 \qquad \text{C}$$

（3）提馏段操作线方程式为：

$$y = 1.428x - 0.0101 \qquad \text{D}$$

3. 将方程 B 和方程 C 联立（或将方程 C 和方程 D）联立求解得：

$$\begin{cases} x = 0.44 \\ y = 0.6183 \end{cases} \text{亦即} \begin{cases} x_d = 0.44 \\ y_d = 0.6183 \end{cases}$$

4. 逐板计算结果如下：

$y_1 = 0.9740$, $x_1 = 0.9381$

$y_2 = 0.9504$, $x_2 = 0.8858$

$y_3 = 0.9155$, $x_3 = 0.8143$

$y_4 = 0.8679$, $x_4 = 0.7268$

$y_5 = 0.8095$, $x_5 = 0.6324$

$y_6 = 0.7466$, $x_6 = 0.5440$

$y_7 = 0.6877$, $x_7 = 0.4713$

$y_8 = 0.6392$, $x_8 = 0.4177 < x_d = 0.44$

（说明第 8 块板为理论加料板）

$y_9 = 0.5864$, $x_9 = 0.3647$

$y_{10} = 0.5107$, $x_{10} = 0.2970$

$y_{11} = 0.4140$, $x_{11} = 0.2224$

$y_{12} = 0.3075$, $x_{12} = 0.1524$

$y_{13} = 0.2075$, $x_{13} = 0.0958$

$y_{14} = 0.1267$, $x_{14} = 0.0555$

$y_{15} = 0.0684$, $x_{15} = 0.0289$

$y_{16} = 0.0312$, $x_{16} = 0.0129 < x_W = 0.0235$

总共用了 16 次平衡关系，故共需 16 块理论板（包括再沸器）。

（二）20℃冷液进料时

1. 苯-甲苯的气液相平衡方程为：

$$y = \frac{2.47x}{1 + (2.47 - 1)x} = \frac{2.47x}{1 + 1.47x} \qquad A$$

2. 求进料线方程和操作线方程

（1）进料线方程式为：

$$y = \frac{q}{q-1}x - \frac{1}{q-1}x_F = 3.778x - 1.2222 \qquad B$$

（2）精馏段的操作线方程式为：

$$y = \frac{R}{R+1}x + \frac{1}{R+1}x_D = \frac{2}{3}x + 0.325 \qquad C$$

（3）提馏段操作线方程式为：

$$y = 1.338x - 0.00794 \qquad D$$

3. 将方程 B 和方程 C 联立（或将方程 C 和方程 D）联立求解得：

$$\begin{cases} x = 0.497 \\ y = 0.657 \end{cases} 亦即 \begin{cases} x_d = 0.497 \\ y_d = 0.657 \end{cases}$$

4. 逐板计算结果如下：

$y_1 = 0.9740$, $x_1 = 0.9381$

$y_2 = 0.9504$, $x_2 = 0.8858$

$y_3 = 0.9155$, $x_3 = 0.8143$

$y_4 = 0.8679$, $x_4 = 0.7268$

$y_5 = 0.8095$, $x_5 = 0.6324$

$y_6 = 0.7466$, $x_6 = 0.5440$

$y_7 = 0.6877$, $x_7 = 0.4713 < x_D = 0.497$

（说明第 7 块板为理论加料板）

$y_8 = 0.6227$, $x_8 = 0.4005$

$y_9 = 0.5279$, $x_9 = 0.3116$

$y_{10} = 0.4090$, $x_{10} = 0.2189$

$y_{11} = 0.2849$, $x_{11} = 0.1389$

$y_{12} = 0.1779$, $x_{12} = 0.0806$

$y_{13} = 0.0999$, $x_{13} = 0.0430$

$y_{14} = 0.0496$, $x_{14} = 0.0207 < x_W = 0.0235$

总共用了 14 次平衡关系，故共需 14 块理论板（包括再沸器）。

（2）图解法

图解法求理论塔板层数的依据与逐板计算法完全相同，只不过是用相平衡曲线和操作线分别代替气液相平衡方程和操作线方程，用图解代替方程的求解。图解法中以 x-y 图图解法最为常用，图解法步骤如下：

① 在 y-x 图上作出相平衡线和对角线；

② 在 y-x 图上作精馏段操作线 ab；

图解法求理论
塔板层数

③ 在 y-x 图上作进料线 ef 和提馏段操作线 dc；

④ 在平衡线与操作线之间图解画梯级，求理论塔板数。

用图解法求理论塔板数步骤如下（详见图 5-25 所示）：

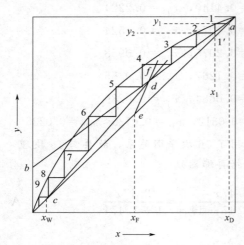

图 5-25　图解法求理论塔板数

从 a 点开始在精馏段操作线和平衡线之间作水平线和垂线组成的梯级，当梯级跨过点 d 时，改在平衡线和提馏段操作线之间画梯级，直至梯级跨过 c 点为止；每一级水平线表示应用一次气液相平衡关系，即代表一层理论板，每一根垂线表示应用一次操作线关系，梯级的总数即为理论板总数。由于塔釜作为一块理论板，因此，理论板总数为总梯级数减去 1。

图中 1 点表示气相浓度 y_1 与液相浓度 x_1 互成平衡，相当于逐板计算法中使用一次平衡关系，由 y_1 求 x_1，因此代表一块理论板，再由 1 点引垂线与操作线相交于 $1'$ 点，$1'$ 点即离开第一板的液相浓度 x_1 与来自下一块板（第二板）的气相浓度 y_2 之间的关系（即操作线所表示的关系）相当于逐板计算法中利用一次操作线方程由 x_1 求 y_2。继续由 $1'$ 点引水平线与平衡线交于 2 点，相当于逐板计算法又用一次平衡关系由 y_2 求 x_2，故又代表一块理论板。

综上所述：

图解法中每个梯级的水平线代表两相邻理论板的液相推动力；竖直线代表两相邻理论板的气相推动力。

平衡线上的点代表每块板上气相平衡时，轻组分的气液相组成关系。操作线上的点代表上下两块理论板之间操作时，轻组分的气液组成关系。

图解法基于塔内恒摩尔流的假设，是以实际浓度与平衡浓度之间差值表示上下两块板间液相推动力或气相推动力。

图解法求理论塔板数 N_T 的步骤小结。

① 在方格坐标纸上绘出 y-x 平衡曲线，并作出对角线。

② a 点 (x_D, x_D)，找 b 点 $(0, x_D/R+1)$，联结 ab 得精馏段操作线。

③ 作出 q 线，如饱和液体进料，$q=1$，找 e 点 (x_F, x_F)，向上作垂线，与精馏段操作线 ab 交于 d 点。

④ 找 c 点 (x_W, x_W)，联结 cd 便得提馏段操作线。

⑤ 从 a 点开始，从右向左在精馏段操作线与平衡线之间画出水平线及垂直线组成的梯级。当梯级跨过 d 点时，则改在提馏段操作线与水平线之间画梯级，直至梯级跨过 c 点为止。所画的每一个梯级代表一块理论板。

【例 5-5】　需用一常压连续精馏塔分离含苯 40％的苯-甲苯混合液，要求塔顶产品含苯 97％以上。塔底产品含苯 2％以下（以上均为质量％）。采用的回流比 $R=3.5$。试求下述两种进料状况时的理论板数：（1）饱和液体；（2）20℃液体。

解：由于相平衡数据是用摩尔分数，故需将各个组成从质量分数换算成摩尔分数。换算后得到：$x_F=0.44$，$x_D \geq 0.974$，$x_W \leq 0.0235$。

现按 $x_D = 0.974$，$x_W = 0.0235$ 进行图解。

（1）饱和液体进料

① 在 x-y 图上作出苯-甲苯的平衡线和对角线如本题附图 1 所示。

② 在对角线上定点 $a(x_D, y_D)$，点 $e(x_F, y_F)$ 和点 $c(x_W, y_W)$ 三点。

③ 绘精馏段操作线　依精馏段操作线截距 $= x_D/(R+1) = 0.975/(3.5+1) = 0.217$，在 y 轴上定出点 b，连 a、b 两点间的直线即得，如附图 1 中 ab 直线。

④ 绘 q 线　对于饱和液体进料，q 线可通过点 e 向上作垂线，如本题附图 1 中 ef 直线。

⑤ 绘提馏段操作线　将 q 线与精馏段操作线之交点 d 与点 c 相连即得，如本题附图 1 中 dc 直线。

⑥ 绘梯级线　自附图 1 中点 a 开始在平衡线与精馏操作线之间绘梯级，跨过点 d 后改在平衡线与提馏线之间绘梯级，直到跨过 c 点为止。

由图中的梯级数得知，全塔理论板层数共 12 层，减去相当于一层理论板的再沸器，共需 11 层，其中精馏段理论层数为 6，提馏段理论板层数为 5，自塔顶往下数第 7 层理论板为加料板。

（2）20℃冷液进料时

①、②、③项与上述解法相同，其结果如本题附图 2 所示。

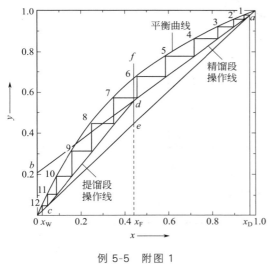

例 5-5　附图 1

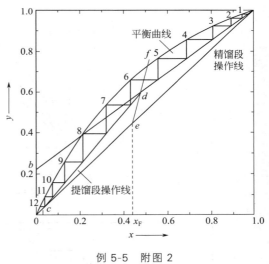

例 5-5　附图 2

④ 绘 q 线　由例 5-4 已知，20℃冷液进料状况下 $q = 1.36$；$q/(q-1) = 3.78$。过 e 点作斜率为 3.78 的直线即得 q 线，q 线与精馏段操作线交于 d。

⑤ 绘提馏段操作线　连 dc 即得如附图 2 中所示 dc 直线。

⑥ 依图解法绘梯级　仍从 a 点起作梯级，可知全塔理论板层数共 12 层，减去再沸器相当的一层理论板，共需 11 层，其中精馏段理论板层数为 5，提馏段理论板层数为 6，自塔顶往下数第 6 层理论板为加料板。

思考题

在图解法中，绘梯级时为什么跨过两操作线交点后要更换操作线如果提前更换或推迟更换有何影响？

2. 进料板位置的选择

逐板计算法求理论塔板数，在自上而下进行逐板计算时，当计算到 $x_n < x_d$ 后，以第 n 块板作为加料板，这里存在一个加料板位置的确定问题。跨过加料板由精馏段进入提馏段，在逐板计算中的体现是以提馏段操作方程代替精馏段操作方程，在图解法中的体现为改换操作线，那么为什么要这样规定呢？

对于某一分离任务，精馏塔要选择合适的加料位置。

在适宜位置进料，完成规定分离要求所需塔板数会减少。对于给定的理论板数，加料位置适宜，则分离程度会提高。在图解法中跨过两操作交点的塔板就是这一适宜加料板或最佳加料板。

精馏塔在正常运行时，各组分的浓度分布是沿塔高建立的。由于塔顶轻组分最浓，塔釜重组分组成最高，各组分组成沿高度变化，所以适宜进料位置应是进料组成及热状态与塔板上组成和热状态差别最小的板，才是最佳进料板，如图 5-26 中第 5 板。

如果图 5-26 中的第 5 块板上不加料，如图 5-27（a）所示，则仍由精馏段操作线求取 y_6。

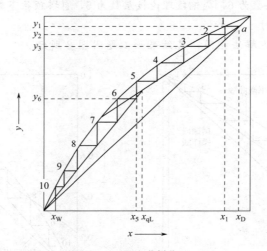

图 5-26　最佳进料位置

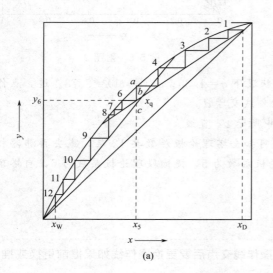

(a)

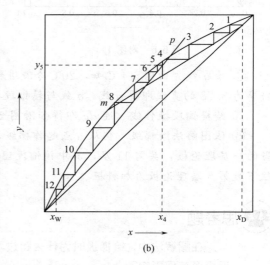

(b)

图 5-27　加料板位置选择不当

不难看出，其气相提浓程度必小于该板加料时的提浓程度，由此可知，加料过晚是不利的。

反之，当加料板选在第 4 块，如图 5-27（b）所示，即由 x_4 求 y_5 时改用提馏段操作线，同样可以看出第 4、第 5、第 6 板的提浓程度有所减少，说明加料过早也不利。

这样，不难看出，最优加料板位置是该板的液相组成 x 等于或略低于 x_d（即两操作线交点的横坐标），此处即为第 5 块。

当然，若加料板不在最佳位置，例如在第 4 块或第 8 块加料，都能求出所需的理论板数，但为达到指定分离任务所需要的理论板数则较多，如表 5-2 所示。

表 5-2　加料板位置对理论板数的影响举例

加料位置	完成任务所需的理论板数
4	12
5	10
8	12

可见加料位置的选择本质上是个优化的问题。但是，超出了某个范围则不再是优化问题，此时将不可能达到规定的设计要求。例如，若加料位置选在第 3 块，参见图 5-27（b），则由 x_3 用提馏段操作线求取 y_4 时，组成在平衡线之上方，这显然是不可能的。换言之，若加料板位置在第 3 块板，则塔顶产品纯度不可能达到指定的要求。

3. 回流比的确定

前面在求理论塔板层数时，精馏段操作线方程中的回流比 R 已知。工程上回流比 R 的大小是如何确定的呢？R 的数值变化，对精馏塔的设计与生产操作又有什么影响呢？

回流是保证精馏操作过程能连续稳定进行的必要条件，在精馏塔的设计中，回流比是影响设备费用和操作费用的一个最重要因素。在实际生产中，回流比的正确控制与调节，是优质、高产、低消耗的重要因素之一。

（1）回流比 R 对精馏装置的设计与操作的影响

回流比 R 是精馏过程的设计和操作的重要参数。R 直接影响精馏塔的分离能力和系统的能耗，同时也影响设备的结构尺寸。

讨论

对于一定的分离要求，增加回流比，使精馏段的操作线斜率 $R/(R+1)$ 增大，截距减小，则精馏段操作线远离平衡线，如图 5-28 所示，每一梯级的水平线段和垂直线段均加长，使得精馏塔内各板传质推动力 Δy 及 Δx 增大，说明每一块理论板的分离能力提高，因此，完成相同的分离任务，所需的理论板数减少，图 5-27 中理论板由 13 块减为 10 块理论板。理论板数的减少，塔本身的设备费用相应就减少，这是有利的。

然而，不利的是：由于回流比 R 的增加，塔内的液相和气相流量 $L=RD$、

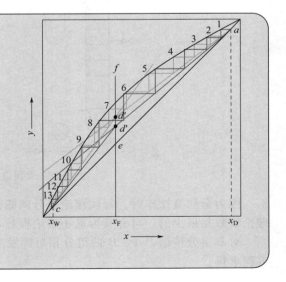

$L'=RD+qF$、$V=(R+1)D$ 和 $V'=(R+1)D-(1-q)F$ 必然增加，从而导致装置操作时再沸器所需的加热蒸气用量、冷凝器所需的冷却剂用量都将增加，也就是装置的操作费用提高。同时液相和气相负荷量的增加也导致附属设备尺寸（冷凝器、再沸器传热面积）的增加，达到一定程度后也会使设备投资有所增加。

反过来对于一个操作中的精馏塔，增加回流比，必然使每块塔板分离能力增加，最终使产品的纯度提高。可见，增大回流比节省塔的设备费用、提高分离效果是以增加操作能耗为代价的。

因此，回流比的选择是一个经济问题，即应在操作费用（能耗）和设备费用（塔板数及再沸器传热面积、冷凝器的传热面积等）之间作出权衡。

（2）回流比的两个极限值

从回流比的定义式 $R=L/D$ 来看，回流比可以在零至无穷大之间变化，前者对应于无回流，后者对应于全回流，但实际上对指定的分离要求（设计型问题），回流比不能小于某一下限，否则即使有无穷多个理论板也达不到设计要求。回流比的这一下限称为最小回流比，这个不是经济问题，而是技术上对回流比选择所加的限制。

① 全回流（$R \to \infty$） 全回流就是精馏塔塔顶蒸气完全冷凝后，全部流回塔内，不采出产品。全回流时：$D=0$，$R \to \infty$。

由于全回流时通常不进料，塔顶、塔底不采出，故精馏塔内气、液两相的摩尔流量相等，即 $L=V$，如图 5-28 所示。由于全回流时，中间不进料，塔内无精馏段和提馏段之分，两段操作线合并为一根线且斜率为 1，即与对角线重合。全回流时，精馏塔的操作线方程可表示为：

$$y_{n+1}=x_n \tag{5-17}$$

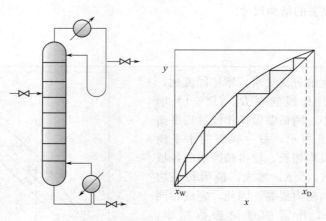

图 5-28 全回流操作的最小理论塔板

因为全回流操作时，每块理论板分离能力达到了最大，所以，完成相同的分离要求所需理论板数是最少的，可称其为最小理论板数，以 $N_{\min}$ 表示。

对双组分精馏，A、B 两组分相对挥发度为 α_m 时，最少理论板数 $N_{\min}$ 也可以由芬斯克方程求得。

$$N_{\min} = \frac{\lg\left[\left(\dfrac{x_{\mathrm{D}}}{1-x_{\mathrm{D}}}\right)\left(\dfrac{1-x_{\mathrm{W}}}{x_{\mathrm{W}}}\right)\right]}{\lg\alpha_{\mathrm{m}}} \qquad (5\text{-}18)$$

该方程也可用于多组分精馏，其区别是以轻、重关键组分的分离代替双组分的精馏。

全回流是回流比的上限，由于全回流时不加料，也不出产品，因此对于正常生产无实际意义。它主要用于精馏装置的开停车和调试阶段的操作，全回流开车，可以在短时间内在塔内建立起必要的浓度分布。

② 最小回流比 $R_{\min}$　回流比从全回流逐渐减小时，精馏段操作线和提馏段操作线的交点逐渐向平衡线靠近。在图 5-29 中，当回流比减小到一定程度时，两操作线的交点正好落在平衡线上点 q 处，在点 q 处，由于液相和气相处于平衡状态，传质推动力为零，不论画多少梯级都不能越过交点 q，q 点称为挟紧点，此时再多的塔板也不能起分离作用，精馏操作的分离任务无法完成，或者说完成规定分离要求所需的理论板数为∞。像此种情况下的回流比称为最小回流比，用 $R_{\min}$ 表示。显然，最小回流比在生产中是不可取的，但它是操作回流比的确定基础数据。

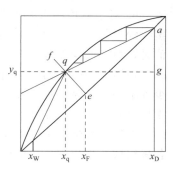

图 5-29　最小回流比的图解

最小回流比 $R_{\min}$ 的求取方法与物系相平衡关系有关。

a. 正常的相平衡线。正常的相平衡线是指理想溶液的物系或接近理想溶液的物系，其相平衡线为无拐点的上凸曲线，如图 5-29 所示。

图中 aq 线就是最小回流比时所对应的精馏段操作线，由 aq 线的斜率得。

$$\frac{R_{\min}}{R_{\min}+1} = \frac{\overline{ag}}{\overline{qg}} = \frac{x_{\mathrm{D}}-y_{\mathrm{q}}}{x_{\mathrm{D}}-x_{\mathrm{q}}}$$

整理上式后可得最小回流比的计算式为：

$$R_{\min} = \frac{x_{\mathrm{D}}-y_{\mathrm{q}}}{y_{\mathrm{q}}-x_{\mathrm{q}}} \qquad (5\text{-}19)$$

式中，x_{q}、y_{q} 是 q 线与平衡线的交点 q 的坐标，可由图中读得。

对于相对挥发度 α 恒定的物系，x_{q}、y_{q} 的值也可由 q 线方程与平衡线的方程联立求解得到。例如：

泡点进料时
$$\begin{cases} x_{\mathrm{q}} = x_{\mathrm{F}} \\ y_{\mathrm{q}} = \dfrac{\alpha x_{\mathrm{F}}}{1+(\alpha-1)x_{\mathrm{F}}} \end{cases}$$

露点进料
$$\begin{cases} y_{\mathrm{q}} = x_{\mathrm{F}} \\ x_{\mathrm{q}} = \dfrac{x_{\mathrm{F}}}{\alpha-(\alpha-1)x_{\mathrm{F}}} \end{cases}$$

【例 5-6】　用连续精馏塔分离平均相对挥发度为 2.4 的某双组分混合液，已知原料中易挥发组分含量为 0.4（摩尔分数，下同），要求塔顶馏出液组成为 0.95。操作时采用饱和液体进料，塔顶为全凝器，试求：此操作条件下，完成该任务的最小回流比是多少。

解：已知 $\alpha = 2.4$，则物系的相平衡方程为：

$$y = \frac{\alpha x}{1+(\alpha-1)x} = \frac{2.4x}{1+(2.4-1)x}$$

因为是饱和液体进料，则 $x_q = x_f = 0.4$

所以：

$$y_q = \frac{2.4 x_q}{1 + 1.4 x_q} = \frac{2.4 \times 0.4}{1 + 1.4 \times 0.4} = 0.615$$

由式(5-19) 得：

$$R_{min} = \frac{x_D - y_q}{y_q - x_q} = \frac{0.95 - 0.615}{0.615 - 0.4} = 1.558$$

即：完成该任务的最小回流比为 1.558。

b. 对于有恒沸点的平衡曲线。对于一些有恒沸点的物系，最小回流比 R_{min} 之值还与平衡线的形状有关，图 5-30 为两种可能遇到的情况。在图 5-30(a) 中，当回流比减至某一数值时，精馏段操作线首先与平衡线相切于 q 点。此时即是无穷多塔板及组成也不能跨越切点 q，故该回流比即为最小回流比 R_{min}，其计算式与式(5-19) 相同。图 5-30(b) 中回流比减少到某一数值时，提馏段操作线与平衡线相切于点 q。此时可首先找出两操作线的交点 d 的坐标 (x_d, y_d)，以代替 (x_q, y_q)，同样可用式(5-19) 求出 R_{min}。

上述三种情况下，点 q 均称为挟紧点。当回流比为最小时，用逐板计算法自上而下计算各板组成，将出现一恒浓区，即当组成趋近于上述切点或交点 q 时，两板之间的摩尔分数差极小，$x_{n+1} \approx x_n$，每一块板的提浓作用极微。

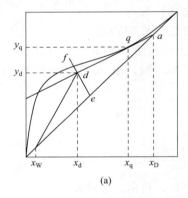 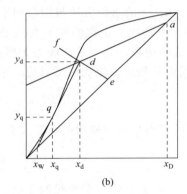

图 5-30 不同平衡线形状的最小回流比

（3）最适宜回流比的确定

从上面的讨论可知，全回流和最小回流比都是无法正常生产的，实际操作回流比应介于两者之间，适宜的操作回流比是根据经济核算确定的。

精馏过程的运行成本费用包括操作费和设备折旧费两方面。精馏过程的操作费主要是再沸器中加热蒸汽的消费量和冷凝器中冷却水的用量及动力消耗，在加料量和产量一定的条件下，随着 R 的增加，V 与 V' 均增大；因此，加热蒸气，冷却水消耗量均增加，操作费用增加。操作费用随 R 的变化关系如图 5-31 中曲线 2 所示。精馏装置的设备包括精馏塔、再沸器和冷凝器。当回流比取最小回流比时，需无穷多块理论板，精馏塔无限高，故设备费用无限大，增加回流比，所需的理论板数急剧下降，设备费用迅速回落，但随着 R 有进一步增大，V 和 V' 加大，塔径需增加，再沸器和冷凝的传热面积需要增加，因而辅助设备费用会增加，装置设备费用随回流比的变化关系如图 5-31 中曲线 1 所示。

运行成本的总费用为装置设备折旧费和操作费之和，如图 5-31 中曲线 3 所示。装置操作费用及设备折旧费用之和为最小时的回流比称为最适宜回流比。由于最适宜回流比的影响因素很多，无精确的计算公式，在通常情况下，一般取适宜回流比为最小回流比的约 $1.1 \sim 2.0$ 倍，即

$$R = (1.1 \sim 2.0)R_{\min}$$

回流比的影响

4. 塔板效率和实际塔板数

在工程上实际使用的精馏塔板，由于接触时间的有限和塔板结构的限制，因此离开塔板的气液两相是不可能达到平衡状态的，也就是说实际塔板的分离效果，不如理论塔板好，因此，完成一定分离任务所需的实际塔板层数肯定比理论塔板层数要多。实际塔板与理论塔板分离效果的差异可用塔板效率来反映。塔板效率有单板效率和总板效率（全塔效率）之分，下面分别介绍。

（1）单板效率 E_{M}

单板效率又称默弗里效率是针对某一块板而言的，它是以气相（或液相）经过实际板的组成变化值与经过理论板的组成变化值之比来表示的。对于任意的第 n 层塔板，单板效率可分别按气相组成及液相组成的变化来表示，下面以全回流操作来说明。如图 5-32 所示。

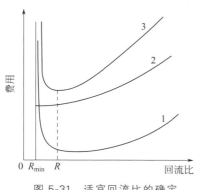

图 5-31   适宜回流比的确定

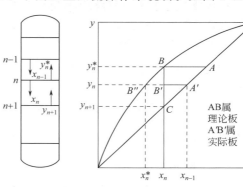

图 5-32   单板效率 E_{M}

全回流时

$$y_{n+1} = x_n$$

图中：

$\triangle ABC$ 是理论板；$\triangle A'B'C$ 是实际板。

即：

$$E_{\mathrm{MV}} = \frac{y_n - y_{n+1}}{y_n^* - y_{n+1}} = \frac{B'C}{BC}$$

$$E_{\mathrm{ML}} = \frac{x_{n-1} - x_n}{x_{n-1} - x_n^*} = \frac{A'B'}{A'B''} = \frac{A'B'}{AB}$$

(5-20)

式中 y_n^* ——与 x_n 成平衡的气相中易挥发组分的摩尔分数；

x_n^* ——与 y_n 成平衡的液相中易挥发组分的摩尔分数；

E_{MV} ——气相组成表示的默弗里效率；

E_{ML} ——液相组成表示的默弗里效率。

上式表示从塔板 $n-1$ 下来的液体 x_{n-1} 与 $n+1$ 板上去的气体组成为 y_{n+1} 的蒸气在 n 板相遇。

液体 $x_{n-1} \rightarrow x_n^*$ 理论板的液相组成变化如图 5-32 中 $A'B''$ 所示。

离开理论板的组成（x_n^*）在图 5-32 中的平衡线上 B'' 点。

$x_{n-1} \rightarrow x_n$ 实际板的液组成变化如 $A'B'$ 所示。

离开实际板的液相组成（x_n）在图 5-32 中的 B' 点。

气体 $y_{n+1} \rightarrow y_n^*$ 理论板的气相组成变化如图 5-32 中 CB 所示。

离开理论板的气相组成（y_n^*）在图 5-32 中的平衡线上 B 点。

$y_{n+1} \rightarrow y_n$ 实际板的气相组成变化如图 5-32 中 CB' 所示。

离开实际板的气相组成（y_n）在图 5-32 中的 B' 点。

💡 **注意**

> ① 平衡线上的点，反映了同一块塔板上气液相平衡时状态，如（x_n，y_n^*）。操作线上的点反映了相邻两块塔板之间气液相操作的实际状态（y_{n+1}，x_n）。
>
> ② $x\text{-}y$ 相图上的水平线，反映了在上下相邻两块塔板上（从上至下）液相中易挥发组分不断减少的过程，垂直线（气相从下向上）反映了在上下相邻两块塔板上气相中易挥发组分不断增浓的过程。

单板效率通常由实验测定。

（2）全塔效率 E_T

全塔效率又称总板效率，一般来说，精馏塔中各层板的单板效率并不相等，为简便起

见，常用全塔效率来表示，即：

$$E_T = \frac{N_T}{N_P} \times 100\% \tag{5-21}$$

式中 E_T——全塔效率；

N_T——理论板层数（不包括再沸器）；

N_P——实际板层数。

全塔效率反映塔中各层塔板（不包括再沸器）的平均效率，因此它是理论板层数的一个校正系数，其值恒小于 1。

由于影响板效率的因素很多，且非常复杂，因此目前还不能用纯理论公式计算板效率。设计时一般选用经验数据，或用经验公式估算，详细可查阅相关资料。

由式（5-21）可知实际塔板数等于理论塔板数除以总板效率。

5. 塔高的确定

精馏塔的塔高 Z 与完成任务所需的实际塔板数 N_P、塔板间距 H_T、塔顶空间高度 $H_顶$、塔低空间高度 $H_底$，进料段高度 H_f 等等有关。可用如下公式计算：

$$Z = H_顶 + (N_P - 2)H_T + H_f + H_底 \tag{5-22}$$

式中 $H_顶$——塔顶空间（不包括顶盖），取经验值，一般为 1.3～1.5m；

N_P——实际塔板数；

H_f——进料段高度，m，通常比其他板间距略大一些；

H_T——板间距，m；（在决定板间距时还应考虑安装检修的需要，例如在塔体的人孔手孔处应留有足够的工作空间。当 $H_T > 600$mm 时，4～6 层开设一个人孔。）

$H_底$——塔低空间（不包括底盖），取经验值，一般为 $1.3 \sim 2 \mathrm{m}$。

$H_底$也可根据塔釜液体停留时间进行计算，即根据 $\dfrac{\dfrac{\pi}{4}D^2 H_底}{L'} = 10 \sim 15 \mathrm{min}$，求 $H_底$。

四、塔径的确定

精馏塔的直径，可由塔内上升气体的体积流量及其通过塔横截面空塔线速率求出。即：

$$V_s = \frac{\pi}{4}D_i^2 u \quad \text{或} \quad D_i = \sqrt{\frac{4V_s}{\pi u}} \tag{5-23}$$

式中　D_i——精馏塔的内径，m；

　　　u——空塔速率，m/s；

　　　V_s——塔内上升蒸气的体积流量（操作条件下的最大体积流量），$\mathrm{m^3/s}$。

空塔速率是影响精馏操作的重要因素，适宜的空塔速率一般取液泛速率的 $0.6 \sim 0.8$ 倍。其中液泛速率可利用史密斯关联图求取，在此不详述，需要时可查阅有关资料。

（1）精馏段 V_s 的计算

$$V_s = \frac{(R+1)DM_m}{3600\rho_V} \tag{5-24a}$$

式中　D——塔顶产品（馏出液）的摩尔流量，kmol/h；

　　　ρ_V——操作条件下精馏段平均压强和平均温度下气相的密度，$\mathrm{kg/m^3}$；

　　　M_m——馏出液的平均摩尔质量，kg/kmol。

若精馏操作压强较低时，气相可视为理想气体混合物，则：

$$V_s = (R+1)D\frac{22.4}{3600} \times \frac{Tp_0}{T_0 p} \quad (\mathrm{m^3/s}) \tag{5-24b}$$

式中　D——塔顶产品（馏出液）的摩尔流量，kmol/h；

　T，T_0——操作时精馏段的平均温度和标准状况下的温度，K；

　p，p_0——操作时精馏段的平均压强和标准状况下的压强，Pa。

（2）提馏段 V'_s 的计算

$$V'_s = \frac{22.4[(R+)D+(q-1)F]}{3600} \times \frac{Tp_0}{T_0 p} \quad (\mathrm{m^3/s}) \tag{5-25}$$

式中　D——塔顶产品（馏出液）的摩尔流量，kmol/h；

　T，T_0——操作时提馏段的平均温度和标准状况下的温度，K；

　p，p_0——操作时提馏段的平均压强和标准状况下的压强，Pa。

由于进料热状况及操作条件的不同，两段的上升蒸气压体积流量可能不同，故所要求的塔径也不相同。但若两段的上升蒸气体积流量相差不太大时，为使塔的结构简化，两段应采用相同的塔径。

设计时，在 V_s 与 V'_s 中选较大的，代入 $D_i = \sqrt{\dfrac{4V_s}{\pi u}}$，求出 D_i，再按压力容器标准圆整后作为精馏塔的塔径。

拓展知识

塔板结构的设计

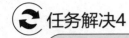 **任务解决4**

塔高和塔径的确定

一、精馏塔的设计基础数据

1. 塔的进料情况

对某年产50000t甲醇的联醇厂，精馏工段的主精馏塔进料流量为220m³/h，进料组成为：甲醇92%，水以及微量的其他杂质8%。

2. 主精塔的物料衡算

（1）进料

进料情况列于下表。

组分	相对分子质量	kg/h	kmol/h	质量分数/%	摩尔分数/%
甲醇	32	6840.17	213.75	92	86.6
水	18	594.83	33.05	8	13.4
总计		7435	246.8	100	100

（2）精甲醇的采出量计算

精甲醇采出量见下表。

组分	相对分子质量	kg/h	kmol/h	质量分数/%	摩尔分数/%
甲醇	32	6308.5499	197.1422	99.8	99.67
水	18	11.4825	0.6379	0.2	0.33
总计		6321.024	197.7801	100	100

下表列出了常压下甲醇和水的气液相平衡数据。

温度/℃	液相中水含量	液相中甲醇含量	温度/℃	液相中水含量	液相中甲醇含量
64.5	1	1	81.7	0.20	0.579
65	0.95	0.979	84.4	0.15	0.517
66	0.90	0.958	87.7	0.10	0.418
67.6	0.80	0.915	89.3	0.08	0.365
69.3	0.70	0.87	91.2	0.06	0.304
71.2	0.60	0.825	93.5	0.04	0.234
73.1	0.50	0.779	96.4	0.02	0.134
75.3	0.40	0.729	100	0	0
78	0.30	0.665			

二、解决过程

由物料组成已知：

$$F = 246.8\text{kmol/h} \qquad x_F = 86.6\%$$
$$D = 197.78\text{kmol/h} \qquad x_D = 99.6\%$$

则通过全塔物料衡算可得：

$$W = 48.856\text{kmol/h} \qquad x_W = 1.1\%$$

进料平均摩尔质量 $M_F = 30.126\text{g/mol}$

塔顶平均摩尔质量 $M_D = 31.7\text{g/mol}$

塔釜平均摩尔质量 $M_W = 18.3\text{g/mol}$

（一）塔板数的确定

1. 理论塔板数 N_T 的求取

甲醇-水属非理想物系，可采用图解法求 N_T。

（1）根据甲醇-水气液相平衡数据作 $t\text{-}x\text{-}y$ 图，参见左下图。

由左下图可查得精馏段平均温度为 66.85℃，提馏段平均温度为 89.2℃。

（2）求最小回流比 $R_{\min}$ 及操作回流比 R

因泡点进料，在右下图中对角线上自（0.866，0.866）作垂线即为进料 q 线，根据最小回流比计算公式可得：$R_{\min} = 0.747$

由工艺条件决定 $R = 1.5R_{\min}$

故 $R = 1.12$

（3）求理论板数 N_T

由图解法（右下图）可得：

精馏段操作线为：$y_{n+1} = 0.52x_n + 0.51$

q 线方程为：$x = 0.866$

理论板数：18 块；进料位置（含再沸器）：第 10 块理论塔板。

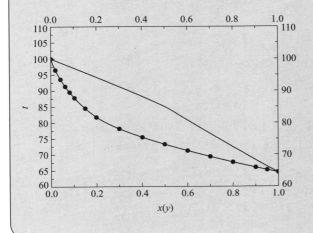

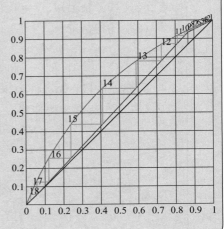

2. 全塔效率 E_T

对于液相黏度在 $0.07\sim1.4\text{mPa}\cdot\text{s}$ 的烃类物系，有 $E_T=0.17-0.616\lg\mu_m$。根据塔顶、塔釜液相组成查图 5-34，可得塔的平均温度为 $82.5℃$，该温度下进料液平均黏度为：

$$\mu_m=0.866\mu_{甲醇}+(1-0.866)\mu_水=0.295$$
$$E_T=0.17-0.616\lg\mu_m=0.497$$

所以 $N_P=N_T/E_T\approx34.2$

即实际塔板为 35 块。

精馏段 18 块，提馏段 17 块。

（二）塔的工艺条件及物性数据计算

1. 操作压力

塔顶压力 $p_D=4+101.3=105.3$ （kPa）取每层塔板压降 0.7kPa

则进料板 $p_F=105.3+18\times0.7=117.9$ （kPa）

精馏段平均压力 $p_精=111.6\text{kPa}$

同理提馏段平均压力 $p_提=124.55\text{kPa}$

2. 平均摩尔质量

塔顶 $x_D=y_1=0.998$ $x_1=0.938$

$$M_{VD}=0.998\times32+(1-0.998)\times18=31.972(\text{kg/kmol})$$
$$M_{LD}=0.938\times32+(1-0.938)\times18=31.132(\text{kg/kmol})$$

进料板 $y_F=0.96$ $x_F=0.866$

$$M_{VF}=0.96\times32+(1-0.96)\times18=31.44(\text{kg/kmol})$$
$$M_{LF}=0.866\times32+(1-0.866)\times18=30.124(\text{kg/kmol})$$

精馏段平均摩尔质量 $M_V=31.706\text{kg/kmol}$；$M_L=30.628\text{kg/kmol}$

同理可求得提馏段平均摩尔质量 $M_{V'}=24.724\text{kg/kmol}$；$M_{L'}=24.217\text{kg/kmol}$

3. 平均密度

（1）液相密度

经计算：精馏段 $\rho_L=1.132\text{kg/m}^3$，提馏段 $\rho_L=1.839\text{kg/m}^3$。

（2）气相密度

精馏段：$\rho_V=\dfrac{pM_m}{RT}=\dfrac{111.6\times31.706}{8.314\times(273+66.85)}=1.25$ （kg/m³）

同理提馏段：$\rho_V=1.02\text{kg/m}^3$

（三）气液负荷的计算

$$L=RD=1.12\times197.78=221.5136(\text{kmol/h})$$
$$V=L+D=221.5136+197.78=419.2936(\text{kmol/h})$$
$$L_s=\frac{LM_L}{3600\rho_L}=\frac{221.5136\times30.628}{3600\times1.132}=1.66(\text{m}^3/\text{s})$$
$$V_s=\frac{VM_V}{3600\rho_V}=\frac{419.2936\times31.706}{3600\times1.25}=2.95(\text{m}^3/\text{s})$$

$$V' = V = 419.2936 \text{kmol/h}$$
$$L' = L + F = 221.5136 + 246.8 = 468.3136(\text{kmol/h})$$
$$\text{同理 } L'_s = 1.71 \text{m}^3/\text{s}; \quad V'_s = 2.82 \text{ m}^3/\text{s}$$

（四）塔径计算

对精馏段：

初选板间距 $H_T = 0.45\text{m}$，取板上液层高度 0.07m，经表面张力校核取 $C = 0.085$

$$u_{max} = C\sqrt{\frac{\rho_L - \rho_V}{\rho_V}} \approx 2.15(\text{m/s})$$

取安全系数 0.7，则 $u = 0.7 \times 2.15 = 1.505(\text{m}^3/\text{s})$

$$D = \sqrt{\frac{4V_s}{\pi u}} = \sqrt{\frac{4 \times 2.95}{3.14 \times 1.505}} = 1.58(\text{m})$$

按标准圆整到 1.60m

同理计算提馏段，得 $D = 1.36\text{m}$

所以，取最大塔径圆整得：$D = 1.60\text{m}$

（五）塔高计算

在此我们暂不考虑人孔、视孔、手孔及相关工艺辅助接管等，只考虑精馏有效段高度。

本塔一般选液泛时空塔动能因子 3.0 的 80%，为了计算的方便，取阀孔动能因子 F 为 2.5，可得：

精馏塔的有效高度：$H = \dfrac{N_T}{E_T} \cdot H_T = \dfrac{18}{0.497} \times 0.45 = 16.3(\text{m})$

 实践与练习4

一、选择题

分馏塔

1. 某精馏塔分离二元液体混合物，已知进料量为 100 kmol/h、进料中易挥发组分的摩尔分数为 $x_F = 0.6$，要求塔顶中易挥发组分的摩尔分数 x_D 不小于 0.9，则塔顶馏出液的最大产量为（　　）。

　　A. 60kmol/h　　　　B. 66.7kmol/h　　　　C. 90kmol/h　　　　D. 100kmol/h

2. 精馏的操作线为直线，主要是因为（　　）。

　　A. 理论板假定　　　B. 理想物系　　　C. 塔顶泡点回流　　　D. 恒摩尔流假定

3. 某精馏塔操作中采用饱和液体进料，其进料量为 F，则精馏段上升蒸气量 V 与提馏段上升蒸气量 V' 的关系为（　　）。

　　A. $V = V' + F$　　　B. $V < V' + F$　　　C. $V = V'$　　　D. $V > V' + F$

4. 已知某精馏塔提馏段内每块塔板上升的蒸气量是 20kmol/h，则精馏段的每块塔板上升的蒸气量是（　　）。

　　A. 25kmol/h　　　　B. 20kmol/h　　　　C. 15kmol/h　　　　D. 以上都有可能

5. 二元混合溶液连续精馏计算中，进料热状况的变化将引起以下（　　）的变化。

A. 提馏段操作线与 q 线 　　　　　B. 平衡线

C. 平衡线与精馏段操作线 　　　　　D. 平衡线与 q 线

6. 在精馏塔设计中，若进料组成、馏出液组成与釜液组成均要求不变，在气液混合进料时，若液相分率 q 增加，则最小回流比 R_{min}（　　　）。

A. 增大　　　　　B. 不变　　　　　C. 减小　　　　　D. 无法判断

7. 精馏分离某二元混合物，规定分离要求为 x_D、x_W。如进料分别为 x_{F1}、x_{F2} 时，其相应的最小回流比分别为 R_{min1}、R_{min2}。当 $x_{F1}>x_{F2}$ 时，则（　　　）。

A. $R_{min1}<R_{min2}$ 　　　　　B. $R_{min1}=R_{min2}$

C. $R_{min1}>R_{min2}$ 　　　　　D. R_{min} 的大小无法确定

8. 操作中连续精馏塔，如采用的回流比小于原回流比，则（　　　）。

A. x_D、x_W 均增加 　　　　　B. x_D 减小，x_W 增加

C. x_D、x_W 均不变 　　　　　D. 不能正常操作

9. 精馏操作时，若在 F、x_F、q、R 不变的条件下，将塔顶产品量 D 增加，其结果是（　　　）。

A. x_D 下降，x_W 上升 　　　　　B. x_D 下降，x_W 不变

C. x_D 下降，x_W 亦下降 　　　　　D. 无法判断

10. 某精馏塔精馏段和提馏段的理论板数分别为 N_1 和 N_2，若只增加提馏段理论板数，而精馏段理论板数不变，当 F、x_F、q、R、V 等条件不变时，则有（　　　）。

A. x_W 减小，x_D 增加 　　　　　B. x_W 减小，x_D 不变

C. x_W 减小，x_D 减小 　　　　　D. x_W 减小，x_D 无法判断

二、填空题

1. 在筛板、浮阀、泡罩、喷射四种典型塔板中，操作弹性最大的是＿＿＿＿，造价最高的是＿＿＿＿。

2. 某精馏塔的精馏段操作线方程为 $y=0.75x+0.24$，则该精馏塔的操作回流比为＿＿＿＿，馏出液组成为＿＿＿＿。

3. 饱和液体进料时，进料热状况参数 $q=$＿＿＿＿；气液混合物进料时，若进料中蒸气是液体的 3 倍，则进料的热状况参数 $q=$＿＿＿＿。

4. 精馏操作中，当进料热状况参数 $q=0.6$ 时，表示进料中的＿＿＿＿分率为 60%。

5. 精馏塔设计时，回流比越大，操作线偏离平衡线越＿＿＿＿（填"远"或"近"），距离对角线越＿＿＿＿（填"远"或"近"）；图解时梯级的跨度越＿＿＿＿（填"大"或"小"），完成分离任务所需的理论塔板数＿＿＿＿（填"多"或"少"）。

6. 回流比、相对挥发度、进料组成及产品组成均不变的前提下，若进料状态不变而进料量增加，则所需的理论板数＿＿＿＿（增加、减少、不变）；若进料量不变而进料状态改变，则所需的理论板数＿＿＿＿（改变、不变）。

7. 精馏塔的设计中，当 F、x_F、x_D、x_W 及回流比 R 一定时，仅将进料状态由饱和液体改为饱和蒸气进料，则完成分离任务所需的理论塔板数将＿＿＿＿（增大、减小、不变）。

8. 某精馏塔操作时，若保持进料流率及组成、进料热状况和塔顶蒸气量不变，增加回

流比，则此时塔顶产品组成 x_D _____，塔底产品组成 x_W _____，塔顶产品流率 _____，精馏段液气比 _____。

9. 精馏塔结构不变，操作时若保持进料的组成，流量、热状况及塔顶流量一定，只减少塔釜的热负荷，则塔顶 x_D _____，塔底 x_W _____，提馏段操作线斜率 _____。

10. 某精馏塔的设计任务是：原料为 F、x_F，分离要求为 x_D、x_W，设计时：

（1）若选定回流比 R 不变，加料状况由原来的气液混合改为过冷液体加料，精馏段和提馏段的气液相流量的变化趋势：V _____，L _____，V' _____，L' _____，所需的理论板数 N_T _____。

（2）若加料热状况不变，将回流比增大，理论塔板数 N_T _____。

11. 用图解法求理论塔板数时，在 α、x_F、x_D、x_W、q、R、F 和操作压力 p 诸参数中，不影响塔板数的参数是 _____。

12. 某连续精馏塔，若精馏段操作线方程的截距为零，则回流比等于 _____，操作线方程为 _____。

13. 精馏操作时，某二元混合物，$\alpha=2$，全回流条件下 $x_n=0.3$，则 $x_{n+1}=$ _____。

14. 用精馏塔完成分离任务所需理论板数 N_T 为 8（包括再沸器），若全塔效率 E_T 为 50%，则塔内实际板数为 _____ 层。

15. 板式塔的塔板有 _____ 和 _____ 两种，塔径较大时采用 _____ 塔板，以便人在塔内进行装拆。

三、简答题

1. 什么是恒摩尔流假设？它的前提条件是什么？
2. 说明精馏段操作线方程和提馏段操作线方程的物理意义。
3. 写出 q 线方程，说明 q 的定义。q 值的物理意义是什么？
4. 用图解法求理论板时，为什么一个梯级代表一层理论板？
5. 当 D、F、x_F、x_D 一定时，R 的增加或减少，所需的理论塔板数如何变化？
6. 精馏操作，当 D/F、x_F、R 一定时，欲提高 x_D，则 x_W 及所需理论塔板将如何变化？

四、计算题

1. 在连续精馏塔中分离由二硫化碳和四氯化碳所组成的混合液。已知原料液流量为 4000kg/h，组成为 0.3（二硫化碳的质量分数，下同）。若要求釜液组成不大于 0.05，塔顶回收率为 88%，试求馏出液的流量和组成，分别以摩尔流量和摩尔分数表示。

2. 用一精馏塔分离二元液体混合物，进料量 100kmol/h，易挥发组分 $x_F=0.5$，得塔顶产品 $x_D=0.9$，塔底釜液 $x_W=0.05$（均为摩尔分数），求塔顶和塔底的产品量（kmol/h）。

3. 将含 24%（摩尔分数，以下同）易挥发组分的某混合液送入连续操作的精馏塔进行分离。要求馏出液中含 95% 的易挥发组分，残液中含 3% 易挥发组分。已知塔顶每小时送入全凝器 850kmol 蒸气，而每小时从冷凝器流入精馏塔的回流量为 670kmol。试求每小时能抽出多少 kmol 残液量。回流比为多少？

4. 用连续精馏塔处理苯-氯仿混合液，要求馏出液中含有 96% 的苯、残液中含苯 10%。已知进料量为 75kmol/h，进料液中含苯 45%（以上均为苯的摩尔分数），操作回流比为 3，饱和液体进料。求从冷凝器回流至塔顶的回流液量 L 及自塔釜上升蒸气的摩尔

流量 V'。

5. 某精馏塔分离丙酮-正丁醇混合液。已知料液含30％丙酮，馏出液含95％（以上均为质量分数）的丙酮，加料量为1000kg/h，馏出液量为300kg/h，进料为泡点状态。回流比为2。求精馏段操作线方程和提馏段操作线方程。（提示：操作线方程中相组成为摩尔分数）

6. 连续精馏塔中，已知操作线方程式如下：

精馏段：$y=0.75x+0.205$

提馏段：$y=1.25x-0.02$

试求泡点进料时原料液、馏出液、残液组成及回流比。

7. 设计一连续操作的精馏塔，在常压下分离含苯与甲苯各50％的料液。要求馏出液中含苯96％，残液中含苯不高于5％（以上均为摩尔分数）。泡点进料，操作时所用回流比为3，物系的平均相对挥发度为2.5。试用逐板计算法求所需的理论板层数与理论加料板位置。

8. 精馏塔在101.3kN/m² 下，分离甲醇-水混合液。原料中含甲醇35％，泡点进料。要求馏出液中甲醇含量为95％，残液中甲醇含量为5％（以上均为摩尔分数）。假设操作回流比为最小回流比的2倍。

（1）试根据附录一中甲醇水溶液的气液平衡数据作 x-y 图；

（2）以图解法求最小回流比与操作回流比。

9. 常压下欲用连续操作精馏塔将流量为100kmol/h含甲醇35％、含水65％的原料液分离，以得到含甲醇95％的馏出液与含甲醇5％的残液（以上均为摩尔分数），操作回流比为1.5，泡点进料。精馏塔的总板效率为65％，试求：

（1）馏出液与残液的流量；

（2）精馏段内的蒸气流量和液体流量；提馏段内的蒸气流量和液体流量；

（3）精馏段、提馏段及全塔的理论塔板数；

（4）精馏段、提馏段及全塔的实际塔板数。

10. 欲设计一连续精馏塔分离含苯40％的苯-甲苯混合液，要求塔顶产品中含苯在95％以上，塔釜产品中含苯5％以下（均为摩尔分数），采用回流比为2.5，进料状态为饱和液体。苯-甲苯的相平衡关系如附图所示。试求：

（1）全塔的理论板层数和理论加料位置；

（2）若塔板效率为60％，求实际塔板数和实际加料板位置。

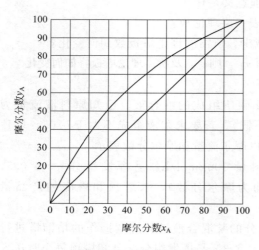

计算题第10题　附图

任务四　精馏操作技能训练

教学视频

操作温度和操作
压力的影响

一、影响精馏操作效果的因素

1. 精馏塔的正常操作要求

前已介绍精馏操作的依据是根据液体混合物中各组分的相对挥发度不同，对于双组分理想溶液，让液相部分气化，让气相部分冷凝，就能起到在液相中富集难挥发组分，在气相中富集易挥发组分的作用，最终可以得到纯度很高的易挥发组分和纯度很高的难挥发组分，从而达到分离提纯的目的，这个过程是建立在物料平衡和热量平衡基础上。因此，这两个平衡是保证精馏操作的必要条件。

精馏操作分全回流操作和部分回流操作两大阶段。

（1）全回流操作

全回流阶段不进料、不出料，主要是在塔内建立一个动态的气液相平衡体系；部分回流有原料加入，并融入已建立的平衡，以保证达到一定的产品质量。

塔釜中先配制好足量的一定浓度的双组分混合液，通过再沸器加热产生上升的蒸气流，蒸气在上升的过程中温度不断降低，其中的难挥发组分就越来越易液化，加之塔顶部的全凝器、馏出液贮槽、回流共同作用形成了下降的液体流。

其中上升的蒸气流通过各层塔板的筛孔，与板上富集的液层实现传质、传热，其难挥发组分逐渐转移到液相中，剩余的气相最终由塔顶进入全凝器后全部液化为液体。

下降的液相组分由全凝器流入馏出液贮槽缓冲后，经回流泵送回塔顶，在重力作用下顺流而下，通过降液管流至各塔板，并由于溢流堰的存在在板上形成一层液相层。与通过筛孔上升来的气相错流相会。由于存在温度差和浓度差，气液两相在塔板上密切接触进行传质和传热，结果会使离开该板的气液两相温度相同，互为平衡（此为理论板，实际难以达到）。精馏塔中每层板上都进行着与上述相似的过程，其结果是上升蒸气中易挥发组分浓度逐渐增高，而下降的液体中难挥发组分越来越浓，只要塔内有足够多的塔板数，就可使混合物达到所要求的分离纯度。最终使塔内气液两相实现气液相平衡。

（2）部分回流操作

部分回流操作在全回流稳定的基础上进料，其原料液从原料贮罐通过进料泵及预热器（或釜液与原料热交换器）预热后加入塔内，以加入位置以下的那块塔板（称为加料板）为界，将精馏塔主体一分为二，上段就是精馏段，主要提纯易挥发组分；下段就是提馏段，主要提取液相中的易挥发组分。

进入塔内的原料液受热后，分离为气液两相，融入全回流所建立起的气液相平衡中，在塔板处传热、传质。气液相流程一部分与全回流流程相似。

气相在塔顶经全凝器冷凝为凝液，通过馏出罐，一部分由采出泵采出到塔顶产品贮罐，为较纯的乙醇产品；另一部分经回流泵送回塔顶，在重力作用下顺流而下，通过降液管逐板溢流至各塔板。

液相组分从加料板顺流而下逐步部分汽化，剩余液相组分与下降的回流液一同经各塔板流入塔釜，经再沸器升温后一部分汽化，与之前逐步部分汽化的组分共同构成上升的蒸气流；另一部分液相经釜液与原料热交换器降温后，排入釜残液罐，成为釜液产品，其主要成分为难挥发组分。

（3）操作控制技术

评价精馏操作效果的主要指标如下。

① 产品的纯度　板式塔中的塔板数或填料塔中填料层高度，以及料液加入的位置和回流比等，对产品纯度均有一定影响。调节回流比是精馏塔操作中用来控制产品纯度的主要手段。

② 组分回收率　这是产品中组分含量与料液中组分含量之比。

③ 操作总费用　主要包括再沸器的加热费用，冷凝器的冷却费用和精馏设备的折旧费。操作时变动回流比，直接影响前两项费用。此外，即使同样的加热量和冷却量，加热费用和冷却费用还随着沸腾温度和冷凝温度而变化，特别当不使用水蒸气作为加热剂或者不能用空气或冷却水作为冷却剂时，这两项费用将大大增加。选择适当的操作压力，有时可避免使用高温加热剂或低温冷却剂（或冷冻剂），但却增添加压或抽真空的操作费用。

在化工生产中，对各工艺变量有一定的控制要求。有些工艺变量对产品的数量和质量起着决定性的作用。例如，精馏塔的塔顶温度必须保持一定，才能得到合格的产品。有些工艺变量虽不直接影响产品的数量和质量，然而保持其平稳却是使生产获得良好控制的前提。例如，用蒸气加热的再沸器，在蒸气压力波动剧烈的情况下，要把塔釜温度控制好极为困难。

为了实现控制要求，可以有两种方式，一是人工控制，二是自动控制。

（4）塔板上的气液接触状态

塔板上气液两相的接触状态是决定板上两相流体力学性能及传质和传热效果，进而影响精馏操作效果的重要因素。当液体流量一定时，随着气速的增加，可以出现四种不同的接触状态。

① 鼓泡接触状态　当气速较低时，气体以鼓泡形式通过液层。由于气泡的数量不多，形成的气液混合物基本上以液体为主，气液两相接触的表面积不大，传质效率很低。

② 蜂窝状接触状态　随着气速的增加，气泡的数量不断增加。当气泡的形成速率大于气泡的浮升速率时，气泡在液层中累积。气泡之间相互碰撞，形成各种多面体的大气泡，板上为以气体为主的气液混合物。由于气泡不易破裂，表面得不到更新，所以此种状态也不利于传热和传质。

③ 泡沫接触状态　当气速继续增加，气泡数量急剧增加，气泡不断发生碰撞和破裂，此时板上液体大部分以液膜的形式存在于气泡之间，形成一些直径较小，扰动十分剧烈的动态泡沫，在板上只能看到较薄的一层液体。由于泡沫接触状态的表面积大，并不断更新，为两相传热与传质提供了良好的条件，是一种较好的接触状态。

④ 喷射接触状态　当气速继续增加，由于气体动能很大，把板上的液体向上喷成大小不等的液滴，直径较大的液滴受重力作用又落回到板上，直径较小的液滴被气体带走，形成液沫夹带。此时塔板上的气体为连续相，液体为分散相，两相传质的面积是液滴的外表面。由于液滴回到塔板上又被分散，这种液滴的反复形成和聚集，使传质面积大大增加，而且表面不断更新，有利于传质与传热进行，也是一种较好的接触状态。

如上所述，泡沫接触状态和喷射状态均是优良的塔板接触状态。因喷射接触状态的气速高于泡沫接触状态，故喷射接触状态有较大的生产能力，但喷射状态液沫夹带较多，若控制不好，会破坏传质过程，所以多数塔均控制在泡沫接触状态下工作。

教学视频

精馏操作中的不正常现象及处理方法

2．操作注意事项（可能发生的不正常现象、事故及处理预案）

（1）塔顶温度的变化

精馏装置造成塔顶温度变化的原因，主要有进料浓度的变化，进料量的变化，回流量与温度的变化，再沸器加热量的变化。

① 稳定操作过程中，塔顶温度上升的处理措施　检查回流量是否正常，如是回流泵的故障，及时启用备用回流泵；如回流量变小，要检查塔顶冷凝器是否正常，对于风冷装置，发现风冷冷凝器工作不正常，及时进行处理，对于水冷装置，发现冷凝器工作不正常，一般是冷凝水供水管线上的阀门故障，此时可以打开与电磁阀并联的备用阀门。

检查进料罐罐底进料电磁阀的状态，如发现进料发生了变化，应及时报告相关仪表维修人员；同时检测进料浓度，根据浓度的变化调整进料板的位置和再沸器的加热量。

当进料量减小很多，如再沸器的加热量不变，经过一段时间后，塔顶温度会上升，此时可以将进料量调整回原值或减小再沸器的加热量。

当塔顶压力升高后，在同样操作条件下，会使塔顶温度升高，应降低塔顶压力为正常操作值。待操作稳定后，记录实训数据，继续进行其他实训。

② 稳定操作过程中，塔顶温度下降的处理措施　检查回流量是否正常，适当减小回流量加大采出量。检查塔顶冷凝液的温度是否过低，适当提高回流液的温度。

检查进料罐罐底进料电磁阀的状态，如发现进料发生了变化，及时报告相关仪表维修人员，启用手动备用阀同时检测进料浓度，根据浓度的变化调整进料板的位置和再沸器的加热量。

当进料量增加很多，如再沸器的加热量不变，经过一段时间后，塔顶温度会下降，此时可以将进料量调整回原值或加大再沸器的加热量。

当塔顶压力减低后，在同样操作条件下，会使塔顶温度下降，应提高塔顶压力为正常操作值。

（2）精馏操作中应防止的不正常现象及调节方法

物料不平衡或热量不平衡会导致精馏不正常操作，在精馏操作中还会出现以下不正常现象：

① 分离能力不足　在塔板数一定的情况下，塔顶馏出液浓度下降而塔釜残液浓度上升，说明精馏所需要的塔板数不够，必须减小所需的塔板数。此时，应加大回流比，操作线与平衡线之间的距离增大，直角梯级数减小，分离所需的板数就能减小，从而满足分离所需的板数，塔顶馏出液浓度上升而塔釜残液浓度下降。同时加大塔釜加热量。

② 漏液　在正常操作的塔板上，液体横向流过塔板，然后经降液管流下。当气体通过塔板的速率较小时，气体通过升气孔道的动能不足以阻止板上液体经孔道流下时，便会出现漏液现象。漏液的发生导致气液两相在塔板上的接触时间减少，塔板效率下降，严重时会使塔板不能积液而无法正常操作。通常，为保证塔的正常操作，漏液量应不大于液体流量的10%。漏液量达到10%的气体速率称为漏液速率，它是板式塔操作气速的下限。

造成漏液的主要原因是气速太小和板面上液面落差所引起的气流分布不均匀。在塔板液体入口处，液层较厚，往往出现漏液，为此常在塔板液体入口处留出一条不开孔的区域，称为安定区。

当塔底再沸器加热量过小、进料轻组分过少或温度过低可能导致漏液。处理措施为：加大再沸器的加热量，如产品不合格停止出料和进料；检测进料浓度和温度，调整进料位置和温度，增加再沸器的加热量。

③ 液沫夹带　上升气流穿过塔板上液层时，必然将部分液体分散成微小液滴，气体夹带着这些液滴在板间的空间上升，如液滴来不及沉降分离，则将随气体进入上层塔板，这种现象称为液沫夹带。

液滴的生成虽然可增大气液两相的接触面积，有利于传质和传热，但过量的液沫夹带常造成液相在塔板间的返混，进而导致板效率严重下降。为维持正常操作，需将液沫夹带限制在一定范围，一般允许的液沫夹带量为 $e_v < 0.1$ kg（液）/ kg（气）。

影响液沫夹带量的因素很多，最主要的是空塔气速和塔板间距。空塔气速减小及塔板间距增大，可使液沫夹带量减小。情况严重时甚至会产生液泛现象。

④ 液泛　产生液泛的原因一种是上升气体的速率很高时，液体被气体夹带到上一层塔板上的流量猛增，使塔板间充满气液混合物，最终使整个塔内都充满液体，这种现象称为夹带液泛。还有一种是当塔板上液体流量很大，液体不能顺利地通过降液管下流，使液体在塔板上积累而充满整个板间，这种液泛称为溢流液泛。液泛使整个塔内的液体不能正常流下，物料大量返混，不能分离。此时，应减小塔釜加热量、停止进料、改为全回流操作，待操作正常后再进料进行部分回流操作，并稳定塔釜加热量。

当塔底再沸器加热量过大、进料轻组分过多可能导致液泛。处理措施为：减小再沸器的加热量，如产品不合格停止出料和进料；检测进料浓度，调整进料位置和再沸器的加热量。

影响液泛的因素除气液流量外，还与塔板的结构，特别是塔板间距等参数有关，设计中采用较大的板间距，可提高泛点气速。

二、精馏操作技能训练要求

教学视频
精馏塔的操作

① 熟悉所用精馏装置的流程及设备的结构。

正确绘制精馏装置的流程图，叙述装置流程、设备的作用及工作原理。

② 掌握训练装置的操作规程，能规范熟练地操作装置。

在教师的指导下学会装置的开车、正常运行控制及停车三个阶段的操作；学会料液、组成的分析方法；能规范熟练地操作装置、记录操作运行的参数。

③ 具备装置一般故障的分析与处理能力。

在熟练掌握精馏装置的操作要点的基础上，学会排除精馏操作中一般故障，并能分析故障产生的原因。

④ 能根据精馏操作的运行参数，计算易挥发组分的回收率，分析影响回收率的因素，探讨提高回收率的途径。

三、精馏操作技能训练方案

各院校根据自身的设备条件，按照以上要求制定详细的培训与考核方案，方案中必须包括：技能训练任务书，操作运行记录表、考核要求、评分细则，评分表格式。

1. 技能培训任务清单

培训任务一　绘制精馏实训装置的流程图，简述装置流程、设备的作用及工作原理。（教师现场提问，学生进入实训室前必须充分做好预习工作。）

培训任务二　填写精馏实训开车前的检查记录表（相当于工厂的交接班记录表中的设备记录部分）。

培训任务三　学习装置操作规程，总结操作要点及操作中的主要注意事项（特别注意不安全的因素、可能损坏设备的因素、影响精馏效果的因素）。（教师提问，学生现场回答。）

培训任务四　分组练习基本操作（在教师指导下进行）。注意观察并及时规范记录操作运行的有关指标性数据，如有异常现象立即紧急停车，在指导教师的带领下对故障进行分析处理。填写精馏实训操作原始数据记录表（相当于装置运行记录表）。注意：教师要组织好，保证每个学生在每个岗位都能熟练操作。

培训任务五　对操作运行数据进行分析、计算和处理。

2. 运行数据记录和结果处理要求

本实训操作原始记录和数据处理结果表包括：实训前检查记录表（附表一）、精馏实训操作原始数据记录表（附表二）和精馏操作考核评分表（附表三）。

附表一　精馏实训开车前的检查记录表

组号：_____装置号：_____

学生姓名：_____、_____、_____、_____实训日期：____年___月___日

检查时间	开始	时　　分		结束	时　　分		设备号	
设备 完好情况	水源			电源			阀门	
	塔釜 压力表	型号		原料液 输送泵	型号		塔釜 温度表	型号
		状态			状态			状态
	原料液 流量计	型号		回流液 流量计	型号		塔顶 温度表	型号
		状态			状态			状态
	馏出液 流量计	型号		加热功率 调节器	型号		灵敏板 仪表	型号
		状态			状态			状态
	阀门	型号		阀门	型号		阀门	型号
		状态			状态			状态

附表二　精馏实训操作原始数据记录表

组号：_____装置号：_____

学生姓名：_____、_____、_____、_____实训日期：____年___月___日

操作阶段		测量及记录			
配制 原料液	时间	液位/%	原料液浓度测量值		
			样品温度/℃	比重计读数	查表浓度/%	要求浓度/%
	起：					
	止：					16～18

续表

操作阶段		测量及记录					
塔釜起始液配制	起： 止：	样品温度/℃	比重计读数		查表浓度/%		要求浓度/% 7~9

全回流操作	时间	压力/kPa	温度/℃			塔顶回流液浓度测量值		
	起： 止：	塔釜压力表读数	塔釜	灵敏板	塔顶	样品温度	比重计读数	查表浓度/%	要求浓度/% ≥92 ≥92

部分回流操作	时间	压力/kPa	温度/℃			塔顶回流液浓度测量值		
		塔釜压力表读数	塔釜	灵敏板	塔顶	样品温度	比重计读数	查表浓度/%	要求浓度/%
		①							≥90
		②							
		③							
	起： 止：	进料量/(L/h)	回流比			塔釜残液浓度测量值		
			回流量/(mL/min)	出料量/(mL/min)	回流比	样品温度	比重计读数	查表浓度/%	要求浓度/%
		①							
		②							
		③							

停车阶段	停车顺序：

结果处理：塔顶酒精回收率 η 的计算：

$$\eta = Dx_D/Fx_F = \underline{\qquad\qquad} = \underline{\quad} \%$$

3. 实训操作考核要求

（1）考核内容

在两个小时内完成精馏塔的配料、加热、全回流、部分回流操作。并做好原料、产品的分析工作。具体任务和要求如下。

① 配制原料液（酒精和水混合物）。液位超过原料槽 2/3 处，原料液浓度在 16%~18%（酒精体积百分数，下同）。

② 配制和调整塔釜起始液浓度和液位。塔釜起始液位达釜液位 2/3 处，起始浓度达 7%~9%（因冷液升温时间较长，考核前，可由工作人员先将釜液预升温至 80℃左右）。

③ 精馏塔全回流操作。严格按操作规程进行检查、升温、调节、冷凝等，直至全回流稳定（调节前期塔板接触状态允许有不正常现象出现），检测全回流液浓度，要求浓度达 90% 以上。

④ 精馏塔部分回流操作。全回流满足要求后，进入精馏塔进料及塔顶、塔底出料的部分回流操作。同时调节加热（釜压）、回流冷凝水量、回流比等参数，控制塔板接触状态到

正常并稳定（调节前期塔板接触状态允许有不正常现象出现），测定塔顶出料液浓度（因各塔状态不一样，出料液的量不作要求）。要求塔顶出料液浓度在90％以上。

　　⑤ 停车。按步骤停车。

　　⑥ 注：原料、产品的浓度分析采用酒精比重计测量法，并查表对照得出酒精浓度。

（2）操作考核评分表见附表三。

附表三　精馏操作考核评分表（教师用）

组号：_____设备号_____
学生姓名：_____、_____、_____、_____、　　　　考核日期：_____

考核时间	开始	时　分	结束	时　分	超时情况		
序号	考核分项		分项要求			得分标准	考核得分
1	考生面貌		穿着符合岗位规定、精神饱满、坚守岗位、不大声喧哗、不违反考场纪律等。违反一条扣1分			5	
2	装置检查		认真检查装置。水、电、仪表、泵、塔等。无检查意识者，每项扣1分			5	
3	原料液配制		液位在2/3处，每低30％扣1分			3	
			浓度在16％～18％，每超1％扣1分，直至扣完			7	
4	全回流操作		操作：升温、塔压控制、全回流调节、塔板汽液控制、冷却水调节、记录数据、测量数据等。每一项操作不当，酌情扣1分			8	
			要求浓度大于92％。每低1％，扣2分，直至扣完			12	
5	部分回流操作		操作：进料、出料、回流比调节、调节温度、控制塔压、塔板汽液控制、冷却水调节、记录数据、测量数据等。每一项操作不当，酌情扣1分			10	
			要求浓度大于90％。每低1％，扣3分，直至扣完			15	
6	停车操作		停进料、出料、电加热，继续冷却，直至塔内无气体和釜内无压力时停冷却水、操作台电源、总电源等。每项操作不当，酌情扣1分			5	
7	分析操作		取样、测温、测比重、查表、记录浓度、使用比重计等。每项操作不规范酌情扣1～2分。直至扣完			10	
8	考核时间		考核时间2h。每超2min，扣1分，直至扣完			10	
9	记录认真程度		记录对应、清楚、准确、认真。每一项不对，扣1分。直至扣完			5	
10	回答问题或突发问题处理		回答清楚、准确。处理及时，效果好等。否则，每一项酌情扣1～3分			5	
合计						100	

实践与练习5

一、选择题

　　1. 在精馏塔操作中，若出现塔釜温度及压力不稳时，可采取的处理方法有（　　　）。

A. 调整蒸气压力至稳定　　　　　　B. 停车检查泄漏处

C. 检查疏水器　　　　　　　　　　D. 以上三种方法

2. 下列情况（　　）不是诱发降液管液泛的原因。

A. 液、气负荷过大　　　　　　　　B. 过量雾沫夹带

C. 塔板间距过小　　　　　　　　　D. 过量漏液

3. 一般不用（　　）的方法调节回流比。

A. 减少塔顶采出量以增大回流比

B. 塔顶冷凝器为分凝器时，可增加塔顶冷剂的用量，以提高凝液量，增大回流比

C. 有回流液中间贮槽的强制回流，可暂时加大回流量，以提高回流比，但不得将回流贮槽抽空

D. 降低塔顶压力

4. 下列判断哪些正确（　　）。

A. 上升气速过大引起漏液　　　　　B. 上升气速过大造成过量雾沫夹带

C. 上升气速过大引起液泛　　　　　D. 上升气速过大造成大量气泡夹带

E. 上升气速过大使板效率降低

5. 当气体量一定时，下列判断哪些正确（　　）。

A. 液体量过大引起漏液　　　　　　B. 液体量过大引起气泡夹带

C. 液体量过大引起雾沫夹带　　　　D. 液体量过大引起液泛

E. 液体量过大使板效率降低

二、填空题

1. 板式塔塔板上气液两相接触状态有_____种，它们是_____。

2. 板式塔不正常操作现象常见的有_____种，它们是_____。

3. 板式塔中气、液两相发生与主体流动方向相反的流动，称_____现象，它们主要是：①液沫夹带（雾沫夹带），产生的原因为_____，②气泡夹带，产生的原因为_____。

4. 板式塔中板上液面落差过大导致塔板液体入口处出现_____现象为减小液面落差，设计时常用的措施为：设置入口区。

5. 当增大操作压强时，精馏过程中物系的相对挥发度_____，塔顶温度_____，塔釜温度_____。

三、简答题

1. 在精馏操作中，塔釜压力为什么是一个重要参数？

2. 操作中增加回流比的方法是什么？能否采用减少塔顶出料量的方法增加回流比？

3. 在精馏操作中，由于塔顶采出量太大而造成产品不合格，恢复正常的最快、最有效的方法是什么？

4. 当冷液进料量太大时，为什么会出现精馏段干板，甚至出现塔顶既没有回流也没有出料的现象，应如何调节？

5. 在部分回流操作时，你是如何根据全回流的数据，选择合适的回流量、馏出液的量和进料位置的？

6. 测定易挥发组分回收率在实际生产中有何意义？

四、观察与分析

1. 观察实训室的装置，查找危险源，写出注意事项，列出预防方案。

2. 观察实训操作过程中可视塔板上的现象，判断板上的气流接触状态、不正常现象并分析原因。

🌐 技创未来

多效精馏技术：革新驱动绿色智造

在"双碳"目标与智能制造的双重推动下，多效精馏技术作为化工精馏领域的关键技术，正朝着极具前景的方向大步迈进。

多效精馏技术进一步优化了多塔串联的压力梯度与热集成网络，让能量梯级利用更加高效。通过更精准的模拟计算与实验验证，确定不同物系下各塔的最佳操作压力和温度，使高温塔顶余热能够更充分地被低温塔进料利用，减少外部蒸汽输入。在化工精馏领域，天津奥展兴达化工技术有限公司的"五塔3＋3效"热耦合技术展现出卓越的创新实力，为行业节能降耗与高效生产开辟了新路径。

传统多塔精馏存在能耗高的难题，而奥展兴达的"五塔3＋3效"热耦合技术创新性地引入负压塔，重新构建热量耦合工艺路线。在甲醇精馏应用中，该技术成效显著。以河南心连心化学工业集团股份有限公司为例，其原年产30万吨甲醇精馏装置，粗甲醇含量600mg/kg，蒸汽耗量约1.05吨蒸汽/吨甲醇。2023年引入此技术改造后，蒸汽能耗锐减至0.65吨蒸汽/吨甲醇以下，同时精甲醇中乙醇含量降低到10mg/kg以下，平均日产量提升至1142.28t，负荷率达114.2％。

从技术原理剖析，该技术实现了能量的梯级利用。通过新增负压塔，将加压塔塔顶原本浪费的多余热量输送给预塔加热，常压塔塔顶甲醇蒸气的能量也被充分利用，为负压塔再沸器供热，预塔塔顶蒸汽同样参与其中，满足负压塔精馏的部分能量需求。如此一来，各塔之间形成紧密的热集成网络，大幅提升热能利用效率。但这一过程对控制精度要求极高，奥展兴达团队通过合理分配加压塔、负压塔及常压塔之间的采出量，精准满足各塔能量匹配需求，保障整个系统稳定高效运行。

在设备层面，负压塔分走约40％的负荷，使得其他塔负荷下降。借此契机，可对加压塔和常压塔内件进行力学计算更新，适当提高内件操作弹性，进一步优化精馏效果。在小规模（如60万吨产能）改造项目里，针对常压塔、加压塔更换塔内件和分布器，能有效匹配负荷变化，避免出现漏液等影响精馏效率的问题。奥展兴达公司的专利塔内件不仅在投资成本中占比较低，而且在降低蒸汽单耗方面效果显著，使得项目投资回收期大幅缩短，仅约10个月，每年节省的运行费用超1950万元。

放眼行业，近几年多效精馏技术在国内外广泛应用，通过减少塔间热交换、提高热利用效率，将蒸汽消耗进一步降低至0.5～0.6吨/吨甲醇。奥展兴达的"五塔3＋3效"精馏工艺更是通过增加高压塔耦合中压塔，深度挖掘预塔和常压塔余热，形成3级以上的换热集成，将蒸汽单耗降至0.65吨/吨甲醇，处于行业领先水平。展望未来，该技术若与热泵精馏技术融合，有望推动甲醇精馏向"零碳工艺"大步迈进，助力化工行业在"双碳"目标下实现可持续发展。

☘ 身边榜样

从技校生到技能大师的传奇

在中国石化江苏油田，有这样一位传奇人物——田明，他从技校生一路拼搏，成长为中石化技能大师，书写了一段令人赞叹的奋斗篇章。

1985年，田明从江苏油田技校毕业后，成为一名地层测试工。面对专业不对口的困境，他没有丝毫退缩。白天，他跟着工程技术人员上井干活，争分夺秒地看图纸、学技术；夜晚，他不辞辛劳，往返骑行20多公里参加高中文化补习班。就这样，仅用1年半，他就学完了高中3年课程。此后，他又自学了《科学试油系统工程》《试井资料解释方法》等专业书籍，撰写了30多万字的学习笔记，并完成了大专、本科学历教育。

凭借这股子钻研劲儿，田明在工作中不断取得突破。1987年，油田从美国进口的计时器出现故障，影响地下油藏资料录取的准确性，国内又无指定维修点。田明潜心研究一个多月，最终总结出挂砂袋加载检测的新方法，不仅解决了问题，还提高了计时器的稳定性，他也因此在1994年被轻工业部钟表研究所聘为技术顾问。

在石油钻探领域，田明持续深耕，攻克诸多技术难题。针对射孔测试中压力计易因射孔爆破高压损坏的问题，他研制出压力计过载保护器，投入使用后，40井次施工中压力计无一损坏，创效超百万元。他还针对各类生产难题，完成革新成果100多项，其中52项获奖，获国家专利22项。

行业内棘手的连续油管切割技术难题，也在田明的努力下得到解决。他带领团队研制的连续油管内穿电缆技术，创新穿电缆方法，设计出多种配套工具，达到行业先进水平。在页岩油开发作业中，他带领团队成功研制出连续油管安全高效钻磨桥塞工艺及配套工具，将钻磨效率从十多天缩短至两三天，大幅提升施工效率与作业安全。

2010年，"田明劳模创新工作室"成立，他在此悉心培养人才，与32人签订师徒或导师协定，带领工作室成员完成创新成果80多项，申请专利22项。他还积极走上讲台，授课80余期，将自己的经验毫无保留地传授给他人。

田明先后荣获全国技术能手、全国五一劳动奖章、全国劳动模范、中华技能大奖、江苏"时代楷模"等众多荣誉，其创新成果《试油测试技术的创新与运用》获得国家科学技术进步二等奖。他用自己的坚持与创新，在石油领域铸就了非凡成就，成为当之无愧的行业楷模。

本情境主要符号意义

特殊精馏方式的认识

拓展知识

英文字母

C_{pm}——定性温度下混合液的平均定压比热，kJ/（kmol·℃）；

D——①精馏塔塔顶产品（馏出液）流量，kmol/h或kg/h；②精馏塔塔径，m；

E_{ML}——液相组成表示的默弗里效率；

E_{MV}——气相组成表示的默弗里效率；

E_T——全塔效率；

F——原料液的流量：摩尔流量，kmol/h或质量流量 kg/h；

h_1——进口堰与降液管间的水平距离，m；

h_o——降液管底隙高度，m；

h_{ow}——堰上液层高度，m；

h_w——出口堰高，m；

h'_w——进口堰高，m；

H——板式塔的有效段高度，m；

H_d——降液管中清液层高度，m；

H_T——板间距，m；

I——物料的焓，kJ/kmol；

L——精馏段每块塔板的下降液体的摩尔流量，kmol/h；

L'——提馏段每块塔板的下降液体的摩尔流量，kmol/h；

L_n——精馏段内自第 n 块塔板下降液的摩尔流量，kmol/h；

L_W——堰长，m；

N_P——实际板层数，块；

N_T——理论塔板数，块；

p_A——气相中组分 A 的分压，Pa；

p_B——气相中组分 B 的分压，Pa；

p_A^0——纯组分 A 的饱和蒸气压，Pa；

p_B^0——纯组分 B 的饱和蒸气压，Pa；

p——气相的总压，Pa；

q——进料的热状况参数；

Q——传热量，kJ/s、kW；

r_m——原料泡点下混合液的平均汽化潜热，kJ/kmol；

R——①操作回流比；②鼓泡区半径，m；

R_{min}——最小回流比；

t——温度，℃；

t_s——溶液的泡点温度，℃；

V——精馏段每块塔板的上升蒸气的摩尔流量，kmol/h；

V_n——精馏段内自第 n 块塔板上升蒸气的摩尔流量，kmol/h；

V'——提馏段每块塔板的上升蒸气的摩尔流量，kmol/h；

V_n'——提馏段内自第 n 块塔板上升蒸气的摩尔流量，kmol/h；

V_s——气体的体积流量，m³/s；

W——塔底产品（釜残液）流量：kmol/h 或 kg/h；

W_d——弓形降液管宽度，m；

x_A——溶液中组分 A 的摩尔分数；

x_D——塔顶产品（馏出液）中易挥发组分的摩尔分数；

x_F——原料液中易挥发组分的摩尔分数；

x_n——精馏段内自第 n 块塔板下降液体中，易挥发组分的摩尔分数；

x_m'——提馏段内自第 m 块塔板下降液体中，易挥发组分的摩尔分数；

x_W——塔底产品（塔釜残液）中易挥发组分的摩尔分数；

x_n^*——与 y_n 成平衡的液相中易挥发组分的摩尔分数；

y_A——气相中组分 A 的摩尔分数；

y_n——精馏段内自第 n 块塔板上升蒸气中，易挥发组分的摩尔分数；

y_n^*——与 x_n 成平衡的气相中易挥发组分的摩尔分数；

y_m'——提馏段内自第 m 块塔板上升蒸气中，易挥发组分的含量，摩尔分数。

希腊字母

α——相对挥发度，无量纲；

γ_A，γ_B——组分 A、组分 B 的汽化潜热，kJ/kmol；

η_D——精馏塔顶易挥发组分的回收率；

η_W——精馏塔底雅挥发组分的回收率；

ν——溶液中某组分的挥发度，Pa；

τ——同一横排的阀孔中心距，m。

学习情境六
吸收过程及设备的选择与操作

 ## 教学目标

知识目标：

1. 了解吸收与解吸操作在化工生产中的重要应用。
2. 熟悉化工生产中典型的气体吸收与解吸方案。
3. 掌握吸收与解吸的基本原理，理解影响吸收效果的因素。
4. 熟悉吸收操作常用设备的类型、结构及性能特点。

能力目标：

1. 能根据生产任务正确选择吸收与解吸方案。
2. 能根据生产任务确定合理吸收操作参数（吸收操作的温度、压力、操作液气比等）。
3. 会根据任务进行相关吸收设备的选型和简单设计。
4. 能熟练操作吸收装置，并能对操作效果进行正确分析，能根据运行中的情况对参数进行控制与调节。
5. 能对生产中的事故进行分析和处理，会使用生产装置的安全与环保设施。

素质目标：

1. 培养学生诚实守信、富有爱心的思想品德。
2. 建立"本质安全"思维，培养学生精益生产的素养。

引言

 工程项目　某合成氨厂原料气脱二氧化碳方案的制订和实施

　　氨是重要的无机化工产品，在国民经济中占有重要地位，更是民族化工的骄傲。

　　早在 20 世纪 30 年代，面对外商独霸中国化肥市场的严峻形势，侯德榜与范旭东合作创建了我国第一座具有世界水平的合成氨联合企业——南京永利硫酸铵厂，使得中国具有了生产氨、硝酸、硫酸和化肥的能力，开创我国现代化工新纪元。目前世界上每年合成氨的产量已超过 1 亿吨，其中约有 80% 的氨用来生产化学肥料，20% 作为硝酸等其他化工产品的原料。氨合成的原料气是氮氢混合气体，其中氢气主要由天然气、石脑油、重质油、煤、焦炭、焦炉气等含碳原料制取。以煤为原料的合成氨及尿素的生产过程框图如图 6-1 所示。

　　以煤为原料通过造气工序制得的合成气（半水煤气）其最初成分为 H_2、N_2、CO 和 CO_2。利用 CO 和水蒸气在一定条件下可发生变换反应，将 CO 转换成 CO_2，同时又进一步获得相同数量的 H_2。

　　原料气在进入氨合成之前必须分离出所含的 CO_2。由于二氧化碳是尿素、碳酸氢铵和纯碱生产的重要原料，也可制成干冰用于食品加工及其他行业，此外 CO_2 是温室气体。因此合成氨原料气中所含的二氧化碳不但要除去，还应尽可能地加以回收利用。

　　某合成氨厂变换工段后，原料气中 CO_2 含量为 9％（体积分数，下同），其余主要成分为 N_2、H_2 和少量 CO，已知该厂合成氨年产量为 24 万吨（折算原料气量为 100000Nm³/h）。现工艺要求必须将原料气中 CO_2 浓度降到 1％以下，分离出的二氧化碳气体可根据需要送往尿素工段作为生产尿素的原料或送往附近某特气厂用来生产干冰。针对该企业的实际情况，请拟定一个从原料气中分离出二氧化碳的方案。

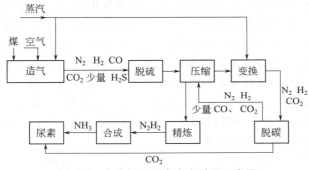

图 6-1　合成氨及尿素生产过程示意图

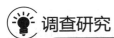 调查研究

　　　查阅有关资料了解合成氨的工业生产方法；合成氨原料气-半水煤气中除 N_2 和 H_2 外，还有哪些气相杂质？ 去除气相杂质用了哪些方法？

项目任务分析

　　由前已知，非均相物系可用沉降、过滤等方法进行分离；均相液体混合物可用萃取或蒸馏方法分离。本任务是一个典型的气体混合物的分离任务，要完成此任务，首先我们必须了解工程上气体混合物常用的分离方法及各种方法的适用范围。在选择分离方法后，还必须进一步确定分离工艺及分离设备。

任务一　气体混合物分离方法的认识

　　分离均相气体混合物的方法目前主要为吸附法和吸收法两种。

　　吸附法是将多孔性固体物料与流体混合物接触，有选择地使流体中的一种或几种组分附着于固体的内外表面，从而使混合物中各组分得以分离的方法。吸附分离在日常生活中应用非常广泛，如家庭净化空气用木炭吸湿、除臭、去除甲醛。吸附也可用于溶液的脱色、脱臭，如活性炭脱除糖液的颜色。

吸附过程中使用的多孔性固体物料称为吸附剂，附着于固体表面的组分称为吸附质。根据吸附剂与吸附质之间作用力的性质不同，可将吸附分为物理吸附和化学吸附。物理吸附也称范德华吸附，吸附质与吸附剂之间的作用以分子间作用力为主。化学吸附的吸附质与吸附剂之间的作用力是以分子间的化学键为主。单位质量吸附剂所能吸附的吸附质的最大质量，称为吸附剂的吸附容量。

由于吸附剂吸附容量的限制，吸附法处理气体混合物的能力有限，适用于从气体混合物中脱除微量杂质或从各种气体混合物中分离回收少量吸附质的情况。如从气体混合物中脱除微量酸性气体，从各种气体混合物中分离回收少量的 H_2、CO、CO_2、CH_4、C_2H_4 等。对于大量气体混合物分离任务，采用吸附法成本很高，经济上很不合理，甚至无法分离，此种状况工业普遍采用吸收法进行分离。

吸收是分离气体混合物最常用的单元操作，它是利用混合气体中各组分在所选择的液体溶剂中溶解度的差异，有选择地使混合气体中一种或几种组分溶于此液体而形成溶液，其他未溶解的组分仍保留在气相中，以达到从混合气体中分离出某组分的目的。

吸收过程是一个传质过程，即是气相中的易溶组分由气相向液相转移的溶解过程。在吸收操作过程中，能够溶解于液体中的气体组分称为吸收质（或溶质）；而不能溶解的气体组分称为惰性组分（或载体）；所用的液体称为吸收剂（或溶剂）；吸收操作所得到的液体称为溶液（或吸收液），其主要成分为吸收剂和溶质；被吸收后的气体称为吸收尾气，其主要成分应为惰性气体，还有少量未溶解的吸收质。

吸收操作在化工生产中应用甚为广泛，主要有以下几个方面：

① 分离混合气体以获得一个或几个组分。如：从裂化气或天然气的高温裂解气中分离乙炔，从乙醇催化裂解气中分离丁二烯等。

② 除去有害组分以净化气体。如：工业中用氨水或碱液脱除气体混合物中的 H_2S，在发电厂用石灰水脱除烟气中的 SO_2 等。

③ 制取成品。如：用水吸收氯化氢以制取盐酸，用水吸收甲醛以制取福尔马林等。

④ 废气处理、尾气回收。如：磷肥生产中，放出的含氟废气具有强烈的腐蚀性，可采用水及其他盐类经吸收制成有用的氟硅酸钠、冰晶石等，硝酸尾气中含氮的氧化物可以用碱吸收制成硝酸钠等有用物质。

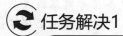 **任务解决1**

从合成氨原料气分离 CO_2 的方法选择

吸附法虽然二氧化碳脱除率高，但该方法处理能力较小，有效气体消耗较大并且能耗较高，只适用于少量气体的精细分离和纯化，且这种方法操作压力低，所以不适宜用于处理量大且杂质组分浓度高的混合气体的分离。由于本任务中原料气的处理量大且 CO_2 的含量也高，因此，应选择目前合成氨厂普遍使用的吸收法来脱除原料气中二氧化碳。

吸收法脱除 CO_2 就是选取一种溶剂作为吸收剂，利用原料气中 CO_2 与其他组分在选取的溶剂中溶解度的差异（CO_2 在其中的溶解度大，而 N_2、H_2 在其中几乎不溶），将 CO_2 选择吸收，以达到脱除 CO_2 的目的。

思考题

> 吸收过程是如何进行的？　完成本任务需要解决哪些基本问题？

实践与练习1

一、填空题

1. 分离均相气体混合物的方法目前主要有_____法和_____法两种。_____法适用于从气体混合物中脱除微量杂质或从各种气体混合物中分离回收少量有用物质的情况。对于大量气体混合物分离任务，工业则普遍采用_____法进行分离。

2. 吸附法是将_____物料与气体混合物接触，有选择地使流体中的一种或几种组分附着于固体的_____，从而使混合物中各组分得以分离方法；吸附过程中使用的多孔性固体物料称为_____剂，附着于固体表面的组分称为_____质；根据吸附剂对吸附质之间作用力的性质不同，可将吸附分为_____吸附和_____吸附。

3. 吸收是分离_____混合物的最常用的单元操作，它是利用混合气体中各组分在所选择的吸收剂中_____的差异进行分离。吸收时溶质的传递方向是由_____向_____传递。

4. 在吸收操作过程中，原料气中能够溶解于液体中的气体组分称为_____质（或溶质），而不能溶解的气体组分称为_____组分（或载体）；所用的液体称为吸收剂（或溶剂）；吸收操作所得到的液体称为溶液（或吸收液），其主要成分为_____和_____；被吸收后的气体也称为吸收尾气，其主要成分应为_____，还有少量_____。

二、课后自主探究题

查阅资料，说明目前市场销售的家用净水器、空气净化器的工作原理。

任务二　吸收工作过程的认识

一、吸收方法的分类

吸收是分离大量气体混合物的最常用的方法。根据吸收操作中吸收质在吸收剂中溶解的过程不同，吸收过程可分为物理吸收、化学吸收、物理-化学吸收等。

1. 物理吸收法

在吸收过程中，若吸收质与吸收剂之间不发生显著的化学反应，仅是气体溶解于液体的物理过程，则称为物理吸收。物理吸收操作的极限主要决定于当时条件下吸收质在吸收剂中的溶解度。利用二氧化碳能溶于水或者有机溶剂的性质完成二氧化碳与氮气、氢气的分离方法有水洗法、低温甲醇法、碳酸丙烯酯法等。

2. 化学吸收法

在吸收过程中，若吸收质与吸收剂之间发生显著的化学反应，则称为化学吸收。化学吸收操作的极限主要决定于当时条件下吸收质与吸收剂之间化学反应的平衡常数。利用二氧化碳具有酸性特征而易与碱性吸收剂发生反应将其吸收的方法，主要有：

氨水法：
$$CO_2 + NH_3 H_2O \Longrightarrow (NH_4) HCO_3$$

乙醇胺法（改良乙醇胺法）：
$$CO_2 + H_2O + (HOCH_2CH_2)_2 NCH_3 \Longrightarrow (HOCH_2CH_2)_2 CH_3 NH^+ + HCO_3^-$$

热钾碱法（热的碳酸钾水溶液）：
$$CO_2 + H_2O + K_2CO_3 \Longrightarrow KHCO_3$$

3. 物理-化学吸收法

吸收操作过程中若吸收质的溶解过程既有物理的溶解过程也有化学的溶解过程，则称为物理-化学吸收法。例如环丁砜法和多胺法脱除二氧化碳。

不管物理吸收还是化学吸收，如果在吸收过程中，混合气体中只有一个组分进入吸收剂，其余组分皆可认为不溶解于吸收剂，这样的吸收过程称为单组分吸收。如果混合气体中有两个或更多个组分进入液相，则称为多组分吸收，如用热钾碱法中碳酸钾溶液吸收 CO_2 的同时也会对混合气体中的 H_2S 进行吸收，这就是典型的多组分吸收。

吸收质溶解于吸收剂时，有时会释放出一定的溶解热或反应热，结果使液相温度逐渐升高。如果放热量很小或被吸收的组分在气相中浓度很低，而吸收剂的用量相对很大时，温度变化并不明显，这样的吸收过程可称为等温吸收。若放热量较大，所形成的溶液浓度又高，温度变化很剧烈，这样的吸收过程则称为非等温吸收。通常物理吸收放出热量是由溶解热引起的，化学吸收热量主要是由反应热引起的，化学吸收热效应要比物理吸收大。

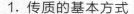 **思考题**

> 吸收操作过程是吸收质从气相转移到液相的传质过程，那么吸收质是如何从气相进入液相的？ 过程的推动力是什么？ 过程的速率与哪些因素有关？

要回答这些问题必须掌握吸收过程的机理。

二、物理吸收过程的机理

教学视频

吸收过程就是气体溶质在液体中的溶解过程，此溶解过程至少包括两个传递过程：一是吸收质由气相主体向气液相界面的传递；二是由相界面向液相主体的传递。因此，要说明吸收过程的机理，首先必须了解物质在单相（气相或液相）中的传递规律。

1. 传质的基本方式

物质在单一相（气相或液相）中的传递是靠扩散作用，扩散过程的推动力是存在的浓度差。发生在流体中的扩散有分子扩散与涡流扩散两种。

（1）分子扩散

如将一滴红墨水滴在一杯水中，会看见红色慢慢向四周扩散，最终整杯水变红了，这就是分子扩散。分子扩散是物质在一相内有浓度差异的条件下，由流体分子的无规则热运动而引起的物质传递现象。习惯上常把分子扩散称为扩散。这种扩散通常发生在静止或滞流流体相邻流体层的传质中。

分子扩散的速率主要决定于扩散物质和流体温度以及某些物理性质。根据菲克定律，当物质 A 在介质 B 中发生分子扩散时，分子扩散速率与其在扩散方向上的浓度梯度成正比。参照图 6-2 所示，这一关系可表达为：

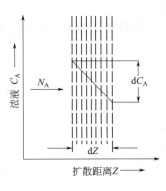

$$N_A = -D \frac{dC_A}{dZ} \qquad (6\text{-}1)$$

式中　N_A——组分 A 的分子扩散速率，kmol/（$m^2 \cdot s$）；

　　　C_A——组分 A 的浓度，kmol/m^3；

　　　Z——沿扩散方向的距离，m；

　　　D——扩散系数，表示组分 A 在介质 B 中的扩散能力，

m^2/s。

图 6-2　分子扩散示意图

式中负号表示扩散方向与浓度梯度相反。

分子扩散系数 D 是物质的物理性质之一。扩散系数大，表示分子扩散快。对不太大的分子而言，在气相中的扩散系数值约为 $0.1 \sim 1 cm^2/s$ 的量级；在液体中约为在气体中的 10^4 分之一到 10^5 分之一。这主要是因为液体的密度比气体的密度大得多，其分子间距小，故分子在液体中扩散速率要慢得多。扩散系数之值须由实验方法求取，有时也可由物质本身的基础物性数据及状态参数估算。气体在液体中的扩散系数可查阅有关手册。

（2）涡流扩散

如果在把红墨水滴入杯子中的同时，用玻璃棒进行搅拌，杯子中的水瞬间就变红了，这就是涡流扩散。在湍流流体中，流体质点在湍流中产生漩涡，引起各部分流体间的剧烈混合，在有浓度差的条件下，物质便朝其浓度降低的方向进行扩散。这种凭借流体质点的湍动和漩涡来传递物质的现象，称为涡流扩散。涡流扩散速率决定于流体的湍动程度。实际上，在湍流流体中，由于分子运动而产生的分子扩散与涡流扩散同时发挥着作用。但涡流扩散速率比分子扩散速率大得多，因此涡流扩散的效果应占主要地位。此时，通过一个湍流流体的扩散速率可以下式表达，即

$$N_A = -(D + D_e) \frac{dC_A}{dZ} \qquad (6\text{-}2)$$

式中　N_A——组分 A 的扩散速率，kmol/（$m^2 \cdot s$）；

　　　C_A——组分 A 的浓度，kmol/m^3；

　　　Z——沿扩散方向的距离，m；

　　　D——分子扩散系数，m^2/s；

　　　D_e——涡流扩散系数，m^2/s。

由于涡流扩散的复杂性，我们将湍流流体内部的扩散统称为对流扩散。对流扩散与传热过程中的对流传热类似，由于对流扩散过程极为复杂，影响其因素很多，所以对流扩散速率，一般难以解析求出，而是采用类似解决对流传热的处理方法依靠实验测定。

2. 吸收过程的机理

吸收过程中，吸收质除了要分别在气相和液相中进行单一相的传递外，还必须通过气液接触界面才能由气相进入液相，但气液两相流动状态不同，界面状态就不同，流体流动状态不仅决定于流体的物性、流速等参数，还与设备的几何尺寸密切相关，因此可知吸收过程的机理是复杂的，人们已对其进行了长期的深入的研究，曾提出多种不同的关于吸收这样的相际传质过程机理的理论，其中应用最广泛的是刘易斯和惠特曼在 20 纪 20 年代提出的双膜

理论。

双膜理论的假想模型，如图 6-3 所示，基本论点如下：

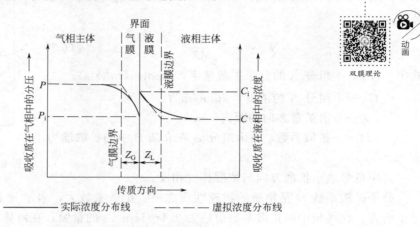

图 6-3 双膜理论的假想模型示意图

① 在气液两流体相接触处，有一稳定的分界面，叫相界面。在相界面的两侧附近各有一层稳定的作滞流流动的薄膜层，在气相一侧的叫气膜、液相一侧的叫液膜。吸收质以分子扩散方式通过这两个薄膜层。

② 两膜层以外的气、液两相分别称为气相主体与液相主体。在气、液两相的主体中，由于流体的充分湍动，吸收质的浓度基本上是均匀的，即两相主体内浓度梯度皆为零，全部浓度变化集中在这两个膜层中，即阻力集中在两膜层之中。

③ 无论气、液两相主体中吸收质的浓度是否达到平衡，而在相界面处，吸收质在气、液两相中的浓度关系却已达于平衡，为界面上没有阻力。

通过以上假设，双膜理论把吸收这个复杂的相际传质过程，简化为吸收质只是经由气、液两膜层的分子扩散过程。提高吸收质在膜内的分子扩散速率就能有效地提高吸收速率，因而两膜层也就成为吸收过程的两个基本阻力，双膜理论又称为双阻力理论。在两相主体浓度一定的情况下，两膜层的阻力便决定了传质速率的大小。由于膜内阻力与膜的厚度成正比，根据流体力学原理，流速越大，则膜的厚度越薄，因此增大气液两流体的相对运动，使流体内产生强烈的搅动，都能减小膜的厚度，从而降低吸收阻力，增大吸收传质系数，提高吸收速率。

对于具有固定相界面的系统以及流动速率不高的两流体间的传质，双膜理论与实际情况是相当符合的，根据这一理论的基本概念所确定的吸收过程的传质速率关系，至今仍是吸收设备设计的主要依据，这一理论对于生产实际具有重要的指导意义。但是对于具有自由相界面的系统，尤其是高度湍动的两流体间的传质，双膜理论表现出它的局限性。因为在这种情况下，相界面已不再是稳定的，而是处于不断更新的过程中，此时界面两侧存在稳定的滞流膜层及物质以分子扩散方式通过此两膜层的假设都很难成立。

针对双膜理论的局限性，后来相继提出了一些新的理论，如溶质渗透理论、表面更新理论、界面动力状态理论等。这些理论对于相际传质过程中的界面状况及流体力学因素的影响等方面的研究和描述都有所前进，但目前尚不足以据此进行传质设备的计算或解决其他实际问题。

三、吸收-解吸方案的认识

在循环吸收法中，为了得到较纯净的吸收质或回收吸收剂循环使用，常常需要将吸收质从吸收剂中分离出来。使溶解于液相中的气体释放出来的操作称为解吸或脱吸。解吸是吸收的相反过程，通常是使溶液与惰性气体或水蒸气在解吸装置中接触，气体溶质则逐渐从溶液中释放出来。在实际生产中往往采用吸收与解吸的联合流程，吸收后即进行解吸，在操作中两者相互影响和制约。应该注意的是对于化学吸收，如果吸收过程中发生了不可逆的化学反应，解吸就不能发生。

【案例 6-1】 洗油回收煤气中苯。

图 6-4 是一个洗油回收煤气中苯的吸收-解吸联合装置流程示意图。

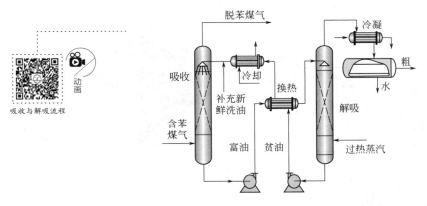

吸收与解吸流程

图 6-4 洗油回收煤气中苯的吸收-解吸流程

工业生产的焦炉煤气中通常含有少量的苯和甲苯等芳香族碳氢化物，对此类物质应予以回收，其中回收的方法就是吸收，所用吸收剂是煤焦油的精制品（煤焦油中 230～300℃ 的馏分），称为洗油。

含苯煤气在常温下由吸收塔底部进入塔内，温度为 27～30℃ 洗油从塔顶淋下，气液两相逆流流动，并在塔内填充物（木栅等物）上接触，进行传质，使苯等转溶到洗油中，含苯量降到规定要求（煤气中苯族烃含量为 2g/m^3）的脱苯煤气由塔顶排出。吸收苯的洗油（含苯量约 2.5%，称为富油）从塔底进入富油贮槽。为了分离出富油中溶解的苯等，需对吸收剂进行解吸，目的是回收苯及使洗油循环使用（亦称吸收剂的再生）。解吸过程在解吸塔中进行，即将富油用泵从贮槽中抽出，经富油加热器加热至规定温度后，从顶部进入解吸塔，与从解吸塔底部通入的过热蒸汽接触，则富油中的苯等在高温下解吸出被蒸汽带走，经冷凝后进入分层槽，由于苯的密度比水小，故在上层，水在下层，将水除去即可得到苯类液体。富油脱苯后（亦称贫油）从塔底进入贫油贮槽，用泵抽出经冷却器冷却至规定温度，即可作为循环使用的吸收剂再次送入吸收塔中。

思考题

1. 洗油回收煤气中苯是物理吸收过程还是化学吸收过程？

2. 为什么贫油进吸收塔前要经过冷却器降温，在吸收塔和解吸收塔之间的换热器有什么作用？

【案例 6-2】 碱性栲胶-钒酸盐水溶液脱除半水煤气中的 H_2S。

如图 6-5 所示的是利用碱性栲胶钒酸盐水溶液脱除半水煤气中的硫化氢工艺方案。栲胶是酚类物质（丹宁），作为载氧体可将焦钒酸钠氧化成偏钒酸钠，再生时可由空气将还原态栲胶氧化。脱硫原理如下：（TQ——氧化型栲胶；THQ——还原型栲胶）

$$Na_2CO_3 + H_2S \longrightarrow NaHS + NaHCO_3$$
$$2NaHS + 4NaVO_3 + H_2O \longrightarrow Na_2V_4O_9 + 4NaOH + 2S$$
$$Na_2V_4O_9 + 4TQ + 2NaOH + H_2O \longrightarrow 4NaVO_3 + 4THQ$$
$$4THQ + O_2 \longrightarrow 4TQ + 2H_2O$$
$$NaHCO_3 + NaOH \longrightarrow Na_2CO_3 + H_2O$$

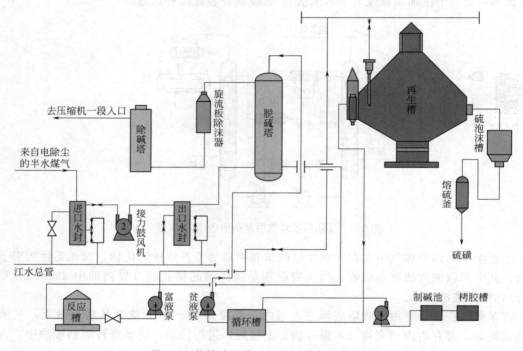

图 6-5　栲胶法脱除 H_2S 的吸收与再生流程

从电除尘来的半水煤气通过风机进口水封进入接力风机，由接力风机升压至 1000mmH_2O 左右后再通过风机的出口水封进入脱硫塔底部。在塔内，半水煤气与从塔顶向下洒的栲胶碱溶液在填料的润湿表面充分接触，吸收并脱除大部分 H_2S，从脱硫塔顶出来的气体中 H_2S 的含量不超过 15mg/m^3。出塔气体再经过旋流板除沫器与除碱塔除去碱沫后，送往压缩机一段。

一定组分的栲胶溶液（也称贫液）自循环槽经贫液泵升压 0.6MPa 左右送往脱硫塔顶，溶液自塔顶流向塔底，充分润湿填料表面与气体接触，吸收半水煤气中的 H_2S 气体，吸收 H_2S 后的溶液（富液）从脱硫塔底流到反应槽内。反应槽内的富液经富液泵加压 0.6MPa 左右后，经溶液加热器加热进入喷射再生器，自吸空气，富液与空气在喉管处混合后进再生槽，再生后的溶液经液位调节器全部回到循环槽，以后照此反复循环使用。硫泡沫在再生槽内浮洗分离，溢流至硫泡沫槽，在硫泡沫槽用蒸汽加热至 $70\sim90℃$ 搅拌沉硫，再经分离放入熔硫釜，回收固体硫黄。

思考题

> 碱性栲胶——钒酸盐水溶液脱除 H_2S 是物理吸收过程还是化学吸收过程？ 在这一工艺流程中，H_2S 最终转变成了什么？

【案例 6-3】 乙醇胺法吸收二氧化碳。

如图 6-6 所示的是乙醇胺法吸收二氧化碳的吸收解吸联合流程。

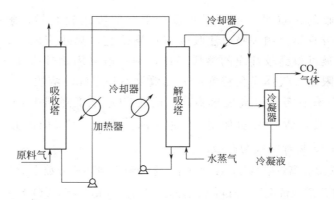

图 6-6　乙醇胺法吸收二氧化碳的吸收解吸联合流程

　　将合成氨原料气从底部进入吸收塔，塔顶喷乙醇胺液体，乙醇胺吸收了 CO_2 后从塔底排出，从塔顶排出的气体中含 CO_2 可降到 $0.2\%\sim0.5\%$。将吸收塔底排出的含 CO_2 的乙醇胺溶液用泵送至加热器，加热（130℃左右）后从解吸塔顶喷淋下来，塔底通入水蒸气，乙醇在高温、低压（约 300kPa）下自溶液中解吸。从解吸塔顶排出的气体经冷却、冷凝后得到可用的 CO_2。解吸塔底排出的溶液经冷却器降温（约 50℃）、贫液泵加压（约 1800kPa）后仍作为吸收剂循环使用。

💡 说一说

> 案例 6-3 中：原料液、溶质、惰性组分、吸收剂、溶液和尾气分别是什么？

🔄 任务解决2

> **吸收方案的选择**
>
> 　　既然吸收方案有物理吸收与化学吸收之分，由大量的工程经验资料，可查出它们的各自特点如下。
>
> 　　化学吸收的优点是：①由于选用的吸收剂能够有选择地与溶解在液相中的溶质进行反应，使得化学吸收具有较高的选择性。②化学反应将溶解在液相中的溶质组分转化为另一种物质，使得溶解平衡向溶解方向移动，降低了溶质在气相中的分压，可较彻底地除去气相中的溶质，可提高气体的净化程度，净化分离效果好。③反应

增加了溶质在液相中的溶解度，提高了吸收剂对溶质的吸收能力，可减少吸收剂用量。④化学反应降低了吸收剂中游离态溶质的浓度，增大了传质推动力，并改变了液相中溶质的浓度分布，因而可减小液相传质阻力，提高液相的传质分系数。因此，化学吸收的传质速率高，所需设备尺寸小。缺点是：①化学吸收时溶剂的再生比较困难。由栲胶法脱除 H_2S 的吸收与再生流程可见化学吸收后的吸收剂再生往往需要消耗较多能量，装置也较复杂。②如果化学反应不可逆，则吸收剂无法循环使用。

物理吸收的优点是：不可逆程度较低，解吸比较容易，解吸所需要的能耗一般比化学吸收小。物理吸收法吸收剂价格便宜，热效应较小，设备简单。如果采用物理解吸可得到较纯净的溶质气体，则一般采用物理吸收。缺点是：因物理溶解平衡的限制，气体净化程度和分离效果不是很好，溶质的吸收率不是很高。

由于本工作任务对分离要求不高（尾气 CO_2 浓度降到 1%），分离过程要除去 CO_2，而且又要回收 CO_2 气体用于制取干冰，因此，可采用：①醇胺法的吸收与解吸联合流程；②物理吸收与解吸法。

虽然醇胺法分离效果显著，净化气中二氧化碳含量体积分数小于 100×10^{-6}（0.01%），但由于吸收剂乙醇胺价格高，且再生能耗高 $[4.3 \times 10^4 \, kJ/(kmolCO_2)]$。

因此，根据经济和适用因素考虑，目前选用物理吸收与解吸方案法。

四、吸收法分离气体混合物需要解决的问题

由前面三个案例可见，在不同产品的生产过程中，处理对象不同，分离目的不同，所用吸收剂也不相同，吸收过程所采用的工艺条件更是千变万化。但作为吸收过程本身，其实质都是基本相同的。无论是哪种分离体系，哪一种流程，它们都需要解决一些共性问题，完成以下几个任务。

1. 选择合理的吸收工艺方案。
2. 在已有吸收方案中进一步选择合适的吸收剂并确定其用量。
3. 确定性能好经济合理的吸收设备。
4. 学会吸收装置的操作与运行。

接下来我们将对这些任务分别进行探讨。

实践与练习2

一、填空题

1. 吸收是分离_____混合物的最常用的单元操作。用水吸收 HCl 气体是_____吸收过程，用水吸收 CO_2 是_____吸收过程。

2. 双膜理论认为相互接触的气、液两相流体间存在着稳定的相界面，在界面两侧各有一个很薄的_____流膜层，吸收质以_____扩散方式通过此二膜层；不论气液两相主体的组成如何，在相界面处气、液两相达到_____。

3．由吸收过程的机理可见，吸收过程与精馏过程不同，吸收过程是＿＿＿＿＿＿＿＿向传质过程，精馏是＿＿＿＿＿＿＿＿向传质过程。

4．双膜理论将吸收过程简化为吸收质只是经由气、液两膜层的＿＿＿＿＿＿＿＿过程。提高吸收质在膜内的＿＿＿＿＿＿＿＿速率就能有效地提高吸收速率，因而两膜层阻力也就成为吸收过程的两个基本阻力，双膜理论又称为＿＿＿＿＿＿＿＿理论。

二、自主探索题

1．找资料了解合成氨原料气净化的各种方法和工作过程。

2．查找工业上脱除 H_2S 的吸收实例，分析这些实例的吸收过程是物理吸收还是化学吸收，是单组分吸收还是多组分吸收，有没有包含解吸过程？

任务三　吸收剂的选择与吸收剂用量的确定

在任务二中，我们已经可以看得出，用于吸收二氧化碳的方案有很多，方案的不同关键就是吸收剂的不同，在吸收操作中，吸收剂性能的优劣，常常是吸收操作好坏的关键。那么吸收过程的吸收剂是如何选择的呢？用物理吸收方法来吸收二氧化碳又有哪些吸收剂可用呢？引言里的工作任务中选择什么物质作为吸收剂比较合适呢？

一、吸收剂的选择

如果吸收的目的是制取某种溶液作成品，如用 HCl 气体生产盐酸，溶剂只能用水，自然没有选择的余地。如果吸收的目的在于把一部分气体从混合物中分离出来，则必须考虑选择的溶剂是否适当。

1．吸收剂的选择原则

工业上选择吸收剂，必须考虑各个方面的影响因素，遵循如下几个原则。

（1）所选用的吸收剂必须有良好的选择性。吸收剂对吸收质要有较大的溶解度而对其他惰性组分的溶解度要极小或几乎不溶解，这样可以提高吸收效果、减小吸收剂的用量，吸收速率也大、设备的尺寸便小。

（2）所选择的吸收剂应有较为合适的条件，也就是吸收操作的温度、压力要求不高。

（3）吸收剂的挥发度要小，即在操作温度下吸收剂的蒸气压要小。因为离开吸收设备的气体，往往被吸收剂蒸气所饱和。若吸收剂的挥发度高，不但吸收剂损失大，且塔顶气体中相当于带入了新的杂质。

（4）所选用的吸收剂应尽可能无毒、无腐蚀性、不易燃、不发泡、价廉易得和具有化学稳定性等。

显然完全满足上述各种要求的吸收剂是没有的，实际生产中应从满足工艺要求、经济合理的前提出发，根据具体情况全面均衡得失来选择最合适的吸收剂。

2．吸收剂的选用实例

工业上的气体吸收大多用水作溶剂，难溶于水的气体才采用特殊溶剂。例如，烃类气体的吸收用液态烃。为了提高气体吸收的效果，也常采用与溶质气体发生化学反应的物质作溶剂。例如，CO_2 的吸收可以用 NaOH 溶液、Na_2CO_3 溶液或乙醇胺溶液。表 6-1 为某些气体选用的部分吸收剂的实例。

表 6-1　吸收剂选用实例

吸　收　质	可选用吸收剂	吸　收　质	可选用吸收剂
水汽	浓硫酸	H_2S	亚砷酸钠溶液
CO_2	水	H_2S	偏钒酸钠的碱性溶液
CO_2	碳酸丙烯酯	NH_3	水
CO_2	碱液	HCl	水
CO_2	乙醇胺	HF	水
SO_2	浓硫酸	CO	铜氨液
SO_2	水	丁二烯	乙醇、乙腈
H_2S	氨水		

🔄 任务解决3

脱除合成氨原料气中 CO_2 的吸收剂选择

　　由于二氧化碳在水中和碳酸丙烯酯溶液中的溶解度比原料气中其他组分如 N_2、H_2 及 CO 在其中的物理溶解度大得多，所以水和碳酸丙烯酯对于 CO_2 均具有较好的选择吸收性。水和碳酸丙烯酯均可以作为物理法吸收二氧化碳的吸收剂。考虑到碳酸丙烯酯有刺激性、溶液对设备有腐蚀性且价格较高，而水具有无毒、无腐蚀性、不易燃、不发泡、价廉易得和具有化学稳定性等特点。加上生产任务对分离要求并不太高，因此，我们可暂选用水作为吸收剂，设法让水循环使用。

二、气体、液体流向的确定

　　在吸收设备内，气液两相的流向不同，吸收过程的推动力不同，吸收剂的用量和吸收设备的尺寸也不相同。在确定吸收剂用量之前必须确定气液两相间的流向。

　　吸收塔内，气液两相可作逆流也可作并流流动，如图 6-7 所示。在气液两相进出口浓度相同的情况下，逆流与并流相比有着显著优点：逆流时，吸收的平均推动力最大，这样可提

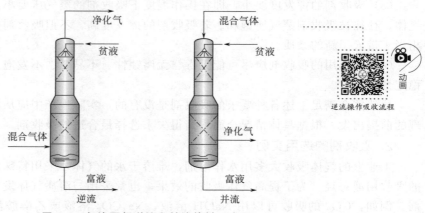

图 6-7　气液两相逆流和并流接触示意图

高吸收速率、减小设备尺寸；逆流时，塔底引出的溶液在出塔前是与浓度最大的进塔气体接触，使出塔溶液浓度可达最大值，从而降低了吸收剂耗用量；逆流时，塔顶引出的气体出塔前是与纯净的或浓度较低的吸收剂接触，可使出塔气体的浓度能达最低值，这样可大大提高吸收率。当然并流操作也有其自身优点：并流操作可以防止逆流操作时的纵向搅动现象；提高气速时不受液泛的限制，不会限制设备的生产能力。

一般情况下吸收采用逆流操作，以确保传质过程具有最大的推动力。只有在特殊情况下，如吸收质极易溶于吸收剂，此时逆流操作的优点并不明显，为提高生产能力，可以考虑采用并流。

 任务解决4

> **CO_2 吸收时气液流向的选择**
>
> 考虑到工作任务中 CO_2 在水中溶解度较低，为了加大传质速率，考虑采用逆流接触形式。

三、吸收过程操作条件的确定

工作任务中用水吸收含有 9%（体积分数）CO_2 的原料气过程，应该在多少温度、多高压力下进行呢？吸收过程的操作条件影响气体在液体中的溶解度，取决于气体溶解的相平衡关系。

1. 气体在液体中的溶解度

在一定的温度下，使某一定量的可溶性气体溶质与一定量的液体溶剂在密闭的容器内相接触，溶质便向溶剂转移。经过足够长的时间以后，就会发现气体的压力和该气体溶质在液相中的浓度不再变化。此时并非没有气体分子进入液体，而是由于在任何瞬间内，气相溶质进入液相的分子数与从液相中逸出并返回到气相中的溶质分子数相等之故。所以宏观上，过程就像停止一样，这种状况称为相际动平衡，简称相平衡。在此平衡状态下，溶液上方气相中溶质的压力称为当时条件下的平衡压力，而液相中所含溶质的浓度即在当时条件下气体在液体中的溶解度。习惯上溶解度是以在一定的温度和溶质气体的平衡压力下，溶解在单位质量的液体溶剂中溶质的质量数表示，kg 溶质/kg 液体溶剂。

只有处于不平衡的气液两相接触，才有可能发生吸收或解吸现象。在气液系统中，只要液相中吸收质的实际浓度小于平衡浓度或气相中吸收质的分压大于平衡分压，吸收质就从气相转入液相，吸收过程一直进行到两相平衡为止。所以相平衡是物理吸收过程的极限，该极限取决于溶解度。溶解度的大小是随物系、温度和压力而异，通常由实验测定。图 6-8(a)、图 6-8(b)、图 6-8(c) 分别表示氨、二氧化硫和氧在水中的溶解度与其气相平衡压力之间的关系。图中的关系线称为溶解度曲线。

将图 6-8(a)、(b)、(c) 进行比较，可以发现：温度、压力一定时，氨的溶解度最大、二氧化硫其次、氧溶解度最小。这说明氨易溶解于水、氧难溶解于水。大家都知道如果要使一种气体在溶液中达到一定的浓度，必须在溶液上方维持一定的平衡压力，由图可见，温度一定时，要使相同质量的氨、二氧化硫、氧各溶解于一定量的水，氨所需的溶液上方的平衡压力最小，二氧化硫所需的平衡压力居中，氧所需的溶液上方的平衡压力最大。

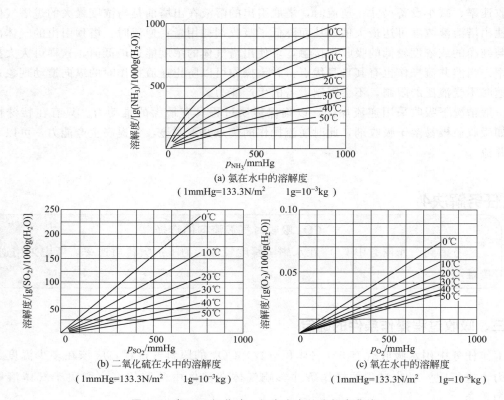

图 6-8　氨、二氧化硫、氧在水中的溶解度曲线

显然，对应于同样浓度的溶液，易溶气体溶液上方的平衡压力小，而难溶气体溶液上方的平衡压力大。换言之，如欲获得一定浓度的气体溶液，对于易溶气体所需的平衡压力较低，而对于难溶气体所需的平衡压力则很高。

由图 6-8 还可发现，这三种物质的溶解度由线表现出同样的变化趋势：当压力一定时，温度越低，溶解度越大；当温度一定时，压力越高，溶解度越大。这说明加大压力和降低温度可以提高溶解度，对吸收操作有利；反之，升温和减小压力则降低溶解度，对吸收操作不利。

溶解度是分析吸收操作过程的基础，气体在液体中的溶解度数据可从有关手册中查取或通过实验测定。

2. 亨利定律

通过对气液间相平衡关系的大量实验数据的分析，人们发现当总压不太高时，在一定温度下，稀溶液上方的气体溶质平衡分压与溶质在液相中的摩尔分数之间存在着如下的关系：

$$p_A^* = Ex_A \tag{6-3}$$

式中　p_A^* ——溶质在气相中平衡分压，kN/m^2；

　　　x_A ——溶质在液相中的摩尔分数；

　　　E ——亨利系数，其单位与压力单位一致。

式（6-3）称为亨利定律。此式表明稀溶液上方的溶质分压与溶质在液相的摩尔分数成正比，比例常数称为亨利系数。E 值的大小表示气体溶于液体中的难易程度。由于同一种气体在不同的溶剂中溶解度不同，所以 E 值不同；同样不同气体在同一种溶剂中的溶解度不同，E 值也就不同。E 值越大，表示该气体的溶解度越小即越难溶，E 值通常随温度的升高而增大。各种气体的 E 值皆由实验测得，书后附录二中列出了若干种气体水溶液的亨利系数值。

亨利定律是一个稀溶液定律，因此它对常压或接近于常压下的难溶气体较为适合，对于易溶气体适用于低浓度的较小范围，如图 6-9 所示 NH_3-H_2O 系统的平衡线的直线部分是很短的，而对于难溶气体如 CO_2，则在较广的平衡压力范围内符合亨利定律。

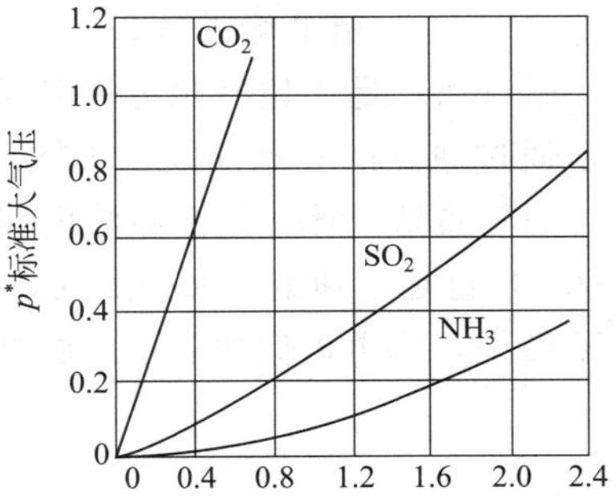

在实际生产中被吸收的气体，往往是气体混合物的某组分，而不是单一的纯气体。当混合气体总压力不超过 5 个标准大气压的情况下，被吸收组分在液体中的溶解度，可以认为与总压无关，而只取决于溶质气体的分压和温度。

图 6-9　二氧化碳、二氧化硫及氨在水中的溶解度

式（6-3）是亨利定律的基本形式。由于互成平衡的气液两相组成可用不同的方法表示，因而亨利定律有不同的表达形式。

若溶质在液相和气相中的组成均用摩尔分数 x_A 及 y_A 表示，亨利定律可写成如下形式，即：

$$y_A^* = m x_A \tag{6-4}$$

式中　x_A——液相中溶质的摩尔分数；

y_A^*——与该液相成平衡的气相中溶质的摩尔分数；

m——相平衡常数。

当系统的总压为 P，则依道尔顿分压定律可知溶质在混合气体中的分压为 $p = Py$

同理　　　　　　　　　　　　$p_A^* = P y_A^*$

将上式代入式（6-3）中可得　　$P y_A^* = E x_A$

将此式与式（6-4）相比较可知

$$m = E/P \tag{6-5}$$

相平衡常数 m 也是依实验结果计算出来的数值。对于一定物系，它是温度和压力的函数。由 m 值的大小同样可以比较不同气体溶解度的大小，m 值越大，则表明该气体的溶解度越小。由式（6-5）可以看出，温度升高、总压下降则 m 值增大，不利于吸收操作。

若溶质在液相和气相中的组成分别用比摩尔分率（也称为摩尔比）X 及 Y 表示，其中 X 的单位为 kmolA/kmolS。Y 的单位为 kmolA/kmolB。显然有：

$$x_A = \frac{X}{1+X} \tag{a}$$

$$y_A = \frac{Y}{1+Y} \tag{b}$$

将式（a）和式（b）代入式（6-4）可得：$\dfrac{Y^*}{1+Y^*} = m\dfrac{X}{1+X}$

整理后得

$$Y^* = \frac{mX}{1+(1-m)X} \tag{6-6}$$

式中　Y^*——气、液相平衡时，气相中每 kmol 惰性组分中含有气体溶质的 kmol 数，$\dfrac{\text{kmolA}}{\text{kmolB}}$；

　　　X——气、液相平衡时，液相中每 kmol 吸收剂中含有气体溶质的 kmol 数，$\dfrac{\text{kmolA}}{\text{kmolS}}$；

　　　m——相平衡常数。

式（6-6）是用比摩尔分率表示亨利定律的一种形式。此式在 Y-X 直角坐标系中的图形总是通过原点的一条曲线，如图 6-10 所示，此图线称为气、液相平衡线或吸收平衡线。

对于难溶气体，当溶液浓度很低时，式（6-6）分母趋近于 1，于是该式可简化为式（6-7）。式（6-7）也是亨利定律又一形式，它表明当液相中溶质溶解度足够低时，气液相平衡关系在 Y-X 图中，也可近似地表示成通过原点的直线，其斜率为 m，如图 6-11 所示。

$$Y^* = mX \tag{6-7}$$

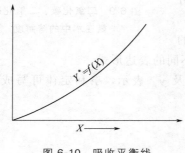

图 6-10　吸收平衡线

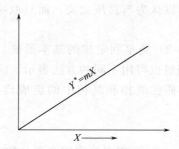

图 6-11　稀溶液吸收平衡线

若气相组成用分压，液相组成用物质的量浓度时，亨利定律为：

$$p_A^* = \dfrac{c_A}{H} \tag{6-8}$$

式中　c——液相中溶质的物质的量浓度 kmolA/m³ 溶液；

　　　H——溶解度系数 kmolA/(kN·m)。

溶解度系数 H 也是温度的函数，对一定的溶质和吸收剂而言，H 值随着温度的升高而减小，易溶性气体 H 值很大，难溶性气体 H 值很小。

对于稀溶液，当溶液的密度近似于纯溶剂的密度，溶液的摩尔质量 M 近似等于纯溶剂的摩尔质量 M_S 时，溶解度系数 H 与亨利系数 E 的关系近似为：

$$H = \dfrac{\rho}{EM_S} \tag{6-9}$$

式中　ρ——溶液的密度 kg/m³；

　　　M_S——吸收剂的摩尔质量 kg/kmol。

上述亨利定律的各种表达式所表示的都是互成平衡的气、液两相组成间的关系，利用它们可根据液相组成计算平衡的气相组成，同样也可根据气相组成计算平衡的液相组成。从这种意义上讲，上述亨利定律的几种表达形式也可改写如下：

$$x_A^* = \dfrac{p_A}{E} \qquad\qquad x_A^* = \dfrac{y_A}{m}$$

$$c_A^* = Hp_A \qquad\qquad X^* = \dfrac{Y}{m}$$

在吸收操作过程中，由于进出吸收设备的气相中惰性气体 B 的流量，液相中纯溶剂 S 的流量是不变的。因此，我们常用比摩尔浓度来表示相组成，常常采用式（6-6）或式（6-7）表示气液相平衡关系，用图 6-10 及图 6-11 表示吸收平衡线。

【例 6-1】 某矿石焙烧炉送出来的气体，经冷却后将温度降到 20℃，然后送入填料吸收塔中用水洗涤以除去其中 SO_2，已知平均操作压力为 1 标准大气压，20℃ 时 SO_2 在水中的平衡溶解度数据如本例附表 1。

例 6-1 　附表 1

SO_2 溶解度/（kgSO_2/100kgH_2O）	0.02	0.05	0.10	0.15	0.2	0.3	0.5	0.7	1.0	1.5
SO_2 平衡分压/（kN/m²）	0.067	0.16	4.26	0.773	1.13	1.88	3.46	5.2	7.86	12.3

试按以上数据标绘 Y^*-X 曲线。

解： $$X = \frac{m_{SO_2}/M_{SO_2}}{m_{H_2O}/M_{H_2O}} \; ; \qquad Y^* = \frac{p_{SO_2}}{P - p_{SO_2}}$$

现以第 1 组数据为例计算如下：

$$X = \frac{0.02/64}{100/18} = 0.0000562\left(\frac{kmolSO_2}{kmolH_2O}\right) \quad Y = \frac{0.067}{101.3 - 0.067} = 0.000662\left(\frac{kmolSO_2}{kmol\,惰性组分}\right)$$

各组数据计算结果列于本例附表 2。

例 6-1 　附表 2

SO_2 溶液浓度 X	气相中 SO_2 平衡浓度 Y^*	SO_2 溶液浓度 X	气相中 SO_2 平衡浓度 Y
0.0000562	0.000662	0.00084	0.019
0.00014	0.00158	0.0014	0.035
0.00028	0.0042	0.00197	0.054
0.00042	0.0077	0.0028	0.084
0.00056	0.0113	0.0042	0.138

将以上数据关系标绘于本题附图中，为通过原点 O 的曲线。

3．相平衡的应用——吸收过程进行的条件

当不平衡的气液两相接触时，溶质是被吸收还是被解吸，这要由相平衡关系来决定，亨利定律表示的气液平衡关系可用来判明吸收过程进行的方向、限度和难易程度。

（1）判明过程进行的方向和限度

① 过程方向的判断　当不平衡的气液两相接触时，过程进行的方向，可由表 6-2 进行判断。

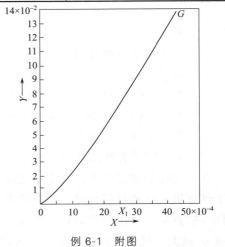

例 6-1 　附图

表 6-2 过程方向判据

	浓 度 关 系			传 递 过 程
液相浓度	$X^*-X>0$	$C_A^*-C_A>0$	$x_A^*-x_A>0$	吸收
	$X^*-X<0$	$C_A^*-C_A<0$	$x_A^*-x_A<0$	解吸
	$X^*-X=0$	$C_A^*-C_A=0$	$x_A^*-x_A=0$	平衡
气相浓度	$Y-Y^*>0$	$p_A-p_A^*>0$	$y_A-y_A^*>0$	吸收
	$Y-Y^*<0$	$p_A-p_A^*<0$	$y_A-y_A^*<0$	解吸
	$Y-Y^*=0$	$p_A-p_A^*=0$	$y_A-y_A^*=0$	平衡

② 吸收推动力的表示 在吸收塔的计算中通常以气液两相的实际状态与相应的平衡状态的偏离程度来表示吸收推动力的大小。如果气液两相处于平衡状态，则两相的实际状态与平衡状态无偏离，吸收推动力为零，吸收速率也为零。实际状态与平衡状态偏离越大，则吸收推动力也越大，吸收推动力可用气相浓度差 $\Delta Y=Y-Y^*$ 表示，也可用液相浓度差 $\Delta X=X^*-X$ 表示。若 $Y>Y^*$ 或 $X^*>X$，从图 6-10 或图 6-11 上可看出，实际物系点位于平衡曲线上方，此时溶质由气相向液相传递，这就是吸收。随着吸收过程的进行，气相中被吸收组分的含量不断降低，溶液浓度不断上升，直到 $Y=Y^*$ 或 $X^*=X$，此时实际物系点与平衡曲线重合，吸收达到了极限。若 $Y<Y^*$ 或 $X^*<X$，从图 6-10 或图 6-11 上可看出，实际物系点位于平衡曲线下方，此时溶质由气相向液相传递，这就是吸收过程的逆过程——解吸。

当气液相浓度用其他形式表示时推动力也可表示成相应的形式，如：

$$\Delta p=p_A-p_A^* 、\Delta x=x_A^*-x_A 、\Delta y=y_A-y_A^* 。$$

在吸收塔中沿塔高各处的气、液相的浓度是不同的，所对应的平衡浓度就不同，这样吸收推动力也就不同了，因此所表示出来的推动力只能反映出吸收塔中某一个截面的情况。

【例 6-2】 已知常压、20℃时稀氨水的相平衡关系为 $Y^*=0.94X$，今使含氨 6%（摩尔分数）的混合气体与 $X=0.05$ 的氨水接触，则将发生什么过程呢？

解： $Y^*=0.94X=0.94\times0.05=0.047$ $Y=\dfrac{y_A}{1-y_A}=\dfrac{6\%}{1-6\%}=0.064$

即 $Y-Y^*=0.064-0.047=0.017>0$

所以发生吸收过程。

或者

$X^*=Y/0.94=0.064/0.94=0.068$

$X^*-X=0.068-0.04=0.028>0$

所以发生吸收过程。

（2）判断吸收操作的难易程度

在一定压强和温度下，对于一定浓度的溶液，被溶解气体在气相中平衡分压的大小，反映了气体被吸收的难易程度。所需的平衡分压越小，说明气体越容易被吸收，即溶解度大的气体吸收容易。气体吸收的难易程度还可从亨利系数 E 或相平衡常数 m 的值的大小来判断。E 或 m 越大，气体的溶解度越小，吸收就越困难。

（3）根据气液平衡关系选择操作条件

对于同一物系，气体的溶解度随温度和压力而改变。温度升高，气体的溶解度减小。因此，吸收操作在较低温度下进行较为有利，对于热效应较大的物系，可以在吸收过程中采取冷却措施，为此通常要设置中间冷却器以降低吸收温度。但要注意的是如果温度太低，除了消耗大量冷冻剂，还会增大吸收剂的黏度，甚至会有固体结晶析出，影响吸收操作顺利进行。因此应综合考虑不同因素，选择一个最适宜的温度。

提高操作压力可以提高混合气中被吸收组分的分压，增大吸收的推动力，有利于吸收。但在压力增高的同时，动力消耗就会随之增大，对设备的强度要求也随之提高，使设备投资和操作费用加大。因此一般能在常压下进行的吸收操作不必在高压下进行。除非在常压下溶解度太小，才采用加压吸收。若吸收后气体需进行高压反应，则可采用高压下吸收操作，既有利于吸收，增大吸收塔的生产能力，又为后续高压反应创设了条件。

 任务解决5

> **CO_2 吸收时操作温度和操作压力的选择**
>
> 根据二氧化碳-水的平衡关系，项目任务中的操作条件可选择常温（25℃），10 个标准大气压（$1.013\times10^6\,Pa$）。

四、吸收剂用量的确定

吸收剂用量是通过对吸收过程进行物料衡算和操作分析得到的。

1. 吸收塔的物料衡算与操作线方程

（1）物料衡算

如图 6-12 所示为一处于稳定操作状态下，气、液两相逆流接触的吸收塔，混合气体自下而上流动；吸收剂则自上而下流动。

在吸收过程中，混合气体通过吸收塔的过程中，可溶组分不断被吸收，在气相中的浓度逐渐减小，气体总量沿塔高而变；液体因其中不断溶入可溶组分，液相中可溶组分的浓度是逐渐增大的，液体总量也沿塔高而变。但 V_B 和 L_S 的量却没有变化，假设无物料损失，对单位时间内进、出吸收塔的吸收质量进行衡算则得：

$$V_B Y_1 + L_S X_2 = V_B Y_2 + L_S X_1 \qquad (6-10)$$

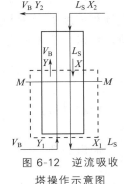

图 6-12　逆流吸收塔操作示意图

式中　V_B——单位时间内通过吸收塔的惰性气体流量，kmolB/s；
　　　L_S——单位时间内通过吸收塔的吸收剂流量，kmolS/s；
　Y_1、Y_2——进塔及出塔气体中吸收质的比摩尔分率，kmol 吸收质/kmol 惰性组分；
　X_1、X_2——出塔及进塔液中吸收质的比摩尔分率，kmol 吸收质/kmol 吸收剂。

式（6-10）可改写为：

$$V_B(Y_1 - Y_2) = L_S(X_1 - X_2) = G_A \qquad (6-11)$$

式中　G_A——吸收塔的吸收负荷（单位时间内的传质量），

吸收剂用量的确定

kmolA/s。

由式（6-11）变形后得：

$$\frac{L_S}{V_B} = \frac{Y_1 - Y_2}{X_1 - X_2} \tag{6-12}$$

L_S/V_B 称为"液气比"，即在吸收操作中吸收剂与惰性气体摩尔流量的比值，亦称吸收剂的单位耗用量。

在吸收操作中，气相中吸收质被吸收的质量与气相中原有的吸收质质量之比，称为吸收率。用符号 Φ 表示。

$$\Phi = \frac{V_B(Y_1 - Y_2)}{V_B Y_1} = \frac{Y_1 - Y_2}{Y_1} = 1 - \frac{Y_2}{Y_1} \tag{6-13}$$

式（6-13）可改写成：

$$Y_2 = Y_1(1 - \Phi) \tag{6-14}$$

在吸收塔的计算中，已知 V_B、L_S、X_1、X_2、Y_1 及 Y_2 中的任何 5 项，即可求出其余的一项。一般有以下几种情况：①已知 Y_1 及 Φ 可依式（6-14）计算吸收塔的尾气浓度 Y_2；②已知 V_B、L_S、X_2、Y_1 及 Y_2 即可依式（6-10）求得塔底排出的溶液浓度 X_1；③已知 V_B、L_S、X_1、X_2、Y_1 即可依式（6-10）求出 Y_2，后依式（6-13）而求算吸收塔的吸收率 Φ 是否达到了规定的指标。

（2）吸收塔的操作线方程与操作线

参照图 6-11，取任一截面 M—M，在 M—M 与塔底端之间做吸收质的物料衡算。设截面 M—M 上气、液两相浓度分别为 Y、X，则得：

$$V_B Y_1 + L_S X = V_B Y + L_S X_1 \tag{6-15}$$

将上式可改写成：

$$Y = \frac{L_S}{V_B} X + (Y_1 - \frac{L_S}{V_B} X_1) = \frac{L_S}{V_B}(X - X_1) + Y_1 \tag{6-15a}$$

式（6-15a）即为逆流吸收塔的操作线方程，它反映了吸收操作过程中吸收塔内任一截面上气相浓度 Y 与液相浓度 X 之间的关系。在稳定操作中，式中 X_1、Y_1、L_S/V_B 都是定值，所以该操作线方程为一直线方程，其斜率为 L_S/V_B。

由式（6-15）可得：

$$\frac{L_S}{V_B} = \frac{Y_1 - Y}{X_1 - X}$$

同理可得：

$$\frac{L_S}{V_B} = \frac{Y - Y_2}{X - X_2}$$

而由前知：

$$\frac{L_S}{V_B} = \frac{Y_1 - Y_2}{X_1 - X_2}$$

因此：

$$\frac{L_S}{V_B} = \frac{Y_1 - Y}{X_1 - X} = \frac{Y - Y_2}{X - X_2} = \frac{Y_1 - Y_2}{X_1 - X_2}$$

这说明逆流吸收操作的操作线方程过吸收塔的塔顶、塔底截面所对应的状态点 A（X_1，Y_1）、B（X_2，Y_2），因此只要找出 A、B 两点即可绘制出逆流吸收操作的操作线。依此方法绘出逆流吸收操作的操作线，如图 6-13 所示。此操作线上任

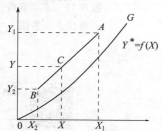

图 6-13 逆流吸收操作的操作线

一点 C 代表着塔内相应截面上的气、液相浓度 Y、X 之间的对应关系。端点 A 代表塔底的气、液相浓度 Y_1、X_1 的对应关系；端点 B 则代表着塔顶的气、液相浓度 Y_2、X_2 的对应关系。

在进行吸收操作时，在塔内任一截面上，吸收质在气相中的分压总是要高于与其接触的液相平衡分压的，所以吸收操作线的位置总是位于平衡线的上方。反之，在解吸操作中，吸收质在气相中的分压小于与其接触的液相平衡分压，因此解吸操作线总是位于平衡线的下方。

2. 吸收剂的用量

在吸收塔的计算中，需要处理的气体流量以及气相的初浓度和终浓度均由生产任务所规定。吸收剂的入塔浓度则常由工艺条件决定或由设计者选定，因此吸收剂的用量仍需选择。吸收剂的用量通常是根据分离要求和相平衡关系先确定最小吸收剂用量再乘以一个经验系数得到。

由前述可知，当 V_B、Y_1、Y_2 及 X_2 已知的情况下，吸收塔操作线的一个端点 B 已经固定，而另一个端点 A 可在 $Y=Y_1$ 的水平线上移动，且点 A 的横坐标 X_1 将取决于操作线的斜率 L_S/V_B。如图 6-13 所示。

若增大吸收剂用量，则操作线的斜率 L_S/V_B 将增大，点 A 将沿 $Y=Y_1$ 的水平线左移，塔底出口溶液的浓度 X_1 减小，操作线远离平衡线，从而过程推动力 $(X_1^* - X_1)$ 增大，则吸收速率加快，完成任务所需的传质面积减少，可减小设备尺寸、节约设备费用（主要是塔的造价）。但超过一定限度后，会使吸收剂输送及回收等操作费用急剧增加。

反之，若减少吸收剂用量，则操作线的斜率 L_S/V_B 将减小，点 A 将沿 $Y=Y_1$ 的水平线右移，塔底出口溶液的浓度 X_1 增大，操作线靠近平衡线，从而过程推动力 $(X_1^* - X_1)$ 减小，要在单位时间内吸收同量的溶质，设备也就要大一些，以致设备费用增大。若吸收剂用量减少到恰好使点 A 移到水平线 $Y=Y_1$ 与平衡线的交点 A^* 时，如图 6-14(a) 所示，则 $X_1^* = X_1$ 即塔底流出的溶液与刚进塔的混合气体这两相中吸收质浓度是平衡的，这也是理论上在操作条件下溶液所能达到的最高浓度。但此时的推动力为零，若要取得一定的吸收效果必须要用无限大的接触面积，显然这是一种达不到的极限状况，实际生产是不可能实现的，此种状况下吸收操作线 A^*B 的斜率称为最小液气比，以 $(L_S/V_B)_{min}$ 表示，相应的吸收剂用量称为最小吸收剂用量，以 L_{min} 表示。

由以上分析可见，吸收剂用量大小的不同，将从设备费与操作费两方面影响到生产过程的经济效果，因此应选择适宜的液气比，以便使两种费用之和最小。根据生产实践经验，一般情况下认为取吸收剂用量为最小吸收剂用量的 $1.1 \sim 2.0$ 倍是比较适宜的，即：

$$\frac{L_S}{V_B} = (1.1 \sim 2.0)\left(\frac{L_S}{V_B}\right)_{min} \quad 或 \ L_S = (1.1 \sim 2.0)L_{Smin}$$

由式（6-12）可得：

$$\left(\frac{L_S}{V_B}\right)_{min} = \frac{Y_1 - Y_2}{X_1^* - X_2} \tag{6-16}$$

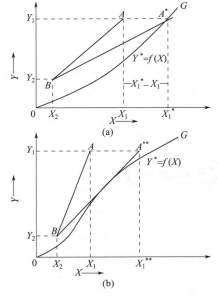

图 6-14 吸收塔的最小液气比

或
$$L_{Smin} = V_B \frac{Y_1 - Y_2}{X_1^* - X_2} \tag{6-16a}$$

如果平衡线符合图 6-14(a) 所示的一般情况，则需找到水平线 $Y=Y_1$ 与平衡线的交点 A^*，从而读出 X_1^* 之值，然后代入上式即可计算出最小液气比 $(L_S/V_B)_{min}$ 或最小吸收剂用量 L_{Smin}。

如果平衡线呈现如图 6-14(b) 所示的形状，则应过点 B 作平衡曲线的切线，找到水平线 $Y=Y_1$ 与切线的交点 A^{**}，从而读出 X_1^{**} 之值，然后代入上式即可计算出最小液气比 $(L_S/V_B)_{min}$ 或最小吸收剂用量 L_{min}。

如果平衡线为直线，则可用 $Y=mX^*$ 计算出 X_1^* 的值，然后代入上式即可计算出最小液气比 $(L_S/V_B)_{min}$ 或最小吸收剂用量 L_{min}。

必须指出，为了保证填料表面被液体充分润湿，还应考虑到单位塔截面上单位时间内流下的液体量不得小于某一最低值。如果按上式计算出的吸收剂用量不能满足充分润湿的起码要求，则应采取更大的液气比。

【例 6-3】 洗油吸收焦炉气中的芳烃。吸收塔内温度为 27℃、压力为 800mmHg。焦炉气中惰性气体流量为 35.6kmol/h，其中含芳烃的摩尔分数为 0.02，要求芳烃吸收率不低于 95％。进入吸收塔顶的贫油中所含芳烃的摩尔分数为 0.005。若取溶剂用量为理论最小用量的 1.5 倍，求每小时送入吸收塔顶的洗油量及塔底流出的溶液浓度。

操作条件下的平衡关系为 $Y^* = 0.116X$。

解： 进塔气体中芳烃的浓度为 $Y_1 = \dfrac{0.02}{1-0.02} = 0.0204 \left(\dfrac{\text{kmol 芳烃}}{\text{kmol 惰性气体}} \right)$

出塔气体中芳烃的浓度为 $Y_2 = 0.0204(1-0.95) = 0.00102 \left(\dfrac{\text{kmol 芳烃}}{\text{kmol 惰性气体}} \right)$

进塔洗油中芳烃的浓度为 $X_2 = \dfrac{0.005}{1-0.005} = 0.00503 \left(\dfrac{\text{kmol 芳烃}}{\text{kmol 洗油}} \right)$

按照已知的平衡关系式 $Y^* = 0.116X$，根据 $Y_1 = 0.0204$ 得到 $X_1^* = 0.176$，则

$$L_{Smin} = V_B \frac{Y_1 - Y_2}{X_1^* - X_2} = \frac{35.62(0.0204 - 0.00102)}{0.176 - 0.00503}$$

$$= 4.04 (\text{kmol/h})$$

$$L_S = 1.5 L_{Smin} = 1.5 \times 4.04 = 6.06 \ (\text{kmol 洗油 /h})$$

所以每小时送入吸收塔顶的洗油量应为：$6.06 \times 1/(1-0.005) = 6.09 (\text{kmol 贫油 /h})$

吸收液浓度可依全塔物料衡算式求出

$$X_1 = X_2 + \frac{V_B(Y_1 - Y_2)}{L_S} = 0.00503 + \frac{35.62(0.0204 - 0.00102)}{6.06} = 0.1189 \left(\frac{\text{kmol 芳烃}}{\text{kmol 洗油}} \right)$$

↻ 任务解决6

吸收剂水的用量的确定

$$Y_1 = \frac{y_1}{1-y_1} = \frac{0.09}{1-0.09} = \frac{0.09}{0.91} = 0.0989 \left(\frac{\text{kmolCO}_2}{\text{kmol 惰性气体}} \right)$$

$$Y_2 = \frac{y_2}{1-y_2} = \frac{0.01}{1-0.01} = \frac{0.01}{0.99} = 0.0101 \left(\frac{\text{kmolCO}_2}{\text{kmol 惰性气体}} \right)$$

根据二氧化碳-水的平衡关系，引言工作任务中操作条件选择 25℃，10 个标准

大气压（1.013×10^6 Pa）。由此条件，查有关手册得，CO_2 在水中的溶解时相平衡常数为 147.5。

由式（6-16a）知

$$L_{\text{Smin}} = V_B \frac{Y_1 - Y_2}{X_1^* - X_2} = \frac{100000}{22.4} \times (1 - 0.09) \times \frac{0.0989 - 0.0101}{\dfrac{0.0989}{147.5} - 0}$$

$$= 53.8 \times 10^4 (\text{kmol/h})$$

实际用水量若选择最小用水量的 1.5 倍，则：

$$L_S = 1.5 L_{\text{Smin}} = 1.5 \times 53.8 \times 10^4 = 80.7 \times 10^4 (\text{kmol/h})$$

即：完成分离任务所需最小吸收剂水的用量为 53.8×10^4 kmol/h，实际生产中吸收剂水的用量为 80.7×10^4 kmol/h。

实践与练习3

一、选择题

1. 选择吸收剂时应重点考虑的是（　　），不需要考虑的是（　　）。

A. 对溶质的溶解度 　　　　　　　B. 对溶质的选择性

C. 操作温度下的密度 　　　　　　D. 操作条件下的挥发度

2. 对于气体溶解于液体的过程，下述说法错误的是（　　）。

A. 溶解度系数 H 值很大，为易溶气体

B. 亨利系数 E 值越大，为易溶气体

C. 亨利系数 E 值越大，则其溶解度系数 H 越小

D. 平衡常数 m 值越大，为难溶气体

3. 吸收操作中易溶气体的溶解度大，则（　　）。

A. E 大，m 大 　　　　　　　　B. E 大，m 小

C. E 小，m 小 　　　　　　　　D. E 小，m 大

4. 氨水的比摩尔分率应是 0.25kmol 氨/kmol 水，则它的摩尔分数为（　　）。

A. 0.15 　　　　B. 0.2 　　　　C. 0.25 　　　　D. 0.3

5. 某混合气体由 A 和惰性气体 B 组成，A 和 B 的摩尔比为 1kmolA/kmolB，则 A 的体积分数为（　　）。

A. 1 　　　　　B. 0.5 　　　　C. 0.3 　　　　D. 0.1

6. 当 $X^* > X$ 时，（　　）；当 $Y^* > Y$ 时，（　　）。

A. 吸收推动力为零 　　　　　　　B. 解吸推动力为零发生解吸过程

C. 发生解吸过程 　　　　　　　　D. 发生吸收过程

7. 已知常压、20℃时稀氨水的相平衡关系为 $Y^* = 0.9X$，今使含氨 10%（摩尔分数）的混合气体与 $X = 0.05$ 的氨水接触，则将发生（　　）。

A. 吸收过程 　　　　　　　　　　B. 解吸过程

C. 已达平衡无过程发生 　　　　　D. 无法判断

8. （　　　） 可以提高气体在液体中的溶解度，对吸收操作有利。

　　A. 减压降温　　　B. 减压升温　　　C. 加压降温　　　D. 加压升温

二、填空题

1. 对接近常压的溶质浓度很低的气液平衡系统，当总压增大时，亨利系数 E _____，相平衡常数 m _____，溶解度系数 _____。

2. 增大压力和降低温度可以 _____ 气体在溶剂中的溶解度，对吸收操作 _____。

3. 设 X 为吸收质在液相主体中的浓度，X^* 为吸收质在液相主体中与气相主体浓度 Y 成平衡的液相浓度，当 X^* ____ X 时，发生吸收过程；设 Y 为吸收质在气相主体中的浓度，Y^* 为吸收质在气相主体中与液相主体浓度 X 成平衡的气相浓度，则当 Y ____ Y^* 时发生吸收过程。

4. 吸收过程进行的条件是 Y _____ Y^*，解吸过程进行的条件是 Y _____ Y^*，过程的极限是 Y _____ Y^*。

5. 利用相平衡关系可判断过程进行的方向。若气相的实际组成 Y 小于液相呈平衡的组成（$Y^* = mX$），则溶质将由 _____ 相向 _____ 相传递（填气或液）。

6. 当 V_B、Y_1、Y_2 及 X_2 一定时，增加吸收剂用量，操作线的斜率 _____，吸收推动力 _____，操作费用 _____。据生产实践经验，一般情况下认为，吸收剂用量为最小吸收剂用量的 _____ 倍是比较适宜的。

三、计算题

1. 总压为 101.325kPa、温度为 20℃ 时，1000kg 水中溶解 15kg NH$_3$，此时溶液上方气相中 NH$_3$ 的平衡分压为 2.266kPa。试求平衡时气、液两相中 NH$_3$ 的摩尔分数和比摩尔分率分别是多少？

2. 在总压为 101.325kPa、温度为 20℃ 时，测得当气相中 NH$_3$ 的分压为 2.266kPa 时，1000kg 水中最多可溶解 15kg NH$_3$（假设已达平衡）。试求此时氨在水中的溶解度系数 H、亨利系数 E、相平衡常数 m。

3. 已知一个大气压、20℃ 时，稀氨水的相平衡关系为 $Y^* = 0.9X$。现让含氨 10%（体积分数）的氨-空气混合气体与含氨 5%（摩尔分数）的氨-水溶液接触，试通过计算分析说明将发生什么过程？过程的推动力为多少？（请用两种不同的方法说明）

4. 有一填料吸收塔，用清水吸收氨-空气混合气中的氨，混合气体处理量为 8kmol/h，吸收后氨的含量由 5% 降低到 0.04%（均为摩尔分数）。平衡关系 $Y^* = 1.4X$，吸收剂用量为 13.3kmol/h。试求：（1）吸收率；（2）出塔溶液的浓度。

5. 在逆流操作的填料塔中，用纯溶剂吸收 AB 混合气中溶质组分 A。已知进塔气相组成为 0.02（kmolA/kmolB），溶质 A 回收率为 95%。混合气中惰性气体 B 流量为 35kmol/h，吸收剂用量为最小吸收剂用量的 1.5 倍。在操作条件下气液平衡关系 $Y^* = 0.15X$，试求：（1）尾气组成；（2）适宜吸收剂用量；（3）出塔溶液的浓度。

6. 在 20℃ 及 101.3 kN/m^2 下，用清水分离某气体 A 和空气的混合气体。混合气体中 A 的摩尔分数为 1.3%，经处理后 A 的摩尔分数降到 0.05%。已知混合气的处理量为 100kmol/h，操作条件下平衡关系为 $Y^* = 0.755X$，溶液的出塔浓度为最大浓度的 80%，试求吸收剂用量。

7. 在一填料吸收塔内，用清水逆流吸收混合气体中的有害组分 A，已知进塔混合气体中组分 A 的浓度为 0.04（摩尔分数，下同），出塔尾气中 A 的浓度为 0.005，出塔水溶液中组分 A 的浓度为 0.012，操作条件下气液平衡关系为 $Y^* = 2.5X$。试求：操作液气比是最小液气比的多少倍？

8. 某逆流操作的吸收塔，常压下用清水吸收混合气体中的 H_2S，使其浓度由 3% 降至 0.2%（均为体积分数），体系符合亨利定律，操作条件下的亨利系数 $E = 5.52 \times 10^4 kPa$，取吸收剂用量为最小用量的 1.5 倍。求操作液气比及液相出口浓度 X_1。若改用加压操作，操作压力为 1013kPa，其他操作条件不变，求加压时的操作液气比及液相出口浓度 X_1。

任务四　吸收设备的确定

教学视频
填料吸收塔的结构

前面已为工程任务选取了吸收剂和确定了吸收剂的用量，那么需要选取什么样的设备，选取多大的设备来完成吸收操作呢？

一、吸收设备类型的确定

目前工业生产中使用的吸收设备，主要有以下几种类型：填料塔（图 6-15）、板式塔（图 6-16）、湍球塔（图 6-17）、喷洒塔和喷射式吸收器等，其中填料塔与板式塔是广泛应用的两类吸收设备。

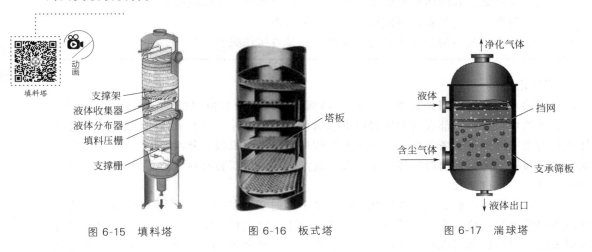

动画
填料塔

支撑架
液体收集器
液体分布器
填料压栅
支撑栅

塔板

净化气体
液体
挡网
含尘气体
支承筛板
液体出口

图 6-15　填料塔　　　　图 6-16　板式塔　　　　图 6-17　湍球塔

填料塔与板式塔各有其一定特点，其主要对比如下。

① 填料塔操作范围较小，特别是对于液体负荷变化更为敏感。当液体负荷较小时，填料表面不能很好地润湿，传质效果就急剧下降；当液体负荷过大时，则容易产生液泛。设计良好的板式塔，则具有大得多的操作范围。

② 填料塔不宜处理易聚合或含有固体悬浮物的物料，而某些类型的板式塔（如大孔径筛板、泡罩塔等）则可以有效地处理这种物质。另外，板式塔的清洗亦比填料塔方便。

③ 当气液接触过程中需要冷却以移除反应热或溶解热时，填料塔因涉及液体均布问题而使结构复杂化。板式塔可方便地在塔板上安装冷却盘管。同理，当有侧线出料时，填料塔也不如板式塔方便。

④ 以前乱堆填料塔直径很少大于 0.5m，后来又认为不宜超过 1.5m，根据近 10 年来填

料塔的发展状况，这一限制似乎不再成立。板式塔直径一般不小于 0.6m，否则安装困难。

⑤ 板式塔的设计资料容易得到而且可靠，因此板式塔的设计比较准确，安全系数可取得更小。

⑥ 普通填料塔因结构简单，所以 $\phi 800$ 以下的造价一般较板式塔造价便宜。直径大时则昂贵。

⑦ 对于易起泡物系，填料塔更适合，因填料对泡沫有限制和破碎的作用。

⑧ 对于腐蚀性物系，填料塔更适合，因可采用瓷质填料。

⑨ 对热敏性物系宜于采用填料塔，因为填料塔内持液量比板式塔少，物料在塔内停留时间短。

⑩ 对于气膜控制传质过程、填料塔便于调整气速。

此外，填料塔的压降比板式塔的压降小，因而对减压操作更为适宜，此外也能降低能耗。

 任务解决7

> **吸收设备类型的确定**
>
> 由于工作任务中原料气中的组分为二氧化碳和含硫气体为酸性物质、具有腐蚀性且不含易聚合和固体颗粒物质，所以考虑用填料塔作为吸收设备。
>
> 下面要解决的问题需要使用什么样的填料塔。
>
> 填料塔主要结构是什么样的？主要包括哪些构件呢？

1. 填料塔结构

填料塔的基本构造如图 6-18 所示，填料塔圆筒形外壳一般由钢板焊接而成。塔体内充填一定高度的填料层，下部有支承装置以支承填料。塔顶液体入口有液体喷洒装置，以保证液体能均匀地喷淋到整个塔截面上。当填料层较高时，塔内填料要分段装填，段与段之间设置液体再分布器。为保证出口气体尽量少夹带液沫，在塔顶部装有捕沫器。另外，还有气体和液体的进口、出口装置。

操作时，气体由塔底引入，在压强差的推动下穿过填料的间隙，由塔的底部流向顶部；液体由塔顶喷淋装置喷出分布于填料层上，靠重力作用沿填料表面流下。气、液两相在填料的润湿表面上直接接触实现热、质的传递。填料塔内气相和液相的组成沿塔高而连续变化，因此可称填料塔为连续接触传质设备。

2. 填料的性能和种类

（1）填料的性能

填料是填料塔的核心，填料塔操作性能的好坏与所选用的填料有直接关系。对操作影响较大的填料特性有以下几个。

① 比表面积　**单位体积填料层所具有的表面积称为填料的比表面积，以 a_t 表示，其单位为 m^2/m^3。** 显然，填料应具有较大的比表面积，以增大塔内传质面积。

填料的表面只有被流动的液相所润湿，才能构成有效的传质面积。因此，若希望有较高的传质速率，除需有大的比表面积之外，还要求填料有良好的润湿性能及有利于液体均匀分布的形状。

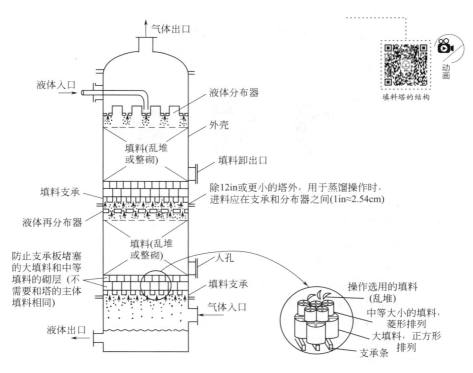

图 6-18 填料塔结构示意图

② 空隙率　**单位体积填料层所具有的空隙体积称为填料的空隙率，以 ε 表示，其单位为 m^3/m^3。**

一般说来，填料的空隙率多在 $0.45\sim0.95$ 范围以内。当填料的空隙率较高时，气液通过能力大，且气流阻力小，操作弹性范围较宽。

③ 填料因子　由上面两填料特性组合而成的 a_t/ε^3（单位为 m^{-1}）自然数为干填料因子，它是表示填料阻力及液泛条件的重要参数之一。但填料经液体喷淋后表面被覆盖了液膜，其中 a 与 ε 均有所改变，故把有液体喷淋的条件下实测的 a/ε^3 相应数值，称为湿填料因子，亦称为填料因子，以 ϕ 表示，单位亦为 m^{-1}，它更确切地表示了填料被淋湿后的流体力学特性。在下面即将介绍的填料塔流体力学特性中可了解到，ϕ 值小则填料层阻力小，发生液泛时气流速率高，亦即填料的流体力学性能好。

④ 填料尺寸和堆积密度　单位体积内堆积填料的数目与填料的尺寸大小有关。对同一种填料而言，填料尺寸小，堆积的填料数目多，比表面积大，空隙率小，则气体流动阻力大；反之填料尺寸过大，在靠近塔壁处，由于填料与塔壁之间的空隙大，易造成气体由此短路，使气体沿塔截面分布不均匀，为此，**填料的尺寸不应大于塔径的 $1/10\sim1/8$。**

单位体积填料具有的质量称为填料的堆积密度，以 ρ_s 表示，其单位为 kg/m^3。 在机械强度允许的范围内，希望填料壁薄，从而可减小堆积密度 ρ_s 值，又可降低成本。

（2）填料的种类

填料的种类很多，大致可以分为实体填料与网体填料两大类。实体填包括环形填料（如拉西环、鲍尔环和阶梯环）、鞍形填料（如弧鞍、矩鞍）以及栅板填料和波纹填料等，由陶瓷、金属、塑料等材质制成。网体填料主要是由金属丝网和非金属丝网制成的各种填料，如鞍形网、θ 网、波纹网等。一些常见填料的特性数据见附录三。

① 拉西环填料　拉西环是使用最早的一种人造填料，它是一个高度和外径相等的圆环，见图 6-19(a)。它除了用陶瓷材料制作外，还可用塑料及石墨等材料制作，以适应不同介质的要求。

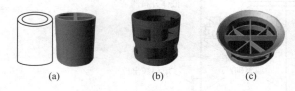

(a)　　　　　(b)　　　　　(c)

图 6-19　常用的环形填料

拉西环在塔内填充方式有乱堆和整砌两种。乱堆填料装卸方便，但气体阻力大。通常直径小于 50mm 的拉西环采用乱堆方式，直径大于 50mm 的拉西环采用整砌。

拉西环的主要缺点在于液体的沟流及壁流现象严重，因而效率随塔径及层高的增加而显著下降；对气体流速的变化敏感、操作弹性范围较窄；气体阻力较大。但因其结构简单，制造容易，流体力学及传质方面的特性较清楚，故目前仍在广泛采用。

② 鲍尔环与阶梯环填料　鲍尔环是对拉西环的主要缺点加以改进而研制出来的填料。在普通的拉西环的侧壁上开有两排长方形窗孔，被切开的环壁形成叶片，一边仍与壁相连，另一端向环内弯曲，并在中心与其他叶片相搭，见图 6-19(b)。由于环上开有小窗，气体可以从小窗通过，这样不仅降低了气体流动阻力，同时使液体分布得到改善。

鲍尔环与拉西环相比具有生产能力大、气体流动阻力小，操作弹性大，传质效率高等优点。鲍尔环可用金属、塑料、陶瓷等材料制造。

阶梯环是对鲍尔环进一步改进的产物。阶梯环的总高为直径的 5/8，圆筒一端有向外翻卷的喇叭口，见图 6-19(c)。这种填料的孔隙小和传质效率高等特点。是目前使用的环形填料中性能最为良好的一种。阶梯环多用金属及塑料制造。

③ 弧鞍与矩鞍填料　弧鞍形填料也称为伯尔鞍，是一种没有内表面的填料，用陶瓷烧成，形如马鞍，见图 6-20。这种填料的特点是填料表面利用率好，气体的压降小。其缺点是两侧形状对称，装填后易出现局部叠合或架空现象，从而影响填料表面利用率，又因壁较薄，机械强度低而易破碎等。

矩鞍形填料是弧鞍形填料的改进形式，即作成两面不对称，且大小不等，见图 6-21。在塔内不会互相叠合，而是处于相互勾联的状态，而且机械强度也有所提高。这种填料处理物料能力大，传质效果较好，液体分布均匀，气体阻力较小，不易堵塞。矩鞍填料的制造也较简单，是一种性能优良的新型填料。

图 6-20　瓷质弧鞍填料　　　　　　　　图 6-21　金属环矩鞍填料

④ 波纹填料与波纹网填料　波纹填料是由许多波纹薄板制成，各板高度相同但长短不等，搭配排列而成圆饼状，波纹与水平方向成45°倾角，相邻两板反向叠靠，使其波纹倾斜方向互相垂直。圆饼的直径略小于塔壳内径，各饼竖直叠放于塔内。相邻的上下两饼之间，波纹板片排列方向互成90°角。波纹填料的特点是结构紧凑，比表面积大，流体阻力小，液体每经过一层都得到一次再分布，故流体分布均匀，传质效果好。其缺点是填料装卸及清理困难，价格较高，不适宜处理有沉淀、黏度大、易结块的物料。

波纹填料可用金属、陶瓷、塑料、玻璃钢等材料制造。根据不同的操作温度及物料的腐蚀性，选用适当的材料。

图6-22是20世纪60年代以后开始使用的几种性能良好的高效规整填料。图6-22(b)波纹网填料是由金属丝网波纹片排列组成的波纹填料，属于网体填料，它具有比表面积大、空隙率大、流体阻力小、传质效率高、操作弹性大和气液分布均匀等优点。还适用于精密精馏和真空精馏；缺点是不适宜于处理有沉淀及有杂质的物料，清洗、装卸困难，造价高等。其他规整填料还包括木格栅填料［见图6-22(a)］金属孔板波纹填料［见图6-22(c)］等。

3. 填料塔的附件

填料塔的附件包括填料支承、填料压板、液体分布装置及再分布装置、气液体进口及出口装置等。

(1) 填料支承装置

填料塔中，支承装置的作用是支承填料及填料上的持液量，因此支承装置应有足够的机械强度，为了保证不在支承装置上首先发生液泛，其自由截面积应大于填料层中的空隙。常用的支承装置有栅板式和升气管式，如图6-23所示。

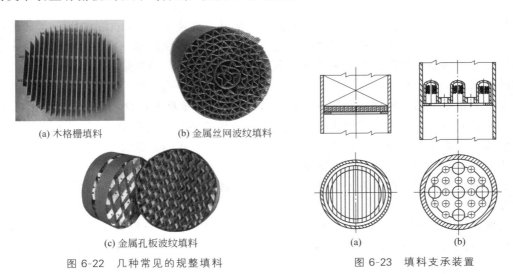

(a) 木格栅填料　　　　(b) 金属丝网波纹填料

(c) 金属孔板波纹填料　　　　(a)　　　　(b)

图6-22　几种常见的规整填料　　　　图6-23　填料支承装置

栅板式支承装置是由竖立的扁钢条焊接而成，扁钢条的间距应为填料外径的60%～70%。

为了解决支承装置的强度与自由截面积之间的矛盾，特别是为了适应高空隙率填料的要求，可采用升气管支承装置。气体由升气管上升，通过气道顶部的孔及侧面的齿缝进入填料层，而液体则由支承装置底板上的上孔流下，气体、液体分道而行，彼此很小干扰。升气管有圆形的，多为瓷制；也有条形的，多为金属制。此种型式的支承装置气体流通面积可以很大。

（2）液体分布装置

液体分布装置对填料塔的操作影响很大，若液体分布不均匀，则填料层内的有效润湿面积会减少，并可能出现偏流和沟流现象，影响传质效果。

常用的液体分布装置有喷洒式分布器、盘式分布器、齿槽式分布器和多孔环管式分布器等，如图 6-24 所示。

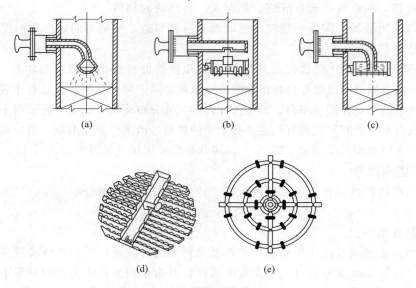

图 6-24　液体分布装置

喷洒式分布器（莲蓬式）见图 6-24（a）。一般用于直径小于 600mm 的塔中。其优点是结构简单。主要缺点是小孔易于堵塞，因而不适用于处理污浊液体，操作时液体的压头必须维持恒定，否则喷淋半径改变影响液体分布的均匀性，此外，当气量较大时，会产生并夹带较多的液沫。

盘式分布器见图 6-24（b）和图 6-24（c）。液体加至分布盘上，盘底装有许多直径及高度均相同的溢流短管，称为溢流管式。在溢流管的上端开缺口，这些缺口位于同一水平面上，便于液体均匀地流下。盘底开有筛孔的称为筛孔式，筛孔式的分布效果较溢流管式好，但溢流管式的自由截面积较大，且不易堵塞。

盘式分布器常用于直径较大的塔中，此类分布器制造比较麻烦，但可以基本保证液体的均匀分布。

齿槽式分布器见图 6-24（d），液体先经过主干齿槽向其下导层各条形齿槽作第一级分布，然后再向填料层上面分布。这种分布器自由截面积大，工作可靠，多为大直径塔所采用。

多孔环管式分布器见图 6-24（e），由多孔圆形盘管、连接管及中央进料管组成。它可适应较大的液体流量波动，对气体的阻力较小。但被分布的液体必须清洁，否则易将管壁上上孔堵塞。

（3）液体再分布装置

液体在乱堆填料层向下流动时，有一种逐渐偏向塔壁的趋势，即壁流现象。为改善壁流造成的液体分布不均，在填料层中每隔一定高度应设置一液体再分布器。常用的液体再分布器为

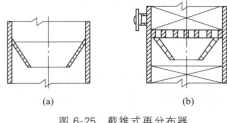

图 6-25　截锥式再分布器

截锥式再分布器，如图 6-25 所示。其中图 6-25（a）的结构最简单，它是将截锥筒体焊在塔壁上。截锥筒本身不占空间，其上下仍能充满填料，称为截锥式液体再分布器，适用于直径在 0.6～0.8m 之间的填料塔。图 6-25（b）的结构是在截锥筒的上方加设升气管支承板，截锥下面要隔一段距离再放填料，这种液体再分布器适用于直径比较大的塔。

安排再分布装置时，应注意其自由截面积不得小于填料层的自由截面积，以免当气速增大时首先在此处发生液泛。

对于整砌填料，一般不需设再分布装置，因为在这种填料层中液体沿竖直方向流下，没有趋向塔壁的效应。

（4）气液体进口及出口装置

液体的出口装置既要便于塔内排液，又要防止夹带气体，常用的液体出口装置可采用水封装置。若塔的内外压差较大时，又可采用倒 U 型管密封装置。

填料塔的气体进口装置应具有防止塔内下流的液体进入管内，又能使气体在塔截面积上分布均匀两个功能。对于塔径在 500mm 以下的小塔，常见的方式是使进气管伸至塔截面的中心位置，管端作成 45°向下倾斜的切口或向下弯的喇叭口，对于大塔可采用盘管式结构的进气装置。气体出口装置应能保证气流的畅通，并能尽量除去被气体夹带的液体雾沫，故应在塔内装设除沫装置，以分离出气体中所夹带的雾沫。常用的除沫装置有折板除雾器、填料除雾器和丝网除雾器等。

 任务解决8

> **填料类型的确定**
> 考虑到原料气中含有腐蚀性物质和鲍尔环较拉西环具有的较好性能，且鲍尔环比表面积大，工作任务中可选塑料鲍尔环作为填料塔中填料。

二、填料塔尺寸的确定

前面已经选择了填料的类型，接下来就要确定填料塔的有关尺寸。填料塔的尺寸主要包括塔径和塔高。

（一）塔径的确定

1. 塔径的计算公式

$$D = \sqrt{\frac{4V_S}{\pi u}} \tag{6-17}$$

式中　D——塔径，m；

V_S——操作条件下混合气体的体积流量，m^3/s；

u——空塔气速，即按空塔截面积计算的混合气体的线速率，m/s。

在吸收过程中，由于吸收质不断进入液相，故混合气体量由塔底至塔顶逐渐减小，在计算塔径时，一般应以塔底的气量为依据。

确定适宜的空塔气速 u 是计算塔径的关键。空塔速率通常取泛点气速（u_F）的（0.5～0.8）倍。

$$u = (0.5 \sim 0.8)u_F \tag{6-18}$$

式中　u_F——泛点气速，m/s。

泛点气速是空塔气速的上限。空塔气速与泛点气速之比称为泛点率。填料吸收塔的泛点率通常在 0.5～0.8 之间。那么什么是泛点气速？泛点速率与哪些因素有关？怎样求取呢？

2. 液泛与泛点气速的求取

（1）填料塔的液泛现象与泛点气速

在逆流操作的填料塔内，气体自下向上与液体自上向下是同时流经一定高度的填料层。当液体自塔顶向下借重力在填料表面作膜状流动时，膜内平均流速决定于流动的阻力。而此时阻力系来自液膜与填料表面及液膜与上升气流之间的摩擦。显然上升气体的流量越大，液膜与上升气流之间的摩擦就越大，于是液膜的平均流速就越低。由此可见，填料表面上的液膜厚度不仅取决于液体流量，也与气体流量也有关。气体流量越大，则液膜越厚，即填料层内的持液量（操作时单位体积填料层内持有的液体体积）也越大。不过填料塔在低气速下操作时，上升气流造成的阻力较小，液膜厚度与气体流量关系不大；而在高气速下操作时，气体流量对液膜厚度将有不可忽视的影响。

当气体自塔底向上经填料空隙穿流时，由于填料表面上有液膜存在，则填料层可供气体流动的自由截面就减小。于是在一定的气体流量下，使气体在填料空隙间的实际速率较在干填料层内的实际速率也大，相应的气体通过填料层的压力降也增大。同理，在气体流量相同的情况下，液体流量若增大，则填料表面上液膜厚度增厚，于是使气体通过填料层的压力降也增大。在逆流操作的填料塔内，如将不同的液体喷淋量下取得的填料层压力降 Δp 与空塔气速 u 的实测数据标绘在双对数坐标上，则可得到如图 6-26 所示的流体力学关系图。各种类型填料的这种关系图线都大致相似。

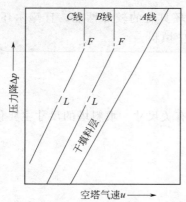

图 6-26　填料层的压力降与
空塔气速的关系

图 6-26 表明，当气体通过干填料层流动时，在双对数坐标中，压力降与空塔气速的关系为直线 A 所示，斜率约为 1.8。当有液体喷淋时，所得的关系则为一折线如 B 线和 C 线所示。线 B 上表示气速较低的一段，在线 A 的左上方，但大体与线 A 平行。这表明有液体喷淋到填料表面时，因可供气体流动的自由截面缩小，在同样气体空塔速率之下，压力降上升。但此时，填料层内液体向下流动几乎与气速无关，填料表面上覆盖的液体膜层厚度不变，填料表面持液量保持一定。而当气速超过 B 线上与点 L 相当的空塔气速后，线的斜率便增大，其值约为 25。这表明此时的气速已使上升气流与下降液体间摩擦力开始阻碍液体顺利下流，使填料表面持液量增多，占去更多空隙，气体实际速率与空塔气速的比值显著提高，故压力降比前面增加的快。此种现象称为载液，L 点称为载点。当气速再持续增大到 F 点相当的数值时，压力降急剧上升到与气流速率成垂直线的关系。这表明此时上升气流与下降液体间的摩擦力，已足以阻止液体向下流动，于是液体充满填料层空隙，气体只能鼓泡上升。随之，液体被气流带出塔顶，塔的操作极不稳定，甚至被完全破坏。此种现象称为液泛，F 点亦称为泛点。

若液体喷淋量更大，则压力降与空塔气速的关系线位置如线 C 所示，表明达到载液与液泛的空塔气速更为降低。显然填料塔的正常操作状态只能在泛点以下。

由此可见：**所谓液泛就是当填料类型、大小也一定时，液体喷淋量一定时，气体流量增加到一定程度时塔的压力降急剧上升，液体充满部分或全部填料层空隙，造成液体下不来或气体也上不去，塔的正常操作被破坏的现象**。此时的空塔气速就是泛点气速 u_F，也就图 6-26 中 F 点所对应的空塔气速。

（2）泛点气速的求取

泛点是填料塔的极限操作点，正确的估算泛点气速对于填料塔的操作和设计都十分重要。填料塔的泛点气速与塔内的气液相负荷（流量）、物系性质及填料的类型、尺寸等因素有关。

填料塔泛点速率的求取一般借助于埃克特的通用关联图见图 6-27。

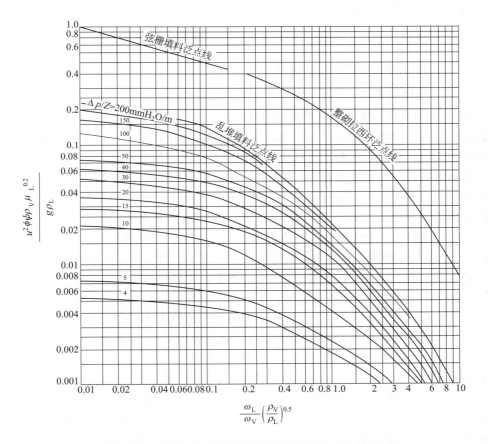

图 6-27　填料层的压力降和填料塔泛点的通用关联图

埃克特的通用关联图是以 $\dfrac{w_L}{w_V}\left(\dfrac{\rho_V}{\rho_L}\right)^{0.5}$ 为横坐标，以 $\dfrac{u^2\phi\psi}{g}\left(\dfrac{\rho_V}{\rho_L}\right)\mu_L^{0.2}$ 为纵坐标。此图有两个用途：一是用于实际工作中的填料塔的压力降的求取；二是在气液相负荷一定的条件下，估算不同类型、不同大小填料的泛点气速。

图 6-27 中左下方的线簇是乱堆填料层的等压力降线。用于求取工作状态下乱堆填料层

的压力降。使用图 6-27 时先根据工艺条件及选定的空塔速率 u，分别算出纵、横两坐标值，其垂直线与水平线交点所在的等压力降线（或其内插值），即为所求的压力降数值（以每米填料层高度若干 mmH_2O 计）。此图目前尚不能用于查取整砌填料压力降值，因为整砌填料的 ϕ 值尚待测试确定。计算整砌填料压力降可采用阻力系数法计算，详见有关专业书和手册。

图 6-27 中最上方的三条线分别为弦栅、整砌拉西环及乱堆填料的泛点线。与泛点线相对应的纵坐标中的空塔气速 u 即为泛点气速 u_F。若已知气、液两相质量流量比及各自的密度，可算出图 6-27 中横坐标值。由此点作垂线与泛点线相交，再由交点的纵坐标数值求得泛点气速 u_F。

u——空塔气速，m/s；

g——重力加速度，m/s^2；

ϕ——填料因子，m^{-1}；

ψ——液体密度校正系数，等于水的密度与液相密度之比，即 $\psi = \dfrac{\rho_水}{\rho_L}$；

ρ_L，ρ_V——液体与气体的密度，kg/m^3；

μ_L——液体的黏度，$mN \cdot s/m^2$；

w_L，w_V——液体及气体的质量流量，kg/s。

使用图 6-27 中整砌拉西环泛点线时，纵坐标中 ϕ 值应改用 a/ε^3（干填料因子之值）。

由图 6-27 可以看出，影响泛点气速的主要因素有以下几个方面：

① 填料的特性：如比表面积 δ、空隙率 ε 及几何形状等集中体现在填料因子 ϕ，实验表明 ϕ 值越小，泛点气速 u_F 就越高。

② 流体的物理性质：如气体密度 ρ_V、液体密度 ρ_L、黏度 μ_L 等。因液体靠重力下流，ρ_L 愈大，u_F 也愈大。气体密度 ρ_V 愈大，则在同一流速下对液体阻力愈大；黏度 μ_L 愈大，填料表面对液体的摩擦阻力也愈大，均使流动阻力增大，使泛点气速 u_F 下降。

③ 液气比：液气比越大，则液泛速率 u_F 越小。这是因为在其他因素一定时，随着喷淋量增大，填料层持液量增加而空隙减小，从而使开始发生液泛的空塔气速变小。

此外液体表面张力对于泛点气速也有影响，表面张力小的液体往往容易发泡、液泛气速较低，但此图没有反映出来，因此对于易起泡的系统，由此图求得的泛点气速偏高一些。

选择较小的气速，则压力降小，动力消耗小，操作弹性大，设备投资大，而生产能力低；低气速也不利于气液充分接触，使分离效率降低。若选用接近泛点的过高气速，则不仅压力降大，且操作不平稳，难于控制。关于泛点率的选择，须依具体情况而定。例如对于易起泡沫的物系，泛点率应取低些，甚至可低于 50%；对加压操作的塔，减小塔径有更多好处，故应选取较高的泛点率。一般填料塔的操作气速大致在 0.2～1.0m/s。

塔器是国家已有系列标准的压力容器，利用式(6-17)计算出的塔径 D 必须按压力容器的公称直径标准进行圆整，直径 1m 以下间隔为 100mm（必要时 700mm 以下可以 50mm 为间隔）；直径在 1m 以上时，间隔为 200mm（必要时，2m 以下可用 100mm 为间隔）。如圆整为 400mm、500mm、600mm、……、1000mm、1200mm、1400mm 等。塔径圆整后，再根据圆整值计算出实际空塔气速 u'，以作为其他工艺计算和操作控制的依据。

🔁 **任务解决9**

> **填料塔塔径的确定**
>
> 选取空塔气速为 0.8m/s，根据式（6-17）计算得到
>
> $$D=\sqrt{\frac{4V_S}{\pi u}}=\sqrt{\frac{\left(4\times100000\times\dfrac{298.15}{273.15}\times\dfrac{1}{10}\right)/3600}{3.14\times0.8}}=2.10(\mathrm{m})$$
>
> 由压力容器标准圆整为 2.2m，即取填料塔塔径为 2.2m。

（二）塔高的确定

填料塔的总高度包括填料层、填料段间隙以及塔顶、塔底各部分的高度，填料塔的总高度主要取决于填料层高度。而填料层的高度取决于分离任务的大小和吸收速率的大小。分离任务一定时，吸收速率快，所需的相际传质面积小，填料层高度就低。

1. 吸收速率方程式

在吸收操作中，每单位相际传质面积、单位时间内吸收的溶质量称为吸收速率。而吸收速率与吸收推动力之间的关系式即为吸收速率方程式。

在稳定吸收操作中，吸收设备内的任一部位上，吸收质通过气膜、液膜的分子扩散速率应是相等的，并且等于吸收质由气相转移至液相的传质速率。因此吸收速率方程式也可用吸收质以分子扩散方式通过气、液膜的扩散速率方程来表示。

（1）气膜吸收速率方程式

依双膜理论，吸收质 A 以分子扩散方式通过气相滞流膜层的扩散速率方程式，可写成

$$N_A=k_Y(Y-Y_i) \tag{6-19}$$

式中　N_A——吸收质 A 的分子扩散速率，kmol 吸收质/（$\mathrm{m}^2\cdot\mathrm{s}$）；

　　Y，Y_i——吸收质组分在气相主体与相界面处的比摩尔分率，kmol 吸收质/kmol 惰性组分；

　　k_Y——气膜吸收系数，kmol 吸收质/（$\mathrm{m}^2\cdot\mathrm{s}\cdot$kmol 吸收质/kmol 惰性组分），气膜吸收系数须由实验测定、按经验公式计算或准数关联式确定。

式（6-19）称为气膜吸收速率方程式。

上述处理方法是将吸收过程的速率按过程速率＝推动力/阻力的形式考虑，即将主体浓度和界面浓度之差作为推动力，气膜吸收系数的倒数作为阻力，故

$$N_A=\frac{Y-Y_i}{1/k_Y} \tag{6-19a}$$

式中气膜吸收系数的倒数即为吸收质通过气膜的扩散阻力，即：$1/k_Y=R_{气}$。

这个阻力的表达形式是与气膜推动力 $Y-Y_i$ 相对应。气膜吸收系数值反映了所有影响这一扩散过程因素对过程影响的结果，如扩散系数、操作压力、温度、气膜厚度以及惰性组分的分压等。

（2）液膜吸收速率方程式

依双膜理论，吸收质 A 以分子扩散方式穿过液相滞流膜层的扩散速率方程式。可写成

$$N_A=k_X(X_i-X) \tag{6-20}$$

式中　N_A——吸收质 A 的分子扩散速率，kmol 吸收质/（$m^2 \cdot s$）；

X_i，X——吸收质组分在相界面与液相主体处的比摩尔分率，kmol 吸收质/kmol 吸收剂；

k_X——液膜吸收系数，kmol 吸收质/（$m^2 \cdot s \cdot$ kmol 吸收质/kmol 吸收剂），此液膜吸收系数须由实验测定、按经验公式计算或准数关联式确定。

式（6-20）称为液膜吸收速率方程式。该式也可写成：

$$N_A = \frac{X_i - X}{1/k_X} \tag{6-20a}$$

式中液膜吸收系数的倒数即为吸收质通过液膜的扩散阻力，即：$1/k_X = R_{液}$。

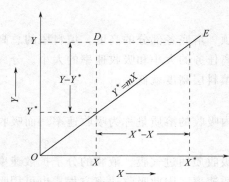

图 6-28　吸收推动力的表示法
OE—平衡线；D—气、液两相中
吸收质的实际状态点

这个阻力的表达形式是与液膜推动力 $X_i - X$ 相对应。液膜吸收系数值也反映了所有影响这一扩散过程因素对过程影响的结果如：扩散系数、溶液的总浓度、液膜厚度及吸收剂的浓度等。

（3）总吸收系数及其相应的吸收速率方程式

由于相界面上的组成 Y_i 及 X_i 不易直接测定，因而在吸收计算中很少应用气、液膜的吸收速率方程式，而采用包括气液相的总吸收速率方程式。

① 以 $Y - Y^*$ 表示总推动力的吸收速率方程式如图 6-28，D 点是气、液两相的实际状态，则 Y^* 即为与液相主体比摩尔分率 X 成平衡的气相主体比摩尔分率。

对于符合亨利定律的稀溶液体系则：$Y^* = mX$

根据双膜理论，相界面上两相互成平衡则：$Y_i = m X_i$

将上两式代入液膜吸收速率方程式 $N_A = k_X(X_i - X)$ 则得：

$$N_A = k_X(X_i - X) = k_X\left(\frac{Y_i}{m} - \frac{Y^*}{m}\right) = \frac{k_X}{m}(Y_i - Y^*)$$

$$\frac{mN_A}{k_X} = Y_i - Y^* \tag{A}$$

气膜吸收速率方程式 $N_A = k_Y(Y - Y_i)$ 可改写成如下形式：

$$\frac{N_A}{k_Y} = Y - Y_i \tag{B}$$

将式（A）、式（B）相加得：

$$N_A\left(\frac{m}{k_X} + \frac{1}{k_Y}\right) = Y - Y^*$$

则令

$$\left(\frac{m}{k_X} + \frac{1}{k_Y}\right) = \frac{1}{K_Y} \tag{C}$$

则可得：

$$N_A = K_Y(Y - Y^*) \tag{6-21}$$

式中　K_Y——气相吸收总系数，kmol/（$m^2 \cdot s \cdot$ kmol 吸收质/kmol 惰性组分）。

式（6-21）是以 $Y - Y^*$ 为总推动力的吸收速率方程式，也称为液相总吸收速率方程式。式中总系数 K_Y 的倒数为吸收过程的总阻力。

　　在数值上，吸收传质系数等于在一个单位的推动力下，单位时间内通过单位接触面积所传递的吸收质的数量。

　　对于易溶气体来说，很容易被吸收剂吸收、m 值很小，在 k_X 与 k_Y 数量级相同或接近的情况下存在如下关系，即：
$$\frac{m}{k_X} \ll \frac{1}{k_Y}$$

　　此时，吸收过程阻力的绝大部分存在于气膜之中，液膜阻力可以忽略，因而式（C）可以简化为：
$$\frac{1}{k_Y} \approx \frac{1}{K_Y} \qquad 或 \qquad k_Y \approx K_Y$$

　　即吸收质的吸收速率主要受气膜一侧的吸收阻力所控制，吸收总推动力的绝大部分用于克服气膜阻力。这种情况称为"气膜控制"。如用水吸收氨或氯化氢及用浓硫酸吸收气相中的水蒸气等过程，通常都被视为气膜控制的吸收过程。显然，对于气膜控制的吸收过程，提高气体流速，减小气膜厚度，可以提高吸收速率。因此可将液体分散成液滴与气体接触，液滴与气体作相对运动，气体受到搅动，湍动程度加剧，气膜变薄，气膜阻力减小，吸收速率提高。但此时，液滴内很少受到搅动，所以液膜厚、阻力大。

　　② 以 $X^* - X$ 表示总推动力的吸收速率方程式　如图 6-28，D 点是气、液两相的实际状态，则 X^* 即为与气相主体比摩尔分率 X 成平衡的液相主体比摩尔分率。

　　对于符合亨利定律的稀溶液体系则：$\qquad Y = mX^*$

　　根据双膜理论，相界面上两相互成平衡则：$\qquad Y_i = m X_i$

　　将上两式代入气膜吸收速率方程式 $N_A = k_Y(Y - Y_i)$ 则得：
$$N_A = k_Y(Y - Y_i) = k_Y(mX^* - m X_i)$$
$$\frac{N_A}{mk_Y} = X^* - X_i \tag{D}$$

液膜吸收速率方程式 $N_A = k_X(X_i - X)$ 可改写成如下形式：
$$\frac{N_A}{k_X} = X_i - X \tag{E}$$

　　将式（D）、式（E）相加得：
$$N_A\left(\frac{1}{mk_Y} + \frac{1}{k_X}\right) = X^* - X$$

则令：
$$\frac{1}{mk_Y} + \frac{1}{k_X} = \frac{1}{K_X} \tag{F}$$

则可得：
$$N_A = K_X(X^* - X) \tag{6-22}$$

式中　K_X——液相吸收总系数 kmol/（m² · s · kmol 吸收质/kmol 吸收剂）。

　　式（6-22）是以 $X^* - X$ 表示总推动力的吸收速率方程式，式中总系数 K_X 的倒数为两膜的总阻力，也是吸收过程的总阻力。

　　对于难溶气体来说，很难转入液相、m 值很大，在 k_Y 与 k_X 数量级相同或接近的情况下存在如下关系，即：
$$\frac{1}{mk_Y} \ll \frac{1}{k_X}$$

　　此时，吸收过程阻力的绝大部分存在于液膜之中，气膜阻力可以忽略，因而式（F）可以简化为：

$$\frac{1}{k_X} \approx \frac{1}{K_X} \text{ 或 } k_X \approx K_X$$

意即液膜阻力控制着整个吸收过程，吸收总推动力的绝大部分用于克服液膜阻力。这种情况称为"液膜控制"。如用水吸收氧或二氧化碳等过程，都是液膜控制的吸收过程，对于液膜控制的吸收过程，提高液体流速，减小液膜厚度，可以提高吸收速率。因此可让气体鼓泡穿过液体时，气泡中很少搅动，而液体受到强烈的搅动，湍动程度加剧，液膜厚度减小，液膜阻力降低，提高了吸收速率。

对于具有中等溶解度的气体吸收过程。气膜阻力与液膜阻力均不可忽略，两者同时控制吸收速率。如：用水吸收二氧化硫，用水吸收丙酮等。此时要提高吸收过程速率必须兼顾气、液两膜阻力的降低，方能得到满意的结果。可见，由于气体混合物中各组分在吸收剂中的溶解度不同，因而提高吸收速率的途径也就不一样了。

（4）吸收速率方程的其他表达式

由于推动力所涉及的范围不同及浓度的表示法不同，吸收速率方程呈现了多种不同的形态。吸收速率方程的形式虽然很多，但只要注意传质系数与推动力相对应，便不致混淆。所谓相对应，一是传质系数与推动力的范围对应，二是传质系数的单位与推动力的单位对应，具体对应关系见表 6-3。

注意：表 6-3 中所有吸收速率方程式，都是气、液浓度保持不变为前提的。因此，只适合于描述稳定操作的吸收塔内某一横截面上的速率关系，而不能直接用来描述全塔的吸收速率。在塔内不同横截面上的气、液浓度各不相同，吸收速率也不相同。

表 6-3　吸收速率方程的其他表达式

吸收速率方程	$N_A = k_G\ (p-p_i)$ $= k_L\ (c_i - c)$ $= K_G\ (p - p^*)$ $= K_L\ (c^* - c)$	$N_A = k_Y\ (Y - Y_i)$ $= k_X\ (X_i - X)$ $= K_Y\ (Y - Y^*)$ $= K_X\ (X^* - X)$	$k_Y = P_总\ k_G$ $k_X = C_总\ k_L$
吸收总系数与吸收分系数关系	$K_G = \dfrac{1}{1/k_G + 1/H \cdot k_L}$ $K_L = \dfrac{1}{H/k_G + 1/k_L}$	$K_Y = \dfrac{1}{1/k_Y + m/k_X}$ $K_X = \dfrac{1}{1/m \cdot k_Y + 1/k_X}$	$K_Y = P_总\ K_G$ $K_X = C_总\ K_L$
总系数换算关系	$K_G = H \cdot K_L$	$K_X = m K_Y$	

注：$P_总$—气相总压，kPa；$C_总$—液相总摩尔浓度，$kmol/m^3$。

2. 填料层高度的求取

为了使填料吸收塔出口气体达到一定的工艺要求，就需要塔内填装一定高度的填料层能提供足够的气、液两相接触面积。

（1）填料层高度的基本计算公式

在塔径已被确定的前提下，填料层高度则仅取决于完成规定生产任务所需的总吸收面积和每立方米填料层所能提供的有效气、液接触面。其关系可表示如下：

$$Z = \frac{V_p}{\Omega} = \frac{F}{a\Omega} \tag{6-23}$$

式中　Z——填料层高度，m；

　　　V_p——填料层体积，m^3；

　　　F——总吸收面积，m^2；

Ω——塔的截面积，m^2；

a——单位体积填料层所提供的有效接触面积，m^2/m^3。

因此，当塔径一定时，Z 值越大，说明所装填料越多，能提供的物质交换场所——传质面积越多，能完成的吸收任务也越多。

上述总吸收面积 F 应等于吸收塔的吸收负荷 G_A 与塔内吸收速率 N_A 的比值。即：

$$G_A = N_A F$$

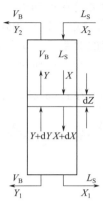

图 6-29　微元填料层高度上浓度变化

则上式可改写成：

$$Z = \frac{V_p}{\Omega} = \frac{F}{a\Omega} = \frac{G_A}{a\Omega N_A} \qquad (6\text{-}23\text{a})$$

为了解决填料层高度的计算问题，下面从填料吸收塔中任意截取的一段高度为 dZ 的微元填料层来分析。

如图 6-29 所示，在微元高度 dZ 内有气液传质面积 dA。气、液两相在此接触后，气相浓度从 $Y+dY$ 降低到 Y，液相浓度从 X 增浓到 $X+dX$。若在单位时间内，从气相转移到液相去的吸收质量为 dG kmol/s，则在此微元高度内的吸收速率为 $N_A = \dfrac{dG}{dF}$ kmol/s。于是，前已导出的以 $(Y-Y^*)$ 表示总推动力的吸收速率方程式可改写成：

$$N_A = \frac{dG_A}{dF} = K_Y(Y-Y^*)$$

由上式可得：

$$dG_A = K_Y(Y-Y^*)dF$$

又对此微元填料层作吸收质 A 的物料衡算可知，单位时间内由气相转移到液相的吸收质 A 量为：

$$dG_A = V_B dY = L_S dX$$

由上两式得：

$$V_B dY = K_Y(Y-Y^*)dF$$

分离变量积分得传质面积为：

$$F = \frac{V_B}{K_Y}\int_{Y_2}^{Y_1}\frac{dY}{Y-Y^*}$$

而 $F = Za\Omega$，代入上式可得填料层高度的基本计算式：

$$Z = \frac{V_B}{K_Y a\Omega}\int_{Y_2}^{Y_1}\frac{dY}{Y-Y^*} \qquad (6\text{-}24)$$

同理，如从液相以 (X^*-X) 表示推动力的吸收速率方程式和物料衡算出发，可导出如下填料层高度的基本计算式为：

$$Z = \frac{L_S}{K_X a\Omega}\int_{X_2}^{X_1}\frac{dX}{X^*-X} \qquad (6\text{-}25)$$

在式(6-24) 和式(6-25) 中，当吸收操作达到稳定时，a、Ω、V、L 均为定值，吸收总系数 K_Y 可取为定值。在工程计算中一般以 10% 为界限，即当入塔混合气体中吸收质浓度低于 10% 时，则视为低浓度的气体吸收过程，此时 K_Y 通常可视常数；对于难溶的气体吸收过程，K_X 通常也可视为常数。

因为只有那些被流动的液体膜层所覆盖的填料表面，才能提供气液接触的有效面积。所以单位体积填料层内的有效接触面积 a，总是要小于单位体积填料层中的固体表面积（称为比表面积）。a 值不仅与填料的形状、尺寸及充填状况有关，而且受流体物性及流动状况影响。a 值很难直接测定，为了避开难以测定的 a 值，常将它与吸收系数的乘积视为一体作为一个完整的物理量，这个乘积称为"体积吸收系数"。比如 $K_Y a$ 及 $K_X a$ 分别称为气相体积吸收总系数及液相体积吸收总系数，其单位均为 kmolA/（$m^3 \cdot s$）。体积吸收总系数的物理意义是在推动力为一个单位的情况下，单位时间单位体积填料层内所吸收的吸收质量。

式（6-24）和式（6-25）是根据吸收总系数 K_Y 及 K_X 与相应的吸收推动力计算填料层高度的关系式，填料层高度还可以根据吸收膜系数与相应的推动力来计算，此不再述。

（2）传质单元高度与传质单元数

在式（6-24）：$Z = \dfrac{V_B}{K_Y a\Omega} \displaystyle\int_{Y_2}^{Y_1} \dfrac{dY}{Y - Y^*}$ 中

等号右端因式 $\dfrac{V_B}{K_Y a\Omega}$ 的单位为：$\dfrac{\dfrac{kmolB/s}{}}{\dfrac{kmolA}{m^2 \cdot s \cdot \dfrac{kmolA}{kmolB}} \cdot \dfrac{m^2}{m^3} \cdot m^2} = m$

而 m 是长度的单位，因此可将 $\dfrac{V_B}{K_Y a\Omega}$ 理解为由过程条件所决定的一个高度，而称其为传质单元高度，在这个式子里称其为"气相总传质单元高度"，并以 H_{OG} 表示，即：

$$H_{OG} = \frac{V_B}{K_Y a\Omega} \tag{6-26}$$

积分号内的分子和分母具有相同的单位，因而整个积分必然是一个无单位的数值，可认为它代表所需填料层高度 Z 相当于气相总传质单元高度 H_{OG} 的倍数，称此倍数为传质单元数，在此式中称其为"气相总传质单元数"，并以 N_{OG} 表示，即：

$$N_{OG} = \int_{Y_2}^{Y_1} \frac{dY}{Y - Y^*} \tag{6-27}$$

于是，式（6-24）可写成：　　　$Z = H_{OG} N_{OG}$ 　　　　　　　　　　　　　（6-28）

同理，式（6-25）可写成：　　　$Z = H_{OL} N_{OL}$ 　　　　　　　　　　　　　（6-29）

式中　H_{OL}——液相总传质单元高度，m；$H_{OL} = \dfrac{L_S}{K_X a\Omega}$；　　　　　　　（6-30）

N_{OL}——液相总传质数，$N_{OL} = \displaystyle\int_{X_2}^{X_1} \dfrac{dX}{X^* - X}$。　　　　　　　　　　（6-31）

依据上述的思路，我们可明显看出传质单元数 N_{OG} 和 N_{OL} 中所含的变量只与物系的相平衡及进出口浓度有关，而与设备的型式和设备中的操作条件（如流速）等无关，其数值反映了分离任务的难易程度。而 H_{OG}、H_{OL} 则与设备的形式、设备中的操作条件有关，其数值的大小表示完成一个传质单元所需要的填料层高度，是吸收设备效能高低的反映。常用吸收设备的传质单元高度约为 0.15～1.5m，具体数值须可由实验测定。下面讨论传质单元数的计算方法。

（3）传质单元数的求法

在计算填料层高度时，传质单元数的求取方法可根据平衡关系的不同情况选择使用。

① 图解积分法　图解积分法普遍适用于各种平衡关系的物系的吸收过程。现以气相总传质单元数 N_{OG} 为例。由式（6-27）即：$N_{OG} = \displaystyle\int_{Y_2}^{Y_1} \dfrac{dY}{Y - Y^*}$ 可以看出，等号右侧的被积函数

$\dfrac{1}{Y-Y^*}$ 中有 Y 和 Y^* 两个变量，但 Y^* 与 X 之间存在着平衡关系 $Y^*=f(X)$，任一截面上的 X 与 Y 之间又存在着操作关系。所以，只要有了 $Y-X$ 图上的平衡线和操作线，便可由任何一个 Y 值求出相应截面上的推动力（$Y-Y^*$）值，并可计算出 $\dfrac{1}{Y-Y^*}$ 的数值。再在 $Y-X$ 坐标系中将 $\dfrac{1}{Y-Y^*}$ 与 Y 的对应关系进行标绘，所得函数曲线与 $Y=Y_1$、$Y=Y_2$、$\dfrac{1}{Y-Y^*}=0$ 三条直线之间所包围的面积，便是定积分 $\displaystyle\int_{Y_2}^{Y_1}\dfrac{\mathrm{d}Y}{Y-Y^*}$ 的值，也就是气相传质单元数 N_{OG}。

如图 6-30 所示，在操作线上任取一点 D，引 DN 得推动力 $Y-Y^*$ 之值；在 Y_1、Y_2 之间 AB 线上取若干点（包括 A、B 点在内，一般可取 5～10 个点），找出对应的推动力 $Y-Y^*$，然后作 $\dfrac{1}{Y-Y^*}$ 对 Y 的曲线 $A'B'$，如图 6-30（b）所示，曲线下的面积即为积分值：

$$\int_{Y_2}^{Y_1}\frac{\mathrm{d}Y}{Y-Y^*}=N_{\mathrm{OG}}$$

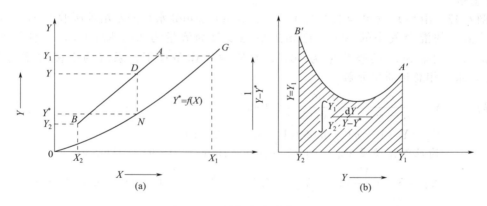

图 6-30　图解积分法求 N_{OG}

用图解积分法求液相总传质单元数 N_{OL}，其方法和步骤与此类似。

② 对数平均推动力法　若物系平衡关系符合亨利定律、平衡线是没有拐点的上凹曲线或者为直线，则可根据塔顶及塔底两个端面上的吸收推动力求出整个塔内吸收推动力的平均值，进而求得总传质单元数。下面仍以求气相总传质单元数为例说明此种方法及其理由。

前已述及，对于填料层中任一横截面可以写出如下吸收速率方程式，即：

$$N_{\mathrm{A}}=K_{\mathrm{Y}}(Y-Y^*)$$

在平衡线为直线的情况下，（$Y-Y^*$）对 Y 亦必有直线方程关系，此时的平均推动力，可由数学推得为吸收塔填料层上、下端的推动力的对数平均值，其计算式为：

$$\Delta Y_{\mathrm{m}}=\frac{\Delta Y_1-\Delta Y_2}{\ln\dfrac{\Delta Y_1}{\Delta Y_2}}=\frac{(Y_1-Y_1^*)-(Y_2-Y_2^*)}{\ln\dfrac{Y_1-Y_1^*}{Y_2-Y_2^*}} \tag{6-32}$$

此时整个填料层内的吸收速率方程式为： $N_A = K_Y \Delta Y_m$

整个填料层的总吸收负荷为： $G_A = N_A F = N_A a \Omega Z$

故 $G_A = V_B (Y_1 - Y_2) = K_Y \Delta Y_m a \Omega Z$

于是得

$$Z = \frac{V_B (Y_1 - Y_2)}{K_Y a \Omega \Delta Y_m} \qquad (6\text{-}33)$$

将式(6-32) 与式(6-33) 比较可知：

$$N_{OG} = \int_{Y_2}^{Y_1} \frac{dY}{Y - Y^*} = \frac{(Y_1 - Y_2)}{\Delta Y_m} \qquad (6\text{-}34)$$

同理，液相总传质单元数及液相对数平均吸收推动力的计算式分别为：

$$N_{OL} = \frac{X_1 - X_2}{\Delta X_m} \qquad (6\text{-}35)$$

$$\Delta X_m = \frac{\Delta X_1 - \Delta X_2}{\ln \dfrac{\Delta X_1}{\Delta X_2}} = \frac{(X_1^* - X_1) - (X_2^* - X_2)}{\ln \dfrac{X_1^* - X_1}{X_2^* - X_2}} \qquad (6\text{-}36)$$

当 $\dfrac{\Delta Y_1}{\Delta Y_2} < 2$ 或 $\dfrac{\Delta X_1}{\Delta X_2} < 2$ 时，相应的对数平均推动力也可用算术平均值代替，其误差工程上可忽略。

【例 6-4】 用 SO_2 含量为 1.1×10^{-3}（$kmol\,SO_2/kmol$ 水）的水溶液吸收含 SO_2 为 0.09（摩尔分数）的混合气中的 SO_2。已知进塔纯吸收剂流量为 2100kmol/h，混合气流量为 100kmol/h，要求 SO_2 的吸收率为 80%。在吸收操作条件下，系统的平衡关系为 $Y^* = 17.8X$，求气相总传质单元数。

解： $Y_1 = \dfrac{y_1}{1 - y_1} = \dfrac{0.09}{1 - 0.09} = 0.099$

$Y_2 = Y_1 (1 - \eta) = 0.099(1 - 0.8) = 0.0198$

惰性气体流量 $V_B = 100(1 - y_1) = 100(1 - 0.09) = 91(kmol/h)$

$X_1 = X_2 + \dfrac{V_B}{L_S}(Y_1 - Y_2) = 1.1 \times 10^{-3} + \dfrac{91}{2100}(0.099 - 0.0198) = 4.53 \times 10^{-3}$

$\Delta Y_1 = Y_1 - Y_1^* = Y_1 - mX_1 = 0.099 - 17.8 \times 4.53 \times 10^{-3} = 0.0184$

$\Delta Y_2 = Y_2 - Y_2^* = Y_2 - mX_2 = 0.0198 - 17.8 \times 1.1 \times 10^{-3} = 2.2 \times 10^{-4}$

$\Delta Y_m = \dfrac{\Delta Y_1 - \Delta Y_2}{\ln \dfrac{\Delta Y_1}{\Delta Y_2}} = \dfrac{0.0184 - 2.2 \times 10^{-4}}{\ln \dfrac{0.0184}{2.2 \times 10^{-4}}} = 4.1 \times 10^{-3}$

$N_{OG} = \dfrac{Y_1 - Y_2}{\Delta Y_m} = \dfrac{0.099 - 0.0198}{4.1 \times 10^{-3}} = 19.3$

③ 解析法　对于相平衡关系服从亨利定律的物系，若平衡线为一通过原点的直线，即可用 $Y^* = mX$ 表示时，传质单元数可直接积分求解。仍以求气相总传质单元数为例。

因为

$$N_{OG} = \int_{Y_2}^{Y_1} \frac{dY}{Y - Y^*} = \int_{Y_2}^{Y_1} \frac{dY}{Y - mX} \qquad (a)$$

由逆流吸收塔的操作线方程式推导方法可知：

$$X = X_2 + \frac{V_B}{L_S}(Y - Y_2) \qquad (b)$$

将式（b）代入式（a），可得：

$$N_{OG}=\int_{Y_2}^{Y_1}\frac{dY}{Y-m\left[X_2+\dfrac{V_B}{L_S}(Y-Y_2)\right]}=\int_{Y_2}^{Y_1}\frac{dY}{\left(1-\dfrac{mV_B}{L_S}\right)Y+\left(\dfrac{mV_B}{L_S}Y_2-mX_2\right)}$$

经积分整理可得：

$$N_{OG}=\frac{1}{1-\dfrac{mV_B}{L_S}}\ln\left[\left(1-\frac{mV_B}{L_S}\right)\frac{Y_1-mX_2}{Y_2-mX_2}+\frac{mV_B}{L_S}\right]\qquad(6\text{-}37)$$

式中，$\dfrac{mV_B}{L_S}$ 称为脱吸因素，是平衡线斜率 m 与操作线斜率 $\dfrac{L_S}{V_B}$ 的比值，没有单位。

从式(6-37)可以看出，N_{OG} 的数值取决于 $\dfrac{mV_B}{L_S}$ 与 $\dfrac{Y_1-mX_2}{Y_2-mX_2}$ 这两个因素。当 $\dfrac{mV_B}{L_S}$ 值一定时，N_{OG} 与 $\dfrac{Y_1-mX_2}{Y_2-mX_2}$ 值之间有其一一对应的关系。为了便于计算，在半对数坐标上以 $\dfrac{mV_B}{L_S}$ 为参数，按式(6-37)标绘出 N_{OG}-$\dfrac{Y_1-mX_2}{Y_2-mX_2}$ 的函数关系，得到如图6-31所示的一组曲线，利用此图可由已知 V_B、Y_1、Y_2、L_S、X_2 及 m 值查得 N_{OG} 的数值。

在图6-31中，横坐标 $\dfrac{Y_1-mX_2}{Y_2-mX_2}$ 值的大小反映了吸收质的吸收率的高低。在气、液进口浓度一定的情况下即 Y_1、X_2 一定时，要求的吸收率越高，Y_2 便越小，$\dfrac{Y_1-mX_2}{Y_2-mX_2}$ 的数值便越大，对应于同一 $\dfrac{mV_B}{L_S}$ 值的 N_{OG} 值也就越大。

参数 $\dfrac{mV_B}{L_S}$ 反映了吸收推动力的大小。在气、液进口浓度及吸收质的吸收率已知的条件下，横标 $\dfrac{Y_1-mX_2}{Y_2-mX_2}$ 之值便已确定。此时增大 $\dfrac{mV_B}{L_S}$ 值就意味着减小液气比。其结果是溶液出口浓度提高而塔内吸收推动力

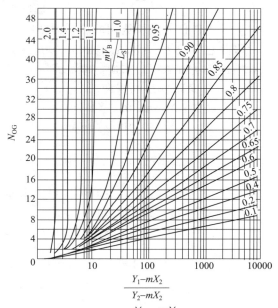

图6-31　N_{OG}-$\dfrac{Y_1-mX_2}{Y_2-mX_2}$ 关系图

变小，所以 N_{OG} 值增大。反之，若参数 $\dfrac{mV_B}{L_S}$ 的值减小，则 N_{OG} 变小，在实际吸收操作中，mV_B/L_S 的值通常认为取 $0.7\sim0.8$ 是经济适宜的。

图6-31用于 $\dfrac{Y_1-mX_2}{Y_2-mX_2}>20$ 及 $\dfrac{mV_B}{L_S}<0.75$ 的范围内，读数较准确，否则误差较大，必要时可直接依式(6-37)计算。

同理，当 $Y^*=mX$ 时，从式(6-31)出发可导出关于液相总传质单元数 N_{OL} 的关系式以及类似图6-31的求 N_{OL} 的函数关系图。

3. 填料层高度的其他求取的方法——等板高度法

填料层高度 Z ＝等板高度×理论板层数

等板高度（HETP）是指与一层理论塔板的传质作用相当的填料层高度。等板高度的大小不仅取决于填料的类型与尺寸，而且受系统的物性、操作条件及设备尺寸的影响。等板高度的计算，至今尚无满意的方法，一般通过实验测定，或取生产设备的经验数据。当无实际数据可取时，也可参考有关资料中提出的经验公式进行估算，此时要特别注意所用的公式的适用范围。

必须指出的是：来自小型实验的等板高度数据，往往不符合大规模生产装置中的情况。下面提供的一些经验数据，可供工程实际中参考，直径为 25mm 的填料，等板高度接近 0.5mm；直径为 50mm 的填料，等板高度接近 1m；直径在 0.6m 以下的填料塔，等板高度约与塔径相等；而当塔处于负压操作时，等板高度约等于塔径加 0.1m。填料塔用于吸收操作时，其等板高度数值比较大，一般可采用经验公式进行估算，详细内容可查有关手册，此处从略。关于理论板的概念及理论板层数的求取方法，已在精馏操作中讨论板式塔时已详细介绍，此处不重复。

 任务解决10

填料塔高度的确定

工作任务中所选用的填料为塑料鲍尔环，由有关资料查得操作条件下液相体积吸收总系数 $K_X a$ 为 1.92kmol/(m³ · s)，所用吸收塔塔径为 2.2m，通过对数平均推动力法可算得填料层高度。

① 求填料层的高度

已知：$Y_1 = 0.09/(1 - 0.09) = 0.0989$ [kmolCO₂/(kmol 惰性气体)]

$Y_2 = 0.01/(1 - 0.01) = 0.0101$ [kmol CO₂/(kmol 惰性气体)]，$X_2 = 0$

$$X_1 = \frac{V_B(Y_1 - Y_2)}{L} + X_2 = \frac{\frac{100000}{22.4} \times (1 - 0.09) \times (0.0989 - 0.0101)}{80.7 \times 10^4}$$

$$= 4.47 \times 10^{-4} \, \text{kmol CO}_2/(\text{kmol 吸收剂})$$

$X_1^* = Y_1/m = 0.0989/147.5 = 6.71 \times 10^{-4}$ [kmol CO₂/(kmol 惰性气体)]

$X_2^* = Y_2/m = 0.0101/147.5 = 6.85 \times 10^{-5}$ [kmol CO₂/(kmol 惰性气体)]

依式(6-24)计算，即：$Z = H_{OL} N_{OL} = \dfrac{L_S}{K_X a\Omega} \displaystyle\int_{x_2}^{x_1} \dfrac{dY}{X^* - X} = \dfrac{L_S}{K_X a\Omega} \dfrac{(X_1 - X_2)}{\Delta X_m}$

$$H_{OL} = \frac{L_S}{K_X a\Omega} = \frac{80.7 \times 10^4}{1.92 \times 3600 \times 3.14 \times \dfrac{2.2^2}{4}} = 3.07(\text{m})$$

$$\Delta X_m = \frac{\Delta X_1 - \Delta X_2}{\ln \dfrac{\Delta X_1}{\Delta X_2}} = \frac{(X_1^* - X_1) - (X_2^* - X_2)}{\ln \dfrac{X_1^* - X_1}{X_2^* - X_2}}$$

$$= \frac{(6.71 \times 10^{-4} - 4.47 \times 10^{-4}) - (6.85 \times 10^{-5} - 0)}{\ln \dfrac{6.71 \times 10^{-4} - 4.47 \times 10^{-4}}{6.85 \times 10^{-5} - 0}}$$

$$= \frac{1.555 \times 10^{-4}}{1.185} = 1.31 \times 10^{-4}$$

$$N_{OL} = \frac{X_1 - X_2}{\Delta X_m} = \frac{4.47 \times 10^{-4} - 0}{1.31 \times 10^{-4}} = 3.41$$

$$Z = H_{OL} N_{OL} = 3.07 \times 3.41 = 10.5 (m)$$

即完成任务所需的填料层高度为 10.5m。

为了保证吸收效果适当留有余地，取填料层高度 12m。由于塔径 2.2m 较大，建议填料分三段安装，每段高度取 4m，在两段之间设置截锥式（配升气管）液体再分布器如图 6-25(b) 所示。

② 确定填料塔的高度

取填料段间空隙 800mm，塔顶空间高度取 1000mm，塔底空间高度取 1500mm。

则填料塔总高度为：

$Z_{总}$＝填料层高度＋填料段间空隙高度＋塔顶空间高度＋塔底空间高度

$\qquad$ ＝12＋0.8×2＋1＋1.5＝16.1(m)

三、吸收操作流程的确定

虽然吸收操作装置的主体设备都是填料塔，但气、液进出塔的安排及各种辅助设备的布置等不尽相同，因此构成了多种吸收操作流程。对于引言中的工程任务选择什么样的操作流程呢？

在生产中，一般从以下几个方面考虑流程的布置。

首先要考虑的是吸收剂是否需要循环的问题。在吸收操作中若使用的吸收剂价格昂贵，从经济上要求耗用量越少越好时，为保证填料的充分润湿，此时必须进行吸收剂的部分循环以达到在不增加吸收剂用量的情况下增加喷淋密度的目的。在吸收操作中有时有放热现象，为保证过程接近等温操作，此时也必须进行吸收剂的部分循环，通过大量的吸收剂不断从吸收塔内带走热量。当然进行吸收剂的部分循环操作时，由于部分溶液循环使用，使入塔吸收剂中吸收质组分浓度升高，吸收过程推动力减小，会降低吸收率；另外，部分溶液循环还增加了额外的动力消耗，所以，非必要时不宜采用。

其次要考虑多塔串并联吸收的问题。在吸收过程中如果所需填料层太高，或从塔底引出的溶液温度过高，需要在塔间对液体或气体管路上设置冷却器进行冷却时，可将一个高塔分成几个矮塔，串联组成一套吸收塔组即所谓串联吸收操作流程。如果处理的气量很大，或所需塔径太大时，可考虑由几个小直径塔并联操作。有时还可将气体通路串联、液体通路并联，或气体通路并联、液体通路串联亦可。

最后要考虑吸收与解吸的联合问题。在吸收操作中为了得到较纯净的吸收质或回收吸收剂循环使用，必须将吸收与解吸联合进行。可以采用"压强交变"或"温度交变"或两者兼有的方法进行吸收和解吸。在"压强交变"操作中，吸收塔的操作压强要比解吸塔高得多，但两者的操作温度大致相同，该操作通过在流程中降低总压或通入惰性气降低吸收质的分压来实现吸收质的解吸；而在"温度交变"操作中吸收塔的操作温度要比解吸塔低得多，但两者的操作压强大致相同，此时该操作通过在流程中升高温度来实现吸收质的解吸。显然，在压强或温度的"交变"中，如何充分利用能量（如废热，逐级减压等）和回收自身的能量（贫富液换热器）将是该过程一个必须重视的课题。

根据实际生产的具体要求，工业上常采用的吸收流程有如下几种。

① 吸收剂不再循环的流程。如图 6-32(a) 所示。

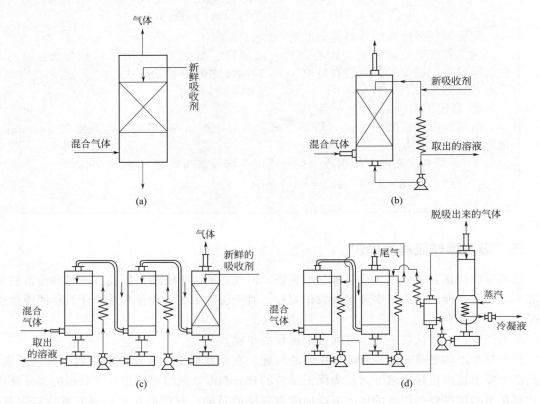

图 6-32　常见的吸收流程

② 吸收剂部分循环的流程。如图 6-32(b) 所示，操作时用泵从塔底将溶液抽出，一部分作为产品引出或作为废液排放，另一部分则经冷却器冷却后连同新吸收剂一起再送入塔顶喷淋。

③ 串联逆流吸收流程。如图 6-32(c) 所示，三个逆流吸收填料塔所组成的串联吸收流程。操作时，用泵将上塔的塔底溶液抽送至下一塔顶部喷淋用，气体流向与液体相反。在塔间的管路上，可根据需要设置冷却器。

④ 吸收-解吸联合流程。如图 6-32(d) 所示为部分吸收剂再循环的吸收-解吸联合流程。

 任务解决11

吸收操作流程的确定

　　考虑到工作任务选择的吸收剂水便宜易得，所以不需采用吸收剂循环利用的工艺。完成生产任务所需填料塔填料层高度不高，原料气处理量不大，所以不需要采用多塔串并联的生产工艺。若要回收水循环使用，回收水中 CO_2 制其他产品可考虑采用吸收-解吸装置"压强交变"操作。

实践与练习4

一、选择题

1. 与总吸收速率方程式中对应的推动力应为（　　　）。

　A. $Y-Y^*$　　　　　B. $Y-X$　　　　　C. $X-X^*$　　　　　D. $X-Y^*$

2. 能改善液体在填料塔内壁流现象的装置是（　　　）。

　A. 填料支承　　　B. 液体分布　　　C. 液体再分布器　　D. 除沫器

3. 下列几项中不能正确反映填料特性的是（　　　）。

　A. 比表面积　　　　　　　　　　　B. 面积

　C. 空隙率　　　　　　　　　　　　D. 单位堆积体积内的填料数目

4. 某吸收过程中已知气膜吸收系数 $k_Y=4\times10^{-4}$ kmol/（m^2·s）；液膜吸收系数 $k_X=8\times10^{-4}$ kmol/（m^2·s），由此判断该过程为（　　　）。

　A. 气膜控制　　　B. 液膜控制　　　C. 判断依据不足　　D. 双膜控制

5. 通常所讨论的吸收操作中，当吸收剂用量趋于最小用量时，为完成一定的任务（　　　）。

　A. 回收率趋向最高　　　　　　　B. 吸收推动力趋向最大

　C. 总费用最低　　　　　　　　　D. 填料层高度趋向无穷大

6. 在逆流吸收塔中，已知吸收过程为气膜控制，若进塔液相组成 X_2 增大，其他不变，则气相总传质单元数 N_{OG} 将（　　　）。

　A. 增大　　　B. 减少　　　C. 不变　　　D. 不确定

7. 对一定的分离任务，（$Y-Y^*$）与 N_{OG} 的关系为（　　　）。

　A. $Y-Y^*$ 大，则 N_{OG} 大　　　　　B. $Y-Y^*$ 小，则 N_{OG} 小

　C. $Y-Y^*$ 大，则 N_{OG} 小　　　　　D. 不确定

8. "液膜控制"吸收过程的条件是（　　　）。

　A. 易溶气体，气膜阻力可忽略　　　B. 难溶气体，气膜阻力可忽略

　C. 易溶气体，液膜阻力可忽略　　　D. 难溶气体，液膜阻力可忽略

9. 吸收塔内，气体进气管管端向下切成45°倾斜角，其目的是防止（　　　）。

　A. 气体被液体夹带出塔　　　　　B. 塔内下流液体进入管内

　C. 气液传质不充分　　　　　　　D. 液泛

二、填空题

1. 据生产实践经验，一般情况下，吸收剂用量为最小吸收剂用量的_____倍是比较适宜的。

2. 当 V_B、Y_1、Y_2 及 X_2 一定时，增加吸收剂用量，则操作线的斜率_____，吸收推动力_____，完成分离任务所需填料层高度将为_____。

3. 当吸收剂用量为最少用量时，吸收过程的推动力为_____，则所需填料层高度将为_____。

4. 当 V_B、Y_1、Y_2 及 X_2 一定时，减少吸收剂用量，则所需填料层高度 Z 与液相出口浓度 X_1 的变化趋势为：Z _____，X_1 _____。

5. 实验室用水吸收空气中的 CO_2，属于_____控制，气膜阻力_____（填大于、小于、等于）液膜阻力。

6. H_{OG} 称为_____，其数值的大小表示完成一个传质单元所需要的_____高度，是吸收设备_____高低的反映。

7. N_{OG} 称为_____，其值与物系的相平衡关系及进出口浓度____关，而与设备的型式和设备中的操作条件（如流速）等____关，其数值反映了分离任务的_____程度。

8. 在气、液两相进出口浓度相同的情况下，逆流操作传质平均推动力_____（填大于、等于、小于）并流传质平均推动力。

9. 填料吸收塔正常操作时的气体流速必须_____载点气速_____泛点气速。（填大于、等于、小于）。

10. 在吸收过程中，由于吸收质不断进入液相，所以混合气体量由塔底至塔顶逐渐_____，在计算塔径时一般应以塔_____气量为依据。

三、简答题

1. 填料塔主要的构件包括有哪些？核心构件是什么？

2. 填料塔的塔径和哪些因素有关？

3. 影响液泛气速的因素主要有哪些？

4. 传质单元高度和传质单元数分别包含哪些变量？

5. 处理量、分离要求、操作温度和压力分别对填料层高度有什么样的影响？

四、计算题

1. 小型合成氨厂变换气中含 CO_2 29%（体积分数），经碳化主塔吸收后 CO_2 浓度降为 8%（体积分数），变换气流量为 4300m³/h（标准状态计），平均操作温度为 37℃，操作压力为 4atm，操作条件下的气速为 0.5m/s，求碳化主塔吸收的 CO_2 量及塔径。

2. 于 101.3kN/m²、27℃下用水吸收混于空气中的甲醇蒸气。甲醇在气液两相中的浓度很低，平衡关系服从亨利定律。已知溶解度系数 $H=1.995$kmol/（m³·kN/m²），气膜吸收系数 $k_G=1.55×10^{-5}$kmol/（m²·s·kN/m²），液膜吸收系数 $k_L=2.08×10^{-5}$m/s。试求吸收总系数 K_G、K_Y 及气膜阻力在总阻力中所占的分数。

3. 一内径为 1m 的吸收塔中，用清水逆流吸收混合气体中吸收质 A。进塔气体中含 A 10%，出塔气体含 A 2%（均为摩尔分数），每小时处理 60kmol/h 的混合气。吸收剂清水用量是 120kmol/h。操作条件下相平衡关系 $Y^*=2X$。试求：

（1）A 组分的吸收率及该塔操作时的脱吸因数；

（2）该塔吸收时的平均推动力；

（3）完成吸收任务所需的传质单元数 N_{OG}。

4. 在逆流操作的填料吸收塔中，用纯吸收剂吸收气体混物中的微量吸收质。已知在操作条件下，平衡线与操作线均为直线，且前者后者斜率之比为 0.8，$N_{OG}=12$，试计算此吸收塔的回收率。

5. 1atm、25℃条件下用清水吸收空气-丙酮混合气中的丙酮，混合气流量为 2000m³/h，含丙酮 5%（摩尔分数），经吸收后降为 0.263%（摩尔分数），该塔逆流操作，塔径为 800mm，填料层高度 6m，填料为 25mm×25mm×2.5mm 瓷质拉西环（乱堆），操作条件下气液平衡关系为 $Y^*=2X$，气相体积吸收系数均可视为 210kmol/（m³·h），当吸收剂用量分别为最小用量的 1.2 倍、1.4 倍时，该塔是否适用？

6. 在常压填料吸收塔中，以清水吸收焦炉气中的氨气。标准状况下，焦炉气中氨的浓度为 0.01kg/m³ 流量为 5000m³/h。要求回收率不低于 99%，若吸收剂用量为最小用量的 1.5 倍。混合气体进塔的温度为 30℃，空塔速率为 1.1m/s。操作条件下平衡关系为 $Y=1.2X$。气相体积吸收总系数 $K_Ya=200kmol/(m^3 \cdot h)$。试分别用对数平均推动力法及数学分析法和图解积分法求总传质单元数及填料层高度。

7. 在填料吸收塔中，用清水吸收烟道气中 CO_2。烟道气中 CO_2 含量为 13%（体积分数），为简化起见，其余皆视为惰性气体。烟道气通过塔后，其中 90% 的 CO_2 被水所吸收。塔底出口溶液的浓度为 $0.2gCO_2/1000gH_2O$。烟道气处理量为 1000m³/h（按 20℃、101.3kN/m² 计），试求用水量、塔径和填料层高度。

任务五　吸收操作技能训练

一、吸收操作温度、液气比等工艺条件的控制方法

1. 吸收操作温度的控制

对于单塔的低浓度气体吸收过程，为尽量降低尾气浓度，提高吸收率，工程上常采用大喷淋量，此时吸收过程的放热不可能使体系的温度发生明显变化，放热对过程造成的影响可忽略。然而，实际生产中的吸收往往是多塔串联或吸收-解吸联合操作，放热对吸收体系的影响就不能忽略不计了。因此，工业吸收流程中常配合塔器附加一些移除吸收热的措施及设备。最常见的有两种：塔外冷却器和塔内冷却器。

（1）塔外冷却器

常见的塔外部冷却器有塔间冷却器和塔段间冷却器两种。

① 塔间冷却器　当吸收过程在一组串联的吸收塔中进行时，可用塔间冷却器，如图 6-33（a）所示。气体先进入第一吸收塔进行吸收，然后再进入第二吸收塔；吸收剂则从第二吸收塔加入，经过吸收提高了温度的吸收液从第二塔塔底引出后，用冷却器进行冷却，然后用泵再输送至第一吸收塔。这种冷却吸收液的方法比较简单，不用改变吸收塔的任何结构。但是，它不能均匀而及时地移走吸收过程中放出的热量。同一塔内体系的温度仍随过程的进行在不断地升高。

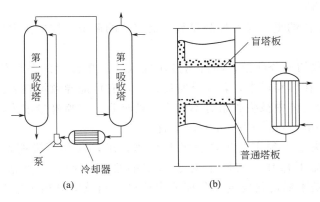

图 6-33　塔间冷却器与塔段间冷却器

② 塔段间冷却器　塔段间冷却器如图 6-33（b）所示。此种冷却器一般为列管换热器，通常竖直安装，管程走吸收液，壳程走冷却剂。为了从吸收塔中引出吸收液，塔内需装盲

板。板式塔的盲塔板与该塔的其他普通塔板的结构相同，只是没有降液管。盲板上的液体经联结在塔壁上的侧管流至冷却器，经冷却后又返回至于塔内下一块普通塔板。为了能使液体借其自身重力进行这样的流动，盲塔板与它下面的普通塔板的板间距应适当增加；为了充分利用冷却器的传热面，安装时，应考虑有 U 形液封。填料吸收塔采用塔段间冷却器，也应在引出吸收液的截面处装设盲板，但此种盲板结构比较简单，通常只要有一个蒸汽上升管即可。

塔段间冷却器能较均匀地移除热量，但使吸收塔的高度因板间距的增大而增大，特别当冷却器的数目超过 3~4 个时，塔高增加很多，对操作和维修都带来麻烦。

（2）塔内冷却器

此种冷却器直接装在塔内，如图 6-34 所示。板式塔内常用可移动的 U 型管冷却器。此

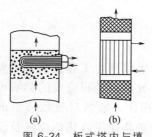

图 6-34　板式塔内与填料层间的冷却器

种冷却器直接安装在塔板上并浸没于液层中，适用于热效应大且介质有腐蚀性的情况，如用硫酸吸收乙烯，用氨水吸收 CO_2 以生产碳酸氢铵等工业生产中均可采用。但是，此种冷却方法要求塔板上很厚的液层，务必使塔高增加，传质条件恶化，压降上升，设备也变得很笨重。

填料塔的塔内冷却器装在两层填料之间，其形式多为竖直的列管式冷却器吸收液走管内，管间则下次冷却剂。此种装置同样使塔高增加、设备笨重，设备的制造和维修都更复杂。

人们在长期的生产实践中还不断研究和开发出结构和流程均比较简单，又能及时有效地移除热量的吸收设备，如新型的降膜式吸收器就已在石油化工企业中广泛采用。此种吸收器实际上是一个竖放的列管换热器，管外走冷却剂，管内进行吸收过程。吸收剂顺着管壁形成一层液膜，在重力作用下向下流动，含吸收质的混合气则以一定的速率逆流向上，两相在管壁的液膜中实现传质。产生的吸收热被管外的冷却剂及时带走。这样，不论吸收热效应多大，基本上都可保持过程在等温下进行。

实际生产中，吸收操作温度控制的实质就是正确操作和使用上述各种冷却装置，以确保吸收过程在工艺要求的温度条件下进行。

2. 液气比的控制

液气比是吸收操作的重要操作控制参数。液气比的调节、控制主要应考虑如下几方面的问题。

① 为确保填料层的充分润湿，喷淋密度不能太小。单位时间及单位塔截面积的液体喷淋量称为喷淋密度。在填料塔中，若喷淋密度过小，有可能导致填料表面不能完全润湿而降低了吸收率，使混合气体中被吸收组分不能完全被吸收。若喷淋量过大，又会引起液泛，一般认为喷淋密度在 $10m^3/(m^2 \cdot h)$ 左右较适宜。

② 最小液气比决定于预定的生产目的和分离要求，这并不说明对已确定的吸收塔不允许在更低的液气比下操作。实际上对于指定的吸收塔而言，在液气比小于原设计的 $(L_S/V_B)_{min}$ 操作只是不能达到规定的分离要求而已。当放宽分离要求时，最小液气比也可降低。

③ 当吸收与解吸操作联合进行时，吸收剂进口条件（L_S、t、X_2）将受解吸操作的影响。在联合操作系统中，加大吸收剂的喷淋量（L_S/V_B 增加），虽然能增大吸收推动力，但应同时考虑解吸设备的生产能力。如果吸收剂循环量增大使解吸操作恶化，则吸收塔的液相

进口浓度将上升，增加吸收剂流量往往得不偿失；若解吸是在升温条件下进行的，解吸后吸收剂的冷却不足还将使吸收操作温度上升，吸收效果下降，此时的操作重点是设法提高解吸后吸收剂的冷却效果，而不是盲目地加大循环量。

由此可见，适宜的操作液气比是设计者综合考虑技术上的限制和经济上的最优化，进行了多个方案的比较后确定的。设计时可先根据分离要求计算最小液气比，然后乘以某一经验的倍数以作为设计的操作液气比。设计液气比是否确为最适宜的操作液气比，还必须经过生产实践的检验；考虑连续生产过程中前后工序的相互制约，操作液气比不可能维持为常量，常需及时调节、控制。

3. 吸收-解吸相互制约

在吸收-解吸联合操作过程中，解吸的效果将直接影响吸收操作的好坏，循环吸收剂的用量也必须综合考虑吸收-解吸相互制约。

在吸收-解吸联合操作过程中，若所选择的吸收剂进口浓度 X_2 较高，即解吸得不完全，将使过程推动力 ΔY_m 下降，导致出塔尾气浓度 Y_2 上升，吸收效果差。并且当 X_2 增加时（其他操作条件未变），X_1 将上升，使解吸塔负荷增加，在未采取强化解吸操作措施时解吸效果更差，X_2 又将上升，这将导致整个系统的恶性循环。此时为达到预定的分离要求，必须增加吸收塔的塔高，结果增加了设备费用。若选择的吸收剂进口浓度 X_2 较低，即解吸操作较完全，此时吸收剂的纯度较高，对吸收有利。但对解吸的要求提高，解吸费用增加。吸收剂进口浓度的选择是一个经济上的最优化问题，为严格控制吸收剂的进口浓度，应及时改善解吸操作。

除上述经济方面的考虑外，还存在一个技术上允许的吸收剂最高进口浓度问题，因为当吸收剂进口浓度超过某一限度时，吸收操作将不可能达到规定的分离要求。对于气液两相逆流操作的填料吸收塔，若工艺要求塔顶尾气浓度不高于 Y_2，因与 Y_2 成平衡的液相浓度为 X_2^*，则吸收剂进口浓度 X_2 宜小于 X_2^*，才有可能达到规定的分离要求。当 $X_2 = X_2^*$ 时，吸收塔顶的推动力 ΔY_2 为零，此时为达到分离要求所需的传质单元数或塔高 Z 将为无穷大。无疑，X_2^* 即为吸收剂进口浓度 X_2 的上限。

此外，还应考虑混合气条件（V_B、Y 决定上工序）变化对吸收操作的影响。在实际生产中，送入吸收塔的混合气量是由上工序提供的。当上工序的生产过程波动或生产任务改变时，将导致进吸收塔的混合气发生变化，为保持吸收过程的稳定进行，必须及时采取相应的操作措施。

获得较大吸收率是吸收操作的主要目标，选择气、液两相流量大小是获得较大吸收率的主要因素。在一定的气体流量和浓度时，增大吸收剂的流量，出口气体的组成 Y_2 减小，吸收的平均推动力 ΔY_m 增大，获得的吸收率较大。但是塔径是一定的，通过吸收剂的流量是有限的。如果吸收剂的流量超过塔的液相最大负荷限度则会发生液泛，吸收率明显降低。因此选择合适的吸收剂流量是获得较大吸收率的关键，而塔内气、液两相良好的接触状态则是获得较大吸收率的保证。气、液两相良好的接触状态是通过正确的操作实现的。

二、吸收与解吸装置的基本操作技能

1. 装填料

安装完备的吸收塔体经空气吹扫后，即可向塔内装入用清水洗净的填料。对拉西环、鲍尔环等填料，均可采用不规则和规则两种排列法装填。若采用不规则排列法，则先在塔内注满水，然后从塔的人孔部位或塔顶将填料轻轻地倒入，待填料装至规定高度后，把漂浮在水面上的杂物捞出，并放净塔内的水，将填料表面扒平，最后封闭人孔或顶盖。在填瓷质填料时，要注意轻拿轻倒，以免碰碎而影响塔的操作。矩鞍形和弧鞍形填以及阶梯环填料均可采用乱堆法装填。若采用规则法排列，则操作人员从人孔处进入塔内，按排列规则将填料排至规定高度。木格填料的装填方法是从塔底分层地向上装填，每两层木格之间的夹角为 45°，装完后，在木格上面还要用两根工字钢压牢，以免开车时气流将木格吹翻。塔内填料装完后，再进行系统的气密性试验。

2. 塔设备的清洗及填料的处理

（1）设备清洗

在运转设备进行联动试车的同时，还要用清水清洗设备，以除去固体杂质。清洗中不断排放污水，并不断向溶液槽内补加新水，直至循环水中固体杂质含量小于 50mg/L 为止。

在生产中，有些设备经清水清洗后即可满足生产要求，有些设备则要求清洗后，还要用稀碱溶液洗去其中的油污和铁锈。方法是向溶液槽内加入 5% 的碳酸钠溶液，启动溶液泵，使碱溶液在系统内连续循环 18～24h，然后放掉碱液，再用软水清洗，直至水中含碱量小于0.01% 为止。

（2）填料的处理

瓷质填料一般清洗后即可使用，但木格和塑料填料，还须特殊处理后才能使用。

木格填料中通常含有树脂，在开车前必须用碱液对木格填料进行脱脂处理。其操作为：用清水洗除木格填料表面的污垢；用约 10% 的碳酸钠溶液于 313～323K 下循环洗涤，并不断往碱溶液中补加碳酸钠，以保证碱浓度稳定；当循环液中碱浓度不再下降时，停止补加碳酸钠，确认脱脂合格；放净系统内碱液和泡沫，并用清水洗到水中含碱量小于0.01% 为止。

塑料填料在使用前也必须碱洗。其操作为：用温度为 363～373K、浓度为 5% 的碳酸钾溶液清洗 48h，随后放掉碱液；用软水清洗 8h；按设备清洗过程清洗 2～3 次。塑料填料的碱洗一般在塔外进行，洗净后再装入塔内。有时也可装入塔内进行碱洗。

3. 系统的开车

系统在开车前必须进行置换，合格后，即可进行开车，其操作步骤如下：

① 向填料塔内充压至操作压力；

② 启动吸收剂循环泵，使循环液按生产流程运转；

③ 调节塔顶喷淋量至生产要求；

④ 启动填料塔的液面调节器，使塔底液面保持规定的高度；

⑤ 系统运转稳定后，即可连续导入原料混合气，并用放空阀调节系统压力；

⑥ 当塔内的原料气成分符合生产要求时，即可投入正常生产。

4. 系统的停车

填料塔的停车也包括短期停车、紧急停车和长期停车。

短期停车（临时停车）其操作：

① 通告系统前后工序或岗位；

② 停止向系统送气，同时关闭系统的出口阀；

③ 停止向系统送循环液，关闭泵的出口阀，停泵后，关闭其进口阀；

④ 关闭其他设备的进出口阀门。

系统临时停车后仍处于正压状况。

紧急停车操作：

① 迅速关闭原料混合气阀门；

② 迅速关闭系统的出口阀；

③ 按短期停车方法处理。

长期停车操作：

① 按短期停车操作停车，然后开启系统放空阀，卸掉系统压力；

② 将系统中的溶液排放到溶液贮槽或地沟，然后用清水洗净；

③ 若原料气中含有易燃易爆物，则应用惰性气体对系统进行置换，当置换气中易燃物含量小于 5%，含氧量小于 0.5%时为合格；

④ 用鼓风机向系统送入空气，进行空气置换，当置换气中含氧量大于 20%为合格。

5. 正常操作要点及维护

吸收系统主要由冷却器、泵和填料吸收塔组成，如何才能使这些设备发挥很大的效能和延长使用寿命，应做到严格按操作规程操作，及时进行检查与维护。

正常操作要点：

① 进塔气体的压力和流速不宜过大，否则会影响气、液两相的接触效率，甚至使操作不稳定；

② 进塔吸收剂不能含有杂物，避免杂物堵塞填料缝隙，在保证吸收率的前提下，减少吸收剂的用量；

③ 控制进入温度，将吸收温度控制在规定的范围；

④ 控制塔底与塔顶压力，防止塔内压差过大，压差过大，说明塔内阻力大，气、液接触不良，致使吸收操作过程恶化；

⑤ 经常调节排放阀，保持吸收塔液面稳定；

⑥ 经常检查泵的运转情况，以保证原料气和吸收剂流量的稳定；

⑦ 按时巡回检查各控制点的变化情况及系统设备与管道的泄漏情况，并根据记录表要求作好记录。

正常维护要点：

① 定期检查、清理或更换喷淋装置或溢流管，保持不堵、不斜、不坏；

② 定期检查篦板的腐蚀程度，防止因腐蚀而塌落；

③ 定期检查塔体有无渗漏现象，发现后应及时补修；

④ 定期排放塔底积存脏物和碎填料；

⑤ 经常观察塔基是否下沉，塔体是否倾斜；

⑥ 经常检查运输设备的润滑系统及密封，并定期检修；

⑦ 经常保持系统设备的油漆完整，注意清洁卫生。

6. 异常现象及处理

填料吸收塔系统在运行过程中，由于工艺条件发生变化、操作不慎或设备发生故障等原因而造成不正常现象。一经发现，就应及时处理，以免造成事故。

三、吸收与解吸技能训练方案

1. 训练目的及要求

① 熟悉操作训练用吸收装置的流程和主要设备的结构特点，掌握装置中各种参数测量仪表的工作原理及结构特点，并能正确使用各种仪表。

② 掌握装置的操作要点并做到熟练操作。

③ 能正确地判断和处理操作过程中的不正常现象。

④ 掌握吸收收率计算方法，理解影响吸收率的主要因素。

⑤ 能正确记录吸收操作中的各种数据，能对数据进行基本的判断、分析，并对操作过程质量进行正确评价。

各院校根据自身的设备条件，按照以上要求制定详细的培训与考核方案，方案中必须包括：技能训练任务书，操作运行记录表、考核要求、评分细则，评分表格等。

2. 技能培训任务清单

培训任务一　绘制吸收实训装置的流程图，简述装置流程、设备的作用及工作原理。（教师现场提问，学生进入实训室前必须充分做好预习工作。）

培训任务二　填写吸收装置设备规格及技术参数表、吸收实训开车前的检查记录表（相当于工厂的交接班记录表中的设备记录部分）。

培训任务三　学习装置操作规程，总结操作要点及操作中的主要注意事项（特别注意不安全的因素、可能损坏设备的因素、影响吸收效果的因素）。（教师提问，学生现场回答。）

培训任务四　分组练习基本操作（在教师指导下进行）。注意观察并及时规范记录操作运行的有关指标性数据。如有异常现象立即紧急停车，在指导教师的带领下对故障进行分析处理。填写吸收实训操作原始数据记录和结果处理汇总表、填料塔流体力学性能测定原始数据记录和处理结果汇总表。注意：教师要组织好，保证每个学生在每个岗位都能熟练操作。

培训任务五　对操作运行数据进行分析、计算和处理。

3. 运行数据记录和结果处理要求

本实训操作原始记录和数据处理结果表包括：实训前检查记录表（包括设备规格表及技术参数表）、吸收装置操作原始记录表和数据处理结果汇总表，见附表一～附表四。

附表一　吸收装置设备规格及技术参数表

序　号	名　称	规　格	型　号	备　注
1	填料塔塔体			
2	填料			
3	气体输送风机			
4	吸收剂输送泵			
5	液体用流量计			
6	气体用流量计			
7	测温仪表			
8	测压仪表			
9	分析组成用仪器（如气相色谱仪）			

附表二　吸收实训开车前的检查记录表

设备号_____　　　　　　　组号：_____
学生姓名：_____、_____、_____、_____　　　　实训日期：____年____月____日

检查时间	开始		时　　分		结束		时　　分	
设备完好情况	水源		电源		U型管压差计			
	测压仪表	型号			测温仪表	型号		
		状态				状态		
设备完好情况	风机	型号			水泵	型号		
		状态				状态		
	气体流量计1	型号			液体流量计1	型号		
		状态				状态		
	气体流量计2	型号			液体流量计2	型号		
		状态				状态		
	气相色谱仪	型号			阀门	型号		
		状态				状态		
	阀门	型号			阀门	型号		
		状态				状态		

附表三　吸收实训操作原始数据记录和结果处理汇总表（吸收率的测定）

设备号_____　　　　　　　组号：_____
学生姓名：_____、_____、_____、_____　　　　实训日期：____年____月____日

操作时间	开始		时　　分		结束		时　　分		
序号	气量/(m³/h)	液量/(L/h)	操作压力/kPa	塔内压差/kPa	气温/℃	液温/℃	塔底 y_1/wt %	塔顶 y_2/wt %	吸收率/%
吸收效率变化规律分析									

附表四　填料塔流体力学性能测定原始数据记录和处理结果汇总表

设备号_____　　　　　　　组号：_____　　　　　　操作时间_____
学生姓名：_____、_____、_____、_____　　　　实训日期：____年____月____日

塔径	_____ m		填料类型	_____	填料层高度		_____ m
项目	水量/(L/h)	空气气量/(m³/h)	操作压力/kPa	U型管压差计读数/mmH₂O	空塔速率/(m/s)	塔内压差/(kPa/m)	备注现象
干填料	0						

续表

塔径		＿＿＿m	填料类型		＿＿＿	填料层高度		＿＿＿m
项目	水量/(L/h)	空气气量/(m³/h)	操作压力/kPa	U型管压差计读数/mmH₂O		空塔速率/(m/s)	塔内压差/(kPa/m)	备注现象
湿填料	水量1							
	水量2							
数据处理要求	在双对数坐标纸上以压力降为纵坐标，空塔气速为横坐标，绘制填料层的压力降与空塔气速的关系曲线。分析曲线的规律，并加以说明							

4. 实训操作考核要求

（1）考核内容

在 45min 内完成吸收塔开车、稳定、气体吸收操作，进出口气体含量分析，调节吸收条件一次，测定吸收率的变化情况。具体任务要求如下。

① 吸收塔开车与稳定　开启吸收塔，调节吸收剂喷淋量，流量为 400L/h 左右；调节气体流量为 3m³/h。调节塔底液位在 1/2～2/3 处。调节尾气放空阀保持塔中压力稳定；稳定塔的操作 10min 左右。

② 气体吸收操作　保持吸收操作稳定 5min 以上时间，进行气体进出口含量分析，计算吸收率。

③ 增大吸收剂流量（水量）操作　按照步骤①、②，增加水流量为 500L/h 左右，其余不变，并测定气体进出口含量，计算吸收率。

④ 停车操作。

⑤ 气体含量分析。

⑥ 填写操作记录，并对吸收效率变化规律进行分析。

（2）考核评分表（各校根据自备装置自行设定）

实践与练习5

一、观察与分析

观察本实训室的装置，查找危险源，写出注意事项，列出预防方案。

二、选择题

1. 采用不规则排列法装填料时，则首先应（　　　）。

　　A. 塔内注满水

　　B. 从塔的人孔部位或塔顶将填料轻轻地倒入

C．并放净塔内的水

D．封闭人孔或顶盖

2．木格填料的装填方法是从塔底分层地向上装填，每两层木格之间的夹角为（　　）。

A．30°　　　　　　B．45°　　　　　　C．60°　　　　　　D．90°

3．木格填料装填完后，在木格上面还要用两根（　　）压牢。

A．圆钢　　　　　　B．扁钢　　　　　　C．工字钢　　　　　D．角钢

4．在运转设备进行联动试车的同时，要用清水清洗设备，直至循环水中固体杂质含量小于（　　）g/m³ 为止。

A．25×10^{-6}　　　B．50×10^{-6}　　　C．75×10^{-6}　　　D．100×10^{-6}

5．有些吸收设备用清水清洗后，还要用（　　）溶液洗去其中的油污和铁锈。

A．稀酸　　　　　　B．强酸　　　　　　C．稀碱　　　　　　D 强碱

6．塑料填料在使用前碱洗时，以下哪个操作温度是合适的（　　）。

A．25℃　　　　　　B．50℃　　　　　　C．75℃　　　　　　D．95℃

7．吸收系统在开车前置换操作中，调节塔顶喷淋量的后续步骤是（　　）。

A．向填料塔内充压至操作压力

B．启动填料塔的液面调节器，使塔底液面保持规定的高度

C．系统运转稳定后，即可连续导入原料混合气，并用放空阀调节系统压力

D．当塔内的原料气成分符合生产要求时，即可投入正常生产

8．塔顶和塔底压差（　　）时，说明塔内阻力大。

A．为0　　　　　　B．过小　　　　　　C．大小适宜　　　　D．过大

9．紧急停车操作首先应该（　　）。

A．迅速关闭原料混合气阀门　　　　　B．迅速关闭系统的出口阀

C．关闭循环液泵的出口阀　　　　　　D．关闭循环液泵的进口阀

10．关于吸收塔的操作，下列说法中，正确的选项是（　　）。

A．先通入气体后进入喷淋液体　　　　B．先进入喷淋液体后通入气体

C．增大喷淋量总是有利于吸收操作的　　D．先进气体或液体都可以

11．在吸收操作中，塔内液面波动，处理的方法有（　　）。

A．调节温度和原料气压力　　　　　　B．稳定吸收剂用量

C．调节液面调节器　　　　　　　　　D．以上三种都是

12．在吸收操作中，吸收剂（如水）用量突然下降，产生的原因可能是（　　）。

A．溶液槽液位低、泵抽空　　　　　　B．水压低或停水

C．水泵坏　　　　　　　　　　　　　D．以上三种原因都有可能

13．在吸收操作中，吸收剂（如水）用量突然下降，处理的方法有（　　）。

A．补充溶液　　　　　　　　　　　　B．使用备用水源或停车

C．启动备用水泵或停车检修　　　　　D．以上三种方法都是

14．从解吸塔出来的半贫液一般进入吸收塔的（　　），以便循环使用。

A．中部　　　　　　B．上部　　　　　　C．底部　　　　　　D．上述均可

15．吸收塔尾气超标，可能引起的原因是（　　）。

A．塔压增大　　　　　　　　　　　　B．吸收剂降温

C．吸收剂用量增大　　　　　　　　　D．循环吸收剂浓度较高

三、填空题

1. 乱堆填料安装前，应先在填料塔内注满_____。

2. 木格填料中通常含有树脂，在开车前必须用碱液对木格填料进行_____处理。

3. 填料塔开车时，我们总是先用较_____的吸收剂流量来润湿填料表面，甚至淹塔，然后再调节到_____的吸收剂用量，这样吸收效果较好。吸收塔操作时应该经常调节_____，保持吸收塔液面稳定。

4. 吸收装置长期停车操作时，要将系统中的溶液排放到_____，然后用清水洗净；若原料气中含有易燃易爆物，则应用_____对系统进行置换。

四、简答题

1. 吸收装置在操作中为何要控制尾气放空阀的开度？

2. 吸收塔的塔底为什么要有液封？液封高度如何计算，操作中是如何控制液封高度的？

3. 当气体温度和液体温度不同时，应用什么温度计算亨利系数？

4. 测定吸收率在实际生产中有何意义？

5. 根据操作数据（附表三）绘制填料层的压力降与空塔气速的关系图。

🌐 技创未来

化工吸收解吸新技术：国内工业化创新实践

在"双碳"目标与工业智能化转型的浪潮下，化工吸收解吸技术正迎来重大革新。国内企业与科研团队通过产学研深度融合，攻克传统技术能耗高、效率低等难题，其中中节能万润股份有限公司在挥发性有机物（VOCs）治理领域的技术突破，成为行业创新标杆。

传统吸收解吸工艺处理 VOCs 时，普遍存在吸收剂循环量大、再生能耗高、二次污染风险大等问题。中节能万润联合高校团队，研发出"纳米流体吸收剂-微通道强化设备-智能热集成"协同技术体系，实现全流程优化。

在核心材料创新上，团队开发出新型纳米流体吸收剂。该吸收剂以特殊有机溶剂为基体，分散纳米级多孔材料与功能助剂，通过纳米材料的高比表面积和特殊吸附位点，将对苯、甲苯等 VOCs 的吸收速率提升40%，吸收容量增加35%。同时，纳米颗粒的稳定分散抑制了吸收剂的挥发损耗，循环使用寿命延长至传统吸收剂的3倍。

设备层面采用微通道强化吸收解吸装置。微通道反应器内部流道尺寸仅 $0.1\sim1mm$，气液接触面积较传统塔器提升200倍，传质系数提高50%，使吸收解吸效率大幅提升。装置还集成高效内构件，通过优化气液分布和流动状态，进一步强化传质过程，设备体积缩小至传统设备的1/5。

智能热集成系统为技术注入"智慧基因"。系统部署近百个传感器，实时监测温度、压力、组分浓度等参数，基于 AI 算法动态调控吸收解吸温度、流量等操作条件。当进料中 VOCs 浓度波动±10%时，系统可在2min内自动完成参数优化，确保处理效率稳定。同时，系统回收解吸过程的余热用于预热吸收剂和进料气体，将整体能耗降低30%。

该技术应用于某化工园区的 VOCs 治理项目后，成效显著：处理规模达 $50000m^3/h$，VOCs 去除率从传统工艺的85%提升至98.5%，达到严苛的地方排放标准；吸收剂循环量减少40%，年节约运行成本1200万元；装置运行稳定性大幅提高，人工干预频次降低80%。项目投资回收期仅1.2年，成为国内 VOCs 治理领域高效、低碳的示范工程。

中节能万润的技术突破，不仅为化工行业的污染治理提供了新方案，更推动吸收解吸技术向绿色化、智能化方向迈进，为行业高质量发展提供了有力支撑。

🌱 身边榜样

化工领域的领航者

程晓曦，1960 年出生，作为化工领域的杰出人物，在行业内留下了浓墨重彩的印记。他毕业于南京化工学院化工自动化及仪表专业，后于南京大学取得 EMBA 学位，专业知识与管理智慧兼具，为其职业生涯奠定了坚实基础。

自投身扬州农药厂（江苏扬农化工集团有限公司前身）以来，程晓曦从工程科技员起步，历经三车间副主任、主任、生产科科长、副厂长等岗位历练，凭借扎实的专业素养和卓越的领导才能，逐步成长为江苏扬农化工集团有限公司（简称扬农集团）董事、常务副总经理，直至担任董事、总经理、副董事长、党委书记、董事长等要职。在扬农的岁月里，他扎根企业，对厂里的装置、道路了如指掌，每天提前半小时到岗，下班后还会在办公室忙碌两小时处理事务，用勤勉和敬业诠释着对工作的热爱。

在企业管理与发展方面，程晓曦成果斐然。他带领扬农 3100 名员工不断实现跨越，推动企业持续革新。2013 年，在他的积极推动下，中化集团、扬州市政府、扬农集团签署三方战略合作协议，为企业发展注入强大动力。在他的引领下，扬农集团深度参与国际竞争，于 2017 年成为扬州首家营销过百亿的本土企业，成长为全球化工行业分工中的重要力量。

程晓曦不仅关注企业经济效益，更注重企业的廉洁建设与文化发展。在党风廉政宣传教育活动中，他结合扬农发展形势，对关键岗位作出廉洁提醒，强调在项目建设中要打造"廉洁"工程、开展"阳光"事业。

如今，程晓曦担任中化国际（控股）股份有限公司董事、副总经理、党委委员，继续在化工领域发光发热。2010 年，他荣获"全国劳动模范"称号，这一荣誉是对他多年来在化工行业辛勤耕耘、卓越贡献的高度认可。他以丰富的经验、创新的思维和坚定的信念，为化工行业的发展树立了标杆，激励着更多从业者奋勇前行。

本情境主要符号意义

英文字母

C——液相中溶质的摩尔浓度，$kmol/m^3$；

C_A——组分 A 在液相中的摩尔浓度，$kmol/m^3$；

$C_总$——液相中总摩尔浓度，$kmol/m^3$；

D——①分子扩散系数，m^2/s；②塔径，m；

D_e——涡流扩散系数，m^2/s；

E——亨利系数，其单位与压力单位一致；

F——总吸收面积，m^2；

g——重力加速度，m/s^2；

G_A——吸收塔的吸收负荷，kmolA/s；

H——溶解度系数，$kmol/(kN·m)$；

H_{OG}——气相总传质单元高度，m；

H_{OL}——液相总传质单元高度，m；

k_x——液膜吸收系数，$kmol/(m^2·s·$ kmol 吸收质/kmol 吸收剂)；

K_X——液相吸收总系数 $kmol/(m^2·s·$ kmol 吸收质/kmol 吸收剂)；

k_y——气膜吸收系数，$kmol/(m^2·s·$ kmol 吸收质/kmol 惰性组分)；

K_Y——气相吸收总系数 $kmol/(m^2·s·$ kmol

吸收质/kmol 惰性组分）；

L_S——单位时间内通过吸收塔的吸收剂，kmolS/s；

L_{Smin}——最小吸收剂用量，kmolS/s；

$(L_S/V_B)_{min}$——最小液气比；

m——相平衡常数；

M_S——收剂的摩尔质量，kg/kmol；

N_A——组分 A 的分子扩散速率，kmolA/$(m^2 \cdot s)$；

N_{OG}——气相总传质单元数；

N_{OL}——液相总传质单元数；

p_A——溶质在气相中的分压，kN/m^2；

p_A^*——溶质在气相中平衡分压，kN/m^2；

$p_总$——气相总压，kPa；

u——空塔气速，m/s；

u_F——泛点气速，m/s；

V_B——单位时间内通过吸收塔惰性气体量，kmolB/s；

V_P——填料层体积，m^3；

V_S——操作条件下混合气体的体积流量，m^3/s；

x_A——溶质在液相中的摩尔分数；

X^*——气、液相平衡时，每 kmol 吸收剂中含有溶质的 kmol 数；

X_1——出塔液中吸收质的比摩尔分率（kmol 吸收质/kmol 吸收剂）；

X_2——进塔液中吸收质的比摩尔分率（kmol 吸收质/kmol 吸收剂）；

X_i——吸收质组分在相界面的比摩尔分率，

kmol 吸收质/kmol 吸收剂；

y_A——气相中溶质的摩尔分数；

Y^*——气、液相平衡时，每 kmol 惰性组分中含有气体溶质的 kmol 数；

Y_1——进塔气体中吸收质的比摩尔分率，kmol 吸收质/kmol 惰性组分；

Y_2——出塔气体中吸收质的比摩尔分率，kmol 吸收质/kmol 惰性组分；

Y_i——吸收质组分在相界面处的比摩尔分率，kmol 吸收质/kmol 惰性组分；

Z——①沿扩散方向的距离，m；②填料层高度，m。

希腊字母

α——单位体积填料层所提供的有效接触面积/比表面积，m^2/m^3；

α/ε^3——干填料因子，m^{-1}；

ω_L——液体的质量流量，kg/s；

ω_V——气体的质量流量，kg/s；

ε——空隙率，以表示，m^3/m^3；

μ_L——液体的黏度，mN·s/m^2；

ρ——密度，kg/m^3；

ρ_L——液体的密度，kg/m^3；

ρ_V——气体的密度，kg/m^3；

ρ_s——填料层的堆积密度，kg/m^3；

φ——填料因子，m^{-1}；

ψ——液体密度校正系数；

Ω——塔的截面积，m^2。

学习情境七
干燥过程及设备的选择与操作

 教学目标

知识目标：

1．了解干燥操作在化工生产中的应用。

2．掌握干燥的基本原理，理解影响干燥效果的因素。

3．熟悉干燥操作方式和各种类型干燥设备的结构。

能力目标：

1．能够针对具体的干燥任务，确定合理的干燥方案。

2．能对干燥过程的设备做出正确的选择。

3．能熟练操作干燥装置，并能对操作效果进行正确分析，能根据运行中的情况对参数的进行控制与调节。

4．能对生产中的事故进行分析和处理，会正确使用生产装置的安全设施。

素质目标：

1．强化跨岗位协作意识，提升团队合作能力。

2．养成技术经验沉淀的良好习惯，通过总结与反思，持续挖掘自身职业发展潜力。

引言

干燥是除去固体物料中少量水分的单元操作，在化工生产中的应用很广泛，许多固体产品依据它在贮存、运输、加工和应用诸方面的不同要求，其中湿分的含量都有规定的标准。例如，聚氯乙烯的含水量须低于0.3％，否则在其制品中将有气泡生成；一级尿素成品含水量不能超过0.5％；固体染料若含水量过高，染料贮藏时将会结块、分层，各层中的染料含量不一致，给使用单位配料时造成困难，由于各层的染料强度不一样，印染时产品就会出现色差，影响印染产品品质；抗生素的含水量太高则会影响其使用期限等等。干燥在其他工农业部门也得到广泛的应用，如农副产品的加工、造纸、纺织、制革、木材加工和食品加工业中，干燥都是必不可少的操作。

工程项目　　聚氯乙烯颗粒干燥方案的拟订

　　某 PVC 生产厂家，采用悬浮聚合法生产聚氯乙烯树脂，其生产能力为 9000t/a，要求对外销售成品中水分含量必须低于 0.3%（为质量百分数，下同）。在悬浮聚合工艺中，从聚合釜出来的聚氯乙烯浆料经汽提塔脱除氯乙烯单体、离心脱液后，仍然含有大量的水分，其含水量一般在 22%～28%，因此必须对分离后的湿树脂进行去湿，以达到成品树脂的含水量要求。请拟定一个合适的方案完成此任务。

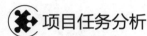 调查研究

> 查阅有关资料了解聚氯乙烯的性质、用途、安全注意事项、工业生产方法。

 项目任务分析

　　要将聚氯乙烯粗产品的含水量由 22%～28% 降到 0.3% 以下，这是一个固体物料的去湿任务，要完成该去湿任务，首先必须明确物料的去湿方法有哪些？本任务应该选什么方法？当去湿方法确定后，还要明确用什么样的流程？什么样的设备？操作条件如何？设备如何操作？

任务一　除湿方法的认识

一、观察与思考

【案例 7-1】　电吹风机工作过程。

　　在我们日常生活中经常用到干燥。比如，去理发店理发、洗发之后，一般都用电吹风机将头发吹干，如图 7-1 所示。

图 7-1　电吹风机工作过程

👥 **思考题**

> 图 7-1 中电吹风机的工作原理是什么？ 为什么用热风吹比用冷风吹头发干得快？

【案例 7-2】　中药颗粒剂型生产中的干燥。

图 7-2 所示为中成药企业广泛使用的、中药液喷雾干燥一步造粒的工艺流程。其工作过程是：将定量的干燥辅助料颗粒加入螺旋给料入口，由上部进入干燥塔，经过过滤的空气经加热器加热后从干燥塔底部进入。热空气进入后将加入的辅助颗粒吹成沸腾层，辅助颗粒被加热到指定温度后启动空气压缩机，药液在贮罐内被压缩空气加压后，通过喷嘴与压缩空气混合雾化，喷出的药液吸附在沸腾床的辅助料颗粒表面，同时，开动搅拌设备不断地搅拌，被热空气干燥的沸腾床的颗粒逐渐增加，至出料口出料，尾气由塔顶经引风机排出。干燥塔内排出的药液以雾状与热空气接触，其中的水分部分被蒸发，余下被干粉（辅助颗粒）吸附，随其在沸腾过程受热，水分不断蒸发，干粉又不断吸附，体积逐渐增大，同时又被搅拌器推动打碎，呈旋转液化状，在这过程水分又不断蒸发，颗粒不断被干燥并逐渐增多。

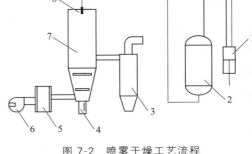

喷雾干燥在中成药
制备中的应用

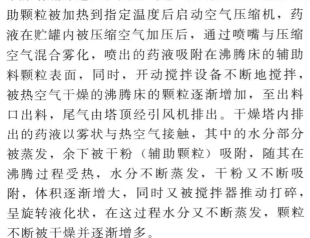

图 7-2　喷雾干燥工艺流程
1—空气压缩机；2—药液贮罐；3—旋风分离器；
4—可变速搅拌器；5—电加热器；6—风机；
7—干燥塔；8—喷嘴

干燥塔内颗粒较小、较干的物料在热空气的吹送和搅拌器的推动下沸腾至上部，而颗粒较大、较湿的物料处于底部；粘在塔壁的药物因受热很快剥离；由于锥底部分气速较大，较大的颗粒在锥底的下部，受高温和较大气流的吹动，表面很快干燥；较小的颗粒浮在上部，由于气体速率低，不会很快被带走，只有物料层增加到出料口附近时才会被大量带走，从旋风分离器得到产品颗粒，从而保证了出料的连续性。这样就达到了一次性干燥出干颗粒，而且干颗粒含水量低于 3%。

👥 **思考题**

> 图 7-2 中为什么中药颗粒剂型的生产用这样的生产工艺？ 物料的干燥方法还有哪些？ 为什么用空气？ 空气的作用是什么？ 为什么干燥塔的结构是这样的形状？

二、工业常用的去湿方法

1. 固体物料常用的除湿方法

① 机械去湿法　利用重力或离心力除湿，如前已介绍的沉降、过滤、离心分离等方法，这类方法除湿速度快而且能量消耗较少、费用低，但只能除去湿物料中液滴状的部分湿分，其去湿程度不高，因而它只能用于溶剂无需完全除尽的情况。

干燥的定义

② 物理去湿法　利用某种吸湿性能比较强的化学药品（如无水氯化钙、苛性钠）或吸附剂（如分子筛、硅胶）来吸收或吸附湿物料中的水分的。这种方法费用较高，只适用于小批量物料去湿。

③ 干燥　是用热能使湿分汽化加以除去的方法，即用加热的方法使水分或其他溶剂汽化以除去固体物料中湿分的操作。

虽然机械去湿法消耗能量较少，但是只能除去物料中的一部分水分。在化工生产中，为了使去湿的操作经济而有效，常先用机械去湿法除去物料中的大部分湿分后再进行干燥，所以干燥操作常在结晶、过滤、离心分离等操作过程之后进行，以获得合格产品。

2．工业常用干燥方法的认识

由于干燥是利用热能使固体物料中的湿分汽化加以除去的操作，因此，根据热能传给湿物料的方式不同干燥可分为以下几类。

① 传导干燥　传导干燥热能是以传导的方式传给湿物料的。图 7-3 是典型的传导干燥设备——双滚筒干燥器。两滚筒的旋转方向相反，部分表面浸在料槽中，从料槽中转出来的那部分表面沾上了一定厚度的薄层料浆。加热蒸汽通入滚筒内部，通过筒壁的热传导，使物料中的水分蒸发，滚筒转动一周，物料即被干燥，并由滚筒壁上的刮刀刮下，经螺旋输送器送出。

② 对流干燥　对流干燥又称为直接加热干燥。载热体（干燥介质）将热能以对流方式传给与其直接接触的湿物料，以供给湿物料中水分汽化所需要的热量，载热体离开时将蒸汽带走。

图 7-4 是典型的对流干燥设备——单层圆筒流化床干燥器。散粒状湿物料由加料器加入干燥器内，空气经预热后自分布板下端通入，在流化床内，热能以对流方式由热空气传给沸腾的湿物料，水分从湿物料中汽化，水汽自物料表面扩散至热空气主体之中，通过干燥热空气的温度下降而其中水汽的含量则增加。空气由流化床干燥器的顶部排出至旋风分离器分离出所带颗粒，干燥产品则由干燥器侧出料口卸出。

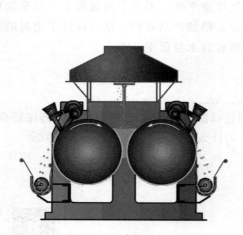

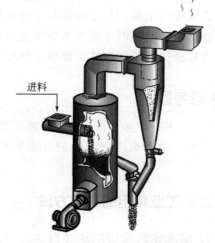

图 7-3　双滚筒干燥器　　　　　　　　　图 7-4　单层圆筒流化床干燥器

在流化床干燥器的操作中作为干燥介质的热空气，既是载热体又是载湿体。在对流干燥中，热空气的温度容易调节，物料不致被过热。但是，热空气离开干燥器时，将相当大的一部分热量带走，故热能利用程度比传导干燥差。

③ 辐射干燥　热能以电磁波的形式由辐射器发射，射至湿物料表面被其吸收再转变为热能，将水分加热汽化而达到干燥目的。

辐射源可分为电能和热能两种。用电能的，例如：采用专供发射红外线的灯泡，照射到被干燥物料而加热进行干燥。采用热能的，例如：将预先混合好的煤气和空气混合气体冲射在白色的陶瓷材料板上发生无烟燃烧，当辐射面温度达到 $700\sim800\text{K}$ 时即产生大量的红外线，以电磁波形式照射在湿物料上进行干燥。

红外线干燥比上述对流或传导干燥的生产强度要大几十倍，产品干燥均匀而洁净，设备紧凑且使用灵活，可以减少占地面积，缩短干燥时间。但其电能消耗大。因此，红外线干燥适用于表面积大而薄的物料，如塑料、布匹、木材、油漆制品等。

④ 介电加热干燥　将需要干燥的物料置于高频电场内，由于高频电场的交变作用使物料加热而达到干燥的目的。

如果，电场的频率低于 $3\times10^{9}\text{Hz}$ 的称为高频加热；频率在 $3\times10^{9}\sim3\times10^{12}\text{Hz}$ 的超高频加热，称为微波加热干燥，工业和科研上微波加热所用的频率为 $9.15\times10^{9}\text{Hz}$ 和 $2.45\times10^{10}\text{Hz}$ 两种。

在一般的传导和对流方式中，由于热能皆是从物料表面传至内部，物料表面温度高于内部温度，而水分则由内部扩散至表面。在干燥过中，物料表面水分先汽化从而形成绝热层，增加内部水分扩散至表面的阻力，所以物料干燥时间较长。而介电加热干燥则相反，湿物料在高频电场中很快被均匀加热，由于水分的介电常数比固体物料的要大得多，因此，物料内部所吸收的电能或热能也较多，物料内部的温度比表面的高。由于温度梯度与水分的浓度梯度的方向相同，故增大了物料内部水分的扩散速率，从而使干燥时间缩短，所得的干燥产品也亦均匀而洁净。但此种方法费用较大，普遍推广受到一定限制。

上述各种干燥方式有的是连续操作，有的是间歇操作；根据操作压力分，有的是常压操作，有的是真空操作。

在上述四种干燥过程中，目前在工业上应用最普遍的是对流干燥。通常使用的干燥介质是空气，被除去的湿分是水分。

3. 对流干燥过程分析

在对流干燥过程中，干燥介质即热气流将热能传至物料表面，再由表面传至物料的内部，这是一个传热过程；水分从物料内部以液态或气态扩散透过物料层而达到表面，然后，水汽通过物料表面的气膜扩散至热气流的主体，这是一个传质过程。可见物料的干燥过程是属于传热与传质相结合的过程。

为了使干燥过程能够进行，必须使被干燥物料表面所产生水汽（或其他蒸汽）的压力大于干燥介质中水汽（或其他蒸汽）的分压，压差愈大，干燥过程进行愈快。所以，干燥介质需及时将汽化的水汽带走，以保持一定的汽化水分的推动力。图 7-5 表明在对流干燥过程中，热空气与被干燥物料表面间的传热与传质情况。

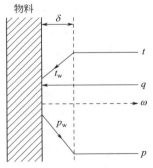

图 7-5　热空气与物料之间的传热与传质

t—空气主体的温度；t_w—湿物料表面的温度；p—空气主体中水汽的分压；p_w—物料表面的水蒸气压；q—气体传给湿物料的热量；w—物料表面汽化的水分量；δ—气膜的厚度

任务解决1

聚氯乙烯去湿方法的确定

要将聚氯乙烯含水量由 $22\%\sim28\%$，降到 0.3% 以下，其去湿要求是比较高的，机械去湿法是无法实现的，又由于聚氯乙烯树脂的生产能力是 $9000t/a$，也就是每小时要得到 $1250kg$ 左右的干物料，处理量是比较大的，物理去湿法也不可能做到，因此，只能在机械去湿的基础上再利用干燥手段去湿。

之前已知道：传导干燥中热量以热传导的方式通过固体壁面传给湿物料，热能利用率高，但是物料温度不易控制，容易过热变质；辐射干燥虽然生产强度大，产品清洁且均匀干燥，但是能耗高；而介电加热干燥只适用于小批量物料干燥；对流干燥热量以对流的方式传给湿物料，并带走汽化后的湿蒸汽，在对流干燥中，干燥介质的温度容易控制，被干燥的物料又不易过热。

由于聚氯乙烯树脂的耐热性较差，软化点为 $80℃$，于 $130℃$ 开始分解变色，并析出 HCl 气体。因此综合考虑：聚氯乙烯的去湿任务，我们只能选择对流干燥方式。

实践与练习1

一、选择题

1. 干燥过程继续进行的必要条件是（   ）。
   A. 物料表面的水蒸气压力大于空气中水蒸气分压
   B. 空气主体的温度大于物料表面的温度
   C. 空气的湿度小于饱和湿度
   D. 空气的量必须是大量的

2. 以下关于对流干燥的特点，不正确的是（   ）。
   A. 对流干燥过程是气、固两相热、质同时传递的过程
   B. 对流干燥过程中气体传热给固体
   C. 对流干燥过程中湿物料的水被汽化进入气相
   D. 对流干燥过程中湿物料表面温度始终恒定于空气的湿球温度

二、填空题

1. 干燥是利用＿＿＿＿＿＿使物料中的湿分汽化并加以除去的操作。干燥按操作压力分为＿＿＿＿＿＿＿＿＿、＿＿＿＿＿＿＿＿＿；按热能传给湿物料的方式不同，干燥可分为＿＿＿＿＿、＿＿＿＿＿、＿＿＿＿＿、＿＿＿＿＿。

2. 传导干燥中热能是以＿＿＿＿＿方式传给湿物料的；辐射干燥热能是以＿＿＿＿＿的形式由辐射器发射，射至湿物料表面被其吸收再转变为热能，将水分加热汽化而达到干燥目的。

3. 对流干燥又称为＿＿＿＿＿干燥。干燥介质将热能以＿＿＿＿＿方式传给与其直接接触的湿物料，以供给湿物料中水分汽化所需要的热量，并将汽化产生的水蒸气带走。

4. 在对流干燥过程中，作为干燥介质的湿空气，既是＿＿＿＿＿体又是＿＿＿＿＿体。干

燥过程是一个传热和传质相结合的过程。

5．对流干燥过程连续进行的必要条件是：物料表面的水蒸气压力必须＿＿＿＿＿干燥介质空气中水蒸气分压。

三、简答题

1．何谓干燥操作？干燥过程得以进行的条件是什么？

2．常用的干燥方法有哪几种？对流干燥的实质是什么？

四、课外调查

去附近的制药企业或食品加工企业了解药品或食品的干燥方法。

任务二　对流干燥流程与干燥设备的确定

在任务一已经掌握了干燥的基本概念，了解了几种基本的干燥方式。在任务解决1中，已经决定采用对流干燥的方式，对聚氯乙烯产品进行干燥。本任务中我们要完成干燥流程和干燥设备的确定。

一、固体物料对流干燥流程的认识

固体物料对流干燥的流程工业上有许多，最典型的主要有以下几种。

1．空气中间加热的对流干燥

如图7-6所示，在这种流程中，不是将空气一次预热，而是在干燥室内设有几个预热器，使通过干燥器的空气经过几次加热从而弥补或补充不断失去的热量，温度控制在不至于对物料产生有害影响的范围内。采用这种操作方式的主要目的是：降低干燥操作的温度，减少干燥介质——空气的进出口之间的温度差。

2．废气部分循环的干燥操作流程

如图7-7所示的流程中，将从干燥器出来的废气分成两部分，一部分排入大气中，另一

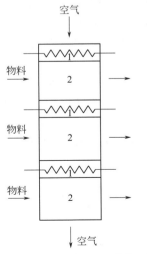

图 7-6　空气中间加热的对流干燥

1—预热器；2—干燥室

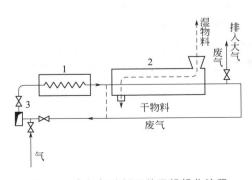

图 7-7　废气部分循环的干燥操作流程

1—空气预热器；2—干燥室；3—送风机

部分引入鼓风机的入口与新鲜空气加压混合后送入预热器（或直接送入干燥室，如图中虚线所示），加热后进入干燥室。

废气部分循环的干燥流程有以下优点。

① 可以干燥那些只允许在湿空气内干燥的物料（如木材等）。因为废气循环可以使进入干燥器的空气具有任意的饱和度。

② 可以很精确而且灵活地调节干燥室内的空气湿度。

③ 可以使空气以较大的速率通过干燥器，尽可能地做到空气进出干燥器时的温度和湿度变化很小。

④ 因为空气的温度较低，系统的热损失较少，此外废气中的热量得到回收可提高干燥操作的热效率。

3. 返料干燥的干燥流程

返料干燥是将干燥产品（干物料）的一部分掺合于湿物料之中，以降低进口湿物料含水

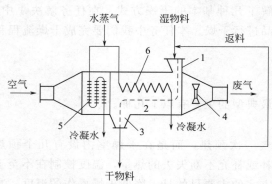

图 7-8　有返料的干燥流程示意图

1—加料口；2—干燥器；3—卸料口；

4—抽风机；5、6—空气预热器和加热器

量的目的，这部分干燥产品称为返料。返料的干燥过程是将出口干物料的一部分用输送装置引至湿物料进口，与湿物料混合后进入干燥室。返料的比例依需要而定。图 7-8 即为有返料的干燥流程示意图。

物料在连续或旋转的干燥过程中，因物料含水量过大，或因湿度大而致使干燥过程中发生物料结球或结疤现象，或因含水量大而造成出料温度低而达不到产品要求时，均可以返料的方式来解决。因此，返料对于某些物料的干燥操作的顺利进行和保证产品质量是必不可少的重要工艺手段，同时可以缩小设备规模。

返料的量可根据湿物料的最初含水量的高低和工艺要求而定。例如：碳酸氢钠的干燥必须采用返料方式进行，以将碳酸氢钠的湿基含水量由原来的 15%～20%降到 9.5%以下，否则将会产生结疤和包锅现象，若碳酸氢钠的原含水量为 20%则每吨需返回 1.5t，含水量为 14%时，则返料量为 1t。

以湿空气为干燥介质的对流干燥设备虽然有许多种，但其干燥流程大同小异，基本上由风机、预热器和干燥器三部分组成，可以用图 7-9 来示意。其工作过程为：在风机的帮助下，空气首先经预热器加热到一定温度后，再进入干燥器。在干燥器内，温度较高的热空气与湿物料直接接触，热能以对流的方式由空气传给湿物料，湿物料受热后湿物料中的湿分汽

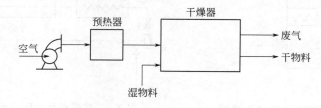

图 7-9　对流干燥流程示意图

化产生湿分蒸汽，蒸汽通过表面处的气膜扩散到空气中并随空气一起离开干燥器。在干燥器内空气温度沿其行程可能有所下降，但其湿分含量则有所增加。当然在不同的干燥流程中，风机所处的位置可能不同，有的风机在新鲜空气入口处、有的风机则在废气的出口处。

 思考题

在对流干燥流程中，为什么要设置预热器？

二、常见的对流干燥设备的认识

由于被干燥物料的形状（如块状、粒状、浆状及膏状等）和性质（耐热性、含水量、黏性、酸碱性、防爆性等）不同；生产规模或生产能力差别很大；对于干燥后的产品要求（含水量、形状、强度及粒径等）也不尽相同，因此在化工生产中，不仅干燥流程有差异，所用的干燥设备的形式也是多种多样的。下面介绍几种常用的对流干燥设备。

1. 转筒干燥器

转筒干燥器是回转圆筒干燥器的简称，其结构如图 7-10 所示。它的主体是一个与水平线略成倾斜（一般为 $0.5°\sim6°$）的旋转圆筒，圆筒的全部重量支承在滚轮上，筒身被带动而旋转。

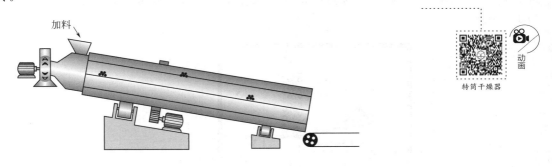

加料

转筒干燥器

动画

图 7-10　转筒干燥器

圆筒的转速一般为是 $1\sim8r/min$。湿物料从圆筒较高的一端的加料口加入，随转筒的回转不断前进，经干燥后从较低的一端排出；而热空气则从下端进入，而且与物料一般成逆流并直接接触（在食品工业中为防止干燥介质污染物料，则采用热夹套通过筒壁间接加热）。为了使干燥介质与物料接触良好和增大接触面积以提高干燥速率，在转筒壁上装有抄板，它把物料抄起来又撒下去。抄板有多种形式，图 7-11 是三种比较常用的形式，抄板的个数与筒径之比为 $n_0/D=6\sim8$。抄板的高度要大到不至于被干燥器的底部料层把其尖端埋起来，约为滚筒内径的 $1/8\sim1/12$。

转筒干燥器的特点是：生产能力大，水分蒸发量可高达 $10t/h$；能适应被干燥物料的性质变化，即加入物料的水分、黏度等有很大变化时也能适用；耐高温，能使用高温热风干燥。但热效率较低仅为 50% 左右，如果采用风量大的循环热效率可提高到 80% 左右，但结构复杂，传动部件需经常维修，且消耗钢材量大，基建费用较高，占地面积大。

转筒干燥器适用于大量生产的粒状、块状、片状物料的干燥，如各种结晶体、有机肥料、无机肥料、矿渣、水泥等物料。所处理的物料含水量范围为 $3\%\sim50\%$；产品含水量可降到 0.1% 左右。

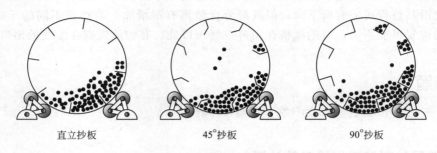

直立抄板　　　　　　　45°抄板　　　　　　　90°抄板

图 7-11　常用的抄板形式

2. 厢式干燥器

图 7-12 所示为一间歇操作的常压厢式干燥器，又称为盘架式干燥器。一般小型的称为烘箱，大型的称为烘房。其主要结构是一外壁绝热的厢式干燥室，厢内支架上放有浅盘，或将浅盘装在小车上推入厢内，被干燥物料堆放在盘中，一般物料层厚度为 10～100mm。新鲜空气由风机送入，经加热器预热后沿挡板均匀地进入下部几层放料盘，再经中间加热器加热后进入中部几层放料盘，而后再经中间加热器加热后进入最上部几层放料盘，而后使部分废气排出，余下的循环使用，以提高热利用率，废气循环量可以通过调节门进行调节。当热空气在物料上掠过时即起干燥作用。空气的流速由物料的粒度而定，一般为 1～10m/s。

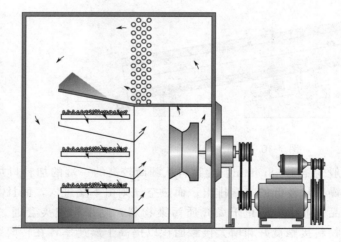

图 7-12　常压厢式干燥器

厢式干燥器的优点是结构简单，制造较容易，适应性较强。它适用于干燥粒状、片状及膏状物料，较贵重的物料，批量小干燥程度要求较高、不允许粉碎的、易碎的脆性物料，以及随时需要改变风量、温度和湿度等干燥条件的情况。

厢式干燥器的缺点是干燥不均匀，由于物料层是静止的，故干燥时间较长，此外装卸物料时劳动强度大。

3. 带式干燥器

带式干燥器是最常使用的连续式干燥装置，如图 7-13 所示。它是在一个长方形的干燥室或隧道中，装有带式运输设备。传送带多为网状，气流与物料成错流，物料在带上被运送的过程中不断地与空气接触而被干燥。传送带可以是多层的，带宽为 1～3m，长为 4～50m。通常在物料的运动方向上分成许多区段，每个区段都可设风机和加热器。在不同区段上，气流方向及气体的温度、湿度和速率都可不同。由于被干燥物料的性质不同，传送带可用帆布、涂胶布、橡胶或金属丝网等制成。

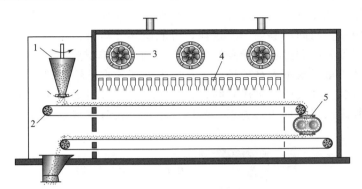

图 7-13　带式干燥器

1—加料器；2—传送带；3—风机；4—热空气喷嘴；5—压碎机

带式干燥器中的物料在干燥过程中，物料是以静止状态堆积于金属丝网或其他材料制成的水平循环输送带上进行通风干燥，故物料翻动少，不受扰动和冲击，无破碎等损坏，可保持物料的形状，且利于防止粉尘公害，可同时连续干燥多种固体物料。适用于干燥粒状、块状和纤维状物料，但热效率不高，约在 40％。

教学视频

流化床干燥器

4．流化床干燥器

流化床干燥器又称为沸腾床干燥器，也是固体流态化技术在干燥中的具体应用。图 7-14 为单层圆管流化床干燥器，热空气由多孔分布板底部送入，经多孔板而均匀分布并与板上湿物料直接接触。当气速较低时颗粒层不动，热气流从颗粒层中的缝隙中通过，这样的颗粒层称为固定床。当气速增加到一定程度时颗粒层开始松动，当气速再增加至某一个数值时，颗粒将悬浮于上升的热气流中。此时的床层称为流化床。沸腾干燥就是指在流化状态下的干燥。

流化状态下颗粒在热气流中上下翻动，相互碰撞、混合，气固两相间充分接触实现热量、质量传递，固体物料被干燥。夹带有部分物料小颗粒的废气由顶部排出，经旋风分离器进行回收。达到预期干燥要求后减少气速，固体物料颗粒重新落下，并从出料管卸出。流化状态下，气固之间的接触面积很大，传热、传质速率高，这也是一种高效干燥设备。

流化床干燥器结构简单，造价低，活动部件少，操作维修方便。特别适用于处理颗粒状物料，而且粒径最

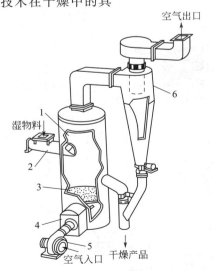

图 7-14　单层圆管流化床干燥器

1—沸腾室；2—加料器；3—分布板；
4—预热器；5—风机；6—旋风分离器

好在 $30\mu m \sim 6mm$ 之间。因为粒径太小时，气流通过分布板后易产生局部沟流；粒径过大，则需要较高气速才能使其流化，而气速高，流体阻力增加物料磨损严重。流化床干燥器内物料停留时间长，而且可以任意调节，能除去物料中的结合水分，产品的最终含水量可降得很低；操作时热空气的流速较小，物料磨损小，废气中粉尘含量少，容易收集，操作费用少，热效率也较高，所以在工业生产中应用也很广泛。

　　流化床干燥器的缺点是：运行过程中，颗粒在床层内高度混合，易引起物料的返混和短路，使其在床层内停留时间不够均匀。这样，可能使部分物料未完全干燥就离开干燥器，而另一部分物料则因停留时间过长而导致过度干燥。因此，单层流化干燥器仅应用于易干燥、处理量大而对产品质量要求不太高的场合。不适于处理含水量较高和易于黏结的物料。

　　对于干燥质量要求高或所需干燥时间较长的物料，可采用多层或多室流化床干燥器，见图 7-15。其中沸腾床的横截面为长方形，器内用垂直隔板分成多室（一般为 4～8 室）。挡板

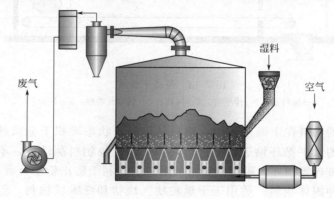

图 7-15　卧式多室流化床干燥器

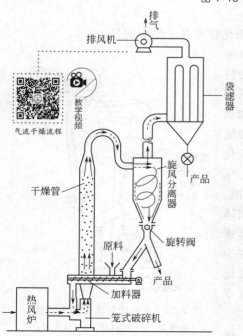

图 7-16　气流干燥器的结构

与多孔板间留有一定间隙（一般为床内静止物料层高的 1/4～1/2）使物料能逐室通过，最后越过堰板而卸出。操作时，热空气分别通入各室，因此各室的温度、湿度和流量均可调节。第一室物料较湿，热空气流量可大些；最后一室，则可通入冷空气，以冷却干燥产品，便于贮存、包装。多层或多室流化床干燥器能保证物料均匀地进行干燥，且操作稳定可靠，流体阻力较低，但热效率不高。

　　5. 气流干燥器

　　气流干燥器是一种在常压条件下，连续、高速的流态化干燥设备。

　　（1）气流干燥器的结构

　　气流干燥器的结构如图 7-16 所示，它是利用高速的热气流将细粉或颗粒状的湿物料分散悬浮于气流中，并和热气流作并流流动，在此过程中物料受热而被干燥。

　　由图可知，在气流干燥中，湿物料经螺旋加料器送入气流干燥管的底部，空气或烟道气由风机吸

入，经加热器加热到一定温度后，送入气流干燥管。由于热气流作高速流动，使颗粒能分散到悬浮气流之中，在干燥管内热气流与颗粒之间发生传热传质，使物料干燥。已干燥的物料随气流带出后，经旋风分离器而回收产品，产品通过气封由产品出口卸出包装。废气经风机抽出放空。放空前为回收废气中所带有的少量小颗粒物料，通常还设袋滤器等气固分离装置。

气流干燥是并流干燥过程的一种形式，在并流干燥过程中，通常使用的干燥介质为不饱和的热空气，高温干燥时也可采用烟道气。为了避免物料的污染或氧化，有时也采用过热蒸汽。由于过热蒸汽的比热值为 $1.92kJ/(kg \cdot ℃)$，比空气的比热值 $1.003kJ/(kg \cdot ℃)$ 高，因此在干燥过程中能提供较多的热量，过热蒸汽经加热后可循环再用，其热利用率也比热空气高。

气流干燥在化工、制药、染料、塑料等部门得到广泛的应用。国外的气流干燥器在塑料工业方面的应用占有相当的比例，我国生产的聚氯乙烯也多用此法进行干燥。

（2）气流干燥的特点

① 干燥强度大　由于干燥管内气速较高，通常为 $20\sim30m/s$，因此固体颗粒在气相中分散良好，气固两相混合近似于一单相系统，干燥的有效面积大大提高，可以把粒子的全部表面积作为有效干燥面积。由于粒子悬浮在气流中干燥，颗粒高度分散，颗粒中所含湿分大多变为表面附着的湿分，因此，物料的临界湿含量将大为降低。颗粒中的水分几乎全是以表面汽化方式除去，同时由于干燥管中的分散和搅拌作用，汽化表面不断更新，因此干燥强度较大。

物料因高速气流、粉碎机或搅拌装置而产生的搅动，使包围在粒子周围的蒸汽膜被破坏，大大提高了干燥效率。带有粉碎设备的气流干燥系统在搅拌装置中可除去总水分的65%，在粉碎机中可达70%以上。

气流干燥中，体积传热系数很大，对常用的气流干燥管，其平均值为 $2300\sim7000W/(m^2 \cdot s \cdot K)$ 比回转干燥器的体积传热系数大 $20\sim30$ 倍，而其气固相间的传热系数可达 $230\sim1200W/(m^2 \cdot s \cdot K)$。

② 干燥时间短　气固两相接触时间短，干燥时间一般在 $0.5\sim2s$。最长不超过 $5s$。由于干燥时间短，更适宜于热敏性物料或低熔点物料。

③ 热效率高　因为气固两相间是并流操作，可以采用高温的热介质进行干燥，且物料的湿含量越大，干燥介质的温度可以越高。例如：活性炭的气流干燥可以使用 600℃的热气，湿淀粉及煤的干燥可以使用 400℃的高温气体。高温气体和湿物料接触后，由于物料处于表面汽化的恒速干燥阶段，故物料温度应为气体状态的湿球温度，其值极低，一般不超过 $60\sim65℃$，而当干燥后期，即进入降速干燥阶段后，物料的温度将会上升，但气流温度已经由于物料中水分蒸发吸热而大为下降，所以产品温度不会超过 $70\sim90℃$。

高温干燥介质的应用，不但能提高气固间的传热传质速率，而且在干燥等量物料时，还可以大大降低干燥介质的用量，从而使设备体积变小，更有效地利用热能，大大提高干燥器热效率，如果保温良好，热气流的进口温度在 450℃以上时，其干燥热效率可达 $60\%\sim75\%$。若采用间接蒸汽加热空气系统，热效率较低。

④ 设备简单　由于气流干燥器结构简单，主要构造有：干燥管、风机、热源、加料器及产品收集器等，其中除风机、加料器外，无其他转动部件，故设备投资少。由于干燥器本身体积较小，故散热面积很小，热损失一般占总传热量的 5%以下，设备占地面积也很小。

与回转干燥器相比，投资节省 80% 左右，占地面积也减少 60% 左右。它把粉碎、干燥、筛分等单元操作联合在一起操作，不但流程简化，而且还可实现操作自动化。

⑤ 适用范围广　气流干燥可应用于各种粒状、粉状物料。对于高温的膏糊状物料，可以在干燥器的底部串联一粉碎机，湿物料及高温热风可直接通入粉碎机内部，使膏糊状物料边干燥边粉碎，而后进入气流干燥管继续进行干燥，从而成功地解决了膏糊状物料难于连续干燥的问题。

气流干燥器也存在一些缺点：由于气流速率较高，粒子在气流输送过程中有一定的磨损和破碎；系统阻力较大，一般在 2.94～3.92kPa 之间，故需要用高压或中压离心通风机，动力消耗大；由于气固悬浮并流操作，干燥后的物料均需由旋风分离器等各种捕集器予以分离，所以系统收尘负荷较重。对于易产生静电或干燥时放出易燃、易爆、有毒气体的物料不宜应用。

6. 喷雾干燥器

喷雾干燥器是采用雾化器将料液分散成雾滴，并利用热干燥介质（通常为热空气）干燥雾滴而获得产品的一种干燥技术。图 7-17 所示为喷雾干燥的一种流程。料液用送料泵压至喷雾器，在干燥室中喷成雾滴面分散在热气流中，雾滴在与干燥室内壁接触前水分已迅速汽化，成为微粒或细粉落到器底，产品由风机吸至旋风分离器内被回收，废气经风机排出。料液可以是溶液、乳浊液或悬浮液，也可是熔融液或膏糊液。干燥产品可根据生产需要制成粉体、颗粒、空心球或团粒。

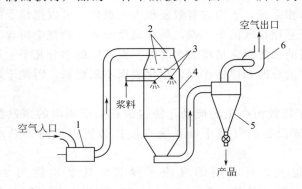

图 7-17　喷雾干燥器
1—燃烧炉；2—空气预分布器；3—压力分布器；
4—干燥塔；5—旋风分离器；6—风扇

喷雾干燥器的优点是：干燥时间短特别适用于干燥热敏性物料，所得产品为松脆的空心颗粒，溶解性能好，质量高；操作稳定；能连续化、自动化生产；能避免干燥过程中粉尘飞扬，改善劳动条件；可由料液直接得到粉末状产品，从而省去了蒸发、结晶、分离及粉碎等操作。其缺点是：体积对流传热系数小；设备体积庞大；基建费用较大；操作弹性较小及热利用率低，能量消耗大。

喷雾干燥器特别适用于热敏性物料，在合成树脂、食品、制药等工业部门中广为使用。

三、干燥器的选择

由于工业生产中被干燥的物料种类繁多，对产品质量的要求又各不相同，因此选择合适的干燥器非常重要。若选择不当，将导致产品质量达不到要求，或是热量利用率低，动力消耗高，甚至设备不能正常运行。通常，干燥器选型应考虑以下各项因素。

① 产品的质量。例如在医药工业中许多产品要求无菌，避免高温分解，此时干燥器的选型主要从保证质量上考虑，其次才考虑经济性等问题。

② 物料的特性。物料的特性不同，采用的干燥方法也不同。物料特性包括物料形状、含水量、水分结合方式、热敏性等。例如对于散粒状物料，多选用气流干燥器和沸腾床干燥器。

③ 生产能力。生产能力不同，干燥方法也不尽相同。例如当干燥大量浆液时可采用喷雾干燥器，而生产能力低时可用滚筒干燥器。

④ 劳动条件。某些干燥器虽然经济适用，但劳动强度大、条件差，且生产不能连续化。这样的干燥器特别不适宜处理高温有毒、粉尘多的物料。

⑤ 经济性。在符合上述要求下，应使干燥器的设备费和操作费用为最低。

⑥ 其他要求。例如设备的制造、维修、操作及设备尺寸是否受到限制等。

另外，根据干燥过程的特点和要求，还可采用组合式的干燥器。例如，对于最终含水量要求较高的可采用气流-沸腾干燥器；对于膏状物料，可采用滚筒-气流干燥器。

表 7-1 列出了主要干燥器的适用情况，可供选型时参考。

表 7-1　主要干燥器的选择表

湿物料的状态	物料的实例	处　理　量	适用的干燥器
液态或泥浆状	洗涤剂、树脂溶液、盐溶液、牛奶等	大批量	喷雾干燥器
		小批量	滚筒干燥器
泥糊状	染料、颜料、硅胶、淀粉、黏土、碳酸钙等的滤饼或沉淀物	大批量	气流干燥器、带式干燥器
		小批量	真空转筒干燥器
粒状 (0.01~20μm)	聚氯乙烯等合成树脂、合成肥料、磷肥、活性炭	大批量	气流干燥器、转筒干燥器、沸腾床干燥器
		小批量	转筒干燥器、箱式干燥器
块状 (20~100μm)	煤、焦炭、矿石等	大批量	转筒干燥器
		小批量	箱式干燥器
片状	烟叶、薯片	大批量	带式干燥器、转筒干燥器
		小批量	穿流式干燥器
短纤维	醋酸纤维、硝酸纤维	大批量	带式干燥器
		小批量	穿流式干燥器
一定大小的物料或制品	陶瓷器、胶合板、皮革等	大批量	隧道干燥器
		小批量	高频干燥器

🔄 任务解决2

聚氯乙烯干燥流程与设备的选择

根据聚氯乙烯是粒状的特点和该厂的生产能力为大批量生产，我们选用最基本的对流干燥流程，如图 7-9 所示。

由于气流干燥器具有以下特点：①干燥强度大；②干燥时间短；③热效率高；④设备简单；⑤适用范围广。因此在对流干燥流程中，干燥设备可选用气流干燥器。其结构与图 7-16 类似。

实践与练习2

一、填空题

1. 气流干燥器是一种在常压条件下，连续、高速的_____化干燥方法。它是利用高速的热气流将_____状的湿物料分散悬浮于_____流中，并和热气流作_____流动，在此过程中物料受热而被干燥。

2. 流化床干燥器又称为_____床干燥器，也是固体_____化技术在干燥中的具体应用。流化床干燥器结构_____，造价_____，活动部件_____，操作维修方便。特别适用于处理颗粒状物料，而且粒径最好在_____之间。

3. 与气流干燥相比，流化床干燥器内物料停留时间_____，而且可以_____调节，能除去物料内部的结合水分，产品的最终含水量可降得很_____；操作时热空气的流速较低，物料磨损_____，废气中粉尘含量_____，容易收集，操作费用_____。

4. 喷雾干燥器是采用_____器将料液分散成雾滴，并利用热_____干燥雾滴而获得产品的一种干燥技术，原料液可以是溶液、乳浊液或悬浮液。

5. 喷雾干燥器的优点是：干燥时间_____，特别适用于干燥_____性物料，所得产品为松脆的空心颗粒；操作_____，能连续化、自动化生产；可由料液直接得到粉末状产品，从而省去了_____、_____、_____及粉碎等操作。

二、简答题

1. 对流干燥的流程有哪些？各用于什么场合？

2. 采用废气循环的目的是什么？废气循环对干燥操作会带来什么影响？

3. 对流干燥设备的基本要求是什么？常用的对流干燥器有哪些？各有什么特点？用于什么物料？

三、课外调查

查阅尿素生产的有关资料，汇报尿素生产中的尿素造粒塔的结构、工作过程？

任务三　对流干燥过程操作条件的确定

在任务二中，我们完成了对干燥流程和干燥设备的选择，在本任务中我们将要确定干燥介质的类型、确定干燥操作的有关条件参数（干燥介质与物料的进出温度、湿分含量），进而确定干燥介质的用量，为计算干燥设备的尺寸提供基础数据。

一、干燥介质的选择

在对流干燥过程中，干燥介质既是载热体，又是载湿体。干燥介质的选择，取决于物料的性质、可利用的热源及干燥过程的工艺。在对流干燥中，干燥介质可采用空气、惰性气体、烟道气和过热蒸汽。当干燥操作温度不太高且氧气的存在不影响被干燥物料的性能时，可采用热空气作为干燥介质。对于某些易氧化的物料或物料中有可能蒸发出易燃易爆的气体时，则应采用惰性气体为干燥介质。烟道气适用于高温干燥，但要求被干燥的物料不怕被烟道气污染，而且不与烟气中的 SO_2 和 CO_2 等气体发生作用。由于烟道气温度高，故可强化干燥过程，缩短干燥时间。此外还应考虑介质的经济性及来源。

 任务解决3

干燥介质的确定

　　由于①聚氯乙烯树脂耐热性较差，软化点为80℃，于130℃开始分解变色，并析出HCl，因而它的干燥操作温度不能太高；②氧气的存在不影响聚氯乙烯颗粒的性能，因此聚氯乙烯的干燥可用热空气作为干燥介质。下图就是以热空气为干燥介质，使用气流干燥器的聚氯乙烯塑料干燥流程示意图。

　　工作过程如下：来自浆料贮槽的浆料过滤后进入离心机进行离心脱水。脱水后PVC树脂（含水量约为22％）经螺旋输送器送入气流干燥塔与1#鼓风机送来的热风混合，经气流干燥后进入一级旋风分离器除去含湿量较大的热风，树脂含湿量降至3％左右，从一号旋风分离器下来的树脂颗粒再经螺旋输送器从旋流干燥床中部送入，被旋流干燥床床侧的2#鼓风机送来的热风干燥，并携带进入旋风分离器与湿气流分离，然后再经一、二级悬振筛筛分，得到的干燥PVC用正压气流输送系统送到包装料仓缓存。

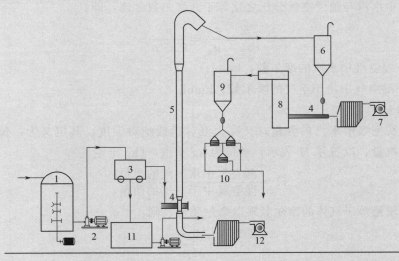

1—浆料贮槽；2—离心机进料泵；3—浆料离心机；4—螺旋加料器；5—气流干燥塔；6——级旋风分离器；
7—2#鼓风机；8—旋流干燥床；9—二级旋风分离器；10——、二级悬振筛；11—离心浆液贮槽；12—1#鼓风机

思考题

　　在本流程中为了完成干燥任务应该使用多少的空气？　1#与2#鼓风机的风量该如何确定？　如果1#鼓风机前设置预热器，预热器的热负荷如何确定？

二、干燥介质——空气用量的确定

　　在对流干燥过程中，最常用的干燥介质是热空气。我们周围的大气是由绝干空气和水汽

组成的混合物，一般称为湿空气。在对流干燥过程中，一般要将湿空气预热后再与湿物料接触，进而进行热量和水分的传递。在干燥操作中，干燥介质——空气的用量与空气的状态、物料的特性等有关。要确定空气的用量，首先必须了解湿空气的性质和湿物料中水分的性质。

（一）湿空气的性质

在干燥过程中，湿空气的水汽含量、温度及焓等性质都会发生变化，所以，在研究干燥过程之前，首先应了解表示湿空气性质及状态的参数——湿度、相对湿度、干球温度、露点、湿球温度、比容（湿容积）、比热、焓及绝热饱和温度等参数的物理意义。由于在干燥操作的前后，绝干空气仅作为湿和热的载体，其质量保持不变。因此，在讨论湿空气的性质和干燥过程的计算中，通常取1kg绝干空气为物料基准。

1. 空气中水汽分压 p

作为干燥介质的湿空气是不饱和的空气，即空气中水汽的分压低于同温度下水的饱和蒸汽压，此时湿空气中的水汽呈过热状态。由于干燥过程的操作压力较低，因此理想气体的有关定律均适用于湿空气。根据道尔顿分压定律，湿空气的总压力 P 等于绝对干空气的分压 p_g 与水汽的分压 p 之和。当总压一定时，空气中水汽的分压 p 越大，空气中水汽的含量亦越高。湿空气中水汽与绝干空气分压之比等于其摩尔数之比，即：

$$\frac{p}{p_g}=\frac{n_w}{n_g}=\frac{p}{P-p} \tag{7-1}$$

式中　n_w——湿空气中水汽的摩尔数，kmol；

　　　n_g——湿空气中绝干空气的摩尔数，kmol。

2. 湿度 H

湿度是表明空气中水汽的含量，又称为湿含量或绝对湿度。其定义为：每1kg绝干空气所带有的水汽量，以符号 H 表示，单位为 kg 水汽/（kg 干空气）。

$$H=\frac{湿空气中水蒸气的质量}{湿空气中干空气的质量}$$

因气体的质量等于气体的摩尔数乘以摩尔质量，则：

$$H=\frac{M_w n_w}{M_g n_g} \tag{7-2}$$

式中　M_w——水蒸气的千摩尔质量，18kg/kmol；

　　　M_g——空气的平均千摩尔质量，29kg/kmol。

将水和空气的摩尔质量及式(7-1)代入式(7-2)中，可得

$$H=\frac{M_w p}{M_g(P-p_g)}=\frac{18}{29}\frac{p}{(P-p)}=0.622\frac{p}{P-p}\quad kg\,水汽/（kg\,干空气） \tag{7-3}$$

由式(7-3)可知湿空气的湿度与总压及其中的水汽分压有关，即 $H=f(P、p)$。当总压一定时，湿度 H 只与水汽分压 p 有关。

若湿空气中的水汽分压 p 等于同温度下的水的饱和蒸气压 p_s 时，说明此湿空气已被水汽饱和称为饱和的湿空气，此时湿空气的含水量为该空气温度下的最大含水量，其湿度称为饱和湿度，用 H_s 表示，即

$$H_s = 0.622 \frac{p_s}{P - p_s} \qquad (7\text{-}4)$$

由于水的饱和蒸气压仅与温度有关，因此，空气的饱和湿度是总压和温度的函数，显然，饱和的湿空气是不能作为干燥介质的。

3. 相对湿度 φ

在一定的温度和总压下，湿空气中水汽分压 p 与同温度下的水的饱和蒸气压 p_s 之比的百分数称为相对湿度，用符号 φ 表示，即

$$\varphi = \frac{p}{p_s} \times 100\% \qquad (7\text{-}5)$$

相对湿度是一般用来衡量湿空气的不饱和程度。当相对湿度 $\varphi = 100\%$ 时，表示湿空气中的水汽已达饱和，此时水汽的分压等于同温度下水的饱和蒸气压，亦即湿空气中水汽分压的最高值。此时的湿空气已不能再吸收水汽。若 φ 值为零表示空气中水蒸气分压为零，即为绝干空气。一般湿空气中水蒸气均未达到饱和，且只有不饱和的湿空气才能作为干燥介质吸收水汽，其不饱和程度即用相对湿度 φ 值表示。φ 值越低，表示该空气偏离饱和程度越远，该空气吸收水汽的能力越强即干燥能力越大。因此，湿度 H 只能表示出水汽含量的绝对值，而相对湿度 φ 值却能反映出空气干燥能力的大小。

由式(7-5)可见相对湿度 φ 值是随着湿空气中的水汽分压及温度[因 $p_s = f(t)$]而变化的，即 $\varphi = f(p_s, t)$。

因 $p = \varphi p_s$，将其代入式(15-3)中，得

$$H = 0.622 \frac{\varphi p_s}{P - \varphi p_s} \qquad (7\text{-}6)$$

由上式可得

$$\varphi = \frac{HP}{Hp_s + 0.622 p_s} \qquad (7\text{-}7)$$

由此可知，$\varphi = f(P, p_s, H)$，而 $p_s = f(t)$。当总压一定时，只要知道湿空气的温度和湿度，就可以根据温度查出水的饱和蒸汽压后代入式(7-7)，进而求得相对湿度。

讨论

① 当 H、P 一定时，空气的温度升高，相对湿度 φ 值如何变化？
② 对流干燥流程中空气经过预热器前后温度、湿度、相对湿度的变化情况。

思考题

某地某日早晨 8:00，空气温度为 14℃，相对湿度百分数为 87%，中午时最高气温为 25℃，请问：该日的空气湿度 H 是多少？ 中午时的相对湿度是多少？

4. 湿空气比容

干燥系统中离不开风机，风机的型号取决于湿空气的体积，而湿空气的体积不仅与湿空气的温度、压力有关，而且与空气的湿度有关，因此，为了确定湿空气的体积必须掌握湿空

气的比容。

1kg 干空气及其所带有的 H kg 水汽所占有的总容积，称为湿空气的比容，用符号 v_H 表示，亦称湿容积，单位为 m³/(kg 干空气)。

总压力为 P，温度为 T，湿度为 H 的湿空气的比容可按如下方法求得。

绝干干空气的比容 v_g（1kg 绝干空气具有的体积）：

$$v_g = \frac{22.4}{29} \times \frac{T}{273} \times \frac{101.3}{P} = 0.772 \frac{T}{273} \times \frac{101.3}{P} \quad (\text{m}^3/\text{kg 干空气})$$

水汽的比容 v_w（1 kg 水汽具有的体积）：

$$v_w = \frac{22.4}{18} \times \frac{T}{273} \times \frac{101.3}{P} = 1.244 \frac{T}{273} \times \frac{101.3}{P} \quad (\text{m}^3/\text{kg 水汽})$$

所以 1kg 干空气及其含有 H kg 的水汽的总体积即湿空气的比容为

$$v_H = v_g + H \cdot v_w = (0.772 + 1.244H) \frac{T}{273} \times \frac{101.3}{P} \quad (\text{m}^3/\text{kg 干空气}) \quad (7\text{-}8)$$

可见，湿空气的比容 $v_H = f(H，T，P)$，当 v_H 总压一定时，温度升高、湿度增大，湿空气的比容将增大。

在常压下上式可简化为

$$v_H = v_g + H \cdot v_w = (0.772 + 1.244H) \frac{T}{273} \quad (7\text{-}9)$$

当湿度达到饱和状态时的容积，称为饱和湿容积，用符号 v_{H_s} 表示

$$v_{H_s} = (0.772 + 1.244H_s) \frac{T}{273} \quad (7\text{-}10)$$

若已知湿空气中绝干空气的质量流量，则湿空气的体积流量为：

$$V_s = L v_H (\text{m}^3/\text{s}) \quad (7\text{-}11)$$

式中，L 为绝干空气的质量流量，kg 绝干空气/s。

👥 思考题

> 风机设在预热器前与设在预热器之后风量是否相同？

5. 湿空气的比热

在常压下，将 1kg 干空气及其所带有的 H kg 水汽加热，使其温度升高 1K 所需的热量，称为湿空气的比热，用符号 C_H 表示，单位为 kJ/(kg 干空气·K)，即

$$C_H = C_g + H C_w \quad (7\text{-}12)$$

式中　C_g——绝干空气的比热，kJ/(kg 干空气·K)；

　　　C_w——水汽的比热，kJ/(kg 水汽·K)。

在工程计算中，通常取 $C_g = 1.01$kJ/(kg 干空气·K)，而取 $C_w = 1.88$kJ/(kg 水汽·K)，所以有

$$C_H = 1.01 + 1.88H \quad (7\text{-}12\text{a})$$

由上式可知，$C_H = f(H)$，即湿空气的比热仅随湿空气的湿度 H 的变化而变化。

6. 湿空气的焓

焓是指物质所含有的热能，在干燥过程中，用空气作为干燥介质时，空气与物料之间不

仅有水分的传递，即吸收水分；同时又是作为载热体把热量传给物料。因此，必须掌握湿空气的焓值，它是干燥过程中热量衡算的重要参数。

湿空气的焓是 1kg 干空气的焓及其所带有的 H kg 水蒸气的焓（$H \cdot i_w$）之和，用符号 I_H 表示，即

$$I_H = i_g + H \cdot i_w \tag{7-13}$$

必须注意，上述湿空气的焓值是根据干空气和液态水在 273K 时的焓值为零为基准来计算的。因此对于温度为 T 和湿度为 H 的湿空气，其焓应该是等于 H kg273K 的水变成的 273K 的水蒸气所需的汽化潜热与湿空气从 273K 升温到 T 时所需的显热之和，即

$$I_H = (C_g + C_w \cdot H)(T - 273) + r_0 H \tag{7-14}$$

式中　r_0——273K 时水的汽化潜热，常取值为 2492kJ/kg。

将 C_g、C_w 及 r_0 值代入上式得

$$I_H = (1.01 + 1.88H)(T - 273) + 2492H \tag{7-15}$$

7. 露点 T_d

将不饱和的湿空气在总压和湿度不变的情况下进行冷却，达到饱和时的温度称为露点，用符号 T_d 表示。当温度达到露点时，空气中的水汽便开始凝结成露珠。露点是湿空气的物理性质之一，露点时空气的湿度为饱和湿度。若温度从露点继续冷却时，则空气中部分水蒸气呈露珠凝结下来。

当空气的总压 P 和湿度 H 为已知时，利用式(7-3)可求得该状态下湿空气中的水蒸气分压 p_w，由于空气在冷却过程中，直到出现第一个露珠之前，其湿度不变，其蒸汽分压也不变，当出现第一个露珠时湿空气处于饱和状态，相应的蒸汽分压也就成了该状态下的饱和蒸气压，因此，按式(7-3)算出的蒸汽分压，即为湿空气在出现露珠时的饱和蒸气压，据此从饱和水蒸气表中查得对应的温度，即空气的露点 T_d，反之，若已知空气的总压 P 和露点 T_d，也就可以求得空气的湿度，这就是利用露点法来测定空气湿度的依据。应该指出，由于测定时出现露珠的时刻难以断定，观察不易准确，故用露点法确定湿度不是很准确。

8. 干球温度 T 和湿球温度 T_w

图 7-18 是普通温度计与湿球温度计的对比图。在图 7-18 中，普通温度计 A 的感温球暴露在空气中，所测得的温度称为空气的干球温度。干球温度为空气的真实温度，简称空气的温度，用符号 T 表示，单位为 K 或℃。

温度计 B 的感温球用湿纱布包裹，纱布用水保持湿润，这支温度计称为湿球温度计。将湿球温度计放在湿空气中所显示的平衡或稳定温度称为空气的湿球温度，用符号 T_w 表示，单位也是 K。当将干球温度计和湿球温度计同时放在不饱和的湿空气中时，显示的湿球温度 T_w 低于干球温度 T。

湿球温度计的工作原理如图 7-19 所示。设有大量的不饱和湿空气，其温度为 T，湿度为 H，该空气以较高的速率（通常气速＞5m/s，以减少辐射和热传导影响）流过湿球温度计的湿纱布表面，若开始时设湿纱布中水分的初温高于空气的露点，则湿纱布表面的水蒸气压比空气中水汽分压高，水汽便自湿纱布表面汽化，并扩散至空气主体中去，汽化水分所需的潜热，首先只能取自湿纱布中水的显热，因而使水温下降。当水温低于空气的干球温度时，热量则由空气传向湿纱布中的水分，其传热速率随着两者温度差的增大而增大。最后，当由空气传入湿纱布的传热速率恰好等于自湿纱布表面水分汽化所需的传热速率时，两者达

到平衡状态，这时湿纱布中的水温即保持恒定，这个恒定或平衡的温度即称为湿球温度。因空气流量大，在空气流过湿纱布表面时，可认为其温度与湿度不变化。应该指出：湿球温度实际上是湿纱布中水分的温度，并不代表空气的真实温度，但与空气的不饱和程度有关，也是表明湿空气状态或性质的一个参数。

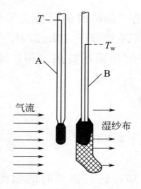
图 7-18　干、湿球温度计

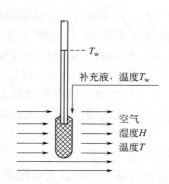
图 7-19　湿球温度计的工作原理

　　湿球温度是由空气的干球温度及湿度或相对湿度所控制，对于某一定干球温度的湿空气，其相对湿度愈低时，则水分从湿纱布表面扩散至空气中的推动力愈大，水分的汽化速率愈快，传热速率也愈大，所达到的湿球温度愈低。但是对于饱和的湿空气，则其湿球温等于干球温度。

　　对于空气水蒸气系统，湿球温度 T_w 与干球温度 T、湿度 H 之间的关系可用下式表示：

$$T_w = T - \frac{k_H r_w}{\alpha}(H_{sw} - H) \tag{7-16}$$

式中　k_H——以湿度差为推动力的传质系数，kg 水/（m^2·s·ΔH）；

　　　H_{sw}——T_w 时空气饱和湿度，kg 水/（kg 干空气）；

　　　α——空气至湿纱布的对流传热膜系数，kW/（m^2·K）；

　　　r_w——温度为 T_w 时水的汽化潜热，kJ/（kg 水）。

　　对于水汽的 α/k_H 比值经测定约为 1.09，所以有

$$T_w = T - \frac{r_w}{1.09}(H_{sw} - H) \tag{7-17}$$

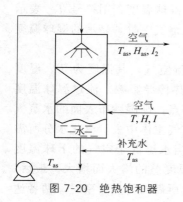
图 7-20　绝热饱和器

　　由上式可以看出，空气的湿球温度 T_w 仅随空气的干球温度 T 和湿度 H 而变，当 T 和 H 固定时，T_w 亦必为定值，一般用试差法求取。由图 7-18 所示干、湿球温度计测定空气的 T 和 T_w 后，由式(7-17) 亦可求得空气的湿度，用干湿球温度计测定法测定空气的湿度比前述的露点法更简便，因而在实际的干燥操作中被广泛应用。但应该注意的是，所用温度计必须用标准温度计进行校核，若温度相差 1K，测得的相对湿度误差可达成 10%。

　9. 绝热饱和温度 T_{as}

　　图 7-20 为一绝热饱和器，设有温度为 T，湿度为 H 的不饱

和空气在绝热饱和器内与大量的水密切接触，水用泵循环，若设备保温良好，则热量只在气、液两相之间传递，而对周围环境是绝热的。这时可认为水温完全均匀，故水向空气中汽化所需的潜热，只能取自空气中的显热，这样空气的温度下降，而湿度增加，即空气失去显热，而水汽将此部分热量以潜热的形式带回空气中，故空气的焓值可视为不变（忽略水汽的显热），这一过程称为空气的绝热降温增湿过程，也是等焓过程。

绝热增湿过程进行到空气被水汽饱和，则空气的温度不再下降，等于循环水的温度，此温度称为空气的绝热饱和温度，用符号 T_{as} 表示，其对应的饱和湿度为 H_{as}。

因在绝热饱和过程中，湿空气的焓保持不变，当空气进入绝热饱和器之前焓为 $I_{H1} kJ/kg$，即：

$$I_{H1} = (1.01 + 1.88H)(T - 273) + Hr_0 \tag{7-18}$$

空气经绝热增湿而冷却至 T_{as} 时焓值为 $I_{H2} kJ/kg$，即

$$I_{H2} = (1.01 + 1.88H_{as})(T_{as} - 273) + H_{as}r_0 \tag{7-19}$$

式中　T——空气的干球温度，K；

　　T_{as}——空气的绝热饱和温度，K；

　　H——空气的湿度，kg 水汽/(kg 干空气)；

　　H_{as}——空气在 T_{as} 时的饱和湿度，kg 水汽/(kg 干空气)；

　　r_0——水在 0℃时的汽化潜热，kJ/kg。

设：

$$(1.01 + 1.88H_1) \approx (1.01 + 1.88H_{as}) = C_H \tag{7-20}$$

又因：
$$I_{H1} = I_{H2}$$

所以：
$$C_H(T - 273) + Hr_0 = C_H(T_{as} - 273) + H_{as}r_0$$

由上式可得：

$$T_{as} = T - \frac{r_0}{C_H}(H_{as} - H) \tag{7-21}$$

式(7-21) 表明，空气的绝热饱和温度 T_{as} 是随空气的干球温度和湿度而变，它是当空气在焓不变的情况下增湿冷却达到饱和时的温度。当湿空气的 T 和 H 一定时，则其 T_{as} 亦必为一定值。

将式(7-17) 和式(7-21) 进行比较，由于在空气水蒸气系统中，根据实验的结果，在一定条件下 C_H 数值与 α/k_H 的数值十分接近，故对水蒸气-空气体系，在一般情况下，可认为绝热饱和温度 T_{as} 与湿球温度 T_w 的数值相等。而对于有机液体如乙醇、苯、甲苯、四氯化碳与空气的系统，其不饱和混合气体的湿球温度高于其对应的绝热饱和温度。

因为绝热饱和温度 T_{as} 是在绝热的条件下增湿冷却达到饱和时的温度，前面介绍的露点 T_d 是等湿冷却达到饱和时的温度，显然，在 T、H 一定时，绝热饱和温度 T_{as} 肯定比露点 T_d 高。

由上面表示湿空气性质的三个温度：即从干球温度 T、湿球温度 T_w、绝热饱和温度 T_{as} 可看出，对于不饱和的湿空气，它们的关系为：

$$T > T_w \ (T_w = T_{as}) > T_d$$

而对于饱和的湿空气，则有：　　$T = T_{as} = T_w = T_d$

（二）湿空气的湿度图

湿空气性质的各项参数 p、T、H、φ、I_H、T_w 等，只要规定其两个互相独立的参数，湿空气的状态即被确定。确定参数的方法可用前述的公式进行计算，但比较繁琐且有时还需用试差法求解。工程上为了方便起见，用算图的形式来表示湿空气的各项性质之间的关系，使计算过程变得比较简单。湿空气的湿温图有温度-湿度图（T-H）、焓-湿度图（I-H 两种。下面介绍在工程计算中普遍采用的温度-湿度图。温度-湿度图是以 T 作横坐标、H 作纵坐标，图中关联了空气与水蒸气系统的水蒸气分压、湿度、相对湿度、温度及焓等各项参数。

1. 湿度图的结构

图 7-21 是依据总压 $P = 101.3\text{kPa}$ 作基础而标绘的湿度图。图上任何一点都代表一定温度和湿度的湿空气，图中各线意义如下：

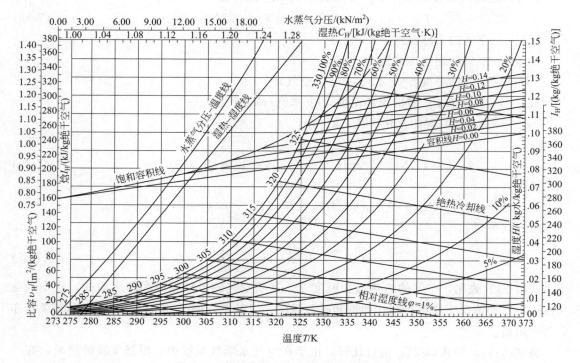

图 7-21　湿空气的 T-H 图（总压 101.3kPa）

（1）等温度线（等 T 线）

是与纵坐标平行一组直线，同一根等 T 线上不同的点都具有相同的温度值，其值可在横纵标上读出。

（2）等湿度线（等 H 线）

是一组与横坐标平行的直线，在同一根等 H 线上的不同点所代表的空气的状态点不同，但都具有相同的 H 值，其值可从纵坐标上读出。

（3）等相对湿度线（等 φ 线）

此线是根据式（7-6）绘制而成的，是一组从原点散发出来的曲线。当湿空气的总压 $P = 101.3\text{kPa}$ 时，$\varphi = f$（H，p_s），亦即 $\varphi = f$（H，T）。对于某一定值的 φ，若已知一个温度

T，就可以查到一个对应的不饱和蒸气压 p_s，再用公式算出一个对应的 H 值，将许多（T，H）点连接起来，就成为某一 φ 值的等相对湿度线，按此法可绘出如图所示的从 $\varphi=5\%$ 到 $\varphi=100\%$ 的一系列曲线。

由图中可以看出，当湿空气的湿度 H 为一定值时，温度越高，其相对湿度 φ 值就越低，即其作为干燥介质时，吸收水汽的能力愈强。所以，湿空气进入干燥器之前必须先经预热器预热以提高温度，目的除了提高湿空气的焓值使其作为载热体外，也是为了降低它的相对湿度而作为载湿体。

图中 $\varphi=100\%$ 的曲线称为饱和空气线，此时空气完全被水所饱和，饱和空气线的右下方（$\varphi<100\%$）为不饱和区域；饱和空气线的左上方为过饱和区域，此时湿空气呈雾状，它会使物料增湿，故在干燥操作中应避免。因此对干燥过程有意义的是在 $\varphi=100\%$ 饱和空气线右下方的不饱和区域。

（4）等焓线

等焓线可根据式(7-15)绘制而成，是一组在不饱和区域内自右下方向左上方延伸的与 $\varphi=100\%$ 的饱和空气线相交的互不平行的倾斜线段（曲率很小的曲线）。对于某一定的焓 I_H 值，若已知一个温度 T，就可算出一个对应的湿度 H，将许多（T，H）点连接起来，就成为某一焓值的等焓线。焓值的大小可沿等焓线向左上方延伸与图左边的湿空气的焓数标相交而查得焓值。

由于绝热冷却过程是一个等焓过程，所以该线亦称绝热冷却线。如果已知湿空气的某一状态点（T，H），由该点沿绝热冷却线自右下方向左上方与 $\varphi=100\%$ 的饱和空气线相交的过程就是空气由干球温度 T 绝热增湿冷却至 T_{as} 而达到饱和的过程。

对于空气-水蒸气系统，在 120℃ 以下的低温范围内，等焓线或绝热冷却线与等湿球温度线重合且近似为一直线，所以绝热冷却线又可称为等湿球温度线。故对某一状态的湿空气，若沿绝热冷却线向左上方与 $\varphi=100\%$ 的饱和空气线相交，其交点所指的温度，即该空气初始状态的绝热饱和温度 T_{as} 亦即湿球温度 T_w。

（5）湿热线

在图 7-20 中靠左半部有一条自左下方到右上方通贯全图的直线就是湿热-湿度线。它是根据式(7-12)绘制而成的，反映了湿空气的比热 C_H 随湿度 H 的变化关系。由湿度 H 沿等湿线与湿热线相交，其交点向上在图上边的湿比热数标范围内读取。

（6）水蒸气分压线

水蒸气分压线也是一条靠左半部的自左下方到右上方的通贯全图的近似直线。它是根据公式的变换式：

$$p=\frac{HP}{0.622+H}$$

绘制而成。它反映了水蒸气分压 p 和空气 H 的湿度之间的关系，其值可在的上方水蒸气分压数标上查取。

（7）湿容积线

在 T-H 图的右上部有一组自左向右上方倾斜的直线，它根据式(7-9)绘制而成。它以湿度 H 为参数，表示出某一湿度下湿空气的比容随温度的变化关系。在这组曲线的最下面一根直线（$H=0.0000$）表示是干空气的比容随随温度的变化关系。湿空气的比容 v_H 的数值可在图左边的湿容积数标上查取。

（8）饱和容积积线

根据式(7-10)由某一温度 T 可求得对应饱和湿度 H_s，代入上式即可求得湿空气的饱和容积 v_{H_s} m³/(kg 干空气)，所绘得的饱和容积线为一条曲线，在图的左上方，其数值也是从图左边的湿容积数标上查取。

2. 湿度图的应用

（1）由已知状态点查状态参数

利用 T-H 图查取湿空气的各项参数非常方便。只要知道表示湿空气性质的各项参数中任意两个在图上有交点的参数，就可以在 T-H 图上定出一个交点，这点就表示湿空气所处的状态，由此点可查出其他的各项参数。

例如，图 7-22 中 A 点代表一定状态的湿空气，则有：

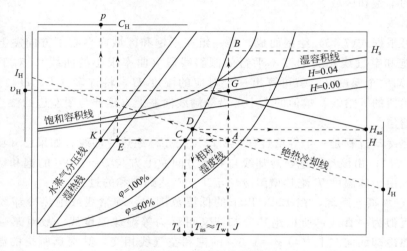

图 7-22　湿度图的用法

① 温度 T　由点 A 沿等温线向下，可在横坐标上查取。

② 湿度 H　由点 A 沿等湿线向右，可在纵坐标上查取。

③ 饱和湿度 H_s　由点 A 沿等温线向上与 $\varphi=100\%$ 的饱和空气线相交于点 B，再由 B 点沿等湿线向右，在纵坐标上可查得在干球温度下达到饱和时的饱和湿度 H_s。

④ 露点 T_d　由点 A 沿等到湿线向左与 $\varphi=100\%$ 的饱和空气线相交于点 C（即点 A 在湿度不变的情况下冷却到饱和状态），再由点 C 沿等温线向下，在横坐标上查得的温度就是该湿空气的露点 T_d。

⑤ 绝热饱和温度 T_{as}（或湿球温度 T_w）由点 A 沿绝热冷却线（等焓线）向左上方与 $\varphi=100\%$ 的饱和空气线相交于点 D，再由点 D 沿等温线向下在横坐标上查得的温度就是该空气的绝热饱和温度 T_{as}（亦为湿球温度 T_w），倘由点 D 沿等湿线向右，则在纵坐标上可查得达到绝热饱和温度时的饱和湿度 H_{as}。

⑥ 湿比热 C_H　由点 A 沿等湿线向左与湿热线相交于 E 点，由点 E 沿等温线向上，在图上边的湿比热数标线上可查得湿空气的比热。

⑦ 湿空气的比容 v_H　由点 A 沿等温线向上与湿容积线相交于 G 点，再由 G 点沿等湿线向左，在图左边的湿容积数标上可查得湿空气的比容 v_H。

⑧ 湿空气的焓 I_H 由点 A 作相邻两条等焓线的平行线向左上方或右下方延伸与图左边或右边的焓值数标线相交，可读出对应的焓值 I_H。

⑨ 水蒸气分压   由 A 点沿等湿线向左与水蒸气分压线相交于 K 点，再由 K 点垂直向上，可在图上边的水蒸气分压数标上查得对应的水蒸气分压。

（2）由已知参数确定状态点

由上述可知应用（T-H）图查取湿空气的状态参数时，须先确定湿空气的状态点 A。通常是已知下列条件之一来确定：

① 已知湿空气的干球温度 T 和湿球温度 T_w（或绝热饱和温度 T_{as}），如图 7-23（a）所示；

② 已知湿空气的干球温度 T 和露点 T_d，如图 7-23（b）所示；

③ 已知湿空气的干球温度 T 和相对湿度 φ，如图 7-23（c）所示。

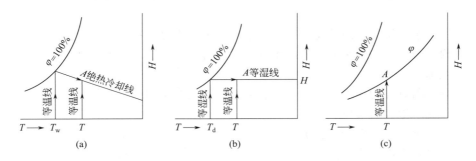

图 7-23   在湿度图上确定湿空气的状态点

（三）湿物料中水分的性质

1. 物料含水量的表示方法

在干燥过程中，物料的含水量通常用湿基含水量或干基含水量表示。

（1）湿基含水率

湿基含水率是指在整个湿物料中水分所占的质量分数，用符号 w 表示，即

$$w = \frac{\text{湿物料中水分的质量}}{\text{湿物料的总质量}} \times 100\%$$

这是习惯上常用的含水量的表示方法，但是用这种方法表示物料在干燥过程中最初和最终含水量时，由于干燥过程中，湿物料的总量是变化的，计算基准不同，给计算带来不便。

（2）干基含水量

干基含水量以绝干物料为基准的湿物料中含水量的表示方法，与空气湿度的定义相仿，它是指湿物料中水分的质量与绝干物料的质量之比，用符号 X 表示，即：

$$X = \frac{\text{湿物料中水分的质量}}{\text{湿物料中绝干物料的质量}} \tag{7-22}$$

其单位为：kg 水/kg 绝干物料。

在物料衡算中，用干基含水量计算比较方便，上述两种含水量之间的换算关系为：

$$X = \frac{w}{1-w} \text{ kg 水 /kg 绝干物料}$$

湿物料中水分的
分类

教学视频

$$w = \frac{X}{1+X} \text{ kg 水 /kg 湿物料} \tag{7-23}$$

例如现有 100kg 湿物料，其中含水分 20kg 及绝对干物料 80kg，则其湿基含水量为

$$w = \frac{20}{100} \times 100\% = 20\%$$

干基含水量为：

$$X = \frac{20}{80} = 0.25 \text{ kg 水 /kg 绝干物料}$$

2. 物料中所含水分的性质

（1）水分与物料的结合方式

物料内部的结构复杂多样，物料中所含水分与物料本身结合方式有好几种。因此，用干燥方式从物料中除去水分的难易程度，随物料的种类以及物料中所含水分的性质不同而有很大的差别。

物料中所含水分可能是纯液态，或是水溶液，根据水分在物料中位置不同，物料中的水分可分为吸附水分，毛细管水分和溶胀水分此外还有化学结合水，但这种水分的除去不属于干燥操作的范围。

吸附水分是附着在物体表面的水分，它的性质和纯态水相同，在任何温度下其蒸气压都等于同温度下纯水饱和蒸气压。

毛细管水分是指多孔性物料孔隙中所含的水分，这种水分在干燥过程中借毛细管的吸引作用，转移到物料表面。物料的孔隙较大时，所含的水分同吸附水分一样，蒸气压等于同温度下水的饱和蒸气压。这种物料称为非吸水性物料。反之，物料的孔隙甚小时，所含水分的蒸气压小于同温度下水的饱和蒸气压。这种物料称为吸水性物料，毛细管中水分蒸气压还随着干燥过程的进行而下降，因为存留的水分大多是在更小的毛细管之中。

溶胀水分是物料组成的一部分，它渗透入物料的细胞内，溶胀水分的存在会使物料的体积增大。

（2）结合水分和非结合水分

根据物料中水被除去的难易程度，物料中的水分可分为结合水分和非结合水分。

结合水分包括物料细胞壁内的溶胀水分，物料内含有固体溶质的溶液中的水分，以及物料内毛细管中的水分等。结合水分与物料的结合力强，其蒸气压小于同温度下纯水的饱和蒸气压，在干燥过程中较难除去。非结合水分是指存在于物料表面的吸附水分，以及较大空隙中的水分等。非结合水分与固体物料的结合力弱，其蒸气压等于同温度下纯水的饱和蒸气压，故非结合水分是容易除去的水分。

（3）平衡水分和自由水分

根据在一定干燥条件下，物料的水分能否用干燥方法除去，又可划分为平衡水分和自由水分。

在物料和干燥介质一定的情况下，若物料中水分汽化所产生的蒸气压大于空气中水蒸气的分压，则物料中的水分将汽化直到物料表面产生的水蒸气压与空气中水蒸气的分压相等为止，这时干燥过程达到平衡，物料中的水分不再减少，此时仍然存留在物料中的水分称为平衡水分，又称为平衡含水量，或不能再干燥的水分。平衡水分的数值与物料的性质有关，橡胶、砂子等非吸水性物料的平衡含水量就比烟草、纸张、木料等吸水性物料要小得多。常见

物料的平衡含水量与相对湿度的关系如图 7-24 所示。另外与物料接触的空气的温度越高，平衡含水量就越小；空气的相对湿度越小，平衡含水量也越小。

由上可见平衡水分就是在一定的干燥条件下，物料中不能被除去的那部分水分。反之在一定的干燥条件下能用干燥方法除去的水分，就称为自由水分。当物料的含水量大于平衡含水量时，含水量与平衡含水量之差称为自由水分或自由水分含量，其值可从实验测得的平衡水分求得。例如丝中所含水分为 0.3kg 水/(kg 绝干丝)，使之与温度为 25℃、$\varphi = 50\%$ 的空气相接触，由图 7-24 可查知，这种丝的平衡水分为 0.085kg 水/(kg 绝干丝)，则丝的自由水分＝0.3－0.085＝0.215kg 水/(kg 绝干丝)。

由上例可见，物料中的平衡水分不仅与物料性质有关，而且还取决于空气的状态，即使同一种物料，若空气的状态不同，则其平衡水分和自由水分的值也不相同。上述几种水分的关系见图 7-25，也可用下表说明，即：

物料的总水分 $\begin{cases} \text{自由水分} \begin{cases} \text{非结合水分 —— 首先除去的水分} \\ \text{能除去的部分结合水分} \end{cases} \\ \text{平衡水分 —— 不能被除去的结合水分} \end{cases}$

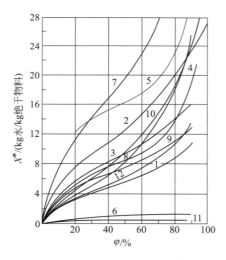

图 7-24　某些物料的平衡含水量与空气相对湿度的关系

1—新闻纸；2—羊毛；3—硝化纤维；4—丝；5—皮革；

6—陶土；7—烟叶；8—肥皂；9—牛皮胶；

10—木材；11—玻璃绒；12—棉花

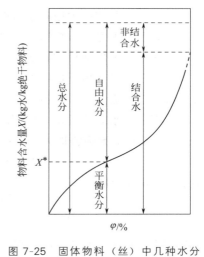

图 7-25　固体物料（丝）中几种水分

思考题

1. 如何区别结合水分和非结合水分？

2. 某物料的干燥过程中，当空气的 t、H 一定时，物料的平衡含水量为 X^*，若空气的温度不变，而湿度 H 下降，试问该物料的 X^* 有何变化？

（四）空气用量的确定——干燥过程的物料衡算

在对流干燥装置中风机的型号、预热器的型号、干燥器的尺寸等均与完成干燥任务所需的空气用量有关。空气的用量决定了风机的风量、预热器的热负荷、干燥器尺寸的大小。

通过对干燥器进行物料衡算可确定将湿物料干燥到规定含水量所需蒸发的水分量、空气消耗量。

有一干燥器如图 7-26 所示，已知的条件是：单位时间（或每批量）物料的质量、物料在干燥前后的含水量、湿空气进入干燥器的状态（主要指温度、湿度等）。

图 7-26　连续干燥器的物料衡算

设：G_1——进入干燥器的湿物料质量，kg/s 或 kg/h；

　　G_2——出干燥器的产品质量，kg/s 或 kg/h；

　　G_c——湿物料中绝对干料的质量，kg 绝干物料/s 或 kg 绝干物料/h；

w_1，w_2——干燥前后物料的湿基含水量；

X_1，X_2——干燥前后物料的干基含水量，kg 水/(kg 绝干物料)；

　　L——进、出干燥器的绝干空气的质量流量，kg 绝干空气/s 或 kg 绝干空气/h；

H_1，H_2——进、出干燥器的湿空气的湿度，kg 水/(kg 绝干空气)；

　　W——水分蒸发量，kg 水/h。

设在干燥器中无物料损失，则在干燥前后物料中绝对干物料的质量不变，即

$$G_c = G_1(1 - w_1) = G_2(1 - w_2) \tag{7-24}$$

（1）水分蒸发量

$$W = G_1 - G_2 = G_1 \frac{w_1 - w_2}{1 - w_2} = G_2 \frac{w_1 - w_2}{1 - w_1} \tag{7-25}$$

若物料以干基含水量表示，则水分蒸发量可用下式计算：

$$W = G_c(X_1 - X_2) \tag{7-26}$$

（2）空气消耗量

对图 7-23 所示连续干燥器作水分的物料衡算，则有：

$$G_c X_1 + L H_1 = L H_2 + G_c X_2$$

将上式变形后得：　　　　$L(H_2 - H_1) = G_c(X_1 - X_2) = W \tag{7-27}$

式(7-27) 即为干燥器的物料衡算式，此式也进一步说明，干燥器内湿物料中水分减少量等于干燥介质空气中的水分增加量，即干燥器内的水分蒸发量 W。

由式(7-27) 可得，蒸发 W kg/s（或 kg/h）水分所消耗的绝干空气量为：

$$L = \frac{W}{H_2 - H_1} \text{kg 绝干空气 /s（或 kg 绝干空气 /h）} \tag{7-28}$$

由上式可见，空气的消耗量与湿空气的初始湿度 H_1 及最终的湿度 H_2 有关。如以 H_0 表示空气在预热器前的湿度，因空气经预热器前后的湿度不变，故 $H_0 = H_1$，则式(7-28)

又可写成：

$$L = \frac{W}{H_2 - H_0} \tag{7-29}$$

将上式两边同除以 W，得

$$l = \frac{L}{W} = \frac{1}{H_2 - H_1} = \frac{1}{H_2 - H_0} \tag{7-30}$$

l 为蒸发 1kg 水分所消耗的绝干空气量，称为单位空气消耗量，单位为 kg 干空气/(kg 水分)。

式(7-30) 说明单位空气消耗量 l 仅与 H_2、H_0 有关，而与路径无关。H_0 越大，l 亦越大。由于 H_0 是由空气的初温 T_0 及相对湿度 φ_0 所决定，所以在其他条件相同的情况下，l 将随着 T_0 和 φ_0 的增加而增大。亦即对同一干燥过程而言，夏季的空气消耗量比冬季为大，故选输送空气的风机等装置时，须按全年中最大空气消耗量而定。

在干燥装置中，风机所需的风量是根据湿空气的体积 V_s 而定。湿空气的体积可由公式(7-11) 计算，即：

$$V_s = L v_H = L(0.772 + 1.244H) \frac{T}{273}$$

注意：上式中空气的温度 T 和湿度 H 须由风机所安装位置的湿空气的状态而定。

【例 7-1】　今有一干燥器，处理湿物料量为 800kg/h。要求物料干燥后含水量由 30% 减至 4%（均为湿基）。干燥介质为空气，初温为 15℃，相对湿度为 50%，经预热器加热到 120℃进入干燥器，出干燥器的温度为 45℃，相对湿度 80%。试求：

（1）干燥产品量；

（2）水分蒸发量 W；

（3）空气消耗量 L、单位空气消耗量 l；

（4）风机装在进口处，求鼓风机的风量 V_s。

解：根据题意画出示意图，标注相关条件如下：

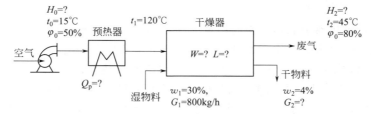

（1）干燥产品量

由题意知：干燥原料量 $G_1 = 800$kg 湿物料/h；$w_1 = 30\%$；$w_2 = 4\%$，

因为干燥前后绝干物料不变即　　　$G_c = G_1(1 - w_1) = G_2(1 - w_2)$

干燥产品量：

$$G_2 = \frac{G_1(1 - w_1)}{1 - w_2} = \frac{800(1 - 30\%)}{1 - 4\%} = 583.3 (\text{kg 产品}/h)$$

（2）水分发量 W

方法一：　　　　　$W = G_1 - G_2 = 800 - 583.3 = 216.7 (\text{kg 水}/h)$

方法二：$W = G_1 \dfrac{w_1 - w_2}{1 - w_2} = 800 \times \dfrac{0.3 - 0.04}{1 - 0.04} = 216.7(\text{kg 水}/\text{h})$

方法三：$G_c = G_1(1 - w_1) = 800 \times (1 - 0.3) = 560(\text{kg 绝干物料}/\text{h})$

$$X_1 = \frac{w_1}{1 - w_1} = \frac{0.3}{1 - 0.3} = 0.429(\text{kg 水}/\text{kg 绝干物料})$$

$$X_2 = \frac{w_2}{1 - w_2} = \frac{0.04}{1 - 0.04} = 0.0417(\text{kg 水}/\text{kg 绝干物料})$$

$$W = G_c(X_1 - X_2) = 560 \times (0.429 - 0.0417) = 216.8(\text{kg 水}/\text{h})$$

（3）空气消耗量 L、单位空气消耗量 l

由 $T\text{-}H$ 图查得，空气在 $T_0 = 15 + 273 = 288\text{K}$，$\varphi_0 = 50\%$ 时湿度为 $H_0 = 0.005\text{kg 水}/$（kg 干空气）；在 $T_2 = 45 + 273 = 318\text{K}$，$\varphi_2 = 80\%$ 时的湿度为 $H_2 = 0.052\text{kg 水}/（\text{kg 干空气}）$，空气通过预热器湿度不变，即 $H_0 = H_1$。

$$L = \frac{W}{H_2 - H_1} = \frac{W}{H_2 - H_0} = \frac{216.7}{0.052 - 0.005} = 4610(\text{kg 干空气}/\text{h})$$

$$l = \frac{1}{H_2 - H_0} = \frac{1}{0.052 - 0.005} = 21.3(\text{kg 干空气}/\text{kg 水})$$

（4）风机的风量

因风机安装在新鲜空气进口处，所以

$$v_H = v_{H0} = (0.772 + 1.244 H_0)\frac{T_0}{273} = (0.772 + 1.244 \times 0.005) \times \frac{288}{273} = 0.822(\text{m}^3/\text{kg 干空气})$$

$$V_s = L v_H = 4610 \times 0.822 = 3790(\text{m}^3/\text{h})$$

思考题

例 7-1 中 H_1 和 H_2 是由湿度图查得，如果不查图，可用哪些公式计算？

（五）干燥过程的热量衡算

干燥过程中，预热器中加热介质的用量、预热器的传热面积、空气离开干燥器时的状态以及干燥的热效率的分析等，均需通过干燥过程的热量衡算来决定。

温度为 T_0、湿度为 H_0、焓为 I_0 的空气经预热器加热至温度为 T_1（湿度 $H_1 = H_0$，焓为 I_1）后进入干燥器内，与湿物料接触，其温度下降，湿度增加，离开干燥器时的温度为 T_2，湿度为 H_2，焓为 I_2。下面分别作预热器和干燥过程的热量衡算，以 1s 为基准。

1. 预热器的热量衡算

如图 7-27 所示，若不计热损失，预热器的热量衡算式为

$$Q_P + LI_0 = LI_1 \quad \text{或} \quad Q_P = L(I_1 - I_0) \tag{7-31}$$

式中 Q_P——预热器中的传热量，kW；

　　L——绝干空气的质量流量，kg 干空气/s。

由于 $H_1 = H_0$，则 $I_1 - I_0 = C_{H_0}(T_1 - T_0)$，所以有

$$Q_P = L(I_1 - I_0) = LC_{H_0}(T_1 - T_0) \tag{7-32}$$

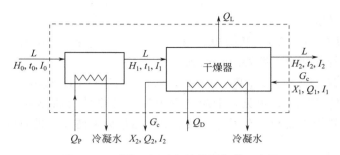

图 7-27   对流干燥过程的热量衡算示意图

【例 7-2】   根据例 7-1 的已知条件，求：预热器的加热量，kW。

解： 由公式 $C_H = 1.01 + 1.88H$ 得：

$$C_{H0} = 1.01 + 1.88H_0 = 1.01 + 1.88 \times 0.005 = 1.0194[\text{kJ/(kg} \cdot \text{℃)}]$$

预热器的加热量：

$$Q_P = LC_{H0}(T_1 - T_0) = \frac{4610}{3600} \times 1.0194 \times (120 - 15) = 137.07(\text{kW})$$

2. 干燥系统的热量衡算

包括预热器和干燥器在内的整个干燥系统的热量衡算为：

$$LI_0 + G_c I'_1 + Q_P + Q_D = LI_2 + G_c I'_2 + Q_L \tag{7-33}$$

或

$$Q = Q_P + Q_D = L(I_2 - I_0) + G_c(I'_2 - I'_1) + Q_L \tag{7-34}$$

式中 Q——干燥过程所需的总热量，kW；

Q_P——预热器内加热量，kW；

Q_D——干燥器内补充加热量，kW；

Q_L——干燥过程损失的热量，kW；

I'_2，I'_1——物料出、进干燥器时的焓，kJ/kg 干物料。

注意：物料的焓是以 0℃ 为基准温度，每 kg 干物料及其所含 X kg 水分两者焓之和，其单位为际上 kJ/(kg 干物料)。当物料的温度为 θ℃，干基含水量为 X 时，则物料的焓为：

$$I' = c_s \theta + X c_w \theta = (c_s + X c_w)\theta = c_m \theta \tag{7-35}$$

式中 θ——物料的温度，℃；

c_s——干物料的比热，kJ/(kg 干物料 · ℃)；

c_w——水的比热，kJ/(kg 水 · ℃)；

c_m——湿物料的比热，kJ/(kg 干物料 · ℃)；

X——物料的干基含水量，kg 水/kg 干物料。

现假设：①新鲜空气中水汽的焓 I_{V1} 等于出干燥器时废气中水汽的焓 I_{V2}，即 $I_{V1} \approx I_{V2}$；
②进、出干燥器的物料的比热相等，即 $c_{m1} \approx c_{m2}$。

在满足上述两面个假设的前提下，式(7-34) 可简化为：

$$Q = Q_P + Q_D = L[(c_g T_2 + H_2 I_{V2}) - (c_g T_0 + H_0 I_{V0})] + G_c(c_{m2}\theta_2 - c_{m1}\theta_1) + Q_L$$

$$Q = Q_P + Q_D = L[c_g(T_2 - T_0) + I_{V2}(H_2 - H_0)] + Gc_{m2}(\theta_2 - \theta_1) + Q_L$$

将 $I_{V2} = r_0^o + c_V(T_2 - 273)$ 及 $W = L(H_2 - H_0)$ 代入上式并整理得

$$Q = Q_P + Q_D$$
$$= 1.01L(T_2 - T_0) + W[2492 + 1.88(T_2 - 273)] + G_c c_{m2}(\theta_2 - \theta_1) + Q_L \qquad (7\text{-}36)$$

若干燥器中不补充热量，即 $Q_D = 0$，则

$$Q_P = 1.01L(T_2 - T_0) + W[2492 + 1.88(T_2 - 273)] + G_c c_{m2}(\theta_2 - \theta_1) + Q_L \qquad (7\text{-}36a)$$

由式(7-36)和式(7-36a)可见，干燥过程中加入的热量为加热空气、蒸发水分、加热物料及干燥系统中热损失之和。有了此干燥系统的热量分配情况，进而可根据其分析干燥器的操作性能。

（六）干燥器有关尺寸的确定

干燥器设计的基本原则是物料在干燥器内的停留时间必须等于或大于所需的干燥时间，其设计计算主要采用物料衡算、热量衡算、速率关系和平衡关系四个方程。在干燥器设计中，有关干燥器操作条件的确定，通常需由实验测定或可按下述一般选择原则考虑。

（1）设计前需要明确的重要参数

① 干燥器的生产能力　即应确定干燥器对被干燥物料的干燥能力。如：每小时干燥量。

② 干燥介质的状况　干燥介质一般采用热空气，其热空气温度和湿度的高低对干燥结果有很大影响。对于初始状况的空气温度 t_0 及相对湿度 φ，进出干燥器的温度 t_1 及 t_2，可按照工艺要求确定。

③ 被干燥物料状况　含水量大小决定干燥各阶段所需时间的长短，另外湿物料的温度、湿度也与干燥介质的温度、湿度有很大关系。

（2）设计时涉及的主要计算项目

① 计算水分蒸发量。

② 计算空气消耗量　干燥时，水分汽化成蒸气被空气带走时所需的空气消耗量，需配置多大风量、风压的风机，计算后加保险系数 1.1~1.2 再选型。

③ 热量平衡计算　干燥系统中加入的热量 Q 为蒸发水分、加热空气与物料所需要的热量及干燥系统中热损失的和。通过热量衡算，要计算确定干燥操作的耗热量及各项热量的分配情况。热量的消耗量是多少，需配置多大面积的换热器是设计干燥器的热效率和干燥效率的重要依据。

④ 干燥管直径的计算

计算公式：
$$D = (Lv_H / 0.25u_g)^{0.5}$$

式中　D——干燥管的直径，m；

L——干燥器的空气消耗量，m^3/h；

v_H——干燥管中湿空气的比容，m^3/kg 绝干空气；

u_g——干燥管中湿空气的速率，m/s（u_g①）。

⑤ 干燥管高度的计算

计算公式：
$$Z = \tau(u_g - u_o)$$

式中　τ——颗粒在干燥器中的停留时间，s；

u_g——颗粒在干燥器中的平均速率，m/s（u_g②）；

u_o——颗粒在干燥器中的沉降速率，m/s。

干燥器

任务解决4

旋流干燥器中干燥介质空气用量的确定

根据气流干燥器的特点：不饱和空气和湿物料在旋流干燥床中应该是并流，假设其初温为 25℃，相对湿度为 50%，空气经过预热后达到 150℃，离开旋流干燥床时的温度为 45℃，湿度 H_2 为 0.05kg 水/(kg 干空气)。按年生产时间 300 天计算。

进旋流干燥床前物料的干基含水量：

$$X_1 = \frac{w_1}{1-w_1} = \frac{0.03}{1-0.03} = 0.031(\text{kg 水 /kg 绝干物料})$$

产品的干基含水量：

$$X_2 = \frac{w_2}{1-w_2} = \frac{0.003}{1-0.003} = 0.003(\text{kg 水 /kg 绝干物料})$$

由生产任务知：产品中绝干物料量为：

$$G_c = G_2(1-w_2) = \frac{9000 \times 1000}{300 \times 24} \times (1-0.003) = 1246(\text{kg 绝干物料 /h})$$

在旋流干燥床中，水分蒸发量 W 为：

$$W = G_c(X_1 - X_2) = 1246 \times (0.031 - 0.003) = 34.9(\text{kg 水 /h})$$

旋流干燥床的空气消耗量 L 的求取：

由 T-H 图查得，空气在 $T_0 = 25 + 273 = 298\text{K}$，$\varphi_0 = 50\%$ 时，湿度为 $H_0 = 0.008\text{kg 水 /kg 干空气}$；湿度为 $H_2 = 0.052\text{kg 水 /kg 干空气}$。

空气通过预热器湿度不变，即 $H_0 = H_1$。

$$L = \frac{W}{H_2 - H_1} = \frac{W}{H_2 - H_0} = \frac{34.9}{0.052 - 0.008} = 793.2(\text{kg 绝干空气 /h})$$

$2^\#$ 风机风量的确定：

由气流干燥器的工艺流程图 7-18 可见，因风机安装在废气出口处，所以

$$v_H = v_{H_2} = (0.772 + 1.244 H_2)\frac{T_2}{273}$$

$$= (0.772 + 1.244 \times 0.052) \times \frac{318}{273} = 0.97(\text{m}^3/\text{绝干空气})$$

$2^\#$ 风机的风量：

$$V_h = L v_H = 793.2 \times 0.97 = 769.4(\text{m}^3/\text{h})$$

实践与练习3

一、选择题

1. 当空气的湿度 H、总压一定时，空气的温度上升，则该空气的相对湿度 φ 将（   ）。

    A. 上升的　　　　　　　　　　　　B. 不变的

    C. 下降的　　　　　　　　　　　　D. 以上三种情况都有可能发生

2. 当湿空气湿度不变，温度不变，而空气的压力增加时，则空气的相对湿度 φ 将是（　　）。
　　A. 上升的　　　　　　　B. 下降的　　　　　　C. 不变的　　　D. 无法判断
3. 空气容纳水分的极限能力，可用下面（　　）选项中的参数来表示。
　　A. 湿度 H　　　　　B. 饱和湿度 H_s　　　C. 相对湿度 φ　　D. 平衡水分
4. 空气的相对湿度为 80% 时，则干球温度 t、湿球温度 t_w、露点 t_d 之间关系为（　　）。
　　A. $t=t_w=t_d$　　　　B. $t<t_w<t_d$　　　C. $t>t_w>t_d$　　D. $t>t_w=t_d$
5. 当空气的相对湿度为 100% 时，则干球温度 t、湿球温度 t_w、露点 t_d 之间关系为（　　）。
　　A. $t=t_w=t_d$　　　　B. $t<t_w<t_d$　　　C. $t>t_w>t_d$　　D. $t>t_w=t_d$
6. 在对流干燥过程中，湿空气经过预热器后，下面描述不正确的是（　　）。
　　A. 湿空气的比容增加　　　　　　　　B. 湿空气的焓增加
　　C. 湿空气的湿度下降　　　　　　　　D. 空气的吸湿能力增加
7. 干燥操作中的单位空气消耗量 1 的单位是（　　）。
　　A. kg 绝干空气/s　　　　　　　　B. kg 绝干空气/h
　　C. kg 绝干空气/（kg 绝干物料）　　D. kg 绝干空气/（kg 水）
8. 在一定干燥条件下，物料中不能被除去的那部分水称为（　　）。
　　A. 结合水分　　　　B. 平衡水分　　　C. 临界水分　　D. 非自由水分
9. 湿物料的平衡水分一定是（　　）
　　A. 非结合水分　　　B. 结合水分　　　C. 自由水分　　D. 临界水分

二、填空题

1. 空气的相对湿度 φ 值愈小，表示湿空气偏移饱和程度_____，干燥时的吸湿能力_____。
2. 当 $\varphi=100\%$ 时，说明空气为_____；$\varphi=0$ 时，说明空气为_____。
3. 将不饱和的湿空气，在等湿条件下冷却达到饱和时的温度称为_____一般用符号_____表示；在绝热的条件下增湿冷却达到饱和时的温度称为_____一般用符号_____表示。
4. 在对流干燥流程中空气经过预热器后，其温度_____，湿度_____，焓值_____，相对湿度_____，吸湿能力_____。
5. 空气的干、湿球温度相差越大，表明空气的相对湿度越_____。对一定湿度的湿空气进行预热升温，温度升得越高，相对湿度就_____，空气的吸湿能力就_____。
6. 对于饱和的湿空气 t、t_w、t_{as}、t_d 之间的关系为_____。
7. 一定的温度和总压下，以湿空气作干燥介质，当所用空气的相对湿度 φ 减少时，则湿物料的平衡水分相应_____，其自由水分相应_____。
8. 根据在一定条件下水分能否用对流干燥的方法除去，物料所含水分可划分为_____水分和_____水分；根据水分被除去的难易程度，物料中的水分可划分为_____水分和_____水分。

三、计算题

1. 某湿空气总压为 80kPa，温度为 40℃，测得露点为 15℃。试求：
（1）该空气的湿度；
（2）相对湿度。
2. 已知湿空气的总压为 101.3kPa，相对湿度为 50%，干球温度为 20℃。求空气的：

（1）湿度；

（2）露点。

3．已知空气的总压为 70kPa，干球温度为 45℃，相对湿度为 50％。求：

（1）湿空气的湿度；

（2）湿空气的比容。

4．某湿空气总压为 1atm，干球温度 20℃，湿度 H 为 0.0102kg 水/(kg 绝干空气)。试求：

（1）该湿空气的比容；

（2）湿空气的焓值；

（3）湿空气的比热。

5．常压下某湿空气的干球温度为 30℃，湿度为 0.0172kg 水/(kg 绝干空气)，今将此空气加热 80℃，试求：加热前后湿空气的相对湿度各为多少？

6．在常压下，采用一台连续操作的干燥器来处理某湿物料，其生产能力为 1000kg 湿物料/h，通过干燥物料的含水量由 10％减至 2％（湿基），干燥介质为空气，其初温 $t_0=$ 20℃，初始湿度为 $H_0=0.008$kg 水/(kg 绝干空气)，此空气经预热到 120℃后进入干燥器，空气离开干燥器时温度为 40℃、湿度 H_2 为 0.05kg 水/(kg 绝干空气)；若风机安装在新鲜空气入口处。试求：

（1）水分蒸发量；

（2）干燥产品量；

（3）空气消耗量为多少 kg 干空气/h；

（4）风机的风量，m^3/h。

7．常压下有一气流干燥器，干燥某种湿物料使其含水量由 $X_1=0.15$kg 水/(kg 绝干物料) 降至 $X_2=0.01$kg/(kg 绝干物料)，干燥器的生产能力为 250kg/h（以干燥产品计），干燥介质是空气，初温是 15℃，湿度 $H_0=0.008$kg 水/(kg 绝干空气)，预热到 90℃后进入干燥器，离开干燥器时的温度为 50℃，湿度为 $H_2=0.024$kg 水/(kg 绝干空气)。若风机设在新鲜空气的入口处。求：

（1）风机的风量，m^3/h；

（2）预热器中的传热量 Q_P。

8．常压下，将温度为 20℃，湿度为 0.01kg 水/(kg 绝干空气) 的空气预热到 120℃，送进理论干燥器，废气的出口湿度为 0.03kg 水/(kg 绝干空气)。物料的含水量由 3.7％干燥至 0.5％（均为湿基）。干空气的流量为 8000kg 干空气/h。试求：

（1）废气的出口温度；

（2）每小时加入干燥器的湿物料量。

任务四　干燥操作技能训练

一、影响干燥操作的因素

对于干燥任务而言，在确定合适的干燥器后，还应确定适宜的工艺条件，以达到既完成干燥任务，同时又做到优质、高产、低耗的目的。对于一个特定的干燥过程，干燥器一定，干燥介质一定，湿物料进出干燥器的含水量 X_1、X_2、进料温度是由工艺条件决定的；空气的湿度一般取决于当地大气状况，有时也采用部分废气循环以调节进入干燥器的空气湿度。这样，能调节的参数只有干燥介质的流量、干燥介质进出干燥器的温度 t_1 与 t_2、出干燥器时废气的湿度 H_2。但是这四个参数是相互关联和影响的，当任意规定其中的两个参数时，另外两个参数也就由物料衡算和热量衡算所确定了。有利于干燥过程的最佳操作条件，通常由实验测定，下面介绍一般的选择原则。

1. 干燥介质的选择

干燥介质的选择，决定于干燥过程的工艺及可利用的热源。在对流干燥中，干燥介质可采用空气、惰性气体、烟道气和过热蒸汽。当干燥操作温度不太高且氧气的存在不影响被干燥物料的性能时，可采用热空气作为干燥介质。对于某些易氧化的物料，或从物料中蒸发出易燃易爆的气体时，则应采用惰性气体为干燥介质。烟道气适用于高温干燥，但要求被干燥的物料不怕被污染，而且不与烟气中的 SO_2 和 CO_2 等气体发生作用。由于烟道气温度高，故可强化干燥过程，缩短干燥时间。此外还应考虑介质的经济性及来源。

2. 流动方式的选择

气体和物料在干燥器中的流动方式，一般可分为并流、逆流和错流。

在并流操作中，物料的移动方向与介质的流动方向相同。与逆流操作相比，若气体初始温度相同，并流时物料的出口温度可较逆流时为低，被物料带走的热量就少。就干燥强度和经济效益而论，并流优于逆流，但并流干燥的推动力沿程逐渐下降，后期变得很小，使干燥速率降低，因而难得获得含水量低的产品。

在逆流操作中，物料移动方向和介质流动方向相反，整个干燥过程中的干燥推动力较均匀，它适用于在物料含水量高时，不允许采用快速干燥的场合；在干燥后期，可耐高温的物料；要求干燥产品的含水量很低时。

在错流操作中，干燥介质与物料间运动方向相互垂直。各个位置上的物料都与高温、低湿的介质相接触，因此干燥推动力比较大，又可采用较高的气体速率，所以干燥速率很高。

3. 干燥介质进口温度和湿度的确定

干燥介质的进口温度高，可强化干燥过程，提高其经济性，因此干燥介质预热后的温度应尽可能高一些，但要注意保持在物料允许的最高温度范围内，以避免物料性质和形状发生变化。在水蒸发量一定的前提下，降低干燥介质的进口湿度 H_1，可降低所需空气流量 L，从而降低操作费用。H_1 降低的同时可降低物料的平衡含水量 X^*，加快干燥速率，因而在可能的条件下应设法降低干燥介质的进口湿度。

4. 干燥介质的流量的影响

增加空气的流量可以增加干燥过程的推动力，提高干燥速率。但空气流量的增加，会造成热损失增加，热量利用率下降，同时还会使动力消耗增加；同时，气速的增加，也会造成产品回收负荷增加。生产中，要综合考虑流量的变化对干燥速率、操作费用等的影响，合理选择。

5. 干燥介质的出口温度和湿度的影响

提高干燥介质的出口湿度，可使一定量的干燥介质带走的水汽量增加，并减少空气用量及传热量，从而降低操作费用；但空气中水蒸气分压增大，传质推动力降低。如果要维持相同的干燥能力，必然要增大设备尺寸，因而设备投资费用增大。因此，必须作经济上的核算才能确定最佳的干燥介质出口湿度。

干燥介质的出口温度提高，废气带走的热量多，热损失大；如果介质的出口温度太低，则含有相当多水汽的废气可能在出口处或后面的设备中析出水滴（达到露点），这将破坏正常的干燥操作。

二、干燥过程强化的途径

1. 干燥速率

干燥速率为每单位时间内在单位干燥面积上汽化的水分量，用微分式表示为：

$$U = \frac{dW}{A\,d\tau} \tag{7-37}$$

式中　U——干燥速率，$kg/(m^2 \cdot s)$；

　　　W——汽化水分量，kg；

　　　A——干燥面积，m^2；

　　　τ——干燥所需时间，s。

因为　　　　　　　　　　　$dW = -G_c dX$

故上式可写成：
$$U = \frac{dW}{A\,d\tau} = -\frac{G_c dX}{A\,d\tau} \tag{7-38}$$

式中　G_c——湿物料中绝对干物料的质量，kg；

　　　X——湿物料的干基含水量，kg 水/kg 绝干物料。

式中的负号表示物料含水量随着干燥时间的增加而减少。

物料的干燥速率可由实验测定。测定方法如下：

在试验过程中将各个时间间隔 $\Delta\tau$ 内物料失重 ΔW，物料表面温度 θ 记录下来，试验进行到物料质量不变为止，此时即达平衡状态，物料中所含水分即为平衡水分，然后取出物料测量获得物料与空气的接触面积 A。

例如图 7-28 就是某物料在恒定干燥条件下，干燥过程中物料的含水量 X 与干燥时间 τ、物料表面温度 θ 之间的关系曲线，此曲线称为物料的干燥曲线。图 7-29 表示物料的干燥速率 u 与物料的含水量 X 之间的关系曲线，称为干燥速率曲线。

在图 7-29 中纵坐标为干燥速率 u，横坐标为物料的干基含水量 X。从图中可看出物料的干燥过程可简化为如下两个阶段。

（1）恒速干燥阶段

恒速干燥阶段又称为干燥的第一阶段，如图中 BC 段所示，在这个阶段中，物料的干燥速率从 B 到 C 保持恒定值，且为最大值 u_1，不随物料含水量的变化而变化。

若物料最初是很湿的，它的表面必然有一层水分，这层水分可以认为是非结合水分，当物料在恒定干燥情况下进行干燥时，物料表面与空气之间的传热和传质情况与测定湿球温度时的情况相同。因为表面水分的蒸气压 p_{sw} 与空气中水分的蒸气压 p 之差，即表面汽化推动力 Δp 保持不变，空气传给物料的热量等于水分汽化所需的热量，所以，物料表面的温度始终保持为空气的湿球温度。

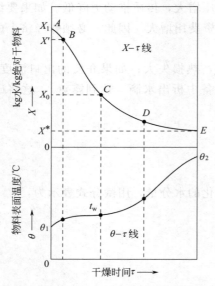

图 7-28 某物料在恒定干燥条件下的干燥曲线

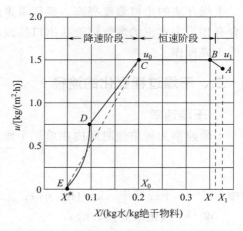

图 7-29 恒定干燥条件下的干燥速率曲线

在等速干燥阶段中由于物料内部的水分能及时扩散到物料表面，使物料表面始终保持湿润，因而水分的汽化与自由水分表面汽化无异。这时干燥速率主要决定于表面水分的汽化速率。

综上所述，恒速干燥阶段的干燥速率取决于空气的状态，而与物料中所含水分的多少无关，与物料性质的关系很小，因此恒速干燥阶段又可称为表面汽化控制阶段。

图中 AB 段为物料预热阶段，此段时间很短，在干燥计算中往往忽略不计。

（2）降速干燥阶段

降速干燥阶段如图 7-29 中 CD、DE 段表示。干燥速率曲线的转折点（C 点）称为临界点，该点的干燥速率 u_0 仍等于恒速阶段的干燥速率，与该点对应的含水量，称为临界含水量 X_0。当物料的含水量降至临界含水量以下时，物料的干燥速率开始逐渐降低。

图中 CD 段为第一降速阶段。此阶段物料内部水分的扩散速率已小于表面水分在湿球温度下的汽化速率，这时物料表面不能维持润湿而形成"干区"，由于水分汽化表面向物料内部迁移，使实际汽化面积减小，从而以物料全部外表面积计算干燥速率下降。

图中 DE 段称为第二降速阶段，由于水分的汽化表面随着干燥过程的进行逐渐向物料内部移动，从而使热量、质量传递途径加长，阻力增大，造成干燥速率下降。到达 E 点后物料的含水量已降到平衡含水量 X^*（即平衡水分），再继续干燥亦不可能降低物料的含水量。

降速干燥阶段的干燥速率主要决定于物料本身的结构、形状和大小，而与空气的性质关系很小。这时空气传给湿物料的热量大于水分汽化所需的热量，故物料的温度不断上升，最后接近于空气的干球温度所以降速干燥阶段又称为内部扩散控制阶段。

综上所述，当物料中的含水量大于临界含水量 X_0 时，属于表面汽化控制阶段，亦即恒速干燥阶段，此阶段中除去的是物料中非结合水分；而当物料中的含水量小于临界含水量时 X_0，属于内部扩散控制阶段，即降速干燥阶段，此阶段中除去的是物料中的部分结合水分。而当物料的含水量为 X^* 时，则干燥速率为零。实际上在工业生产中，物料不会被干燥到平衡含水量，而是在临界含水量和平衡含水量之间，干燥终点时的含水量需视产品要求和经济核算而定。

2．干燥速率的影响因素

影响干燥速率的因素主要有：物料的状况、干燥介质的状态、干燥设备的结构和物料的流程等几个方面。下面对其中主要影响因素介绍如下。

（1）湿物料的性质和形状

包括湿物料的物理结构、化学组成、形状及大小、物料层的厚薄以及水分与物料的结合方式等。在干燥的第一阶段，由于物料的干燥相当于自由水面的汽化，因此物料的性质对干燥速率影响很小。但物料的形状、大小影响物料的临界含水量。在干燥的第二阶段物料的性质和形状对干燥速率起决定性的影响。

（2）湿物料本身的温度

湿物料本身的温度越高，则干燥速率越大。在干燥器中湿物料的温度又与干燥介质的温度和湿度有关。

（3）物料的含水量

物料最初、最终的含水量及临界含水量决定了干燥各阶段所需时间的长短。

（4）物料的堆积方式

物料的堆积方式和物料层的厚薄影响其临界含水量的大小。对细粒物料，可使其分散或悬浮在气流中，若悬浮受到限制，则可加强搅拌。而对于既不能悬浮又不能搅拌的大块物料，则可将其悬挂而使其全部表面暴露在气流之中。

（5）干燥介质的温度和湿度

当干燥介质（热空气）的湿度不变时，其温度越高，则干燥速率愈大，但要以不损害被干燥物料的品质为原则。对于某些热敏性物料，更应考虑选择合适的温度。有些干燥设备采用中间分段加热方式可以避免过高的介质温度。此外还要防止由于干燥过快，物料表面形成硬壳而减小以后的干燥速率，使总的干燥时间加长。

当干燥介质（热空气）的温度不变时，空气的相对湿度越低，水分汽化越快干燥速率越大。尤其是在表面汽化控制阶段最为显著。

（6）干燥介质的流速和流向

在干燥的第一阶段，增加热空气的流速，可以提高物料的干燥速率；在内部扩散控制阶段，气速对干燥速率的影响则不大。

热空气的流动方向与物料的汽化表面垂直时，干燥速率最快，平行时则较差。其原因可用气体边界层的厚薄来解释，即干燥介质流动方向成垂直时的边界层的厚度要比成平行时的边界层厚度要薄。

三、干燥操作技能训练方案

1．操作技能训练要求与任务

① 熟悉实训室干燥装置的流程和主要设备，理解现场设备的工作原理及结构特点。

喷雾干燥装置的
基本操作要求

② 掌握装置的操作要点，能正确并熟练操作相关设备。

③ 对装置操作中的不正常现象会判断和处理。

④ 理解影响干燥操作效果的因素，能正确记录干燥操作中的各种数据，能对数据进行基本的判断、分析，并对操作过程质量进行正确评价。

⑤ 掌握干燥曲线、速率曲线的绘制方法，熟悉影响干燥速率的因素，了解提高干燥效率和干燥器热效率的主要措施。

2．技能训练任务及记录

（1）绘制现场训练装置流程图，填写装置主要设备一览表

① 绘制实训用——干燥装置流程图。

② 填写实训用干燥装置设备一览表及技术参数（附表一　实训干燥装置主要设备及技术指标一览表）。

附表一　实训干燥装置主要设备及技术指标一览表

设 备 名 称	规　格	材　料	尺　寸

备注：表格的行数可根据需要自行添加或删减！！

技术指标如下：

（1）加热功率＿＿＿kW

（2）最高温度＿＿＿℃

（3）最大喷雾压力 ＿＿＿MPa

（4）处理量＿＿＿L/h

③ 汇报实训干燥装置中各个设备的工作原理及结构特点（小组 PPT 汇报）。

（2）干燥装置的基本操作训练（以流化干燥装置的操作为例）

① 开车前的准备及检查（附表二　流化干燥装置基本状况检查记录表）。

附表二　流化干燥装置基本状况检查记录表

组号：＿＿＿＿＿＿＿　　学生姓名：＿＿＿＿＿＿＿、＿＿＿＿＿＿＿、＿＿＿＿＿＿＿

室温＿＿＿＿＿＿＿＿＿＿＿＿＿　　　　　　　　实训日期：＿＿＿＿＿年＿＿＿＿＿月＿＿＿＿＿日

检查时间	开始：＿＿＿＿＿时＿＿＿＿＿分			结束：＿＿＿＿＿时＿＿＿＿＿分		
设备完好情况	电源		硅胶粉量		天平	称量瓶
	注水器水位		袋滤器		取样器	保干器
	风机	型号	空气加热功率调节器	型号	空气入口温度计	型号
		状态		状态		状态
	转子流量计	型号	U 型管压差计	型号	床层温度计	型号
		状态		状态		状态
	流量计入口阀	型号	风机出口旁路阀	型号	烘箱	型号
		状态		状态		状态

② 观察干燥装置，查找危险源，写出注意事项，列出预防措施！

危　险　源：＿＿＿＿＿＿＿＿＿＿＿＿＿＿＿＿＿＿＿＿＿＿＿＿＿＿＿＿＿＿＿＿＿＿＿＿＿＿＿

＿＿。

注意事项：＿＿＿＿＿＿＿＿＿＿＿＿＿＿＿＿＿＿＿＿＿＿＿＿＿＿＿＿＿＿＿＿＿＿＿＿＿＿＿

＿＿。

预防措施：_____

_____。

③ 流化干燥设备开车训练（学生汇报操作要点，教师点评后方可操作练习）。

④ 流化干燥装置停车训练（学生汇报操作要点，教师点评后方可操作练习）。

⑤ 流化干燥装置的故障处理训练——方法：教师演示（实物演示或动画演示），学生观摩，讨论分析。

⑥ 学生分组训练，记录相关数据。

（3）操作训练运行记录与结果分析（以流化干燥装置为例）

① 实训用干燥装置运行数据记录表（附录三　流化干燥操作记录表）。

附表三　流化干燥操作记录表

组号：_____　学生姓名：_____、_____、_____、_____

室温_____　　　　　　　　　　　　　实训日期：_____年_____月_____日

风机型号：_____　　风量：_____ m^3/h　　风温：_____℃

序号	取样时间	床层温度/℃	U型管压差计读数	称量瓶编号	瓶＋湿物重/g	瓶＋干物重/g	空瓶重/g	备注
备注：表格的行数可根据需要自行添加！！								

② 实训用干燥装置运行数据处理结果表（附表四　流化干燥数据处理结果表）。

附表四　流化干燥数据处理结果表

组号：_____　学生姓名：_____、_____、_____、_____

室温_____　　　　　　　　　　　　　实训日期：_____年_____月_____日

风机型号：_____　　风量：_____ m^3/h　　风温：_____℃

序号	时间	床层温度	干基含水量 X	干燥速率

① 产品含水量的分析方法：_____

_____

② 产品的干基含水量：

$$X_2 = \frac{产品中水分的质量}{产品中绝对干物料的质量} = \frac{g_1 - g_2}{g_2} \times 100\% = \underline{\quad\quad}$$

g_1——产品质量，g

g_2——绝干产品质量，g

③ 根据实训结果在坐标纸上绘出干燥曲线（X-τ 线，θ-τ 线）和干燥速率曲线（U-X 线）

3. 干燥操作技能训练考核

干燥实训实行过程考核，具体评分依据如下：学生成绩由小组成绩 60％和个人成绩 40％组成。

（1）小组成绩：按考核项目的难易程度进行布分。注意难易搭配。重点考核小组成员团队协作素质、数据处理及分析能力。

（2）个人成绩：

① 日记 10％，技能训练记录（实训报告）10％；

② 个人现场回答问题占 20％，依据是随机提问干燥的有关理论与操作知识内容。

（3）个人现场回答问题占 20％。依据是随机提问干燥的有关理论与操作知识内容。

附表五　干燥操作考核评分表：

① 考核内容与要求

在 100 分钟内完成洗衣粉溶液的配制、干燥操作。并做好流化干燥产品的分析工作。具体任务和要求如下：

a. 配制洗衣粉饱和溶液，按要求取清液作为喷雾干燥原料液，并对喷雾干燥器预喷雾操作；

b. 喷雾干燥器开停车操作；

c. 流化床干燥器开停车操作；

d. 流化床干燥取样称量、计算干基含水量，并分析其变化规律。

② 考核评分表（教师用）

附表五　干燥操作考核评分表（教师用）

组号：_____　　学生姓名：_____、_____、_____、_____

设备号：_____　　　　　　　实训日期：_____年_____月_____日

考核时间	开始	时　分	结束	时　分	超时情况		
序号	考核分项	分项要求				得分标准	考核得分
1	考生面貌	穿着符合岗位规定、精神饱满、坚守岗位、不大声喧哗、不违反岗位纪律等，违反一条扣 1 分				5	
2	流化床干燥装置检查	检查水、电、仪表、风机、压缩机、阀门等。每项扣 1 分				5	
3	流化床干燥开停车	按要求开车顺序、流量调节，电压调节，每项操作不规范扣 3 分，不会操作者全扣				15	
4	取样分析	取样（5 个），并进行称量，送烘箱烘干				5	
5	喷雾干燥器装置检查	检查水、电、仪表、风机、压缩机、阀门等。每项扣 1 分				5	
6	原料液的配制及预喷雾操作	按要求配制洗衣粉饱和溶液，配制溶液不符合要求者，扣 3 分，预喷雾操作不当者每错一步骤扣 3 分				15	
7	喷雾干燥器开车	按要求开车顺序、流量调节，压力调节，每项操作不规范扣 3 分，不会操作者全扣				15	
8	喷雾干燥器停车	按要求停车顺序，每项操作不当扣 3 分				10	

续表

序号	考核分项	分项要求	得分标准	考核得分
9	流化床干燥效果分析	烘干后再称量（2个），计算出两个样品的干基含水量。取样、称量不当扣3~5分。 计算结果不正确每项扣5分，分析干基含水量变化规律不当者扣5分	15	
10	考核时间	考核时间100分。每超5分钟，扣1分，直至扣完	10	
	合计		100	

注：以上操作视熟练程度酌情打分，有重大操作错误一次扣10~15分。

③ 干燥技能训练总结。

实践与练习4

一、观察与分析

观察本实训室的装置，查找危险源，写出注意事项，列出预防方案！

二、选择题

1. 影响恒速干燥过程的因素有（　　　）。
   A. 空气（干燥介质）的温度、湿度及流量
   B. 物料的表面积、非结合含水量及物料的孔隙情况
   C. 湿分的蒸气压等
   D. 以上各条都是

2. 干燥操作过程要保证空气流速、温度不变的原因是（　　　）。
   A. 干燥进行彻底　　　　　　　　　B. 干燥速率快
   C. 保证干燥条件恒定　　　　　　　D. 干燥物料不受损

3. 流化床干燥器发生尾气含尘量大的原因是（　　　）。
   A. 风量大　　　B. 物料层高度不够　　　C. 热风温度低　　　D. 风量分布不均匀

4. 若需从牛奶液中直接制得到奶粉制品，可选用（　　　）。
   A. 沸腾床干燥器　　B. 气流干燥器　　　C. 转筒干燥器　　　D. 喷雾干燥器

5. 同一物料，如恒速段的干燥速率增加，则临界含水量（　　　）。
   A. 减小　　　B. 不变　　　　　　　　C. 增大　　　　　　　　D. 不一定

三、填空题

1. 干燥操作的恒速干燥阶段属于_____控制，其干燥速率与物料的含水量_____，而主要取决于_____速率和_____状态。降速干燥阶段属于_____控制，故干燥速率主要取决于_____等，而与外部条件_____。

2. 由恒定干燥条件下的典型干燥速率曲线知，物料在干燥过程中有一个转折点 C，此点称为_____，C 点将整个干燥过程分为_____干燥阶段和_____干燥阶段这两个阶段。前一阶段为_____控制，后一阶段为_____控制。

3. 在恒定干燥条件下，要使物料中除去同样多的水分，恒速干燥阶段所需的时间_____降速干燥阶段所需的时间。

4. 在恒定干燥条件下的干燥速率曲线中，恒速干燥阶段和降速干燥阶段的分界点 C 称

_____，处于 C 点物料的平均含水量称为_____。

5. 在一定的干燥条件下，物料层愈厚，临界含水量_____。

6. 对于粒状物料，在一定的干燥条件下，颗粒越小，其临界含水量_____。

7. 恒速干燥阶段，干燥速率与物料的含水量_____，主要决定于_____和_____。

四、简答题

1. 根据实训所作的图表数据分析实训操作结果是否正常，如不正常请分析说明原因。

2. 干燥湿物料前，为什么要将冷空气预热？

3. 在流化床干燥器操作时为什么要先开启风机，后接通加热器电源加热？

4. 若湿物料在干燥器内干燥的时间无限长，是否会得到绝干物料？为什么？

5. 喷雾操作前用水作一次预喷雾操作的目的是什么？

🌐 技创未来

智能赋能，革新干燥：化工干燥技术的新突破

化工生产中，干燥环节不仅关乎产品质量，更是能耗"大户"，传统干燥设备依赖人工调控，能耗高、效率低、质量波动大等问题突出。在物联网、人工智能与大数据技术蓬勃发展的新时代，国内企业积极探索，推动化工干燥技术向智能化迈进。无锡华鼎干燥工程有限公司在锂电池正极材料干燥领域的实践，便是这一趋势下的典型范例。

无锡华鼎研发的智能干燥设备，构建起"感知-分析-决策-执行"的完整智能体系。设备内部密布红外热成像传感器、温湿度传感器、压力传感器等200余个监测单元，如同设备的"神经末梢"，实时采集干燥过程中的各项数据，并通过5G网络快速传输至数据中台。基于卷积神经网络（CNN）的AI视觉温控系统，能够精准识别物料粘壁、结块等异常情况，准确率高达96%，一旦发现异常，系统自动调整热风分布与风速，避免材料因局部过热出现晶型破坏。

在能效优化方面，华鼎引入数字孪生技术，利用30万组历史运行数据训练长短期记忆神经网络（LSTM），可提前2h预测不同工况下的最优干燥参数组合，将热风温度控制精度提升至±1.5℃，风量误差缩小至±3%。在三元材料干燥应用中，该技术使天然气消耗量从 $80m^3/t$ 降至 $55m^3/t$，单条生产线年节约能耗折合标煤120Ct，大幅降低生产成本与碳排放。

设备结构同样实现创新突破。新型微孔阵列式干燥塔采用航空级铝合金材质，内壁0.2mm的微米级导流孔，使热风分布均匀性提升40%，物料滞留时间标准差缩小至传统设备的三分之一；自主研发的防粘涂层，耐磨寿命超5000h，有效解决高黏度物料的粘壁难题，设备连续运行周期从72h延长至300h以上。

某年产5万吨磷酸铁锂正极材料企业引入无锡华鼎智能闭式循环干燥系统后，生产指标显著改善。产品含水率合格率从85%跃升至99.2%，电池片首次充放电效率提高2.3%，达到国际一流标准；单位产品能耗降至0.35吨蒸汽/吨，年节约蒸汽6万吨，节省成本超2000万元；操作岗位减少50%，设备故障预警准确率达92%，非计划停机时间缩短70%，实现质量、效率与效益的多重提升。

展望未来，化工智能干燥设备将朝着低碳化、精准化、无人化方向持续发展。与热泵、光伏等绿色能源深度融合，结合拉曼光谱在线检测技术，协同AGV与机器人实现无人化生产，为化工行业高质量发展注入强劲动力。

身边榜样

科研征途上的创新先锋

丁克鸿，江苏扬农化工集团的中流砥柱，现任中国中化化工事业部科技创新中心总经理、扬农集团首席科学家，是一位拥有博士学位的教授级高工。多年来，他深耕化工领域，以卓越的科研成果和创新精神，荣获多项荣誉，包括全国"五一劳动奖章""全国劳动模范"，并成为享受国务院政府特殊津贴专家、江苏省"333 工程"中青年科技带头人。

1989 年，丁克鸿从北京大学化学系本科毕业后，又相继取得扬州大学化学工程硕士和物理化学博士学位。怀着对家乡的热爱与投身科研事业的热忱，他放弃出国机会，毅然加入扬州农药厂（扬农集团前身），从基层实验员做起，逐步成长为行业领军人物。

在科研工作中，丁克鸿成绩斐然。他先后承担多项国家及省级科研项目，完成 10 多个农药品种的开发，其中"吡虫啉"荣获 2006 年"中国名牌产品"称号。面对国外技术垄断，他创造性地提出杀菌剂丙环唑关键中间体戊二醇的全新合成工艺，成功打破技术封锁。

2019 年，面对国内己内酰胺产能过剩、尼龙 66 关键原料己二腈依赖进口的困境，丁克鸿决定另辟蹊径。他带领团队，在无经验、无资料、无外援的艰难条件下，以己内酰胺为原料，探索制备己二胺的新工艺。经过无数次实验与探索，仅用一年多时间，就攻克工艺难题，研制出高性能催化剂，完成百吨级全流程中试开发。2022 年，年产 4 万吨尼龙 66 及2.5 万吨己二胺项目装置一次性开车成功，实现产业化。2024 年，该技术通过科技成果鉴定，整体达到国际领先水平。

此外，丁克鸿还提出新的清洁工艺路线，首次完成年产 3 万吨甘油法环氧氯丙烷装置设计，年新增产值 12 亿元、利润 1.6 亿元，解决了传统工艺污染重、成本高的问题。在省级以上学术刊物，他发表论文 40 余篇，获授权发明专利 19 项，为化工行业发展提供了宝贵的理论支持与技术储备。

不仅如此，丁克鸿还十分注重人才培养。2018 年，"丁克鸿劳模创新工作室"成立，他以此为平台，言传身教，培养出众多优秀科研人才，为企业和行业的持续发展注入新的活力。丁克鸿用自己的智慧与汗水，在化工科研领域树立起一座丰碑，激励着无数后来者奋勇前行。

本情境主要符号意义

英文字母

A——干燥面积，m^2；

c_m——湿物料的平均比热，kJ/(kg 干物料·℃)；

c_s——干物料的比热，kJ/(kg 干物料·℃)；

c_w——液态水的比热，kJ/(kg 水·℃)；

C_g——绝干空气的比热，kJ/(kg 干空气·K)；

C_H——湿空气的比热，kJ/(kg 干空气·K)；

C_w——水蒸气的比热，kJ/(kg 水汽·K)；

D——干燥管的直径，m；

G_1——进入干燥器的湿物料质量，kg/s 或 kg/h；

G_2——出干燥器的产品质量，kg/s 或 kg/h；

G_c——湿物料中绝干物料的质量，kg 绝干物料/s 或 kg 绝干物料/h；

H——湿度表示，kg 水汽/kg 干空气；

H_s——空气的饱和湿度，kg 水汽/kg 干空气；

H_{SW}——T_w 时空气饱和湿度，kg 水/(kg 干空气)；

i_g——绝干空气的焓，kJ/(kg 干空气)；

i_w——水蒸气的焓（i_w），kJ/(kg 水气)；

I_H——湿空气的焓，kJ/(kg 干空气)；

I_2'，I_1'——物料出、进干燥器时的焓，kJ/(kg 干物料)；

k_H——以湿度差为推动力的传质系数，kg 水/(m² · s · ΔH)；

L——绝干空气的质量流量，kg 绝干空气/s 或 kg 绝干物料/h；

M_g——空气的平均千摩尔质量，29kg/kmol；

M_w——水蒸气的千摩尔质量，18kg/kmol；

n_g——湿空气中绝干空气的摩尔数，kmol；

n_w——湿空气中水汽的摩尔数，kmol；

p——湿空气中水汽的分压，Pa；

P——湿空气的总压力，Pa；

p_g——湿空气中绝对干空气的分压，Pa；

p_s——水的饱和蒸气压；

Q——干燥过程所需的总热量，kW；

Q_D——干燥器内补充加热量，kW；

Q_L——干燥过程损失的热量，kW；

Q_P——预热器内加热量，kW；

r_w——温度为 T_w 时水的汽化潜热；kJ/(kg 水)；

T——干球温度，K；

T_w——湿球温度，K；

T_{as}——绝热饱和温度，K；

T_d——空气的露点，K；

u_g——①干燥管中湿空气的速率，m/s；②颗粒在干燥器中的平均速度，m/s；

u_o——颗粒在干燥器中的沉降速度，m/s；

U——干燥速率，kg/(m² · s)；

V_s——空气的体积流量，m³/s；

w——物料的干基含水率；

W——汽化水分量或水分蒸发量，kg；

X——物料的干基含水量，kg 水/(kg 干物料)。

希腊字母

α——空气至湿纱布的对流传热膜系数，kW/(m² · K)；

φ——空气的相对湿度；

ν_H——湿空气比容亦称湿容积，m³/(kg 绝干空气)；

ν_{HS}——湿空气的饱和湿容积，m³/(kg 干绝空气)；

θ——物料的温度，℃；

τ——①颗粒在干燥器中的停留时间，s；②干燥所需时间，s。

学习情境八
反应过程及设备的选择与操作

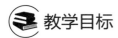 **教学目标**

知识目标：

1. 理解反应过程设备在化工生产中的重要性；掌握反应器的基本要求及反应器的分类方法。

2. 掌握釜式反应器、管式反应器工作过程特点及反应器容积的计算方法。

3. 掌握釜式反应器的基本结构、特点及应用场合。

4. 掌握间歇釜式反应器基本操作要点和维护要点。

5. 了解固定床反应器的分类方法，掌握固定床反应器的结构、特点及应用场合；理解固定床反应器催化剂用量和反应器有效体积计算方法。

6. 了解流化床反应器的分类，掌握各类流化床反应器的结构、特点及应用场合。

能力目标：

1. 能根据反应过程的特点、生产目的及产能的大小，正确选择反应器的类型，初步确定反应设备的工艺尺寸。

2. 能熟练操作间歇釜式反应器，会对其常见故障进行正确分析与处理。

3. 能进行固定床反应器的仿真操作，对仿真系统中的事故能进行分析和处理。

4. 能熟练进行流化床反应器的仿真操作，会对流化床反应器的事故进行分析与处理。

5. 会正确使用反应装置中的安全与环境保护设施，对操作中的不正常现象能进行分析和处理。

素质目标：

1. 构建从实验室小试到工业化放大的工程思维。

2. 培养终身学习能力，能够不断吸收新知识、新技术，以适应行业发展的需求。

引言

任何化学品的生产，都离不开三个阶段：原料预处理、化学反应、产品精制。其中化学反应过程是化工生产过程的核心，而用于化学反应的设备则称为化学反应器，它是化工生产装置中的关键设备。

一般情况下，工业生产中的有机化学反应，其转化率是达不到100％的，往往还伴随有副反应的发生。一个好的反应器不仅要能够充分有效地利用原料，减轻后续分离设备的负荷，降低生产过程中的能耗，而且要尽可能抑制副反应的发生，提高目的产物的收率，并且能够为操作控制提供方便。

化学反应是反应过程的主体，而反应器则是实现反应的客观环境，反应本身的特性是第一性的，因此动力学是代表过程的本质性的因素，而反应器的型式和尺寸则在物料的流动、混合、传热、传质等传递特性上发挥其影响，只有综合考虑此化学反应的动力学、传递过程等诸多因素，才能做到化学反应器的正确选用、合理设计、有效放大和最佳控制。

 工程项目　　**乙酸正丁酯合成反应器的选择与操作**

某化工企业用乙酸和丁醇为原料生产乙酸正丁酯，其反应式为：

$$CH_3COOH + C_4H_9OH \longrightarrow CH_3COOC_4H_9 + H_2O$$

反应在 373K 等温条件下进行，以硫酸为催化剂，反应速率常数 $k = 0.0174m^3 /$（kmol·min）。该反应以乙酸（下标以 A 计）表示的动力学方程式为 $(-r_A) = kC_A^2$。

现要求装置的生产能力为：乙酸正丁酯 665t/a，工作时间 300d/a。已知：原料乙酸密度为 970kg/m³，正丁醇密度为 811kg/m³，工艺规定进入反应器的原料中，乙酸与正丁醇的摩尔比为 1∶5.4；要求乙酸转化率控制在 $x_{Af} = 50\%$，乙酸正丁酯收率为 90%。

试根据反应任务选择合适的反应器并确定其反应器的有效体积。

化工视窗　　扫码观看视频，了解神舟十二号载人飞船的漂亮"外衣"。

神舟十二号载人
飞船的漂亮"外衣"

调查研究

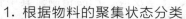

查阅资料了解乙酸、正丁醇、乙酸正丁酯的性质、用途、安全注意事项。

项目任务分析

要完成上述反应任务，首先要确定反应器的类型，进而确定反应器的结构和大小，然后学会正确操作和维护反应器。

任务一　反应器类型的选择

反应器类型的认识

一、反应器类型的认识

化学工业中，使用的反应器种类较多，可以根据不同的方式进行分类。

1. 根据物料的聚集状态分类

根据物料的聚集状态不同，化学反应器可分为均相反应器和非均相反应器两大类。

均相反应器中反应物只有一相存在，通常不是气相就是单一的液相。非均相反应器中反应物是两相或两相以上的，所以非均相反应器根据相态的不同，又可分为气-液、气-固、液-

液、液-固以及气-液-固五种类型。

2．根据操作方式分类

化学反应器可分为间歇操作、连续操作、半间歇（连续）操作。

采用间歇操作的反应器叫间歇反应器，其特点是进行反应所需要的原料一次性加入反应器，在一定条件下，经过一定的反应时间，达到规定的转化率时卸出全部物料，其中主要是反应产物以及少量未被转化的原料。接着清洗反应器，继而进行下一批原料的装入、反应和卸料。所以间歇反应器又称为分批反应器。整个过程中物料浓度随时间变化，是非稳态的生产过程。在反应过程中由于既没有物料的输入，也没有物料的输出，即不存在物料的流动，这个反应过程都是在恒容下进行的。采用间歇操作的反应器几乎都是釜式反应器，其余类型较罕见。间歇操作适用于反应速率慢的化学反应，以及产量小的化学品生产过程。对于那些批量小而产品品种多的企业尤为适合。

连续操作是原料以连续不断的方式加入反应器，反应物也连续从反应器中流出。连续操作过程是一个稳态过程，此时反应器内任意一点的物系参数（温度、浓度等）均不随时间而变，部分参数可能随位置而改变。大规模工业生产的反应器绝大部分都是采用连续操作。因为它具有产品质量稳定、劳动生产率高、便于实现机械化和自动化等优点。但是连续系统一旦建立，欲改变产品品种是十分困难的，甚至要较大幅度改变产品产量也不易实现，灵活性较差。一般用于产品品种比较单一而产量较大的场合。

半间歇操作是指反应器中的物料有一些是分批加入或取出的，而另一些则是连续地通过的，或者用蒸馏的方法连续移走部分产品的生产过程。半间歇操作也是一个非稳态生产过程，反应器中物系组成必然随时间改变。例如由氯气和苯生产一氯苯的反应器就有采用半间歇操作的。苯一次加入反应器，氯气则连续通入反应器，未反应的氯气连续排出反应器，当反应物系的产品分布符合要求后，停止通氯气，卸出反应产物。管式、釜式、塔式以及固定床反应器都有采用半间歇操作的。

3．根据反应器的结构型式分类

根据反应器的结构型式不同，化学反应器可分为釜式、管式、塔式、固定床、流化床等类型。见图8-1。

（1）釜式

釜式反应器的高径比在1～3之间。通常釜内装有搅拌装置，器内混合比较均匀，操作方式灵活。釜式反应器可分为：间歇操作釜式反应器、半间歇操作釜式反应器、连续操作釜式反应器三类。

间歇操作釜式反应器就是一次性进料，反应完成后一次性出料。它是化学工业中广泛采用的反应器之一，尤其在精细化学品、高分子聚合物和生物化工产品的生产中，应用较广泛。这类反应器的结构简单、加工方便，传质效率高，温度分布均匀，便于控制和改变工艺条件（如温度、浓度、反应时间等），操作灵活性大，便于更换品种、小批量生产。它可用来进行均相反应，也可用于非均相反应。在精细化工的生产中，几乎所有的单元操作都可以在釜式反应器中进行。其缺点是，设备生产效率低，间歇操作的辅助时间有时占的比例较大。

连续釜式反应器进出物料的操作都是连续的，即一边连续恒定地向反应器加入反应物，同时连续不断地把反应产物引出反应器，所以一般适用于产量大的产品生产。连续操作过程正常情况下均为稳态操作过程，容易实现自动控制，操作简单，节省人力。由于搅拌使加入的浓度高的原料立即和釜内物料完全混合，不存在热量的累积引起局部过热问题，特别适宜对温度敏感的化学反应，不容易引起副反应。由于釜式反应器的物料容量大，当进料条件发生一定程度的波动时，不会引起釜内反应条件的明显变化，稳定性好，操作安全。

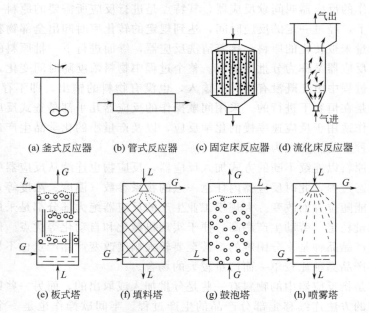

(a) 釜式反应器　　(b) 管式反应器　　(c) 固定床反应器　　(d) 流化床反应器

(e) 板式塔　　　(f) 填料塔　　　(g) 鼓泡塔　　　(h) 喷雾塔

图 8-1　各种类型反应器示意图

半间歇操作釜式反应器就是一种反应物（产物）连续不断地加入（取出），另一种反应物（产物）分批加入（取出）的釜式反应器，它具有间歇操作和连续操作的某些特征，又称半连续操作，但生产过程还是间歇的。使用半间歇操作可有效控制反应速率、反应进程和反应温度。如某些强放热反应除了通过冷却介质移走热量外，采用半间歇操作时还可以调节加料速率来控制所要求的反应温度。

釜式反应器绝大多数用于有液相参与的反应，如：液液、液固、气液、气液固反应等。操作时温度、浓度容易控制，产品质量均一。在化工生产中，既可单釜操作，也可多釜串联使用；但若应用在需要较高转化率的工艺要求时，有需要较大容积的缺点。通常在操作条件比较缓和的情况下，如常压、温度较低且低于物料沸点时，釜式反应器的应用最为普遍。

（2）管式

管式反应器的长径比很大，内部中空，不设置任何构件。在与流动方向垂直的截面上，各质点的流速和流向完全相同，好像活塞向前平推移动，这种流动状况称为平推流，又称活塞流、理想置换流。其特点是：所有物料质点在反应器中的停留时间相等，不存在返混。连续管式反应器内物料流况基本符合这一特点，反应器内物料混合作用较小。管式反应器主要用于气相或液相连续反应过程，具有容积小、易于控制等优点；能承受较高的压力，故用于加压反应尤为合适；但对于慢速反应，则有需要管子长、压降较大等不足。随着化工生产越来越趋于大型化、连续化、自动化。连续操作的管式反应器在生产中使用越来越多，就是某些传统上一直使用间歇搅拌釜的高分子聚合反应，目前也开始改用连续操作的管式反应器。

（3）塔式

塔式反应器的高径比介于釜式和管式之间，内部设有为了增加两相接触的构件，如填料、筛板等。塔式反应器主要用于两种流体相反应的过程，如气液反应和液液反应。参与反应的两种流体的流向可以是逆流，也可以是并流。

板式塔反应器的液体是连续相而气体是分散相，借助于气相通过塔板分散成小气泡而与板上液体相接触进行化学反应。板式塔反应器适用于快速及中速反应。采用多板可以将轴向返混降低至最低程度，并且它可以在很小的液体流速下进行操作，从而能在单塔中直接获得极高的液相转化率。同时，板式塔反应器的气液传质系数较大，可以在板上安置冷却或加热元件，以适应维持所需温度的要求。但是板式塔反应器具有气相流动压降较大和传质表面较小等缺点。

填料塔反应器是广泛应用于气体吸收的设备，也可用作气、液相反应器，由于液体沿填料表面下流，在填料表面形成液膜而与气相接触进行反应，故液相主体量较少。适用于瞬间反应、快速和中速反应过程。例如，催化热碱吸收 CO_2、水吸收 NO_x 形成硝酸、水吸收 HCl 生成盐酸、吸收 SO_3 生成硫酸等通常都使用填料塔反应器。填料塔反应器具有结构简单、压降小、易于适应各种腐蚀介质和不易造成溶液起泡的优点。同时填料塔反应器也有不少缺点。首先，它无法从塔体中直接移去热量，当反应热较高时，必须借助增加液体喷淋量以显热形式带出热量；其次，由于存在最低润湿率的问题，在很多情况下需采用自身循环才能保证填料的基本润湿，但这种自身循环破坏了逆流的原则。尽管如此，填料塔反应器还是气液反应和化学吸收的常用设备。特别是在常压和低压下，压降成为主要矛盾时和反应溶剂易于起泡时，采用填料塔反应器尤为适合。

鼓泡塔反应器广泛应用于液相也参与反应的中速、慢速反应和放热量大的反应。例如，各种有机化合物的氧化反应、各种石蜡和芳烃的氯化反应、各种生物化学反应、污水处理曝气氧化和氨水碳化生成固体碳酸氢铵等反应，都采用这种鼓泡塔反应器。鼓泡塔反应器在实际应用中具有以下优点：气体以小的气泡形式均匀分布，连续不断地通过气液反应层，保证了气、液接触面，使气、液充分混合，反应良好；结构简单，容易清理，操作稳定，投资和维修费用低；鼓泡塔反应器具有极高的贮液量和相际接触面积，传质和传热效率较高，适用于缓慢化学反应和高度放热的情况；在塔的内、外都可以安装换热装置；和填料塔相比较，鼓泡塔能处理悬浮液体。但鼓泡塔在使用时也有一些很难克服的缺点，主要表现如下：为了保证气体沿截面的均匀分布，鼓泡塔的直径不宜过大，一般在 2～3m 以内；鼓泡塔反应器液相轴向返混很严重，在不太大的高径比情况下，可认为液相处于理想混合状态，因此较难在单一连续反应器中达到较高的液相转化率；鼓泡塔反应器在鼓泡时所耗压降较大。

喷淋塔反应器结构较为简单，液体以细小液滴的方式分散于气体中，气体为连续相，液体为分散相，具有相接触面积大和气相压降小等优点。适用于瞬间、界面和快速反应，也适用于生成固体的反应。喷淋塔反应器具有持液量小和液侧传质系数过小，气相和液相返混较为严重的缺点。

（4）床式

床式反应器有固定床和流化床之分。

固定床式反应器内均填充有固体颗粒，这些固体颗粒可以是固体催化剂，也可以是固体反应物。反应过程中床层颗粒固定不动，原料气体一般自床层上方进入，在通过固体颗粒层时发生反应，反应后的气体由下方排出。固定床式反应器多用于气固催化反应，如氨的合成、甲醇合成、苯氧化等等。

流化床反应器内也装填有固体小颗粒，与固定床反应器不同，这些颗粒处于运动状态，其运动方向多种多样。一般分为两类：一类是固体被流体带出，经分离后固体循环使用，称为循环流化床，也称为气流床；另一类是固体在流化床内运动，流体与固体颗粒所构成的床层犹如沸腾的液体，也称为沸腾床反应器，图 8-1 中就是这种类型的流化床反应器。反应器下部设有分布板，板上放置固体颗粒，流体自分布板下送入，均匀地流过颗粒层。当流速达到一定数值后，固体颗粒开始松动，处于悬浮运动的状态，犹如水沸腾时的情形。流化床反应器可用于气固、液固以及气液固催化或非催化反应，是工业生产中较广泛使用的反应器。其中循环流化床反应器的最典型例子就是炼油企业中的催化裂化反应装置。

4. 根据操作温度条件分类

根据操作温度条件，工业反应器可分为等温反应器、非等温反应器和绝热反应器。

等温反应器，在反应过程中，反应温度不随时间而变；非等温反应器，在反应过程中，反应温度随时间而变化；绝热反应器，在反应过程中，反应器与环境没有热量交换。

二、反应器类型的选择原则

通常反应器选择的主要依据有如下三个方面。

① 反应的特征 包括主副反应的生成途径、反应热效应大小、动力学特征（反应速率的快慢）、催化剂寿命长短等。

② 反应器的特征 包括反应器物流的状态、返混程度的大小、换热能力的强弱。

③ 生产要求 包括生产能力、反应温度、反应压力、反应时间、转化率、选择性、压降及能耗等。

具体可参照表 8-1。

表 8-1 不同反应器的应用范围

种 类	特 点	应 用 范 围
管式反应器	长度远大于管径，内部没有任何构件	多用于均相反应过程
釜式反应器	高度和直径比约为 2～3，内设搅拌装置和挡板	均相和多相反应过程均可
塔式反应器（填料塔、板式塔）	高度远大于直径，内部设有填料、塔板等以提高相互接触面积	用于多相反应过程
固定床	床层内部装有不动的固体颗粒，固体颗粒可以是催化剂或是反应物	用于多相反应系统
流化床	反应过程中反应器内部有固体颗粒的悬浮和循环运动，以提高反应器内流体的混合性能	多相反应体系，可提高传热效率
移动床	固体颗粒自上而下作定向移动与反应流体逆向接触	用于多相体系，催化剂可以连续再生
滴流床	属于固定床的一种，但反应物包括气、液两种	适用于使用固体催化剂的气液相反应过程

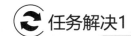

任务解决1

反应器类型的初步选择

乙酸和丁醇生产乙酸正丁酯，由于用硫酸作为催化剂，此反应属于液-液均相反应，根据以上各类反应器的适用条件，对照表 8-1，可以判断此反应任务既可以采用釜式反应器，也可以采用管式反应器。其中釜式反应器既可以连续操作，也可以间歇操作；可以单釜操作，也可以多釜串联操作。

对于任务一，到底是选釜式还是选管式反应器，需进一步根据它们的工作过程特点及所需的反应器容积来确定。

教学视频
反应器的结构分类
（用于均相反应）

教学视频
反应器的结构分类
（用于非均相反应）

适用于均相反应的反应器主要有两种类型：一是釜式反应器，二是管式反应器。

均相反应器的选择，一方面要考虑生产能力与设备投资（比较反应器容积的大小），另外还有其他一些因素，诸如温度控制和操作的难易、生产安全以及劳动力、动力、水蒸气等所构成的操作费用。这些因素在反应器的选型中，起着重要作用，因此在选择反应器时应从多方面综合考虑。均相反应器的选择还应遵循以下几条。

① 根据物料的聚集状态选择。气相反应必须选择连续操作的管式反应器，液相反应通常选择釜式反应器。

② 根据生产能力选择，通常产量大时选用连续操作的反应器，产量较小时选用间歇操作的反应器。凡是适合于在管式反应器内进行的反应，若为小批量的生产，均可用间歇操作釜式反应器代替。

③ 根据反应的温度及压力条件选择。高压的均相反应最好在管式反应器内进行，因在壁厚相同的情况下设备直径小能耐较高压强。强吸热的均相反应，需要在高温下进行，应选用列管式反应器。

④ 根据反应速率选择。若反应速率慢，需要在反应器内有较长的停留时间，可选用间歇操作釜式反应器。若反应的活化能大，反应速率对温度非常敏感，反应在等温条件下操作有利，此时也应选用连续操作釜式反应器。

⑤ 根据主副反应的生成途径选择。对于平行反应，反应器的选择取决于主反应和副反应级数。若主反应比副反应的反应级数低，则可选用连续操作釜式反应器；反之，则可选用管式反应器。对于连串反应，若中间产物为目的产物，管式反应器一般较为适宜，管式反应器可很好地控制反应停留时间，防止副反应的发生；若最终产物为目的产物，则应选用连续操作釜式反应器。

⑥ 若反应物之一的浓度高时，反应非常激烈，甚至具有爆炸的性质（如硝化和氧化反应等），则适于采用连续操作釜式反应器，因为反应物在进入反应釜后，其浓度立即降到反应器出口的浓度。

⑦ 凡是适合于在连续操作釜式反应器内进行的反应，若为小批量生产，则可采用间歇操作的釜式反应器。即采用将原料中的一种或几种连续而缓慢加入，最后将生成物一次放出的方法，这样可以使反应器内更接近于连续操作釜式反应器的反应条件。

三、均相反应器特点及反应器容积的确定

由于不同的反应器中反应物料的流动方式和反应物之间接触方式不同，即反应过程的特点不同（反应器内物料的浓度、温度分布规律不同），则反应效果不同，完成反应任务所需的容积也不同。

反应器容积的确定是反应器计算的基本任务。在一定的操作条件下，根据给定的生产任务，针对所选定的反应器类型，计算完成反应过程所需的体积，进而确定反应器的结构和尺寸等。

反应器计算中所应用的基本方程式主要有物料衡算式、热量衡算式和反应动力学方程式等。下面首先介绍反应器基本计算及容积确定过程所涉及的基本概念与术语然后再分别介绍不同类型均相反应器计算的基本内容及容积的确定方法。

1. 基本概念与术语

（1）化学反应的转化率

在反应过程的分析中，通常用关键组分（A）的转化率来表示反应进行的程度。

在化学反应体系中，关键组分反应物 A 的转化率可表示为：

$$x_A = \frac{\text{A 组分反应掉的量}}{\text{A 组分的起始量}} \times 100\% = \frac{n_{A0} - n_A}{n_{AC}} \times 100\% \tag{8-1}$$

式中　n_{A0}——为反应前加入反应体系中的 A 组分的摩尔数，mol；

　　　n_A——为反应进行一段时间后 A 组分的摩尔数，mol。

（2）化学反应速率

化学反应速率是指单位时间内，单位反应混合物体积内，某一组分的变化量。

对于下列反应：

$$a A + b B \xrightarrow{P,\ T} s S + p P$$

则产物 S 的生成速率可表示为：

$$r_S = \frac{1}{V} \times \frac{dn_S}{dt} \tag{8-2}$$

式中　r_S——产物 S 的生成速率，molS/$(m^3 \cdot s)$；

　　　V——反应混合物的体积，m^3；

　　　n_S——产物 S 的摩尔数，mol；

　　　t——反应时间，s。

反应速率也可用原料 A 消失速率表示，因速率的数值为正值，则有

$$(-r_A) = -\frac{1}{V} \cdot \frac{dn_A}{dt} \tag{8-3}$$

同理也可写出 $(-r_B)$、r_P 的定义式。对于单一反应它们之间有如下关系：

$$\frac{(-r_A)}{a} = \frac{(-r_B)}{b} = \frac{r_S}{s} = \frac{r_P}{p}$$

当反应体积恒定时（等容过程）时：$(-r_A) = -\frac{1}{V} \times \frac{dn_A}{dt} = -\frac{dC_A}{dt} \tag{8-4}$

思考题

影响反应速率的主要因素有哪些?

（3）反应速率方程式

反应速率方程式就是描述化学反应速率与影响因素的函数关系式。

对于不可逆的反应：

$$aA + bB \xrightarrow{p,\ T} S + P$$

其速率方程式可写为：

$$(-r_A) = kC_A^a C_B^b \tag{8-5}$$

式中　a——表示反应物 A 的反应级数；

　　　b——表示反应物 B 的反应级数；

　　　k——为反应速率常数，它与反应温度、溶剂、催化剂及其浓度等因数有关。

当催化剂、溶剂等因素固定时，反应速度常数 k 仅是温度的函数，并遵循阿累尼乌斯方程：

$$k = k_0 e^{-E/RT} \tag{8-6}$$

式中　k_0——频率因子，与温度无关的常数；

　　　E——化学反应的活化能，J；

　　　R——气体常数，8.314J/(mol·K)；

　　　T——反应温度，K。

（4）反应时间 t 和停留时间 τ

反应时间（t）是指反应从开始至达到一定转化率所需的时间，通常由反应速率决定。

停留时间（τ）是指物料从进入反应器到离开反应器所经历的时间，它的大小由反应器的体积与物料体积流量的比值来决定。

（5）空间速率（S_V）和空间时间（τ_C）

空间速率（S_V）简称空速，是指单位体积的反应区域内在单位时间内所通过的反应物的标准体积流量，量纲：时间$^{-1}$。空速越大，反应器的原料处理能力越大。此参数在气相反应和气固相反应应用较多。

空间时间（τ_C）简称空时，其值的大小等于反应器的体积与反应物进入反应器的物料的体积流量的比值即 $\tau_C = V_R/V_0$，量纲：时间。对于等容反应过程，$\tau_C = \tau$。

（6）混合与返混

混合是指反应器内不同位置物料的搅合，而返混是指不同停留时间物料的混合。

混合增强了不同反应物之间的接触概率，对化学反应有利。

返混的存在降低了反应物的浓度，对反应过程的选择性及转化率都会产生影响。

（7）理想流动模型

工业反应器内物料的流动是复杂的。流动型态的不同，引起了温度、浓度和停留时间等工艺参数的变化，影响传热和传质过程，必将影响反应的最终结果。为了便于对反应器进行分析和计算，对反应器内物料的流动情况作一些简化处理，提出了理想流动模型。

① 理想混合流动模型　理想混合流动模型简称全混流模型，是一种返混程度无穷大的

理想流动模型，其特点是物料进入反应器的瞬间即与反应器内的原有物料完全混合，反应器的物料的组成和温度处处相等，且等于反应器出口处物料的组成和温度，物流有很宽的停留时间分布。

② 理想置换流动模型　理想置换流动模型又称平推流模型、活塞流模型，其物料在反应器的流动好比活塞在缸内的平行推移一样，是一种返混量为零的理想化流动模型。其特点是物料在反应器的径向具有严格均匀的流速和流体性质（温度、压力和组成），轴向不存在任何形式的混合，物料具有严格划一的停留时间。

2. 间歇釜式反应器反应容积的计算

（1）间歇操作釜式反应器的工作过程特点

间歇操作的釜式反应器，反应物是在操作前一次加入，当反应达到预定的转化率出料为止，离开间歇釜的物料中除了反应产物外还有少量未被转化的原料。间歇釜内随着反应的进行，釜内反应物的浓度随着反应时间不断减小，反应速率和反应体系的温度也有可能随时间而变化，视化学反应的级数与反应器的换热情况不同。图 8-2 为间歇釜进行一级反应时的浓度和反应速率的变化趋势图。

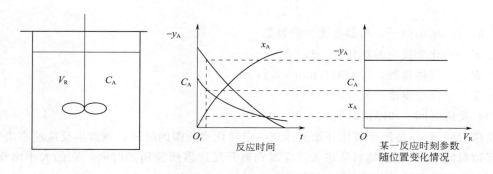

图 8-2　间歇搅拌釜式反应器内进行的反应过程特点

由于间歇釜式反应器内物料的组成随反应时间而变化，所以操作过程是一非稳态过程。对搅拌良好的缓慢反应，反应釜内各处物料的组成和温度均匀一致，即任一处的组成和温度皆可作为反应器状态的代表。

间歇釜式反应器是分批操作，其操作时间由两部分组成，由反应时间 t 和辅助时间 t'（即装料、卸料、检查及清洗设备等所需时间）组成，欲求其体积，必须先求出达到一定转化率所需的反应时间，然后再结合装料、卸料、清洗等非生产时间和处理量，就可以求出间歇釜的体积。

（2）间歇釜反应时间的计算

间歇操作釜式反应器的反应时间可由其物料衡算式导出。

因为在间歇釜内，随反应在进行，釜内各点浓度随时间是变化的，而在同一时刻各点浓度相同。对于一个等容反应过程，选整个反应体积为物料衡算对象，设反应器内的反应体积为 V_R，以时间微元为基准。

针对反应物 A，间歇釜物料衡算式可表示为：

$$\left\{\begin{array}{l}微元时间进入反\\应器中物料 A 的量\end{array}\right\}=\left\{\begin{array}{l}微元时间排出反\\应器的物料 A 的量\end{array}\right\}+\left\{\begin{array}{l}微元时间内由于\\反应消耗的 A 的量\end{array}\right\}+\left\{\begin{array}{l}微元时间内在反应\\器中物料 A 的累积量\end{array}\right\}$$

由于是间歇过程，反应时无物料的进出，所以上式简化为：

$$-\left\{\begin{array}{c}\text{微元时间内由于}\\\text{反应消耗的 A 的量}\end{array}\right\}=\left\{\begin{array}{c}\text{微元时间内在反应}\\\text{器中物料 A 的累积量}\end{array}\right\}$$

即：

$$-(-r_A)V_R dt = dn_A$$

由 A 组分转化率的表达可得：$n_A = n_{A0}(1-x_A)$ 则：$dn_A = -n_{A0}dx_A$

将 dn_A 代入得：$(-r_A)V_R dt = n_{A0}dx_A \rightarrow dt = \dfrac{n_{A0}}{(-r_A)V_R}dx_A$

积分得：

$$\int_0^t dt = \int_0^{x_{Af}}\frac{n_{A0}}{(-r_A)V_R}dx_A \rightarrow t = n_{A0}\int_0^{x_{Af}}\frac{dx_A}{(-r_A)V_R} \tag{8-7}$$

由式（8-7）可见，反应时间与任务规定的转化率和反应速率有关。

由于反应速率 $(-r_A)=kC_A^n$ 与反应物的浓度有关、反应的级数、反应温度等有关，而反应物的浓度是随时间在不断变化，反应速率也是不断变化。可见式（8-7）只是间歇釜反应时间的计算通式，对等温、非等温、等容和变容等反应过程须具体讨论。

在恒容条件下，因为 $\dfrac{n_{A0}}{V_R}=C_{A0}$，所以式（8-7）可简化为：

$$t = \frac{n_{A0}}{V_R}\int_0^{x_{Af}}\frac{dx_A}{(-r_A)} = C_{A0}\int_0^{x_{Af}}\frac{dx_A}{(-r_A)} = -\int_{C_{A0}}^{C_{Af}}\frac{dC_A}{(-r_A)} \tag{8-8}$$

将动力学方程式：$(-r_A)=kC_A^n = k[C_{A0}(1-x_A)]^n$ 代入式（8-8）可得：

$$t = C_{A0}\int_0^{x_{Af}}\frac{dx_A}{(-r_A)} = C_{A0}\int_0^{x_{Af}}\frac{dx_A}{k[C_{A0}(1-x_A)]^n} = \frac{1}{kC_{A0}^{n-1}}\int_0^{x_{Af}}\frac{dx_A}{k[(1-x_A)]^n} \tag{8-8a}$$

利用式（8-8）和式（8-8a）可求得不同级数反应的转化率或残余浓度的计算式。表 8-2 中列出了等温、等容、不可逆简单反应的反应物残余浓度和转化率计算式。

表格中两种计算式是针对工程计算上的两种不同要求：一是着眼于反应物料的利用率，要求达到规定的转化率，确定反应所需的时间；二是为了适应后处理工序的要求，达到规定的残余浓度，确定反应所需的时间。

表 8-2　等温、等容、不可逆简单反应的反应物残余浓度和转化率计算式

反应级数	反应速率方程式	反应时间与转化率的关系式	残余浓度与反应时间的关系式
零级	$(-r_A)=k$	$t = C_{A0}x_{Af}/k$ 或 $x_{Af} = \dfrac{kt}{C_{A0}}$	$t = \dfrac{(C_{A0}-C_{Af})}{k}$ $C_{Af} = C_{A0}-kt$
一级	$(-r_A)=kC_A$	$t = \dfrac{1}{k}\ln\dfrac{1}{1-x_{Af}}$ 或 $x_{Af}=1-e^{-kt}$	$t = \dfrac{1}{k}\ln\dfrac{C_{A0}}{C_{Af}}$ $C_{Af} = C_{A0}e^{-kt}$
二级	$(-r_A)=kC_A^2$	$t = \dfrac{1}{kC_{A0}}\left(\dfrac{x_{Af}}{1-x_{Af}}\right)$ 或 $x_{Af}=\dfrac{C_{A0}kt}{1+C_{A0}kt}$	$t = \dfrac{1}{k}\left(\dfrac{1}{C_{Af}}-\dfrac{1}{C_{A0}}\right)$ $C_{Af}=\dfrac{C_{A0}}{1+C_{A0}kt}$
n 级（$n\neq 1$）	$(-r_A)=kC_A^n$	$t = \dfrac{1}{(n-1)kC_{A0}^{n-1}}[1-(1-x_{Af})^{1-n}]$	$t = \dfrac{1}{(n-1)k}(C_{Af}^{1-n}-C_{A0}^{1-n})$

👥 **思考题**

⌐‑‑‑⌐
　　化工生产中反应转化率的设定是越高越好吗？
⌐‑‑‑⌐

【例 8-1】　某工厂以 A 和 B 为原料在间歇反应釜中反应生成 C 和 D。操作温度为 100℃，每批加料量为：60kg A 和 367kg B。已知该反应为二级反应，反应速率表达式为：$(-r_A) = 1.045C_A^2 \text{kmolA}/(\text{m}^3 \cdot \text{h})$。试求：当原料 A 的转化率 x_A 分别为 0.5、0.9、0.99 时所需的反应时间。已知原料 A 的摩尔质量为 60kg/kmol，密度为 960kg/m³，原料 B 的摩尔质量为 74kg/kmol，密度为 740kg/m³。

解：A ＋ B $\longrightarrow$ C ＋ D

投料情况如附表所示。

例 8-1　附表

物　料	质量/kg	物质的量/kmol	体积/m³
A	60	$\frac{60}{60} = 1$	$\frac{60}{960} = 0.062$
B	368	$\frac{367}{74} = 4.96$	$\frac{367}{740} = 0.496$

该反应为液相反应，反应过程中体积不变，且每次投料体积即为反应体积 $V_R = 0.062 + 0.496 = 0.558$（m³）。

$$C_{A0} = 1/0.558 = 1.79 (\text{kmol/m}^3)$$

因为该反应为二级反应，则可用表 8-1 中 $t = \dfrac{1}{kC_{A0}}\left(\dfrac{x_{Af}}{1 - x_{Af}}\right)$ 计算反应时间。

将 $x_{Af} = 0.5$、0.9、0.99 分别代入计算可得：

当 $x_{Af} = 0.5$ 时，　$t_{0.5} = \dfrac{1}{1.045 \times 1.79}\left(\dfrac{0.5}{1 - 0.5}\right) = 0.535(\text{h})$

当 $x_{Af} = 0.9$ 时，　$t_{0.9} = \dfrac{1}{1.045 \times 1.79}\left(\dfrac{0.9}{1 - 0.9}\right) = 4.81(\text{h})$

当 $x_{Af} = 0.99$ 时，　$t_{0.99} = \dfrac{1}{1.045 \times 1.79}\left(\dfrac{0.99}{1 - 0.99}\right) = 52.9(\text{h})$

由例题 8-1 计算结果可知，转化率越高所需的反应时间越长。转化率从 0.9 提高到 0.99（提高 9 个百分点），反应时间从 4.81h 延长到 52.9h（反应时间延长近 10 倍），说明大量反应时间花在高转化率上，设备用于等待的时间太多，这在工程上是极大的浪费。

在实际生产中一般通过适当降低一次转化率，以提高装置的生产能力；同时利用后处理设备将未反应的原料经分离后再循环使用，以提高原料的利用率。如合成氨反应器 N_2 的一次转化率只有 10%~15%，平衡转化率一般也不超过 40%，因此未反应的氢气和氮气都在循环使用。

（3）间歇釜式反应器体积的计算

间歇操作过程中，由于每处理一批物料都需要有加料、出料、清洗等非生产时间，因此处理

一定量物料 V_0 所需的反应器有效体积 V_R 不仅与反应时间 t 有关，还与非生产时间 t' 有关。

反应器有效体积可由下式求出。

$$V_R = V_0(t + t') \tag{8-9}$$

反应时间与非生产时间之和称为操作周期。为了提高反应器的生产能力，必须采取措施以减少非生产时间。

反应器实际体积的确定还要考虑物料的性质，由下式求得。

$$V = V_R/\varphi \tag{8-10}$$

式中，φ 为装料系数，一般取 $0.4 \sim 0.85$。一般由经验确定，也可根据物料的性质不同而选择：对于沸腾或起泡沫的液体物料，可取小的系数，如 $0.4 \sim 0.6$；对于不起泡沫或不沸腾的液体物料，可取 $0.7 \sim 0.85$。

【例 8-2】　在例 8-1 中，若原料 A 的转化率控制在 60%，非生产时间控制在 48min，釜的装料系数控制在 70%，试求反应器的实际体积。

解：因为是二级反应，则可用表 8-1 中公式 $t = \dfrac{1}{kC_{A0}}\left(\dfrac{x_{Af}}{1 - x_{Af}}\right)$ 计算反应时间。

当 $x_{Af} = 0.6$ 时，所需反应时间为：

$$t = \frac{1}{kC_{A0}}\left(\frac{x_{Af}}{1 - x_{Af}}\right) = \frac{1}{1.045 \times 1.79}\left(\frac{0.6}{1 - 0.6}\right) = 0.8025(h)$$

由例 8-1 已知，$V_0 = 0.558 \text{m}^3/$批，

根据式（8-9）得反应器的有效容积为：

$$V_R = V_0(t + t') = 0.558\left(0.8025 + \frac{48}{60}\right) = 0.894(\text{m}^3)$$

已知反应器的装料系数 $\varphi = 0.65$，由式（8-10）得

反应器的实际容积为：　　　　$V = V_R/\varphi = 0.894/0.7 = 1.28(\text{m}^3)$

（4）釜式反应器筒体直径和高度的确定

当反应器体积确定后，釜式反应器筒体的直径和高度便可根据工艺要求和反应器的结构及强度要求等确定，应尽量采用标准设备尺寸。对带搅拌器的反应釜，如直径过大，将使水平搅拌发生困难，如高度过大，会使垂直搅拌发生困难，因此，一般要求高径比接近于 1。如果遇到有特殊要求时，也可改变高度和直径的比，对反应时有大量液体蒸发的过程需要较大的直径。详细内容可查阅有关设计手册。

3．理想连续釜式反应器容积的计算

（1）连续操作的釜式反应器的工作过程特点

连续操作釜式反应器的结构和间歇操作釜式反应器相同，但进出物料的操作是连续的，即一边连续恒定地向反应器内加入反应物，同时连续不断地把反应产物引出反应器。

在连续操作、搅拌良好的釜式反应器内，物料达到了完全混合，浓度、温度、反应速率处处均一，不随时间变化，并与出口的状态完全相同（见图 8-3），而且整个反应都在较低的反应物浓度下进行。这样的流动状况非常接近全混流模型。

连续操作釜式反应器适用于产量大的产品生产，特别适宜对温度敏感的化学反应。温度容易自动控制，操作简单，节省人力，稳定性好，操作安全。

化工生产中，搅拌良好的连续操作釜式反应器可视为全混流反应器。它既可以单釜操作，也可以多釜串联操作。

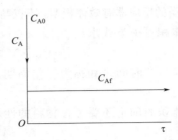

图 8-3　连续操作全混流釜式反应器的反应过程特点

（2）单釜操作时反应器容积

全混流反应器内，物料达到了完全混合，整个反应都在较低反应物浓度下进行，浓度、温度、反应速率处处均一。因此，可将其视为等温反应器。对连续操作的全混流釜式反应器进行物料衡算，便可推导出体积计算公式。

设单位时间内进入连续釜式反应器的反应物的总体积为 $V_0 \, \mathrm{m^3}$，其中反应物 A 的初始浓度为 C_{A0}，单位时间进入反应器内的 A 的量为 $F_{A0} \, \mathrm{kmol}$。

以反应釜的有效体积 V_R 为单元体积，以任选的单位时间为基准，列出的物料衡算式如下：

$$\left\{ \begin{matrix} \text{进入有效体积} \\ \text{的反应物 A 的量} \end{matrix} \right\} - \left\{ \begin{matrix} \text{离开有效体积} \\ \text{的反应物 A 的量} \end{matrix} \right\} - \left\{ \begin{matrix} \text{有效体积内参加} \\ \text{反应的反应物 A 的量} \end{matrix} \right\} = 0$$

$$F_{A0} - F_{Af} - (-r_A)V_R = 0$$

$$F_{A0} - F_{A0}(1 - x_{Af}) - (-r_A)V_R = 0$$

$$V_R = F_{A0} \frac{x_{Af}}{(-r_A)} \tag{8-11}$$

因为：$F_{A0} = C_{A0}V_0$，所以反应器的有效容积为：

$$V_R = V_0 C_{A0} \frac{x_{Af}}{(-r_A)} \tag{8-11a}$$

可见连续操作的全混流釜式反应器的有效容积与原料处理量、转化率和反应速率有关。

等容条件下：物料在连续釜式反应器内的平均停留时间可用下式计算：

$$\tau_c = \frac{V_R}{V_0} = C_{A0} \frac{x_{Af}}{(-r_A)} \tag{8-12}$$

在应用式（8-11）、式（8-12）时要注意的是，式中的 $(-r_A)$ 应以反应器出口处的浓度、温度进行计算，即 $(-r_A) = kC_{Af}^n = k[C_{A0}(1 - x_{Af})]^n$。

在等容条件下，将 n 级不可逆反应速率表达式 $(-r_A) = kC_{Af}^n = k[C_{A0}(1 - x_{Af})]^n$ 代入式（8-6a）和式（8-7）可得连续釜有效容积和平均停留时间的计算式如下：

有效容积：　　$$V_R = V_0 \cdot C_{A0} \cdot \frac{x_{Af}}{k[C_{A0}(1 - x_{Af})]^n} = \frac{V_0}{kC_{A0}^{n-1}} \frac{x_{Af}}{(1 - x_{Af})^n} \tag{8-13}$$

停留时间：　　$$\tau = \frac{V_R}{V_0} = \frac{1}{kC_{A0}^{n-1}} \frac{x_{Af}}{(1 - x_{Af})^n} \tag{8-14}$$

式（8-13）和式（8-14）即为连续操作的全混流釜式反应器的有效容积与停留时间的计算通式。利用式（8-13）和式（8-14）可求得等容条件下，不同级数反应的有效容积和停留时间

的计算公式

如等容不可逆一级反应：

有效容积：
$$V_R = \frac{V_0}{k} \frac{x_{Af}}{1 - x_{Af}}$$
(8-13a)

停留时间：
$$\tau = \frac{1}{k} \frac{x_{Af}}{1 - x_{Af}}$$
(8-14a)

对于等容不可逆二级反应：

有效容积：
$$V_R = \frac{V_0}{kC_{A0}} \frac{x_{Af}}{(1 - x_{Af})^2}$$
(8-13b)

停留时间：
$$\tau = \frac{V_R}{V_0} = \frac{1}{kC_{A0}} \frac{x_{Af}}{(1 - x_{Af})^2}$$
(8-14b)

由式(8-13)可推理出，在连续操作的全混流釜式反应器内，当转化率一定时，反应器的有效容积（或平均停留时间）与反应物的初始浓度 C_{A0} 之间的关系为：零级反应的反应器的有效容积与反应物的初始浓度 C_{A0} 成正比；一级反应的反应器的有效容积与反应物的初始浓度 C_{A0} 无关；二级反应的反应器的有效容积与反应物的初始浓度 C_{A0} 成反比。

【例 8-3】　在连续操作的全混流釜式反应器内进行某酸酐的水解反应：

$$(RCO)_2O + H_2O \longrightarrow 2RCOOH$$

实验测定该反应可视为一级不可逆反应，在 288K 时反应速率常数为 0.0806min^{-1}，每小时处理酸酐水溶液为 0.6m^3，酸酐的初始浓度为 C_{A0} 为 $100\text{mol}/\text{m}^3$，试问：若要求酸酐转化率为 90% 时，反应器的有效容积是多少？控制的平均停留时间为多少？

解： 因为是连续操作的全混流釜式反应器进行一级不可逆等容反应。由式(8-13a)和式(8-14a)可得

有效容积：
$$V_R = \frac{V_0}{k} \frac{x_{Af}}{1 - x_{Af}} = \frac{0.6/60}{0.0806} \times \frac{0.9}{1 - 0.9} = 1.12(\text{m}^3)$$

停留时间：
$$\tau_c = \frac{1}{k} \frac{x_{Af}}{1 - x_{Af}} = \frac{1}{0.0806} \times \frac{0.9}{1 - 0.9} = 112(\text{min})$$

（3）多釜串联操作时反应器容积

为克服全混流反应器反应速率较慢的缺点，可以采用全混流反应器串联使用。如采用三个串联的全混流反应器来进行原来由一个全混流反应器所进行的反应，如图 8-4 所示。

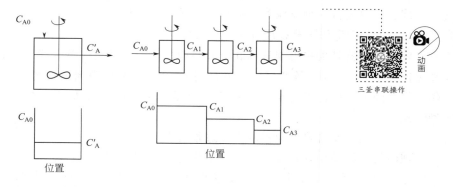

图 8-4　单釜连续操作与三釜串联操作反应物浓度的分布

由单釜操作和三釜串联操作时釜内反应物浓度的分布可见，除了最后一个反应器外，前面的反应器都在比原来高的反应物浓度下进行反应。显然对于同一个反应任务，控制相同的最终转化率，且处理量相等时，几个串联釜式反应器的体积之和肯定比单釜操作反应器容积要小，而且串联的台数越多，总体积就越接近于平推流反应器。

多釜串联时反应器容积计算公式推导如下。

假设各釜内均可视为理想混合流动，釜间不存在混合，如图 8-5 所示，现忽略密度差异，则有：

$$V_0 = V_{01} = \cdots\cdots = V_{0i} = \cdots\cdots = V_{0n}$$

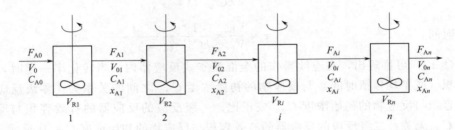

图 8-5　理想连续操作多釜反应器物料衡算示意图

参照图 8-5，对任意第 i 釜以组分 A 为基准进行物料衡算：

$$F_{A(i-1)} = F_{Ai} + (-r_A)_i V_{Ri}$$

整理得：$V_{Ri} = \dfrac{V_0[C_{A(i-1)} - C_{Ai}]}{(-r_A)_i} = \dfrac{V_0 C_{A0}[x_{A(i-1)} - x_{Ai}]}{(-r_A)_i} = V_0 \cdot C_{A0} \cdot \dfrac{x_{Ai} - x_{Ai-1}}{k[C_{A0}(1-x_{Ai})]^n}$$

即：

$$V_{Ri} = \dfrac{V_0}{kC_{A0}^{n-1}} \cdot \dfrac{x_{Ai} - x_{Ai-1}}{(1-x_{Ai})^n} \tag{8-15}$$

$$\tau_{CI} = \dfrac{V_{Ri}}{V_0} = \dfrac{1}{kC_{A0}^{n-1}} \cdot \dfrac{x_{Ai} - x_{Ai-1}}{(1-x_{Ai})^n} \tag{8-16}$$

而连续生产所需的反应器总体积为：$V_R = \sum V_{Ri}$ $\tag{8-17}$

根据多釜串联操作时存在的前一釜反应物出口浓度等于下一釜反应物进口浓度的关系，按式（8-12）或式（8-13）逐釜依次计算，直到达到要求的转化率为止。

该法可以进行各种反应类型的计算，结果比较精确。

4. 理想连续操作管式反应器容积的计算

管式反应器是由多根细管串联或并联而构成的一种反应器，通常管式反应器的长度和直径之比大于 50～100。管式反应器在实际应用中，多数采用连续操作，少数采用半连续操作，使用间隙操作的极为罕见。管式反应器常见的形式有水平管式、立管式、盘管式和 U 型管式。

（1）连续操作管式反应器的工作过程特点

理想的连续操作管式反应器，其工作过程具有以下几个特点。

① 与釜式反应器相比，管式反应器返混较小，在流速较低的情况下，其管内流体流型接近于平推流，反应物的分子在反应器内停留时间相等。

② 稳定操作时，管式反应器内各截面处的过程参数不随时间而变化。

③ 反应器内浓度、温度等参数仅随轴向位置变化，故化学反应速率随轴向位置而变化，即只随管长变化，如图 8-6 所示。

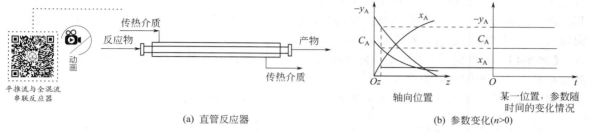

(a) 直管反应器   (b) 参数变化($n>0$)

图 8-6　理想连续操作管式反应器参数变化示意图

（2）连续操作管式反应器基础设计方程式

理想连续操作管式反应器的基础设计方程式，可由物料衡算式导出，由于物料在反应器内流动的同时进行反应，所以反应物组成沿流动方向是有分布的，针对组分 A 作物料衡算时，必须对反应器内微元体积 dV_R 来进行，参见图 8-7，以任选的单位时间为基准的衡算式。

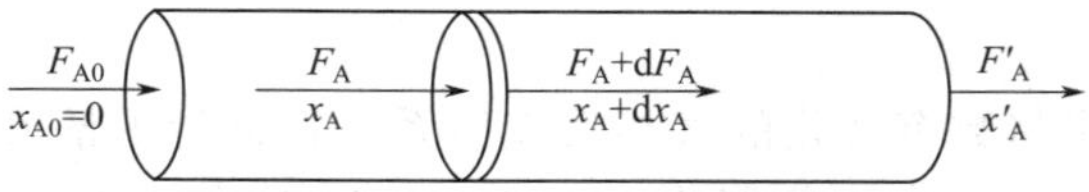

$$\frac{F_{A0}}{x_{A0}=0} \quad \frac{F_A}{x_A} \quad \frac{F_A+dF_A}{x_A+dx_A} \quad \frac{F'_A}{x'_A}$$

图 8-7　理想连续操作管式反应器物料衡算示意图

$$\left\{\begin{array}{l}单位时间进入 dV_R\\的 A 的摩尔数\end{array}\right\}=\left\{\begin{array}{l}单位时间流出 dV_R\\的 A 的摩尔数\end{array}\right\}+\left\{\begin{array}{l}单位时间在 dV_R\\内 A 的反应量\end{array}\right\}$$

$$F_A = (F_A + dF_A) + (-r_A dV_R)$$

$$\because dF_A = d[F_{A0}(1-x_A)] = -F_{A0}dx_A$$

$$\therefore F_{A0}dx_A = (-r_A)dV_R$$

$$\int_0^{U_R} dV_R = \int_0^{x_{Af}} \frac{F_{A0}}{(-r_A)}dx_A$$

$$V_R = F_{A0}\int_0^{x_{Af}} \frac{dx_A}{(-r_A)} \tag{8-18}$$

空间时间
$$\tau_C = \frac{V_R}{V_0} = C_{A0}\int_0^{x_{Af}} \frac{dx_A}{(-r_A)} \tag{8-19}$$

（3）等温等容过程

只要将动力学方程代入式(8-18)、式(8-19)，就可以求出达到一定转化率所需的反应器体积和空间时间。如

一级反应：
$$V_R = \frac{V_0}{k}\ln\frac{1}{1-x_{Af}} \tag{8-20}$$

$$\tau_C = \frac{V_R}{V_0} = \frac{1}{k}\ln\frac{1}{1-x_{Af}} \tag{8-21}$$

二级反应：
$$V_R = \frac{V_0}{kC_{A0}}\frac{x_{Af}}{1-x_{Af}} \tag{8-22}$$

$$\tau_C = \frac{1}{kC_{A0}} \frac{x_{Af}}{1-x_{Af}} \tag{8-23}$$

将物料在连续操作管式反应器的空间时间与间歇釜的反应时间的计算式相比，可以看出等温等容过程是完全相同的。这是因为在这两种反应器内反应物浓度经历了相同的变化过程。即在间歇釜内反应物浓度随时间在逐渐减小，而在管式反应器内反应物浓度沿着管子轴向延长（空间时间的延长）在逐渐减小。

【例 8-4】 若将例 8-3 中的反应器改用理想管式反应器，其他条件不变，则反应器的有效容积是多少？空间时间为多少？

解： 因为使用管式反应器，且为等容一级不可逆反应，则由式(8-20)得：

管式反应器的有效容积：$V_R = \dfrac{V_0}{k} \ln \dfrac{1}{1-x_{Af}} = \dfrac{0.6/60}{0.0806} \times \ln \dfrac{1}{1-0.90} = 0.286(\mathrm{m}^3)$

管式反应器的空间时间为：$\tau_C = \dfrac{V_R}{V_0} = \dfrac{1}{k} \ln \dfrac{1}{1-x_{Af}} = \dfrac{1}{0.0806} \ln \dfrac{1}{1-0.9} = 28.6(\mathrm{min})$

比较例 8-3 和例 8-4 的计算结果，可见对于同一个均相一级不可逆反应，选用连续操作的管式反应器时所需要的容积比选用连续操作釜式反应器容积要小得多。原因是连续操作的釜式反应器一直在最低浓度下进行反应，其反应速率较慢，而管式反应器的反应速率则是先大后小，其最低速率为釜式反应器的反应速率。

（4）等温变容过程

对反应前后物料总摩尔数有变化的气相反应体系，在进行平推流反应器计算时必须考虑反应物料体积变化的影响，可应用膨胀因子（δ）法，对式(8-18)或式(8-19)进行积分，得到解析表达式。

膨胀因子 δ 的定义是消耗 1mol 反应物 A 反应系统总摩尔数的变化，对反应

$$aA + bB \longrightarrow rR + sS$$

$$\delta_A = \frac{(r+s)-(a+b)}{a} \tag{8-24}$$

若在该反应过程中总进料流量为 F_0，其中反应物 A 的流量为 F_{A0}，占总进料的摩尔分数 $y_{A0} = F_{A0}/F_0$，总进料体积流量为 V_0，则当反应物 A 的转化率为 x_A 时，反应体系总物料流量 F_t 为

$$F_t = F_0 + \delta_A F_{A0} x_A = F_0(1 + \delta_A y_{A0} x_A) \tag{8-25}$$

如反应气体可视为理想气体，则在不考虑流体压降时，相应的体积流量可变换为：

$$V_t = \frac{F_t RT}{p} = \frac{F_0 RT}{p}(1 + \delta_A y_{A0} x_A) = V_0(1 + \delta_A y_{A0} x_A) \tag{8-26}$$

则：

$$C_A = \frac{F_A}{V_t} = \frac{F_{A0}(1-x_A)}{V_0(1 + \delta_A y_{A0} x_A)} = C_{A0} \frac{1-x_A}{1 + \delta_A y_{A0} x_A} \tag{8-27}$$

将式(8-23)代入动力学方程，再代入式(8-15)，可得到变容过程达到一定转化率所需的反应器体积。

如对于一级不可逆反应，可得：

$$\frac{V_R}{F_{A0}} = \int_0^{x_{Af}} \frac{dx_A}{(-r_A)} = \int_0^{x_{Af}} \frac{dx_A}{kC_A} = \int_0^{x_{Af}} \frac{dx_A}{kC_{A0}\dfrac{1-x_A}{1 + \delta_A y_{A0} x_A}} = \frac{1}{kC_{A0}} \int_0^{x_{Af}} \frac{1 + \delta_A y_{A0} x_A}{1-x_A} dx_A$$

$$\frac{V_R}{F_{A0}} = \frac{1}{kC_{A0}} \left[(1 + \delta_A y_{A0} x_{Af}) \ln \frac{1}{1-x_A} - \delta_A y_{A0} x_{Af} \right]$$

（5）非等温过程

化工生产中，反应过程通常伴有热效应，大多数情况下是非等温过程。由于温度对反应速率有影响，因此须对反应体系列出热量衡算式，再与反应动力学方程式、物料衡算式联合求解，便可求出所需的反应器体积，其计算方程比较复杂，此处从略。

由于反应物在管式反应器中反应速率快、流速快，所以它的生产能力高；与其他反应器相比管式反应器具有体积小、比表面大、单位容积的传热面积大，特别适用于热效应较大的反应。管式反应器既适用于液相反应，又适用于气相反应，用于加压反应尤为合适。因此，管式反应器普遍用于大型化和连续化的化工生产，如已内酰胺的聚合反应器、石化企业的管式裂解炉等。

 任务解决2

乙酸正丁酯反应器类型和容积的确定

前已分析此反应任务既可以采用釜式反应器，也可以采用管式反应器。釜式反应器既可以连续操作，也可以间歇操作。可以单釜操作，也可以多釜串联操作。现对这四种情况的反应器容积分别进行计算。

1. 当给定的反应任务是在一台搅拌良好的间歇操作釜式反应器内进行，假定每批非生产时间为 30min，装料系数 $\varphi = 0.7$。

解： 首先计算原料的总体积流量 V_0

乙酸的体积 $V_1 = \dfrac{665 \times 1000 \times 60}{116 \times 0.9 \times 0.5 \times 970} = 788$（$m^3/a$）

正丁醇的体积 $V_2 = \dfrac{665 \times 1000 \times 5.4 \times 74}{116 \times 0.9 \times 0.5 \times 811} = 6277$（$m^3/a$）

原料的总体积流量 $V_0 = V_1 + V_2 = \dfrac{788 + 6277}{24 \times 300} = 0.98$（$m^3/h$）

乙酸的初始浓度 $C_{A0} = \dfrac{\dfrac{665 \times 1000}{116 \times 0.9 \times 0.5}}{0.98 \times 24 \times 300} = 1.8$（$kmol/m^3$）

（1）反应时间

因为反应是二级反应，则反应时间：$t = \dfrac{x_{Af}}{kC_{A0}(1-x_{Af})}$

将 $C_{A0} = 1.8 kmol/m^3$，反应速率常数 $k = 0.0174 m^3/(kmol \cdot min)$ 和乙酸的转化率 $x_{Af} = 0.5$ 代入，得反应时间为：$t = \dfrac{0.5}{0.0174 \times 1.8 \times (1-0.5)} = 32$（min）

（2）反应的有效体积：$V_R = V_0(t+t') = \dfrac{0.98}{60} \times (32+30) = 1.01$（$m^3$）

（3）反应器的总容积：$V = \dfrac{V_R}{\varphi} = \dfrac{1.01}{0.7} = 1.44$（$m^3$）

2. 若给定的反应任务是在一台搅拌良好的连续操作釜式反应器内进行。

解： 因为反应是二级反应，由式(8-13b) 得反应器的有效体积：

$$V_R = \frac{V_0}{kC_{A0}} \frac{x_{Af}}{(1-x_{Af})^2} = \frac{0.98 \times 0.5}{1.8 \times 0.0174 \times 60(1-0.5)^2} = 1.04 \, (\mathrm{m}^3)$$

由式(8-14b) 得停留时间：$\tau = \dfrac{V_R}{V_0} = \dfrac{1}{kC_{A0}} \dfrac{x_{Af}}{(1-x_{Af})^2} = \dfrac{0.5}{0.0174 \times 1.8 \, (1-0.5)^2} = 64 \, (\mathrm{min})$

由 1 和 2 两种情况可见，因全混流反应器内的反应速率较慢，要达到相同的转化率时，所需的停留时间比间歇釜的反应时间要长，相应的有效体积需增大。

3. 若给定的反应任务用两台串联的釜式反应器连续生产乙酸丁酯，要求第一台釜乙酸转化率为 32.3%，第二台釜乙酸转化率为 50%。

解： 第一台釜的有效体积

$$V_{R1} = \frac{V_0}{kC_{A0}} \cdot \frac{x_{A1} - x_{A0}}{(1-x_{A1})^2}$$

$$= \frac{0.98}{0.174 \times 60 \times 1.8} \times \frac{0.323 - 0}{(1-0.323)^2} = 0.37 \, (\mathrm{m}^3)$$

第二台釜的有效体积

$$V_{R2} = \frac{V_0}{kC_{A0}} \cdot \frac{x_{A2} - x_{A1}}{(1-x_{A2})^2}$$

$$= \frac{0.98}{0.174 \times 60 \times 1.8} \times \frac{0.5 - 0.323}{(1-0.5)^2} = 0.37 \, (\mathrm{m}^3)$$

$$\therefore V_R = V_{R1} + V_{R2} = 0.37 + 0.37 = 0.74 \, (\mathrm{m}^3)$$

4. 若给定的反应任务采用一连续操作管式反应器生产乙酸丁酯。

解： 因为是二级反应

$$V_R = \frac{V_0}{kC_{A0}} \frac{x_{Af}}{1-x_{Af}} = \frac{0.98}{0.0174 \times 60 \times 1.8} \times \frac{0.5}{1-0.5} = 0.521 \, (\mathrm{m}^3)$$

$$\tau_C = \frac{1}{kC_{A0}} \frac{x_{Af}}{1-x_{Af}} = \frac{1}{0.0174 \times 1.8} \times \frac{0.5}{1-0.5} = 32 \, (\mathrm{min})$$

从计算结果可以看出对于等温等容过程，采用连续操作管式反应器的空时与理想间歇釜反应时间完全相同。这是因为在这两种反应器内反应物浓度经历了相同的变化过程。

反应器类型	反应器有效体积/m³	反应时间或空时/min
间歇釜式反应器	1.01	32
连续单釜反应器	1.04	64
连续双釜反应器	0.74	
连续管式反应器	0.521	32

结合以上比较结果及均相反应器的选择原则，可以看出此反应任务应使用连续管式反应器时，所需反应器容积最小。从节省设备投资的角度来看选用管式反应器比较好。但考虑到处理量较小，使用间歇釜式反应器投资也不是很大，结构简单、操作方便、市场灵活性大，所以综合考虑最终选用间歇釜式反应器，这样可以节省成本。

间歇釜的直径估算：

设反应器的高径比为 2，筒体直径为 D，则有：$\frac{\pi}{4}D^2 \times 2D \leqslant 1.4$

解得：$D < 0.97$m。

实践与练习1

一、选择题

1. 化工生产过程的核心是（　　）。

　　A. 混合　　　　　　B. 分离　　　　　　C. 化学反应　　　　　　D. 粉碎

2. 化学反应器的分类方式很多，按（　　）的不同可分为管式、釜式、塔式、固定床、流化床等。

　　A. 聚集状态　　　B. 换热条件　　　C. 结构　　　　　　D. 操作方式

3. 间歇操作反应器的特点是（　　）。

　　A. 不断地向反应器内投入物料　　B. 不断地从反应器内取出物料

　　C. 工艺参数不随时间变化　　　　D. 工艺参数随时间变化

4. 连续操作反应器的特点是（　　）。

　　A. 不断地向反应器内投入物料

　　B. 不断地从反应器内取出物料

　　C. 不断地向反应器内投入物料，同时不断地从反应器内取出物料

　　D. 工艺参数不随时间变化

5. 在连续操作的全混流釜式反应器进行一级反应，当要求的转化率一定时，反应器的有效容积与反应物的初始浓度 C_{A0} 之间的关系为（　　）。

　　A. 成正比　　　B. 成反比　　　C. 无关　　　　　　D. 无法判断

6. 在连续操作的全混流釜式反应器进行二级反应，当要求的转化率一定时，物料的平均停留时间与反应物的初始浓度 C_{A0} 之间的关系为（　　）。

　　A. 成正比　　　　B. 成反比　　　　C. 无关　　　　　　D. 无法判断

7. 在连续操作的全混流釜式反应器进行零级反应，当要求的转化率一定时，反应器的有效容积与反应物的初始浓度 C_{A0} 之间的关系为（　　）。

　　A. 成正比　　　　B. 成反比　　　　C. 无关　　　　　　D. 无法判断

8. 釜式反应器可用于不少场合，除了（　　）。

　　A. 气-液相反应　　　　　　　B. 液-液相反应

　　C. 液-固相反应　　　　　　　D. 气-固相反应

9. 催化剂使用寿命短，操作较短时间就要更新或活化的反应，比较适用（   ）反应器。

    A. 固定床　　　　B. 流化床　　　　C. 管式　　　　D. 釜式

10. 与平推流反应器比较，进行同样的反应过程，全混流反应器所需要的有效体积要（   ）。

    A. 大　　　　B. 小　　　　C. 相同　　　　D. 无法确定

二、填空题

1. 化工生产装置中的关键设备是_____，它是用于_____的设备。

2. 根据物质的聚集状态分，化学反应器可分为：_____和_____两大类。

3. 化学反应器按结构的不同可分为_____式、_____式、塔式、_____床和_____床式等。

4. 釜式反应器主要应用于液-液均相和非均相、气-液相等反应过程，操作时温度、浓度容易_____，产品质量_____。在化工生产中，既可适用于间歇操作过程，又可用于_____操作过程；可单釜操作，也可多釜串联使用；但若应用在需要较高转化率的工艺要求时，有需要_____的缺点。

5. 管式反应器主要用于气相或液相连续反应过程，具有容积_____，易于_____等优点；能承受较高的_____，故用于加压反应尤为合适；但对于慢速反应，则有需要管子_____，压降较大等方面的不足。

6. 搅拌良好的间歇操作的釜式反应器内，物料的温度 T、反应物浓度 C_A 处处_____，且随时间_____，随着反应的进行，反应物浓度 C_A 逐渐_____，反应速率（$-r_A$）逐渐_____。

7. 搅拌良好的连续操作的釜式反应器内，流动模型可近视为_____流。全混流反应器中，各质点在反应器停留的时间_____，返混_____。

8. 搅拌良好的连续操作的釜式反应器内，反应物浓度 C_A 处处_____，且恒等于_____口处的浓度；反应速率（$-r_A$）处处_____，且由_____口处的浓度 C_{Af} 决定。

9. 平推流反应器中，各质点在反应器停留的时间_____，返混_____；连续操作的管式反应器内，流动模型可近似为_____流。

10. 在连续操作的管式反应器内各点温度 T、浓度 C_A 和反应速率（$-r_A$）不随_____逐渐变化；沿着流动方向，C_A 逐渐_____，反应物的转化率逐渐_____；各物料质点在反应器内的停留时间_____。

三、简答题

1. 间歇操作釜式反应器的特点有哪些？

2. 搅拌良好的连续操作的釜式反应器的特点有哪些？

3. 平推流反应器的特点有哪些？

四、计算题

1. 反应物 A 按二级反应进行等温分解，在理想间歇釜式反应器中 5min 后转化率为 50%，试问在该反应器中转化 75% 的 A 物质，需要增加多少分钟？

2. 在等温间歇釜中进行一级反应，反应速率常数为 $0.08s^{-1}$，若每小时原料处理量为 $3m^3$，控制转化率为 98.8%，试求：

（1）所需的反应时间。

（2）当每批操作非生产时间 3544.8s，装料系数为 0.65 时所需反应器的总容积。

3. 原来用一个间歇搅拌的釜式反应器进行一级不可逆反应，反应 2h 后转化率达到 99.9%。现改用连续化生产，其他工艺条件不变，停留时间为 2h，且保持原来的反应速率常数值，试计算最终的转化率？

4. 在理想管式反应器中进行一级不可逆反应。反应器的有效体积为 $2m^3$，原料以 $0.4m^3/h$ 的流量进入反应器，测得出口处转化率为 60%，若改变原料流量为 $0.2m^3/h$，其他条件不变，出口处转化率是多少？

5. 醋酐水解为醋酸的反应为一级不可逆反应，在 288K 时反应速率常数为 $4.386h^{-1}$。现设计一理想反应器，每天处理醋酐水溶液为 $14.4m^3$，醋酐的初始浓度 C_{A0} 为 $95mol/m^3$，要求醋酐转化率为 90%，试问：

（1）当采用理想混合连续操作釜式反应器，反应器的有效体积是多少？

（2）若选用两体积相同的全混流釜式反应器串联操作，使第一釜的转化率为 68.4%，第二釜的转化率仍为 90%，求反应器的总有效容积。

（3）若用理想置换管式反应器，求反应器有效体积又是多少？

任务二　釜式反应器的结构确定

一、釜式反应器的工业应用

在任务解决 1 中，我们已经决定选择釜式反应器，下面我们将确定釜式反应器的结构。由任务一已知釜式反应器可分为：间歇操作釜式反应器、半间歇操作釜式反应器、连续操作釜式反应器三类。

间歇操作釜式反应器结构简单，加工方便，传质效率高，温度分布均匀，便于控制和改变工艺条件（如温度、浓度、反应时间等），操作灵活性大，便于更换品种、小批量生产。但是，设备生产效率低，间歇操作的辅助时间有时占的比例较大。在精细化学品、高分子聚合物和生物化工产品的生产中，间歇操作釜式反应器约占反应器总数的 90%。

搅拌良好的连续釜式反应器，因加入的浓度高的原料能立即和釜内物料完全混合，因此不存在因热量的累积而引起局部过热问题，故特别适宜对温度敏感的化学反应，不容易引起副反应。另外由于釜式反应器的物料容量大，当进料条件发生一定程度的波动时，不会引起釜内反应条件的明显变化，稳定性好，操作安全。连续釜式反应器正常操作情况下均为稳态过程，容易实现自动控制，操作简单，节省人力，一般适用于产量大的产品的生产。

半间歇操作釜式反应器具有间歇操作和连续操作的某些特征，但生产过程还是间歇的。对于要求一种反应物浓度高而另一种反应物浓度低的化学反应，常采用半间歇操作。为了提高某些可逆反应的产品收率，办法之一就是不断移走产物，打破反应的平衡，同时还可以提高反应速率。如将反应与精馏耦合起来进行，即反应精馏就是应用了这一原理。由于半间歇操作所具有的特殊功能，所以广泛应用于精细化工生产，如硝化、磺化、氯化、氧化、酰化及重氮化等许多单元反应中都可以采用半间歇操作形式。

根据釜式反应器所能承受的压力分类，釜式反应器可分为低压釜和高压釜。

低压釜就是最常见的搅拌釜式反应器，即在低压（1.6MPa 以下）条件下能够防止物料的泄漏，对搅拌轴与壳体之间的密封要求不太高，通常采用动密封。

高压釜必须保证高压条件下，物料不泄漏，目前高压釜主要采用磁力搅拌釜。磁力搅拌釜的主要特点是以静密封代替了传统的填料密封或机械密封，从而实现整台反应釜在全密封状态下工作，保证无泄漏，因此，更适合于各种极毒、易燃易爆以及其他渗透力极强的化工工艺过程，是石油化工、有机合成制药、食品等工艺中进行硫化、氟化、氢化、氧化等反应的理想设备。

二、釜式反应器的基本结构认识

不管是低压釜还是高压釜，釜式反应器的基本结构中都包括壳体、搅拌装置、密封装置和换热装置等。

1. 壳体

壳体部分的结构包括筒体、底、盖（或称封头），在壳体上有手孔或人孔、视镜、安全装置及各种工艺接管等（见图 8-8）。

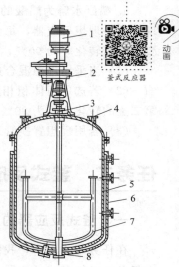

图 8-8　反应釜结构
示意图

1—电机；2—变速器；
3—密封装置；4—加料管口；
5—壳体；6—夹体；7—搅
拌器；8—出口管口

（1）筒体

筒体是反应器用以完成化学反应所需要的主要压力空间，必须有且有足够的强度和较好的耐腐蚀性能以保证生产运行可靠，其内直径和容积需由工艺计算确定。

筒体直径较小（一般小于 500mm）时，可用无缝钢管制作，此时筒体上没有焊缝。直径较大时，筒体可用钢板卷成圆筒或用钢板在水压机上压制成两个半圆筒，再将两者焊接在一起，形成整圆筒。再焊上钢板压成的底和盖就形成了釜式反应器的壳体。

（2）封头

釜式反应器封头常用的形状有平板形、碟形、椭圆形和球形，下封头（釜底）也有锥形（见图 8-9）。平板形结构简单，容易制造，一般在釜体直径小、常压（或压力不大）条件下操作时采用；碟形和椭圆形应用较多，球形多用于高压反应器。当反应后的物料需用分层法使其分离时可用锥形底。

（3）手孔和人孔

手孔和人孔是为了检查设备内部空间以及安装和拆卸设备内部构件而设置的。

当釜体内径为 450～900mm，一般不考虑开设人孔，可开设 1～2 个手孔。它的结构一般是在封头上接一短管，并盖以盲板。当釜体内径为 900mm 以上时，至少应开设一个人孔。人孔的形状有圆形和椭圆形两种。当釜体内径大于 2500mm 时，顶盖与筒体上至少应各开设一个人孔。

人孔和手孔已标准化，使用时可以根据需要查阅《钢制人孔和手孔》标准（HG/T 21514～21535—2014），以选择合适的人孔、手孔。

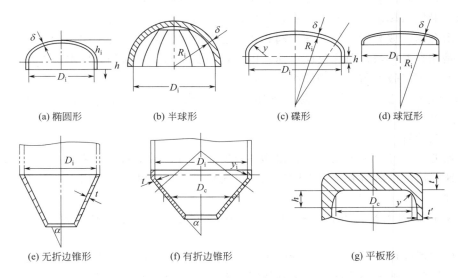

(a) 椭圆形	(b) 半球形	(c) 碟形	(d) 球冠形

(e) 无折边锥形	(f) 有折边锥形	(g) 平板形

图 8-9　各种形式封头示意图

（4）视镜

视镜主要是为了便于观察设备内部的物料反应情况，也可用作物料液面指示。目前常用的有压力容器视镜、带灯视镜、带灯有冲洗孔视镜、组合视镜等。

（5）安全装置

物料在反应过程中，压力有可能增高，这将使操作条件发生变化，并影响反应器的操作安全，因此需设置安全装置。反应器安全装置一般包括计量检测装置、安全泄放装置和安全连锁装置三部分。

① 计量检测装置　用于显示和检测反应器内部工作介质的各项参数，主要有压力表、温度计和液面计等。选用时需考虑其量程、精度、介质性质和使用条件等因素。

② 安全泄放装置　安全泄放装置的作用是当容器在正常工作压力下运行时，保持严密不漏；容器内的压力一旦超过限定值，则能自动、迅速地排泄出容器内介质，使容器内的压力始终保持在许用压力范围以内。安全泄放装置除了具有自动泄压这一主要功能外，还兼有自动报警的作用。但是并非每个容器都必须直接配置安全泄放装置，只有那些在操作过程中有可能出现超压的容器，才需要单独配备安全泄放装置。

安全泄放装置主要包括安全阀、爆破片以及两者的组合装置。

安全阀的作用是通过阀的自动开启排出气体来降低容器内过高的压力。其优点是仅排放容器内高于规定值的部分压力，当容器内的压力降至稍低于正常操作压力时，能自动关闭，避免一旦容器超压就把全部气体排出而造成浪费和生产中断；可重复使用多次，安装调整也比较容易；但密封性能较差，阀的开启有滞后现象，泄压反应较慢。

安全阀有多种分类方式，按加载机构可分为重锤杠杆式和弹簧式；按阀瓣开启高度的不同，可分为微启式和全启式；按气体排放方式的不同，可分为全封闭式、半封闭式和开放式；按作用原理可分为直接作用式和非直接作用式等。安全阀的选用，应综合考虑压力容器的操作条件、介质特性、载荷特点、容器的安全泄放量、防超压动作的要求、生产运行特点、安全技术要求以及维修更换等因素。

爆破片是一种断裂型安全泄放装置，它利用爆破片在标定爆破压力下即发生断裂来达到泄压目的，泄压后爆破片不能继续有效使用，容器也被迫停止运行。虽然爆破片是一种爆破后不重新闭合的泄放装置，但与安全阀相比，它有两大优点：一是密闭性能好，能做到完全密封；二是破裂速度快，泄压反应迅速。因此，当安全阀不能起到有效保护作用时，必须使用爆破片或使用爆破片与安全阀的组合装置。

③ 安全连锁装置　是指为了防止操作失误而装设的控制结构，如紧急切断阀、超压连锁保护装置等。

（6）工艺接管

反应器的工艺接管主要用于进、出物料及安装压力、温度的测定装置。进料管或加料管应做成不使料液的液沫溅到釜壁上的形状，以避免由于料液沿反应釜内壁向下流动而引起釜壁局部腐蚀。

釜式反应器的人孔、手孔、视镜、安全阀和工艺接管，除出料管外，一般都开在顶盖上。

釜式反应器壳体所用材料，一般皆为碳钢。根据需要，可在与反应物料接触部分衬有不锈钢、铅、橡胶、玻璃钢或搪瓷，个别情况也有衬贵重金属的如银等。也可直接用铜、不锈钢制造反应釜。

2. 搅拌装置

釜式反应器内搅拌装置的作用是加强物料的均匀混合，强化釜内的传热和传质过程。

化工常用的搅拌装置是机械搅拌装置，包括搅拌器（旋转的轴和装在轴上的叶轮）和辅助部件及附件（包括密封装置、减速箱、搅拌电机、支架、挡板和导流筒）。

搅拌器是实现搅拌操作的主要部件，其主要的组成部分是叶轮，它随旋转轴运动将机械能施加给液体，并促使液体运动。

搅拌器主要有两方面性能：产生强大的液体循环流量；产生强烈的剪切作用。

搅拌器的类型、尺寸和转速不同，液体在釜体内作循环流动的途径不同。液体在釜体围内作循环流动的途径称作液体的"流动模型"，简称"流型"。在搅拌作用下，液体在釜内流型如图 8-10 所示。

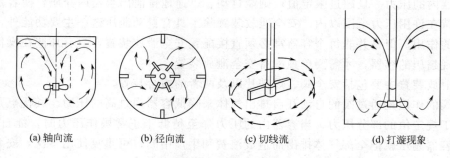

|(a) 轴向流　　(b) 径向流　　(c) 切线流　　(d) 打漩现象|

图 8-10　搅拌釜内液体的流型

搅拌器性能的基本规律：在消耗同等功率的条件下，低转速、大直径的叶轮，可增大液体循环流量，同时减少液体受到的剪切作用，有利于宏观混合。反之，高转速、小直径的叶轮，结果与此恰恰相反。

目前工业常用的搅拌器有桨式、框式、锚式、旋桨式、涡轮式、螺带式、电磁式及超声波式等，机械搅拌器的主要类型如图 8-11 所示。

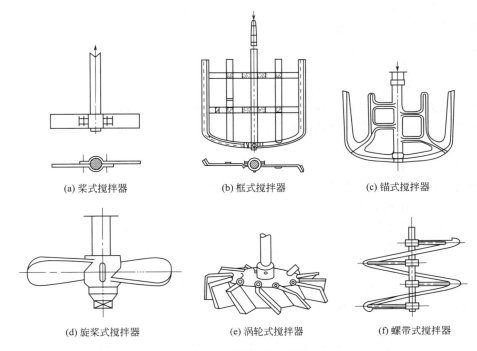

(a) 桨式搅拌器   (b) 框式搅拌器   (c) 锚式搅拌器

(d) 旋桨式搅拌器   (e) 涡轮式搅拌器   (f) 螺带式搅拌器

图 8-11 常用机械搅拌器的类型与结构

（1）桨式搅拌器

桨式搅拌器结构比较简单，桨叶呈长条形，一般用扁钢制造，当物料腐蚀性强时，可用不锈钢或在碳钢外包以橡胶、环氧树脂等。桨叶安装型式分为平直叶和折叶两种：平直叶的叶面与旋转方向垂直，主要使物料产生圆周运动，低速时主要产生切线流，转速高时以径向流为主；折叶桨的叶面与旋转方向倾斜一个角度，除了使物料产生圆周运动外，还能使物料上下翻动，产生轴向流，宏观混合效果较好。桨叶总长可取为釜体内径的 1/3～2/3，不宜过长，转速可为 20～80r/min。桨式搅拌器可在较宽的黏度范围内适用，黏度高的可达100Pa·s，物料液层较深时可在轴上装置数排桨叶。

（2）框式搅拌器

框式搅拌器是由桨式搅拌器演变而成，两层水平桨用垂直桨叶连成刚性框子，结构牢固，搅动物料量大。框的宽度可取釜内径的 0.9～0.98 倍，可以防止物料附在釜壁上。框式搅拌器转速较低，一般都小于 100r/min。框式搅拌器的循环速率及剪切作用都较小，主要产生切线流。当物料黏度高时，可产生一定的径向流和轴向流。这类搅拌器常用于传热操作以及高黏度液体、高浓度淤浆和沉降性淤浆的搅拌。

（3）锚式搅拌器

当框式搅拌器的底部形状做成适应釜底形状时，就成为锚式搅拌器。

锚式搅拌器桨叶外缘形状与反应釜内壁一致，其间仅有很小间隙，搅拌器转动时几乎触及釜体的内壁，可及时刮除壁面沉积物，有利于传热。此种搅拌器适用于黏稠物料（黏度高达 200Pa·s）的搅拌，转速可为 15～80r/min，桨叶外缘的圆周速率为 0.5～1.5m/s。

不足的是搅拌高黏度液体时，存在液层中有较大的停滞区的问题。

（4）旋桨式（推进式）搅拌器

旋桨式搅拌器也称推进式搅拌器，是用 2～3 片推进式桨叶装于转轴上而成。由于转轴的高速旋转，桨叶将液体搅动使之沿器壁和中心流动，在上下之间形成激烈的循环运动，若将旋桨装在圆形导流筒中，循环运动可更加强。这种搅拌器广泛应用于较低黏度（<2Pa•s）的液体、乳浊液和颗粒在 10% 以下的悬浮液的搅拌。操作时所用的转速为 400～500r/min，对于黏度≥0.5Pa•s 液体，其转速应在 400r/min 以下，当搅拌黏性液体以及含有悬浮物或可形成泡沫的液体时，其转速应在 150～400r/min 之间。旋桨式搅拌器具有结构简单、制造方便、可在较小的功率消耗下得到高速旋转的优点，但在搅拌黏度达 0.4Pa•s 以上的液体时，搅拌效率不高。

（5）涡轮式搅拌器

涡轮就是在水平圆盘上安装 2～4 片平直的或弯曲的叶片后所组成的部件，涡轮搅拌器由一个或数个装置在直轴上的涡轮所构成。涡轮桨叶的外径、宽度与高度的比例，一般为 20：5：4。涡轮搅拌器的操作形式类似于离心泵的叶轮，当涡轮旋转时，液体经由中心沿轴被吸入，在离心力作用下，沿叶轮间通道，由中心甩向涡轮边缘，并沿切线方向以高速甩出，而造成剧烈的搅拌。

涡轮式搅拌器分为圆盘涡轮搅拌器和开启涡轮搅拌器（前者的循环速率低于后者）；按照叶轮又可分为平直叶和弯曲叶（弯叶的叶轮不易磨损，功率消耗低）。涡轮搅拌器速率较大，300～600r/min。

涡轮搅拌器既产生很强的径向流，又产生较强的轴向流，这种搅拌器最适合于大量液体的连续搅拌操作，除稠厚的糊糊状物料外（被搅拌液体的黏度一般不超过 25Pa•s），几乎可应用于任何情况。随着生产能力的提高和连续化操作的发展，涡轮搅拌器的应用范畴必将日益广泛，这种搅拌器的缺点是生产成本较高。

（6）螺带式搅拌器

螺带式搅拌器主要产生轴向流，加上导流筒后，可形成筒内外的上下循环流动。它的转速较低，通常不超过 50r/min。螺带的外径与螺距相等，专门用于搅拌高黏度液体（200～500Pa•s）及拟塑性流体，通常在层流状态下操作。

在工业上可根据物料的性质、要求物料的混合程度以及能耗等因素来选择适宜的搅拌器。在一般情况下，对低黏度的均相液体混合过程，可选用任何形式的搅拌器，而对非均相液体的分散混合，选择涡轮式、旋桨式搅拌器为好。在有固体悬浮物存在，固液密度差较大时选用涡轮式搅拌器，固液密度差较小时选用桨式搅拌器。对于物料黏稠性很大的液体混合过程，一般选用锚式搅拌器，对于需要更大搅拌强度或需要被搅拌物料作上下翻腾的运动情况，可根据需要在反应器内再装设横向或竖向挡板及导向筒等，以满足混合要求。

综上所述根据被搅拌物料的性质、搅拌的主要目的再结合搅拌器的性能的基本规律，搅拌器选择原则总结如下：

① 按物料黏度选型 对于低黏度液体，宜选用小直径、高转速搅拌器，如推进式、涡轮式；对于高黏度液体，可选用大直径、低转速搅拌器，如锚式、框式和桨式。

② 按搅拌目的选型 对于低黏度均相液体的混合过程，主要考虑循环流量，各种搅拌器的循环流量从大到小排列：推进式、涡轮式、桨式；对于非均相液-液分散过程，首先考虑的是剪切作用，同时要求有较大的循环流量，各种搅拌器的剪切作用按从大到小的顺序排

列为：涡轮式、推进式、浆式。

3. 密封装置

静止的搅拌釜封头和转动的搅拌轴之间设有搅拌轴密封装置，简称轴封，以防止釜内物料泄漏。

釜式反应器的轴封装置主要有填料密封和机械密封两种，已标准化，可根据需要直接选用。

填料密封结构简单，填料装卸方便，但使用寿命较短，难免微量泄漏。当轴颈处圆周速率在5m/s以上即不能使用，密封压力稍高时也不宜采用。

机械密封结构较复杂，造价高，但密封效果甚佳，泄漏量少，使用寿命长，摩擦功耗小。此外还可用新型密封胶密封等。

具体密封原理参见流体输送学习情境。此任务采用机械密封。

4. 换热装置

换热装置是用来加热或冷却反应物料，使之符合工艺要求的温度条件的设备。其结构型式主要有夹套式、蛇管式、列管式、外部循环式、回流冷凝式等，如图8-12所示。

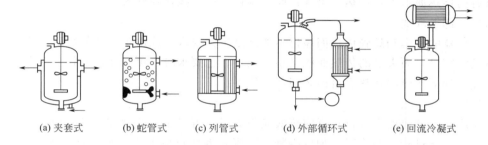

(a) 夹套式   (b) 蛇管式   (c) 列管式   (d) 外部循环式   (e) 回流冷凝式

图 8-12   釜式反应器的换热装置

（1）夹套式

夹套一般由钢板焊接而成，它是套在反应器筒体外面能形成密封空间的容器，既简单又方便。夹套内通蒸汽时，其蒸汽压力一般不超过0.6MPa。当反应器的直径大或者加热蒸汽压力较高时，夹套必须采取加强措施。图8-13所示为几种加强的夹套传热结构。

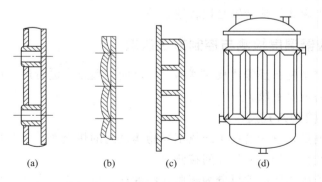

(a)   (b)   (c)   (d)

图 8-13   几种加强的夹套传热结构

图8-13(a) 为一种支撑短管加强的"蜂窝夹套"，可用1MPa的饱和水蒸气加热至180℃。图8-13(b) 为冲压式"蜂窝夹套"，可耐更高的压力。图8-13(c) 和图8-13(d) 为角钢焊在釜的外壁上的夹套，耐压可达到5～6MPa。

夹套与反应釜内壁的间距视反应釜直径的大小采用不同的数值，一般取 25～100mm。夹套的高度取决于传热面积，而传热面积由工艺要求确定。但必须注意夹套高度一般应高于料液的高度，应比釜内液面高出 50～100mm，以保证充分传热。

（2）蛇管式

当工艺需要的传热面积大，单靠夹套传热不能满足要求时，或者是反应器内壁衬有橡胶、陶瓷等非金属材料时，可采用蛇管传热。

工业上常用的蛇管有两种：水平式和直立式蛇管。排列紧密的水平式蛇管能同时起到导流筒的作用，排列紧密的直立式蛇管同时起到挡板的作用，它们对于改善流体的流动状况和搅拌的效果起积极的作用。蛇管浸没在物料中，热量损失少，且由于蛇管内传热介质流速高，它的给热系数比夹套大很多。对于含有固体颗粒的物料及黏稠的物料，容易引起物料堆积和挂料，影响传热效果。

（3）列管式

对于大型反应釜，需高速传热时，可在釜内安装列管式换热器。它的主要优点是单位体积所具有的传热面积大，传热效果好；此外结构简单，操作弹性大。

（4）外部循环式

当反应器的夹套和蛇管传热面积仍不能满足工艺要求，或由于工艺的特殊要求无法在反应器内安装蛇管，而夹套的传热面积又不能满足工艺要求时，可以通过泵将反应器内的料液抽出，经过外部换热器换热后再循环回反应器中。

（5）回流冷凝式

当反应在沸腾温度下进行且反应热效应很大时，可以采用此种方式进行换热，使反应器内产生的蒸汽通过外部的冷凝器加以冷凝，冷凝液返回反应器中。采用这种方式进行传热，由于蒸汽在冷凝器中以冷凝的方式散热，可以得到很高的给热系数。

釜式反应器换热装置的选择主要决定于传热表面是否被污染而需要清洗，所需传热面积的大小、传热介质的泄漏可能造成的后果以及传热介质的温度、压力等等因素。一般需要较大传热面积时，采用蛇管式或列管式换热装置；反应在沸腾情况进行时，采用釜外回流冷凝式取走热量；在传热量不大、所需换热面积较小，且换热介质压力又较低的情况下，采用造价低廉结构简单的夹套式换热装置是比较适宜的。

三、釜式反应器温度检测与控制方法认识

温度的检测与控制是保证釜式反应器内化学反应过程正常进行即保证产品质量、降低成本、确保安全生产的重要手段。

1. 反应温度的检测方式及仪表

温度不能直接测量，只能借助于冷热不同物体之间的热交换，以及物体的某些物理性质随冷热程度不同而变化的特性来加以间接测量。

温度测量仪表若按工作原理可分为膨胀式温度计、压力式温度计、热电偶温度计、热电阻温度计和辐射式高温计五类。若按测量方式分，则分为接触式与非接触式两大类。前者测温元件直接与被测介质接触，这样可以使被测介质与测温元件进行充分热交换，而达到测温目的；后者测温元件与被测介质不相接触，通过辐射或对流实现热交换来达到测温的目的，按测量方式分类见表 8-3。

表 8-3　反应温度测量用温度计的种类及优缺点

测温方式	温度计种类		测温范围/℃	优　　点	缺　　点
接触式测温仪表	膨胀式	玻璃液体	−50～600	结构简单、使用方便、测量准确、价格低廉	测量上限和精度受玻璃质量的限制、易碎、不能记录远传
		双金属	−80～600	结构紧凑、牢固可靠	精度低、量程和使用范围有限
	压力式	液体 气体 蒸汽	−30～600 −20～350 0～250	结构简单、耐震、防爆能记录、报警、价格低廉	精度低、测温距离短、滞后性大
	热电偶	铂铑-铂 镍铬-镍硅 镍铬-考铜	0～1600 −50～1000 −50～600	测温范围广、精度高、便于远距离、多点、集中测量和自动控制	需冷端温度补偿、在低温段测量精度较低
	热电阻	铂 铜	−200～600 −50～150	测量精度高、便于远距离、多点、集中测量和自动控制	不能测高温、须注意环境温度的影响
非接触式测温仪表	辐射式	辐射式 光学式 比色式	400～2000 700～3200 900～1700	测温时，不破坏被测温度场	低温段测量不准、环境条件会影响测温准确度
	红外线	光电探测 热电探测	0～3500 200～2000	测温范围大、适于测温度分布不破坏被测温度场、响应快	易受外界干扰、标定困难

　　釜式反应器内由于反应温度不是特别高也不是特别低，应用较多的是接触式测温仪表，其中以热电阻和热电耦居多。

　　2. 釜式反应器温度的控制

　　(1) 改变进料温度

　　物料经过预热器（或冷却器）进入反应釜。通过改变进入预热器（或冷却器）的热剂量（或冷剂量），可以改变反应釜的进料温度，从而达到维持釜内温度恒定的目的。

　　(2) 改变加热剂或冷却剂流量

　　由于大多数反应釜均有传热面，以引入或移走反应热，所以用改变引入传热量多少的方法实现温度控制。当带夹套的反应釜内温度改变时，可用改变加热剂（或冷却剂）流量的方法来控制釜内温度。这种方案的结构比较简单，使用仪表少，但由于反应釜容量大，温度滞后严重，特别是当反应釜用来进行聚合反应时，釜内物料黏度大，传热效果较差，混合又不易均匀，就很难使温度控制达到严格的要求。

　　(3) 串级控制

　　针对反应釜釜温滞后较大的特点，反应釜温度目前一般采用串级控制方案。串级控制方案就是根据进入反应釜的主要干扰的不同情况，可以采用釜温与加热剂（或冷却剂）流量串级控制［见图 8-14(a)］、釜温与夹套温度串级控制［见图 8-14(b)］所示及釜温与釜压串级控制［见图 8-14(c)］等。

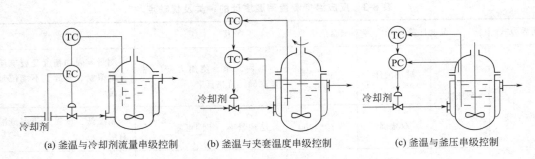

(a) 釜温与冷却剂流量串级控制　　(b) 釜温与夹套温度串级控制　　(c) 釜温与釜压串级控制

图 8-14　反应釜釜温串级控制方案示意

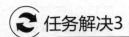 任务解决3

乙酸正丁酯合成用釜式反应器基本构造的确定

　　在任务解决 2 中已经确定，使用釜式反应器完成乙酸正丁酯生产任务。根据釜式反应器的结构及所附设装置的特点，釜式反应器基本构造确定如下：

　　釜式反应器的筒体：采用钢板卷制而成，上封头选用椭圆形封头，下封头考虑到卸料的方便采用锥形封头。由于直径大于 900mm，在上封头上开设一个圆形人孔。并安装一个带灯视镜，便于观察釜内物料反应情况。同时在上封头上安装压力表、下封头上开孔安装测温元件；考虑到操作的安全，安装弹簧式安全阀。

　　搅拌与轴封装置：由于工程项目中酯化反应物料为均相液体且黏度不大，又因为所用反应器容积较小，所以选用桨式搅拌器，采用机械密封装置。

　　换热装置：由于合成反应是酯化反应，放热不是很强烈，移走反应热不需要较大传热面积时，所用冷却介质为水，其压力不是很高，加之反应器容积比较小，故采用结构简单的夹套式换热装置。釜内温度可采用图 8-14 所示的釜温与夹套温度的串级控制。

实践与练习2

一、选择题

　　1. 反应釜加强搅拌的目的是（　　　　）。

　　　　A. 强化传热与传质　　　　　　　　　B. 强化传热

　　　　C. 强化传质　　　　　　　　　　　　D. 提高反应物料温度

　　2. 釜式反应器的换热方式有夹套式、蛇管式、回流冷凝式和（　　　　）。

　　　　A. 列管式　　　　　B. 间壁式　　　　　C. 外循环式　　　　　D. 直接式

二、填空题

　　1. 釜式反应器的基本构件中主要包括_____、_____、_____和_____等。

　　2. 反应釜加强搅拌的目的是强化_____和_____。

　　3. 常用的搅拌器形式有：桨式、框式、_____、_____等。其中适用于黏稠物料的搅拌器是_____。

4. 在涡轮式、推进式、桨式三种搅拌器中，循环流量最大的是＿＿＿＿＿＿，剪切作用最强的是＿＿＿＿＿＿。

5. 搅拌器选择时，对于高黏度液体，可选用＿＿＿＿＿＿直径、＿＿＿＿＿＿转速搅拌器，如＿＿＿＿＿＿式、＿＿＿＿＿＿式和桨式。

6. 釜式反应器的换热方式有＿＿＿＿＿＿、＿＿＿＿＿＿、＿＿＿＿＿＿、＿＿＿＿＿＿和外循环式。

7. 釜式反应器按承压高低可分为＿＿＿＿＿＿＿、＿＿＿＿＿＿＿。

三、简答题

1. 釜式反应器的搅拌器类型有哪些？各用于什么场合？

2. 釜式反应器为什么要附有换热装置？换热装置的类型有哪些？

3. 釜式反应器温度的控制方法有哪些？

任务三　间歇釜式反应器的操作

一、釜式反应器操作效果的影响因素分析

影响釜式反应器操作效果的因素除了原料的配比、所用催化剂外，更主要的是操作条件的影响。当原料配比、催化剂一定时，主要影响因素有以下几个方面。

① 搅拌性能的好坏　搅拌良好的反应器，提高了反应物分子之间的接触机会，有利于提高反应速率。

② 反应压力控制的好坏　对于有气体参与的化学反应，其他条件不变时（除体积），增大压强，即体积减小，反应物浓度增大，单位体积内活化分子数增多，单位时间内有效碰撞次数增多，反应速率加快；反之则减小。若体积不变，加压（加入不参加此化学反应的气体）反应速率就不变。因为浓度不变，单位体积内活化分子数就不变。但在体积不变的情况下，加入反应物，同样是加压，增加反应物浓度，速率也会增加。

③ 反应温度控制的情况　升高温度，反应物分子获得能量，使一部分原来能量较低分子变成活化分子，增加了活化分子的百分数，使得有效碰撞次数增多，故反应速率加大（主要原因）。当然，由于温度升高，使分子运动速率加快，单位时间内反应物分子碰撞次数增多反应也会相应加快（次要原因）。因此，在不影响物料性质的前提下，在催化剂的活性温度范围内，尽量控制较高的反应温度，有利提高反应速率，提高反应器的生产能力。对于放热反应，利用换热装置及时将反应放出的热量移走，维持反应温度的恒定，有利于提高反应的平衡转化率。对于吸热反应要充分利用换热装置供给反应所需的热量，从而保证反应温度的恒定。因换热装置与温控系统性能的好坏，对反应温度的控制至关重要。

此外，对于间歇操作的反应釜，物料在釜内的停留时间的控制对反应物的转化率、反应的选择性也有很大的影响。对于存在累积副反应的反应系统，物料的停留时间不能长，否则主产物的收率会降低。

二、间歇釜式反应器操作规程

1. 开车前的准备

① 准备必要的开车工具，如扳手、管钳等；

② 确保减速机、机座轴承、釜用机封油盒内不缺油；

③ 确认传动部分完好后，点动电机，检查搅拌轴是否按顺时针方向旋转，严禁反转；

④ 用氮气（压缩空气）试漏，检查釜上进出口阀门是否内漏，相关动、静密封点是否有漏点，并用直接放空阀泄压，看压力能否很快泄完。

2. 开车时的要求

① 严格按工艺规定的物料配比加（投）料，并均衡控制加料和升温速率，防止因配比错误或加（投）料过快，引起釜内剧烈反应，出现超温、超压、超负荷等异常情况，而引发设备安全事故；

② 按工艺操作规程进料，启动搅拌运行；

③ 反应釜在运行中要严格执行工艺操作规程，严禁超温、超压、超负荷运行；凡出现超温、超压、超负荷等异常情况，立即按工艺规定采取相应处理措施；禁止釜内超过规定的液位反应；

④ 设备升温或降温时，操作动作一定要平稳，以避免温差应力和压力应力突然叠加，使设备产生变形或受损；

⑤ 严格执行交接班管理制度，把设备运行与完好情况列入交接班，杜绝因交接班不清而出现异常情况和设备事故。

3. 停车时的要求

① 按工艺操作规程处理完反应釜物料后停搅拌，切断电源，关闭各种阀门；

② 检查、清洗或吹扫相关管线与设备；反应釜必须按压力容器要求进行定期技术检验，检验不合格，不得开车运行；

③ 按工艺操作规程确认合格后准备下一循环的操作。

三、釜式反应器日常检查与维护保养

① 听减速机和电机声音是否正常，摸减速机、电机、机座轴承等各部位的开车温度情况，一般温度≤40℃、最高温度≤60℃（手背在上可停留 8s 以上为正常）；

② 经常检查减速机有无漏油现象，轴封是否完好，看油泵是否上油，检查减速箱内油位和油质变化情况，釜用机封油盒内是否缺油，必要时补加或更新相应的机油；

③ 检查安全阀、防爆膜、压力表、温度计等安全装置是否准确灵敏好用，安全阀、压力表是否已校验，并铅封完好，压力表的红线是否画正确，防爆膜是否内漏；

④ 经常倾听反应釜内有无异常的振动和响声；

⑤ 保持搅拌轴清洁见光，对圆螺母连接的轴，检查搅拌轴转动方向是否按顺时针方向旋转，严禁反转；

⑥ 定期进釜内检查搅拌、蛇管等釜内附件情况，并紧固松动螺栓，必要时更换有关零部件；

⑦ 检查反应釜所有进出口阀是否完好可用，若有问题必须及时处理；

⑧ 检查反应釜的法兰和机座等有无螺栓松动，安全护罩是否完好可靠；

⑨ 检查反应釜本体有无裂纹、变形、鼓包、穿孔、腐蚀、泄漏等现象，保温、油漆等是不是完整，有无脱落、烧焦情况；

⑩ 做好设备卫生，保证无油污、设备见本色。

四、间歇釜式反应器操作技能训练

1. 间歇釜式反应器操作技能训练要求

① 熟悉所用釜式反应装置的流程及设备的结构。能正确绘制反应器装置的流程图，叙述装置流程、设备的作用及工作原理。

② 掌握训练装置的操作规程，能规范熟练地操作装置。在教师的指导下学会装置的开车、正常运行控制及停车三个阶段的操作；能规范熟练地操作装置、记录操作运行的参数。

③ 具备装置一般故障的分析与处理能力。在熟练掌握反应器装置的操作要点的基础上；学会排除装置操作中一般故障，并能分析故障产生的原因。

④ 能根据装置操作的运行参数，对装置操作过程作出基本的判断、并能分析和评价装置的操作效果。

2. 技能培训任务清单

培训任务一　绘制反应器综合实训装置的流程图，简述装置流程、设备的作用及工作原理。（现场教师提问，学生进入实训室前必须充分做好预习工作。）

培训任务二　填写装置设备状况记录表（相当于工厂的交接班记录表中的设备记录部分）。

培训任务三　学习装置操作规程，总结操作要点及操作中的主要注意事项（特别注意不安全的因素、可能损坏设备的因素、影响反应效果的因素）。（教师提问，学生现场回答。）

培训任务四　分组练习基本操作（在教师指导下进行）。注意观察并及时规范记录操作运行的有关指标性数据，如有异常现象立即紧急停车，在指导教师的带领下对故障进行分析处理。注意：教师要组织好，保证每个学生在每个岗位都能熟练操作。

培训任务五　对操作运行数据进行分析、计算和处理。

各记录表由各校根据自备装置自行设定。

3. 培训过程记录

① 现场绘制装置工艺流程图、回答有关问题。

② 填写装置的主要设备及工艺指标表。

③ 填写操作前安全检查记录表。

④ 分析反应器实训室存在的危险源，并填写相应的表格。如表 8-4 所示。

表 8-4　反应器实训装置危险源及注意事项

序　号	危　险　源	安全注意事项	备　注

注：此表可按实际情况加行续页。

⑤ 填写装置操作原始记录表。

⑥ 撰写项目训练心得。

实践与练习3

一、讨论题

1. 反应器实训过程中产生的"三废"该如何处理？请写出建议方案。
2. 反应器实训过程中可能产生的安全隐患有哪些？如何消除？

二、简答题

1. 在实训装置中反应釜内发生的什么反应？控制的温度、压力范围是多少？
2. 在实训装置中搅拌器是什么类型？
3. 在实训装置中是如何控制反应釜的温度的？主要的换热措施有哪些？
4. 在实训装置中有几个离心泵？各输送的是什么液体？写出其型号。
5. 在实训装置中采用的抽真空设备有哪些？各是什么类型？写出其型号。
6. 在实训装置中有几个测压点？采用的是什么类型测压仪表，写出其型号。
7. 在实训装置中有几种液位计？有几个测温仪表？各是什么类型？写出其型号。
8. 在这套实训装置中有几个间壁式换热器？各是什么作用。

任务四　固定床反应器的认识及其操作

一、固定床反应器认识

1. 固定床反应器的分类及其结构

固定床式反应器是因为反应器内填充有固体催化剂颗粒或固体反应物，在反应过程中颗粒固定不动而得名，一般多用于气固相催化反应。

在气固相固定床反应器操作中，催化反应的温度控制非常重要。对于不可逆反应和可逆的吸热反应，在催化剂活性允许的范围内，应尽可能提高反应温度，以保持高的反应速率，提高设备的生产能力。对于可逆的放热反应，则存在给定转化率下的最适宜温度，亦即反应速率最大时的温度。最适宜温度一般随转化率升高而逐步降低，如果能使催化剂床层内的温度随着反应的进行沿着最适宜温度变化，就可以使反应达到较高的转化率，还可以使反应器保持大的生产能力。对于有副反应发生的复杂反应，还必须考虑避免发生副反应的温度条件。

温度对催化剂的活性及使用寿命有直接影响，当温度超过催化剂的耐热温度时，由于催化剂有效组分的升华、半融或烧结，而使催化剂活性很快降低，影响催化剂的使用寿命。因此固定床反应器的温度调节非常重要。

根据反应器的温度调节方法的不同，固定床反应器主要分为绝热式和换热式两类。

（1）绝热式固定床反应器

绝热操作是在与外界断绝热量交换的条件下进行的。若为放热反应，则反应放出的热量将使反应混合物的温度升高。所以绝热式固定床反应器虽然结构简单，设备费用低，但只适用于放热量不大和反应混合物热容量大的反应，因为催化剂床层进出口的温差较大，不适于温度变化范围窄的反应。

绝热式固定床反应器可分为轴向反应器和径向反应器两类。

① 轴向反应器　轴向反应器一般为空心的圆筒体，在器内下部装有栅板，催化剂均匀堆置其上形成床层；物料进口处有保证气流均匀分布的气体分布器，预热到一定温度的反应气体自上而下通过床层进行反应，反应后的气体由下部引出，如图 8-15 所示。

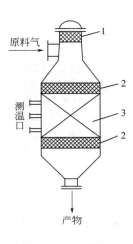

　　这类反应器结构简单，反应器体积利用率高，但由于在反应过程中物系与外界无热量交换，故只适用于反应热效应较小、反应温度允许范围较宽的反应过程。

　　当反应热效应较大时，这样简单的反应器构型未必可行，温度的变化会影响到反应的进行，对反应物进行稀释以降低绝热温升，是解决问题的一种方法，但它是以降低反应器生产能力为代价的；更常用的方法是把催化剂层分为若干段，在段间进行热交换，使反应物流在进入下一段床层前升高或降低到合适的温度，如图 8-16(a)、图 8-16(b) 所示；也可采用掺入冷（或热）反应物（或某种热载体）的方式，通常称为冷激，如图 8-16(c)、图 8-16(d) 所示，冷激式反应器结构简单，但冷激物料为反应物时，会降低反应的推动力。为了结构简单，便于操作，工业多段绝热式固定床反应器的段数一般不超过 5。

图 8-15　圆筒绝热
式反应器
1—矿渣棉；2—瓷
环；3—催化剂

② 径向反应器　径向反应器的结构较轴向反应器复杂，如图 8-17 所示，催化剂装载于两个同心圆筒构成的环隙中，流体沿径向通过催化剂床层，可采用离心流动或向心流动，中心管和床层环隙中流体的流向可以相同，也可以相反。径向反应器可以采用较细小的催化剂颗粒而压降不大，提高了催化剂的有效系数，但保证装置中气体的均匀分布是很重要的问题。

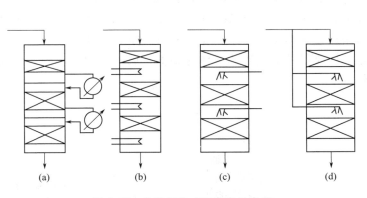

图 8-16　多段绝热式固定床反应器

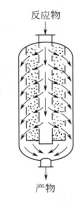

图 8-17　径向反应器

（2）换热式固定床反应器

　　为了维持适宜的温度条件，需要用换热介质来移走或供给热量。根据换热介质的不同，可分为对外换热式反应器和自身换热式反应器。

　　① 对外换热式反应器　以各种热载体为换热介质的换热式反应器称为对外换热式反应器，在化工生产中应用最多的是换热条件较好的列管式固定床反应器。这种反应器由多根管子并联组成，通常在管内充填催化剂，管间通热载体（在用高压水或高压蒸汽作热载体时，把催化剂放在管间，管内走反应气体），原料气体自上而下通过催化剂床层进行反应，反应

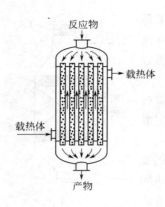

图 8-18 乙炔与氧化氢列
管式固定床反应器

热则由床层通过管壁与管外的热载体进行热交换，如图 8-18所示。

列管式反应器的管子由导热系数较大的金属材料制成。管径的选择和反应热效应有关，为使床层径向温度分布均匀，一般取 25～50mm 为宜，热效应愈大选用管径愈小。根据生产规模，列管数可为数百根到数千根，甚至达到万根以上。

为使气体在各管内分布均匀，以满足反应过程所需的停留时间和温度条件，要求催化剂颗粒大小尽可能均匀，装填时保证床层各部分的数量和分布，力求各管阻力相等。催化剂粒径应小于管径的八分之一，防止近壁处出现沟流，但为了减少流动压降，粒径不宜过小，一般在 2～6mm，不小于 1.5mm。

热载体的选用可根据反应的温度范围、热效应、操作状况及过程对温度波动的敏感性等来确定，合理地选择热载体，是控制反应温度和保持反应器操作稳定的关键。热载体应在反应条件下稳定、不生成沉积物、无腐蚀性，具有较大的热容及价廉易得等性质。

常用的热载体有水、加压水（373～573K）、导生液（联苯和二苯醚混合物，473～623K）、熔盐（如硝酸钠、硝酸钾和亚硝酸钠混合物，573～773K）、烟道气（873～973K）等。热载体温度与反应温度相差不宜太大，以免造成接近管壁的催化剂过冷或过热，影响催化剂作用的发挥。热载体必须循环，以增强传热效果。采用不同的热载体和热载体循环方式的列管式固定床反应器的结构如图 8-17～图 8-20 所示。

图 8-19 是乙炔与氯化氢合成氯乙烯反应器，采用沸腾水为热载体，反应热使沸腾水部分汽化经出口引出，将蒸汽冷凝后由沸腾水入口重新进入反应器循环使用，属沸腾循环，其特点是整个反应器内温度基本恒定。图 8-20 是萘氧化反应器，以熔盐为热载体，以旋桨式搅拌器强制熔盐循环，属内部循环，此类反应器结构比较复杂。图 8-21 是乙烯环氧化反应器，以有机热载体带走反应热，反应器外部设置热载体冷却器，属外部循环。图 8-22 是乙苯脱氢反应器，以燃烧气为载热体。

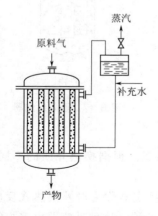

图 8-19 乙炔与氯化氢合成氯
乙烯反应器

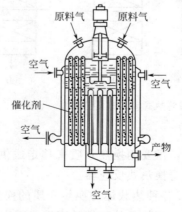

图 8-20 萘氧化反应器

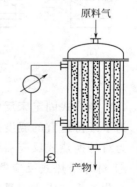

图 8-21 乙烯环氧化反应器

　　列管式固定床反应器换热效果较好，催化剂层的温度较易控制，加上反应器内物料流动接近于平推流，有可能将副反应限制在较低程度，因此，对于原料成本高、副产物价值低以及分离不易的情况特别适用。但这种反应器结构比较复杂，而且不宜在高压条件下操作。

　　②自身换热式反应器（双套管）　　在反应器内，以原料气为换热介质，通过管壁与反应物料进行换热以维持反应温度的反应器，称为自身换热式反应器。这种反应器只适用于高压条件下、热效应不大的放热反应，其优点是热量能做到自给，不需要另设高压换热设备，如图 8-23 所示。为使催化剂层温度分布合理，工业上常在催化剂层内插入各种各样的冷却管，然而大量冷却管的存在，减少了催化剂的装填量，影响到反应器的生产能力。

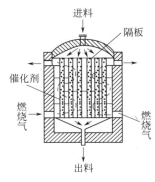

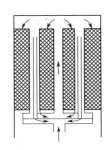

图 8-22　乙苯脱氢反应器　　　　　　　　图 8-23　自身换热式反应器

2. 固定床反应器特点及应用场合

教学视频
固定床反应器特点
及应用场合

　　固定床反应器的主要优点是床层内气体的流动接近平推流（除床层极薄和气体流速很低的特殊情况外），因而与返混式反应器相比，化学反应速率较快，可用较少量的催化剂和较小的反应器体积获得较大的生产能力；气体通过床层的停留时间可以严格控制，温度分布可适当调节，有利于达到较高的转化率和选择性。此外，结构简单，操作方便，催化剂机械磨损小，也是固定床反应器获得广泛应用的重要原因。

　　固定床反应器的主要缺点是传热能力差，反应器中纵向和横向温度分布不均匀，使床层各处转化率高低不等，不但降低了设备利用率，而且容易发生局部过热，甚至使催化剂失去活性。这是由于催化剂的载体往往是导热性能较差的物质，加之催化剂在床层中静止不动，气体流速受压降限制不能太大。因此，对热效应大的反应过程，传热和温控问题成为固定床反应器技术中的难点和关键。固定床反应器的另一缺点是催化剂的更换必须停产进行，因此用于固定床反应器的催化剂要有足够长的寿命，对催化剂需频繁再生的反应过程不宜使用。此外，由于床层压降的限制，固定床反应器中催化剂粒度一般不小于1.5mm，使催化剂表面利用率不高，对高温下进行的快速反应，可能导致较严重的内扩散影响。由于反应和再生在同一设备中进行，而两者的操作条件相差很大，因此对反应器的材质要求高。

　　固定床反应器是应用最广的工业反应器之一，除催化剂需连续再生的过程外，几乎所有工业上重要的气固相催化反应都是在固定床反应器中进行的，在液固相催化反应及气固或液固非催化反应过程中，固定床反应器也有应用。另外，移动床反应器和滴流床反应器也是特殊形式的固定床反应器。表 8-5 列出固定床反应器的若干重要的工业应用。

表 8-5　固定床反应器的若干重要的工业应用

反　　应	催　化　剂	反应器型式	操作条件		操作周期/年
氨合成	$Fe_3O_4\text{-}K_2O\text{-}Al_2O_3$	多段绝热	450～550℃	20～50MPa	5～10
烃类水蒸气转化	Ni	列管式	500～850℃	3MPa	2～4
一氧化碳变换	CuO-ZnO	绝热	200～250℃	3MPa	2～6
	$Fe_2O_3\text{-}Cr_2O_3$	绝热	350～500℃	3MPa	2～4
二氧化硫氧化	$V_2O_5\text{-}K_2O$	多段绝热	420～600℃	0.1MPa	5～10
甲醇合成	$CuO\text{-}ZnO\text{-}Cr_2O_3$	多段绝热，列管式	200～300℃	3MPa	2～8
乙苯合成	ZSM5 分子筛	多段绝热	350～450℃	1.7～2MPa	1/8～1/4
乙苯脱氢	$Fe_3O_4\text{-}K_2O\text{-}Cr_2O_3$	多段绝热，列管式	550～650℃	0.05～0.1MPa	2～4
乙烯部分氧化	Ag	列管式	200～270℃	1～2MPa	1～4
苯氧化	$V_2O_5\text{-}MnO$	列管式	350℃	0.1MPa	1～2
甲醇部分氧化	Ag	列管式	600～700℃	0.1MPa	0.3～1
丁烯氧化脱氢	铁尖晶石	绝热	350～580℃	0.1MPa	
催化重整	Pt	多段绝热	460～525℃	0.8～2MPa	0.01～0.5
乙炔加氢	Pd	绝热	30～100℃	5MPa	0.1～0.5
甲醛三聚	离子交换树脂	绝热			
离子交换		绝热	常温	常压	

二、固定床反应器生产能力分析、催化剂用量的确定

1. 生产能力的表示方法

生产能力是指一个设备、一套装置或一个工厂在单位时间内生产的产品量或在单位时间内处理的原料量。

固定床反应器的生产能力同样，既可以用单位时间处理的原料量 W_0 表示，也可以用单位时间内生产的产品量 W_G 表示。其单位为 kg/h，t/d 或 kt/a 等。

2. 催化剂用量的计算

催化剂用量可根据实验室、中间试验装置或工厂现有装置中最佳条件下测得的数据，如空速、催化剂空时收率以及催化剂负荷等，按规定的生产能力计算催化剂用量。

(1) 空间速率 S_V

单位体积的催化剂在单位时间内所通过的原料标准体积流量，称为空间速率，简称空速。可表示为：

$$S_V = \frac{V_{ON}}{V_R} \tag{8-28}$$

式中　S_V——空速，h^{-1}（S_V①）；

　　V_{ON}——原料气体积（标准状态下）流量，Nm^3/h；

　　V_R——催化剂填充体积，m^3。

(2) 空时收率 S_W

反应物在流经床层后，单位质量（或体积）催化剂在单位时间内获得目的产物的量（多

以质量单位表示），称为空时收率。可表示为：

$$S_W = \frac{W_G}{W_S}$$ (8-29)

式中　S_W——催化剂的空时收率，kg 产物/(kg 催化剂·h)；

　　　W_G——目的产物量，kg；

　　　W_S——催化剂用量，kg。

（3）催化剂负荷

单位质量催化剂，在单位时间内通过化学反应所消耗的原料量，称为催化剂负荷。可表示为：

$$S_G = \frac{W_W}{W_S}$$ (8-30)

式中　S_G——催化剂负荷，kg 原料/［(kg 催化剂)·h］；

　　　W_W——单位时间内消耗的原料量，kg。

（4）接触时间 τ

通常是指反应气体在反应条件下，通过催化剂床层中自由空间所需要的时间，其单位常以秒表示。接触时间越短，表示同体积的催化剂在相同时间内处理的原料越多，是表示催化剂处理能力的参数之一。

$$\tau = \frac{V_R\varepsilon}{V_0} = \frac{\varepsilon}{S_V \frac{T}{273} \cdot \frac{101.3 \times 10^3}{p} \cdot \frac{1}{3600}}$$ (8-31)

式中　ε——催化剂床层空隙率；

　　　V_0——为反应条件下反应物的体积流量，m^3/h。

（5）床层线速率与空床速率

床层线速率通常是指反应气体在反应条件下，通过催化剂床层自由截面的速率。可表示为：

$$u = \frac{V_0}{A_t\varepsilon}$$ (8-32)

空床速率是指在反应条件下，反应气体通过床层截面时的气流速率。

可表示为：

$$u_0 = \frac{V_0}{A_t}$$ (8-33)

式中　u——反应气体通过床层的线速率，m/s；

　　　u_0——反应气体空床速率，m/s；

　　　A_t——催化剂床层截面积，m^2。

3．反应器床层高度及直径的计算

当生产任务确定后，所需催化剂床层体积，即反应器的有效体积随之而定，并可继而确定床层的高度和直径。在一般情况下，工业固定床反应器床层高度不宜过高，否则，由于床层截面积过小，气体流速增大，流体阻力也相应增大，而使输送反应气体的动力消耗增加。反之，床层截面积过大，气体流速减小，过小气体流速对传热不利。同时，床层高度太小气体还可能产生短路流动，破坏正常生产。所以，通常是根据经验（工厂生产装置或实验装置）取得气体空床速率后，再来计算床层截面积，并经校核床层阻力降，确定床层的结构尺寸。

床层截面积为：

$$A_t = \frac{V_0}{u_0} \tag{8-34}$$

式中　A_t——催化剂床层截面积，m^2；

　　　V_0——气体体积流量，m^3/h；

　　　u_0——气体空床速率，m/h。

催化剂床层高度为

$$H = \frac{V_R}{A_t} = u_0 \frac{V_R}{V_0} \tag{8-35}$$

如果反应器采用绝热式，便可由床层截面积求出内径 D。

$$D = \sqrt{\frac{4A_t}{\pi}} \tag{8-36}$$

当选用列管式反应器时，可先确定用管规格，即确定了反应管内径 d_t，则反应管根数 n 可求

$$n = \frac{A_t}{\frac{\pi}{4}d_t^2} \quad 或\, n = \frac{V_R}{\frac{\pi}{4}d_t^2 H}$$

式中　d_t——反应管内径，m；

　　　H——催化剂床层高度，m。

根据管径和根数，参照列管式换热器的计算方法求出反应器的直径。

4. 催化剂床层传热面积的计算

确定或校核传热面积是一切传热计算的根本目的。对于换热式固定床反应器传热面积的计算，在原理和程序上与一般换热器相同。

5. 流体通过固定床层的压降

在固定床中，流体是在颗粒间的空隙中流动的，由于流体不断地分散再汇合以及流体与催化剂颗粒和反应器器壁间的摩擦阻力，会产生一定的压降。

在颗粒乱堆的固定床中，颗粒间空隙形成的流体流动的通道是弯曲的，相互交错的，且这些通道的截面积大小、形状和数目都很不规则，难以进行理论计算，在工程计算中，通常将这种相互关联的不规则通道简化成一组平行细管，并假定：①细管的内表面积等于床层中颗粒的全部外表面积，②细管的全部流动空间等于颗粒床层的空隙体积。

根据上述简化，流体通过固定床的压降相当于通过一组直径为 d_e，长度为 L_e 的细管的压降。

$$\Delta p = \lambda \frac{L_e}{d_e} \frac{\rho u_1^2}{2}$$

式中，d_e 为细管的当量直径。$d_e = \dfrac{4 \times 通道的截面积}{浸润周边}$。

将上述的分子，分母同乘当量长度 L_e，则有：$d_e = \dfrac{4 \times 床层空隙体积}{颗粒的全部外表面积}$

将上述的分子，分母同除床层体积，则有：$d_e = \dfrac{4\varepsilon}{S_e}$

$$S_e = (1-\varepsilon)\frac{A_p}{V_p} = \frac{6(1-\varepsilon)}{d_s}$$

所以 $d_e = 4\dfrac{\varepsilon}{S_e} = \dfrac{2}{3} \times \dfrac{\varepsilon}{1-\varepsilon} \times d_s$

u_1 为细管内的流速，它与空床流速 u 的关系为：$u = \varepsilon u_1$。

L_e 为气体在固定床中流动的途径，它与管长 L_0 的关系为：$L_e = f_L L_0$。

这样经整理可得：

$$\Delta p = f_m \frac{\rho_f u^2}{d_s} \frac{L_0(1-\varepsilon)}{\varepsilon^3} \tag{8-37}$$

式中，f_m 为修正的固定床的流动摩擦系数，其数值必须通过实验测定获得。Ergun 及其合作者关联了 f_m 的计算式：

$$f_m = \frac{150}{Re_m} + 1.75$$

$$Re_m = \frac{d_s \rho_f u}{\mu_f} \frac{1}{1-\varepsilon} = \frac{d_s G}{\mu_f} \frac{1}{1-\varepsilon}$$

G 为气体质量流速。

混合气体的黏度可以按下式计算：$\mu_f = \dfrac{\sum(y_i \mu_{fi} M_i^{1/2})}{\sum(y_i M_i^{1/2})}$

在固定床中，当 $Re_m < 10$，气体处于滞流状态，$f_m = \dfrac{150}{Re_m}$，则

$$\Delta p = 150 \frac{\mu_f u}{d_s^2} \frac{L_0(1-\varepsilon)^2}{\varepsilon^3} \tag{8-38}$$

当 $Re_m > 1000$，气流处于湍流状态，$f_m \approx 1.75$，则

$$\Delta p = 1.75 \frac{\mu_f u^2}{d_s} \frac{L_0(1-\varepsilon)}{\varepsilon^3} \tag{8-39}$$

如果催化剂颗粒大小不一，d_s 可采用调和平均直径。Ergun 方程的适用范围是 $Re_m \leqslant 2500$；当 $2500 \leqslant Re_m \leqslant 5000$ 时，可用 Handley-Hegg 方程计算 f_m。

$$f_m = 1.24 + 368/Re_m$$

由式(8-39)可以看出：在固定床反应器中，增加气体空床速率、减小颗粒直径、减小床层空隙率都会使床层压降增加，其中以空隙率的影响最为显著。

气固相固定床催化反应器经验法主要计算催化剂床层体积、传热面积及床层压力降。

【例 8-5】 试计算乙烯催化（以银为催化剂）氧化制环氧乙烷的固定床第一反应器体积及管子根数。根据两段空气氧化法中试经验，取下列数据为计算条件。

（1）化学反应方程式：
$$C_2H_4 + \frac{1}{2}O_2 \longrightarrow C_2H_4O$$
$$C_2H_4 + 3O_2 \longrightarrow 2CO_2 + 2H_2O$$

（2）进入第一反应器的原料组成如附表 1 所示。

例 8-5　附表 1

组　　分	C_2H_4	O_2	CO_2	N_2	$C_2H_4Cl_2$	合计
体积百分数/%	3.5	6.0	7.7	82.8	微量	100

（3）操作条件：第一反应器进料温度为 483K，反应温度为 523K，反应压力为 0.981MPa，空速为 $5000h^{-1}$，转化率为 20%，选择性为 66%，换热条件是管间采用导生液强制外循环换热，导生液进口温度为 503K，出口温度 508K。

（4）催化剂为球形催化剂 $d_p=5mm$，空隙率 $\varepsilon=0.48$。

（5）反应器形式为第一反应器采用列管式固定床反应器，管径为 $\phi27mm\times2.5mm$，管长 6m，催化剂充填高度为 5.7m。

（6）技术指标：年工作 7200h，反应后经分离、精制过程，回收率为 90%，第一反应器所生产环氧乙烷占总产量的 90%，要求年产环氧乙烷 1000t。

解：（1）计算进料量

按年产 1000t 环氧乙烷计，考虑过程损失后每小时生产的环氧乙烷量 W_G 为：

$$W_G=\frac{1000\times1000}{0.90\times7200}=154.32(kg/h)$$

由第一反应器生产的环氧乙烷产量 F_W 为：

$$F_W=154.32\times0.9=139(kg/h)=3.16(kmol/h)$$

第一反应器加入的乙烯量 F_0（C_2H_4）为：

$$F_0(C_2H_4)=\frac{3.16}{0.66\times0.20}=23.94(kmol/h)$$

按原料气组成，求得原料气中其余各组分含量为：

$$F_0(O_2)=23.94\times\frac{6.0}{3.5}=41.04(kmol/h)$$

$$F_0(CO_2)=23.94\times\frac{7.7}{3.5}=52.67(kmol/h)$$

$$F_0(N_2)=23.94\times\frac{82.8}{3.5}=566.35(kmol/h)$$

将以上计算结果列表如附表 2 所示。

例 8-5　附表 2

物　　料	进　料	
	$F_0/(kmol/h)$	$W_0/(kg/h)$
乙　烯	23.94	670.32
氧	41.04	1313.28
二氧化碳	52.67	2317.48
氮	566.35	15857.80
合计	684	20158.88

（2）计算催化剂床层体积

进入反应器的气体总流量 $F_0=684kmol/h$，给定空速 $S_V=5000h^{-1}$，则反应器中催化剂的床层体积 V_R 为：

$$V_R = \frac{V_0}{S_V} = \frac{684 \times 22.4}{5000} = 3.06(\text{m}^3)$$

（3）反应器管数的计算和确定

给定管子规格为 $\phi 27\text{mm} \times 2.5\text{mm}$，故管内径 $d_t = 0.022\text{m}$，管长 $L = 6\text{m}$，催化剂充填高度 $L = 5.7\text{m}$，所以反应器管数 n 为：

$$n = \frac{V_R}{\frac{\pi}{4}d_t^2 \cdot L} = \frac{3.06}{0.785 \times 0.022^2 \times 5.7} = 1413(\text{根})$$

三、固定床反应器型式选择原则

在工业上选择固定床反应器时，应考虑以下条件，即保证径向、轴向温度分布均匀，并使反应维持最适宜的温度范围；催化剂装填量充足，并能充分发挥作用；气体物料通过催化剂层的阻力要小，并可加大空间速率以强化生产；还要考虑到设备结构简单、操作方便，安全可靠等因素。

影响固定床反应器选型的最重要的因素是反应的热效应。单段绝热式固定床反应器由于结构简单往往成为首先考虑的对象，但这种反应器在反应过程中无法和外界进行热交换，当反应热效应较大时，可以采用多段绝热式固定床反应器；对强放热反应，多段绝热式固定床反应器需要的段数可能会多到不经济的程度，这时采用列管式固定床反应器将更有利。

四、固定床反应器操作、故障处理及维护

1. 催化剂的基本知识

（1）化剂颗粒的直径和形状系数

催化剂颗粒有各种形状，如球形、圆柱形、片状、环形、无定形等，表征催化剂颗粒特征的一个基本参数是粒径，除球形颗粒可方便地用直径表示外，对非球形颗粒，习惯上用与球形颗粒相对比的相当直径表示，颗粒形状则常以形状系数表示。

① 体积相当直径（d_v）　体积相当直径指与非球形颗粒体积相同的球形颗粒的直径。即：

$$d_v = \left(\frac{6}{\pi}V_P\right)^{\frac{1}{3}} = 1.241V_P^{1/3} \qquad (8\text{-}40)$$

式中，V_P 为非球形颗粒的体积。

② 面积相当直径（d_a）　面积相当直径指与非球形颗粒外表面积相同的球形颗粒的直径。即：

$$d_a = \left(\frac{A_P}{\pi}\right)^{1/2} = 0.564A_P^{1/2} \qquad (8\text{-}41)$$

式中，A_P 为非球形颗粒的外表面积。

③ 比表面相当直径（d_s）　比表面相当直径指与非球形颗粒比表面积相同的球形颗粒的直径。非球形颗粒的比表面积为：

$$S_V = \frac{A_P}{V_P} = \frac{\pi d_s^2}{\frac{\pi}{6}d_s^3} = \frac{6}{d_s} \quad (S_V \textcircled{2})$$

则：

$$d_s = \frac{6}{S_V} = \frac{6V_P}{A_P} \qquad (8\text{-}42)$$

在使用时究竟使用哪一种直径要注意辨明。

④ 形状系数（φ_s）　催化剂颗粒的形状系数是以球形颗粒的外表面积与体积相同的非球形颗粒的外表面积之比来表示，即：

$$\varphi_s = A_s / A_P \qquad (8\text{-}43)$$

φ_s 的大小反映了非球形颗粒与球形颗粒的差异程度。显然，球形颗粒的 $\varphi_s = 1$，对非球形颗粒，其外表面积大于体积相同的球形颗粒的外表面积，则 $\varphi_s < 1$。

常见的非球形颗粒的形状系数如表 8-6 所示。

表 8-6　非球形颗粒的形状系数

物　料	形　状	φ_s	物　料	形　状	φ_s
鞍形填料	—	0.3	硬砂	尖角状	0.65
拉西环	—	0.3		尖片状	0.43
烟尘	球状	0.89	砂	圆形	0.83
	聚集状	0.55		有角状	0.73
天然煤灰	大至 10mm	0.65	碎玻璃屑	尖角状	0.65
破碎煤粉	—	0.75			

形状系数的另一用途是把三种相当直径关联起来，三种相当直径与形状系数的关系如下：

$$d_s = \varphi_s d_v = \varphi_s^{3/2} d_a \qquad (8\text{-}44)$$

⑤ 平均直径　当催化剂由大小不一的颗粒组成时，可用算术平均法和调和平均法计算其平均直径，对筛分颗粒以几何平均直径表示。

算术平均法

$$\overline{d}_p = \sum_{i=1}^{n} x_i d_i \qquad (8\text{-}45)$$

式中，$\overline{d}_p$ 为平均直径；x_i 为各种颗粒粒径所占的质量分数；d_i 为各种颗粒的平均粒径。

调和平均法

$$\frac{1}{\overline{d}_p} = \sum_{i=1}^{n} \frac{x_i}{d_i} \qquad (8\text{-}46)$$

几何平均法

$$d_i = \sqrt{d_i' d_i''} \qquad (8\text{-}47)$$

式中，d_i'，d_i'' 指同一筛分数颗粒的上下筛目尺寸。

一般用算术平均值求得的粒径值偏高，用调和平均法求得的粒径比较符合实际。

（2）床层空隙率（ε）

床层空隙率是指颗粒间的空隙体积与整个床层体积（催化剂堆积体积）之比，可表示为：

$$\varepsilon = 1 - \frac{\rho_b}{\rho_s} \qquad (8\text{-}48)$$

式中，ρ_b 指催化剂床层堆积密度；ρ_s 指催化剂颗粒的表观密度。

空隙率是催化剂床层的重要特性之一，是影响床层压降的主要因素，对传热、传质也有较大影响。空隙率的大小与催化剂颗粒的形状、表面粗糙度、粒度分布及装填方式等有关。靠近管壁处空隙率比床层中心大，这种管壁对床层空隙率的影响随着管径的增大而减小。对大直径的床层，不同粒径的某种特定形状的催化剂床层将具有几乎不变的空隙率，这是因为形状相同而粒度不同的催化剂的空隙是基本恒定的。在其他条件不变的情况下，空隙率将随粒径的增大而增大，不同粒径的混合颗粒床层的空隙率将比较小。在没有更可靠的数据时，表 8-7 所列的数据可作为床层空隙率的参考。

表 8-7　床层空隙率的近似值

形状	薄片	短条形	长条形	球形（均匀粒度）	球形（混合粒度）
正常装填	0.36	0.40	0.46	0.40	0.36
紧密装填[①]	0.31	0.33	0.40	0.36	0.32

① 通常在反应器开工后由于振动和流体的作用会很快达到紧密装填状态。

（3）催化剂的装卸注意事项

催化剂的装填是非常重要的工作，催化剂床层气流的均匀分布以及降低床层的阻力对于有效发挥催化剂的效能起着重要的作用。催化剂在装入反应器之前先要过筛，因为运输中所产生的碎末细粉会增加床层阻力，甚至被气流带出反应器阻塞管道阀门。在装填之前要认真检查催化剂支撑算条或金属支网的形状，因为这方面的缺陷在装填后很难矫正。

在填装固定床反应器时，要注意两个问题：一是要避免催化剂从高处落下造成破损；二是在填装床层时一定要分布均匀。忽视了上述两项，如果在填装时造成严重破碎或出现不均匀的情况，形成反应器断面各部分颗粒大小不均，小颗粒或粉尘集中的地方空隙率小，阻力大；相反，大颗粒集中的地方空隙率大、阻力小，气体必然更多地从空隙率大、阻力小的地方通过，由于气体分布不均匀影响了催化剂的利用率。理想的填装通常是采用装有加料斗的布袋，加料斗架于人孔外面，当布袋装满催化剂时，便缓缓提起使催化剂有控制地流进反应器，并不断地移动布袋以防止总是卸在一地点。在移动时要避免布袋的扭结，催化剂装进一层，布袋就要缩短一段，直至最后将催化剂装满为止。也可用金属管代替布袋，这样更易于控制方向，更适合于装填像合成氨那样密度较大、磨损作用较严重的催化剂。此外，装填这一类反应器也可用人工将一小桶一小桶或一塑料袋一塑料袋的催化剂逐一递进反应器内，再小心倒出并分散均匀。催化剂装填好后，在催化剂床顶要安放固定栅条或一层重的惰性物质，以防止由于高速气体喷入而引起催化剂移动。

2. 固定床反应器的温度控制

固定床传热较差，而化学反应又多半伴有热效应，且化学反应对温度的依赖关系又很强，因此，传热与控温问题就成为固定床技术中的关键所在。

由于反应是在粒内进行的，因此固定床的传热实质上包括了粒内传热，粒子与流体间的传热以及床层与器壁的传热等几方面。

对于在非绝热条件下进行的放热反应来说，在反应器的入口端，由于反应物的浓度高，反应速率快，单位反应器容积的放热速率大于除热速率，因而物料的温度将沿轴向逐渐上升。然而随着反应的进行，反应物的浓度下降，逐渐达到放热速率小于除热速率的地步，温度就会沿轴向逐渐下降。这样就会在轴向出现温度极大点，称为热点。如设计或操作不当，强放热反应的热点温度有可能失去控制，飞速上升，称作"飞温"。"飞温"的结果可能造成催化剂失效，甚至引起更严重的事故。

图 8-24 是放热反应的轴向温度分布示意图，为防止飞温现象发生，固定床放热反应常采取措施为：严格控制进料温度低于反应器内的平均温度、降低进口反应物浓度、降低入口端催化剂的活性或浓度（用惰性填料稀释）和提高进料速率等方法。总之固定床反应器的操作条件是相当严格的，操作时必须引起重视。

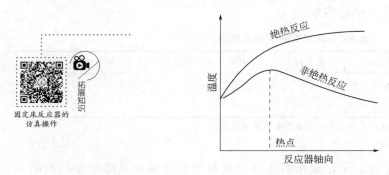

图 8-24   放热反应的轴向温度分布示意

实践与练习4

一、选择题

1. 固定床反应器具有反应速率快、催化剂不易磨损、可在高温高压下操作等特点，床层内的气体流动可看成是（   ）。

    A. 湍流   B. 对流   C. 理想置换流动   D. 理想混合流动

2. 当化学反应的热效应较小，反应过程对温度要求较宽，反应过程要求单程转化率较低时，可采用（   ）。

    A. 自热式固定床反应器   B. 单段绝热式固定床反应器

    C. 换热式固定床反应器   D. 多段绝热式固定床反应器

3. 固定床反应器内，在单位时间内通过单位体积催化剂的原料气标准体积流量，称为（   ）。

    A. 速率   B. 空间速率   C. 空时收率   D. 空间体积

4. 反应物在流经固定床床层后，单位质量（或体积）催化剂在单位时间内获得目的产物的质量，称为（   ）。

    A. 速率   B. 空间速率   C. 空时收率   D. 空间体积

二、填空题

1. 根据反应器温度调节方法的不同，固定床反应器主要分为_____式和_____式两类。

2. 绝热式固定床反应器结构_____，设备费用_____，但只适用于放热量_____和反应混合物的热容量_____的反应。

3. 绝热式固定床反应器可分为_____反应器和_____反应器。

　　4. 换热式固定床反应器根据换热介质的不同，可分为_____换热式反应器和_____换热式反应器两类。

　　5. 列管式固定床反应器换热效果_____，催化剂层的温度较易_____。反应器内物料流动接近于_____流，但反应器结构比较_____，造价高。

　　6. 固定床反应器具有反应速率_____、催化剂颗粒_____、可在_____温_____压下操作等特点，床层内的气体流动可看成是_____流。

　　7. 空间速率简称_____是指在单位时间内所通过_____的原料气的_____流量。用 S_V 表示，单位为_____。

　　8. 为防止固定床放热反应发生飞温现象，常采取措施为：严格控制_____温度低于反应器内的平均温度、_____进口反应物浓度、_____入口端催化剂的活性或浓度（用惰性填料稀释）和_____进料速率等方法。

三、简答题

　　1. 什么是固定床反应器？固定床反应器的优缺点？

　　2. 什么是催化剂颗粒的体积相当直径 d_v？面积相当直径 d_a？比表面积相当直径 d_s？它们三者的关系？

　　3. 什么是固定床飞温现象？如何防止飞温现象的发生？

四、计算题

　　1. 某化工厂有一乙苯脱氢制苯乙烯生产装置，采用列管式固定床反应器。已知装置生产能力为：5000 吨苯乙烯/年，年工作时间 300 天。进入反应器的原料气中乙苯和水蒸气的质量比为 1∶1.5，乙苯的总转化率为 40%，苯乙烯的选择性为 95%，空速为 $4830h^{-1}$，催化剂密度为 $1520kg/m^3$，生产中苯乙烯的损失为 1.5%，试求：

　　(1) 催化剂的用量，kg？

　　(2) 若管子规格为 $\phi45mm\times2.5mm\times3000mm$（催化剂全充满），试求所需的管子数？

　　2. 乙烯氧化生产环氧乙烷时，所用银催化剂的球型颗粒直径为 6.35mm，空隙率为 0.6，床层高度为 7.7m，反应气体的质量流速为 $18.25kg/(m^2 \cdot s)$，黏度为 $2.43\times10^{-5}kg/(m \cdot s)$，密度为 $15.4kg/m^3$，试求固定床层的压降。

任务五　流化床反应器的认识及其操作

教学视频

流化床反应器的类型

　　流化床反应器内与固定床反应器最本质的区别就是固体颗粒处于流态化状态。在流化床反应器内，颗粒的流态化状态不同反应的效果不同，反应器的结构也不同。下面我们首先认识流态化现象再认识流化床反应器的结构。

一、流态化现象认识

动画

流态化现象

　　当流体自下而上通过由固体颗粒堆积的床层时，随着流速的增加，会发生如下现象。

　　① 当流速低时，固体颗粒保持静止不动，流体只是在固体颗粒之间的空隙流动，此时的床层称为固定床。在固定床阶段，流体通过床层时的压强降随流速的增大而增大。

　　② 当流速达到某一定值后，固体颗粒开始松动，床层开始膨胀，这是流态化的开始，

此时流体的流速称为初始流化速率 u_{mf}。

③ 当流速进一步加大，则床层进入流态化阶段。此时流体对固体的摩擦力恰好与固体的重力相等，流体通过床层的压强降 Δp 与床层单位截面上固体的重力相等，即 $\Delta p = W/A$。当流速继续增大时，压强降大体保持不变，而床层高度则相应地有所增高。

以液体为流化介质的流化床，固体颗粒分散比较均匀，运动比较平稳，这种床层称为散式流化床或称为液化流化床。以气体为流化介质时，随着气速的增大，床层内发生鼓泡现象，与水的沸腾相似，气速越高，床层内搅动得越激烈，固体颗粒运动越活跃，这种床层称为聚式流化床或沸腾床，也称为气体流化床。

④ 当流速超过固体颗粒的终端速率 u_t 时，固体颗粒随着流体从床层带出，床层的上层表面已消失，此时的床层称为气（液）流输送床或稀相流化床。

流化床从现象上看，有许多方面表现出液体的性质。例如，它可以流动，床层表面保持水平，对器壁呈现压强，并具有浮力和黏度等，因此把这种现象称为"固体的流态化"。

我们把固体颗粒受流体的影响而悬浮于流体中的过程称为流态化过程，在流态化过程中发生化学反应的反应器称为流化床反应器。

二、流化床反应器认识

流化床反应器操作的基本特征是流体（气体或液体）以较高的流速通过床层，带动床层内的固体颗粒呈悬浮湍动，表现出类似流体流动的一些特征。特别是在气-固流化床中，气体常以气泡形式通过床层，犹如水的沸腾，所以流化床亦称沸腾床。跟固定床接触方

流化床反应器

式相比，处于流化条件下的颗粒，其尺寸较小，比表面积较大，可与流体充分接触，并处于强烈的湍动状态，使相际之间的接触和传质、传热过程大大强化，因而得到广泛的应用。

（一）流化床反应器的分类

生产采用的流化床越来越多，尤其近年来，新床型更是层出不穷，通常按结构、床型、连接方式等进行分类。

1. 单器流化床和两器流化床

按照固体颗粒是否在系统内循环使用流化床反应器可分为单器流化床和两器流化床。

单器（或称非循环操作）流化床，一般用于催化剂活性寿命长的反应过程。比如丙烯氨氧化制丙烯腈反应、乙烯氧氯化制二氯乙烷、萘氧化制邻苯二甲酸酐、乙烯氧化制环氧乙烷等反应都可使用的单器流化床，结构如图 8-25 所示。

当催化剂活性降低较快再生容易时，采用两器（循环操作）流化床。两器流化床靠控制两器的密度差，实现颗粒在反应器和再生器之间循环。图 8-26 所示的是大型炼油企业的催化裂化装置中常用的两器流化床。

两器流化床的工作原理如下：经过再生的热催化剂由再生器沿着竖管进入输送管（提升管）中，被原料气带进反应器。在反应器中原料气进行裂化，裂化后的气体经旋风分离器引出。需要再生的催化剂颗粒则进入再生器中，吹入蒸汽以除去吸附在催化剂表面的碳氢化合物。在裂化过程中，催化剂温度下降并且表面被碳覆盖。再生时催化剂颗粒从反应器进入输送管中，被热空气带到再生器中，在再生器中烧掉催化剂表面的碳，同时加热催化剂。再生后的催化剂颗粒按照上述途径又进入反应器中，再生过程产生的烟气通过旋风分离器排入大气中。

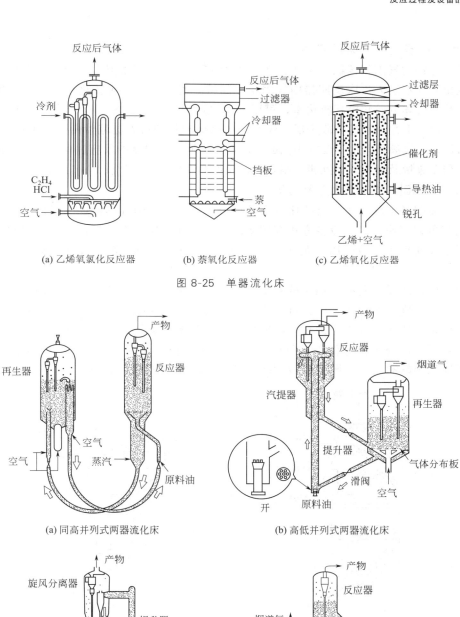

(a) 乙烯氧氯化反应器　　　(b) 萘氧化反应器　　　(c) 乙烯氧化反应器

图 8-25　单器流化床

(a) 同高并列式两器流化床　　　　　(b) 高低并列式两器流化床

(c) 同轴式两器流化床（一）　　　　　(d) 同轴式两器流化床（二）

图 8-26　催化裂化装置常用两器流化床

2. 单层和多层流化床反应器

按照反应器的气固相接触（反应层数）次数的多少分类，流化床反应器可分为单层流化床和多层流化床。单层流化床反应器中气固相之间接触时间短，反应转化率低，会产生返混现象。为了减少气体返混和提高转化率，可以采用多层流化床，图 8-27 为石灰石焙烧用的多层流化床。气体由下往上通过各段床层，流态化的固体颗粒则沿着溢流管由上往下依次"流过"各层分布板，可以满足某些需要在不同的阶段控制不同反应温度的反应过程的要求。但各层的气相和固相在流量及组成方面互相牵制，所以操作弹性较小，应用受到一定的限制。

3. 圆柱形和圆锥形流化床反应器

按照反应器的形状分类，流化床反应器可分为圆柱形和圆锥形两类。圆柱形流化床反应器的结构简单，制作容易，设备容积利用率高，在设计和生产方面都积累了丰富的经验，目前在我国已经获得了普遍应用，尤其在石油化学工业行业中最常用。图 8-26 都属于圆柱形流化床。

圆锥形流化床反应器的结构比较复杂，制作较困难，设备利用率低。但是由于它自上而下逐渐扩大，锥度一般为 3°~5°。固体粒子粒度较大，而且尺寸大小的范围又很宽，使大小粒子都能良好地流化，并能促进粒子的循环，因此具有不少优点：①可适用于低流速条件下操作，改善了气体分布板的作用；②可适用于气体体积增大的反应过程；③减少细粉的带出，提高催化剂的利用率。图 8-28 为用于醋酸乙烯合成的圆锥形流化床反应器。

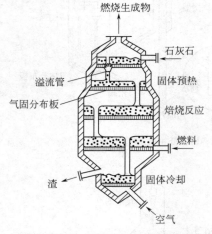

图 8-27　石灰石焙烧用的多层流化床

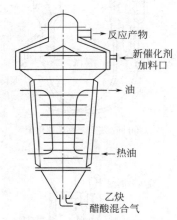

图 8-28　醋酸乙烯合成的圆锥形流化床反应器

4. 自由床和限制床

流化床反应器按床层内是否设置内部构件可分为自由床和限制床两大类。自由床（见图 8-29）是指床内不专门设置内部构件用来限制气体或固体流动的床层。反之则为限制床（见图 8-30）。内部换热器在某种程度上也起到内部构件作用，但习惯上仍称它为自由床。对一些反应速率低、反应级数高和副反应严重的气固相催化反应，设置内部构件是很重要的。因此许多流化床催化反应器都专门采用挡板和挡网。对于反应速率高、接触时间延长又不至于产生严重副反应，或对于产品要求不严的催化反应工艺过程，则采用自由床。例如：石油催化裂化就是典型的例子。

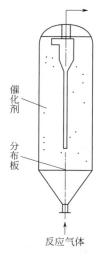

图 8-29　自由床

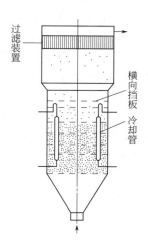

图 8-30　限制床

（二）流化床反应器的结构、特点及应用场合

1. 流化床反应器的结构

流化床的结构形式很多，但不论是什么形式，通常都由壳体、气体分布装置、内部构件、换热装置，气固分离装置和固体颗粒的加卸装置所构成，近年来，还有采用电磁等外加力场来改善流化质量。如图 8-31 所示。

气体反应物由下方的气体分布器通入反应器，使器内的固体催化剂流态化。为防止催化剂颗粒被气体带出而受到损失，一般在上方安装旋风分离器。在流化床内，由于气体通过时发生气泡的激烈搅动作用，使固体颗粒在床层内能均匀混合，温度分布也较均匀。为了导出反应所放出的热量，在床层内常安装冷却器，流化床层与冷却器表面的给热系数大，因此对于放热量大的反应也比较易于将热量导出，并保持反应温度均匀。为了防止床内气泡的集结增大，常需要安装网状或格子状挡板。

流化床反应器各部分的作用如下。

（1）壳体

壳体的作用是保证流化过程局限在一定范围内进行，它由盖底、筒体和顶盖构成。筒体大多数是圆柱体。

（2）气体分布装置

它的作用是使气体分布均匀，造成一个良好的起始流化条件，同时支承固体颗粒。气体分布装置包括分布器和分布板两部分。

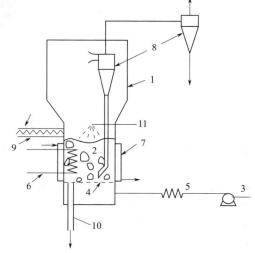

图 8-31　流化床反应器的结构
1—壳体；2—固体颗粒；3—风机；4—气体分布器；
5—预热器；6—内换热器；7—夹套换热器；
8—旋风分离器；9—固体颗粒加料器；
10—固体颗粒出料器；11—喷雾加料

　　气体分布板位于流化床底部，是均匀分布气体的关键结构。其作用有三：第一支承，支承床层上的催化剂或其他固体颗粒；第二分流，使气体均匀分布在床层的整个床面上，造成良好的起始流化条件；第三导向，可抑制气固系统恶性的聚式流化态，有利于保证床层稳定。虽然分布板有明显作用的范围是在分布板 250～300mm 区域内，但生产实践证明，如果气体分布板设计不当，对流化床，特别是自由床或浅床层反应器的稳定操作影响很大。

　　对分布板的要求是：气体分布均匀、阻力小、不泄漏、不堵塞、结构简单、制造方便等。气体分布板的种类概括起来大致可分为四种，即直孔型、侧流型、密孔型和填充型，每种形式又有各种不同结构。

　　直孔型分布板结构简单，易于制造。直孔型分布板包括直孔筛板、凹型筛孔板和直孔泡帽分布板，如图 8-32 所示。这种形式的分布板，由于气流正对床层，易产生沟流和气体分布不均匀的现象，流化质量较差。此外，直孔易为固体颗粒所堵塞，停车时又容易发生漏料，所以一般在单层流化床和多层流化床的第一层不采用这种型式。新型流化催化裂化反应器，因为催化剂颗粒与气流同时通过分布板，故采用凹型筛孔板。

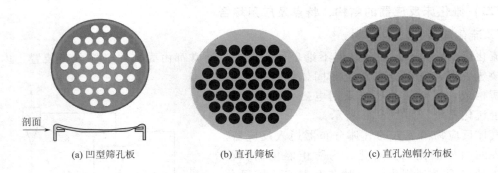

| (a) 凹型筛孔板 | (b) 直孔筛板 | (c) 直孔泡帽分布板 |

图 8-32　直孔型分布板

　　侧流型分布板如图 8-33 所示。这种分布板有多种形式，有条型侧缝分布板、锥型侧缝分布板、锥型侧孔分布板、泡帽侧缝分布板和泡帽侧孔分布板等。其中锥型侧缝分布板是目前公认较好的一种，现已为流化床反应器广泛采用。它的优点是气流经过中心管，然后从锥帽底边侧缝逸出，减少了孔眼堵塞和漏料，加强了料面的搅拌，气体沿板面流出形成"气垫"，不致使板面温度过高，避免了直孔型的缺点；锥帽顶的倾斜角度大于颗粒的堆积角，不致使颗粒贴在锥帽顶部形成死角；并在三个锥帽之间又能形成一个小锥形床，这样多个锥

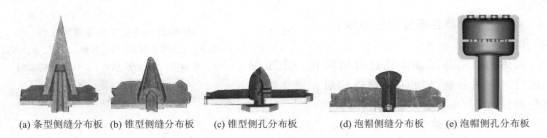

| (a) 条型侧缝分布板 | (b) 锥型侧缝分布板 | (c) 锥型侧孔分布板 | (d) 泡帽侧缝分布板 | (e) 泡帽侧孔分布板 |

图 8-33　侧流型分布板

形体有利于流化质量的改善；锥帽是浇铸并经车床简单加工做成的，故施工、安装、检修都比较方便。

密孔型分布板应用较多的是砂轮分布板，它最早应用于实验室，被认为是气体分布均匀的分布板。但如气体有腐蚀性会使孔径逐渐扩大，且不适用于大床径反应器。

填充分布板是在直孔型分布板上依次铺上数层大小不同的惰性固体球粒，在固体球粒层上再加金属网，有结构简单、便于生产等优点。

选择和确定分布板型式，首先应考虑的是要有较好的流化质量，对于高温反应，还应注意分布板的材料和结构的选择，尽量避免高温变形气流分布。

气体分布板前气体的引入状态对均匀布气起很重要作用。一般都在气体进入流化床反应器锥底前先通过预分布器，然后进入分布板。以防气流直冲分布板，影响均匀布气。

常用的气体预分布器的结构型式见图 8-34。在这些预分布器中，以弯管式应用最多，其结构简单，不会堵塞，能较好地起到预分布气体的作用。

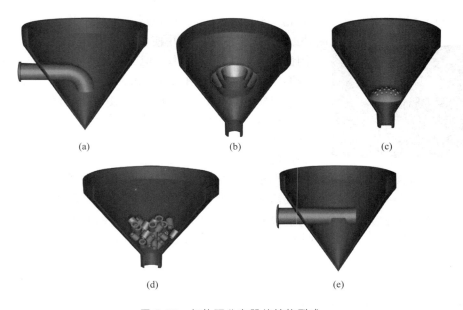

(a)　　　　　　(b)　　　　　　(c)

(d)　　　　　　(e)

图 8-34　气体预分布器的结构型式

（3）内部构件

流化床由于固体颗粒不断运动，使气体返混，再加上生成的气泡不断长大以及颗粒密集等原因，造成气固接触不良和气体的短路，降低了反应的转化率，而成为流化床的严重缺点。为了提高流化床反应器的转化率，提高生产能力，必须破碎气泡，改善气固相之间的接触，减少气体返混，实践证明，在床内设置内部构件是目前改善流化床操作的重要方法之一。

内部构件有垂直内部构件，如在床层中均匀配置直立的换热管；有水平内部构件如挡网、斜片挡板、多孔板或换热管，而最常用的是百叶窗式斜片挡板和挡网。

工业上采用百叶窗式斜片挡板分为单旋导向挡板和多旋导向挡板两种。

单旋导向挡板使气流只有一个旋转中心，如图 8-35 所示。随着斜片倾斜方向不同，气流分别产生向心和离心两种旋转方向。向心斜片使粒子分布在床中心稀而近壁处浓。离心斜片使粒子的分布形成在半径的二分之一处浓度小，床中心和近壁处浓度较大。因此，单旋挡板使粒子在床层中分布不均匀，这种现象对于较大床径更为显著。为解决这一问题，在大直径流化床中都采用多旋挡板。

(a) 内旋挡板　　　　　　　　　(b) 外旋挡板

图 8-35　单旋导向挡板

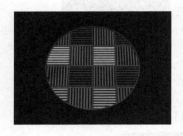

多旋导向挡板如图 8-36 所示。由于气流通过多旋挡板后产生几个旋转中心，使气固两相充分接触与混合，并使粒子的径向浓度分布趋于均匀，因而提高了反应转化率。但是，由于多旋导向挡板较大地限制了催化剂的轴向混合，因而增大了床层的轴向温度差。同时，结构复杂，加工不便。挡网一般用铁丝网。

挡板、挡网既在流化床中有好的作用，也有不利影响。它阻止了颗粒的纵向混合，使颗粒沿床层的高度产生分级，轴向温度差增大，恶化了流化质量。为了解决这一问题可以将挡板、挡网的直径设计得比反应器的内径小一些，从而在床壁与挡板间留出环隙空道，使颗粒得以上下循环混

图 8-36　多旋导向挡板

合。挡板比挡网的分级作用强，易造成轴向温度差过大，故挡板环隙量宜略大于挡网。目前，我国工业生产中所采用的环隙为 10～50mm。一些工厂流化床生产过程所采用的环隙尺寸参见表 8-8。

表 8-8　挡板、挡网环隙量的间距

产　品	床径/mm	挡板、挡网直径/mm	环隙/mm	间距/mm
苯酐	ϕ3000	ϕ2900	50	400
苯酐	ϕ1800	ϕ1760	20	150
丙烯腈	ϕ1200	ϕ1170	15	150
丁二烯	ϕ800	ϕ760	20	100

从工艺方面分析，挡板或挡网的间距大小，将直接影响气固两相流动和接触，影响流化质量。从设备方面看，过小的间距将增加挡板或挡网的数目，提高造价，并给安装和检修带来不方便。因此必须合理选择间距。在流化床反应器中，床层不同截面应要求外界提供不同的运动条件，因此，在床层不同高度上加设间距不等的挡板或挡网更为合理。我国目前工业生产中所采用的挡板、挡网间距列于表 8-9。设计时可根据不同工艺特点参考选择。

表 8-9　不同生产过程采用的挡板、挡网不等间距

产　品	挡板或挡网	
	总数	间距/mm
醋酸乙烯	9	400，600，500，500，1000，1000，1000，1000
苯胺	6	250，250，300，300，300
丁二烯	44	下面 10 层为 150，上面 34 层为 100

由于挡板的导向作用使气固两相剧烈搅动，催化剂的磨损较大，故在气速低而催化剂温度不高时，一般多采用挡网，反之则采用挡板。

（4）换热装置

通常采用外夹套换热和床内换热。外夹套换热可以用电感加热和载热体换热。流化床用床内换热器时，除了考虑一般换热器要求外，必须考虑对流化床内的流型有利，对相同传热面积的换热器，希望在床内的投影面积越小越好。此外，在高温下进行反应时，必须考虑换热管的热补偿问题。

（5）气固分离装置

流化床内固体颗粒之间，以及颗粒与设备之间，由于颗粒的运动引起碰撞和磨损。离开床层的气体中带有大量的细粒和粉尘，细粒需要返回床层，粉尘会影响产品的纯度，这些都要求对离床的气体进行气固分离。分离装置有以下三种型式。

① 自由沉降段　在床层上面留有扩大空间，气体速率降低，使颗粒沉降下来。

② 内旋风分离器　在流化床内装设旋风分离器，利用离心作用分离固体颗粒。

③ 内过滤器　内过滤器一般做成管式，材料有素瓷管、烧结陶瓷管、开孔铁管和金属丝网管等。在开孔铁管或金属丝网管的外面包扎数层玻璃纤维布，许多过滤管组成了过滤器。气体从玻璃纤维布的细孔隙中通过，被夹带的绝大部分固体颗粒可被过滤下来。

上述装置中，分离粉尘效率最高的是内过滤器，但是阻力大，必须安设反吹装置，以便定时吹落积聚在过滤管上的粉尘，以减小气体流动阻力；同时结构复杂，投资较大，检修不便。自由沉降效率虽低，但结构简单。内旋风分离器优点是设备比较紧凑，收集下来的催化剂细粒可直接返回床层，保持原有的床层高度，它的使用越来越广泛。

（6）固体颗粒加卸装置

第一种方法是机械传送法，加排料比较容易控制，操作比较可靠，工业上常用此种方法；第二种方法是气流输送法，依靠气体吹动颗粒定向流动，设备结构简单，调节方便，输送能力大，且能在高温下操作，因此近年来发展很快。

2．流化床反应器的特点及应用场合

与其他类型的气固相反应器相比，流化床反应器具有独特的优异性能。主要优点如下。

① 传热效率高，床层温度均匀。这是因为颗粒的表面积大，提供的气固相间的接触与传热面积大；气体的湍动运动和颗粒的快速循环，保证了气固两相以及颗粒与颗粒之间有效的接触和混合，使床层温度几乎达到均匀一致，并强烈地冲刷埋没在床层中的换热管壁，使它们之间有较高的传热速率；此外，通过床层的气体还携走了大量的反应热，所以流化床反应器特别适用于强放热反应和热敏感的反应过程。

② 流化床具有流体流动的特性，使固体颗粒能方便地加入和转移反应器，可使反应过

程和再生过程在工业上易实现连续化和循环操作。此外，热容量大的固体颗粒从反应器移走的同时，还带走大量的反应热。因此，流化床反应器可以使用颗粒细小的固体物料或催化剂。

③ 对气固相催化反应过程，采用细颗粒催化剂可消除内扩散阻力，充分发挥催化剂的效率。对于非催化过程，采用细颗粒固体物料，也可使反应效率明显提高。

④ 流化床反应器具有低压降，机械结构简单，便于制造的特点，适用于大规模的工业生产过程，工业反应器的床层直径可达 10m。

但流化床反应器亦有自身的一些缺点：

① 气固流化床中，不少气体以气泡的形式通过床层，气固接触严重不足，导致气体反应很不完全，其转化率往往比全混流反应器还低，因此，不适宜用于要求单程转化率很高的反应。

② 固体颗粒的运动方式接近全混流，停留时间相差很大，对固相加工过程，会造成转化率的不均匀。固体颗粒的混合还会夹带部分气体，造成气体返混，影响气体的转化率，当存在串联副反应时，会降低选择性。

③ 固体颗粒间以及器壁间的磨损会产生大量的细粉，被气体夹带而出，造成催化剂的损失和环境污染，必须设置高效的旋风分离器等粒子回收装置。

④ 流化床反应器的放大远较固定床反应器困难。

由于流化床反应器有传质、传热速率高，床层温度均匀，操作稳定等突出优点，在生产中得到广泛应用。对于热效应很大、温度要求精确控制的反应，催化剂使用寿命短的反应，一些在高浓度下操作的氧化反应及有爆炸危险的反应，都比较适用流化床反应器。

实践与练习5

流化床反应器的
仿真操作

一、选择题

1. 流化床反应器内流体的温差比固定床反应器（　　）。

    A. 大 　　　　　　 B. 小 　　　　　　 C. 相等 　　　　　　 D. 不确定

2. 流化床反应器（　　）。

    A. 原料气应从床层上方经分布器进入反应器

    B. 原料气应从床层下方经分布器分布板进入反应器

    C. 原料气可以从侧壁均匀地分布进入

    D. 反应后的产物从床层下部引出

3. 流化床反应器主要由六个部分构成，即壳体、气体分布装置、（　　）、换热装置、气固分离装置和固体颗粒的加卸装置所构成

    A. 搅拌器 　　　 B. 内部构件 　　　 C. 导流筒 　　　 D. 密封装置

4. 对气-固相流化床反应器，操作气速应（　　）。

    A. 大于临界流化速率

    B. 小于临界流化速率

    C. 大于临界流化速率而小于带出速率

    D. 大于带出速率

5. 流化床反应器具有传质、传热速率（　　），床层温度（　　），操作（　　）等突出优点，在生产中得到广泛应用；但不适宜适宜用于单程转化率（　　）的反应。

　　A. 高　　　高　　　稳定　　　很高　　　　B. 高　　　均匀　　　稳定　　　很高

　　C. 高　　　低　　　稳定　　　很高　　　　D. 高　　　均匀　　　稳定　　　较低

二、填空题

1. 气固相催化反应器，分为＿＿＿＿＿＿＿＿＿＿＿床反应器、＿＿＿＿＿＿＿＿＿＿＿床反应器。

2. 在流化床内设置内部构件的目的是＿＿＿＿＿＿气泡，改善气固相之间的接触，＿＿＿＿＿＿气体返混；从而＿＿＿＿＿＿流化床反应器的转化率，＿＿＿＿＿＿生产能力。

3. 流化床反应器具有传质、传热＿＿＿＿＿＿，床层温度＿＿＿＿＿＿，操作＿＿＿＿＿＿等突出优点，在生产中得到广泛应用，但不适宜用于单程转化率＿＿＿＿＿＿的反应。

4. 流化床反应器通常都由＿＿＿＿＿＿、＿＿＿＿＿＿、＿＿＿＿＿＿、＿＿＿＿＿＿和固体颗粒的加卸装置所构成。

5. 流化床反应器中，由于床层内流体和固体剧烈搅动混合，使床层温度分布＿＿＿＿＿＿，避免了＿＿＿＿＿＿现象。

三、简答题

1. 简述流化床反应器的特点及应用场合。

2. 流化床反应器的结构主要由哪几个部分组成？每部分作用如何？

3. 从反应器的结构、催化剂粒度、流体流动状态及传质和传热情况来比较固定床和流化床反应器的优缺点？

🌐 技创未来

微通道连续流反应器：农药中间体生产的效能革命

在化工生产领域，化学反应器作为实现物质转化与能量传递的核心装备，其技术水平直接决定生产效率与产品质量。传统釜式、塔式反应器因传质传热效率低、反应参数波动大等问题，难以满足现代精细化工对高效、精准、绿色生产的需求。近年来，国内产学研团队通过技术融合创新，在反应器领域取得突破性进展，其中江苏大学与江苏优普生物化学科技股份有限公司联合研发的微通道连续流反应器技术，已成为行业转型升级的标杆案例。

江苏大学化工装备团队针对传统反应器的痛点，提出"微尺度强化＋智能调控"的创新思路。在微通道结构研发中，团队采用拓扑优化算法设计内部流道，通过 3D 打印技术制造具有螺旋导流片、错列翅片等复杂结构的微通道模块。实验数据显示，新型微通道的比表面积达 $12000 m^2/m^3$，较传统设计提升 20%；通过 CFD 流体仿真优化，物料在通道内的混合时间缩短至毫秒级，传质系数提高至 $1200 W/(m^2 \cdot K)$，是常规反应器的 5 倍。

智能控制系统的开发是该项目另一大技术亮点。团队在反应器壁面嵌入纳米级薄膜温度传感器（响应时间＜0.1s），配合微型压力传感器与在线红外光谱仪，构建多参数实时监测网络。基于深度强化学习算法，系统可根据进料组分变化，自动调整反应温度、流量和停留时间。在中试阶段，当原料中关键反应物浓度波动±8%时，系统能在 45s 内完成参数重构，保持反应转化率稳定在 90% 以上。

江苏优普生物化学科技股份有限公司将该技术应用于杀虫剂中间体 2-氯-5-氯甲基噻唑

的生产。传统釜式工艺需在 80℃下反应 8h，因传热不均导致局部温度波动达±5℃，副反应生成的杂质占比高达 15%，产品收率仅 75%。引入微通道连续流反应器后，生产流程发生颠覆性变革。

效率跃升：反应在微通道内以活塞流模式进行，物料停留时间精准控制在 15min，产能提升 32 倍。

质量突破：微通道的高效传热使温度均匀性达±0.3℃，副反应得到有效抑制，产品纯度从 90%提升至 98.5%，杂质含量下降 80%。

成本优化：连续化生产减少人工干预，单位产品能耗从 500kW·h/t 降至 350kW·h/t，年节约电费超 800 万元；自动化控制系统使设备故障率降低 65%，维护成本减少 40%。

该项目总投资 4500 万元，投产后年增产中间体 1200t，新增产值 1.2 亿元，投资回收期仅 16 个月。技术成果获 2023 年中国石油和化学工业联合会科技进步一等奖，并入选工信部《绿色制造技术推广目录》。

目前，该技术已拓展至医药 API（活性药物成分）合成领域。在抗抑郁药物关键中间体生产中，微通道反应器使危险放热反应的温度控制精度达到±0.2℃，反应时间从 12h 缩短至 20min，产品光学纯度提高至 99.2%，突破了传统工艺的质量瓶颈。同时，团队正在研发可重构模块化微通道系统，通过快速更换不同功能模块，实现多品种柔性生产，预计将使设备利用率提升 50%以上。

江苏大学与企业的协同创新，不仅推动了微通道反应器技术的国产化替代，更引领化工装备向智能化、绿色化方向发展。随着新材料（如碳化硅基微通道）和数字孪生技术的深度融合，未来化学反应器将实现全生命周期智能管理，为化工行业高质量发展提供核心技术支撑。

🌱 身边榜样

设备质量的忠诚守护者

在中国石化集团金陵石化公司（简称金陵石化），有这样一位默默耕耘的"老将"——汪光胜，他以 38 年如一日的坚守，成为设备质量的忠诚"守门员"，荣获多项荣誉，堪称全国劳模的典范。

1987 年，汪光胜踏入金陵石化，在机动部门与设备相伴近 20 年，积累了深厚的专业知识与实践经验。2005 年，他转战工程部，投身工程设备管理一线，自此开启了为装置平稳运行保驾护航的征程。

炼化装置静设备数量庞大、结构复杂，质量把控难度极大。但汪光胜始终一丝不苟，从技术协议签订到施工方案审查，再到制造、安装质量检查验收，每一步都严格遵循规范标准。面对公司转型发展期多个项目同步推进、人员紧张的局面，他勇挑重担，一人承担起反应器、塔容器等多种静设备的技术管理与质量监督工作。多年来，他参与的上百个项目静设备从未出现质量事故，有力保障了装置的安稳运行。

2022 年，Ⅱ柴油加氢装置微界面反应强化技术工业示范项目陷入内件焊接困境，进度受阻。汪光胜主动请缨，凭借对Ⅰ渣油加氢和Ⅲ柴油加氢内件焊接的丰富经验，大胆接手。面对施工单位给出的超长完工时间，他没有退缩，而是查阅大量资料，结合现场反复试焊，最终确定合理焊接工艺，成功完成大面积堆焊层表面内件焊接，缩短施工周期并节约费用。

不仅如此，他还创新提出在压紧格栅下用箱式结构固定瓷球的设想，解决了Ⅱ柴油加氢微界面改造中反应器内构件安装密封性难题，防止了跑剂现象。项目顺利开车成功，产出合格精制国Ⅵ柴油，他也因此被评为公司"讲理想、比贡献"优秀科技工作者。

2023年，汪光胜身体不适，但当时溶剂油项目正值开工关键期，他选择坚守岗位。直至尿血被医院要求立即手术，术后仅休养一周，他便心系现场，回到工作岗位。在他的坚持下，煤化工净化装置技术改造等多个项目顺利推进。

在人才培养上，汪光胜十分严格。他深知炼化行业不容差错，看到年轻同志犯错，虽严厉批评，但也会耐心讲解。他坚持每月培训授课，为年轻员工、承包商和监理人员传授知识，针对特殊问题开展专题培训与经验交流。凭借在设备管理领域的卓越贡献，汪光胜获得省级、公司级多项科技进步、建设投产荣誉。他用执着与担当，在金陵石化树立起一座精神丰碑，激励着无数员工为石化事业拼搏奋进。

本情境主要符号意义

英文字母

A_P——非球形颗粒的外表面积，m^2；

A_t——催化剂床层截面积，m^2；

c——浓度，mol/m^3；

d_e——流体通过固定床催化剂颗粒空隙相当的细管的直径，m；

d_i——各种颗粒的平均粒径，mm；

d_i'，d_i''——同一筛分数颗粒的上下筛目尺寸，mm；

$\overline{d}_p$——非球形颗粒的平均直径，mm；

d_s——非球形颗粒的比表面相当直径，mm；

d_v——颗粒的体积相当直径，mm；

d_a——非球形颗粒的面积相当直径，mm；

d_f——反应管内径，m；

f_m——修正的固定床的流动摩擦系数；

F_0——总进料流量为，mol/s 或 mol/h；

F_{A0}——反应前反应物 A 的流量，mol/s 或 mol/h；

G——气体质量流速，$kg/(m^2 \cdot s)$；

H——催化剂床层高度，m；

k——化学反应速率常数；

L——管长，m；

L_e——流体通过固定床催化剂颗粒空隙相当的细管的长度，m；

Δp——流体通过固定床、流化床的阻力压降，Pa；

$-r_A$——反应物 A 的减少速率，$mol/(m^3 \cdot s)$；

Re——雷诺数；

$(Re)_m$——修正雷诺数；

S_G——催化剂负荷，（kg 原料）/（kg 催化剂·h）；

S_V——①空速，h^{-1}；②非球形颗粒的比表面积为 m^2/m^3；

S_W——催化剂的空时收率，kg 产物/（kg 催化剂·h）；

t——反应时间，s；

t'——非生产时间，s；

u——反应气体通过床层的线速度，m/s；

u_o——反应气体空床速度，m/s；

u_1——流体通过固定床催化剂颗粒空隙相当的细管内的流速，m/s；

V_0——物料的处理量或反应条件下反应物的体积流量，m^3/s 或 m^3/h；

V_P——非球形颗粒的体积，m^3；

V_R——①反应器有效体积，②催化剂填充体积，m^3；

V_{ON}——原料气体积（标准状态下）流量，m^3/h；

W——床层内固体颗粒的质量，kg；

W_G——目的产物的质量，kg；

W_S——催化剂用量，kg；

W_W——单位时间内消耗的原料量，kg；

x_i——各种颗粒粒径所占的质量分数；

x_A——反应物 A 的转化率。

希腊字母

φ——装料系数；

φ_s——非球形颗粒的形状系数；

ε——催化剂床层的空隙率；

μ_f——气体黏度，kg/（m^2·s）；

ρ_B——催化剂床层堆积密度，kg/m^3；

ρ_s——催化剂颗粒的表观密度，kg/m^3；

τ_c——空间时间，简称空时，s。

附　　录

附录一　某双组分混合物在 101. 3kPa 压力下的气液平衡数据

1. 苯-甲苯

苯（摩尔分数）/%		温度/℃	苯（摩尔分数）/%		温度/℃
液相中	气相中		液相中	气相中	
0.0	0.0	110.6	59.2	78.9	89.4
8.8	21.2	106.1	70.2	85.3	86.8
20.0	37.0	102.2	80.3	91.4	84.4
30.0	50.0	98.6	90.3	95.7	82.3
39.7	61.8	95.2	95.0	97.9	81.2
48.9	71.0	92.1	100.0	100.0	80.2

2. 甲醇-水

苯（摩尔分数）/%		温度/℃	苯（摩尔分数）/%		温度/℃
液相中	气相中		液相中	气相中	
5.31	28.34	92.9	29.09	68.01	77.8
7.69	40.01	90.3	33.33	69.18	76.7
9.26	43.53	88.9	35.13	73.47	76.2
12.57	48.31	86.6	46.20	77.56	73.8
13.15	54.55	85.0	52.92	79.71	72.7
16.74	55.85	83.2	59.37	81.83	71.3
18.18	57.75	82.3	68.49	84.92	70.0
20.83	62.73	81.6	77.01	89.62	68.0
23.19	64.85	80.2	87.41	91.94	66.9
28.18	67.75	78.0			

3. 乙醇-水

苯（摩尔分数）/%		温度/℃	苯（摩尔分数）/%		温度/℃
液相中	气相中		液相中	气相中	
0.00	0.00	100	32.73	68.26	81.5
1.90	17.00	95.5	39.65	61.22	80.7
7.21	38.91	89.0	50.79	65.64	79.8
9.66	43.75	86.7	51.98	65.99	79.7
12.38	47.04	85.3	57.32	68.41	79.3
16.61	50.89	84.1	67.63	73.85	78.74
23.37	54.45	82.7	74.72	78.15	78.41
26.08	55.80	82.3	89.43	89.43	78.15

4. 正己烷-正庚烷

$T/℃$	341.89	342.90	343.95	343.05	346.16	347.33	384.54	349.79	351.110	352.46
x	1.000	0.900	0.800	0.700	0.600	0.500	0.400	0.300	0.200	0.100
y	1.000	0.929	0.853	0.772	0.685	0.591	0.491	0.382	0.265	0.138

5. 氯仿-苯

苯（摩尔分数）/%		温度/℃	苯（摩尔分数）/%		温度/℃
液相中	气相中		液相中	气相中	
10	13.6	79.9	60	75.0	74.6
20	27.2	79.0	70	83.0	72.8
30	40.6	78.1	80	90.0	70.5
40	43.0	77.2	90	96.1	67.0
50	65.0	76.0			

6. 丙酮-水

苯（摩尔分数）/%		温度/℃	苯（摩尔分数）/%		温度/℃
液相中	气相中		液相中	气相中	
0.0	0.0	100	0.40	0.839	60.4
0.01	0.253	92.7	0.50	0.849	60.0
0.02	0.425	86.5	0.60	0.859	59.7
0.05	0.624	75.8	0.70	0.874	59.0
0.10	0.755	66.5	0.80	0.898	58.2
0.15	0.793	63.4	0.90	0.935	57.5
0.20	0.815	62.1	0.95	0.963	57.0
0.30	0.830	61.0	1.0	1.0	56.13

7. 硝酸-水

苯（摩尔分数）/%		温度/℃	苯（摩尔分数）/%		温度/℃
液相中	气相中		液相中	气相中	
0	0	100.0	45	64.6	119.5
5	0.3	103.0	50	83.6	115.6
10	1.0	109.0	55	92.0	109.0
15	2.5	114.3	60	95.2	101.0
20	5.2	117.4	70	98.0	98.0
25	9.8	120.1	80	99.3	81.8
30	16.5	121.4	90	99.8	85.6
38.4	38.4	121.9	100	100	85.4
40	46.0	121.6			

附录二　25℃下某些气体溶于水时的亨利系数

气　　体	K_H/[mol/(L·Pa)]	气　　体	K_H/[mol/(L·Pa)]
O_2	1.28×10^{-8}	HO	2.47×10^{-4}
NO	1.88×10^{-8}	HNO_2	4.84×10^{-4}
O_3	9.28×10^{-8}	NH_3	6.12×10^{-4}
NO_2	9.87×10^{-8}	HO_2	1.97×10^{-2}
N_2O	2.47×10^{-7}	HCl	2.47×10^{-2}
CO_2	3.38×10^{-7}	H_2O_2	0.70
H_2S	1.00×10^{-6}	HNO_3	2.07
SO_2	1.22×10^{-5}		

附录三　填料特性数据

1. 瓷拉西环填料的特性数据

外径 d/mm	高×厚($H×\delta$) /(mm×mm)	比表面积 a/(m²/m³)	空隙率 ε/(m³/m³)	个数 n/(个/m³)	堆积密度 ρ/(kg/m³)	干填料因子 a/ε^3/m⁻¹	填料因子 ϕ/m⁻¹
6.4	6.8×0.8	789	0.73	3110000	737	2030	2400
8	8×1.5	570	0.64	1465000	600	2170	2500
10	10×1.5	440	0.70	720000	700	1280	1500

续表

外径 d/mm	高×厚($H×δ$) /(mm×mm)	比表面积 a/(m²/m³)	空隙率 $ε$/(m³/m³)	个数 n/(个/m³)	堆积密度 $ρ$/(kg/m³)	干填料因子 $a/ε^3$/m⁻¹	填料因子 $φ$/m⁻¹
15	15×2	330	0.70	250000	690	960	1020
16	16×2	305	0.73	192500	730	784	900
25	25×2.5	190	0.78	49000	505	400	400
40	40×1.5	126	0.75	12700	577	305	350
50	50×4.5	93	0.81	6000	457	177	220
80	80×9.5	76	0.68	1910	714	243	280

2. 金属拉西环填料的特性数据

外径 d/mm	高×厚（$H×δ$) /(mm×mm)	比表面积 a/(m²/m³)	空隙率 $ε$/(m³/m³)	个数 n/(个/m³)	堆积密度 $ρ$/(kg/m³)	干填料因子 $a/ε^3$/m⁻¹	填料因子 $φ$/m⁻¹
6.4	6.4×0.8	789	0.73	3110000	2100	2030	2500
8	8×0.3	630	0.91	155000	750	1140	1580
10	10×0.5	500	0.88	80000	960	740	1000
15	15×0.5	350	0.92	248000	660	460	600
25	25×1	220	0.92	55000	640	290	390
40	40×1	150	0.93	19000	570	190	260
50	50×1.6	110	0.95	7000	430	130	175
76	76×	68	0.95	1870	400	80	105

3. 塑料鲍尔环填料几何特性数据（干装乱堆）

公称尺寸 Dg/mm	外径×高×厚($d×H×δ$)/(mm×mm×mm)	堆积个数 n/(个/m³)	堆积密度③ $ρ$/(kg/m³)	比表面积 a/(m²/m³)	空隙率 $ε$/(m³/m³)	干填料因子 $a/ε^3$/m⁻¹
76	76×76×2.6	1930	70.9	72.2	0.92	94
50（井）①	50×50×4.5	6500	74.8	112	0.901	154
50（米）②	50×50×1.5	6100	73.7	92.7	0.90	127
38	38×38×1.4	15800	98.0	155	0.89	220
25	25×25×1.2	42900	150	175	0.901	239
16	16×16×1.1	112000	141	183	0.911	249

① （井）指填料内筋形式为井形内筋。
② （米）指内筋形式为两层十字形内筋，其他尺寸塑料鲍尔环填料的内筋均为二层十字形内筋的形式。
③ 堆积密度为采用聚丙烯塑料所测数据。

4. 金属鲍尔环填料几何特性数据（干装乱堆）

公称尺寸 Dg/mm	外径×高×厚（$d×H×δ$)/(mm×mm×mm)	堆积个数 n/(个/m³)	堆积密度 ρ/(kg/m³)	比表面积 a/(m²/m³)	空隙率 ε/(m³/m³)	干填料因子 a/ε^3/m⁻¹
50	50×50×1	6500	395	112.3	0.949	131
38	38×38×0.8	13000	365	129	0.945	153
25	25×25×0.8	55900	427	219	0.934	269
16	16×16×0.8	143000	216	239	0.928	299

5. 国产瓷质阶梯环填料几何特性数据（湿装乱堆）

公称尺寸 Dg/mm	外径×高×厚（$d×H×δ$)/(mm×mm×mm)	堆积个数 n/(个/m³)	堆积密度 ρ/(kg/m³)	比表面积 a/(m²/m³)	空隙率 ε/(m³/m³)	干填料因子 a/ε^3/m⁻¹
76（米）	76×45×7	2517	426	63.4	0.795	126
50（井）	50×30×5	9300	483	105.6	0.774	278
50（米）	50×30×5	9091	516	108.8	0.787	223

6. 国产塑料阶梯环填料几何特性数据（干装乱堆）

公称尺寸 Dg/mm	外径×高×厚（$d×H×δ$)/(mm×mm×mm)	堆积个数 n/(个/m³)	堆积密度 ρ/(kg/m³)	比表面积 a/(m²/m³)	空隙率 ε/(m³/m³)	干填料因子 a/ε^3/m⁻¹
76	76×37×3	3420	68.4	90	0.929	112.3
50	50×251.5	10740	54.8	114.2	0.927	143.1
38	38×19×1	27200	57.5	132.5	0.91	175.8
25	25×12.5×1.4	81500	97.8	228	0.90	312.8
16	16×8.9×1.1	299136	135.6	370	0.85	602.6

7. 国产金属阶梯环填料几何特性数据（湿装乱堆）

公称尺寸 Dg/mm	外径×高×厚（$d×H×δ$)/(mm×mm×mm)	堆积个数 n/(个/m³)	堆积密度 ρ/(kg/m³)	比表面积 a/(m²/m³)	空隙率 ε/(m³/m³)	干填料因子 a/ε^3/m⁻¹
50	50×28×1	11600	400	109.2	0.95	127.4
38	38×19×0.8	31890	475.5	154.3	0.94	185.8
25	25×12.5×0.6	97160	439	220	0.93	273.5

附录四　干空气的物理性质

温度/℃	密度 /(kg/m³)	比热容 /[kJ/(kg·℃)]	热导率 /[W/(m·℃)]	黏度× 10⁶/Pa·s	运动黏度× 10⁶/(m²/s)	普朗特数 Pr
−50	1.0584	1.013	2.04	14.6	9.23	0.728
−40	1.515	1.013	2.12	15.2	10.04	0.728
−30	1.453	1.013	2.20	15.7	10.80	0.723
−20	1.395	1.009	2.28	16.2	11.61	0.716
−10	1.342	1.009	2.36	16.7	12.43	0.712
0	1.293	1.005	2.44	17.2	13.28	0.707
10	1.247	1.005	2.51	17.6	14.16	0.705
20	1.205	1.005	2.59	18.1	15.65	0.703
30	1.165	1.005	2.67	18.6	16.00	0.701
40	1.128	1.005	2.76	19.1	16.96	0.699
50	1.093	1.005	2.83	19.6	17.95	0.698
60	1.060	1.005	2.90	20.1	18.97	0.696
70	1.029	1.005	2.96	20.6	20.02	0.694
80	1.000	1.005	3.05	21.1	21.09	0.692
90	0.972	1.005	3.13	21.5	22.10	0.690
100	0.946	1.005	3.21	21.9	23.13	0.688
120	0.898	1.009	3.34	22.8	25.45	0.686
140	0.854	1.009	3.49	23.7	27.80	0.684
150	0.779	1.009	3.78	25.3	32.49	0.681
160	0.815	1.009	3.64	24.5	30.09	0.682
200	0.746	1.009	3.93	26.0	34.85	0.680
250	0.674	1.013	4.27	27.4	40.61	0.677
300	0.615	1.017	4.60	29.7	48.33	0.674
350	0.566	1.059	4.91	31.4	55.46	0.676
400	0.524	1.068	5.21	33.0	63.09	0.678

温度/℃	密度 /(kg/m³)	比热容 /[kJ/(kg·℃)]	热导率 /[W/(m·℃)]	黏度× 10⁶/Pa·s	运动黏度× 10⁶/(m²/s)	普朗特数 Pr
500	0.456	1.093	5.74	36.2	79.38	0.687
600	0.404	1.114	6.22	39.1	96.89	0.699
700	0.362	1.135	6.71	41.8	115.4	0.706
800	0.329	1.156	7.18	44.3	134.8	0.713
900	0.301	1.172	7.63	46.7	155.1	0.717
1000	0.277	1.185	8.07	49	177.1	0.719
1100	0.257	1.197	8.50	51.2	199.3	0.722
1200	0.239	1.210	9.15	53.5	233.7	0.724

附录五　液体的饱和蒸气压

液体	A	B	C	温度范围/℃
甲烷	5.82051	405.42	269.78	−181～−152
乙烷	5.95942	663.7	256.47	−142～−75
丙烷	5.92888	803.81	246.99	−108～−25
丁烷	5.93886	936.86	238.73	−78～19
戊烷	5.97711	1064.63	232.00	−50～58
己烷	6.10266	1171.530	224.366	−25～92
庚烷	6.02730	1268.115	216.900	−2～120
辛烷	6.04867	1355.126	209.517	19～152
乙烯	5.87246	585.0	255.00	−153～91
丙烯	5.9445	785.85	247.00	−122～−28
甲醇	7.19736	1574.99	238.86	−16～91
乙醇	7.33827	1652.05	231.48	−3～96
丙醇	6.74414	1375.14	193.0	12～127
醋酸	6.42452	1479.02	216.82	15～157
丙酮	6.35647	1277.03	237.23	−32～77

续表

液体	A	B	C	温度范围/℃
四氯化碳	6.01896	1219.58	227.16	−20～101
苯	6.03055	1211.033	220.79	−16～104
甲苯	6.07954	1344.8	219.482	6～137
水	7.07406	1657.46	227.02	10～168

注：$\lg p° = A − B/(t+C)$，式中，$p°$ 为饱和蒸气压，单位为 kPa，t 的单位为℃。

参 考 文 献

［1］ 天津大学化工原理教研室．化工原理．天津：天津科学技术出版社，2005.

［2］ 汤金石．化工原理课程设计．北京：化学工业出版社，1996.

［3］ 李云倩．化工原理．北京：中央广播电视大学出版社，1991.

［4］ 管国锋，赵汝溥．化工原理，北京：化学工业出版社，2021.

［5］ 蒋维钧，等．化工原理．3版．北京：清华大学出版社，2009.

［6］ 陆美娟，等．化工原理．4版．北京：化学工业出版社，2024.

［7］ 陈敏恒，等．化工原理．5版．北京：化学工业出版社，2020.

［8］ 马秉骞．化工设备使用与维护．4版．北京：高等教育出版社，2025.

［9］ 柴诚敬，等．化工原理学习指南．3版．北京：高等教育出版社，2022.

［10］ 柴诚敬，等．化工原理课程设计．北京：高等教育出版社，2015.

［11］ 陈群．化工仿真操作实训．4版．北京：化学工业出版社，2024.

［12］ 李雪莲．传质与分离操作实训．3版．北京：化学工业出版社，2024.

［13］ 梁凤凯，厉明荣．化工生产技术．天津：天津大学出版社，2008.

［14］ 陈炳和，许宁．化学反应过程与设备．4版．北京：化学工业出版社，2020.

［15］ 李倩．化学反应工程．北京：化学工业出版社，2024.